나합격
화학분석기능사

필기 X 실기 X 무료특강

나만의 합격비법
나합격은 다르다!

나합격 독자만을 위한
무료 동영상강의

공부가 어려우신가요?
합격을 위한 모든 동영상 강의를 무료로 시청할 수 있습니다.
지금 바로 나합격 쌤을 만나보세요.

> 오리엔테이션 > 이론 특강 > 기출 특강

신규 무료특강은 교재 출간 후 순차적으로 촬영 및 편집되어 업로드 됩니다.

모든 시험정보가 한곳에!
나합격 수험생지원센터

이제 혼자서 공부하지 마세요.
합격후기, 시험정보, Q&A 등 나합격 독자분들을 위한
다양한 서비스를 네이버 카페를 통해 지원받을 수 있습니다.

> 시험자료 > 질의응답 > 합격후기

본서의 정오사항은 상시 업데이트 해드리고 있습니다.
정오표 확인 및 오류문의는 네이버 카페를 이용해 주세요.

나합격 교재인증 & 무료 동영상 수강방법

나합격 카페 가입하기
공부하는 자격증에 해당하는 카페에 가입합니다.

바로가기

https://cafe.naver.com/napass4 search

교재인증페이지에 닉네임 작성
교재 맨 뒤페이지의 교재인증페이지에
가입하신 카페 닉네임을 지워지지 않는 펜으로 작성합니다.

교재인증페이지 촬영하기
교재인증페이지 전체가 나오게 촬영합니다.
중고도서 및 보정의 여지가 보일 경우 등업이 불가합니다.

나합격 카페에 게시물 작성하기
등업게시판에 촬영한 이미지를 업로드합니다.
평일 1일 3회(오전 9시 ~ 오후 6시 사이) 등업을 진행됩니다.

무료 동영상 시청하기
카페 등업이 완료된 후 해당 카페에서 무료 동영상 시청이 가능합니다.

NOTICE

교재인증 및 무료 강의 수강 방법에 대한 자세한 설명을
QR코드를 찍어 영상으로 확인해보세요!

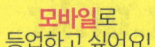

모바일로 등업하고 싶어요!   **PC**로 등업하고 싶어요!

시험접수부터 자격증발급까지 응시절차

01
시험일정 & 응시자격조건 확인

- 큐넷 **시험일정안내**에서 응시종목의 접수기간과 시험일을 확인합니다.
- 큐넷 **자격정보**에서 응시종목의 자격조건을 확인합니다(기능사 제외).

04
필기시험 합격자 발표

- 인터넷, ARS 또는 접수한 지사에서 공고됩니다.
- CBT의 경우 큐넷 **합격자 발표조회**에서 바로 확인이 가능합니다.

www.Q-net.or.kr 큐넷은 한국산업인력공단에서 운영하는 국가 자격증 포털 사이트입니다.

02 필기시험 원서접수

- 큐넷 www.Q-net.or.kr 에 로그인 합니다.
  (회원가입 시 반명함판 사진 등록 필수)
- 큐넷 원서접수에서 신청순서에 따라 접수하면 됩니다.
- 시험일자 및 장소는 현재접수 가능인원을 반드시
  확인 후 선택해야 합니다.
- 결제하기에서 검정수수료 확인 후 결제를 진행합니다.

03 필기시험 응시 및 유의사항

- 신분증은 반드시 지참해야 하며, 기타 준비물은
  큐넷 수험자준비물에서 확인하시면 됩니다.
- 시험시간 20분 전부터 입실이 가능합니다.
  (시험시간 미준수 시 시험응시 불가)

05 실기시험 원서접수

- 인터넷 접수 www.Q-net.or.kr만 가능하며,
  필기시험 합격자에 한하여 실기접수기간에 접수합니다.
- 최종합격여부는 큐넷 홈페이지를 통해 확인 가능합니다.

06 자격증 신청 및 수령

- 큐넷 자격증신청에서 상장형, 수첩형 자격증 선택
- 상장형 - 무료 / 수첩형 수수료- 6,110원

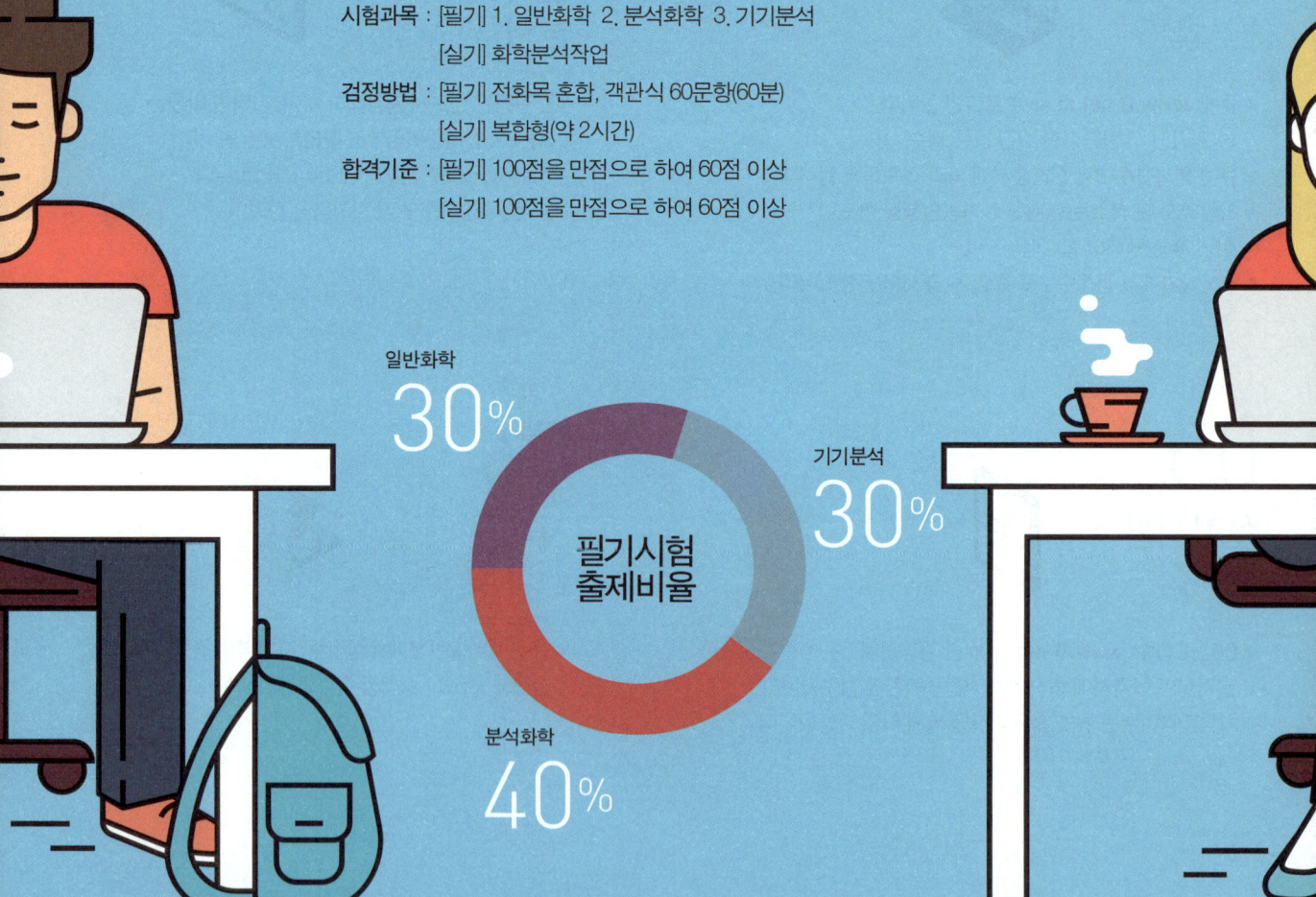

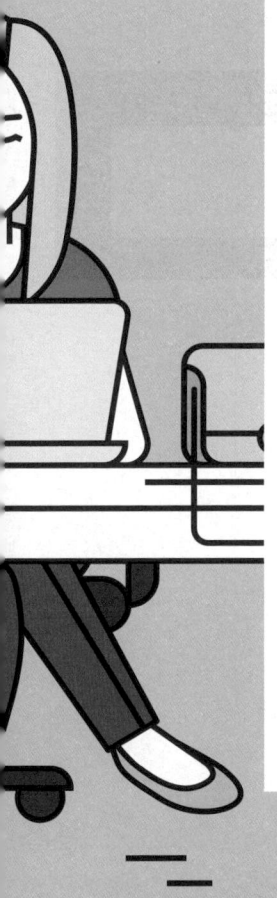

필기시험에서 꼭 필요한 숙지사항은?

01 이론의 내용을 이해하고 개념잡기를 통해 출제유형 연습
02 일반화학, 분석화학, 기기분석에 대한 주요과목 학습
03 분석장비에 대한 전반적인 개념 학습
04 합격족보 숙지와 함께 기출문제 풀이로 과년도 학습

시험이 CBT로 변경되면서 과년도의 문제도 일부 출제되지만, 새로운 신유형의 문제도 출제됩니다. 과년도의 문제는 기출문제를 반복하여 연습하며, 신유형 또한 이론으로 개념을 기억하고 시험을 응시하길 바랍니다.

실기시험에서 꼭 필요한 숙지사항은?

01 필답형
 - 일반화학 개념과 농도 계산 방법을 학습
 - 분석화학에서는 산·염기에 대한 내용과 지시약에 대한 내용 학습
 - 실험실 안전과 위험물 취급, 화재, 소화기 사용법, 지시표시 등 학습
 - 분석기구의 용도와 명칭 숙지
 - 분광광도계, 크로마토그래피 등의 분석기기 학습

02 작업형
 - 정확하게 기구를 사용하는 방법 숙지
 - 미지시료와 표준용액을 만들고, 분광광도계 사용법을 숙지
 - 검량선을 작성하고, 결과값을 올바르게 구할 수 있도록 연습

개념잡는 핵심이론
나합격만의 본문구성

NEW DESIGN

나합격만의 아이덴티티를 강조한
새로운 디자인과 함께 최신 출제경향을
완벽히 반영한 최신 개정판입니다.

본문의 이론을 유기적인 보충설명을 통해
지루하지 않고 탄탄하게 흡수하도록 구성했습니다.

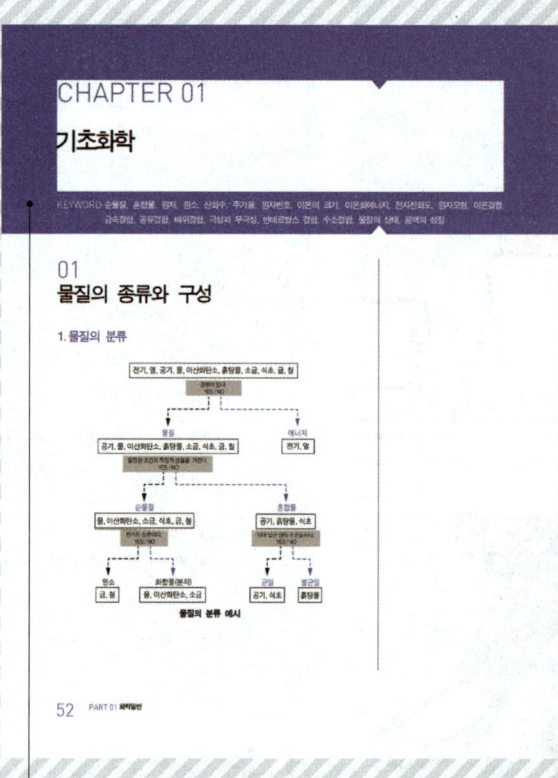

KEYWORD

빅데이터 키워드를 통해
시험에 중요한 키워드를
확인하세요.

본문 날개구성
독창적인 날개구성을 통해
이론학습에 도움을 주는
다양한 컨텐츠를 제공합니다.

핵심 KEY
용어정리부터 핵심KEY까지
다양한 보충 설명과 정보로
학습에 도움을 드립니다.

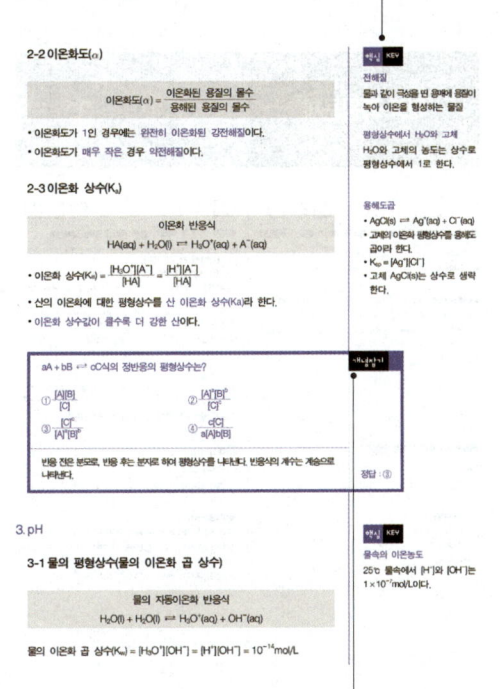

개념잡기
지루한 본문의 흐름을 피하고
문제의 개념잡기를 위해 바로바로
예제를 배치했습니다.

★★★
출제되는 정도에 따라
중요도를 별표로
표기하였습니다.

과년도
기출문제 &
CBT기출
복원문제

과년도 기출문제
[2016년]

CBT 기출문제
[2017년 ~ 2025년]

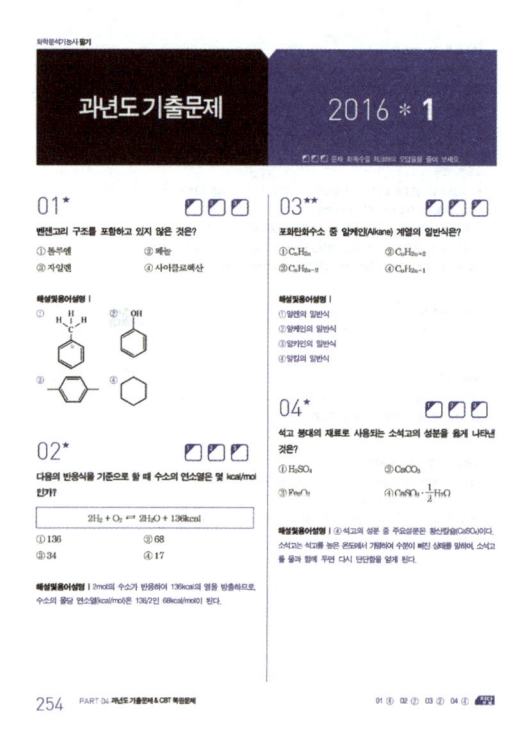

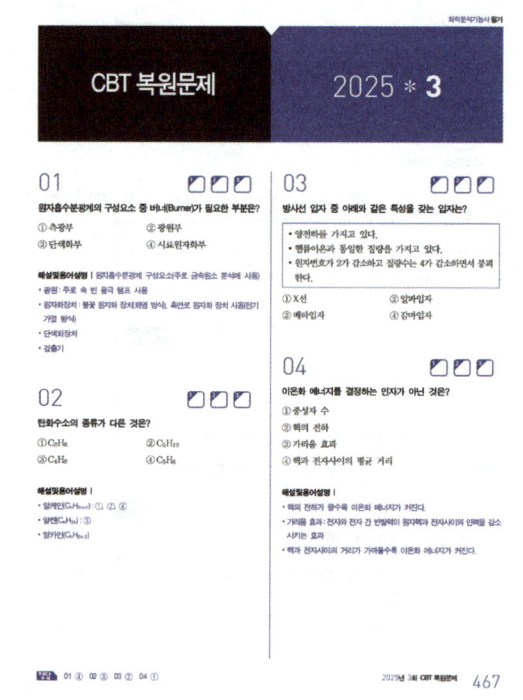

PBT [지면 방식 문제풀이]

실제 지면방식으로 출제되었던 기출문제를
연도별로 구성하였습니다.
완벽히 정리된 해설을 통해 해당 이론을 익혀보세요.

CBT [컴퓨터 방식 문제풀이]

2016년 5회부터 CBT 방식이 전면 시행됨에 따라
복원을 토대로 문제를 구성하였습니다.
최신 문제를 풀어보고 최신 경향을 파악해 보세요.

시험의 흐름을 잡는 필답형&작업형 완벽 구성

필답형
① 유형별 기출 151제
② 필답형 실전 예상문제
③ 필답형 최신 기출 복원문제

작업형
① 기본 사항
② 실험 순서 및 기구 사용법
③ 실험과정

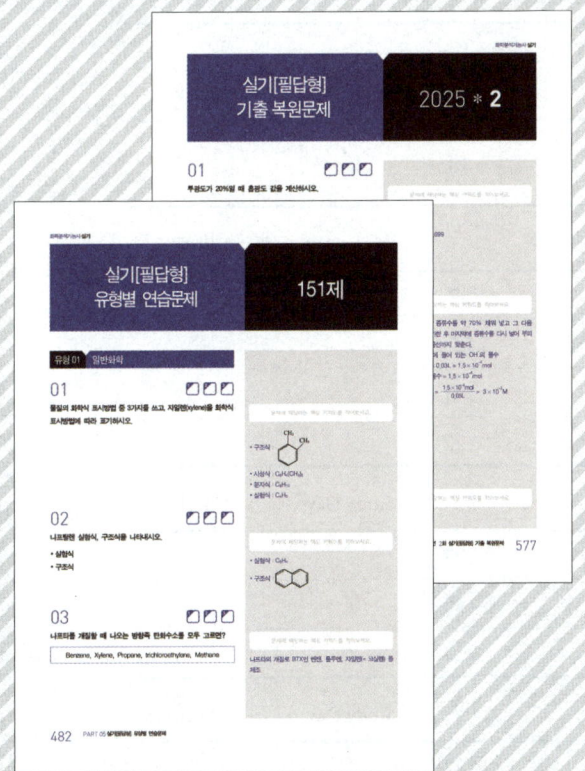

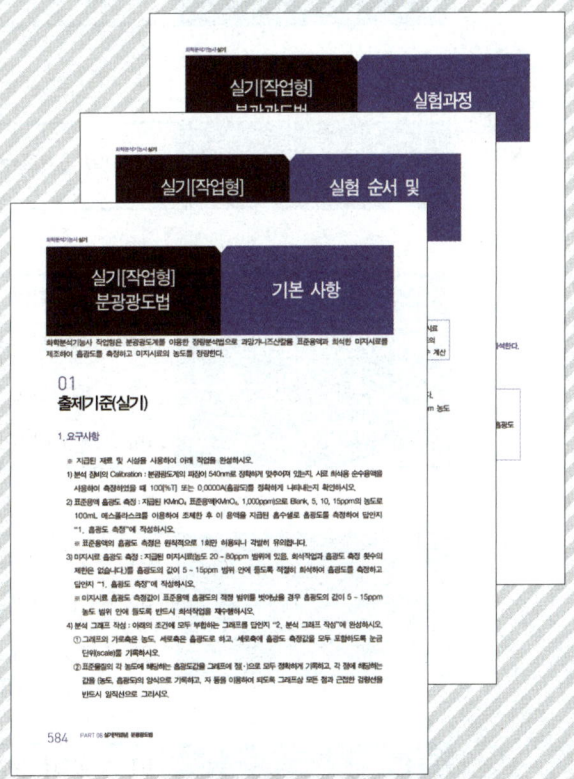

화학분석기능사 필답형
실기시험이 개편되기 전 빅데이터로 구성된 151제와 2020년부터 2025년 2회까지 최신 기출 복원문제를 풀어보고 실전에 대비해 보세요.

화학분석기능사 작업형
처음 접하는 사람도 알기 쉽도록 준비부터 답안지 작성법까지 실험에 대한 과정을 그림으로 자세히 표현하였습니다.
작업 순서 및 기구 사용법도 반드시 확인하세요.

SELF-STUDY PLANNER

시험 당일까지 공부일정 및 계획을 짜는 것은 매우 중요합니다.
셀프스터디 합격플래너를 통해 스스로의 합격을 만들어 보세요.

나의 목표		시험일 /

			Study Day	Check
PART 00 핵심요약 합격족보	핵심요약 합격족보	18	/	

				Study Day	Check
PART 01 화학일반	01	기초화학	52	/	
	02	화학적 단위와 화학반응	80	/	
	03	유기화학	101	/	
	04	무기화학	122	/	

				Study Day	Check
PART 02 화학분석	01	분석일반	132	/	
	02	이화학분석	145	/	
	03	기기분석	158	/	

				Study Day	Check
PART 03 실험실 안전관리	01	실험실 문서관리	192	/	
	02	화학물질 취급	202	/	
	03	실험실 환경·안전 점검	225	/	

			Study Day	Check
PART 04 과년도 기출문제 & CBT 복원문제	2016년 1, 4회 과년도기출문제	254	/	
	2017년 1, 3회 CBT 복원문제	275	/	
	2018년 1, 3회 CBT 복원문제	297	/	
	2019년 1, 3회 CBT 복원문제	319	/	
	2020년 1, 3회 CBT 복원문제	341	/	
	2021년 1, 3회 CBT 복원문제	363	/	
	2022년 1, 3회 CBT 복원문제	385	/	
	2023년 1, 3회 CBT 복원문제	408	/	
	2024년 1, 3회 CBT 복원문제	432	/	
	2025년 1, 3회 CBT 복원문제	455	/	

			Study Day	Check
PART 05 실기[필답형] 유형별 연습문제	실기[필답형] 유형별 기출 151제	482	/	

			Study Day	Check
PART 06 실기[필답형] 신유형 예상문제	신유형 예상문제 1회	526	/	
	신유형 예상문제 2회	531	/	
	신유형 예상문제 3회	536	/	

			Study Day	Check
PART 07 실기[필답형] 기출 복원문제	2020년 실기[필답형]기출복원문제	542	/	
	2021년 실기[필답형]기출복원문제	545	/	
	2022년 실기[필답형]기출복원문제	548	/	
	2023년 실기[필답형]기출복원문제	552	/	
	2024년 실기[필답형]기출복원문제	559	/	
	2025년 실기[필답형]기출복원문제	573	/	

			Study Day	Check
PART 08 실기[작업형] 분광광도법	01 기본 사항	584	/	
	02 실험 순서 및 기구 사용법	588	/	
	03 실험과정	592	/	

[부록]
안전·보건표시

경고표시

인화성물질 경고	산화성물질 경고	부식성물질 경고	급성독성물질 경고	폭발성물질 경고	발암성·변이원성·생식독성·전신독성·호흡기 과민성 물질 경고	저온 경고
고온 경고	낙화물 경고	매달린 물체 경고	고압전기 경고	방사성 물질 경고	위험장소 경고	레이저광선 경고	몸균형 상실 경고

금지표지

출입금지	보행금지	차량통행금지	사용금지	화기금지	물체이동금지	탑승금지	금연

지시표지

보안경 착용	방독마스크 착용	방진마스크 착용	보안면 착용	안전모 착용	귀마개 착용
안전화 착용	안전복 착용	안전장갑 착용			

안내표지

녹십자 표시	세안장치	응급구호표지	비상구	우측비상구	좌측비상구	들것	비상용 기구

NFPA(National Fire Protection Association) 코드

 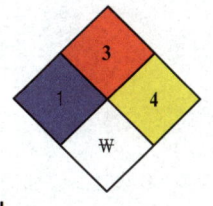

NFPA 위험성 표기

- **인체유해**

0	화재 시 노출될 경우 위험을 주지 않는 물질이다.
1	건강에 약간 유해한 물질로서 호흡장비 착용이 바람직하다.
2	건강에 유해한 물질이므로 안면마스크 및 눈을 보호하는 호흡장비 착용 후 오염지역에 진입해야 한다.
3	건강에 극도로 유해한 물질이므로 호흡장비 및 완벽한 방호복을 착용하고 오염지역에 진입할 수 있으나 피부를 노출하지 말것
4	극히 독성이 강하여 단순 노출에도 사망을 초래할 수 있고 증기 또는 액체는 일상의 완전한 방호복에 침투하여 치명적이다.

- **화재위험성**

0	안정적이며 인화하지 않는 물질(불연성)
1	발화 전에 예열되어야 하는 물질(NFPA Class, ⅢB)
2	발화가 되기 전에 적절히 가열되어야 하는 물질로, 물 분무는 물질을 인화점 미만으로 냉각시킬 수 있다.(NFPA Class, Ⅱ & ⅢA)
3	상온에서 발화시킬 수 있는 물질로서 물은 비효율적이다.(NFPA Class, ⅠB & ⅠC)
4	인화성이 높은 Gas 또는 극히 휘발성인 액체이므로 화재에 노출된 용기나 탱크에 물분무하여 냉각시키고 흐름을 차단하여야 한다. (NFPA Class, ⅠA)

- **반응성**

0	화재에 노출된 상태에서도 안정적이고 물과 반응하지 않는다.
1	보통 안정적이지만 온도 및 압력 상승이 불안정하게 되고 물과 반응하여 약간의 에너지를 방출하지만 격렬하지는 않다. 화재에 접근 또는 물을 사용할 경우 주의해야 한다.
2	보통 불안정하고 쉽게 격렬한 화학적 변화를 일으키지만 폭굉을 일으키지 않으며 온도 및 압력 상승 시 급격한 에너지 방출과 더불어 화학적 변화를 일으킨다. 또한 물과 격렬하게 반응하고 물과 위험한 폭발성 혼합물을 생성하는 것도 있다. 대형 화재 시 진화작업은 안전 거리를 유지하거나 방호된 지역에서 하여야 한다.
3	물과는 제한 없이 폭발적으로 반응한다. 폭굉 또는 폭발적 분해, 폭발적 반응을 일으킬 수 있지만 강력한 발화원이 필요하고 발화되기 전에 제한된 공간 내에서 가열되어야 한다. 또한 온도 및 압력 상승 시 열 또는 기계적 충격에 민감하므로 진화작업은 폭발의 영향에서 보호될 수 있는 위치에서 수행한다.
4	물과는 제한 없이 폭발적으로 반응한다. 보통 온도와 압력에서 폭굉 또는 폭발적 분해, 폭발적 반응을 쉽게 일으키며 온도 및 압력 상승 시 열 또는 기계적 충격에 민감하므로 진화작업은 폭발의 영향에서 보호될 수 있는 위치에서 수행한다.

- **기타 주요 특성**

약어	영문	한글	약어	영문	한글
OX	Oxidizer	산화제	COR	Corrosive	부식성
ACID	Acid	산성	W	Use no water	금수성
ALK	Alkali	염기성	☢	Radioactive	방사성

PART 00

핵심요약 합격족보

01 화학일반
02 화학분석
03 실험실 안전관리

단원 들어가기 전

합격하기 위해 반드시 필요한 핵심 이론만 구성했습니다.
시험장 가기 전 해당 내용들이 숙지가 되어 있는지 꼭 확인해 보시기 바랍니다.

PART 01 화학일반

제1장 기초화학

1. 원자의 구조

원자는 내부에 양성자, 중성자, 전자로 이루어져 있다.
- ① _____ : 중성자와 함께 원자핵을 구성하는 입자이며, 양의 전하를 가진다.
- ② _____ : 양성자의 질량보다 약간 큰 질량을 가지고 있으며, 전기적으로 중성인 입자이다.
- ③ _____ : 모든 원자 안에서 음전하를 띠고 있는 작은 입자이다.

2. 원자표기법

질량수 = 양성자 수 + 중성자 수

$$^{7}_{3}\text{Li}$$

원자번호 = 양성자 수

리튬 원자의 표기

3. 원소 주기율의 구성

- ④ _____ : 주기율표상 가로줄로 물리적 성질의 유사성에 따라 배열한다.
- ⑤ _____ : 주기율표상 세로줄로 화학적 성질의 유사성에 따라 묶은 수직인 행이다.
- 금속 : 전자를 잃고 양이온이 되려는 성질이 있으며, 금속결합으로 열과 전기전도성이 좋은 물질이다.
- 알칼리 금속 : 1족 원소들(Li, Na, K, Rb, Cs, Fr)
- 알칼리 토금속 : 2족 원소들(Be, Mg, Ca, Sr, Ba, Ra)
- 준금속 : 금속과 비금속의 중간 성질을 가지는 물질이다.
- 양쪽성 원소 : 금속과 비금속의 성질을 모두 지니고 있어 산과 염기 모두와 반응하는 물질이다.
- 비금속 : 전자를 얻어 음이온이 되려는 성질이 있으며, 대부분 기체와 고체로 존재한다.
- ⑥ _____ : 17족 원소들(F, Cl, Br, I, At)
- ⑦ _____ 기체 : 18족 원소들(He, Ne, Kr, Xe, Rn)

정답 ① 양성자 ② 중성자 ③ 전자 ④ 주기 ⑤ 족 ⑥ 할로젠 ⑦ 비활성

4. 주기율표 경향성

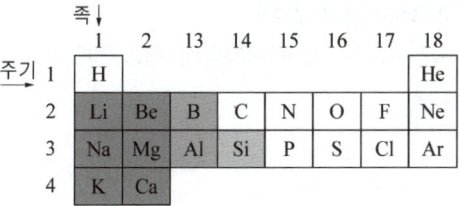

필수 암기 주기율

- 같은 ①_____ 에 있는 원소들은 전자껍질의 수가 같다.
  - 같은 ②_____ 의 원소들은 원자의 크기가 비슷하기 때문에 물리적 성질이 유사하다.
- 같은 ③_____ 에 있는 원소들은 최외각 전자의 수가 같다.
  - 같은 ④_____ 의 원소들은 최외각에 있는 전자의 수가 같기 때문에 화학적 성질이 유사하다.
- 원자크기
  - 같은 주기에서 원자번호가 커질수록 ⑤_____ 진다.
  - 같은 족에서 원자번호가 커질수록 ⑥_____ 진다.
- 이온화에너지(원자의 크기와 반대)
  - 같은 주기에서 원자번호가 커질수록 ⑦_____ 진다.
  - 같은 족에서 원자번호가 커질수록 ⑧_____ 진다.

5. 화학결합의 종류

- ⑨_____ : 양이온과 음이온의 정전기적 인력에 의한 결합(금속+비금속)
- ⑩_____ : 금속성 원소에서 빠져나온 자유전자가 금속 양이온 사이에서 작용하는 전기적 인력(금속+금속)
- ⑪_____ : 옥텟규칙을 만족하기 위해 전자쌍을 공유하는 결합(비금속 + 비금속)
- ⑫_____ : 공유결합을 할 때 한쪽에서 전자쌍을 모두 제공하는 결합

6. 결합

- 분자 내 결합 : 이온결합, 금속결합, 공유결합
- 분자 간 결합 : 반데르발스 결합, 수소결합

7. 기체

기체분자 운동론
- 분자는 끊임없이 무질서한 직선운동을 한다.
- 분자들의 크기는 무시할 수 있을 정도로 작다.(기체 자체부피 무시)
- 분자 간 인력이나 반발력은 작용하지 않는다.(분자 간 상호작용은 무시할 정도로 작음)
- 분자 간 완전 탄성 충돌을 한다.(평균운동에너지 변화 없음)
- 평균운동에너지는 기체 종류에 관계없이 절대온도에만 비례한다.

정답 ①,② 주기 ③,④ 족 ⑤ 작아 ⑥ 커 ⑦ 커 ⑧ 작아 ⑨ 이온결합 ⑩ 금속결합 ⑪ 공유결합 ⑫ 배위결합

기체확산(그레이엄의 법칙)

기체의 확산속도는 기체 분자량의 제곱근에 ① _____ 한다.

$$\frac{V_A}{V_B} = \sqrt{\frac{M_B}{M_A}}$$

V_A, V_B : 기체 확산 속도
M_A, M_B : 분자량

보일의 법칙

일정한 온도에서 기체의 압력과 부피는 ② _____ 한다.
$P_1V_1 = P_2V_2$

샤를의 법칙

일정한 압력에서 기체의 온도(절대온도)와 부피는 ③ _____ 한다.

$$\frac{V_1}{T_1} = \frac{V_2}{T_2}$$

보일 - 샤를의 법칙

온도, 압력, 부피가 동시에 변화할 때의 관계를 나타낸다.

$$\frac{P_1V_1}{T_1} = \frac{P_2V_2}{T_2}$$

아보가드로 법칙

- 기체의 종류에 관계없이 같은 온도, 압력, 부피 속에는 같은 수의 분자가 있다.
- 0℃, 1기압일 때, 1mol의 부피는 ④ _____ 이다.

이상기체 상태방정식

이상기체의 상태를 나타내는 방정식이다.
$PV = nRT$

8. 용해도

물 ⑤ _____ 에 녹을 수 있는 용질의 양(g)
- 고체의 용해도 : 대부분의 경우 용매의 온도가 높아질수록 용해도가 ⑥ _____ 하며, 압력에는 ⑦ _____ 하다.
- 기체의 용해도 : 온도가 높아질수록 기체 분자운동이 활발해져 용해도는 ⑧ _____ 하고, 압력이 높아질수록 용해도는 ⑨ _____ 한다.

정답
① 반비례 ② 반비례 ③ 비례 ④ 22.4L ⑤ 100g ⑥ 증가 ⑦ 무관
⑧ 감소 ⑨ 증가

제2장 화학적 단위와 화학반응

1. 몰[mol]
- 원자나 분자 같이 매우 작은 입자의 수량을 나타내기 위한 화학적 단위이다.
- 1mol에는 ① _____ 개의 입자가 있으며, 이를 아보가드로 수라 한다.

2. 원자량
- 원자량 : 탄소(^{12}C)원자의 질량을 12를 기준으로 다른 원자의 질량을 상대적으로 나타낸 값이다.

원소	원자번호	원자량	원소	원자번호	원자량
H	1	1	O	8	16
C	6	12	Na	11	23
N	7	14	Cl	17	35.5

3. 몰수

$$몰수(n) = \frac{질량(w)}{분자량(M)}$$

4. 화학반응식의 양적 관계

계수비 = 분자수의 비 = 몰수의 비 = 부피의 비 ≠ ② _____ 이다.

반응식	CH$_4$	+	2O$_2$	→	CO$_2$	+	2H$_2$O
\multicolumn{8}{c}{1몰의 CH$_4$와 2몰의 O$_2$가 반응하여 1몰의 CO$_2$와 2몰의 H$_2$O을 생성한 반응}
계수비	1	:	2	:	1	:	2
몰수비	1몰	:	2몰	:	1몰	:	2몰
분자수	6.02×10^{23}개	:	12.04×10^{23}개	:	6.02×10^{23}개	:	12.04×10^{23}개
분자수비	1	:	2	:	1	:	2
부피 (0℃, 1기압)	22.4L	:	44.8L	:	22.4L	:	44.8L
부피비 (0℃, 1기압)	1	:	2	:	1	:	2
질량	16g	:	64g	:	44g	:	36g
질량비	4	:	16	:	11	:	9

5. 화학반응 속도
- 유효 충돌 : 화학반응이 일어나기 위해서는 반응이 일어날 수 있는 방향의 유효 충돌이 일어나야 한다.
- ③ _____ : 유효 충돌로 발생한 에너지는 입자들의 결합을 끊는 데 사용되며, 반응하기 위해 최소한으로 필요한 에너지이다.
- 화학반응속도는 ④ ____, ⑤ ____, ⑥ ____, ⑦ ____ 의 영향을 받는다.

정답 ① 6.02×10^{23} ② 질량비 ③ 활성화에너지 ④ 온도 ⑤ 농도 ⑥ 표면적 ⑦ 촉매

6. 평형상수(K)

- 반응식 : $aA + bB \rightleftharpoons cC + dD$
- 평형상수(K) = $\dfrac{[C]^c[D]^d}{[A]^a[B]^b}$

화학평형의 변화
- ①_____, ②_____, ③_____, ④_____ 는 화학평형을 변화시킬 수 있다.
- ⑤_____ 는 반응속도에만 영향을 줄 뿐 화학평형에는 영향을 주지 않는다.

7. 산과 염기

아레니우스 정의
- 산 : 물에 녹았을 때 ⑥_____을 내놓을 수 있는 물질
- 염기 : 물에 녹았을 때 ⑦_____을 내놓을 수 있는 물질

브뢴스테드 - 로우리 정의
- 산 : 양성자(H^+)를 주는 물질
- 염기 : 양성자(H^+)를 받는 물질

루이스 정의
- 산 : ⑧_____을 받는 물질(H^+)
- 염기 : ⑧_____을 주는 물질(NH_3)

강산과 강염기의 종류
- 강산 : 염산(HCl), 질산(HNO_3), 과염소산($HClO_4$), 황산(H_2SO_4) 등
- 강염기 : 수산화나트륨(NaOH), 수산화칼륨(KOH) 등

약산과 약염기의 종류
- 약산 : 아세트산(CH_3COOH), 탄산(H_2CO_3), 폼산(HCOOH), 인산(H_3PO_4)
- 약염기 : 암모니아(NH_3), 수산화마그네슘[$Mg(OH)_2$]

pH = $-\log[H^+]$

8. 산화 · 환원

산화
원자 또는 분자가 ⑨_____를 잃는 반응, 산화수가 ⑩_____하는 반응

환원
원자 또는 분자가 ⑪_____를 얻는 반응, 산화수가 ⑫_____하는 반응

---

① 농도 ② 압력 ③ 부피 ④ 온도 ⑤ 촉매 ⑥ 수소 이온(H^+)
⑦ 수산화 이온(OH^-) ⑧ 비공유 전자쌍 ⑨ 전자 ⑩ 증가 ⑪ 전자 ⑫ 감소

9. 페러데이 법칙

- 전기분해할 때 소모되거나 석출되는 물질의 양은 전하량에 비례한다.

  $Q(C) = I(A) \times t(s)$

  - $Q(C)$: 전하량
  - $I(A)$: 전류
  - $t(s)$: 시간

- 쿨롱[C] : 1A의 전류를 1초 동안 흘렸을 때의 전하량
- 1F = 전자 1mol의 전하량(96,500C = 1mol e⁻)

제3장 유기화학

1. 탄화수소의 분류

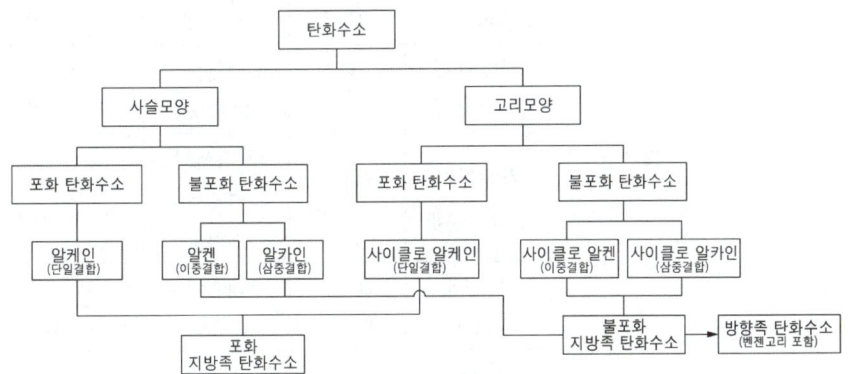

탄화수소 화합물의 분류

2. 탄화수소의 종류

Alkane(알케인)
- 탄소와 탄소 사이의 결합이 단일결합으로만 이루어진 포화 탄화수소
- 일반식은 ①
- 주로 치환반응한다.

Alkene(알켄)
- 탄소와 탄소 사이의 결합에 이중결합이 포함된 불포화 탄화수소
- 일반식은 ②   (n≥2)
- 주로 첨가반응한다.

Alkyne(알카인)
- 탄소와 탄소 사이의 결합에 삼중결합이 포함된 불포화 탄화수소
- 일반식은 ③   (n≥2)
- 주로 첨가반응 한다.

정답 ① C_nH_{2n+2} ② C_nH_{2n} ③ C_nH_{2n-2}

방향족 탄화수소
- ① _____ 를 포함하고 있으면 방향족 화합물이다.
- 공명구조를 가진다.

3. 탄화수소 유도체

이름	작용기	일반명	일반식	화합물 예
하이드록시기 (hydroxyl)	$-OH$	알코올 (alcohol)	$R-OH$	CH_3OH(메탄올) C_2H_5OH(에탄올)
에터 (ether)	$-O-$	에터 (ether)	$R-O-R'$	CH_3OCH_3(다이메틸에터) $C_2H_5OC_2H_5$(다이에틸에터)
포르밀기 (formyl)	$\underset{-C-H}{\overset{O}{\parallel}}$	알데하이드 (aldehyde)	$\underset{R-C-H}{\overset{O}{\parallel}}$	$HCHO$(포름알데하이드) CH_3CHO(아세트알데하이드)
카보닐기 (carbonyl)	$\underset{-C-}{\overset{O}{\parallel}}$	케톤 (ketone)	$\underset{R-C-R'}{\overset{O}{\parallel}}$	CH_3COCH_3 (다이메틸케톤, 아세톤)
카복실기 (carboxyl)	$\underset{-C-OH}{\overset{O}{\parallel}}$	카복시산 (carboxylic acid)	$\underset{R-C-OH}{\overset{O}{\parallel}}$	$HCOOH$(폼산) CH_3COOH(아세트산)
에스터 (ester)	$\underset{-C-O-}{\overset{O}{\parallel}}$	에스터 (ester)	$\underset{R-C-O-R'}{\overset{O}{\parallel}}$	$HCOOCH_3$(폼산메틸) CH_3COOCH_3(아세트산메틸)
아미노기 (amino)	$-NH_2$	아민 (amine)	$R-NH_2$	CH_3NH_2(메틸아민)

① 벤젠고리

PART 02 화학분석

제1장 분석일반

1. 농도의 종류

몰 농도[M]
몰 농도는 용액 ① _____ 에 녹아 있는 용질의 몰수이다.

몰랄 농도[m]
- 몰랄 농도는 용매 ② _____ 에 녹아 있는 용질의 몰수이다.
- 몰랄 농도[m] = $\dfrac{\text{용질의 몰수mol}}{\text{용매 1kg}}$

노르말 농도[N]
- 용액 1L에 녹아 있는 용질의 g당량수
- 노르말 농도[N] = $\dfrac{\text{g당량수}}{\text{용액 1L}}$
- 노르말 농도[N] = 몰 농도[M] × 당량수이다.

백만분율[ppm]
- 백만(10^6)을 기준으로 한 비율
- 1ppm = $\dfrac{1}{1,000,000}$

2. 용액의 희석

MV=M′V′의 법칙
몰 농도에 부피를 곱하면 몰수가 나오기 때문에 ③ _____ 에 의해 MV=M′V′의 묽힘 법칙을 나타낼 수 있다.

정답 ① 1L ② 1kg ③ 질량보존의 법칙

제2장 이화학분석

1. 정성·정량분석

① 정성분석
하나 이상의 성분 물질들의 상대적인 양에 관한 정보를 얻기 위한 분석법

② 정량분석
시료 속에 존재하는 원자 또는 분자, 화학종 또는 작용기에 관한 정보를 얻기 위한 분석법

2. 양이온 계통분석

제1족(은족)
제1족 이온들의 ③ 염화물 침전을 형성하는 양이온
- 종류 : 납(Pb^{2+}), 은(Ag^+), 제일수은(Hg_2^{2+})
- 분족시약 : 묽은 염산(HCl) 또는 NH_4Cl

제2족
산성 용액에서 ④ 황화물 침전을 형성하는 양이온
- 구리족 종류 : 납(Pb^{2+}), 구리(Cu^{2+}), 카드뮴(Cd^{2+}), 제이수은(Hg^{2+}), 비스무트(Bi^{3+})
- 주석족 종류 : 비소(As^{3+}, As^{5+}), 안티몬(Sb^{3+}, Sb^{5+}), 주석(Sn^{2+}, Sn^{4+})
- 분족시약 : H_2S(1% HCl)

제3족(황화암몬족)
염기성 용액에서 ⑤ 수산화물 을 형성하는 양이온
- 종류 : 철(Fe^{3+}), 크로뮴(Cr^{3+}), 알루미늄(Al^{3+})
- 분족시약 : $NH_4OH(+NH_4Cl)$

제4족
염기성 용액에서 ⑥ 황화물 침전을 형성하는 양이온
- 종류 : 니켈(Ni^{2+}), 코발트(Co^{2+}), 망가니즈(Mn^{2+}), 아연(Zn^{2+})
- 분족시약 : $H_2S + NH_4Cl(+NH_4OH)$

제5족
⑦ 탄산염 침전을 형성하는 양이온
- 종류 : 바륨(Ba^{2+}), 스트론튬(Sr^{2+}), 칼슘(Ca^{2+})
- 분족시약 : $(NH_4)_2CO_3(+NH_4OH)$

제6족
침전을 하지 않는 양이온
- 종류 : 마그네슘(Mg^{2+}), 칼륨(K^+), 나트륨(Na^+), 암모늄(NH_4^+)
- 분족시약 : 없음

정답
① 정성분석 ② 정량분석 ③ 염화물 ④ 황화물
⑤ 수산화물 ⑥ 황화물 ⑦ 탄산염

3. 산·염기 적정법 (중화반응)

산과 염기가 완전히 중화되기 위해서는 산이 내는 H^+와 염기가 내는 OH^-의 몰수가 같아야 한다.

강산과 강염기인 HCl과 NaOH의 반응
반응식 : $HCl + NaOH \rightleftarrows NaCl(염) + H_2O$

지시약
산·염기 적정 시 종말점을 눈으로 확인하기 위해 pH에 따라 색이 변하는 물질
- 강산과 강염기의 적정 : ① 메틸오렌지 , ② 페놀프탈레인 등
- 강산과 약염기의 적정 : ③ 메틸오렌지 , ④ 메틸레드 등
- 약산과 강염기의 적정 : ⑤ 페놀프탈레인 등

4. 산화·환원 적정법

산·염기의 적정 방법처럼 산화와 환원을 이용한 적정법

산화제와 환원제
- 산화제 : 과산화수소(H_2O_2), 질산(HNO_3), 황산(H_2SO_4), 과망가니즈산칼륨($KMnO_4$), 염소(Cl_2), 다이크로뮴산칼륨($K_2Cr_2O_7$) 등
- 환원제 : 수소(H_2), 나트륨(Na), 옥살산($H_2C_2O_4$) 등

과망가니즈산 적정법
- 표준화한 과망가니즈산칼륨용액을 이용해 분석물질을 ⑥ 산화 시킨다.
- 황산(H_2SO_4) 용액을 가해 ⑦ H^+ 를 공급한다.
- 적정 시 $MnO_4^- \rightarrow Mn^{2+}$로 ⑧ 환원 되면서 분석물질을 산화시킨다.

아이오딘 적정법
산화제인 아이오딘을 이용한 적정법
- 직접 아이오딘 적정법 : $I_2 + 2e^- \rightarrow 2I^-$
- 지시약 : 주로 ⑨ 녹말(= 전분, Starch) 을 사용한다.
- 아이오딘(I_2)과 녹말이 만나면 청색으로 변색된다.

5. 킬레이트 적정법

- 킬레이트 시약을 사용하여 금속 이온을 적정하는 방법으로 주기율표상에 있는 대부분의 원소를 직·간접적으로 분석할 수 있다.
- 킬레이트 시약 : EDTA(Ethylene Diamine Tetraacetic)
- ⑩ 완충용액 : EDTA와 금속 이온이 반응하여 생기는 킬레이트 화합물은 pH의 영향을 받기 때문에 ⑩ 완충용액 을 이용하여 pH를 일정하게 유지해야 한다.

정답 ① 메틸오렌지 ② 페놀프탈레인 ③ 메틸오렌지 ④ 메틸레드 ⑤ 페놀프탈레인
⑥ 산화 ⑦ H^+ ⑧ 환원 ⑨ 녹말(= 전분, Starch) ⑩ 완충용액

제3장 기기분석

1. 분광분석

전자기파의 종류

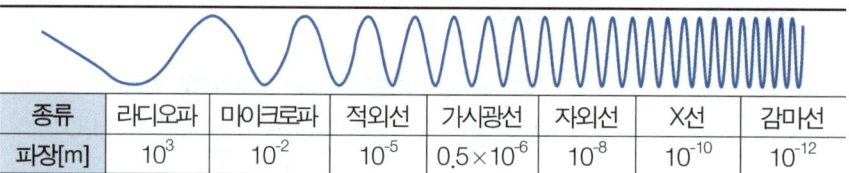

종류	라디오파	마이크로파	적외선	가시광선	자외선	X선	감마선
파장[m]	10^3	10^{-2}	10^{-5}	0.5×10^{-6}	10^{-8}	10^{-10}	10^{-12}

광원에 따른 분석장비 종류

검출 파장	분석장비	주요 용도
자외선, 가시선	가시선-자외선 분광기(UV-Vis 분광기)	유기물, 무기물 조성분석
적외선	적외선 분광기(IR 분광기)	유기물 정성분석(작용기 분석)
자외선	원자흡광광도계(AAS)	무기 조성분석
자외선	유도결합플라즈마 원자발광광도계(ICP-AES)	무기 조성분석
라디오파	핵자기공명분광기(NMR)	유기물 분자 구조분석

2. UV-Vis 분광광도계

시료가 일정한 파장의 빛을 흡수하는 정도를 측정하여 정량 및 정성분석한다.

구조

광원부 - 파장선택부 - 시료부 - 검출부

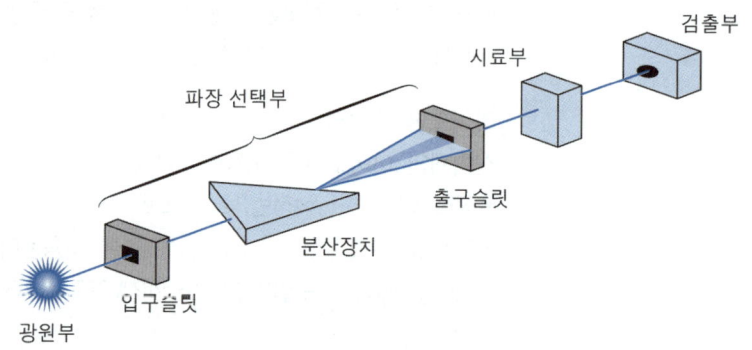

UV-Vis 분광광도계의 구조

- 광원부(램프)
  - ① _____ 램프는 가시광선 범위의 파장을 발생시킨다.
  - ② _____ 램프는 자외선 범위의 파장을 발생시킨다.
- 파장선택부(단색화장치)
  - ③ _____ 나 ④ _____ 을 이용해 특정 파장대의 빛을 선택한다.
  (빛의 회절현상 이용)

① 텅스텐(W) ② 중수소(D2) ③ 회절격자 ④ 프리즘

- 시료부(셀)
  - 재질에 따라 석영, 유리, 플라스틱을 사용하며 측정 파장의 범위가 다르다.
- 검출부(검출기)
  - ① _____, ② _____, ③ _____ 등의 검출기를 사용한다.

람베르트 - 비어의 법칙
- 흡광도는 시료의 농도(C)에 ④ _____하고 빛이 통과하는 길이(b)에 ⑤ _____한다.
- 흡광도 $A = \varepsilon bC$
- ε(몰흡광계수)는 물질마다 가지고 있는 고유한 값으로 값이 클수록 빛을 잘 흡수한다.

3. 원자흡수 분광법

금속 원자를 불꽃, 전기로 등으로 높은 온도에서 가열해 기체상태인 중성원자로 만들어 ⑥ _____ 영역의 빛 에너지를 흡수하는 것을 측정하는 방법이다.

구조

광원부 - 시료원자화부 - 단색화부 - 검출부
- 광원부
  - 속 빈 음극등(HCL) : 대부분의 원소 분석에 사용한다.
  - 전극 없는 방전등(EDL) : 비소(As), 셀레늄(Se)와 같은 휘발성 원소 분석에 사용한다.
- 시료원자화부
  - 불꽃형(불꽃 원자화장치) : 불꽃 속으로 시료를 분부하여 원자화시킨다. 불꽃을 만들기 위해 가연성 가스와 조성연 가스의 조합으로 사용한다. 수소 - 공기, 아세틸렌 - 공기, 아세틸렌 - 이산화질소, 프로판 - 공기
  - 비 불꽃형(흑연로 원자화장치) : 흑연로 또는 탄탈, 텅스텐 필라멘트 등에 전류를 흘려 발생시키는 전열을 이용하여 원자화시킨다.
    ▶ 차가운 증기 생성법 : ⑦ _____ 정량에만 사용한다.
    ▶ 수소화물 생성 원자화 : As, Sb, Sn, Te, Bi, Pb 등을 함유한 시료를 추출하여 기체상태로 만들어 원자화 장치에 도입한다.
- 단색화장치
  - 슬릿, 거울, 렌즈, 프리즘 또는 회절발 등으로 구성되어 있으며 빛의 ⑧ _____ 현상을 이용하여 특정 파장대의 빛을 선택한다.
- 검출부(검출기)
  - 검출기 및 신호처리계로 구성되어 있다.

4. 원자방출 분광법

빛 에너지나 열에너지를 흡수한 원자가 발생시키는 고유의 ⑨ _____를 분석한다.

정답 ① 광전증배관 ② 광전관 ③ 광다이오드어레이 ④ 비례 ⑤ 비례
⑥ 자외선 또는 가시광선 ⑦ 수은(Hg) ⑧ 회절 ⑨ 방출에너지

구조

광원(시료 원자화 장치) - 파장 선택기 - 검출부

- 광원(시료 원자화 장치)
  - ① 불꽃 , ② 아크 , ③ 스파크 를 광원으로 시료를 원자화한다.
  - 플라즈마 광원으로 시료를 원자화하며, 가장 중요하고 널리 사용된다.
- 단색화장치 : 빛의 회절 현상을 이용하여 특정 파장대의 빛을 선택한다.
- 검출부(검출기) : 검출기 및 신호처리계로 구성되어 있다.

5. 적외선 분광법

구조

광원부 - 간섭계 - 시료부 - 검출부

- 광원부 : ④ Nernst 백열등 , ⑤ Globar 광원 , ⑥ 레이저 등을 사용한다.
- 간섭계
  - 간섭계에는 이동거울, 고정거울, 빛살 분할기로(beam splitter) 구성되어 있다.
  - 광원으로부터 나온 복사선은 빛살 분할기를 통해 이동거울과 고정거울에 각각 나누어져 반사된다.
- 시료부 : 보강 또는 상쇄를 일으키는 복사선 중 특정 파장대의 복사선을 흡수한다.
- 검출부 : 시료를 통과한 복사선은 검출기를 통해 복사선의 세기가 검출된다.

6. 핵자기공명 분광법 (NMR)

자기장 내에서 원자의 핵이 고유 주파수의 라디오파와 공명하여 높은 에너지 상태로 전이함에 따라 ⑦ 라디오파 를 흡수하는 현상을 이용하는 분석법이다.

7. 크로마토그래피

액체 크로마토그래피

이동상이 ⑧ 액체 이고, 고정상이 컬럼인 고성능 크로마토그래피

- 구조 : 이동상 - 펌프 - 주입구 - 컬럼 - 검출기
  - 이동상 : 분석물질의 종류나 컬럼에 따라 적절한 이동상을 선택한다.
  - 펌프 : 이동상의 이동 속도를 조절한다.
  - 시료 주입부 : 일정한 양의 시료를 수입한다.
  - ⑨ 컬럼(분리관) : 시료 성분의 분리가 일어나는 곳
    ▶ 순상 컬럼 : 이동상은 비극성 용액을 사용하며, 고정상은 극성 물질을 사용, 주로 비극성 물질인 유기화합물을 분리할 때 사용한다.
    ▶ 역상 컬럼 : 이동상은 극성 용액을 사용하며, 고정상은 비극성 물질을 사용, 극성 용매에 잘 용해되는 물질을 분리할 때 사용한다.

정답
① 불꽃 ② 아크 ③ 스파크 ④ Nernst 백열등 ⑤ Globar 광원
⑥ 레이저 ⑦ 라디오파 ⑧ 액체 ⑨ 컬럼(분리관)

- 검출기

  검출 방법에 따라 적외선-가시광선 검출기(UV-Vis Detector), 형광검출기(FLD), 전기화학 검출기(ECD), 광다이오드 검출기(PDA), 전도도검출기(CD)를 사용한다.
- 머무름 비

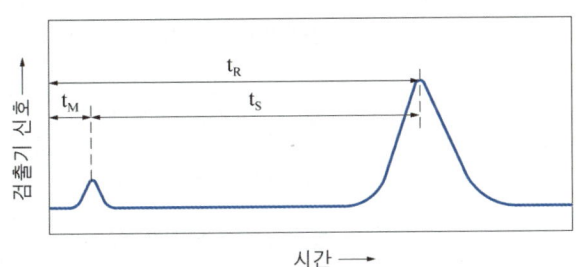

$$R = \frac{t_M}{t_M + t_S}$$

- R : 머무름 비
- t_M : 시료 분자가 이동상에서 머무른 시간
- t_S : 시료 분자가 고정상에서 머무른 시간

기체 크로마토그래피

- 이동상이 ① _____ 이고, 고정상이 컬럼인 크로마토그래피
- 일반적으로 ② _____ 의 정성·정량분석에 사용한다.

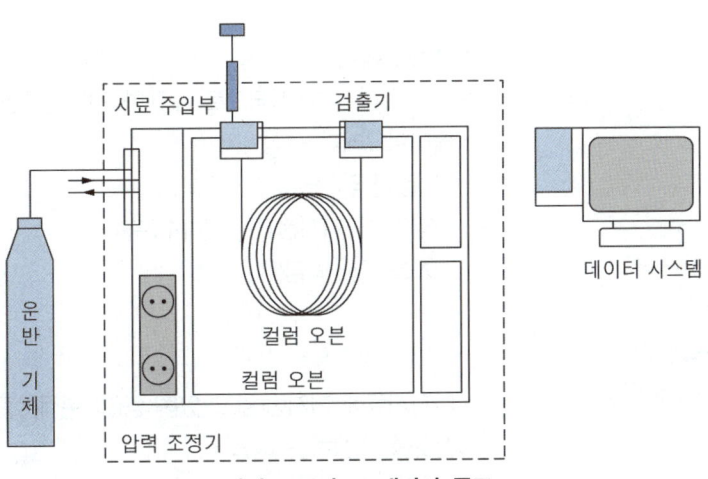

기체 크로마토그래피의 구조

- 구조 : 운반 기체 공급 - 시료주입부 - 컬럼 - 검출기
  - 운반 기체 공급 : 이동상으로는 ③ _____, ④ _____, ⑤ _____ 등의 불활성 기체를 사용한다.
  - 시료 주입부 : 기체 또는 액체 상태로 직접 컬럼에 주입하는 장치이다.
  - 컬럼(분리관) : 시료 성분의 분리가 일어나는 곳이다.

정답 ① 기체 ② 유기화합물 ③ 수소(H_2) ④ 헬륨(He) ⑤ 아르곤(Ar)

- 검출기 : 컬럼에서 분리되어 나오는 시료의 특성을 전기적 신호로 변환한다.

검출기 종류	용도	이동상
불꽃 이온화 검출기(FID)	대부분의 유기화합물 검출	N_2, He, H_2(불꽃)
전자포획 검출기(ECD)	폴리염화비닐, 할로젠화물 (전자포획 원자를 포함한 유기화합물)	N_2, 공기/CH_4
질소, 인 검출기(NPD)	N, P화합물, 농약	He, N_2
열전도도 검출기(TDC)	운반기체와 열전도도 차이가 있는 유기화합물	He, N_2, H_2
불꽃 광도 검출기(FPD)	P, S화합물	N_2
원자 방출 분광 검출기(AED)	대부분의 유기화합물의 원소별 검출	N_2, H_2
질량분석 검출기(MSD)	모든 유기화합물 질량분석	He

8. 전기분석법

전위차법
- 전위차(전압차)를 이용한 분석법
- 기준전극, 지시전극 및 전위측정장치로 구성되어 있다.

전기량법
- 전기분해과정에 의해 소비되거나 생성되는 전기량(C)을 측정하는 방법
- 1C(쿨롱) = 1A × 1s

폴라로그래피
- ① _____ 전극으로 수행한 전압전류법
- 폴라로그래피 구성
  - 기준전극 : ② _____
  - 작업전극(지시전극) : 적하수은전극
  - 보조전극 : 백금(Pt)

9. 표준물 첨가법과 내부표준물법

③ _____
- 미지시료에 기지량(알고 있는 양)의 분석물질을 첨가한 다음 분석기기의 증가된 신호를 측정하는 방법
- 상대적으로 증가된 기기신호로부터 미지시료 중 분석물질의 함량을 알 수 있다.

④ _____
- 내부표준물질은 분석물질과는 다른 화합물로, 미지시료에 첨가하는 기지량의 화합물이다.
- 내부표준물질을 미지시료에 첨가하여 분석물질의 신호와 내부표준물의 신호를 비교하여 분석시료의 정량 또는 분석기기의 보정 등에 사용된다.

① 적하수은 ② 포화칼로멜전극 ③ 표준물 첨가법 ④ 내부표준물법

PART 03 실험실 안전관리

제1장 실험실 문서관리

1. 시약 및 소모품 관리

실험실 시약 관리
- 시약의 특성과 위험성에 대해 쉽게 확인할 수 있도록 시약의 명칭, 위해 정도, 제조일자 등 안전에 필요한 사항을 기재하여 부착해야 한다.
- 표지기준 : 제조된 시약 용기에는 독극성, 인화성, 반응성, 부식성 등 식별이 용이하게 표지를 부착해야 한다.
- 저장기준 : 모든 화학물질은 소유자, 구입 날짜, 위험성, 응급 절차 등을 나타내는 라벨을 부착해야 하며, 특별히 구획된 보관함에 보관한다.

시약 관리 대장
- 보관 중인 시약은 반드시 주기적으로 보유 현황을 조사하여 재고량을 최신화한다.
- 시약을 최초 개봉하는 경우 변질 여부 등을 쉽게 파악할 수 있도록 최초 개봉 일자를 기재한다.
- 시약이 입고되면 시약 라벨에 내용물의 종류, 양, 제조일자, 입고일자, 사용 개시 일자 및 유효기간에 대해 작성한다.
- 관리 담당자는 약품 보관장의 유해 화학약품 사용량을 정확히 파악해 재고량과 대장에 기록된 잔여량이 일치하는지 정기적으로 확인한다.
- 시약을 점검했던 기록은 2년간 보관하며, 시약 재고 관리 장부에는 시약명, 공급 일자, 유효 기간, 사용 종료 일자 등을 기록한다.

2. 시험 결과값 표현

과학적 표기법
$N \times 10^n$

- N : 일반적으로 1 ~ 10 사이의 수
- n : 지수

유효숫자
- 측정 중인 값을 완벽하게 얻는 것은 불가능하다. 그러므로 측정값이나 계산값의 의미있는 자릿수를 표현한 것이 유효숫자이다.
  - 0이 아닌 모든 숫자는 유효숫자이다.
    - 예) 221의 유효숫자 3개, 2,114의 유효숫자는 4개

- 숫자들 사이의 0은 유효숫자로 포함① _____ 다.
  예) 102의 유효숫자는 3개, 3,002의 유효숫자는 4개
- 소수점에서 자릿수를 나타내는 0은 유효숫자에 포함② _____ 다.
  예) 0.002의 유효숫자는 1개, 1.0002의 유효숫자는 5개
- 1보다 작은 수일 경우 해당 값 뒤로 작성되는 0은 유효숫자이다.
  예) 0.02500은 유효숫자 4개
- 1보다 큰 수일 경우 소수점 아래로 쓰인 0은 유효숫자이다.
  예) 7.00 = 유효숫자 3개
- 소수점이 없는 숫자에서 뒤에 나오는 0은 유효숫자일 수도 있고 아닐 수도 있다.
  예) 500의 유효숫자는 500(유효숫자 1개), 500(유효숫자 2개), 500(유효숫자 3개)일 수 있다.

오차의 종류
- 방법오차 : 반응의 불완결성 등 물리·화학적 영향으로부터 발생하는 오차
- ③ _____ : 개인의 판단기준 또는 특성 등에 의해 발생하는 오차
- ④ _____ : 분석기기 또는 시약의 순도 등에 의해 발생하는 오차

오차를 줄이기 위한 시험 방법
- ⑤ _____ : 분석대상 시료를 넣지 않고 분석을 진행하는 방법
- ⑥ _____ : 대조시료에서 발생하는 오차의 크기를 결과값에 보정하는 방법
- ⑦ _____ : 분석대상 시료에 포함된 공존 물질의 영향성을 파악하는 방법
- ⑧ _____ : 예비시험, 처음에 얻어지는 시험 결과값을 제외하는 방법
- ⑨ _____ : 우연오차가 발생 시 검사의 신뢰도 계수 및 표준오차 등을 추정하기 위한 방법

제2장 화학물질 취급

1. 화학물질의 종류

유해화학물질
- 화학물질 : 원소·화합물 및 인위적인 반응을 일으켜 얻어진 물질 또는 자연상태에서 존재하는 물질을 화학적으로 변형시키거나 추출·정제한 물질
- ⑩ _____ : 유해성이 있는 화학물질
- ⑪ _____ : 위해성이 있다고 우려되는 화학물질로 환경부장관의 허가를 받아 제조, 수입, 사용해야 하는 물질

정답
① 시킨 ② 시키지 않는 ③ 개인오차 ④ 기기 및 시약오차 ⑤ 공시험
⑥ 조절시험(대조시험) ⑦ 회수시험 ⑧ 맹시험 ⑨ 평행시험 ⑩ 유독물질 ⑪ 허가물질

- ① _____ : 특정 용도로 사용되는 경우 위해성이 큰 화학물질로서 그 용도로의 제조, 수입, 판매, 보관, 저장, 운반 또는 사용을 금지하는 물질
- ② _____ : 화학물질 중에서 급성독성·폭발성 등이 강해 화학사고의 발생 가능성이 높거나 사고가 발생할 경우 피해규모가 큰 화학물질

위험물안전관리법상 화학물질의 분류

- 유별 성상

제1류 위험물	산화성 고체
제2류 위험물	가연성 고체
제3류 위험물	금수성 물질 및 자연발화성 물질
제4류 위험물	인화성 액체
제5류 위험물	자기반응성 물질
제6류 위험물	산화성 액체

- 위험물의 종류

제1류 위험물			
위험등급	지정수량	품명	대표 위험물
I	50kg	아염소산염	아염소산칼륨
			아염소산나트륨
		염소산염류	염소산칼륨
			염소산나트륨
		과염소산염류	과염소산칼륨
			과염소산나트륨
		무기 과산화물	과산화칼륨
			과산화나트륨
II	300kg	브로민산 염류	브로민산암모늄
		질산 염류	질산칼륨
			질산나트륨
			질산암모늄
		아이오딘산 염류	아이오딘산칼륨
III	1,000kg	다이크로뮴산 염류	다이크로뮴산칼륨
		과망가니즈산 염류	과망가니즈산칼륨

정답 ① 제한물질 ② 사고대비 물질

제2류 위험물			
위험등급	지정수량	품명	대표 위험물
II	100kg	황화인	삼황화인
			오황화인
			칠황화인
		황	황
		적린	적린
III	500kg	철분	철분
		마그네슘	마그네슘
		금속분	알루미늄분
			아연분
			안티몬
	1,000kg	인화성고체	고형알코올

제3류 위험물			
위험등급	지정수량	품명	대표 위험물
I	10kg	알킬알루미늄	트라이에틸알루미늄
		알킬리튬	메틸리튬
		칼륨	칼륨
		나트륨	나트륨
	20kg	황린	황린
II	50kg	알칼리 금속	리튬, 루비듐
		알칼리 토금속	칼슘, 바륨
		유기금속화합물	-
III	300kg	금속수소화합물	수소화칼슘, 수소화나트륨
		금속인 화합물	인화칼슘
		칼슘 및 알류미늄탄화물	탄화칼슘, 탄화알루미늄
		그 외	염소화규소화합물

제4류 위험물

위험등급	품명		지정수량	대표 위험물
I	특수인화물	비수용성	50L	이황화탄소, 다이에틸에터
		수용성		아세트알데하이드, 산화프로필렌
II	제1석유류	비수용성	200L	휘발유, 메틸에틸케톤, 톨루엔, 벤젠
		수용성	400L	사이안화수소, 아세톤, 피리딘
	알코올류		400L	메틸알코올, 에틸알코올
III	제2석유류	비수용성	1,000L	등유, 경유, 크실렌, 클로로벤젠
		수용성	2,000L	아세트산, 포름산, 하이드라진
	제3석유류	비수용성	2,000L	클레오소트유, 중유, 아닐린, 나이트로벤젠
		수용성	4,000L	글리세린, 에틸렌글리콜
	제4석유류	비수용성	6,000L	윤활유, 기어유, 실린더유
	동식물유류	건성유 아이오딘값 130 이상	10,000L	아마인유, 들기름, 동유, 해바라기유, 대구유, 정어리유, 상어유
		반 건성유 아이오딘값 100~130	10,000L	면실유, 청어유, 쌀겨기름, 옥수수기름, 채종유, 참기름, 콩기름
		불건성유 아이오딘값 100 이하	10,000L	쇠기름, 돼지기름, 고래기름, 올리브유, 팜유, 땅콩기름, 파마자유, 야자유

제5류 위험물

등급	지정수량	품명	대표 위험물
• 제종 I • 제2종 II	• 제1종 : 10kg • 제2종 : 100kg	질산에스터류	질산메틸, 질산에틸, 나이트로글리세린, 나이트로글리콜, 나이트로셀룰로오스, 셀룰로이드
		유기과산화물	과산화벤조일(벤조일퍼옥사이드), 아세틸퍼옥사이드
		하이드록실아민	-
		하이드록실아민염류	-
		나이트로화합물	트라이나이트로톨루엔, 트라이나이트로페놀(피크린산), 테트릴
		나이트로소화합물	-
		아조화합물	-
		다이아조화합물	-
		하이드라진유도체	-
		그 외	금속의 아지화합물, 질산구아니딘

제6류 위험물			
등급	지정수량	품명	분자식
I	300kg	질산	HNO_3
		과산화수소	H_2O_2
		과염소산	$HClO_4$
		그 외 (할로젠 간 화합물)	BrF_3(삼불화브로민), BrF_5(오불화브로민), IF_5(오불화아이오딘)

유해·위험성에 따른 분류기준

• 물리적 위험성

화학물질의 분류	그림문자	신호어
1. 폭발성물질		위험/경고
2. 인화성가스 3. 인화성액체 4. 인화성고체 5. 인화성에어로졸		위험/경고
6. 물반응성물질 14. 자기발열성물질		위험/경고
7. 산화성가스 8. 산화성액체 9. 산화성고체		위험/경고
10. 고압가스		경고
11. 자기반응성물질 및 혼합물 15. 유기과산화물	구분 A. 구분 B. 구분 C~F.	위험/경고
12. 자연발화성액체 13. 자연발화성고체		위험

화학물질의 분류	그림문자	신호어
16. 금속부식성물질		경고

• 건강 유해성

화학물질의 분류	그림문자		신호어
1. 급성독성물질	구분 1~3.		위험
	구분 4.		경고
2. 피부 부식성/자극성물질 3. 심한 눈 손상/자극성물질	구분 1.		위험
	구분 2.		경고
4. 호흡기과민성물질			위험
5. 피부과민성물질			경고
6. 발암성물질			위험
7. 생식세포변이성물질 8. 생식독성물질	구분 1.		위험
	구분 2.		경고

화학물질의 분류	그림문자		신호어
9. 특정표적 장기전신독성물질 (1회 노출)	구분 1.	☠	위험
	구분 2.	☠	경고
	구분 3.	❗	경고
10. 특성표적 장기전신독성물질 (반복노출)	구분 1.	☠	위험
	구분 2.	☠	경고

- 환경 유해성

화학물질의 분류	그림문자		신호어
가. 급성수생환경유해성물질		🐟	경고
나. 만성수생환경유해물질	구분 1.	🐟	경고
	구분 2.	🐟	해당없음

2. ① 물질안전보건자료(MSDS : Material Safety Data Sheet)

- 화학물질에 대한 정보를 담은 자료
- 화학물질의 유해 위험성, 응급조치, 취급 및 사용 시 주의사항 등 아래의 표와 같은 16개의 항목을 포함한다.

항목			
① 화학제품과 회사에 관한 정보	② 유해·위험성 정보	③ 구성 성분의 명칭 및 함유량	④ 응급조치 요령
⑤ 폭발·화재 시 대처방법	⑥ 누출 사고 시 대처방법	⑦ 취급 및 저장방법	⑧ 노출 방지 및 개인 보호구
⑨ 물리·화학적 특성	⑩ 안정성 및 반응성	⑪ 독성에 관한 정보	⑫ 환경에 미치는 영향
⑬ 폐기 시 주의사항	⑭ 운송에 필요한 정보	⑮ 법적 규제 현황	⑯ 그 밖의 참고 사항

3. 개인보호구

위험성별 개인보호구

보호구 종류	위험성	안전 사항
실험복	화학물질의 신체 접촉	• 화학물질 특성에 맞는 재질의 실험복을 착용한다. • 실험실 이외의 장소에서 착용해서는 안 된다.
안전화	화학물질의 신체 접촉	• 화학물질 특성에 맞는 재질로 된 것을 착용한다. • 신발은 완전히 발등을 덮는 신발을 착용한다.
보안경/보안면	화학물질에 대한 눈 보호	• 화학물질 특성에 맞는 재질로 된 것을 착용한다. • 반드시 보안경(Safety Glasses or goggles)을 착용한다. • 폭발 위험성이 있는 실험이나 유독한 화학물질이 튀는 등의 위험한 실험을 수행하는 경우에는 보안면(Face Shield)을 착용한다.
안전 장갑	손 보호	• 장갑과 손목 사이에 틈이 생기지 않도록 충분한 길이여야 한다. • 안전 장갑에 사용되는 재료와 부품은 착용자에게 해로운 영향을 주지 않아야 한다.
귀마개	청력 손상 예방	• 소음으로 인한 연구 활동 종사자의 청력을 보호한다. • 소음 수준에 적합한 청력 보호구를 착용한다. • 착용자 귀의 이상 유무를 파악하여 귀마개 또는 귀덮개를 선정한다.

보호구 종류	위험성	안전 사항
호흡 보호구	흡입 독성을 예방	• 방진 마스크, 방독 마스크, 송기 마스크, 공기 공급식 호흡 보호구 • 실험실 등 유해 화학물질을 취급하는 경우 착용한다. • 흡입 독성이 있는 유해 화학물질을 취급하는 경우 착용한다. • 방독 마스크는 산소 농도가 18% 이상인 장소에서 사용한다.
화학물질 보호용 작업복	화학물질의 신체 접촉	• 유해 화학물질의 유출, 화재, 폭발 등으로 인해 오염된 공기 또는 액상 물질 등이 피부에 접촉됨으로써 발생할 수 있는 건강 영향을 예방한다. • 1, 2형식 보호복은 안전 장갑과 안전화를 포함하는 일체형이어야 한다.

4. 화학물질 취급 시 주의사항

산 및 알칼리류
- 강산과 강염기는 공기 중 수분과 반응하여 치명적 증기를 생성하므로 사용하지 않을 때는 뚜껑을 닫아 놓는다.
- 희석 용액을 제조할 경우에는 ① _____ 에 소량의 산 또는 알칼리를 조금씩 첨가하여 희석한다.
- 강한 부식성이 있으므로 금속성 용기에 저장을 금하며, 적합한 보호구(내산성)를 반드시 착용한다.
- 산이나 염기가 눈이나 피부에 묻었을 때 즉시 흐르는 물에 15분 이상 씻어내고 도움을 요청한다.(세안 장치 및 전신 샤워 장치)
- 플루오린화수소(HF)는 가스 및 용액이 극한 독성을 나타내며, 화상과 같은 즉각적인 증상 없이 피부에 흡수되므로 취급에 주의해야 한다.
- 과염소산($HClO_4$)은 강산의 특성을 띠며 유기물 및 무기물과 반응하여 폭발할 수 있으며, 특히, 가열, 화기 접촉, 마찰에 의해 스스로 폭발하므로 주의해야 한다.

산화제
강산화제는 매우 적은 양으로 강렬한 폭발을 일으킬 수 있으므로 방호복, 고무장갑, 보안경 및 보안면 같은 보호구를 착용하고 취급하여야 한다.

① 물

금속분말

- 대부분의 미세한 금속 분말은 물과 산의 접촉으로 ① _____ 를 발생하고 발열한다. 특히, 습기와 접촉할 때 자연발화의 위험이 있어 폭발할 수 있으므로 특별히 주의한다.
- 금속분, 황가루, 철분은 밀폐된 공간 내에서 부유할 때 ② _____ 의 위험이 있다.

유기용제 및 가연성 화학물질

- 휘발성이 매우 크며, 증발하기 쉬운 인화성 액체로 대부분 위험물안전관리법상 제4류 위험물에 속한다.
- 점화원에 의해 인화, 폭발의 위험이 크다.
- 대부분 물보다 가볍고, 물에 녹지 않는다.
- 증기 비중은 1보다 커 바닥에 체류하며 대부분 유독하다.
- 보호구를 착용하거나 후드 내에서 취급해야 한다.

기타 물질

알킬알루미늄, 알킬리튬은 물 또는 공기와 접촉하면 폭발한다.

5. 화학물질 보관 시 주의사항

혼재 금지 위험물

위험물의 구분	산화성 고체	가연성 고체	자연발화 및 금수성 물질	인화성 액체	자기반응성 물질	산화성 액체
산화성 고체		×	×	×	×	○
가연성 고체	×		×	○	○	×
자연발화 및 금수성 물질	×	×		○	×	×
인화성 액체	×	○	○		○	×
자기반응성 물질	×	○	×	○		×
산화성 액체	○	×	×	×	×	

정답 ① 수소가스 ② 분진 폭발

제3장 실험실 환경·안전 점검

1. 실험실 안전·보건관리 수칙
- 안전보건관리규정을 작성하고 실험실에 게시 또는 비치하여야 한다.
- 실험대, 실험부스, 안전통로 등은 항상 청결하게 유지하여야 한다.
- 실험실의 전반적인 구조를 숙지하고, 출입구는 항상 피난이 가능한 상태로 유지하여야 한다.
- 사고 시 연락 및 대피를 위해 출입구 벽면 등 눈에 잘 띄는 곳에 비상연락망 및 피난안내도를 부착하여야 한다.
- 소화기는 눈에 잘 띄는 위치에 비치, 실험종사자가 소화기 사용법을 숙지하도록 교육하여야 한다.
- 실험실에 필요한 시약만 실험대에 두고, 실험실 내에 일일 사용에 필요한 최소량만 보관하여야 한다.
- 시약병은 깨끗하게 유지하고, 라벨에는 물질명, 위험·경고·주의표지, 뚜껑을 개봉한 날짜를 기록하여야 한다.
- 실험시의 폐액이나 누출된 유해물질은 싱크대나 일반 쓰레기통에 버리지 말고 폐액 수거용기에 안전하게 버려야 한다.
- 실험실의 안전점검표를 작성하여 정기적으로 실험실 내 실험장치, 시약보관상태, 소방설비 등을 안전점검(일상점검, 정기점검, 특별안전점검)을 실시하여야 한다.
- 취급하고 있는 유해물질에 대한 물질안전보건자료(MSDS)를 게시하고 이를 숙지하여야 한다.
- 실험실 내에는 금지, 경고, 지시, 안내 표지 등 필요한 안전보건표지를 부착하여야 한다.

2. 화학약품 취급 시 안전수칙
- 화학약품은 운반용 캐리어나 운반용기에 놓고 운반한다.
- 실험실 외의 장소에서 개봉되어서는 안 된다.
- 약품명 등 라벨을 부착하여 정보를 공유한다.
- 직사광선은 피하고 화기, 열원으로부터 격리한다.
- 다른 물질과 섞이지 않도록 성상별로 보관한다.
- 물질안전보건자료(MSDS)를 숙지하여 물질에 대해 파악한다.

3. 실험실 가스 안전수칙
- 가스 저장 시설에는 실험용 가스 성분과 종류별로 보관한다.
- 고압가스 용기는 ① 　　　 이하에서 보관한다.
- 점검액을 이용하여 배관, 호스 등의 연결 부분을 수시로 점검하여 누출 여부를 확인한다.
- 연소기는 노즐이 막히지 않도록 청소한다.
- 가스 누설 경보기의 작동이 잘 되고 있는지 수시로 확인한다.
- 가스탱크에는 내용물에 대한 정보가 표기되어 있어야 한다.

정답 ① 40℃

4. 안전보건표지

경고표지

인화성물질 경고	산화성물질 경고	부식성물질 경고	급성독성물질 경고

고압가스 경고	폭발성 물질 경고	발암성, 병이원성, 생식독성, 전신독성, 호흡기 과민성 물질 경고	수생환경유해성 경고

금지표지

출입금지	보행금지	차량통행금지	사용금지

화기금지	물체이동금지	탑승금지	금연

지시표지

보안경 착용	방독마스크 착용	방진마스크 착용	보안면 착용

안전모 착용	귀마개 착용	안전복 착용	안전장갑 착용

안내표지

①	②	③	비상구

정답 ① 녹십자표지 ② 세안장치 ③ 응급구호표지

5. 위험물 류별 위험성

제1류 위험물
- 산화성고체로 열분해 시 ①_____를 방출하여 가연성 물질의 연소를 돕는다.
- 불연성 물질이다.
- 물과의 반응성이 없어 주로 주수소화한다.(단, 알칼리 금속의 과산화물일 경우 물과 반응하여 산소기체 발생)

제2류 위험물
- 가연성 물질로 화기, 충격, 마찰을 피한다.
- 황은 물속에 저장하여 가연성 증기 발생을 억제한다.
- 철분, 마그네슘, 금속분 등은 물과 반응하여 ②_____를 발생한다.

제3류 위험물
- 금수성 물질은 물과 반응하여 가연성 기체를 발생한다.
- 황린은 자연발화성 물질로 pH 9 정도의 물에 보관한다.
- 칼륨과 나트륨은 물에 닿지 않도록 ③_____에 보관한다.
- 금속 인 화합물은 물과 반응하여 유독성 가스인 포스핀(PH_3)을 발생한다.

제4류 위험물
인화성 액체로 열에 의한 인화성 기체의 발생을 시 폭발적 연소가 가능하다.

제5류 위험물
- 유기화합물 또는 가연성의 액체, 고체이다.
- 대부분 물질 자체에 산소를 함유하고 있다.
- 질식소화는 효과가 없다.
- 오래 저장할수록 자연발화의 위험이 있다.
- 소분하여 저장하고 화재 시 다량의 냉각·주수소화가 효과적이다.

제6류 위험물
- 산화성 액체로 열분해 시 ④_____를 방출한다.
- 물과 접촉 시 발열한다.
- 마른 모래, 이산화탄소를 이용한 질식소화가 효과적이다.

6. 화재

화재의 분류
- ⑤_____ : 연소 후 재를 남기는 화재로 나무, 종이 등의 가연물 화재이다.
- ⑥_____ : 연소 후 재를 남기지 않는 화재로 유류, 가스 등의 가연성 액체나 기체에 의한 화재이다.
- ⑦_____ : 전기설비 등에 의한 화재이다.
- ⑧_____ : 금속에 의한 화재이다.

정답 ① 산소 ② 수소기체 ③ 석유류(등유, 경유, 파라핀) ④ 산소 ⑤ 일반화재(A급) ⑥ 유류화재(B급) ⑦ 전기화재(C급) ⑧ 평행시험

소화의 종류

- ① _____ : 가연성 물질을 발화점 이하의 온도로 냉각시켜 소화
- ② _____ : 산소농도를 21%에서 15% 이하로 감소시켜 소화
- ③ _____ : 가연성 물질을 제거하여 소화
- ④ _____ : 가연성 물질 주위 공기를 차단하여 소화
- ⑤ _____ : 연쇄 화학반응을 억제(부촉매/화학적 소화)
- ⑥ _____ : 수용성 인화성 액체 화재 시 물을 이용해 연소농도를 희석하여 소화

소화기의 종류

- 이산화탄소 소화기
  - 원리 : CO_2를 액화하여 소화기에 충전한 것으로 액화 상태의 이산화탄소가 방출되면 공기를 차단하여 소화
  - 적응화재 : 유류화재, 전기화재 등
- 분말소화기
  - 원리 : 분말소화약제인 탄산수소나트륨, 제1인산암모늄 분말 등이 불에 닿아 분해되면 주로 CO_2 또는 N_2 기체를 발생하여 공기를 차단하여 소화
  - 적응화재 : 유류화재, 전기화재, 화학약품 화재 등
- 포 소화기
  - 원리 : 탄산수소나트륨 용액과 황산알루미늄 용액이 화학반응을 일으켜 수산화알루미늄이 발생, 이산화탄소의 거품과 수산화알루미늄의 거품이 공기의 공급을 차단하여 소화
  - 적응화재 : 일반화재 및 유류화재 등
- 하론 소화기
  - 원리 : 하론가스를 소화 약품으로 사용하여 화학적으로 억제 또는 부촉매 작용으로 소화
  - 적응화재 : 일반화재, 유류화재, 화학약품 화재, 전기화재, 가스화재 등

7. 화학물질 사고 시 대처 요령

화재 발생

- 출입문과 창문을 ⑦ _____ 연소의 확대를 방지한다.
- 초기 진압이 가능한 경우 신속 정확히 대응하며, 어려울 경우 신속히 대피한다.
- 전기기계·기구 등에 의한 화재인 경우 차단기를 내린 후 소화한다.
- 화재의 원인 물질(가스, 화학물질)의 누출을 중단한다.
- 유류화재인 경우 주위의 유류를 제거한 후 소화한다.
- 금속화재 시 모래 또는 팽창질석 등으로 덮어서 소화한다.
- 밀폐된 공간에서 불이 났을 경우 불을 끄기 위해 출입문을 갑자기 열면 안 된다.

정답 ① 냉각소화 ② 질식소화 ③ 제거소화 ④ 피복소화 ⑤ 억제소화 ⑥ 희석소화 ⑦ 닫아

화학 화상의 응급처치
- 안전한 곳으로 이동하고 화상이 더 이상 진행되지 않도록 한다.
- 화학물질이 액체가 아닌 고형물질인 경우 물로 씻기 전 먼저 털어낸다.
- 약품이 묻은 의류와 신발 등은 즉시 제거하고, 화학약품이 전부 제거될 때까지 흐르는 물로 계속 씻는다.

8. 응급처치 및 심폐소생술

응급처치 시 주의사항
- 아무리 긴급한 상황이라도 자신의 안전과 현장 상황의 안전을 확보해야 한다.
- 비의료인의 경우, 환자나 부상자의 생사를 판단하지 않는다.
- 지시를 받기 전까지 원칙적으로 의약품을 사용 ① 하지 않는 다.
- 무의식 환자에게(물 포함) 음식을 주어서는 안 된다.
- 긴급을 요하는 환자부터 처치를 한다.
- 도움을 요청할 경우 사고의 경위, 환자의 상태 및 응급처치의 내용 등을 알려야 한다.
- 응급처치 후 반드시 전문 의료인에게 인계해 전문적 진료를 받도록 한다.

심폐소생술의 기본원칙
- 가슴압박 - 기도유지 - 인공호흡 순으로 심폐소생술을 시행한다.
- 최소 5cm 이상으로 최소 분당 ② 100회 이상 가슴압박을 권장(120회 이상 ×)한다.
- 반응이 없거나 호흡이 없는 사람을 발견한 경우에는 즉각적인 가슴압박을 시행한다.

심폐소생술의 절차
- 반응 확인
- 119 신고
- 호흡과 맥박 확인
- 가슴압박
- 자동제세동기 사용

9. 실험실 폐기물의 종류
- 폐기할 시약 및 시약병(고체, 액체)
- 중금속을 함유한 화합물
- 폐유독물
- 폐유
- 부동액
- 액상의 폐유기 용제
- 폐산, 폐알칼리
- 폐농약
- 의료 폐기물 등

정답 ① 하지 않는 ② 100회

10. 폐수, 폐기물 처리 및 보관

실험실 폐기물 관리 주의사항
- 폐시약은 성분별로 폐산, 폐알칼리, 폐할로젠, 폐비할로젠 유기용제, 폐유 등으로 구분하여 보관한다.
- 폐시약 원액은 보관용기를 손상시킬 우려가 있어 ① [　　] 하여 폐기한다.
- 폐시약병은 내부를 세척제로 ② [　　] 이상 세척하여 별도로 분리 배출한다.
- 시약을 취급한 기구나 용기 등을 세척한 세척수도 폐약 보관 용기에 보관한다.
- 폐액 보관 용기는 저장량을 주기적으로 확인하고 처리한다.
- 관리자는 폐수 처리대장을 반드시 작성, 보관한다.
- 유해 물질이 부착된 거름종이, 약봉지 등은 소각 등의 적당한 처리 후 잔사를 보관한다.

폐기물 보관용기 관리 주의사항
- 폐기물 분류별 폐액 보관용기에 표지를 부착하여야 한다.
- 폐액 유출이나 악취 차단을 위해 이중 마개로 밀폐하고, 밀폐 여부를 수시로 확인한다.
- 화기 및 열원에 안전한 지정 보관장소를 정한다.
- 직사광선을 피하고 통풍이 잘되는 곳에 보관한다.
- 폐액 수집량은 용기의 ③ [　　] 을 넘지 않고 보관일은 폐기 「폐기물관리법」 시행규칙(별표 5)의 규정에 따라 폐유 및 폐유기 용제 등은 수집 시작일부터 최대 45일을 초과하지 않는다.
- 폐액 최종 처리 시 담당자는 폐액 처리 대장을 작성하여 보관한다.

정답 ① 희석 ② 3회 ③ 2/3

PART 01

화학일반

01 기초화학
02 화학적 단위와 화학반응
03 유기화학
04 무기화학

단원 들어가기 전

본 PART에서는 화학의 기초적인 내용이 출제됩니다.
개념을 통하여 기초화학의 내용을 이해해두면 점수를 얻을 수 있는 가장 좋은 단원이 될 것입니다.

CHAPTER 01

기초화학

KEYWORD 순물질, 혼합물, 원자, 원소, 산화수, 주기율, 원자번호, 이온의 크기, 이온화에너지, 전자친화도, 원자모형, 이온결합, 금속결합, 공유결합, 배위결합, 극성과 무극성, 반데르발스 결합, 수소결합, 물질의 상태, 용액의 성질

01 물질의 종류와 구성

1. 물질의 분류

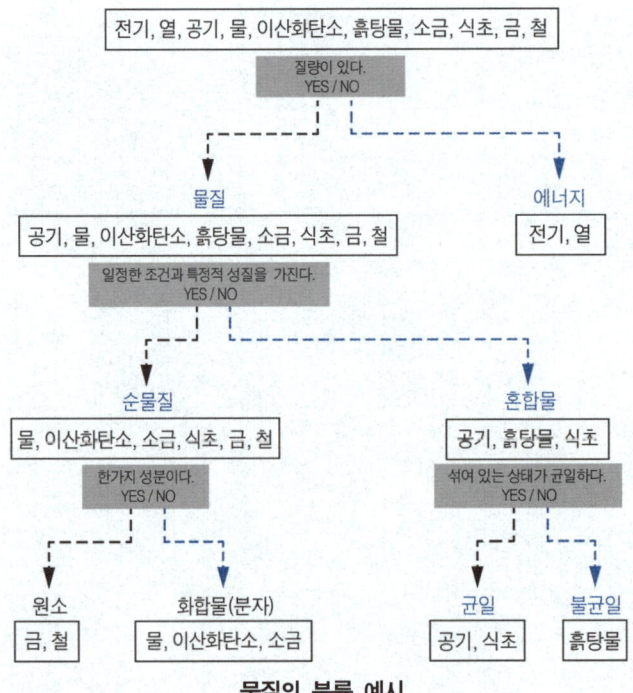

물질의 분류 예시

1-1 물질의 분류

- 물질은 공간을 채우며 질량을 가지는 것이다.
- 화학은 물질과 물질의 변환을 연구하는 학문이다.
- 모든 물질은 적어도 원리적으로는 고체, 액체, 기체의 세 가지 상태로 존재할 수 있다.
- 물질의 세 가지 상태는 조성을 바꾸지 않으면서 한 상태에서 다른 상태로 상호 변화할 수 있다.

1-2 순물질과 혼합물

순물질

순물질은 규정된 또는 일정한 조성을 가지면서 특징적인 성질을 갖는 물질이다.

예 물, 이산화탄소, 소금 등

혼합물

혼합물은 독특한 성질을 유지하고 있는 둘 이상의 순물질의 조합으로 균일 혼합물과 불균일 혼합물로 나뉜다.

- 균일 혼합물 : 혼합물의 조성이 일정한 혼합물을 말한다.

  예 공기, 식초 등

- 불균일 혼합물 : 혼합물의 조성이 일정치 못한 혼합물을 말한다.

  예 흙탕물 등

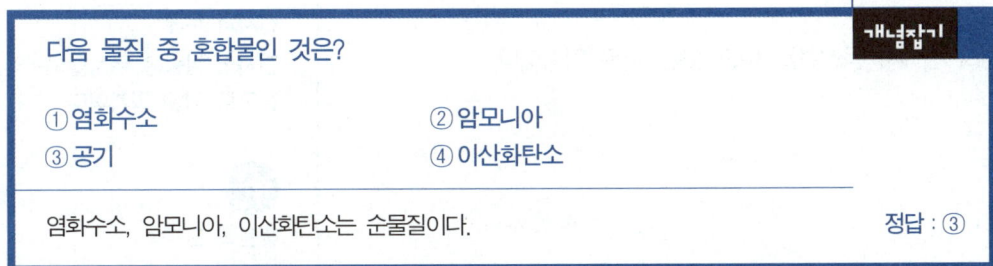

개념잡기

다음 물질 중 혼합물인 것은?

① 염화수소 ② 암모니아
③ 공기 ④ 이산화탄소

염화수소, 암모니아, 이산화탄소는 순물질이다. 정답 : ③

1-3 원소와 화합물

- 원소는 화학적 방법으로 더 간단한 순물질로 분리할 수 없는 물질이다.
  - 예 주기율표에 표시된 원소들의 종류를 말하며, 현재까지 118종의 원소가 알려져 있다.
- 화합물은 둘 이상의 원소가 정해지는 비율에 따라 화학적으로 결합하여 만들어진 물질이다.

2. 물질의 구성

2-1 원자의 구조

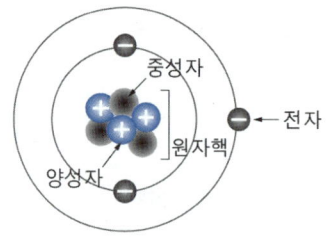

리튬의 원자구조

- 원자는 화학결합 할 수 있는 원소의 기본 단위이다.
- 원자는 내부에 양성자, 중성자, 전자로 이루어져 있다.
  - 양성자 : 중성자와 함께 원자핵을 구성하는 입자이며, 양의 전하를 가진다.
  - 중성자 : 양성자의 질량보다 약간 큰 질량을 가지고 있으며, 전기적으로 중성인 입자이다.
  - 전자 : 모든 원자 안에서 음전하를 띠고 있는 작은 입자이다.

핵심 KEY

원소와 원자
- 원소 : 종류의 개념
- 원자 : 개수의 개념
- 예 H_2O 원자와 원소 개수
  - 원소 : H, O로 이루어져 있어 2개
  - 원자 : H(2개), O(1개)로 3개

저자 어드바이스

본 교재에서는 원자, 원소의 개념을 혼용해서 사용할 예정이다.

핵심 KEY

분자

물질을 구성하는 최소단위
- 예 H_2O, CO_2, CH_4, H_2 등

전자의 무게

전자의 질량은 무시할 수 있을 정도로 작은 입자이다.

돌턴의 원자설

'원자는 더 이상 쪼개지지 않는 입자이다.'

2-2 원자의 표기 방법

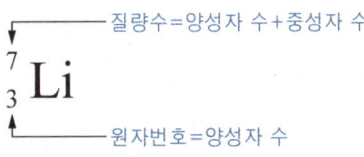

리튬 원자의 표기

원자번호
원자를 구성하고 있는 양성자의 수이다.

질량수
원자핵에 있는 중성자와 양성자 수를 합한 수이다.

핵심 KEY

원자번호
양성자의 수에 따라 원자번호가 결정되며 같은 원소이면 양성자의 수는 같다.

동위원소
- 양성자의 수는 같지만 질량수가 다른 원자
- 즉, 중성자의 수가 다른 물질
- 동위원소는 같은 물질이기 때문에 화학적 성질은 같지만 중성자의 수가 다르기 때문에 물리적 성질에서는 약간의 차이가 있다.

수소의 동위원소

개념잡기

칼륨(K) 원자는 19개의 양성자와 20개의 중성자를 가지고 있다. 원자번호와 질량수는 각각 얼마인가?

① 9, 19   ② 9, 39
③ 19, 20   ④ 19, 39

- 원자번호 = 양성자 수 = 19
- 질량수 = 양성자 수 + 중성자 수 = 39

정답 : ④

개념잡기

질량수가 23인 나트륨의 원자번호가 11이라면 양성자 수는 얼마인가?

① 11   ② 12
③ 23   ④ 34

원자번호 = 양성자 수 = 11

정답 : ①

2-3 화합물의 명명법

이성분 화합물의 명명법

- 뒤에 있는 원소의 이름에 '~화'를 붙이고 앞에 있는 원소의 이름을 읽는다.
- 뒤에 있는 원소의 이름이 '~소'로 끝나는 경우 '소'는 생략할 수 있다.
- 수소의 '소'는 생략하지 않는다.

원소	명칭	원소	명칭
KCl	염화칼륨	ZnS	황화아연
HBr	브로민화수소	CaH_2	수소화칼슘
Na_2O	산화나트륨	KOH	수산화칼륨

산화수를 표시한 명명법

하나 이상의 전하를 가지는 이온의 경우 산화수를 (　)로 표시한다.

원소	명칭	원소	명칭
FeO	산화철(II)	Fe_2O_3	산화철(III)
Cu_2O	산화구리(I)	CuO	산화구리(II)

산화수 구하기(산화·환원 단원 학습 필요)

$$Fe \quad O$$
$$+(\ ) \quad -2$$

- 산소는 주기율표상 16족이며, 최외각 전자의 수가 6개이다. 그러므로 2개의 전자를 얻으면 옥텟규칙(최외각 전자 8개)를 만족하기 때문에 산화수가 -2이다.
- 중성상태의 화합물은 산화수의 합이 0이 되어야 하므로 Fe의 산화수는 +2가 된다.
- FeO는 산화철(II)로 명명한다.

$$Fe_2 \quad O_3$$
$$2(\ ) \quad 3(-2)$$

- 산소는 3개 있으므로 산화수는 -6이 된다.
- 중성상태에서 Fe_2의 산화수는 +6이 되어야 하며, Fe는 +3이 된다.
- Fe_2O_3는 산화철(III)로 명명한다.

핵심 KEY

전이금속
- 전이금속은 주기율표상 3족에서 12족 사이의 원소를 의미한다.
- 일반적으로 산화는 족의 수와 같지만, 전이금속은 전자를 1개 혹은 2개를 잃든 이온의 안정성은 거의 같기 때문에 다양한 산화수를 가진다.

저자 어드바이스

산화수
공유결합 및 산화환원 단원을 학습하면 이해가 더욱 빠릅니다.

동일한 원소를 가지지만 원자의 개수가 다른 화합물의 명명법

원자의 수를 표시하여 명명한다.

원소	명칭	원소	명칭
NO	일산화질소	NO_2	이산화질소
SO	일산화황	SO_2	이산화황
CO	일산화탄소	CO_2	이산화탄소

다원자 이온결합 화합물의 명명법

- 음이온을 읽고 양이온을 나중에 읽는다.
- 수소를 포함한 다원자 이온은 끝에 '-산'으로 읽는다.
- 다원자 이온의 종류

원소	명칭	원소	명칭
OH^-	수산화 이온	MnO_4^-	과망가니즈산 이온
NH_4^+	암모늄 이온	PO_4^{3-}	인산 이온
CO_3^{2-}	탄산 이온	HCO_3^-	탄산수소 이온
SO_3^{2-}	아황산 이온	CH_3COO^-	아세트산 이온
SO_4^{2-}	황산 이온	ClO^-	하이포아염소산 이온
CrO_4^{2-}	크로뮴산 이온	ClO_2^-	아염소산 이온
$Cr_2O_7^{2-}$	다이크로뮴산 이온	ClO_3^-	염소산 이온
NO_2^-	아질산 이온	ClO_4^-	과염소산 이온
NO_3^-	질산 이온	CN^-	사이안화 이온

- 다원자 이온 명명

원소	명칭	원소	명칭
$Ca(OH)_2$	수산화칼슘	K_2CO_3	탄산칼륨
$K_2Cr_2O_7$	다이크로뮴산칼륨	KNO_3	질산칼륨
HNO_3	질산	HNO_2	아질산
$HClO_2$	아염소산	$HClO_3$	염소산

수화물 명명법

물 분자수를 표기하여 '-수화물'을 붙인다.

원소	명칭
$Na_2CO_3 \cdot 10H_2O$	탄산나트륨 십 수화물
$CaCl_2 \cdot 2H_2O$	염화칼슘 이 수화물

관용명

화합물의 명명은 IUPAC 명명법으로 정해지지만 일부 화합물은 발견한 사람 또는 과거부터 사용해 오던 명칭을 그대로 사용하기도 한다.

저자 어드바이스

다원자 이온
화학식과 전하수는 암기해주세요.

수화물

물 분자를 포함하고 있는 화합물

02 원소 주기율

1. 원소 주기율

1-1 원소 주기율표

원자번호순으로 나열하면서 화학적·물리적으로 유사한 성질을 갖는 원소를 한 무리로 배열한 도표를 말한다.

> **저자 어드바이스**
>
> **원소 주기율표**
> - 필수 암기 주기율
> - 3 ~ 12족에 속하는 원소들은 많이 나오지 않으므로 자주 나오는 몇 가지 원소만 암기
>
>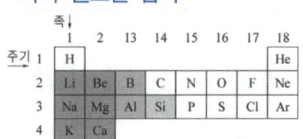

족	1 (1A)	2 (2A)	3 (3B)	4 (4B)	5 (5B)	6 (6B)	7 (7B)	8 (8B)	9 (8B)	10 (8B)	11 (1B)	12 (2B)	13 (3A)	14 (4A)	15 (5A)	16 (6A)	17 (7A)	18 (8A)
	알칼리금속	알칼리토금속	희토류	타이타늄족	바나듐족	크로뮴족	망가니즈족	철족, 백금족			구리족	아연족	붕소족	탄소족	질소족	산소족	할로젠족	불활성 기체
1	₁H 수소																	₂⁴He 헬륨
2	₃⁷Li 리튬	₄⁹Be 베릴륨											₅¹¹B 붕소	₆¹²C 탄소	₇¹⁴N 질소	₈¹⁶O 산소	₉¹⁹F 플루오린	₁₀²⁰Ne 네온
3	₁₁²³Na 나트륨	₁₂²⁴Mg 마그네슘											₁₃²⁷Al 알루미늄	₁₄²⁸Si 규소	₁₅³¹P 인	₁₆³²S 황	₁₇³⁵·⁵Cl 염소	₁₈⁴⁰Ar 아르곤
4	₁₉³⁹K 칼륨	₂₀⁴⁰Ca 칼슘	₂₁⁴⁵Sc 스칸듐	₂₂⁴⁸Ti 타이타늄	₂₃⁵¹V 바나듐	₂₄⁵²Cr 크로뮴	₂₅⁵⁵Mn 망가니즈	₂₆⁵⁶Fe 철	₂₇⁵⁹Co 코발트	₂₈⁵⁹Ni 니켈	₂₉⁶⁴Cu 구리	₃₀⁶⁵Zn 아연	₃₁⁷⁰Ga 갈륨	₃₂⁷³Ge 저마늄	₃₃⁷⁵As 비소	₃₄⁷⁹Se 셀레늄	₃₅⁸⁰Br 브로민	₃₆⁸⁴Kr 크립톤
5	₃₇⁸⁵Rb 루비듐	₃₈⁸⁸Sr 스트론튬	₃₉⁸⁹Y 이트륨	₄₀⁹¹Zr 지르코늄	₄₁⁹³Nb 나이오븀	₄₂⁹⁶Mo 몰리브덴	₄₃⁹⁸Tc 테크네튬	₄₄¹⁰¹Ru 루테늄	₄₅¹⁰³Rh 로듐	₄₆¹⁰⁶Pd 팔라듐	₄₇¹⁰⁸Ag 은	₄₈¹¹²Cd 카드뮴	₄₉¹¹⁵In 인듐	₅₀¹¹⁹Sn 주석	₅₁¹²²Sb 안티몬	₅₂¹²⁸Te 텔루륨	₅₃¹²⁷I 아이오딘	₅₄¹³¹Xe 제논
6	₅₅¹³³Cs 세슘	₅₆¹³⁷Ba 바륨	₅₇¹³⁹La 란타넘	₇₂¹⁷⁸Hf 하프늄	₇₃¹⁸¹Ta 탄탈	₇₄¹⁸⁴W 텅스텐	₇₅¹⁸⁶Re 레늄	₇₆¹⁹⁰Os 오스뮴	₇₇¹⁹²Ir 이리듐	₇₈¹⁹⁵Pt 백금	₇₉¹⁹⁷Au 금	₈₀²⁰¹Hg 수은	₈₁²⁰⁴Tl 탈륨	₈₂²⁰⁷Pb 납	₈₃²⁰⁹Bi 비스무트	₈₄²⁰⁹Po 폴로늄	₈₅²¹⁰At 아스타틴	₈₆²²²Rn 라돈
7	₈₇²²³Fr 프랑슘	₈₈²²⁶Ra 라듐	₈₉²²⁷Ac 악티늄	₁₀₄²⁶⁵Rf 러더포듐	₁₀₅²⁶⁸Db 두브늄	₁₀₆²⁷¹Sg 시보귬	₁₀₇²⁷⁰Bh 보륨	₁₀₈²⁷⁷Hs 하슘	₁₀₉²⁷⁶Mt 마이트너륨	₁₁₀²⁸¹Ds 다름슈타튬	₁₁₁²⁸¹Rg 뢴트게늄	₁₁₂²⁸⁵Cn 코페르니슘	₁₁₃²⁸⁴Uut 우눈트륨	₁₁₄²⁸⁹Fl 플레로븀	₁₁₅²⁸⁹Uus 우눈펜튬	₁₁₆²⁹³Lv 리버모륨	₁₁₇²⁹⁴Ts 테네신	₁₁₈²⁹⁴Og 오가네손

- 금속원소
- 비금속원소
- 전이원소(금속)
- 전이후 금속원소
- 준금속원소

⁴⁰₂₀Ca → 원자량 / 원소기호 / 이름 / 원자번호
칼슘

전형원소
- 1 ~ 2족, 12 · 18족에 속하는 원소
- 전이원소(3 ~ 11족) 제외 원소
- 학자들에 따라 기준이 조금씩 다를 수 있다.

준금속
B, Si, Ge, As, Sb, Te, Po 등

양쪽성 원소
Al, Zn, Ga, In, Sn, Tl, Pb 등

1-2 원소 주기율의 구성

- 주기 : 주기율표상 가로줄로 물리적 성질의 유사성에 따라 배열한다.
- 족 : 주기율표상 세로줄로 화학적 성질의 유사성에 따라 묶은 수직인 행이다.
- 금속 : 전자를 잃고 양이온이 되려는 성질이 있으며, 금속결합으로 열과 전기 전도성이 좋은 물질이다.
- 알칼리 금속 : 1족 원소들(Li, Na, K, Rb, Cs, Fr)
- 알칼리 토금속 : 2족 원소들(Be, Mg, Ca, Sr, Ba, Ra)
- 준금속 : 금속과 비금속의 중간 성질을 가지는 물질이다.
- 양쪽성 원소 : 금속과 비금속의 성질을 모두 지니고 있어 산과 염기 모두와 반응하는 물질이다.
- 비금속 : 전자를 얻어 음이온이 되려는 성질이 있으며, 대부분 기체와 고체로 존재한다.
- 할로젠 : 17족 원소들(F, Cl, Br, I, At)
- 비활성 기체 : 18족 원소들(He, Ne, Kr, Xe, Rn)

참고

동족원소
같은 족에 있는 원소

전자껍질
원자핵을 중심으로 전자가 존재하는 공간

최외각 전자
원자의 가장 바깥쪽에 존재하는 전자의 수

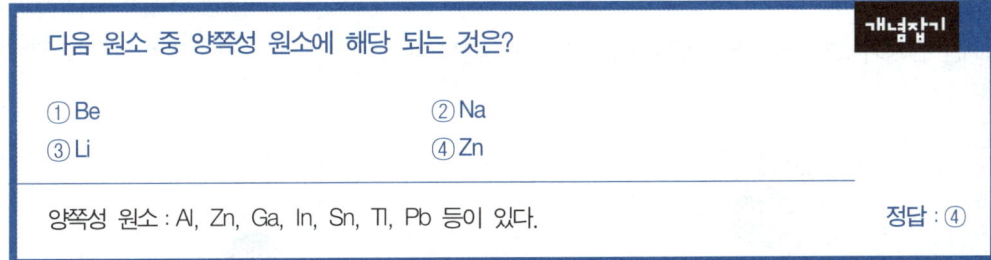

다음 원소 중 양쪽성 원소에 해당 되는 것은?

① Be
② Na
③ Li
④ Zn

양쪽성 원소 : Al, Zn, Ga, In, Sn, Tl, Pb 등이 있다.

정답 : ④

2. 원소 주기율에 따른 주기성

2-1 원자번호와 전자배치

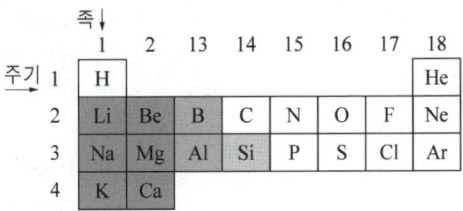

필수 암기 주기율

핵심 KEY

원자가 전자
화학결합에 참여하는 전자의 수
- Na(나트륨)
  원자가 전자 1개, 최외각 전자 1개
- Ar(아르곤)
  원자가 전자 0개, 최외각 전자 8개

- 양성자의 수에 따라 원자번호 1번 H(수소)부터 20번 Ca(칼슘)으로 배열되어 있다.
- 중성원자의 경우 양성자의 수와 전자의 수가 같아 전기적 중성을 띤다.
- 같은 주기에 있는 원소들은 **전자껍질의 수**가 같다.
  같은 주기의 원소들은 원자의 크기가 비슷하기 때문에 물리적 성질이 유사하다.
- 같은 족에 있는 원소들은 **최외각 전자**의 수가 같다.
  같은 족의 원소들은 최외각에 있는 전자의 수가 같기 때문에 화학적 성질이 유사하다.

보어 모형의 전자배치 방법

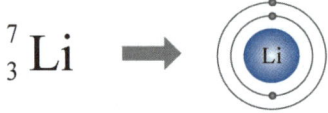

리튬의 전자배치

- 리튬원자는 양성자 3개 중성자 4개로 이루어져 있다.
- 중성원자로 전자는 3개가 있다.
- 첫 번째 껍질에는 전자가 2개, 두 번째 껍질부터는 전자를 8개씩 채울 수 있다.

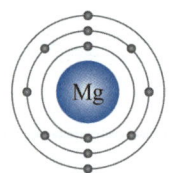

마그네슘의 전자배치

- 마그네슘 원자는 원자번호 12번으로 양성자 12개, 전자 12개이다.
- 첫 번째 껍질에 2개, 두 번째 껍질에 8개, 세 번째 껍질에 남은 전자 2개가 채워진다.

저자 어드바이스

보어의 원자모형
- 원자핵 주변으로 전자들이 원형의 궤도로 돌고 있는 모형을 제시
- 전자의 궤도를 껍질이라 한다.
- 원자모형의 변화 파트에서 자세히 다룰 예정이다.

보어 모형의 전자껍질
- 첫 번째 껍질을 K
- 두 번째 껍질을 L
- 세 번째 껍질을 M
- 네 번째 껍질을 N이라 부른다.

핵심 KEY

옥텟규칙
- K껍질을 제외하고, 원자는 최외각 껍질에 전자 8개를 가지고 있을 때 안정하다는 규칙이다.
- 비활성 기체는 최외각에 전자 8개를 채우고 있어서 안정하다.

참고

원자 반지름

원자 반지름 = $\dfrac{핵\ 간\ 거리}{2}$

유효핵전하
- 핵과 전자 사이의 인력
- 원자의 크기는 유효핵전하보다 껍질 크기에 영향을 더 많이 받는다.

이온화에너지

원자에서 전자를 떼어낼 때 필요한 에너지

2-2 주기율표에 따른 원자의 크기

- 원자의 크기는 원자와 전자 사이의 거리를 측정할 수 없기 때문에 같은 종류의 원자가 결합했을 때 원자들의 핵 간 거리를 측정하여 반지름을 구한다.
- 원자의 크기는 원자핵(양성자의 수)의 전하와 전자껍질의 영향을 받는다.
- 같은 주기에서는 원자번호가 커질수록 양성자의 수가 증가하기 때문에 핵과 전자 사이의 인력이 증가하여 원자의 크기는 작아진다.
- 같은 족에서는 원자번호가 증가할수록 핵과 전자 사이의 인력이 증가하지만, 껍질의 수가 증가하여 원자의 크기는 커진다.

2-3 주기율표에 따른 이온의 크기 비교

- 이온은 전기적으로 중성상태가 아니라 전자를 잃거나 얻어서 (+), (-)의 전하를 띠는 원자 또는 분자이다.
- 주기율표에서 금속은 전자를 잃어 양이온이 되기 쉽다.

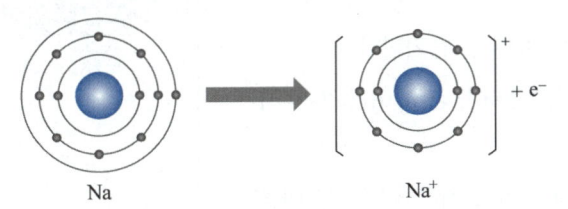

나트륨은 금속성을 가진 원자로 최외각에 있는 1개의 전자가 떨어져 나와 나트륨 양이온이 된다. 이때, 나트륨 양이온은 최외각에 전자가 8개가 되고, 전자껍질 수는 감소하여 크기는 작아진다.

- 주기율표에서 비금속은 전자를 얻어 음이온이 되기 쉽다.

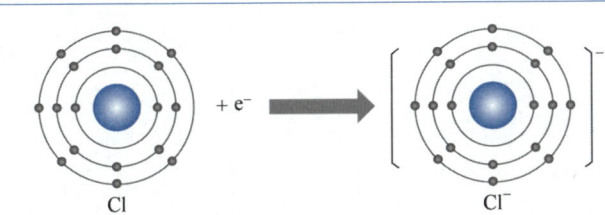

염소는 비금속성을 가진 원자로 최외각에 전자가 7개 있으며, 옥텟규칙을 만족하기 위해 전자 1개를 얻어 염소 이온이 된다. 이때, 염소 이온의 최외각 전자는 7개에서 8개로 늘어나기 때문에 전자 간 반발력에 의해 원자의 크기가 커진다.

2-4 이온화에너지

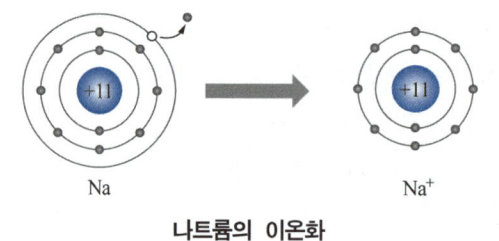

나트륨의 이온화

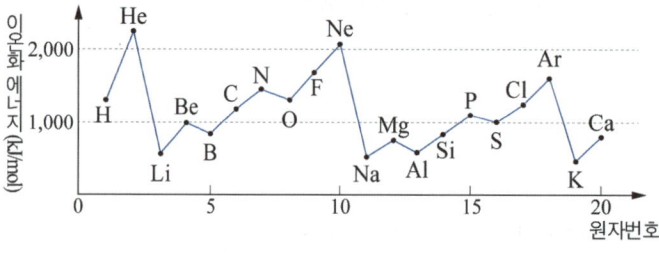

이온화에너지 주기성

- 이온화에너지는 바닥상태에 있는 원자핵으로부터 전자 1개를 떼어내는 데 필요한 최소 에너지[kJ/mol]이다.
- 원자핵과 전자 사이의 인력이 클수록 이온화에너지는 증가한다.
- 같은 주기의 경우 원자번호가 증가할수록 유효핵전하가 커져 이온화에너지가 증가한다.
- 같은 족에서는 원자번호가 증가할수록 원자의 크기가 커지기 때문에 이온화에너지가 감소한다.
- 기체상태의 중성원자에서 전자를 1개씩 순차적으로 떼어낼 때 필요한 에너지를 순차적 이온화에너지라 한다.
- 순차적 이온화에너지의 크기를 보고 최외각에 전자가 몇 개 있는지 알 수 있다.

핵심 KEY

순차적 이온화에너지
- 첫 번째 전자를 떼어낼 때 필요한 에너지 = 제 1이온화에너지(E_1)
- 두 번째 전자를 떼어낼 때 필요한 에너지 = 제 2이온화에너지(E_2)

핵심 KEY

경향성
- 금속성이 증가할수록 이온화에너지가 작아지는 경향이 있다.
- 비금속성이 증가할수록 전자친화도가 커지는 경향이 있다.
- 수소는 비금속이다.

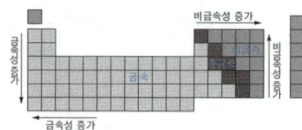

> **개념잡기**
>
> 다음은 2주기 원소의 순차적 이온화에너지를 나타낸 것이다. 예측한 원소로 옳은 것은?
>
> - 제1이온화에너지(E_1) = 580kJ
> - 제2이온화에너지(E_2) = 1,810kJ
> - 제3이온화에너지(E_3) = 2,750kJ
> - 제4이온화에너지(E_4) = 11,800kJ
>
> ① Li   ② Be
> ③ B   ④ C
>
> 제3이온화에너지와 제4이온화에너지에서 큰 차이를 보인다. 이는 최외각에 전자가 3개를 떼어내고 4번째 전자를 떼어낼 때보다 더 안정한 상태의 전자를 떼어내기 위해 1~3차보다 매우 큰 에너지가 필요하기 때문이라 볼 수 있다. 그러므로 최외각 전자의 개수는 3개로 예측할 수 있고 2주기 원소이기 때문에 B원소로 예측할 수 있다.
>
> 정답 : ③

2-5 전자친화도

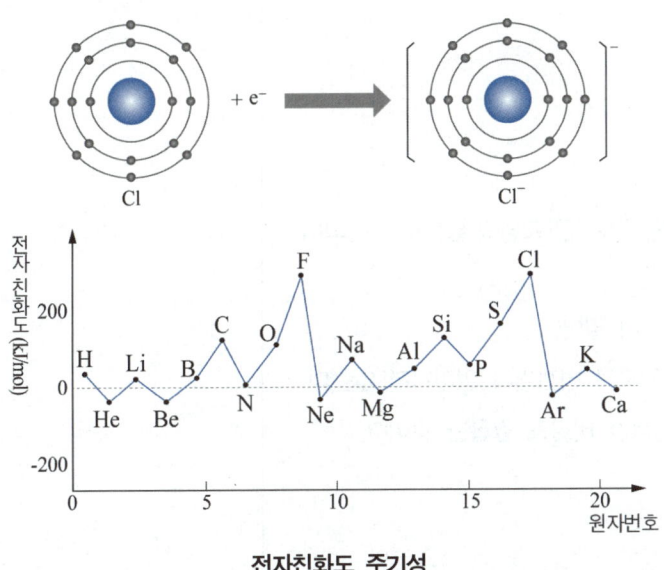

전자친화도 주기성

- 전자친화도는 음이온을 형성하기 위해 **기체상태의 원자가 전자 하나를 받아들일 때 방출하는 에너지[kJ/mol]이다.**
- 전자를 잡아당기려는 성질은 유효핵전하량과 껍질의 수와 관계가 있다.
- 같은 주기에서 원자번호가 증가할수록 유효핵전하량이 커져 전자친화도 값은 커진다.

핵심 KEY

전기음성도

- 원자가 화합결합 할 때 전자를 끌어 당기는 척도
- 전기음성도가 클수록 전자를 끌어당기는 힘이 세다.

H 2.1					
Li 1.0	Be 1.5	B 2.0	C 2.5	N 3.0	O 3.5	F 4.0
Na 0.8	Mg 1.2	Al 1.5	Si 1.8	P 2.1	S 2.5	Cl 3.0
						Br 2.8
						I 2.5

F와 Cl의 전자친화도와 전기음성도

- F는 Cl보다 껍질수가 적어 유효핵전하량이 더 크기 때문에 전자친화도는 F가 더 크다고 예상할 수 있다.
- 하지만, 전자 1개를 얻어 옥텟규칙을 만족할 때 껍질에 배치되는 전자는 Cl이 F보다 더 큰 공간에 배치되기 때문에 전자 간 반발력이 더 작아진다. 그러므로 Cl이 더 많은 에너지를 방출해서 전자친화도가 F보다 더 크다.

- 같은 족에서 원자번호가 증가할수록 전자껍질의 수가 많아져 전자친화도 값은 작아진다.
- 비활성 기체 원소들의 전자친화도는 음이거나 안정한 음이온을 형성하지 않아 측정할 수 없다.

> **개념잡기**
>
> 같은 주기에서 원자번호가 증가할 때 나타나는 전형원소의 일반적 특성에 대한 설명으로 틀린 것은?
>
> ① 이온화에너지는 증가하지만 전자친화도는 감소한다.
> ② 전기음성도와 전자친화도 모두 증가한다.
> ③ 금속성과 원자의 크기가 모두 감소한다.
> ④ 금속성은 감소하고 전자친화도는 증가한다.
>
> 전형원소란 주기율표에서 1~2족, 12~18족에 속하는 원소를 의미한다.
> 이온화에너지와 전자친화도는 같은 주기에서 원자번호가 증가할 때 유효핵전하가 커지기 때문에 모두 증가한다.
>
> 정답 : ①

3. 원자모형의 변화

3-1 돌턴의 원자모형

- 모든 물질은 원자라는 더 이상 쪼갤 수 없는 작은 공 모양의 입자로 구성되어 있다.
- 같은 원소의 원자들은 크기, 질량 및 성질이 같다.
- 화학반응에서 원자는 재배열될 뿐 다른 원자로 바뀌거나 없어지지 않는다.
- 화합물은 화합물의 구성성분 원자들이 일정한 비율로 결합한 것이다.

3-2 톰슨의 원자모형

- 음극선관 실험을 통해 원자 내 전자를 발견하였다.
- (+)를 띤 공모양에 (-)전하를 띠고 있는 전자가 박혀있는 모형을 제시하였다.
- 양전하의 입자와 전자의 수는 동일하기 때문에 원자는 전기적으로 중성상태를 띤다고 주장하였다.

3-3 러더퍼드의 원자모형

- α입자 산란 실험을 통해 원자의 중심에 (+)를 띠고 있는 원자핵을 발견하였다.
- 원자핵은 원자 내부 아주 작은 공간에 모여있는 것을 발견하였다.
- 원자핵은 원자의 중심에 있으며, 원자핵 주변은 비어있다고 생각하였다.
- 원자핵 주위에 전자가 돌고 있는 모형을 제시하였다.

3-4 보어의 원자모형

- 수소 원자의 선 스펙트럼 연구를 통해 전자의 에너지가 불연속적이다는 것을 발견하였다.
- 전자껍질의 개념을 도입하여 전자는 원자핵 주위의 특정 궤도를 돌고 있는 모형을 제시하였다.

3-5 현대의 원자모형

- 전자는 입자성과 파동성을 지니고 있으며, 전자는 원자핵 주위에 확률적으로 발견된다.
- 전자가 발견될 확률 함수를 오비탈이라 한다.
- 오비탈이란 전자가 존재할 확률 분포를 구름처럼 나타낸 모형이다.
- 보어 모형과 오비탈 비교
  - 첫 번째 껍질 K에는 1s 오비탈이 있다.
  - 두 번째 껍질 L에는 2s 2p 오비탈이 있다.
  - 세 번째 껍질 M에는 3s 3p 3d 오비탈이 있다.
  - 네 번째 껍질 N에는 4s 4p 4d 4f 오비탈이 있다.

저자 어드바이스

각각의 원자모형의 명칭과 내용뿐 아니라 원자모형이 발전해 온 순서도 출제됩니다.

참고

양자역학

원자나 분자 단위의 아주 작은 물질세계를 연구하는 학문

오비탈에 들어갈 수 있는 전자의 개수
- s 오비탈 2개
- p 오비탈 6개
- d 오비탈 10개
- f 오비탈 14개

3-6 오비탈의 전자배치 법칙

쌓음의 원리

에너지 준위가 **낮은 곳**부터 전자가 채워진다.

- 에너지 준위가 낮은 1s부터 전자가 채워지고 2s, 2p 순으로 전자가 채워진다.
- 1s 건너뛰고 2s에 전자가 채워진다면 들뜬상태이다.

	1s 2s 2p
바닥상태	[↑↓] [↑] [ ][ ][ ]
들뜬상태	[↑] [↑↓] [ ][ ][ ]

훈트의 규칙

오비탈에는 **최대한 홀전자 상태**로 있으려 한다.

- 2p 오비탈에 전자를 2개 채울 때 2개의 전자는 각각의 방에 배치되려 한다.
- 2p에서 2개의 전자가 각각의 방에 배치될 수 있는데도 한 방에 2개의 전자가 있다면 들뜬상태이다.

	1s 2s 2p
바닥상태	[↑↓] [↑↓] [↑][↑][ ]
들뜬상태	[↑↓] [↑↓] [↑↓][ ][ ]

파울리 배타 원리

전자는 같은 **양자수(같은 스핀방향)**를 가질 수 없다.

	1s
불가능	[↑↑]

정리

- 쌓음의 원리, 훈트의 규칙, 파울리 배타원리를 모두 **만족하면 바닥상태**이다.
- 쌓음의 원리, 훈트의 규칙 어느 하나라도 **만족하지 못하면 들뜬상태**이다.
- 파울리 배타원리에 위배된 전자배치는 불가능하다.

오비탈과 에너지 준위

에너지 준위

	s	p	d	f
1	1s	-	-	-
2	2s	2p	-	-
3	3s	3p	3d	-
4	4s	4p	4d	4f
5	5s	5p	5d	5f
6	6s	6p	6d	⋯
7	7s	7p	⋯	⋯

↓ 높다

저자 어드바이스

들뜬상태와 바닥상태의 정의를 알아두어야 여러 전자배치 규칙을 이해할 수 있습니다.

> **개념잡기**
>
> 산소의 원자번호는 8이다. O^{2-} 이온의 바닥상태의 전자배치로 맞는 것은?
>
> ① $1s^2, 2s^2, 2p^4$ ② $1s^2, 2s^2, 2p^6, 3s^2$
> ③ $1s^2, 2s^2, 2p^6$ ④ $1s^2, 2s^2, 2s^4, 3s^2$
>
> 산소의 전자는 8개이지만 2가 음이온(O^{2-}) 상태일 때 전자는 총 10개이다. 바닥상태의 전자배치이므로 에너지 준위가 낮은 오비탈부터 총 10개의 전자가 채워진다.
>
> 정답 : ③

03 화학결합의 종류

1. 이온결합

$$Na^+ + Cl^- \rightarrow NaCl$$

- 양이온과 음이온이 정전기적 인력에 의한 화학결합
- 금속과 비금속의 결합

1-1 이온결합의 특징

- 이온화에너지가 작으면 양이온이 되려는 경향이 크다.
  - 예 알칼리 금속 등
- 전자친화도가 크면 음이온이 되는 경향이 크다.
  - 예 할로젠, 비금속 등
- 이온결합 화합물은 전하를 띤 이온으로 구성되어 있지만 고체상태의 이온결합 화합물은 전기적으로 중성이다.
- 이온결합 화합물은 극성 용매에 잘 녹는다.

핵심 KEY

전해질 용액

이온결합 화합물은 전기적 저항이 큰 부도체이지만, 물에 녹으면 양이온과 음이온이 자유롭게 이동하기 때문에 전도도가 큰 전해질 용액이 된다.

용어 정리

극성과 비극성
- 극성 : 전기적으로 극성을 갖는 물질
- 비극성 : 전기적으로 극성을 갖지 않는 물질

> **개념잡기**
>
> 다음 화합물 중 순수한 이온결합을 하고 있는 물질은?
>
> ① CO_2 ② NH_3
> ③ KCl ④ NH_4Cl
>
> ---
>
> - 이온결합은 금속과 비금속의 결합으로 K(금속), Cl(비금속)인 KCl이 이온결합을 하고 있다.
> - C, O, N, H, Cl 모두 비금속으로 공유결합 물질이다. 단, NH_4Cl은 NH_4^+와 Cl^-로 이온성을 띤다.
>
> 정답 : ③

2. 금속결합

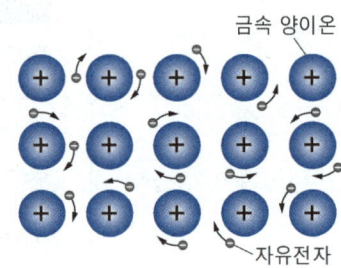

금속결합

- 금속을 형성하는 물질의 결합 방식
- 금속성 원소에서 빠져나온 **자유전자**와 금속 **양이온** 사이에서 작용하는 **정전기적 인력**에 의한 결합

2-1 금속결합의 특징

- 금속 양이온 사이를 이동하는 **자유전자**로 인해 **높은 전기전도성**을 가진다.
- 금속결합은 **연성**과 **전성**의 성질이 있다.
- 금속 양이온과 자유전자 사이의 정전기적 인력은 매우 크므로 **녹는점과 끓는점**이 높다.

핵심 KEY

자유전자
금속결합에서 전자는 한곳에 머무르지 않고 금속 내 모든 곳을 자유롭게 움직인다.

용어 정리

연성과 전성
- 연성 : 힘을 가해 늘어뜨릴 수 있는 성질
- 전성 : 힘을 가해 얇게 펼 수 있는 성질

> 금속결합의 특징에 대한 설명으로 틀린 것은?
>
> ① 양이온과 자유전자 사이의 결합이다.
> ② 열과 전기의 부도체이다.
> ③ 연성과 전성이 크다.
> ④ 광택을 가진다.
>
> 금속결합은 금속 양이온 사이로 자유전자가 이동하므로 열과 전기전도성이 좋다.   정답 : ②

3. 공유결합

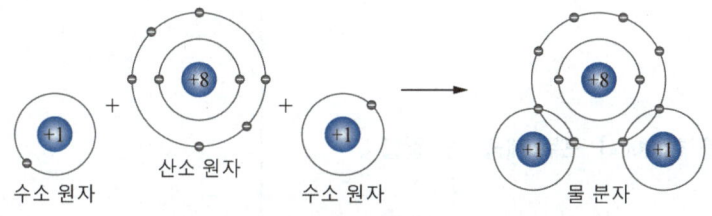

물 분자의 공유결합

- 원자들이 결합할 때 옥텟규칙을 만족하기 위해 서로의 전자쌍을 공유하는 결합
- 비금속과 비금속의 결합

3-1 공유결합의 특징

- 홀전자 : 최외각 전자 중 쌍을 이루지 않는 전자이다.
- 비공유 전자쌍 : 쌍을 이루고 있지만 공유결합에 참여하지 않는 전자쌍을 말한다.
- 분자 내에서 전자쌍을 공유하기 때문에 매우 강한 결합을 가진다.
- 전기음성도가 비슷한 비금속 사이에서 일어난다.

> 공유결합(Covalent Bond)에 대한 설명으로 틀린 것은?
>
> ① 두 원자가 전자쌍을 공유함으로써 형성되는 결합이다.
> ② 공유되지 않고 원자에 남아 있는 전자쌍을 비결합 전자쌍 또는 고립 전자쌍이라고 한다.
> ③ 수소 분자나 염소 분자의 경우 분자 내 두 원자는 두 개의 결합 전자쌍을 가지는 이중 결합을 한다.
> ④ 분자 내에서 두 원자가 2개 또는 3개의 전자쌍을 공유할 수 있는데, 이것을 다중 공유결합이라고 한다.
>
> ③ 수소 분자나 염소 분자의 경우 분자 내 두 원자는 한 개의 결합 전자쌍을 가지는 단일 결합을 한다.
>
> 정답 : ③

3-2 배위결합

- 두 원자가 공유결합을 할 때 **전자를 한쪽에서 모두 제공**하는 결합

$$H-\underset{\underset{H}{|}}{\overset{\overset{H}{|}}{B}} + :N-H \longrightarrow H-\underset{\underset{H}{|}}{\overset{\overset{H}{|}}{B}}-\underset{\underset{H}{|}}{\overset{\overset{H}{|}}{N}}-H$$

배위결합

04
분자 내의 힘과 분자 간의 힘

1. 분자 내의 힘

- 이온결합, 금속결합, 공유결합은 **분자 내**에서 일어나는 결합이다.
- 원자들이 공유결합을 할 때 결합하고 있는 원자들 사이에 공유전자쌍을 잡아 당기는 힘의 세기는 다를 수 있다.
- 공유결합을 하는 원자들의 **전기음성도 차이**로부터 **극성, 무극성 물질로 분류**된다.

1-1 극성 공유결합

- 전기음성도가 서로 다른 원자들이 공유결합하고 있는 상태를 말한다.
- 원자들이 전자쌍을 끌어당기는 정도가 달라 분자 내에서는 **부분적으로 전하**를 갖게 된다.
- 전기음성도 차이에 의해 아래 그림에서 분자 내 H는 상대적으로 (+)전하, Cl는 상대적으로 (-)전하를 갖게 된다.

전기음성도 차이

분자 내 전기음성도 차이가 클수록 극성에 가까운 물질, 차이가 작을수록 무극성에 가까운 물질이 된다.

극성물질의 용해

- 용해 : 용질이 용매에 녹는 현상
- 극성물질은 같은 극성 용매에 잘 녹는다.
- 극성물질은 무극성 용매에 잘 녹지 않는다.

H 2.1						
Li 1.0	Be 1.5	B 2.0	C 2.5	N 3.0	O 3.5	F 4.0
Na 0.9	Mg 1.2	Al 1.5	Si 1.8	P 2.1	S 2.5	Cl 3.0
						Br 2.8
						I 2.5

전기음성도

H - Cl
2.1   3.0

HCl의 전기음성도 값

1-2 무극성 공유결합

- **전기음성도가 같은 원자들**이 공유결합하고 있거나 **전기적 평형상태**인 공유결합을 말한다.
- 원자들이 전자쌍을 끌어당기는 정도가 같은 **분자 내에서는 전하를 띠지 않는다.**

H - H
2.1   2.1

H$_2$의 전기음성도 값

1-3 3개 이상의 원자 결합

- 원자 사이의 결합이 극성 공유결합이더라도 분자 구조에 의해 극성 또는 무극성 분자가 된다.
- 쌍극자 모멘트 : 공유결합의 극성크기를 나타내는 척도이다.
- 쌍극자 모멘트의 합이 클수록 극성 물질이다.
- 쌍극자 모멘트의 합이 0에 가까울수록 무극성 물질이다.

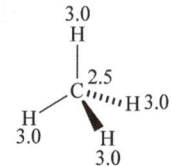

CH₄의 전기음성도 값

※ CH_4(메테인)은 C - H 결합에서 전기음성도 차이가 있지만, 정사면체 구조로 쌍극자 모멘트의 합이 0이므로 무극성 물질이다.

2. 분자 간의 힘

2-1 반데르발스 결합

극성-극성 분자의 결합
극성분자는 극성을 띠기 때문에 극성분자들 사이에서 인력에 의한 결합을 한다.

극성-무극성 분자의 결합
무극성 분자는 극성을 띠지 않지만 극성분자에 의해 무극성 분자 내 전하의 분포가 바뀌어 서로 간 인력이 발생하여 결합한다.

무극성-무극성 분자의 결합
분자 간 거리가 가까워지면 순간적으로 전하의 분포가 비대칭적으로 되어 인력이 발생하여 결합한다.

핵심 KEY

분자 간의 힘
- 분자 내 힘 > 분자 간 힘
- 분자 간 힘 : 물리적 성질을 결정, 끓는점, 녹는점, 증기압 등

> 분자 간에 작용하는 힘에 대한 설명으로 틀린 것은?
>
> ① 반데르발스 힘은 분자 간에 작용하는 힘으로서 분산력, 이중극자 간의 인력 등이 있다.
> ② 분산력은 분자들이 접근할 때 서로 영향을 주어 전하의 분포가 비대칭이 되는 편극현상에 의해 나타나는 힘이다.
> ③ 분산력은 일반적으로 분자의 분자량이 커질수록 강해지나, 분자의 크기와는 무관하다.
> ④ 헬륨이나 수소기체도 낮은 온도와 높은 압력에서는 액체나 고체상태로 존재할 수 있는데, 이는 각각의 분자 간에 분산력이 작용하기 때문이다.
>
> ③ 분자량이 커지면 분자의 크기도 같이 커진다.   정답 : ③

2-2 수소결합

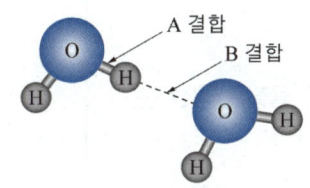

물 분자의 공유결합(A)과 수소결합(B)

핵심 KEY
- A결합 : 공유결합
- B결합 : 수소결합

- 반데르발스 결합 중 분자 간 강한 정전기적 인력에 의한 결합이다.
- 전기 음성도가 큰 F, O, N가 H_2O, HF, NH_3와 같이 **수소와 결합**한 분자들 간의 결합이다.
- 수소결합을 하기 위해서는 분자 내 F-H, O-H, N-H의 결합이 있어야 한다.
- 녹말, 단백질, H_2O 등 수소결합을 하는 분자는 분자 간 인력이 강하므로 **끓는점**, **녹는점**이 높다.

> 다음 중 수소결합을 할 수 없는 화합물은?
>
> ① H_2O ② CH_4
> ③ HF   ④ CH_3OH
>
> 수소결합을 하기 위해서는 분자 내 F-H, O-H, N-H의 결합이 있어야 한다.   정답 : ②

05 물질의 상태와 변화

1. 물리적 변화와 화학적 변화

1-1 물리적 변화

- 물질이 에너지를 얻거나 잃어서 모양 또는 상태가 변화하는 현상이다.
- 화학적 조성의 변화가 없다.
- 물질의 상태변화
  예 얼음의 액화, 물의 기화 등

1-2 화학적 변화

- 물질을 구성하는 원자들이 에너지를 받아 재배열되어 다른 물질을 생성하는 현상이다.
- 화학적 조성이 변한다.
- 물질의 화학적 변화
  예 철이 녹슴, 단백질 응고, 연소반응 등

2. 물질의 상태

2-1 기체

기체분자 운동론 가정
- 분자는 끊임없이 무질서한 직선운동을 한다.
- 분자들의 크기는 무시할 수 있을 정도로 작다.(기체 자체부피 무시)
- 분자 간 인력이나 반발력은 작용하지 않는다.(분자 간 상호작용은 무시할 정도로 작다)
- 분자 간 완전 탄성 충돌을 한다.(평균운동에너지 변화 없다)
- 평균운동에너지는 기체 종류에 관계없이 절대온도에만 비례한다.

핵심 KEY

기체분자 평균운동에너지
- $E = \dfrac{1}{2}kT = \dfrac{1}{2}mv^2$
- k(볼츠만 상수), T(절대온도), m(질량), v(운동속도)

기체확산(그레이엄의 법칙)

기체의 확산속도는 기체 분자량의 제곱근에 반비례한다.

$$\frac{V_A}{V_B} = \sqrt{\frac{M_B}{M_A}}$$

V_A, V_B : 기체 확산 속도
M_A, M_B : 분자량

개념잡기

산소 분자의 확산속도는 수소 분자의 확산속도의 얼마 정도인가?

① 4배 ② $\frac{1}{4}$배

③ 16배 ④ $\frac{1}{16}$배

그레이엄의 확산 법칙
'일정한 온도와 압력 상태에서 기체의 확산속도는 그 기체 분자량의 제곱근에 반비례한다.'는 법칙이다.

속도 $\propto \frac{1}{\sqrt{M}}$

수소 분자의 확산속도 : 산소 분자의 확산속도
$\sqrt{32} : \sqrt{2} = \sqrt{16} : 1 = 4 : 1$

산소 분자의 확산속도는 수소 분자의 확산속도의 $\frac{1}{4}$배가 된다.

정답 : ②

보일의 법칙

일정한 온도에서 기체의 압력과 부피는 **반비례**한다.

$$P_1V_1 = P_2V_2$$

샤를의 법칙

일정한 압력에서 기체의 온도(절대온도)와 부피는 **비례**한다.

$$\frac{V_1}{T_1} = \frac{V_2}{T_2}$$

보일-샤를의 법칙

온도, 압력, 부피가 동시에 변화할 때의 관계를 나타낸다.

$$\frac{P_1V_1}{T_1} = \frac{P_2V_2}{T_2}$$

핵심 KEY

표준상태
0℃, 1기압을 표준상태라 한다.

기체상수(R)
- 0.082(atm·L/mol·K)
- 8.3(J/mol·K)

몰수(n)

$n = \frac{w(질량)}{M(분자량)}$

> **개념잡기**
>
> 일정한 온도에서 1atm의 이산화탄소 1L와 2atm의 질소 2L를 밀폐된 용기에 넣었더니 전체 압력이 2atm이 되었다. 이 용기의 부피는?
>
> ① 1.5L   ② 2L
> ③ 2.5L   ④ 3L
>
> ---
>
> **보일의 법칙**
> 일정한 온도에서 압력과 부피는 반비례한다.
> PV = 일정하다.
> $P_{CO_2}V_{CO_2} + P_{N_2}V_{N_2} = P_{total}V_{total}$
> 1atm × 1L + 2atm × 2L = 2atm × V
> V = 2.5L
>
> 정답 : ③

아보가드로 법칙

- 기체의 종류에 관계없이 같은 온도, 압력, 부피 속에는 **같은 수의 분자**가 있다.
- 0℃, 1기압일 때, 1mol의 부피는 22.4L이다.

이상기체 상태방정식

이상기체의 상태를 나타내는 방정식이다.

$$PV = nRT$$

2-2 액체

증기압력과 끓는점

- 동적평형 상태에서 증기가 나타내는 압력을 **증기압력** 또는 **포화증기 압력**이라 한다.
- 증기의 압력이 대기압과 같아지며 액체의 내부에 기포가 발생하며 기화된다. 이때의 온도를 **끓는점**이라 한다.
- 증기압력은 물질의 종류와 온도에 따라 변한다.

핵심 KEY

동적평형
밀폐된 공간에 액체가 있을 때, 증발되는 분자의 수와 다시 응축되는 분자의 수가 같아져 평형을 이루는 상태

분자 간의 인력과 끓는점
분자 간의 인력이 클수록 증발하기 어렵기 때문에 증기압력은 낮아지며, 끓는점은 높아진다.

물의 성질

- 물은 수소결합을 한다.
- 물은 얼음으로 상태 변화할 때 수소결합에 의한 육각형 구조를 가지기 때문에 부피가 증가하여 밀도가 액체일 때 보다 작아진다.
- 액체 상태의 물이 4℃에서 0℃가 될 때 밀도가 줄어드는 이유는 육각형 구조를 형성할 준비를 하기 때문이다.

2-3 고체

융해와 승화

- 순수한 고체물질을 가열하여 녹기 시작할 때, 고체가 모두 녹을 때까지 일정하게 유지되는 온도를 녹는점이라 한다.
- 융해는 고체에서 액체로의 상태변화를 의미하며, 승화는 고체에서 기체로의 상태변화를 의미한다.

온도에 따른 물의 밀도

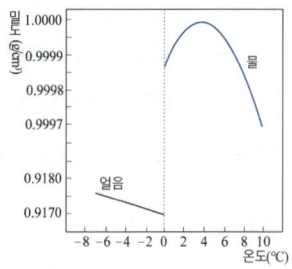

밀도

$$\rho = \frac{w(질량)}{V(부피)}$$

승화의 예
드라이아이스, 나프탈렌 등

다음 물질 중 승화와 가장 거리가 먼 것은?

① 드라이아이스　　② 나프탈렌
③ 알코올　　　　　④ 아이오딘

승화
고체 → 기체, 기체 → 고체로 상태변화
- 알코올은 승화하지 않는다.

정답 : ③

열팽창

- 고체에 열이 가해지면, 고체분자의 운동이 활발해진다. 이때 분자 사이의 거리가 멀어지는 것을 열팽창이라 한다.
- 고체의 열팽창률

> 은 > 구리 > 금 > 철 > 유리

2-4 용액의 성질

용해

- 용매와 용질 간의 인력이 용질 내 인력보다 크면 용해가 된다.
- 같은 극성을 가진 용질과 용매는 서로 잘 섞인다.

예) H_2O(극성)에 CH_3OH(극성)은 잘 녹으나 CH_4(비극성)은 잘 녹지 않는다.

용해도

용질이 용매에 포화상태가 될 때까지 녹을 수 있는 정도를 수치로 나타낸 것으로 용매 100g에 최대로 녹을 수 있는 용질의 양을 의미한다.

예) 100g의 물에 소금(NaCl) 20g을 녹인 경우
- 용질 : 소금
- 용매 : 물
- 용액 : 120g
- 용해도 : 20

용어 정리
- 용질 : 용매에 녹아 들어가는 물질
- 용매 : 용질을 녹이는 물질
- 용해 : 용질이 용매에 녹아 들어가는 현상
- 용액 : 용질과 용매가 섞여있는 혼합물

핵심 KEY

수화
용매가 물일 때 용질을 녹이는 현상을 수화라 한다.

헨리의 법칙
일정한 온도에서 일정한 양의 용매에 용해되는 기체의 질량은 그 기체의 압력에 비례한다.

개념잡기

어떤 물질 30g을 넣어 용액 150g을 만들었더니 더 이상 녹지 않았다. 이 물질의 용해도는? (단, 온도는 변하지 않았다)

① 20 ② 25
③ 30 ④ 35

어떤 물질을 30g 넣어서 용액 150g이 되었으므로 용매는 120g, 용질은 30g이 된다. 용해도란 용질이 용매에 포화상태가 될 때까지 녹을 수 있는 정도를 수치로 나타낸 것으로 용매 100g에 최대로 녹을 수 있는 용질의 양을 의미하므로 용매 100g을 기준으로 용질의 양을 구하면
120g : 30 = 100g : x
x = 25
용매 100g에 대한 용질 25g을 용해도로 나타내면 25가 된다.

정답 : ②

고체와 기체의 용해도

- 고체 : 대부분의 경우 용매의 온도가 높아질수록 용해도가 증가하며, 압력에는 무관하다.
- 기체 : 온도가 높아질수록 기체 분자운동이 활발해져 용해도는 감소하고, 압력이 높아질수록 용해도는 증가한다.

용액의 상태

- 포화상태 : 용질이 용매에 최대한 녹아 있는 상태
- 불포화상태 : 포화상태보다 덜 녹아 있는 상태
- 과포화상태 : 특정한 조작으로 포화 상태보다 더 녹아 있는 상태이며 매우 불안정하여 작은 충격에도 과량의 용질이 석출

기체의 용해도에 대한 설명으로 옳은 것은?

① 질소는 물에 잘 녹는다.
② 무극성인 기체는 물에 잘 녹는다.
③ 기체는 온도가 올라가면 물에 녹기 쉽다.
④ 기체의 용해도는 압력에 비례한다.

---

① 질소는 무극성 물질로서, 극성인 물에 잘 녹지 않는다.
② 무극성인 기체는 극성인 물에 잘 녹지 않는다.
③ 기체의 온도가 너무 높으면 분자 운동이 활발해서 용매에 녹지 못하고 공기 중으로 빠져나간다. 그러므로 기체는 온도가 낮아야 물에 녹기 쉽다.

정답 : ④

CHAPTER 02
화학적 단위와 화학반응

KEYWORD 몰, 원자량, 분자량, 화학식량, 화학반응식, 화학반응, 화학평형, 산과 염기, 이온화도, 이온화 상수, pH, 중화반응, 산화·환원, 산화수, 화학 전지, 패러데이 법칙, 네른스트식

01 화학적 단위

1. 물질의 양

1-1 몰(mol)

- 원자나 분자 같이 **매우 작은 입자의 수량**을 나타내기 위한 화학적 단위이다.
- 1mol에는 6.02×10^{23}개의 입자가 있으며, 이를 **아보가드로 수**라 한다.

1-2 원자량, 분자량, 화학식량

원자량

탄소(^{12}C)원자의 질량을 12를 기준으로 다른 원자의 질량을 상대적으로 나타낸 값이다.

원소	원자번호	원자량	원소	원자번호	원자량
H	1	1	O	8	16
C	6	12	Na	11	23
N	7	14	Cl	17	35.5

분자량

분자를 구성하고 있는 원자량의 합이다.

화학식량

이온결합을 하는 염화나트륨과 같이 분자로 존재하지 않는 물질의 원자량을 모두 더한 값이다.

개념잡기

질산(HNO_3)의 분자량은 얼마인가? (단, 원자량 H = 1, N = 14, O = 16이다)
① 63 ② 65
③ 67 ④ 69

① 1 + 14 + (16×3) = 63

정답 : ①

1-3 몰(mol) 수 관계식

핵심KEY(몰 질량)의 내용에 의해 다음과 같은 식으로 몰수를 나타낼 수 있다.

$$몰수(n) = \frac{질량(w)}{분자량(M)}$$

- 36g의 H_2O에 들어있는 몰수를 구하기 위해 위 관계식을 활용하면, H_2O의 분자량은 18g/mol이며, 몰수(n) = $\frac{36g}{18g/mol}$ = 2mol이 된다.

- 분자나 원자 종류에 관계없이 1mol에는 6.02×10^{23}(아보가드로 수)개의 입자가 들어 있으므로 2mol의 H_2O에는 12.04×10^{23}개의 H_2O입자가 있다는 것을 알 수 있다.

- 반대로 2mol의 물은 36g이라는 것을 역으로 알 수 있다.

핵심 KEY

몰 질량

원자량, 분자량, 화학식량은 상대적인 질량으로 단위를 가지고 있지 않지만 물질 1mol이 가지는 질량을 몰 질량이라고 하며, 원자량, 분자량, 화학식량에 g/mol의 단위를 붙여 사용한다.
㉠ 탄소(C) 1mol = 12g/mol
   물(H_2O) 1mol = 18g/mol

저자 어드바이스

분자량과 몰 질량
- 분자량은 단위가 없지만 몰 질량은 분자량에 g/mol의 단위가 붙는다.
- 분자량과 몰 질량은 혼용해서 사용한다.

2. 화학반응식

2-1 화학식의 표현

CH_4

- 메테인(CH_4) 기체는 탄소(C) 원자 1개와 수소(H) 원자 4개로 이루어져 있다.
- 원자 뒤의 아래 첨자는 바로 앞의 원자의 개수를 의미한다.

2O$_2$

- 산소(O$_2$) 분자 2개 또는 산소(O) 원자 4개이다.
- 분자 앞의 숫자(계수)는 분자의 개수를 의미한다.

CO$_2$

이산화탄소(CO$_2$)는 탄소(C) 원자 1개와 산소(O) 원자 2개로 이루어져 있다.

2H$_2$O

물(H$_2$O) 분자 2개 또는 수소(H) 원자 4개, 산소(O) 원자 1개로 이루어져 있다.

2-2 화학반응식

반응물과 생성물과의 관계를 나타낸 식

메테인의 연소반응식

CH$_4$(g) + 2O$_2$(g) → CO$_2$(g) + 2H$_2$O(l) + 780kJ

CH$_4$(g) + 2O$_2$(g) → CO$_2$(g) + 2H$_2$O(l)　Q = +780kJ

CH$_4$(g) + 2O$_2$(g) → CO$_2$(g) + 2H$_2$O(l)　△H = -780kJ

- 화살표를 기준으로 **왼쪽은 반응물**, **오른쪽은 생성물**을 나타낸다.
- 질량보존의 법칙에 의해 반응물과 생성물의 원자 수가 같도록 **계수**를 맞춘다.
- 물질의 상태를 나타낼 때는 화학식 뒤의 (　)에 **상태**를 나타낸다.
- 화학반응 시 **에너지의 출입**은 반응열(Q)과 반응 엔탈피(△H)로 나타낸다.
- **반응열(Q)**은 반응이 일어나는 계 주위에서 일어나는 에너지 변화이다.
- **반응엔탈피(△H)**는 반응계에서 일어나는 에너지 변화이다. 물질이 가지고 있는 고유의 에너지 함량으로 절대량 측정이 불가능하여 생성물과 반응물 사이의 에너지 변화를 측정하여 사용한다.
- **반응열(Q)**은 반응 외계(주위)를 기준으로 하며, 반응 엔탈피(△H) 반응계를 기준으로 에너지 변화를 측정하기 때문에 에너지의 크기는 같고 부호가 반대이다.
- 반응열(Q)과 반응 엔탈피(△H)는 **(kJ/mol)의 단위로 몰당 에너지**를 나타낸다.

질량보존의 법칙

라부아지에가 발견한 법칙으로 화학반응에서 반응물의 질량과 생성물 질량은 같다는 법칙

물질의 상태 표시

- g(gas) : 기체 상태
- l(liquid) : 액체 상태
- s(solid) : 고체 상태
- aq(aqueous) : 수용액 상태

계와 외계

- 네모박스는 관심의 대상인 계
- 네모박스 이외는 관심 밖인 외계

반응이 일어나는 곳 또는 관심의 대상계 또는 반응계

반응이 일어나는 않는 외부 공간 = 외부 또는 주위

2-3 발열반응과 흡열반응

발열반응

- 화학반응 시 반응계에서 주위(외계)로 에너지 방출이 일어나는 반응이다.
- 반응열(Q) > 0, 반응 엔탈피(△H) < 0

흡열반응

- 화학반응 시 주위(외계)에서 반응계로 에너지 흡수가 일어나는 반응이다.
- 반응열(Q) < 0, 반응 엔탈피(△H) > 0

2-4 가역과 비가역 반응

가역반응

정반응과 역반응이 모두 일어나는 반응

비가역반응

한쪽 방향으로만 반응이 진행되는 반응

가역반응과 비가역반응 예시
- 가역반응 : 탄산칼륨의 분해
  $CaCO_3(s) \rightleftarrows CaO(s) + CO_2(g)$
- 비가역반응 : 연소반응
  $CH_4 + 2O_2 \rightarrow CO_2 + 2H_2O$

3. 화학반응에서 양적 관계

3-1 미정계수법

화학반응식을 완성하기 위해서는 반응물과 생성물의 총 질량이 같아야 한다. 그러므로 반응 전과 후의 원자의 개수가 같도록 맞추기 위해 미정계수법을 활용한다.

메테인의 연소반응식

(a)CH_4 + (b)O_2 → (c)CO_2 + (d)H_2O + 780kJ

반응물	생성물
C = (a)	C = (c)
H = 4(a)	H = 2(d)
O = 2(b)	O = 2(c) + (d)

- 반응물과 생성물의 원소를 작성한다.
- 원소의 개수를 문자로 나타낸다.
- (a) ~ (d)에 적절한 수를 넣어 개수를 맞춘다.(보통 (a) = 1을 넣는다)
- (a) = 1을 넣으면 (c) = 1, (d) = 2가 된다.
- (c), (d)의 값을 각각 넣어주면 (b) = 2가 된다.
- (a) ~ (d)에 구한 값을 넣어 반응식을 완성하며, 계수 1은 생략한다.

∴ $CH_4 + 2O_2 → CO_2 + 2H_2O$

3-2 반응식 계수의 의미

메테인의 연소반응식

$CH_4 + 2O_2 → CO_2 + 2H_2O$

- 계수는 (1)CH_4, (2)O_2, (1)CO_2, (2)H_2O로 1 : 2 : 1 : 2의 비율이다.
- CH_4 1개와 O_2 2개가 반응하면 CO_2 1개와 H_2O 2개가 생성된다.
- CH_4 1몰과 O_2 2몰이 반응하면 CO_2 1몰과 H_2O 2몰이 생성된다.
- 0℃, 1기압에서 CH_4 22.4L와 O_2 44.8L가 반응하면 CO_2 22.4L와 H_2O 44.8L가 생성된다.
- CH_4 1g과 O_2 2g이 반응하면 CO_2 1g과 H_2O 2g이 생성되지는 않는다.
- **계수비 = 분자수의 비 = 몰수의 비 = 부피의 비 ≠ 질량비**이다.

핵심 KEY

몰수를 이용해 질량 구하기

몰수(n) = $\dfrac{질량(w)}{분자량(M)}$

- CH_4의 질량
  16g/mol × 1mol = 16g
- O_2의 질량
  32g/mol × 2mol = 64g
- CO_2의 질량
  44g/mol × 1mol = 44g
- H_2O의 질량
  18g/mol × 2mol = 36g
- 반응 전 질량 = 16g + 64g
  = 80g
- 반응 후 질량 = 44g + 36g
  = 80g
- 질량보존의 법칙으로 반응 전과 후의 질량의 합이 같다.

반응식	CH_4	+	$2O_2$	→	CO_2	+	$2H_2O$
	1몰의 CH_4와 2몰의 O_2가 반응하여 1몰의 CO_2와 2몰의 H_2O을 생성한 반응							
계수비	1	:	2	:	1	:	2
몰수비	1몰	:	2몰	:	1몰	:	2몰
분자수	6.02×10^{23}개	:	12.04×10^{23}개	:	6.02×10^{23}개	:	12.04×10^{23}개
분자수비	1	:	2	:	1	:	2
부피 (0℃, 1기압)	22.4L	:	44.8L	:	22.4L	:	44.8L
부피비 (0℃, 1기압)	1	:	2	:	1	:	2
질량	16g	:	64g	:	44g	:	36g
질량비	4	:	16	:	11	:	9

02 화학반응 속도

1. 화학반응의 조건

유효 충돌

화학반응이 일어나기 위해서는 **반응이 일어날 수 있는 방향**의 유효 충돌이 일어나야 한다.

활성화에너지

유효 충돌로 발생한 에너지는 입자들의 결합을 끊는 데 사용되며, 반응하기 위해 최소한으로 필요한 에너지를 **활성화에너지**라 한다.

에너지 변화

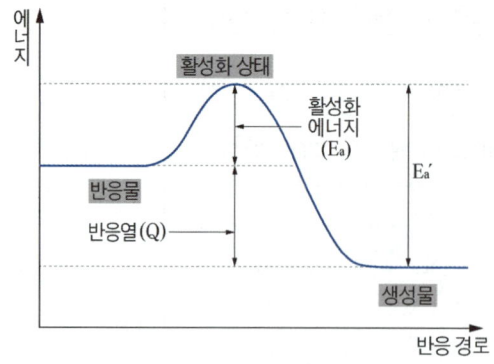

반응진행에 따른 에너지 변화

- 반응물이 반응하기 위해서는 **활성화에너지만큼의 에너지가 필요**하다.
- 생성물의 에너지 수준이 반응물의 에너지 수준보다 **낮다**는 것은 **열이 외부로 방출**(발열반응)되었다는 의미이다.
- 반응물과 생성물의 **에너지 크기 차이**가 반응열(Q) 또는 반응 엔탈피($\triangle H$)의 값이다.

2. 화학반응 속도

2-1 온도, 농도, 표면적, 촉매에 따른 화학반응 속도

온도

반응 온도가 올라가면 입자들의 운동 속도가 빨라지며 충돌 횟수가 많아진다. 그러므로 활성화에너지 이상의 에너지를 가진 분자들이 많아지게 되므로 반응속도가 빨라진다.

농도

반응물의 농도가 높아질수록 단위 부피당 입자들의 충돌 횟수가 많아진다. 그러므로 반응속도가 빨라진다.

표면적

표면적이 넓을수록 입자 간 충돌할 수 있는 면적이 증가하기 때문에 반응속도가 빨라진다.

참고

정촉매 부촉매 에너지 그래프

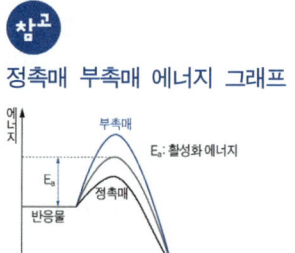

촉매

촉매는 반응에 직접적으로 참여하지는 않지만, **활성화에너지를 변화시켜 반응의 속도만을 조절**한다.
- 정촉매 : 활성화에너지를 낮추어 반응속도를 빠르게 한다.
- 부촉매 : 활성화에너지를 높여 반응속도를 느리게 한다.

3. 화학평형

정반응과 역반응 속도가 같고, 반응물과 생성물의 농도가 **시간에 따라 더 이상 변하지 않을(동적평형 상태) 때, 화학평형에 도달**했다고 한다.

3-1 평형상수(K)

반응식 : $aA + bB \rightleftharpoons cC + dD$

평형상수$(K) = \dfrac{[C]^c[D]^d}{[A]^a[B]^b}$

- 온도가 일정할 때 **평형상수(K)는 일정한 값**을 가진다.
- 일정 온도에서 초기 반응물과 생성물질의 농도에 관계없이 반응물질과 생성물질의 농도비는 항상 일정하다.
- 평형상수가 1보다 크다면 평형은 오른쪽으로 치우치고 생성물의 생성이 유리하다.
- 평형상수가 1보다 작다면 평형은 반응물 생성이 유리하다.

3-2 화학평형에 영향을 주는 인자

암모니아 생성 반응식
$N_2(g) + 3H_2(g) \rightleftharpoons 2NH_3(g)$, $H = -92kJ/mol$

농도의 변화 ★

평형상태에서 반응물인 N_2 또는 H_2의 농도를 증가시키면, 반응물이 농도를 감소시키는 정반응이 진행되어 새로운 평형에 도달한다. 반대로 생성물인 NH_3의 농도를 증가시키면 역반응이 진행되어 새로운 평형에 도달한다.

핵심 KEY

평형상수 생략

평형상수에서 H_2O나 고체상태는 생략한다.

핵심 KEY

르 샤틀리에 원리
- 평형에 있는 반응계에 외부 자극을 가하면 반응계는 이 자극을 상쇄시키는 방향으로 평형이 조절된다.
- 이때, 자극은 평형상태를 벗어나게 하는 농도, 압력, 부피, 온도의 변화 등이다.

압력과 부피

압력과 부피는 서로 반비례한다.

압력과 부피의 변화 ★

평형상태(일정한 압력일 때)에서 압력을 증가시키면 기체 분자수를 감소시키는 방향으로 반응이 진행된다. 질소 1몰과 수소 3몰이 반응해 암모니아 2몰이 생성되는 반응에서 압력을 증가시키면 압력을 감소(입자수 감소)시키는 방향인 정반응이 일어나 새로운 평형에 도달한다. 반대로 압력을 감소시키면 압력을 증가시키는 역반응이 일어나 새로운 평형에 도달한다.

온도의 변화

- 평형상태에서 온도를 높이면 열을 흡수하는 방향으로, 반대로 온도를 낮추면 열을 방출하는 방향으로 반응이 진행된다.
- 암모니아 생성반응은 $\triangle H = -92kJ/mol$이므로 발열반응($Q > 0$)이다.
- 반응 온도를 높이면 열을 흡수하는 방향인 역반응이 진행되어 새로운 평형에 도달한다. 반대로 반응 온도를 낮추면 열을 방출하는 정반응이 진행되어 새로운 평형에 도달한다.

비활성 기체 첨가

아르곤(Ar)과 같은 비활성 기체를 첨가하면 **기체의 전체 압력은 증가**하지만, 기체의 부분압력에는 변화가 없기 때문에 **평형에는 영향을 주지 않는다.**

촉매와 평형

촉매는 반응의 활성화에너지를 높이거나 낮추기 때문에 **반응속도에만 영향을** 준다. 즉, 평형에 도달하는 속도에 영향을 줄 뿐 **평형의 위치 또는 평형상수에는 영향을 주지 않는다.**

평형상수를 변화시키는 요인

- 화학평형에 영향을 주는 인자(농도, 온도, 압력, 부피) 중 **온도 변화만이 평형 상수의 값을 변화**시킬 수 있다.
- 농도, 압력, 부피의 변화는 평형 농도를 변화시킬 뿐 평형상수를 변화시킬 순 없다.

저자 어드바이스

3-2 화학평형에 영향을 주는 인자 부분은 여러 형태로 기출이 많이 되었습니다. 르 샤틀리에 원리를 명확히 이해해야 합니다.

핵심 KEY

반응물과 생성물의 입자수가 같을 때

반응물과 생성물의 입자수가 같을 때 압력을 변화시켜도 평형은 이동하지 않는다.

> **개념잡기**
>
> 화학평형에 대한 설명으로 틀린 것은?
>
> ① 화학 반응에서 반응물질(왼쪽)로부터 생성물질(오른쪽)로 가는 반응을 정반응이라고 한다.
> ② 화학 반응에서 생성물질(오른쪽)로부터 반응물질(왼쪽)로 가는 반응을 비가역반응이라고 한다.
> ③ 온도, 압력, 농도 등 반응 조건에 따라 정반응과 역반응이 모두 일어날 수 있는 반응을 가역반응이라고 한다.
> ④ 가역반응에서 정반응 속도와 역반응 속도가 같아져서 겉보기에는 반응이 정지된 것처럼 보이는 상태를 화학평형 상태라고 한다.
>
> ② 화학 반응에서 생성물질(오른쪽)로부터 반응물질(왼쪽)로 가는 반응을 역반응이라고 한다.
> 가역반응이란 정반응과 역반응이 모두 일어나는 반응이며, 비가역반응이란 한쪽 방향으로만 반응이 진행되는 반응을 말한다.
>
> 정답 : ②

03 산과 염기

1. 산과 염기의 정의

1-1 아레니우스 정의

산
- 물에 녹았을 때 **수소 이온(H^+)을 내놓을 수 있는 물질**
- 황산(H_2SO_4), 염산(HCl), 질산(HNO_3), 아세트산(CH_3COOH)

염기
- 물에 녹았을 때 **수산화 이온(OH^-)을 내놓을 수 있는 물질**
- 수산화나트륨(NaOH), 수산화칼륨(KOH), 암모니아(NH_3)

핵심 KEY

브뢴스테드-로우리
물이 없는 반응에서도 산과 염기를 정의할 수 있다.

양쪽성 물질
H_2O와 같이 산으로도 작용하고 염기로도 작용하는 물질을 양쪽성 물질이라 한다.

루이스 산과 염기
- H^+가 없어도 산·염기 정의 가능
- 브뢴스테드-로우리의 산이 루이스 염기가 될 수도 있다.

1-2 브뢴스테드-로우리 정의

$$HCl + H_2O \rightleftharpoons H_3O^+ + Cl^-$$
(산)   (염기)   (짝산)   (짝염기)
반응 1

$$NH_3 + H_2O \rightleftharpoons NH_4^+ + OH^-$$
(염기)   (산)   (짝산)   (짝염기)
반응 2

(H$^+$ 이동: HCl → H$_2$O, H$_2$O → NH$_3$)

산
양성자(H^+)를 주는 물질(반응 1에서 HCl, 반응 2에서 H_2O)

염기
양성자(H^+)를 받는 물질(반응 1에서 H_2O, 반응 2에서 NH_3)

개념잡기

산(Acid)에 대한 설명으로 틀린 것은?

① 물에 용해되어 수소 이온(H^+)을 내는 물질이다.
② 양성자(H^+)를 받아들이는 분자 또는 이온이다.
③ 푸른색 리트머스 종이를 붉게 변화시킨다.
④ 비공유 전자쌍을 받는 물질이다.

② 브뢴스테드-로우리의 정의에 따라 양성자(H^+)를 주는 분자 또는 이온을 산으로 한다.   정답 : ②

1-3 루이스 정의

반응식

$H^+ + NH_3 \rightarrow NH_4^+$

$$H^+ + :\underset{H}{\overset{H}{N}}-H \longrightarrow \left[\underset{H}{\overset{H}{H-N-H}} \right]^+$$

산

비공유 전자쌍을 **받는** 물질(H^+)

염기

비공유 전자쌍을 **주는** 물질(NH_3)

2. 산과 염기의 세기

2-1 강산과 약산(강염기와 약염기)

강산(강염기)

물에서 완전히 이온화하는 물질

- 강산 : 염산(HCl), 질산(HNO_3), 과염소산($HClO_4$), 황산(H_2SO_4) 등
- 강염기 : 수산화나트륨(NaOH), 수산화칼륨(KOH) 등

약산(약염기)

물에서 극히 일부만 이온화하는 물질

- 약산 : 아세트산(CH_3COOH), 탄산(H_2CO_3), 폼산(HCOOH), 인산(H_3PO_4)
- 약염기 : 암모니아(NH_3), 수산화마그네슘[$Mg(OH)_2$]

개념잡기

다음 중 염기성이 가장 강한 것은?

① 0.1M HCl ② $[H^+] = 10^{-3}$
③ pH = 4   ④ $[OH^-] = 10^{-1}$

pH가 클수록 염기성이 강하다.
① pH = $-\log[H^+]$ = $-\log(0.1)$ = 1
② pH = $-\log[H^+]$ = $-\log(10^{-3})$ = 3
③ pH = 4
④ pOH = $-\log(10^{-1})$ = 1
  pH + pOH = 14
  pH = 14 - pOH = 13

정답 : ④

2-2 이온화도(α)

$$\text{이온화도}(\alpha) = \frac{\text{이온화된 용질의 몰수}}{\text{용해된 용질의 몰수}}$$

- 이온화도가 **1**인 경우에는 **완전히 이온화된 강전해질**이다.
- 이온화도가 **매우 작은** 경우 **약전해질**이다.

2-3 이온화 상수(K_a)

이온화 반응식
$$HA(aq) + H_2O(l) \rightleftharpoons H_3O^+(aq) + A^-(aq)$$

- 이온화 상수(K_a) $= \dfrac{[H_3O^+][A^-]}{[HA]} = \dfrac{[H^+][A^-]}{[HA]}$
- 산의 이온화에 대한 평형상수를 **산 이온화 상수(K_a)**라 한다.
- **이온화 상수값이 클수록 더 강한 산**이다.

핵심 KEY

전해질
물과 같이 극성을 띤 용매에 용질이 녹아 이온을 형성하는 물질

평형상수에서 H_2O와 고체
H_2O와 고체의 농도는 상수로 평형상수에서 1로 한다.

용해도곱
- $AgCl(s) \rightleftharpoons Ag^+(aq) + Cl^-(aq)$
- 고체의 이온화 평형상수를 용해도곱이라 한다.
- $K_{sp} = [Ag^+][Cl^-]$
- 고체 $AgCl(s)$는 상수로 생략한다.

개념잡기

aA + bB $\rightleftharpoons$ cC식의 정반응의 평형상수는?

① $\dfrac{[A][B]}{[C]}$ ② $\dfrac{[A]^a[B]^b}{[C]^c}$

③ $\dfrac{[C]^c}{[A]^a[B]^b}$ ④ $\dfrac{c[C]}{a[A]b[B]}$

반응 전은 분모로, 반응 후는 분자로 하여 평형상수를 나타낸다. 반응식의 계수는 계승으로 나타낸다.

정답 : ③

3. pH

3-1 물의 평형상수(물의 이온화 곱 상수)

물의 자동이온화 반응식
$$H_2O(l) + H_2O(l) \rightleftharpoons H_3O^+(aq) + OH^-(aq)$$

물의 이온화 곱 상수(K_w) = $[H_3O^+][OH^-]$ = $[H^+][OH^-]$ = 10^{-14} mol/L

핵심 KEY

물속의 이온농도
25℃ 물속에서 $[H^+]$와 $[OH^-]$는 1×10^{-7} mol/L이다.

3-2 산과 염기를 나타내는 수치

$$pH = -\log[H^+], \quad pOH = -\log[OH^-]$$

- pH는 물질의 산성도, 알칼리도를 나타내기 위한 수치
- 수용액 속의 $[H^+]$의 농도가 $[OH^-]$이온 보다 높으면 산성 용액, 반대로 $[H^+]$의 농도보다 $[OH^-]$의 농도가 더 높으면 염기성 용액, 같으면 중성 용액이라 한다.
- pH = 7(중성 상태)를 기준으로 pH가 7보다 낮을수록 강한 산이며, pH가 7보다 높을수록 강한 염기성이다.

주로 pH를 많이 사용한다.

4. 중화반응

4-1 중화반응

- 수소 이온(H^+)과 수산화 이온(OH^-)이 반응하여 물(H_2O)과 염을 발생시키는 반응을 중화반응이라 한다.
- 중화반응의 예
  - 산성화된 토양(산성)에 석회 가루(염기성)를 뿌린다.
  - 벌에 쏘인(산성) 부위에 암모니아수(염기성)를 바른다.

4-2 중화적정

- 농도를 모르는 산과 염기의 농도를 찾기 위한 시험방법이다.
- 산과 염기를 반응시켜 H^+와 OH^-의 몰수가 같아지는 지점인 당량점을 찾는다.

중화열
중화반응 시 발생하는 열을 중화열 또는 중화반응열이라 한다.

적정
표준용액을 이용하여 미지 용액의 농도를 확인하는 시험방법

당량점과 종말점
중화반응에서 실제 H^+의 몰수와 OH^-의 몰수가 같아지는 지점을 당량점이라 하며, 지시약의 색 변화로 반응이 완결되었다고 판단되는 지점을 종말점이라 한다.

04 산화·환원

1. 산화와 환원

1-1 산화·환원의 정의

산화

원자 또는 분자가 전자를 잃는 반응, 산화수가 증가하는 반응

환원

원자 또는 분자가 전자를 얻는 반응, 산화수가 감소하는 반응

산화·환원
산소를 얻는 산화반응, 산소를 잃는 환원반응이라고도 한다.

1-2 산화제와 환원제

산화제

전자를 뺏는 물질(또는 산소를 제공하는 물질)로 자신은 환원되고 반응물질을 산화시키는 물질

환원제

전자를 제공하는 물질(또는 산소를 뺏는 물질)로 자신은 산화되고 반응물질을 환원시키는 물질

$KMnO_4$
과망가니즈산칼륨은 대표적인 산화제로 Fe^{2+}를 Fe^{3+}로 산화시키고, MnO_4^-는 Mn^{2+}로 환원된다.

> **마그네슘의 산화 반응식**
>
> $2Mg(s) + O_2(s) \rightarrow 2MgO(s)$

- 마그네슘의 산화 반응식에서 MgO는 Mg^{2+}와 O^{2-} 이온이 결합하여 생성된 물질이다.
- $2Mg(s)$은 전자(e^-) 4개를 잃어 $2Mg^{2+}$으로 산화되었다.
- $O_2(s)$는 전자(e^-) 4개를 받아 $2O^{2-}$로 환원되었다.

2. 산화수

2-1 산화수 계산 방법

- 산화수 : 원자가 갖는 전하수
- 단원자 분자 물질 원소의 산화수는 0이다.
  H_2, O_2, N_2 등
- 수소(H)의 산화수는 (+1)이다.(단, 금속의 수소화물에서는 (-1)이다)
- 산소(O)의 산화수는 (-2)이다.(단, 과산화물에서는 (-1)이다)
- 중성 분자를 이루고 있는 원소의 산화수의 합은 0이다.

- HCl에서 Cl의 산화수 = -1

  $\underset{+1}{H}\ \underset{-1}{Cl} = 0$

- SO_2에서 S의 산화수 = +4

  $\underset{+4}{S}\ \underset{-4}{O_2} = 0$

- N_2O_3에서 N의 산화수 = +3

  $\underset{+6}{N_2}\ \underset{-6}{O_3} = 0$

- 이온의 산화수는 이온의 전하수와 같다.
  $Na^+ = +1$, $Cl^- = -1$ 등
- 다원자 이온의 산화수는 이온을 구성하는 원자들의 합과 다원자 이온의 전하와 같다.

- SO_4^{2-}에서 S의 산화수 = +6

  $\underset{+6}{S}\ \underset{-8}{O_4^{2-}} = -2$

- NH_4^+에서 N의 산화수 = -3

  $\underset{-3}{N}\ \underset{+4}{H_4^+} = +1$

- NO_3^-에서 N의 산화수 = +5

  $\underset{+5}{N}\ \underset{-6}{O_3^-} = -1$

저자 어드바이스

산화수

원자가 가진 전하의 수로, 산화수의 증감에 따라 산화되었는지 환원되었는지 알 수 있다.

> **개념잡기**
>
> 산화 - 환원반응에서 산화수에 대한 설명으로 틀린 것은?
>
> ① 한 원소로만 이루어진 화합물의 산화수는 0이다.
> ② 단원자 이온의 산화수는 전하량과 같다.
> ③ 산소의 산화수는 항상 -2이다.
> ④ 중성인 화합물에서 모든 원자와 이온들의 산화수의 합은 0이다.
>
> ③ 산소의 산화수는 대부분 -2이지만 결합하는 원소에 따라 산화수가 -1이나 +2가 될 수도 있다.
>
> 정답 : ③

3. 산화·환원반응

3-1 산화·환원반응 예시

메테인의 연소반응에서 산화·환원

$$\underset{-4\;+4}{CH_4} + \underset{+0}{2O_2} \longrightarrow \underset{+4\;-4}{CO_2} + \underset{+2\;-2}{2H_2O}$$

(산화: C, 환원: O)

- CH_4에서 C의 산화수 -4이고, CO_2에서 C의 산화수는 +4로 +8만큼 증가했으므로 CH_4는 산화되었다.
- O_2에서 O의 산화수는 0이고, H_2O에서 O의 산화수는 -2로 2만큼 감소했으므로 O_2는 환원되었다.
- C는 O를 얻어 산화되었으며, O_2는 O를 1개 뺏겨 환원되었다.
- 산화된 물질 CH_4, 환원된 물질 O_2

과망가니즈산칼륨($KMnO_4$)와 황산철(Ⅱ)($FeSO_4$)의 산화·환원반응

$$\underset{+2}{5Fe^{2+}} + \underset{+7\;-8}{MnO_4^-} + \underset{+1}{8H^+} \longrightarrow \underset{+3}{5Fe^{3+}} + \underset{+2}{Mn^{2+}} + \underset{+2\;-2}{4H_2O}$$

(산화: Fe, 환원: Mn)

- Fe^{2+}의 산화수는 +2, Fe^{3+}의 산화수는 +3으로 산화수가 +1만큼 증가했으므로 Fe^{2+}는 산화되었다.

- MnO_4^-에서 Mn의 산화수는 +7, Mn^{2+}의 산화수는 +2로 산화수가 총 5만큼 감소했으므로 MnO_4^-는 환원되었다.
- H^+의 산화수는 +1, H_2O의 H_2 산화수는 +2이므로 H의 산화수는 +1이 된다. 그러므로 H의 H^+의 산화수 변화는 없다.
- Fe^{2+}는 전자를 잃어 Fe^{3+}로 산화되었으며, MnO_4^-는 산소를 잃어 Mn^{2+}로 환원되었다.
- 산화된 물질은 Fe^{2+}, 환원된 물질은 MnO_4^-

4. 화학 전지

금속의 **이온화 경향성**에 의해 **자발적**으로 일어나는 산화·환원반응을 통하여 **화학에너지를 전기적 에너지로 변환**할 수 있는 전지

4-1 갈바니 전지(Galvanic Cell) 또는 볼타 전지(Voltaic Cell)

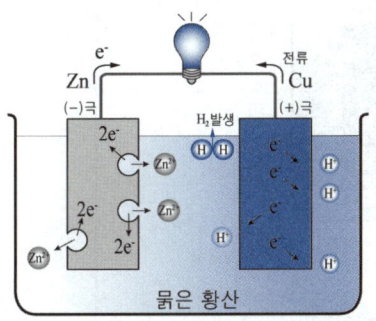

산화 전극(-극) : $Zn(s) \rightarrow Zn^{2+}(aq) + 2e^-$
환원 전극(+극) : $2H^+(aq) + 2e^- \rightarrow H_2(g)$

- 아연판과 구리판을 묽은 황산 전해액에 넣고 도선으로 연결한 전지이다.
- 아연(Zn)의 이온화 경향성이 구리(Cu)보다 크기 때문에 **아연판은 이온화**하고 **구리판에서는 환원반응**이 일어나 **수소 기체가 발생**한다.

분극 현상

볼타전지의 양극(+극)에서는 수소 이온의 환원으로 수소 기체가 발생한다. 이때, **수소 기체가 빠져나가지 못하고 체류하게 되면 수소 이온이 환원되는 것을 방해**하는데 이를 **분극 현상**이라 한다.

화석연료

화석연료가 전기에너지로 변환되는 에너지효율은 약 40% 이내이다.

핵심 KEY

이온화 경향성

- 금속은 **전자를 잃고 양이온이** 되려는 경향이 있다.
- 이온화 경향이 클수록 **전자를 잘 잃어버리는(산화) 반응**이 크다.
- 이온화 경향성

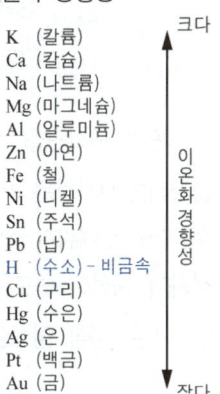

감극제

이산화망가니즈, 과산화수소, 과망가니즈산칼륨 등의 **감극제를 넣어 수소 기체를 산화시켜 분극 현상을 해소**한다.

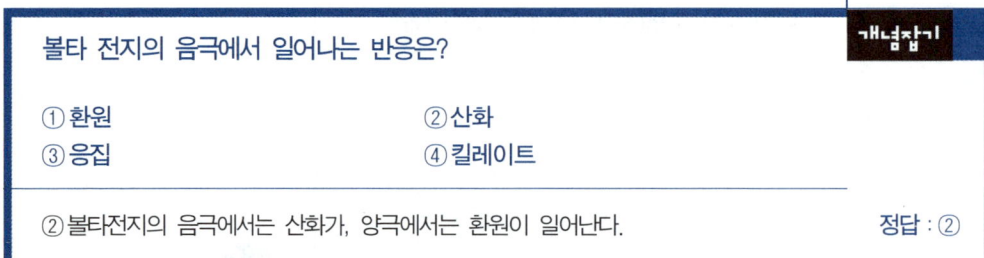

볼타 전지의 음극에서 일어나는 반응은?

① 환원 ② 산화
③ 응집 ④ 킬레이트

② 볼타전지의 음극에서는 산화가, 양극에서는 환원이 일어난다.   정답 : ②

4-2 다니엘 전지(Daniel cell)

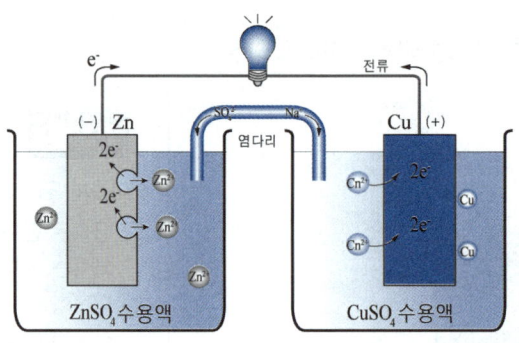

산화 전극(-극) : $Zn(s) \rightarrow Zn^{2+}(aq) + 2e^-$

환원 전극(+극) : $Cu^{2+}(aq) + 2e^- \rightarrow Cu(s)$

- 아연판과 구리판을 각각의 수용액에 넣고 **염다리**로 이어서 만든 전지이다.
- 염다리는 U자관은 황산나트륨(Na_2SO_4), 질산칼륨(KNO_3) 등의 염으로 포화된 수용액으로 채워져 있으며, 금속판이 담긴 두 전해질이 섞이지 않고 **양쪽 전지의 전하가 중성**이 되도록 하는 역할을 한다.
- 염다리는 **분극 현상을 해결**할 수 있다.

4-3 수소-산소 연료전지

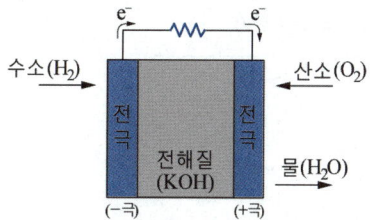

산화 전극(-극) : $2H_2(g) + 4OH^-(aq) \rightarrow 4H_2O(l) + 4e^-$
환원 전극(+극) : $O_2(g) + 2H_2O(l) + 4e^- \rightarrow 4OH^-$
전체 반응 : $2H_2(g) + O_2(aq) \rightarrow 2H_2O(l)$

- 외부로부터 원료를 공급받아 **자발적으로 작동**하는 전지이다.
- 수소와 산소의 반응으로 **물을 생성**하기 때문에 친환경적이며, 에너지 효율이 약 70%로 높은 장점이 있다.

4-4 페러데이(Faraday) 법칙

- 전기 분해할 때 소모되거나 석출되는 물질의 양은 **전하량에 비례**한다.

$$Q(C) = I(A) \times t(s)$$

- $Q(C)$: 전하량
- $I(A)$: 전류
- $t(s)$: 시간

- 쿨롱[C] : **1A의 전류**를 **1초** 동안 흘렸을 때의 전하량
- 1F = 전자 1mol의 전하량(**96,500C = 1mol e^-**)

4-5 네른스트식

산화 · 환원반응에서 반응물과 생성물로부터 **전극전위**를 구할 수 있다.

$$E = E° + \frac{0.0591}{n} \log \frac{[Ox]}{[Red]}$$

$$E = E° + \frac{0.0591}{n} \log Q$$

- $E°$: 표준전극전위
- n : 산화환원반응에서 이동한 전자의 개수
- $[Ox]$: 평형에서 산화된 물질의 농도
- $[Red]$: 평형에서 환원된 물질의 농도
- Q : 반응지수 $\left(\dfrac{반응물의\ 농도}{생성물의\ 농도}\right)$

개념잡기

다음 반응식의 표준 전위는 얼마인가? (단, 반쪽반응의 표준환원전위는
$Ag^+ + e^- \rightleftharpoons Ag(s)$ $E°= +0.799V$, $Cd^{2+} + 2e^- \rightleftharpoons Cd(s)$ $E°= -0.402V$)

$$Cd(s) + 2Ag^+ \rightleftharpoons Cd^{2+} + 2Ag(s)$$

① +1.201V
② +0.397V
③ +2.000V
④ -1.201V

산화반응 : $Cd(s) \rightleftharpoons Cd^{2+} + 2e^-$, $E°= +0.402V$
환원반응 : $2Ag^+ + 2e^- \rightleftharpoons 2Ag(s)$, $E°= +0.799V$
────────────────────────
전체 반응 : $Cd(s) + 2Ag^+ \rightleftharpoons Cd^{2+} + 2Ag(s)$, $E° = +1.201V$

※ 표준환원전위는 전자수와 무관하기 때문에 산화반응에서 2배씩 증가해도 $E°$는 그대로 이다.

정답 : ①

CHAPTER 03
유기화학

KEYWORD 유기화합물, 탄화수소 화합물, 알케인(Alkane), 알켄(Alkene), 알카인(Alkyne), 지방족 탄화수소, 방향족 탄화수소, 탄화수소 명명법, 탄화수소 유도체(작용기), 고분자 화합물, 고분자 합성, 고기능성 고분자

01 유기화합물의 종류

1. 유기화합물

1-1 유기화합물의 정의

- 유기화합물은 생명체의 구성 성분 또는 생명체로부터 만들어지는 화합물이다.
- **탄소**를 기본골격으로 한 화합물이다.

1-2 유기화합물의 특징

- 분자의 종류가 많고 복잡하며, **공유결합**을 한다.
- 일반적으로 **물에 잘 녹지 않으며**, 유기용매에 잘 녹는다.
- 공유결합을 하기 때문에 대부분 **전기전도성이 낮고, 비전해질**이다.
- 탄소끼리 사슬모양 또는 고리모양 등을 형성하여 화합물의 종류가 많다.
- 대부분 **가연성 물질**로 쉽게 연소하며, 포함되어있는 원소에 따라 **유독가스를 발생**시킨다.

탄소

탄소는 유기화합물의 주 골격이 되는 원소로 최외각에 4개의 전자가 있기 때문에 4개의 원자와 공유결합할 수 있다.

> **개념잡기**
>
> 다음 물질 중에서 유기화합물이 아닌 것은?
>
> ① 프로판 ② 녹말
> ③ 염화코발트 ④ 아세톤
>
> 유기화합물은 생명체의 구성 성분 또는 생명체로부터 만들어지는 화합물이며, 탄소를 기본골격으로 한 화합물이다.
> ③ 염화코발트는 코발트 이온과 염화 이온으로 이루어진 염이다.
>
> 정답 : ③

2. 탄화수소 화합물의 분류

탄화수소 화합물은 탄소 골격의 결합 방식과 모양에 따라 분류된다.

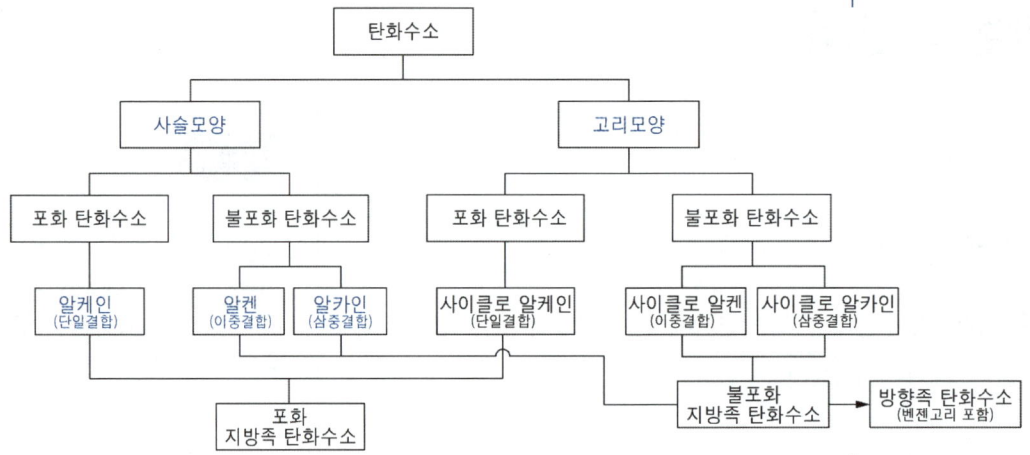

탄화수소 화합물의 분류

2-1 포화 탄화수소와 불포화 탄화수소

포화 탄화수소

탄소와 탄소 사이의 결합이 **단일결합**으로만 이루어진 결합이다.

불포화 탄화수소

탄소와 탄소 사이의 결합이 **이중결합, 삼중결합**으로 이루어진 결합이다.

핵심 KEY

단일/이중/삼중결합
- 단일결합(에테인)
  $H_3C - CH_3$
- 이중결합(에틸렌)
  $H_2C = CH_2$
- 삼중결합(아세틸렌)
  $HC \equiv CH$

2-2 사슬형 탄화수소

- $CH_3-CH_2-CH_2-CH_3$와 같이 **사슬모양**의 탄소 골격 구조를 가진 탄화수소이다.
- 탄소와 탄소 사이의 결합이 **단일결합이면 알케인**이라 한다.
- 탄소와 탄소 사이의 결합이 **이중결합이 있으면 알켄, 삼중결합이 있으면 알카인**이라 한다.

2-3 고리형 탄화수소

- 탄소 골격이 **고리모양**을 이루면서 포화되어있는 탄화수소를 **사이클로 알케인**이라 한다.
- 탄소 골격이 **고리모양을 이루면서 이중결합을 포함**하고 있는 탄화수소를 **사이클로 알켄**, **삼중결합을 포함**하고 있는 탄화수소를 **사이클로 알카인**이라 한다.
- 고리형 탄화수소 중 **벤젠 고리**를 포함하고 있으면 **방향족 탄화수소**라 한다.

참고

고리형 탄화수소

벤젠

2-4 Alkane(알케인)

- 탄소와 탄소 사이의 결합이 **단일결합**으로만 이루어진 포화 탄화수소이다.
- 일반식은 C_nH_{2n+2}
- **파라핀계** 탄화수소이다.

Methane(메테인)   Ethane(에테인)   Propane(프로페인)

다음 유기화합물의 화학식이 틀린 것은?

① 메테인 - CH_4
② 프로필렌 - C_3H_8
③ 펜테인 - C_5H_{12}
④ 아세틸렌 - C_2H_2

C_3H_8 탄소가 3개인 알케인(C_nH_{2n+2})이므로 프로페인이다.
프로필렌은 알켄(C_nH_{2n})으로 C_3H_6이 된다.

정답 : ②

2-5 Alkene(알켄)

- 탄소와 탄소 사이의 결합에 **이중결합이 포함된 불포화 탄화수소**이다.
- 일반식은 $C_nH_{2n}(n \geq 2)$
- **올레핀계 탄화수소**이다.

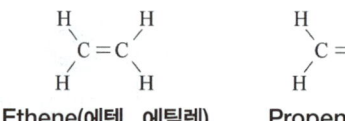

Ethene(에텐, 에틸렌)   Propene(프로펜)

2-6 Alkyne(알카인)

- 탄소와 탄소 사이의 결합에 **삼중결합이 포함된 불포화 탄화수소**이다.
- 일반식은 $C_nH_{2n-2}(n \geq 2)$

$$HC \equiv CH$$

acetylene(에타인, 아세틸렌)

2-7 Cycloalkane(사이클로 알케인)

- **고리형 구조를 가진 포화 탄화수소**이다.
- 일반식은 $C_nH_{2n}(n \geq 3)$
- **나프텐계 탄화수소**이다.

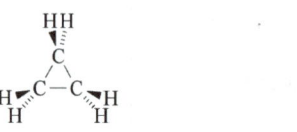

Cyclopropane(사이클로프로페인)   Cyclobutane(사이클로뷰테인)

2-8 Cycloalkene(사이클로 알켄)과 Cycloalkyne(사이클로 알카인)

고리형 구조를 가진 불포화 탄화수소이다.

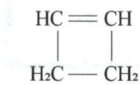

Cyclobutene(사이클로뷰텐)   Cycloctyne(사이클로옥타인)

저자 어드바이스

알칸/알켄/알킨
유기화학의 IUPAC 명명법 개정에 따라 알칸/알켄/알킨에서 알케인/알켄/알카인으로 바뀌었다. 하지만 혼용해서 많이 사용되고 있다.

아세틸렌
에텐은 에틸렌, 에타인은 아세틸렌이란 관용명을 더 많이 쓴다.

탄화수소 골격 구조식
탄소가 주 골격이 되기 때문에 C와 H를 생략하고 결합 상태만 표현

사이클로 알카인
사이클로 알카인은 3중결합으로 구조적으로 무리가 있어 탄소수가 8개부터 안정해진다.

2-9 지방족 탄화수소

지방족 포화 탄화수소

사슬모양의 알케인, 고리모양의 사이클로 알케인이 있다.

지방족 불포화 탄화수소

사슬모양의 알켄, 알카인, 고리모양의 사이클로 알켄, 사이클로 알카인이 있다.

> **개념잡기**
>
> 지방족 탄화수소가 아닌 것은?
>
> ① 아릴(Aryl)　　　　② 알켄(Alkene)
> ③ 알카인(Alkyne)　　④ 알케인(Alkane)
>
> ① 아릴은 방향족 탄화수소의 핵에서 수소 원자 하나를 제거한 것을 말한다.
>
> 정답 : ①

2-10 방향족 탄화수소

방향족은 벤젠고리를 가진 탄화수소이다.

02 탄화수소의 명명법과 특징

1. 명명법

탄소수(n)		알케인(C_nH_{2n+2})		알켄(C_nH_{2n})		알카인(C_nH_{2n-2})
1	meta	CH_4	메테인(메탄)	-	-	-	-
2	etha	C_2H_6	에테인(에탄)	C_2H_4	에텐	C_2H_2	에타인(에틴)
3	propa	C_3H_8	프로페인 (프로판)	C_3H_6	프로펜	C_3H_4	프로파인 (프로핀)
4	buta	C_4H_{10}	부테인(부탄)	C_4H_8	부텐	C_4H_6	부타인(부틴)
5	penta	C_5H_{12}	펜테인(펜탄)	C_5H_{10}	펜텐	C_5H_8	펜타인(펜틴)
6	hexa	C_6H_{14}	헥세인(헥산)	C_6H_{12}	헥센	C_6H_{10}	헥사인(헥신)
7	hepta	C_7H_{16}	헵테인(헵탄)	C_7H_{14}	헵텐	C_7H_{12}	헵타인(헵틴)

방향족 탄화수소

방향족 탄화수소는 초기 발견 당시 달콤한 냄새가 나는 특성이 있어 방향족이라는 이름이 붙었다.

Alkyl, 알킬기, C_nH_{2n+1}

- 알케인에서 수소 1개가 떨어져 나간 것으로 -R로 나타낼 수도 있다.
- 알킬기 예시
  CH_3 - 메틸기(methyl-)
  C_2H_5 - 에틸기(ethyl-)
  C_3H_7 - 프로필기(propyl-)

Aryl, 아릴기

방향족 탄화수소에서 수소 1개가 떨어져 나가면 아릴(Aryl)기이다.

관용어

명명법 법칙들이 있지만 일부 많은 화합물들은 기존에 사용하던 관용명을 더 많이 사용한다.

탄소수(n)		알케인(C_nH_{2n+2})		알켄(C_nH_{2n})		알카인(C_nH_{2n-2})	
8	octa	C_8H_{18}	옥테인(옥탄)	C_8H_{16}	옥텐	C_8H_{14}	옥타인(옥틴)
9	nona	C_9H_{20}	노네인(노난)	C_9H_{18}	노넨	C_9H_{16}	노나인(노닌)
10	deca	$C_{10}H_{22}$	데케인(데칸)	$C_{10}H_{20}$	데켄	$C_{10}H_{18}$	데카인(데킨)

1-1 탄화수소의 명명법

- 탄소가 가장 긴 사슬(주 사슬)을 찾아 탄소에 번호를 붙인다.
- 고리형일 경우 Cyclo를 추가한다.
- 탄소 원자 사이에 단일결합, 이중결합, 삼중결합이 있는지 확인한다.
  - 이중결합과 삼중결합이 있다면 해당 위치의 탄소 번호를 표시한다.
- 나머지는 곁사슬(치환기)로 취급한다.
- 할로젠 원소가 곁사슬(치환기)로 있으면 -o로 표현한다.
  - F(Fluoro), Cl(Chloro), Br(Bromo) 등
- 똑같은 곁사슬(치환기)이 있으면 접두사를 붙인다.
  - 2개(di-), 3개(tri-), 4개(tetra-)

> **명명법 1**
>
> $$\overset{1}{CH_3}-\overset{2}{CH_2}-\overset{3}{CH_2}-\overset{4}{C}-\overset{5}{CH_2}-\overset{6}{CH_2}-\overset{7}{CH_2}-\overset{8}{CH_2}-\overset{9}{CH_3}$$
>
> - 주사슬은 C가 9개인 포화(알케인) 탄화수소 = nonane
> - 4번 탄소에 메틸기(methyl-)와 에틸기(ethyl-)가 곁사슬 = 4-ethyl-4-methyl
>   = 4-ethyl-4-methyl-nonane
>
> **명명법 2**
>
> - 탄소가 가장 긴 사슬(주 사슬)은 C가 5개인 불포화(알켄) 탄화수소 = pentene
> - 1번 탄소와 2번 탄소 사이에 이중결합 = 1-pentene
> - 2번 탄소에 메틸기가 곁가지 = 2-methyl
>   = 2-methyl-1-pentene

명명법 3

Chloro — Cl — $\underset{1}{\overset{3}{C}}$ — Methyl
(구조: 2번 탄소에 CH_3(3번), CH_3(Methyl), CH_3(1번), Cl이 결합)

- 탄소가 가장 긴 사슬(주 사슬)은 C가 3개인 포화(알케인) 탄화수소
  = propane
- 2번 탄소에 메틸기와 Cl(Chloro) 곁가지
  = 2-methyl, 2-Chloro
  = 2-Chloro-2-methyl propane

명명법 4

Methyl CH_3 가 1번 탄소에 결합된 cyclohexene 고리 (1,2번 이중결합)

- C가 6개인 고리형 불포화 탄화수소 = Cyclohexene
- 1번 탄소와 2번 탄소 이중결합 = 1-Cyclohexene
- 1번 탄소에 메틸기 곁가지 = 1-methyl
  = 1-methyl-1-Cyclohexene

2. 지방족 탄화수소의 특징

2-1 알케인(Alkane)

- 액화천연가스(LNG)는 대부분 메테인으로 이루어져 있다.
- 액화석유가스(LPG)는 대부분 프로페인과 뷰테인으로 이루어져 있다.
- 상온에서 탄소수가 4개 이하이면 기체상태, 5 ~ 17개이면 액체상태, 18개 이상이면 고체상태로 존재한다.
- 탄소수가 많을수록 분자 간 인력(반데르발스 힘)이 커서 녹는점, 끓는점이 높아진다.
- 알케인의 치환반응 : 알케인의 수소 원자가 할로젠 원소와 치환반응을 한다.

$$\begin{array}{c} H \\ | \\ H-C-H \\ | \\ H \end{array} + Cl_2 \longrightarrow \begin{array}{c} H \\ | \\ H-C-Cl \\ | \\ H \end{array} + HCl$$

2-2 사이클로 알케인(Cycloalkane)

- 고리형을 만들기 때문에 탄소가 최소 3개 이상이다.
- 사이클로헥세인(탄소수 6개)의 2가지 구조
  - 의자형 구조가 보트형 구조에 비해 안정하다.

의자형 구조(trans형)   보트형 구조(cis형)

- 사이클로알케인의 첨가반응
  - 사이클로프로페인(결합각 60°)과 사이클로뷰테인(결합각 90°)은 결합각이 작아 불안정하므로 첨가반응을 통해 사슬형 구조가 된다.

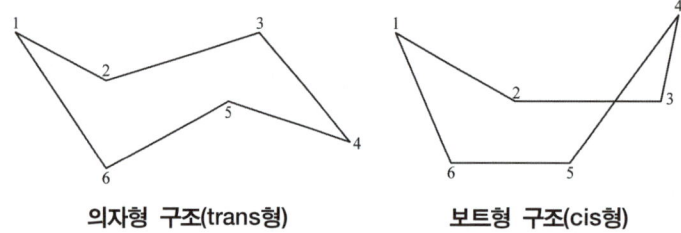

첨가반응
탄화수소의 결합을 끊고 첨가되는 반응

결합각
사이클로헥세인, 메테인 등은 결합각이 109.5°로 안정하다.

2-3 알켄(Alkene)

- **이중결합**을 포함하기 때문에 **첨가반응**이 일어난다.
- 에텐의 반응성

수소 첨가반응

$$CH_2=CH_2 + H_2 \longrightarrow CH_3-CH_3$$

할로젠 첨가반응

$$CH_2=CH_2 + Cl_2 \longrightarrow CH_2Cl-CH_2Cl$$

물 첨가반응

$$CH_2=CH_2 + H_2O \longrightarrow CH_3-CH_2OH$$

첨가 중합반응

$$CH_2=CH_2 + CH_2=CH_2 + \cdots \longrightarrow -(CH_2-CH_2)_n-$$

폴리에틸렌

2-4 알카인(Alkyne)

- **삼중결합**을 포함하기 때문에 **첨가반응**이 일어난다.
- 아세틸렌 생성반응 : $CaC_2 + 2H_2O \rightarrow C_2H_2 + Ca(OH)_2$

중합반응
작은 분자들이 연속적으로 반응하여 더 큰 분자를 형성하는 반응

아세틸렌(에타인)
에타인은 관용명인 아세틸렌으로 많이 불리며, 연소 시 고온의 불꽃을 발생시키므로 금속의 용접이나 절단에 사용된다.

> **개념잡기**
>
> 분자식이 $C_{18}H_{30}$인 탄화수소 1분자 속에는 2중결합이 최대 몇 개 존재할 수 있는가? (단, 3중결합은 없다)
>
> ① 2　　　　　　　　② 3
> ③ 4　　　　　　　　④ 5
>
> 단일결합을 하는 알케인은 일반식이 C_nH_{2n+2}이다. 분자식을 알케인 일반식에 넣으면 부족한 전자는 8개가 되므로, 2중결합을 최대 4개 만들 수 있다.
>
> 정답 : ③

3. 방향족 탄화수소의 특징

3-1 벤젠

- **벤젠**을 포함하고 있으면 **방향족 화합물**이다.
- 벤젠은 **6각형의 평면구조**이고 **결합각은 120°**이다.
- 벤젠은 고리 모양의 불포화 탄화수소로 원자들 사이의 단일결합과 이중결합의 **공명 구조**를 가진다.

공명구조

- 벤젠의 공명구조 때문에 탄소 간 결합 길이는 **단일결합과 이중결합의 중간 정도**이다.
- 벤젠은 **무극성**으로 물에 잘 녹지 않으며, 알코올 등 유기용제에 잘 녹는다.

참고

칼슘카바이드(CaC_2)
위험물의 분류 중 제3류 위험물인 칼슘탄화물에 속한다.

공명구조
벤젠과 같이 이중결합과 단일결합이 교대로 있을 때 전자가 인접한 탄소로 이동하여 새로운 이중결합을 형성하는 구조로, 분자가 가지는 2개 이상의 Lewis구조를 공명구조라 한다.

결합 길이
단일결합 > 이중결합

3-2 톨루엔(Toluene)

- 벤젠의 수소 원자가 메틸기(-CH₃)로 치환된 화합물이다.
- 톨루엔의 구조

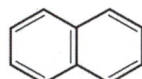

3-3 자일렌(Xylene, 크실렌)

- 벤젠의 수소 원자 2개가 메틸기(-CH₃) 2개로 치환된 화합물이다.
- 자일렌의 이성질체

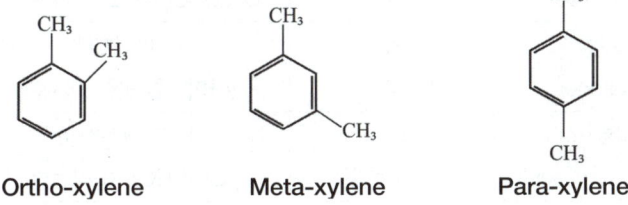

Ortho-xylene   Meta-xylene   Para-xylene

3-4 나프탈렌(Naphthalene)

- 벤젠고리가 2개 있는 방향족 탄화수소이다.
- 나프탈렌의 구조

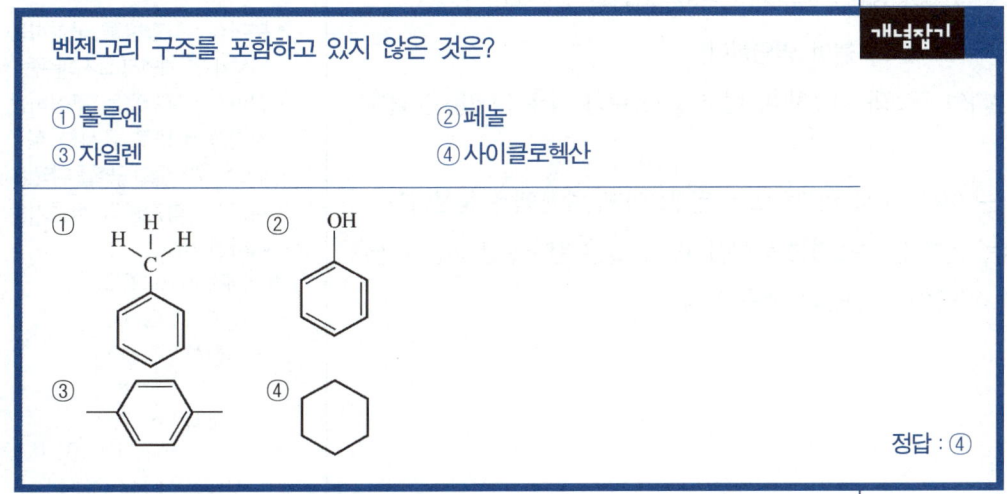

개념잡기

벤젠고리 구조를 포함하고 있지 않은 것은?

① 톨루엔　　② 페놀
③ 자일렌　　④ 사이클로헥산

정답 : ④

03 탄화수소 유도체

1. 지방족 탄화수소 유도체

이름	작용기	일반명	일반식	화합물 예
하이드록시기 (hydroxyl)	$-OH$	알코올 (alcohol)	$R-OH$	CH_3OH(메탄올) C_2H_5OH(에탄올)
에터 (ether)	$-O-$	에터 (ether)	$R-O-R'$	CH_3OCH_3(다이메틸에터) $C_2H_5OC_2H_5$(다이에틸에터)
포르밀기 (formyl)	$\overset{O}{\underset{\|}{-C}}-H$	알데하이드 (aldehyde)	$\overset{O}{\underset{\|}{R-C}}-H$	$HCHO$(포름알데하이드) CH_3CHO(아세트알데하이드)
카보닐기 (carbonyl)	$\overset{O}{\underset{\|}{-C}}-$	케톤 (ketone)	$\overset{O}{\underset{\|}{R-C}}-R'$	CH_3COCH_3 (다이메틸케톤, 아세톤)
카복실기 (carboxyl)	$\overset{O}{\underset{\|}{-C}}-OH$	카복시산 (carboxylic acid)	$\overset{O}{\underset{\|}{R-C}}-OH$	$HCOOH$(폼산) CH_3COOH(아세트산)
에스터 (ester)	$\overset{O}{\underset{\|}{-C}}-O-$	에스터 (ester)	$\overset{O}{\underset{\|}{R-C}}-O-R'$	$HCOOCH_3$(폼산메틸) CH_3COOCH_3(아세트산메틸)
아미노기 (amino)	$-NH_2$	아민 (amine)	$R-NH_2$	CH_3NH_2(메틸아민)

1-1 알코올(R-OH)

- 탄화수소의 수소 원자가 **하이드록시기**(-OH)로 치환된 화합물이다.
- 알케인의 이름 뒤에 '**-올**'을 붙여 명명한다.
- 알코올은 물 분자의 구조와 비슷하며, 탄소 원자 수가 적은 알코올은 **물에 잘 녹는다**.
- 알코올의 -OH는 이온화하지 않으므로 **비전해질**이며, **수용액은 중성**이다.
- 알코올의 -OH는 분자 간 **수소결합**을 형성하므로 같은 탄소수를 가진 다른 화합물에 비해 **녹는점과 끓는점이 매우 높다**.

핵심 KEY

분자식, 실험식, 구조식, 시성식

- 분자식 : 화합물을 구성하는 원자가 몇 개인지 표시해주는 식
- 실험식 : 화합물을 구성하는 원자를 비율로 표시한 식
- 구조식 : 화합물의 구조를 나타낸 식
- 시성식 : 화합물의 작용기를 나타낸 식

예) 아세트산(CH_3COOH)
  - 분자식 : $C_2H_4O_2$
  - 실험식 : CH_2O
  - 구조식 : $H-\underset{\underset{H}{\|}}{\overset{\overset{H}{\|}}{C}}-\overset{O}{\underset{O-H}{\|}}C$
  - 시성식 : CH_3COOH

알코올의 분류

- 하이드록시기 수에 따른 분류

구분	1가 알코올	2가 알코올	3가 알코올
시성식	CH_3OH	$C_2H_4(OH)_2$	$C_3H_5(OH)_3$
구조식	H-C(OH)H-H	H-C(OH)H-C(OH)H-H	H-C(OH)H-C(OH)H-C(OH)H-H
이름	메탄올, 메틸알코올	에테인-1,2-다이올, 에틸렌 글리콜	프로판-1,2,3-트라이올, 글리세린

- 알킬기의 수에 따른 분류

구분	1차 알코올	2차 알코올	3차 알코올
일반식	R-C(OH)(H)-H	R-C(OH)(R)-H	R-C(OH)(R)-R
구조식	CH_3-C(OH)(H)-H	CH_3-C(OH)(CH_3)-H	CH_3-C(OH)(CH_3)-CH_3
이름	에틸알코올	iso-프로판올	tert-부탄올

알코올의 반응성

- 산화반응

1차 알코올이 산화하면 알데이드를 형성하며, **한 번 더 산화하면 카복시산을 형성한다**.

알코올 $\xrightarrow{\text{산화} -H_2}$ 알데하이드 $\xrightarrow{\text{산화} +O}$ 카복시산

- 금속과의 반응

알코올은 금속과 반응하여 **수소(H_2) 기체를 발생**시킨다.

알코올과 금속의 반응식
$$2C_2H_5OH + 2K \rightarrow 2C_2H_5K + H_2 \uparrow$$

핵심 KEY

2차, 3차 알코올의 산화
- 2차 알코올이 산화하면 케톤을 형성하며, 한 번 더 산화하진 않는다.
- 3차 알코올은 산화되지 않는다.

- 에스터화 반응

  알코올과 **카복시산**이 만나 **에스터기를 형성**한다.

  $$H-CH_2-OH + H-C(=O)-OH \longrightarrow H-CH_2-C(=O)-O-CH_3 $$

  (알코올) (카복시산) (에스터)

- 탈수반응
  - 알코올과 알코올의 탈수축합반응(130℃ ~ 140℃)

  $$H-CH_2-CH_2-OH + H-CH_2-CH_2-OH \xrightarrow{황산(H_2SO_4)} H-CH_2-CH_2-O-CH_2-CH_2-H + H_2O$$

  (에터)

  - 알코올의 탈수반응(160℃ ~ 170℃)

  $$H-CH_2-CH_2-OH \xrightarrow{황산(H_2SO_4)} CH_2=CH_2 + H_2O$$

1-2 에터(R-O-R′)

- 알코올(-OH)에서 **수소 원자가 알킬기(-R)로 치환**된 화합물이다.
- 분자구조상 **무극성**에 가까워 물에 잘 녹지 않는다.
- 에터는 -OH기가 없기 때문에 수소결합을 하지 않아 탄소수가 같은 알코올에 비해 **끓는점**이 낮다.
- **알코올 두 분자의 탈수반응**으로 제조할 수 있다.

1-3 알데하이드(R-CHO)

- 탄화수소의 **수소원자가 포르밀기(-CHO)로 치환**된 화합물이다.
- **1차 알코올을 산화**시켜 제조할 수 있다.
- 환원성이 강한 물질로 **은거울 반응**과 **펠링반응**을 일으킨다.
  - 은거울 반응 : 암모니아성 질산은 용액과 알데하이드가 반응하여 **은 이온(Ag^+)을 환원**시켜 은(Ag)을 석출하는 반응이다.
  - 펠링반응 : 푸른색의 펠링 용액에 알데하이드를 가하면 펠링 용액 속 **구리 이온(Cu^+)**이 환원되어 **붉은색 Cu_2O 침전물**을 형성하는 반응이다.

핵심 KEY

반응에서 황산의 역할
황산은 탈수 작용을 한다.

저자 어드바이스

에터(Ether)
표기법을 바꾸기 전 '에테르'라 표기하였으며, 에터와 혼용하여 사용한다.

핵심 KEY

환원성
환원성이 강한 물질이란 자신은 산화되고 다른 물질을 환원시키는 물질이다.

은거울 반응과 펠링 용액 반응
환원성이 강한 물질을 검출할 때 사용하는 반응

1-4 케톤(R-CO-R′)

- 알데하이드의 수소 원자가 알킬기(-R)로 치환된 화합물이다.
- 2차 알코올을 산화시켜 제조할 수 있다.

1-5 카복시산(R-COOH)

- 탄화수소의 수소원자가 카복실기(-COOH)로 치환된 화합물이다.
- -OH기가 있어 수소결합을 형성하며, 끓는점이 높고 물에 대한 용해도가 높다.
- 1차 알코올을 산화시켜 알데하이드를 제조하고 이를 또 산화시켜 카복시산을 제조할 수 있다.
- 카복실기(-COOH)는 -OH를 포함하지만 수용액 상태에서
  R-COOH $\rightleftarrows$ R-COO$^-$ + H$^+$로 수소 이온을 내놓기 때문에 산성을 띤다.
- 폼산(HCOOH)는 분자 내 포르밀기(-COH)와 카복실기(-COOH)를 모두 가지고 있어 산성과 환원성을 가진다.

핵심 KEY

폼산 (HCOOH)
환원성을 가지기 때문에 은거울 반응과 펠링 용액 반응을 한다.

개념잡기

알데하이드는 공기와 접촉하였을 때 무엇이 생성되는가?

① 알코올 ② 카복시산
③ 글리세린 ④ 케톤

② 1차 알코올을 산화시켜 알데하이드를 제조하고 이를 또 산화시켜 카복시산을 제조할 수 있다.

정답 : ②

1-6 에스터(R-COO-R′)

- 카복실기의 수소 원자가 알킬기(-R)로 치환된 화합물이다.
- 에스터화 반응 : 카복시산과 알코올의 탈수축합반응을 통해 제조한다.

$$\underset{\text{카복시산}}{H-\overset{H}{\underset{H}{C}}-\overset{O}{\underset{}{C}}-OH} + \underset{\text{알코올}}{H-\overset{H}{\underset{H}{C}}-\overset{H}{\underset{H}{C}}-OH} \xrightarrow{\text{황산}} \underset{\text{에스터}}{H-\overset{H}{\underset{H}{C}}-\overset{O}{\underset{}{C}}-O-\overset{H}{\underset{H}{C}}-\overset{H}{\underset{H}{C}}-H} + H_2O$$

- 비누화 반응 : **에스터**와 **강염기**가 반응하여 **카복시산의 염(비누)**과 **알코올**이 생성된다.

$$R_1-COO-CH_2$$
$$R_2-COO-CH_2 + 3NaOH \longrightarrow R_1-COO-Na^+ \quad CH_2-OH$$
$$R_3-COO-CH_2 \qquad\qquad\qquad R_2-COO-Na^+ + CH-OH$$
$$\text{동물기름(에스터)} \quad \text{강염기} \qquad R_3-COO-Na^+ \quad CH_2-OH$$
$$\qquad\qquad\qquad\qquad\qquad\qquad \text{비누} \qquad\qquad \text{글리세롤}$$

1-7 아민(R-NH₂)

참고

구조식

알코올	R-OH
에터	R-O-R'
알데하이드	$R-\overset{\overset{O}{\|\|}}{C}-H$
케톤	$R-\overset{\overset{O}{\|\|}}{C}-R'$
카복시산	$R-\overset{\overset{O}{\|\|}}{C}-OH$
에스터	$R-\overset{\overset{O}{\|\|}}{C}-O-R'$
아민	R-NH₂

- **암모니아(NH₃)**의 수소 원자를 **탄화수소**로 **치환**한 화합물이다.
- 질소를 함유한 유기화합물로 **아마이드**와 **유사**하다.

- **아민**은 수용액에 녹아 **염기성**을 띤다.

$$R-NH_2 + H_2O \longrightarrow R-NH_3^+ + OH^-$$

2. 방향족 탄화수소 유도체

2-1 페놀(Phenol)

- **벤젠의 수소 원자**가 **하이드록시기(-OH)**로 **치환**된 화합물
- 페놀은 하이드록시기(-OH)가 있어 분자 간 **수소결합**을 한다.
- 페놀은 물에 잘 녹지 않지만 **매우 약한 산성**을 나타낸다.
- 방향족 탄화수소에 하이드록시기(-OH)가 붙은 화합물들을 **페놀류**라하며 페놀, 살리실산, 크레솔 등이 있다.

페놀	살리실산	Ortho-크레솔	Meta-크레솔	Para-크레솔
⌬-OH	⌬(COOH)(OH)	⌬(OH)(CH₃)	⌬(OH)(CH₃)	⌬(OH)(CH₃)

핵심 KEY

페놀의 중화반응

페놀은 하이드록시기를 가지고 있지만 중성인 알코올과는 달리 매우 약한 산을 나타내기 때문에 NaOH 등과 같은 염기성 물질과 중화반응을 한다.

이성질체

분자식이 같지만 구조식은 다른 화합물

- 페놀류의 염화철($FeCl_3$) 정색반응

  염화철과 **페놀류가 반응**하여 **적자색의 정색반응**을 일으킨다. → 페놀류 검출에 사용된다.

2-2 아닐린(aniline)

- **벤젠의 수소 원자가 아미노기($-NH_2$)로 치환**된 화합물이다.
- 아닐린의 구조

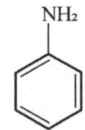

04 고분자화합물

1. 고분자화합물의 특징

- 고분자는 **분자량이 10,000 이상인 화합물**이며, **중합체(polymer)**이다.
- 분자량이 크기 때문에 **녹는점과 끓는점이 일정하지 않다.**
- **액체** 또는 **고체** 상태로 존재한다.
- 반응성이 작아 비교적 **안정적**이다.

단위체
고분자 화합물을 구성하는 단위가 되는 물질

2. 고분자의 분류

2-1 천연고분자

천연 또는 생명체에 의해 만들어지는 고분자 물질이다.

- **포도당**을 단위체로 한 녹말과 **셀룰로오스**
- **아미노산**을 단위체로 한 **단백질**
- **아이소프렌**을 단위체로 한 **천연고무** 등

셀룰로오스(Cellulose)   천연고무

2-2 합성고분자

인위적으로 단위체를 반복적으로 결합하여 만든 고분자 물질이다.

- **헥사메틸렌다이아민**과 **아디프산**을 단위체로 한 **나일론**(밧줄, 전선 절연체 등에 사용)
- **테레프탈산**과 **에틸렌글리콜**을 단위체로 한 **폴리에스터**(필름 등에 사용)
- 에틸렌을 단위체로 한 폴리에틸렌(물통 등에 사용)
- 염화비닐을 단위체로 한 폴리염화비닐(PVC관 등에 사용)
- 스타이렌을 단위체로 한 폴리스타이렌(단열재 등에 사용)
- 스타이렌과 뷰타다이엔을 단위체로 한 SBR고무(자동차 타이어 등에 사용)

개념잡기

다음 중 식물 세포벽의 기본구조 성분은?

① 셀룰로스 ② 나프탈렌
③ 아닐린   ④ 에틸에터

① 셀룰로스의 화학식은 $(C_6H_{10}O_5)_n$이며 식물 세포벽의 기본 구조 성분이다.

정답 : ①

3. 고분자 합성

3-1 첨가중합반응

2중결합, 3중결합을 포함하는 불포화 탄화수소가 결합을 끊으면서 서로 첨가하는 반응이다.

에틸렌을 단위체로 한 폴리에틸렌

폴리에틸렌

염화비닐을 단위체로 한 폴리염화비닐

폴리염화비닐

스타이렌을 단위체로 한 폴리스타이렌

폴리스타이렌

> **핵심 KEY**
> - 첨가중합반응은 중합할 때 분자가 빠져나오지 않는다.
> - 일반적으로 탄화수소는 공유결합을 하기 때문에 전자가 이동하기 어려워 전도성이 없다.

스타이렌과 뷰타다이엔을 단위체로 한 SBR고무

(반응식 그림)

SBR 고무

3-2 축합중합반응

단위체가 중합반응을 할 때 **작은 분자가 빠져나가면서 결합하는 반응**이다.

헥사메틸렌다이아민과 아디프산을 단위체로 한 나일론 ★

H–N(H)–(CH$_2$)$_6$–N(H)–H + HO–C(=O)–(CH$_2$)$_4$–C(=O)–OH ···

헥사메틸렌다이아민   아디프산

$\xrightarrow{\text{축합중합}}$ $\left[\text{N(H)–(CH}_2\text{)}_6\text{–N(H)–C(=O)–(CH}_2\text{)}_4\text{–C(=O)} \right]_n$ + $(2n-1)H_2O$

아미드(펩티드) 결합
나일론 6,6

테레프탈산과 에틸렌글리콜을 단위체로 한 폴리에스터

테레프탈산 + HO–CH$_2$CH$_2$–OH ···

테레프탈산   에틸렌글리콜

$\xrightarrow{\text{축합중합}}$ $\left(\text{O–C(=O)–C}_6\text{H}_4\text{–C(=O)–O–CH}_2\text{–CH}_2 \right)$ + $(2n-1)H_2O$

4. 고기능성 고분자

전도성 고분자
- 금속처럼 전도성을 가진 고분자 물질이다.
- 반도체 재료, 태양전지, 발광 다이오드 등

섬유 고분자
- 기존의 섬유보다 내열성, 내화학성, 강도 등을 향상시킨 고분자 물질이다.
- 방화복, 방진복, 방탄복, 항공재료 등

생체 기능성 고분자
- 인체에 영향이 없는 고분자 물질이다.
- 인공 장기, 인공 치아, 의료용 재료 등

CHAPTER 04
무기화학

KEYWORD 알칼리 금속, 알칼리토 금속, 전이금속, 비금속, 14족 원소, 15족 원소, 16족 원소, 할로젠 원소

01 무기화합물의 종류

유기화합물을 제외한 모든 화합물

02 금속

1. 금속의 성질

- 금속은 대부분 자연에 있는 광석에서 추출하여 사용한다.
- 주기율표상 왼쪽에 위치한다.
- 이온화하면 양이온이 된다.
- 금속결합은 전자가 자유롭게 이동하기 때문에 광택, 전기전도성, 연성 및 전성의 성질을 가진다.

2. 알칼리 금속, 알칼리 토금속, 전이금속

2-1 알칼리 금속의 특징

- 주기율표상 1족에 해당하는 금속이다.
- 원자가 전자가 1개이기 때문에 1가 양이온을 형성한다.
- 원자번호가 증가할수록 유효핵전하가 감소하므로 양이온이 되기 쉽다.
- 특유의 불꽃색을 나타낸다.

개념잡기

알칼리 금속에 대한 설명으로 틀린 것은?

① 공기 중에서 쉽게 산화되어 금속광택을 잃는다.
② 원자가 전자가 1개이므로 +1가의 양이온이 되기 쉽다.
③ 할로젠원소와 직접 반응하여 할로젠화합물을 만든다.
④ 염소와 1 : 2 화합물을 형성한다.

④ 알칼리 금속은 1족으로 염소와 1 : 1 화합물을 형성한다.   정답 : ④

2-2 알칼리 토금속

- 주기율표상 2족에 해당하는 금속이다.
- 원자가 전자가 2개이기 때문에 2가 양이온을 형성한다.
- 원자번호가 증가함에 따라 원자핵과 원자가 전자(또는 최외각 전자)와의 거리가 멀어지므로 양이온이 되기 쉽다.
- 특유의 불꽃색을 나타낸다.

금속	나트륨(Na)	리튬(Li)	칼륨(K)	구리(Cu)	칼슘(Ca)	스트론튬(Sr)
불꽃색	노란색	빨간색	보라색	청록색	주황색	진한 빨간색

2-3 전이금속

- 주기율표상 3~12족에 해당하는 금속이다.
- 원자가 전자가 1~3개로 다양하게 나타난다.
- 원자번호가 증가해도 원자 반지름에 대한 주기성이 뚜렷하게 나타나지 않는다.

03 비금속

1. 14족 원소

1-1 14족 원소의 종류와 특징

- 탄소(C), 규소(Si), 저마늄(Ge) 등이 있다.
- 원자가 전자의 수가 4개이다.
- 비금속 원자와 공유결합을 한다.

1-2 14족 원소를 포함하는 화합물

이산화탄소(CO_2)
- O=C=O의 직선형 분자구조로, 무극성이다.
- 이산화탄소는 공기보다 무겁고 불에 타지 않는 불연성으로 소화기에 사용된다.
- 이산화탄소는 상온에서 압축하여 고체 이산화탄소인 드라이아이스가 되며, 쉽게 승화하여 냉각제 등에 사용된다.
- 이산화탄소 검출법
  석회수에 이산화탄소를 넣고 흔들면 뿌옇게 흐려진다.

> **이산화탄소 검출법**
> $Ca(OH)_2(aq) + CO_2(g) \rightarrow CaCO_3(s)\downarrow + H_2O(l)$

- 석회동굴 생성원리
  뿌옇게 흐려진 용액에 계속해서 이산화탄소를 불어 넣으면 다시 맑아진다.

> **석회동굴 생성원리**
> $CaCO_3(s) + H_2O(l) + CO_2(g) \rightarrow Ca(HCO_3)_2(aq)$

핵심 KEY

이산화탄소소화기
공기보다 무거워 산소를 차단하는 역할(질식소화)을 하며, 소화기의 분말의 냉각효과(냉각소화)를 이용하여 소화한다.

규소(Si) 화합물

- 지구상에서 산소 다음으로 가장 많이 존재한다.
- 반도체 웨이퍼의 재료로 사용된다.
- 석영모래(SiO_2)를 정제하여 웨이퍼 재료로 사용한다.
- 탄소와 같이 최외각에 4개의 전자가 공유결합을 하고 있으며, Si로만 이루어진 웨이퍼를 진성 반도체라 한다.
- n형 반도체는 최외각 전자의 수가 5개인 15족 원소(P, As 등)를 첨가하여 진성 반도체에 자유전자가 생긴 반도체이다.
- p형 반도체는 최외각 전자의 수가 3개인 13족 원소(B, Al, Ga)를 첨가하여 진성 반도체에 정공이 생긴 반도체이다.

```
-Si-Si-Si-        -Si-Si-Si-        -Si-Si-Si-
-Si-Si-Si-        -Si-P⊖-Si-        -Si-B⊕-Si-
-Si-Si-Si-        -Si-Si-Si-        -Si-Si-Si-
  진성 반도체         n형 반도체          p형 반도체
```

반도체 웨이퍼
- 반도체 칩을 생산하기 위한 기판
- 초기엔 Ge(저마늄)을 사용했다.

진성반도체
진성반도체는 전압을 걸어도 전자가 이동하지 않아 전류가 흐르지 않는다.

정공
진성 반도체에 13족 원소를 첨가하면 공유결합 시 전자가 1개 부족하여 상대적으로 (+)를 띤다. 이를 정공이라 한다.

실리콘이라고도 하며, 반도체로서 트랜지스터, 다이오드 등의 원료가 되는 물질은?

① C ② Si
③ Cu ④ Mn

정답 : ②

2. 15족 원소

- 질소(N), 인(P), 비소(As) 등이 있다.
- 원자가 전자의 수가 5개이다.
- 3가 음이온을 형성한다.

2-1 15족 원소를 포함하는 화합물

질소 기체(N_2)

- 질소 기체는 **삼중결합**($N\equiv N$)으로 반응성이 매우 작다.
- 대기 중의 약 **78%**를 차지하고 있으며, 직접 활용하기 어렵다.

암모니아(NH_3)

- **극성 분자**로 물에 잘 녹는다.
- 수용액에서 **염기성**을 나타낸다.
- **하버-보슈법** : 암모니아 합성 공법으로 공기 중 질소 기체로부터 암모니아 생성

> 하버-보슈법
> $N_2(g) + 3H_2(g) \rightarrow 2NH_3(g)$

핵심 KEY

화학비료
- 공기 중의 안정한 질소 기체를 질소화합물인 암모니아로 만들어 화학비료로 사용
- 식물의 생장에 필요한 거름에는 질소가 많이 필요하며 식물이 자연적으로 공급받기에는 부족하기 때문에 화학비료를 사용하여 농업에서 생산력이 발전

3. 16족 원소

- 산소(O), 황(S) 등이 있다.
- 원자가 전자의 수가 **6개**이다.
- **2가 음이온**을 형성한다.

3-1 16족 원소의 종류와 특징

산소 기체(O_2)

- 산화성이 강한 물질로 다른 분자와 반응하여 **산화물**을 형성한다.
- **이중결합**(O=O)을 이루고 있지만, **반응성이 매우 크다**.

오존(O_3)

- **산소와 동소체**이다.
- 산화력이 매우 강하여 살균 등에 이용된다.
- 성층권에 있는 오존층은 자외선을 흡수하여 자외선으로부터의 피해를 줄여준다.

핵심 KEY

산소분자의 반응성

산소분자의 비공유 전자쌍의 반발력 때문에 분자 간 충돌 시 쉽게 결합이 끊어진다.

황산(H_2SO_4)

- 진한 황산(90%↑)은 이온 간의 인력이 강해 H^+이온을 내놓지 않아 산성을 띠지 않는다.
- 진한 황산을 묽힐 때는 매우 많은 열이 발생하므로 물에 조금씩 넣어 묽힌다.
- 진한 황산은 다른 분자를 탈수시킨다.(탈수작용)
- 묽은 황산은 흡습성, 탈수작용을 하지 않는다.

4. 할로젠 원소

- 플루오린(F), 염소(Cl), 브로민(Br), 아이오딘(I)
- 원자가 전자의 수가 7개이다.
- 1가 음이온을 형성한다.
- 17족에서 원자번호가 작을수록 전기음성도가 높다.
- 2원자 분자로 존재한다.(F_2, Cl_2, Br_2, I_2)

4-1 17족 원소의 종류와 특징

플루오린(F)

- 상온에서 플루오린(F_2) 기체 상태로 존재한다.
- 할로젠 원소 중 반응성이 가장 크다.

염소(Cl)

- 상온에서 염소(Cl_2) 기체 상태로 존재하며 황록색의 유독가스이다.
- 수돗물의 소독에 이용한다.

> 수돗물 소독 : $Cl_2 + H_2O \rightarrow HClO + HCl$
> $HClO \rightarrow HCl + O$

브로민(Br)

- 상온에서 적갈색 액체 상태로 존재한다.
- 부식성과 독성이 강하다.

아이오딘(I)

- 상온에서 검보라색 고체 상태로 존재한다.

하이포아염소산
하이포아염소산(HClO)은 살균 역할을 한다.

할로젠 화합물의 산의 세기와 반응성

- 원자번호가 작을수록 전기음성도가 높기 때문에 전자를 끌어당기는 힘이 세다.
- 산의 세기 HF < HCl < HBr < HI
- 반응성 F > Cl > Br > I

할로젠 원소와 은(Ag)의 착물

- AgF : 물에 용해
- AgCl : 흰색 침전
- AgBr : 연한 노란색 침전
- AgI : 노란색 침전

개념잡기

할로젠에 대한 설명으로 옳지 않은 것은?

① 자연 상태에서 2원자 분자로 존재한다.
② 전자를 얻어 음이온이 되기 쉽다.
③ 물에는 거의 녹지 않는다.
④ 원자번호가 증가할수록 녹는점이 낮아진다.

할로젠 원자번호가 증가할수록 녹는점과 끓는점이 높아진다.   정답 : ④

PART 02

화학분석

01 분석일반
02 이화학분석
03 기기분석

CHAPTER 01

분석일반

KEYWORD 실험기구, 몰 농도(M), 몰랄 농도(m), 백분율(%), 노르말 농도(N), 백만분율(ppm), 십억분율(ppb), 표준용액, 1차 표준물질, 공통이온효과, 용해도곱, 약산과 약염기, Ka와 Kb, Henderson-Hasselbalch식, 완충 용액

01 실험기구

1. 분석용 실험기구

명칭	형태	용도
시험관		• 간단한 화학반응을 보기 위한 용도로 실험 시료를 담기 위한 관이다.
비커		• 액체 시료를 담는 용도로 표시되어있는 눈금은 정확하지 않다.
삼각플라스크		• 액체 시료가 바깥으로 튈 일이 없어 시료의 혼합이나 적정에 사용된다.
뷰렛		• 적정 등에서 액체 시료의 부피를 정확히 측정할 수 있는 실험기구이다.
눈금 피펫 (메스 피펫)		• 눈금이 있어 다양한 액체 시료의 부피를 취할 때 사용한다.
부피 피펫 (홀 피펫)		• 단일 용량의 액체 시료를 정확하게 측정할 수 있다.

핵심 KEY

실습실 안전
- 화학약품을 다룰 때는 꼭 실습복, 안전 장갑, 보안경 등을 착용하고, 실습대, 실험 후드 등에서 안전하게 작업한다.
- 사용하는 약품에 대한 물질안전보건자료(MSDS)를 숙지하고 긴급상황 발생 시 적절하게 대처한다.

명칭	형태	용도
마이크로 피펫 (미량 피펫)		• 마이크로(μm) 단위로 액체시료의 부피를 취할 때 사용한다. • 끝에 일회용 플라스틱 팁이 있어 시료를 측정할 때마다 교체해야 한다. • 원하는 부피를 설정해 놓으면 정확하게 시료를 취할 수 있다.
메스실린더		• 피펫으로 시료를 취하는 것 보다 많은 양의 액체 시료의 부피를 측정하기 위해 사용한다.
메스플라스크 (부피 플라스크)		• 일정한 용량을 정확하게 담을 수 있는 플라스크로 용액을 제조할 때 많이 사용된다.

개념잡기

다음 중 가장 정확하게 시료를 채취할 수 있는 실험기구는?

① 비커   ② 미터글라스
③ 피펫   ④ 플라스크

정답 : ③

2. 측정용 실험기구 사용 시 주의점

2-1 메니스커스 눈금 읽기

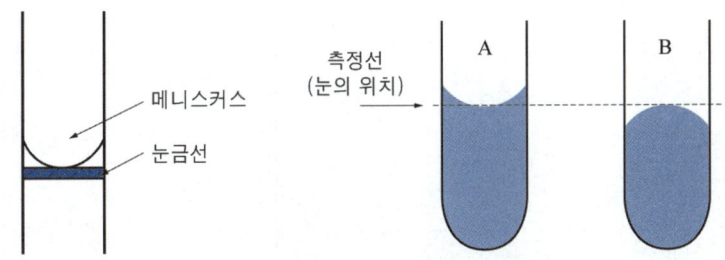

- 액체 시료는 표면장력에 의해 아래로 곡면을 형성한다.
- 피펫, 메스피펫 등의 측정기구로 액체 시료를 측정할 때 메니스커스의 **가장 낮은 점에 수평적으로 접선 된 눈금을 읽는다.**
- 눈금을 읽을 때 **눈의 위치는 눈금 선과 수평**이 되어야 한다.

핵심 KEY

수은의 메니스커스
수은의 경우 위로 곡면을 형성하므로 가장 높은 점에 수평적으로 접선된 눈금을 읽는다.

2-2 피펫 필러 사용법

고무 필러

플라스틱 펌프

- 액체 시료를 취하기 위한 피펫에는 주로 고무 필러 또는 플라스틱 펌프를 사용한다.
- 피펫, 메스피펫 등의 측정기구로 액체 시료를 측정할 때 메니스커스의 가장 낮은 점에 수평적으로 접선된 눈금을 읽는다.
- 고무필러 사용법
  - ㉠의 위치에 피펫을 끼운다.
  - A 부분을 누르면서 ㉡의 공기를 빼낸다.
  - 피펫을 용액에 넣고 S를 눌러 원하는 용액의 양을 취한다.
  - E 부분을 누르면 용액이 배출된다.
  - ㉢ 부분을 손으로 막고 눌러주면 피펫에 남은 모든 용액이 배출된다.
- 플라스틱 펌프 사용법
  - ㉢ 위치에 피펫을 끼운다.
  - ㉠에 위치한 휠을 돌려 용액을 취한다.
  - ㉡을 눌러 용액을 배출한다.

피펫 사용 시 주의점
- 피펫을 너무 꽉 끼우지 않는다. T버튼 위까지 피펫을 끼우면 제대로 작동하지 않는다.
- 용액이 담긴 피펫을 뒤로 뒤집어 필러 쪽으로 용액이 흘러들어가지 않게 한다.
- 잠시 사용을 멈출 때는 피펫 스텐드에 거치시킨다.
- 사용한 피펫은 피펫 필러와 분리한다.
- 피펫 필러는 세척하지 않는다. (용액이나 증류수가 들어가지 않게 주의)

저자 어드바이스
화학분석기능사 작업형에서 사용하게 될 기구이기 때문에 충분히 숙지한다.

02 농도의 종류

1. 몰 농도(M)

- 몰 농도는 용액 1L에 녹아 있는 용질의 몰수이다.
- 몰 농도(M) = $\dfrac{\text{용질의 몰수(mol)}}{\text{용액의 부피(L)}}$

몰질량
분자량, 원자량 또는 화학식량

개념잡기

2M - NaCl 용액 0.5L를 만들려면 염화나트륨 몇 g이 필요한가? (단, 각 원소의 원자량은 Na는 23이고, Cl은 35.5이다)

① 24.25
② 58.5
③ 117
④ 127

2M - NaCl 용액 0.5L에 있는 NaCl의 몰수
2M × 0.5L = 1mol
염화나트륨의 질량 = 1mol × (35.5+23)g/mol = 58.5g

정답 : ②

2. 몰랄 농도(m)

- 몰랄 농도는 용매 1kg에 녹아 있는 용질의 몰수이다.
- 몰랄 농도(m) = $\dfrac{용질의\ 몰수(mol)}{용매\ 1(kg)}$
- 몰 농도는 1L의 용액 부피 기준이기 때문에 온도에 따라 부피가 변하므로 농도 측정에 어려움이 있지만 몰랄 농도는 용매의 질량을 기준으로 하기 때문에 온도변화에 영향을 받지 않는다.

핵심 KEY

끓는점 오름
순수한 용액에 용질을 녹일 경우 기존의 끓는점과는 달라지는 현상
$\triangle T_b = K_b \times m$
- $\triangle T_b$: 끓는점 변화량
- K_b : 끓는점 상수
- m : 몰랄 농도

개념잡기

용액의 끓는점 오름은 어느 농도에 비례하는가?

① 백분율 농도
② 몰 농도
③ 몰랄 농도
④ 노르말 농도

끓는점 오름 $\triangle T_b = K_b \times m$
- $\triangle T_b$: 끓는점 변화량
- K_b : 끓는점 상수
- m : 몰랄 농도

정답 : ③

3. 백분율(%)

- 무게, 부피, 몰수 등 100을 기준으로 한 비율이다.

- 용액의 질량 백분율(wt%) = $\dfrac{\text{용질의 질량}}{(\text{용질의 질량} + \text{용매의 질량})} \times 100$

- 용액의 부피 백분율(vol%) = $\dfrac{\text{용질의 부피}}{(\text{용질의 부피} + \text{용매의 부피})} \times 100$

개념잡기

물 100g에 NaCl 25g을 녹여서 만든 수용액의 질량 백분율 농도는?

① 18% ② 20%
③ 22.5% ④ 25%

중량농도 = 질량 백분율[wt%]

용액의 질량 백분율[wt%] = $\dfrac{\text{용질의 질량}}{(\text{용질의 질량} + \text{용매의 질량})} \times 100$

$= \dfrac{25}{(25 + 100)} \times 100$

$= 20\%$

정답 : ②

---

4. 노르말 농도(N)

- 용액 1L에 녹아 있는 용질의 g당량수이다.

- 노르말 농도(N) = $\dfrac{\text{g당량수}}{\text{용액(L)}}$

- 산·염기 중화반응에서 주로 사용된다.

- 노르말 농도(N) = 몰 농도(M) × 당량수 이다.

노르말 농도와 몰 농도의 관계

- 용액 1L에 들어있는 98g H_2SO_4의 노르말 농도

 - H_2SO_4는 수용액에서 2개의 H^+를 내놓기 때문에 당량수는 2eq/mol이다.
 - 황산의 분자량은 98g/mol이므로 g당량수는 98g/2eq = 49g/eq이다.
 - 당량[eq] = $\dfrac{\text{황산의 질량 98g}}{\text{g당량수 49g/eq}}$ = 2eq
 - 노르말 농도(N) = $\dfrac{2eq}{1L}$ = 2N

핵심 KEY

중화반응

중화반응에서는 물질에 따라 H^+, OH^-을 내놓는 수가 다르기 때문에 노르말 농도를 사용한다.

- **당량수**

 전자(e^-) 1mol과 반응하는 양 또는 수소 1mol과 반응하는 양 또는 이온화할 때 내놓는 수소(H^+) 이온, 수산화(OH^-) 이온의 개수가 당량수가 된다.

- **g당량수(g/eq)**

 몰 질량을 당량수로 나눈 값

- 용액 1L에 들어있는 98g H_2SO_4의 몰 농도

  노르말 농도[N] = 몰 농도[M] × 당량수이므로, 몰 농도 = 1M이다.

- 용액 1L에 들어있는 40g NaOH의 노르말 농도

  - NaOH는 수용액에서 1개의 OH^-를 내놓기 때문에 당량수는 1eq/mol이다.
  - 수산화나트륨의 분자량은 40g/mol이므로 g당량수는 40g/1eq = 40g/eq이다.
  - 당량[eq] = $\dfrac{\text{수산화나트륨의 질량 40g}}{\text{g당량수 40g/eq}}$ = 1eq
  - 노르말 농도[N] = $\dfrac{1eq}{1L}$ = 1N

- 용액 1L에 들어있는 40g NaOH의 몰 농도

  노르말 농도(N) = 몰 농도(M) × 당량수이므로, 몰 농도 = 1M이다.

- 1M H_2SO_4과 1M NaOH을 중화할 경우 1M의 황산에서는 2mol의 H^+이온이 나오며, 1M의 NaOH에서는 1mol의 OH^-이온이 나오기 때문에 1M : 1M의 몰 농도비로 중화할 경우 완전 중화되지 않고 H^+이온이 1mol 더 많이 남게 된다. 그러므로 1M H_2SO_4은 2N이며, 1M의 NaOH는 1N 농도이다. 따라서 2N(H_2SO_4) : 2N(NaOH)의 비로 중화하면 완전히 중화된다.

개념잡기

황산(H_2SO_4)의 1당량은 얼마인가? (단, 황산의 분자량은 98g/mol이다)

① 4.9g
② 49g
③ 9.8g
④ 98g

황산은 H^+를 2개 내놓기 때문에 2eq/mol

g당량수는 $\dfrac{98g/mol}{2eq/mol}$ = 49g/eq

정답 : ②

5. 백만분율(ppm), 십억분율(ppb)

5-1 백만분율(ppm)

- 백만(10^6)을 기준으로 한 비율이다.
- $1ppm = \dfrac{1}{1,000,000}$

5-2 십억분율(ppb)

- 십억(10^9)을 기준으로 한 비율이다.
- $1ppb = \dfrac{1}{1,000,000,000}$

개념잡기

건조 공기 속에 헬륨은 0.00052%를 차지한다. 이는 몇 ppm인가?

① 0.052　　　　　② 0.52
③ 5.2　　　　　　④ 52

---

ppm(백만분율)

$$\dfrac{0.00052}{100} \times \dfrac{10^4}{10^4} = \dfrac{5.2}{10^6} = 5.2ppm$$

정답 : ③

6. 표준용액 제조 방법

6-1 몰 농도 용액 제조

- 고체시료일 경우 몰수를 계산하여 정밀 저울로 무게를 측정한다.
- 액체시료일 경우 몰수를 계산하여 메스실린더나 피펫을 이용해 부피를 측정한다.

예제 몰 농도 용액 제조 1

순도 100%의 수산화나트륨(NaOH) 고체시료를 이용하여 3M, 1L의 용액을 제조하는 방법을 서술하시오.

① 3M, 1L의 용액을 제조하기 위해서는 3M×1L = 3mol의 NaOH 필요
② 3mol의 NaOH의 질량 = 3mol×40g/mol(분자량) = 120g 필요
③ 정밀저울을 이용하여 NaOH 120g을 측정하고, 1L의 메스플라스크에 NaOH를 넣고 증류수를 채워 1L 용액을 제조한다.

예제 몰 농도 용액 제조 2

98% 진한 황산(H_2SO_4) 액체시료를 이용하여 0.5M, 100mL의 용액을 제조하는 방법을 서술하시오.(단, 해당 실험실의 온도에서 황산의 밀도는 1.84g/mL이다)

① 0.5M, 100mL의 용액을 제조하기 위해서는 0.5M × 0.1L(= 100mL) = 0.05mol의 H_2SO_4 필요
② 0.05mol의 H_2SO_4의 질량 = 0.05mol×98g/mol(분자량) = 4.9g 필요
③ 황산의 순도는 98%이므로 4.9/0.98 = 5g이 실제 필요
④ 황산은 액체시료이므로 밀도를 이용해 부피를 구하면

$$5g \times \frac{1mL}{1.84g} = 2.72mL$$

⑤ 0.5M, 100mL의 황산 표준용액 제조법 2가지
  ⑤-1 100mL의 메스플라스크에 증류수를 반 정도 채운 후 황산 2.72mL를 메스피펫을 이용하여 조금씩 첨가하고, 증류수를 이용해 100mL를 채워 용액을 제조한다.
  ⑤-2 비커와 스포이드를 이용하여 5g의 황산 무게를 측정한 후 100mL의 메스플라스크에 넣어 용액을 제조한다.

6-2 용액의 희석

- MV = M′V′의 법칙
- 몰 농도에 부피를 곱하면 몰수가 나오기 때문에 **질량보존의 법칙**에 의해 MV = M′V′의 묽힘 법칙을 나타낼 수 있다.
- M(몰 농도) 자리에는 노르말, 퍼센트 농도 등 해당하는 농도를 사용한다.

핵심 KEY

표준용액
농도를 알고 있는 용액

용액 제조
- 화학분석기능사 실기 필답형 문제로 출제됩니다.
- 작업형에서 실제 용액을 제조해야 합니다.
- 용액 제조 시 메스플라스크에 미리 증류수를 조금 채워 놓은 상태에서 시료를 가하면 더욱 잘 섞입니다.

액체시료
- 밀도 = $\dfrac{질량}{부피}$
- 용액의 밀도를 알면 부피에서 무게, 무게에서 부피로 변환이 가능하다.

참고

황산의 위험성
- 진한 황산의 경우 흡습성과 탈수 작용이 매우 강하며, 물과 혼합 시 다량의 열을 발생 시키므로 매우 주의해서 다루어야 한다.
- 용액 제조 시 ⑤-2의 방법보다는 ⑤-1의 방법을 추천

> **개념잡기**
>
> 1M 황산구리($CuSO_4$) 표준용액을 이용하여 0.25M, 1L의 용액을 제조하기 위한 방법을 서술하시오.
>
> $MV = M'V' \rightarrow 1M \times V = 0.25M \times 1L$
> V = 0.25L 필요
> 0.25M, 1L의 용액을 제조하기 위해서는 1M의 황산구리 용액 0.25L를 1L 메스플라스크에 넣고 증류수를 채워 묽힌다.

> **개념잡기**
>
> 1,000ppm 과망가니즈산칼륨($KMnO_4$) 표준 용액을 이용하여 5ppm, 100mL의 용액을 제조하기 위한 방법을 서술하시오.
>
> $MV = M'V' \rightarrow 1,000ppm \times V = 5ppm \times 100mL$
> V = 0.5mL 필요
> 5ppm, 100mL의 용액을 제조하기 위해서는 1,000ppm의 과망가니즈산칼륨 용액 0.5mL를 100mL 메스플라스크에 넣고 증류수를 채워 묽힌다.

6-3 1차 표준물질

- **순도가 높고 용액을 만들 때 오차가 적어 예상한 농도와 거의 동일한 용액을 만들 수 있는 물질**이다.
- 다른 화학물질 또는 용액의 농도를 측정하기 위해 기준이 되는 물질이다.
- 1차 표준물질의 조건
  - 매우 높은 순도를 가지고 있어야 한다.
  - 정제하기 쉬워야 한다.
  - 분석물과 빠르고 완전히 반응해야 한다.
  - 분석물에만 선택적으로 반응해야 한다.
  - 대기 중 수분이나 산소와 반응하지 않고 보존하기 쉬워야 한다.
  - 비교적 **큰 화학식량**을 가지고 있어 상대적 오차를 최소화해야 한다.

> **개념잡기**
>
> **1차 표준물질이 갖추어야 할 조건 중 틀린 것은?**
>
> ① 분자량이 작아야 한다.
> ② 조성이 순수하고 일정해야 한다.
> ③ 습기, CO_2 등의 흡수가 없어야 한다.
> ④ 건조 중 조성이 변하지 않아야 한다.
>
> ① 1차 표준물질은 비교적 큰 화학식량을 가지고 있어서 상대적 오차를 최소화해야 한다.
>
> 정답 : ①

03 공통이온효과

용해되어있는 이온과 같은 이온을 첨가하면 평형의 이동 및 용해도가 감소하는 현상이다.

1. 용해도곱

고체가 물에 녹아 이온화할 때 평형상수를 용해도곱(K_{sp})이라한다.

$$AgCl(s) \rightleftarrows Ag^+(aq) + Cl^-(aq), \text{ 평형상수}(K_{sp}) = [Ag^+][Cl^-]$$

> **핵심 KEY**
>
> **고체 평형상수**
> 평형상수에서 물(H_2O)과 고체 상태는 1로 표시한다.
>
> **이온곱(Q)**
> 평형이 아닐 때 이온농도의 곱 (용해도곱은 평형일 때 이온농도의 곱)
> • 이온곱 > K_{sp}
> - 침전(같아질 때까지 침전)
> • 이온곱 = K_{sp} : 평형
> • 이온곱 < K_{sp}
> - 용해(같아질 때까지 용해)
>
> **염화은**
> 물에 잘 녹지 않는 염이다.

> **개념잡기**
>
> **AgCl의 용해도가 0.0016g/L일 때 AgCl의 용해도곱은 약 얼마인가? (단, Ag의 원자량은 108, Cl의 원자량은 35.5이다)**
>
> ① 1.12×10^{-5} ② 1.12×10^{-3}
> ③ 1.2×10^{-5} ④ 1.2×10^{-10}
>
> AgCl의 이온화 : $AgCl(s) \rightarrow Ag^+(aq) + Cl^-(aq)$
>
> 용해된 AgCl의 몰수 = $\dfrac{0.0016g}{(108+35.5)g/mol} = 1.115 \times 10^{-5}$mol
>
> 용해된 AgCl의 몰 농도 = 1.115×10^{-5}M
> $[Ag^+] = [Cl^-] = 1.115 \times 10^{-5}$M
> 용해도곱(K_{sp}) = $[Ag^+][Cl^-] = (1.115 \times 10^{-5})^2 = 1.2 \times 10^{-10}$
>
> 정답 : ④

2. 공통이온효과

- AgCl 포화용액에 Ag^+이온(공통이온을 함유한 물질)을 넣으면 르 샤틀리에 원리에 의해 첨가된 Ag^+가 감소하는 방향으로 반응이 진행된다. 그러므로 Ag^+ 이온이 감소하여 AgCl(s) 침전물이 생성되게 된다.
- 즉, 평형은 Ag^+이온을 감소시키는 방향으로 이동된다.

04 약산과 약염기에서의 pH

강산과 강염기는 수용액에서 완전히 해리하지만 약산과 약염기는 물에 부분적으로 해리된다.

1. 약산의 해리

평형상수 K_a를 산해리 상수라 한다.

$$HA \rightleftarrows H^+ + A^-, \quad K_a = \frac{[H^+][A^-]}{[HA]}$$

$$\text{평형상수의 음의 대수 } pK_a = -\log K_a$$

핵심 KEY

대표적 약산, 약염기
- 약산 : 카복시산
- 약염기 : 아민

개념잡기

다음 물질 중 가수분해되어 산성이 되는 염은?

① $NaHCO_3$ ② $NaHSO_4$
③ $NaCN$ ④ NH_4CN

① $Na^+ + HCO_3^- + H_2O \rightarrow Na^+ + H_2CO_3 + OH^-$
② $Na^+ + HSO_4^- + H_2O \rightarrow Na^+ + SO_4^{2-} + H_3O^+$
③ $Na^+ + CN^- + H_2O \rightarrow Na^+ + HCN + OH^-$
④ $NH_4^+ + CN^- + H_2O \rightarrow NH_4^+ + HCN + OH^-$

정답 : ②

2. 약염기의 가수분해

- 평형상수 K_b를 염기의 가수분해 상수라 한다.
- 염기는 물로부터 양성자를 빼앗아 물과 반응한다.

$$B + H_2O \rightleftharpoons BH^+ + OH^-, \quad K_b = \frac{[BH^+][OH^-]}{[B]}$$

평형상수의 음의 대수 $pK_b = -\log K_b$

> **핵심 KEY**
> 강한 산일수록 pK_a 값은 작다.

3. K_a와 K_b의 관계

짝산-짝염기에 대해 다음 식이 적용된다.

$$K_a \times K_b = K_w = 10^{-14}$$

4. Henderson-Hasselbalch 식

약산과 약염기에서 pH 공식

$$HA \rightleftharpoons H^+ + A^-, \quad K_a = \frac{[H^+][A^-]}{[HA]}$$

$$pH = pK_a + \log\frac{[A^-](짝염기)}{[HA](약산)}$$

$$pH = pK_a + \log\frac{[B](약염기)}{[BH^+](짝산)}$$

5. 완충용액

- 산이나 염기를 가해도 pH가 거의 변하지 않는 용액을 의미한다. 완충용액은 약산에 그 짝염기를 넣거나 약염기에 그 짝산을 넣어 제조한다.
- 완충용액의 pH가 급격히 변하지 않는 이유는 공통이온효과 때문이다.

> **완충용액 원리**
>
> 대표적 완충용액 아세트산(CH_3COOH)과 아세트산나트륨(CH_3COONa)을 혼합하여 제조한다.
>
> - 완충용액에 산(H^+)을 첨가
>   강산(H^+)을 넣으면 용액의 H^+가 증가하고 $CH_3COO^- + H^+ \rightarrow CH_3COOH$를 생성하므로 용액의 pH는 거의 변하지 않는다.
>
> - 완충용액에 염기(OH^-)를 첨가
>   강염기(OH^-)를 넣으면 용액의 OH^-가 증가하고 CH_3COOH와 OH^-가 중화반응하여 소모되기 때문에 용액의 pH 변화는 거의 없다.

핵심 KEY

혈액의 pH
혈액 속에는 탄산(H_2CO_3)과 탄산수소이온(HCO_3^-)이 있어 완충용액 역할을 한다.

CHAPTER 02

이화학분석

KEYWORD 정량분석, 정성분석, 양이온 분리 분석, 산·염기 적정법(중화반응), 산·염기 지시약, 산화제와 환원제, 산화·환원 적정, 과망가니즈산 적정법, 아이오딘(=아이오딘) 적정법, 킬레이트(착화물) 적정법, 금속 지시약, 침전 적정, 무게 분석법

01 정량분석과 정성분석

1. 정량분석

하나 이상의 성분 물질들의 상대적인 양에 관한 정보를 얻기 위한 분석법이다.
예 커피에 함유되어 있는 카페인의 함량 측정, 비타민 음료의 비타민C 함량 측정 등

2. 정성분석

시료 속에 존재하는 원자 또는 분자, 화학종 또는 작용기에 관한 정보를 얻기 위한 분석법 이다.
예 폐수 속 중금속 유무 측정, 양이온의 정성분석 등

분석목적
분석의 목적에 따라 적절한 시험법을 선택해야 한다.

02 양이온 분리 분석

1. 양이온 계통 분석법

금속이온에 **분족시약을 첨가**하여 **침전**되는 것과 **이온으로 용해**되는 것으로 나누어 양이온 1~5족으로 분리하는 방법이다.

1-1 제1족(은족)

제1족 이온들의 **염화물 침전**을 형성하는 양이온이다.

- 종류 : 납(Pb^{2+}), 은(Ag^+), 제일수은(Hg_2^{2+})
- 분족시약 : 묽은 염산(HCl) 또는 NH_4Cl
- 침전된 $PbCl_2$, $AgCl$, Hg_2Cl_2의 분리
  - $PbCl_2$은 온수에 녹는다.
  - AgCl(흰색 침전물)은 NH_4OH를 가하면 녹는다.
  - Hg_2Cl_2는 NH_4OH를 가하면 검게 변한다.

1-2 제2족

산성 용액에서 **황화물 침전**을 형성하는 양이온이다.

- 2족 이온의 염화물은 물에 잘 녹는다.
- 1%의 HCl에서 H_2S를 가하면 황화물의 형태로 침전물을 형성한다.
- 구리족과 주석족은 $(NH_4)_2S_2$에 의해 녹는 주석족과 녹지 않는 구리족으로 분리한다.
  - 구리족 종류 : 납(Pb^{2+}), 구리(Cu^{2+}), 카드뮴(Cd^{2+}), 제이수은(Hg^{2+}), 비스무트(Bi^{3+})
  - 주석족 종류 : 비소(As^{3+}, As^{5+}), 안티몬(Sb^{3+}, Sb^{5+}), 주석(Sn^{2+}, Sn^{4+})
  - 분족시약 : H_2S(1% HCl)

양이온 1~5족
주기율표의 족과는 다르다.

분족시약
양이온 침전에 사용되는 시약

납 이온
염화납($PbCl_2$)은 온수에 녹으며, 녹은 납은 2족을 분리할 때 황화납으로 침전된다.

방해물질
유기물, 옥살산 이온, 규산 이온은 침전물의 형성을 방해한다.

> **개념잡기**
>
> 양이온 제2족 분석에서 진한 황산을 가하고 흰 연기가 날 때까지 증발·건조시키는 이유는 무엇을 제거하기 위함인가?
>
> ① 황산 ② 염산
> ③ 질산 ④ 초산
>
> 정답 : ③

1-3 제3족(황화암몬족)

염기성 용액에서 수산화물을 형성하는 양이온이다.

- 3족이온의 염화물은 물에 녹고, 산성에서는 H_2S에 의해 침전이 되지 않는다.
- NH_4OH의 알칼리성에서 NH_4Cl를 첨가하면 Al^{3+}, Cr^{3+}은 수산화물로 침전을 형성이다.
  - 종류 : 철(Fe^{3+}), 크로뮴(Cr^{3+}), 알루미늄(Al^{3+})
  - 분족시약 : $NH_4OH(+NH_4Cl)$

1-4 제4족

염기성 용액에서 황화물 침전을 형성하는 양이온이다.

- H_2S 포화상태에서 Ni^{2+}, Co^{2+}, Mn^{2+}, Zn^{2+}은 황화물 침전을 형성한다.
  - 종류 : 니켈(Ni^{2+}), 코발트(Co^{2+}), 망가니즈(Mn^{2+}), 아연(Zn^{2+})
  - 분족시약 : $H_2S + NH_4Cl(+NH_4OH)$

1-5 제5족

탄산염 침전을 형성하는 양이온이다.

- 종류 : 바륨(Ba^{2+}), 스트론튬(Sr^{2+}), 칼슘(Ca^{2+})
- 분족시약 : $(NH_4)_2CO_3(+NH_4OH)$

1-6 제6족

침전을 하지 않는 양이온이다.

- 종류 : 마그네슘(Mg^{2+}), 칼륨(K^+), 나트륨(Na^+), 암모늄(NH_4^+)
- 분족시약 : 없음

2. 양이온 계통분석 주요 확인 반응

이온의 종류	주요 확인 반응(확인 시약 → 침전물)	침전물 색깔
납(Pb^{2+})	Na_2SO_4 → $PbSO_4$	흰색
	K_2CrO_4 → $PbCrO_4$	노란색
은(Ag^+)	HCl → $AgCl$	흰색
구리(Cu^{2+})	$K_4Fe(CN)_6$ → $Cu_2Fe(CN)_6$	적갈색
카드뮴(Cd^{2+})	H_2S → CdS	노란색
철(Fe^{3+})	$K_4Fe(CN)_6$ → $Fe_4[(CN)_6]_3$	파란색
크로뮴(Cr^{3+})	$Pb(CH_3COO)_2$ → $PbCrO_4$	노란색
니켈(Ni^{2+})	$C_4H_8N_2O_2(D.M.G)$ → $Ni(C_4H_8N_2O_2)_2$	빨간색
아연(Zn^{2+})	H_2S → ZnS	흰색
바륨(Ba^{2+})	H_2SO_4 → $BaSO_4$	흰색
	K_2CrO_4 → $BaCrO_4$	노란색
칼슘(Ca^{2+})	$(NH_4)_2C_2O_4$ → CaC_2O_4	흰색

핵심 KEY

D.M.G
다이메틸글리옥심

개념잡기

제4족 양이온 분족 시 최종 확인 시약으로 다이메틸글라이옥심을 사용하는 것은?

① 아연   ② 철
③ 니켈   ④ 코발트

정답 : ③

03 산·염기 적정법(중화반응)

산과 염기가 완전히 중화되기 위해서는 산이 내는 H^+와 염기가 내는 OH^-의 몰수가 같아야 한다.

핵심 KEY

알짜 이온
실제 반응에 참여한 이온

강산과 강염기
강산과 강염기는 수용액 상태에서 거의 100% 해리된다.

1. 강산과 강염기인 HCl과 NaOH의 반응

- 반응식 : $HCl + NaOH \rightleftarrows NaCl(염) + H_2O$
- 알짜 이온 반응식 : $H^+ + OH^- \rightleftarrows H_2O$

0.1M HCl 25mL에 0.1M NaOH 10mL 반응(당량점 이전)

① 0.1M HCl 25mL의 몰수 = $0.1M \times 0.025L = 2.5 \times 10^{-3}$mol

② H^+의 몰수 = 2.5×10^{-3}mol

③ 0.1M NaOH 10mL의 몰수 = $0.1M \times 0.010L = 1.0 \times 10^{-3}$mol

④ OH^-의 몰수 = 1.0×10^{-3}mol

⑤ 반응 후 H^+의 몰수 = $(2.5 \times 10^{-3}) - (1.0 \times 10^{-3}) = 1.5 \times 10^{-3}$mol

⑥ $[H^+]$의 농도 = $\dfrac{1.5 \times 10^{-3}mol}{(0.025 + 0.010)L} = \dfrac{1.5 \times 10^{-3}mol}{0.035L} = 0.043M$

⑦ $pH = -\log[H^+] = -\log(0.043) = 1.37$

0.1M HCl 25mL에 0.1M NaOH 25mL 반응(당량점)

① 0.1M HCl 25mL의 몰수 = $0.1M \times 0.025L = 2.5 \times 10^{-3}$mol

② H^+의 몰수 = 2.5×10^{-3}mol

③ 0.1M NaOH 25mL의 몰수 = $0.1M \times 0.025L = 2.5 \times 10^{-3}$mol

④ OH^-의 몰수 = 2.5×10^{-3}mol

⑤ H^+와 OH^-의 몰수가 같으므로 완전히 중화된다.

⑥ 이때의 pH = 7이 된다.

0.1M HCl 25mL에 0.1M NaOH 40mL 반응(당량점 이후)

① 0.1M HCl 25mL의 몰수 = $0.1M \times 0.025L = 2.5 \times 10^{-3}$ mol

② H^+의 몰수 = 2.5×10^{-3} mol

③ 0.1M NaOH 25mL의 몰수 = $0.1M \times 0.040L = 4.0 \times 10^{-3}$ mol

④ OH^-의 몰수 = 4.5×10^{-3} mol

⑤ 반응 후 OH^-의 몰수 = $(4.0 \times 10^{-3}) - (2.5 \times 10^{-3}) = 1.5 \times 10^{-3}$ mol

⑥ $[OH^-]$의 농도 = $\dfrac{1.5 \times 10^{-3} \text{mol}}{(0.025 + 0.040)L} = \dfrac{1.5 \times 10^{-3} \text{mol}}{0.065L} = 0.023M$

⑦ pOH = $-\log[OH^-] = -\log(0.023) = 1.63$

⑧ pH = $14 - 1.63 = 12.37$이 된다.

> **핵심 KEY**
>
> **순수한 물의 pH**
> 25℃의 순수한 물의 경우
> [물의 자동 이온화]
> $H_2O \rightleftarrows H_3O^+ + OH^-$
> $[H_3O^+]$와 $[OH^-]$의 농도는 $1 \times 10^{-7}M$으로 pH = 7이 된다.

2. 강산 - 약염기, 약산 - 강염기 적정

2-1 강산(HCl)-약염기(NH_3) 적정

- 중화반응 : $HCl + NH_4OH \rightarrow NH_4Cl(염) + H_2O$
- 염의 가수분해 반응 : $NH_4Cl + H_2O \rightarrow NH_3 + H_3O^+$
- 중화반응 후 생성된 염은 가수분해되어 H_3O^+를 생성하므로 당량점에서 pH는 7보다 작다.

2-2 약산(CH_3COOH)-강염기(NaOH) 적정

- 중화반응 : $CH_3COOH + NaOH \rightarrow CH_3COONa + H_2O$
- 가수분해 반응 : $CH_3COO^- + H_2O \rightarrow CH_3COOH + OH^-$
- 중화반응 후 생성된 CH_3COO^- 이온은 물에 의해 가수분해 되어 OH^-를 생성하므로 당량점에서 pH는 7보다 크다.

> **핵심 KEY**
>
> **암모니아 수용액**
> $NH_3 + H_2O \rightarrow NH_4^+ + OH^-$

3. 산·염기 지시약

3-1 지시약의 종류

산·염기 적정 시 종말점을 눈으로 확인하기 위해 pH에 따라 색이 변하는 물질이다.
- 강산과 강염기의 적정 : 메틸오렌지, 페놀프탈레인 등
- 강산과 약염기의 적정 : 메틸오렌지, 메틸레드 등
- 약산과 강염기의 적정 : 페놀프탈레인 등

종류	변색 범위	산	염기
메틸오렌지	3.1 ~ 4.4	빨간색	노란색
메틸레드	4.4 ~ 6.2	빨간색	노란색
페놀프탈레인	8.0 ~ 10.0	무색	빨간색
페놀레드	6.0 ~ 8.0	노란색	빨간색
브로모티몰 블루	산 : 노란색(pH 6 이하)	중성 : 초록색	염기 : 푸른색 (pH 7.6 이상)

개념잡기

중화 적정에 사용되는 지시약으로서 pH 8.3 ~ 10.0 정도의 변색 범위를 가지며 약산과 강염기의 적정에 사용되는 것은?

① 메틸옐로 ② 페놀프탈레인
③ 메틸오렌지 ④ 브로민티몰블루

② 페놀프탈레인은 산염기 지시약으로서 8.0 ~ 10.0의 변색 범위를 갖으며, 강산과 강염기의 적정과 약산과 강염기의 적정에 사용된다.

정답 : ②

04 산화·환원 적정법

산·염기의 적정 방법처럼 산화와 환원을 이용한 적정법이다.

1. 산화제와 환원제

- 산화제 : 과산화수소(H_2O_2), 질산(HNO_3), 황산(H_2SO_4), 과망가니즈산칼륨($KMnO_4$), 염소(Cl_2), 다이크로뮴산칼륨($K_2Cr_2O_7$) 등
- 환원제 : 수소(H_2), 나트륨(Na), 옥살산($H_2C_2O_4$) 등

2. 산화·환원 적정

- 표준용액의 산화제 또는 환원제를 이용하여 미지시료를 산화 또는 환원시키는 데 필요한 양을 측정하면 물질의 농도를 알아낼 수 있다.
- 적정의 종말점은 지시약, 산화·환원에 따른 색깔 변화, 전기적인 방법을 통해 확인한다.
- 산화·환원 적정에는 과망가니즈산칼륨법, 다이크로뮴산칼륨법, 아이오딘산칼륨법 등이 있다.

개념잡기

하이드로퀴논(Hydroquinone)을 다이크로뮴산칼륨으로 적정하는 것과 같이 분석물질과 적정액 사이의 산화·환원반응을 이용하여 시료를 정량하는 분석법은?

① 중화 적정법　　　　　② 침전 적정법
③ 킬레이드 적정법　　　④ 산화·환원 적정법

정답 : ④

3. 과망가니즈산 적정법

과망가니즈칼륨을 1차 표준물질로 표준화하고 과산화수소를 정량한다.

3-1 과망가니즈산칼륨의 표준화

옥살산나트륨($Na_2C_2O_4$)과 과망가니즈산칼륨($KMnO_4$)의 산화·환원반응

산 화 : $C_2O_4^{2-} \rightarrow 2CO_2 \uparrow + 2e^-$

환 원 : $MnO_4^- + 8H^+ + 5e^- \rightarrow Mn^{2+} + 4H_2O$

반응계수를 맞추기 위해 산화식에 5를 환원식에 2를 곱해서 각 식을 더해준다.

전체반응식 : $2MnO_4^- + 5C_2O_4^{2-} + 16H^+ \rightarrow 2Mn^{2+} + 10CO_2 \uparrow + 8H_2O$

- 1차 표준물질인 **옥살산나트륨**을 이용해 과망가니즈산칼륨을 표준화한다.
- 황산(H_2SO_4) 용액을 가해 H^+를 공급한다.
- $MnO_4^- \rightarrow Mn^{2+}$로 환원되면서 옥산산나트륨을 산화시킨다.
- MnO_4^-(보라색), Mn^{2+}(무색)의 색을 띤다. 적정을 통해 보라색에서 무색으로 바뀌는 지점이 당량점이다.

3-2 과산화수소의 정량

과망가니즈산칼륨($KMnO_4$)와 과산화수소(H_2O_2)의 산화·환원반응

산 화 : $H_2O_2 \rightarrow 2H^+ + O_2 \uparrow + 2e^-$

환 원 : $MnO_4^- + 8H^+ + 5e^- \rightarrow Mn^{2+} + 4H_2O$

반응계수를 맞추기 위해 산화식에 5를 환원식에 2를 곱해서 각 식을 더해준다.

전체반응식 : $2MnO_4^- + 5H_2O_2 + 6H^+ \leftrightarrow 2Mn^{2+} + 5O_2 \uparrow + 8H_2O$

- **표준화한 과망가니즈산칼륨 용액**을 이용해 과산화수소를 적정한다.
- 황산(H_2SO_4) 용액을 가해 H^+를 공급한다.
- 적정 시 $MnO_4^- \rightarrow Mn^{2+}$로 환원되면서 과산화수소를 산화시킨다.

핵심 KEY

과망가니즈산칼륨
산화제로 다이크로뮴산칼륨은 환경오염을 일으키기 때문에 과망가니즈산칼륨을 많이 사용한다.

1차 표준물질
순도가 높고 용액을 만들었을 때 무게 오차가 작아 거의 동일한 농도의 용액을 만들 수 있는 물질

지시약
- 과망가니즈산칼륨 적정법은 MnO_4^-(보라색), Mn^{2+}(무색)의 색을 띠기 때문에 지시약이 필요 없다.
- 아이오딘 적정법은 지시약으로 녹말, 클로로포름 등을 사용한다.

황산 용액
황산 용액은 증류수와 1 : 1로 섞은 용액을 사용한다.

3-3 실험 시 주의점

- 과망가니즈산칼륨($KMnO_4$)는 햇빛에 의해 분해되므로 **암실**이나 **갈색병에 보관**한다.
- 과망가니즈산칼륨($KMnO_4$) 산화성 고체(제1류 위험물)이기 때문에 **가연물과의 접촉 시 연소 및 폭발의 위험**이 있다.
- 황산수용액은 **많은 열을** 발생시키므로 주의해서 사용한다.
- MnO_4^-(보라색), Mn^{2+}(무색)의 색을 띤다. **적정**을 통해 보라색에서 무색으로 바뀌는 지점이 당량점이다.

개념잡기

과망가니즈산칼륨이온(MnO_4^-)은 진한 보라색을 가지는 대표적 산화제이며, 센 산성용액(pH ≤ 1)에서는 환원제와 반응하여 무색의 Mn^{2+}으로 환원된다. 1몰[mol]의 과망가니즈산이온이 반응하였을 때, 몇 당량에 해당하는 산화가 일어나게 되는가?

① 1　　　　　　　　　　② 3
③ 5　　　　　　　　　　④ 7

과망가니즈산의 환원 : $MnO_4^- + 8H^+ + \underline{5e^-} \rightarrow Mn^{2+} + 4H_2O$
MnO_4^-은 다른 물질로부터 $5e^-$에 해당하는 산화가 일어난다.
즉, 5당량에 해당하는 산화가 일어난다.

정답 : ③

---

4. 아이오딘(= 아이오딘) 적정법

산화제인 아이오딘을 이용한 적정법이다.

- 직접 아이오딘 적정법 : $I_2 + 2e^- \rightarrow 2I^-$
- 지시약 : 주로 녹말(= 전분, Starch)을 사용한다.
- 아이오딘(I_2)과 녹말이 만나면 **청색**으로 변색된다.

05 킬레이트(착화물) 적정법

1. 킬레이트 적정법

- 킬레이트 시약을 사용하여 금속 이온을 적정하는 방법으로 주기율표상에 있는 대부분의 원소를 직·간접적으로 분석할 수 있다.
- 킬레이트 시약 : EDTA(Ethylene Diamine Tetraacetic)
- 완충용액 : EDTA와 금속 이온이 반응하여 생기는 킬레이트 화합물은 pH의 영향을 받기 때문에 완충 용액(공통이온효과)을 이용하여 pH를 일정하게 유지해야 한다.

EDTA
EDTA는 금속 이온과 1 : 1로 반응한다.

다음 중 분석물질과 적정액 사이의 착물형성 반응을 이용한 적정법은?

① 중화 적정법　　　　② 침전 적정법
③ 산화환원 적정법　　④ 킬레이트 적정법　　　정답 : ④

---

2. 금속 지시약

- 금속 지시약은 금속 이온과 반응해 농도에 따라 색깔이 변한다.
- 금속 지시약 변색 메커니즘
  - 금속 이온을 함유한 용액에 금속지시약을 가하면 금속과 지시약이 킬레이트 화합물을 만들어, 특정 pH 범위에서 특유의 색을 띠게 된다.
  - 이것을 EDTA로 적정하면 금속 - 지시약 킬레이트화합물에서 금속 이온을 뺏어 결합하고 지시약은 원래 색으로 돌아가므로 종말점을 알 수 있다.
- 금속 지시약 에리오크롬 블랙T(EBT)는 흑자색 분말로 물이나 알코올에 용해되며, pH 7 ~ 11의 수용액에서 푸른색을 띠며, Ca, Mg, Zn, Cd 등과 결합하면 붉은색을 띤다.
- 그 외 금속 지시약으로 PAN, Pyrocatechol Violet, Salicylic Acid, Murexide(MX) 등이 있다.

06 침전 적정

- 정량하고자 하는 물질이 정량적으로 침전하는 반응을 응용하는 적정법이다.
- 반응의 종말점을 확인하는 방법이 적기 때문에 침전 반응이 한정되어 있다.
- 시료 이온과 표준용액이 서로 반응하여 침전이 모두 완결된 후, 침전제인 표준용액 한 방울의 과량에 의한 지시약의 변색으로 그 종말점을 결정하는 원리를 이용한다.
- 침전 적정을 할 때 종말점을 결정하는 방법
  - 침전 적정법은 질산은($AgNO_3$) 표준용액을 사용하는 은적정법
  - 지시약으로 크로뮴산칼륨(K_2CrO_4)을 사용하는 모르법(Mohr method)
  - 흡착 지시약(플루오레세인, 에오신나트륨 등) 또는 티오사이안산칼륨(KSCN) 표준용액을 사용하는 폴하르트법이 있다.

개념잡기

침전 적정법에서 사용하지 않는 표준시약은?

① 질산은　　　　　　　　② 염화나트륨
③ 티오사이안산암모늄　　④ 과망가니즈산칼륨

① 침전 적정법은 질산은 표준용액을 사용하는 은적정법이 있다.
② Fajans을 이용하여 미지의 염화이온 농도를 정량할 수 있다.
③ 흡착 지시약 또는 티오사이안산칼륨 표준용액을 사용하는 폴하르트법이 있다.

정답 : ④

07 무게 분석법

- 분석물질의 양을 계산하기 위해 생성물의 질량을 측정하는 분석법이다.
- 침전법, 휘발법, 추출법 등이 있다.

> **예제** 무게 분석
>
> Cl^-가 들어있는 용액 20mL를 과량의 $AgNO_3$로 처리하여 0.5g의 AgCl을 침전시켰을 때 시료에 들어있는 Cl^-의 몰 농도는? (단, AgCl의 분자량은 143이다)
>
> AgCl의 몰수 $= \dfrac{0.5g}{143g/mol} = 3.5 \times 10^{-3}$ mol ($= Cl^-$의 몰수와 같다)

개념잡기

중량 분석에 이용되는 조작 방법이 아닌 것은?

① 침전중량법   ② 휘발중량법
③ 전해중량법   ④ 건조중량법

④ 건조중량법은 토양 시료의 수분 함량을 측정하는 방법이다.   정답 : ④

CHAPTER 03

기기분석

KEYWORD 분자흡수 분광법, 전자전이, 람베르트-비어(Lambert-Beer)의 법칙, 여기에너지, 원자분광법, 적외선 분광법(IR), 핵자기공명 분광법(NMR), 크로마토그래피, 전기분석법, 전기량법, 전압전류법, 표준물첨가법, 내부표준물법

01 기기분석(이화학 분석)

1. 전자저울

- 질량을 측정하는 장비로 대부분의 분석과정에서 필요하다.
- 측정 범위에 따라 mg ~ g 단위로 목적에 맞게 사용한다.

2. pH 미터

구성
- 전극부
- 지시부
- 조작판넬

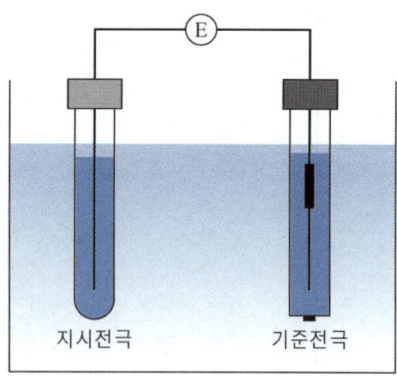
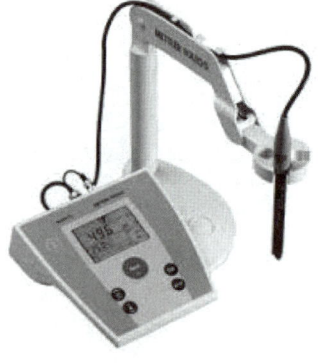

> **참고**
> 기기분석이란 시료인 물질을 기기로 측정한 신호를 표준 물질의 결과와 비교함으로써 분석하는 방법이다.

> **핵심 KEY**
> - pH 미터는 유리전극을 사용한다.
> - pH 미터는 온도에 따라 달라진다. 본노가 25℃일 때 물의 pH=7이므로 25℃에서 조작한다.

- 용액 속의 H^+의 농도를 측정하는 장치로 측정 용액에 pH 전극을 담그면 용액 중의 H^+의 농도에 따라 전위차가 발생하며, 이 전위를 측정하여 pH를 측정한다.
- 즉, 지시전극과 기준전극의 전위차로 pH를 측정한다.
- 사용 방법에 따라 휴대용, 탁상용, 정치용의 세 종류가 있다.
- pH 미터는 전극, 지시부, 조작 판넬의 구조로 이루어져 있다.

2-1 측정방법

① 전원을 켠다.
② 비커에 측정액을 pH 미터 전극이 담길 정도로 담는다.
③ 측정값이 고정될 때까지 약 1분 정도 담가 놓는다.
④ 사용 후에는 증류수를 이용해 씻어 준다.
⑤ pH 미터의 보호캡을 씌워 측정을 끝낸다.

2-2 pH 미터 교정법

- pH 미터를 교정액(pH 7 Buffer)에 담고 'cal' 버튼을 눌러 pH 7에 맞춘다.
- 다른 교정액(pH 4 Buffer, pH 9 Buffer 등)을 이용하여 동일한 방법으로 진행한다.
- 분석장비의 교정은 측정값에 직접적인 영향을 미치므로 주기적으로 교정 작업이 진행되어야 한다.

 참고

pH 유리전극은 pH 7의 KCl 포화 용액을 채워 보관한다.

---

pH 미터의 측정원리에 대한 설명으로 맞는 것은?

① 탄소전극의 전기 저항
② 수은전극의 전해 전류
③ 유리전극과 비교전극 간의 전위차
④ 백금전극과 유리전극 간의 전위차

정답 : ③

3. 원심분리기

- **원심력**을 이용하여 **밀도**가 다른 액체-액체, 고체-액체 혼합물을 분리하는 장치이다.
- 회전 속도와 작동 시간을 조작하여 분석을 진행한다.

3-1 원심분리기 컵의 종류

- 원심분리기 컵의 종류에 따라 적절한 컵을 사용한다.
- 스테인리스 컵 : 거의 모든 시료에 공통적으로 사용한다.
- 플라스틱 컵 : 상층과 하층의 분리를 육안으로 확인하기 위해 사용한다.
- 유리컵 : 소형 원심 분리기에서 사용하며, 고속으로 운전 시 깨지기 쉽기 때문에 많이 사용하지 않는다.

4. 교반기

- **용액을 혼합**하기 위한 장치로 마그네틱 바를 회전시켜 내용물을 혼합한다.
- 주로 자석 교반기를 사용하며, 회전 속도와 온도를 조절할 수 있다.

5. 수분 측정기

유기물·무기물에 함유되어있는 **수분의 함량을 측정**하기 위한 장치이다.

6. 굴절계

빛이 물질을 통과할 때 **굴절**되는 각을 비교하여 물질의 농도를 측정하는 장치이다.

> **개념잡기**
>
> 아베 굴절계로 굴절률 측정 시 눈금판의 색깔이 선명하지 않을 때 어떻게 해야 하는가?
>
> ① 프리즘을 열고 시료용액을 많이 넣는다.
> ② 보조 프리즘의 개폐 클램프를 풀고 보조 프리즘을 들어 올린다.
> ③ 보정 나사를 천천히 돌려서 명암 경계선을 시야 중 십자선의 교차점에 일치시킨다.
> ④ 분산 조절 나사를 천천히 회전시켜 굴절 시야의 명암 경계가 확실히 나타나도록 한다.
>
> 정답 : ④

02 기기분석(분광분석)

1. 분광분석

빛에너지를 광원으로 하여 물질들의 **종류(정성)**와 **함량(정량)**을 분석하는 것

1-1 빛의 성질

- 자연계의 모든 에너지는 빛에너지를 흡수하여 운동한다.
- 빛은 입자성과 파동성을 동시에 가지고 있다.
- 빛이 이동할 때 같은 위상의 거리를 파장이라 한다.
- 빛이 이동할 때 파동의 높이를 진폭이라 한다.
- 파장이 길어질수록 빛에너지는 작아진다.

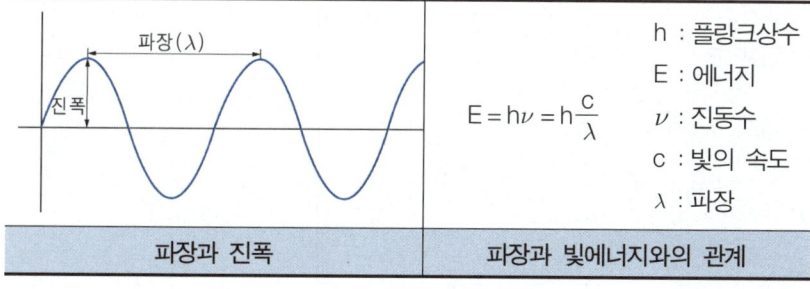

$$E = h\nu = h\frac{c}{\lambda}$$

h : 플랑크상수
E : 에너지
ν : 진동수
c : 빛의 속도
λ : 파장

| 파장과 진폭 | 파장과 빛에너지와의 관계 |

참고

빛의 활용
- 빛은 파장의 길이에 따라 에너지 크기가 달라지며, 다양한 분야에서 활용된다.
- 가시광선 : 색을 구분
- 적외선 : 열화상 카메라
- 자외선 : 자외선 살균, 자외선 카메라
- x선 : x-ray 등

가시광선 파장 길이
약 400 ~ 800nm이다.

단위환산
- 1nm(나노미터) = 10^{-9}m
- 1μm(마이크로미터) = 10^{-6}m

• 파장의 길이에 따른 전자기파의 종류

종류	라디오파	마이크로파	적외선	가시광선	자외선	X선	감마선
파장[m]	10^3	10^{-2}	10^{-5}	5×10^{-7}	10^{-8}	10^{-10}	10^{-12}

• 빛의 간섭
 - 보강간섭 : 빛의 파장이 중첩될 때 같은 위상이 겹치게 되면 진폭이 2배로 커지게 되는 현상이다.
 - 상쇄간섭 : 빛의 파장이 중첩될 때 같은 위상이 겹치게 되면 진폭이 0이 되는 현상이다.

• 빛의 회절
 빛이 좁은 틈(슬릿)을 지날 때 휘어지거나 퍼져나가는 현상을 말한다.

1-2 광원에 따른 분석장비의 종류

검출 파장	분석장비	주요 용도
자외선, 가시선	가시선-자외선 분광기 (UV-Vis 분광기)	유기물, 무기물 조성 분석
적외선	적외선 분광기(IR 분광기)	유기물 정성 분석(작용기 분석)
자외선	원자흡광 광도계(AAS)	무기 조성 분석
자외선	유도결합플라즈마 원자발광광도계(ICP-AES)	무기 조성 분석
라디오파	핵자기 공명 분광기(NMR)	유기물 분자 구조 분석

약 8,000Å보다 긴 파장의 광선을 무엇이라고 하는가?   **개념잡기**

① 방사선   ② 자외선
③ 적외선   ④ 가시광선

1Å(옹스트롱) = 10^{-10}m
8,000Å = 8×10^{-10}m

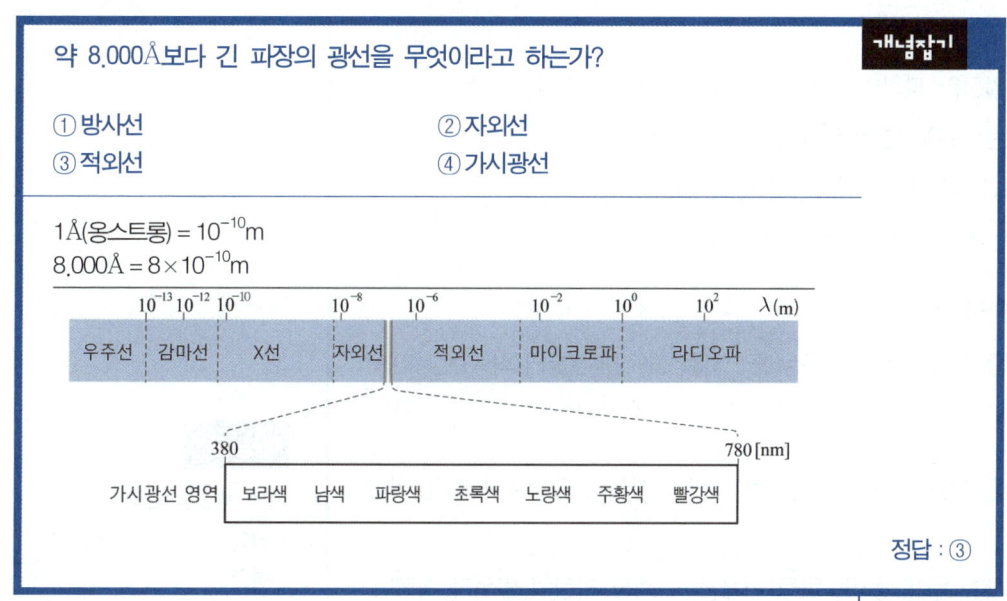

정답 : ③

횡파의 빛을 니콜 프리즘에 통과시키면 일정한 방향으로 진동시키는 빛을 얻는데 이것을 무엇이라 하는가?   **개념잡기**

① 편광   ② 전도
③ 굴절   ④ 분광

정답 : ①

2. 분자 흡수 분광법

시료가 일정한 파장의 빛을 흡수하는 정도를 측정하여 정량 및 정성분석한다.

2-1 UV-Vis 분광광도계 구조

• 구조 : 광원부 - 파장선택부 - 시료부 - 검출부

저자 어드바이스

화학분석기능사 작업형
UV-Vis 분광광도계는 화학분석기능사 실기 필답형, 작업형에 관련된 내용으로 꼭 암기

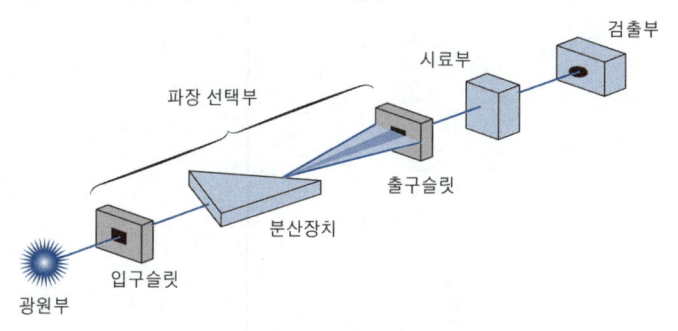

UV-Vis 분광광도계의 구조

광원부(램프)

- 광원부에서는 일정한 파장의 빛을 발생시키는 역할을 한다.
- **텅스텐(W)램프**는 **가시광선 범위**의 파장을 발생시킨다.
- **중수소(D2)램프**는 **자외선 범위**의 파장을 발생시킨다.
- 램프의 수명은 약 1,000 ~ 1,500시간이다.

파장선택부(단색화장치)

회절격자나 프리즘을 이용해 특정 파장대의 빛을 선택한다.(빛의 회절현상 이용)

시료부(셀)

- 셀은 시료용액을 담는 용도로 사용하며 측정 파장의 빛을 흡수하지 않아야 한다.
- 재질에 따라 석영, 유리, 플라스틱을 사용하며, 측정 파장의 범위가 다르다.
- 빛이 통과해야 하므로 셀 표면에 흠집이 있거나 이물질이 있는 경우 제대로 된 결과값을 얻을 수 없다.

검출부(검출기)

- 빛이 시료를 통과하기 전과 후의 빛의 감도를 측정하여 시료가 흡수한 빛의 양을 측정한다.
- **광전증배관, 광전관, 광다이오드어레이** 등의 검출기를 사용한다.

핵심 KEY

셀의 재질별 성능
- 석영 > 유리 > 플라스틱
- 석영
  자외선-가시선 영역 모두 사용 가능하며 주로 자외선 영역에 사용
- 유리, 플라스틱
  가시선 영역에 사용

2-2 유기화합물의 전자전이

- UV-Vis 분광법에서 시료가 UV-Vis 영역의 빛을 흡수하면 전자전이가 일어난다.
- 전자전이의 종류

  $\sigma \to \sigma^*$, $n \to \sigma^*$, $\pi \to \pi^*$, $n \to \pi^*$

- 에너지의 크기는 $\sigma \to \sigma^*$가 가장 크며, $n \to \pi^*$가 가장 작다.
- **자외선**을 이용해서는 $\sigma \to \sigma^*$ 전이를 일으킬 수 없기 때문에 $n \to \pi^*$, $\pi \to \pi^*$ **전이만 관찰**된다.
  - $\sigma \to \sigma^*$: 가장 높은 에너지 흡수, 진공자외선 영역($\lambda < 180$nm) → 알케인
  - $n \to \sigma^*$: 높은 에너지 흡수, 원적외선 영역($\lambda = 180 \sim 250$nm) → 아세톤, 메탄올 등
  - $\pi \to \pi^*$: 중간 정도의 에너지 흡수, 자외선 영역($\lambda > 180$nm) → 에틸렌, 부타디엔 등
  - $n \to \pi^*$: 가장 낮은 에너지 흡수, 근 자외선 또는 가시선 영역($\lambda = 280 \sim 800$nm) → 아세트알데하이드 등

> **핵심 KEY**
> Laporte selection rule
> $\sigma \to \pi^*$, $\pi \to \sigma^*$는 전이 금지

2-3 람베르트-비어(Lambert-Beer)의 법칙

시료의 농도 및 빛이 시료를 이동한 거리에 따라 시료가 흡수하는 빛의 양은 달라진다.

람베르트의 법칙

- 빛의 투과도와 흡광도는 빛이 시료 용액을 이동한 거리에 따라 달라진다.

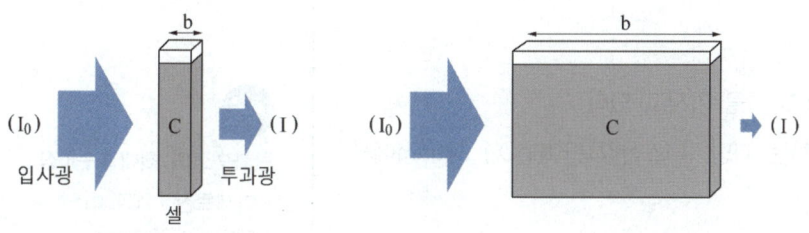

- 흡광도(A) = $-\log\dfrac{I}{I_0}$, 투광도(T) = $\dfrac{I}{I_0}$, 흡광도(A) = $-\log(T)$의 관계
- **투광도**는 빛이 시료를 통과하는 **길이에 반비례**한다.
- **흡광도**는 빛이 시료를 통과하는 **길이에 비례**한다.

> **참고**
> 빛이 시료를 이동한 거리
> 셀의 두께, 용액층의 두께, 광로 등으로 불린다.

비어의 법칙

- 빛의 **투과도와 흡광도**는 시료의 농도에 따라 달라진다.

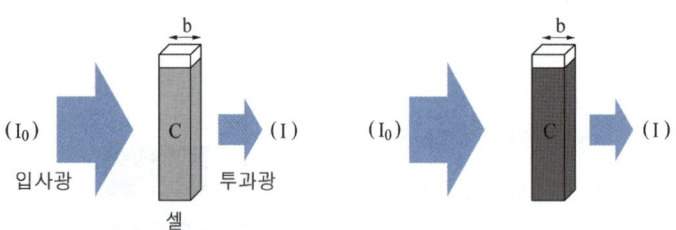

- **투광도**는 시료의 농도에 반비례한다.
- **흡광도**는 시료의 농도에 비례한다.

람베르트-비어의 법칙

- **흡광도**는 시료의 **농도(C)**에 비례하고 빛이 통과하는 **길이(b)**에 비례한다.
- **흡광도** $A = \varepsilon bC$
- ε(몰흡광계수)는 물질마다 가지고 있는 고유한 값으로 값이 클수록 빛을 잘 흡수한다.

> 핵심 KEY
> 흡광도와 투과도는 1을 넘을 수 없다.

개념잡기

람베르트-비어 법칙에 대한 설명이 맞는 것은?

① 흡광도는 용액의 농도에 비례하고 용액의 두께에 반비례한다.
② 흡광도는 용액의 농도에 반비례하고 용액의 두께에 비례한다.
③ 흡광도는 용액의 농도와 용액의 두께에 비례한다.
④ 흡광도는 용액의 농도와 용액의 두께에 반비례한다.

정답 : ③

2-4 최대흡수파장(λ_{max})

- 모든 물질은 고유의 흡광 파장(λ_{max})을 가지고 있다.
- 화학분석기능사 작업형에 사용하는 과망가니즈산칼륨($KMnO_4$) 540nm에서 최대흡수 파장을 가진다.
- 미지시료를 분석할 때, 540nm에서 최대흡수파장이 생겼다면 과망가니즈산칼륨으로 예측할 수 있다.(정성분석이 가능)
- 봉우리의 높이가 높을수록 농도가 높다는 것을 알 수 있다.

> 참고
> **탄화수소의 최대흡수파장**
> - 아세트산 : 204nm
> - 에틸렌 : 208nm
> - 아세틸렌 : 173nm
> - 아세토나이트릴 : 160nm

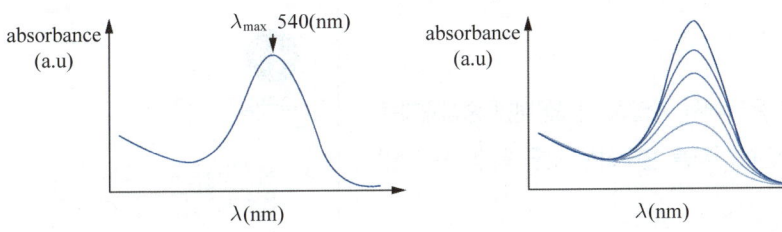

일정한 농도의 과망가니즈산칼륨 시료를 파장대별로 측정한 그래프

농도가 다른 과망가니즈산칼륨 시료를 파장대별로 측정한 그래프

2-5 검량선을 이용한 미지시료 정량

- 분광광도계는 측정모드가 여러 개 있어 파장대별로 흡광도를 측정하는 최대흡수 파장을 측정할 수 있으며, 시료의 농도에 따라 흡광도를 측정하는 검량선도 그릴 수 있다.
- 표준용액을 이용하여 검량선을 그리고 미지시료의 흡광도를 측정하여 검량선에 대입하면 미지시료의 농도를 알 수 있다.

저자 어드바이스

검량선을 이용한 미지시료의 정량 부분은 뒤에 나올 실기 - 작업형 단원에서 자세히 학습하세요.

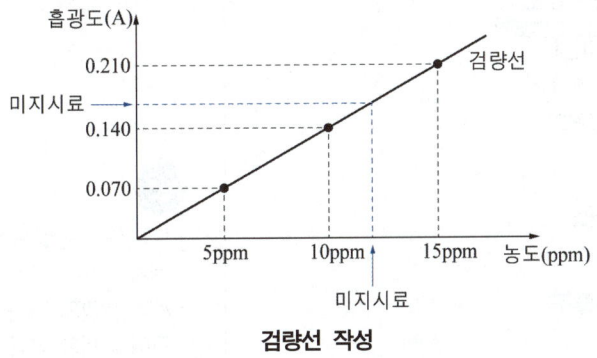

검량선 작성

개념잡기

람베르트-비어의 법칙은 $\log(I_0/I) = \varepsilon bC$로 나타낼 수 있다. 여기서 C를 (mol/L), b를 액층의 두께[cm]로 표시할 때, 비례상수 ε인 몰흡광계수의 단위는?

① L/cm · mol
② kg/cm · mol
③ L/cm
④ L/mol

$\log(I_0/I)$의 단위는 무차원이다.
εbC의 단위를 무차원으로 만들면 비례상수 ε의 단위를 알 수 있다.
$\varepsilon = \dfrac{1}{bC} = \dfrac{1}{cm} \times \dfrac{1}{mol} = \dfrac{1}{cm \cdot mol}$

정답 : ①

3. 원자 흡수 분광법

- 금속 원자를 불꽃, 전기로 등으로 높은 온도에서 가열해 **기체상태인 중성원자**로 만들어 자외선 또는 가시광선 영역의 **빛 에너지를 흡수하는 것을 측정**하는 방법이다.
- 알칼리 금속, 알칼리 토금속 등 약 65종의 원소 측정이 가능하다.
- 측정 원소에 따라 광원을 바꿔야 하므로 **정성분석에는 어려움**이 있다.
- 중금속 분석 및 금속재료, 광물 성분, 반도체 불순물 등의 미량 분석에 사용된다.

음극램프 구조
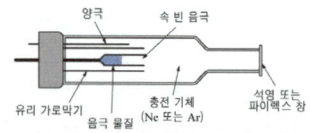

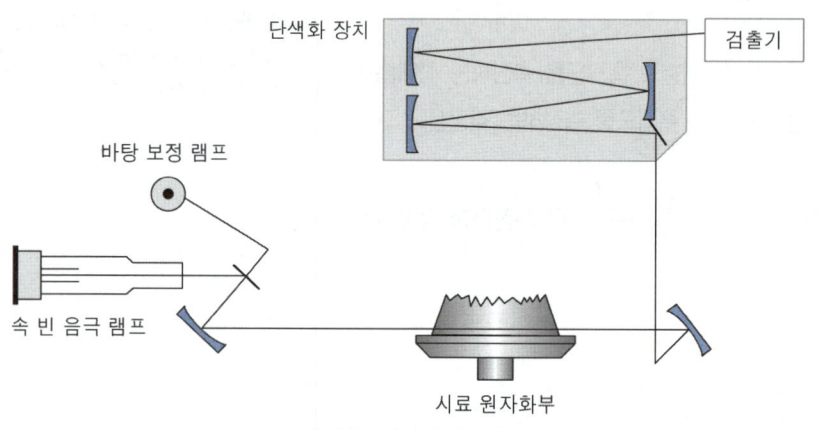

원자흡광광도계의 구조

3-1 원자 흡수 분광광도계(AAS)의 구조

- 구조 : 광원부 - 시료원자화부 - 단색화부 - 검출부

광원부
- 속 빈 음극등(HCL) : 대부분의 원소 분석에 사용된다.
- 전극 없는 방전등(EDL) : 비소(As), 셀레늄(Se)과 같은 **휘발성 원소 분석**에 사용된다.

시료원자화부
- **불꽃형(불꽃 원자화장치)** : 불꽃 속으로 시료를 분부하여 원자화시킨다.
  - 불꽃을 만들기 위해 **가연성 가스와 조연성 가스의 조합**으로 사용한다.
  - 수소-공기, 아세틸렌-공기, 아세틸렌-이산화질소, 프로판-공기

- UV-Vis 분광광도계는 분자의 전자 전이에 의한 영역
- AAS 분광광도계는 원자의 전자 전이에 의한 영역

조연성
연소를 도와주는 기체

- 비 불꽃형(흑연로 원자화장치) : 흑연로 또는 탄탈, 텅스텐 필라멘트 등에 전류를 흘려 발생시키는 전열을 이용하여 원자화시킨다.
  - (차가운 증기 생성법) : 수은(Hg) 정량에만 사용한다.
  - (수소화물 생성 원자화) : As, Sb, Sn, Te, Bi, Pb 등을 함유한 시료를 추출하여 기체상태로 만들어 원자화 장치에 도입한다.

단색화장치

슬릿, 거울, 렌즈, 프리즘 또는 회절발 등으로 구성되어 있으며 빛의 회절 현상을 이용하여 특정 파장대의 빛을 선택한다.

검출부(검출기)

검출기 및 신호처리계로 구성되어 있다.

검출기는 185 ~ 850nm의 파장 범위를 검출할 수 있는 광전 증배관을 많이 사용한다.

개념잡기

불꽃 없는 원자화 기기의 특징이 아닌 것은?

① 감도가 매우 좋다.
② 시료를 전처리하지 않고 직접분석이 가능하다.
③ 산화작용을 방지할 수 있어 원자화 효율이 크다.
④ 상대정밀도가 높고, 측정농도 범위가 아주 넓다.

불꽃 없는 원자화 장치(전열 원자화 장치)
- 높은 감도
- 직접 분석이 가능하다.
- 불꽃 원자화에 비해 원자화 효율이 좋다.
- 상대정밀도가 낮다.
- 분석과정이 느리다.
- 측정농도 범위가 좁다.

정답 : ④

3-2 여기에너지

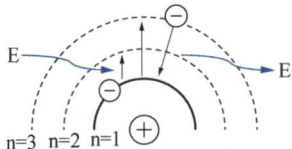

- 빛에너지를 받아 전자가 들뜨게 되는 에너지이다.
- 여기될 때 빛을 흡수하게 되는 원리를 이용하여 원소를 분석하는 장비를 AAS라 한다.
- 반대로 여기된 전자가 제자리로 돌아오면서 에너지를 방출(발광)하게 되는 원리를 이용한 분석장비를 ICP-AES라 한다.

원자방출분광법, AES
- 원자가 에너지를 방출하는 방과 파장을 검출하여 원소의 성분을 분석한다.
- ICP : 유도쌍 플라즈마를 광원으로 사용

개념잡기

분자가 자외선 광에너지를 받으면 낮은 에너지 상태에서 높은 에너지 상태로 된다. 이때 흡수된 에너지를 무엇이라고 하는가?

① 투광에너지 ② 자외선에너지
③ 여기에너지 ④ 복사에너지

③ 여기에너지는 빛에너지를 받아 전자가 들뜨게 되는 에너지이다.   정답 : ③

---

4. 원자 방출 분광법(AES)

- 빛에너지나 열에너지를 흡수한 원자가 발생시키는 고유의 방출에너지를 분석한다.
- 불꽃, 플라즈마, 아크, 또는 스파크에서 방출되는 빛의 강도를 사용하여 시료에 있는 원소의 양을 결정힌다.
- 유도결합 플라즈마법은 플라즈마에 의한 고온 중에서 발생하는 원자의 고유 스펙트럼을 이용하는 방법으로 ICP-AES라 불린다.
- ICP-AES는 주기율표상의 대부분의 무기 양이온을 분석할 수 있다.

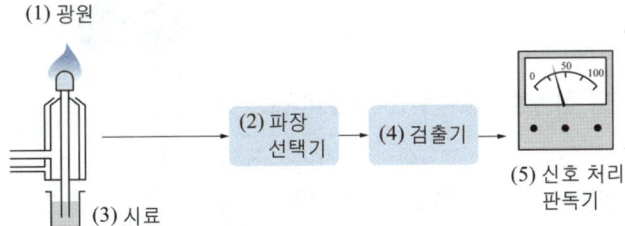

원자방출광도계의 구조

4-1 원자 방출 분광법(ICP-AES)

- 구조 : 광원(시료 원자화 장치) - 파장 선택기 - 검출부

광원(시료 원자화 장치)

- 불꽃, 아크, 스파크를 광원으로 시료를 원자화한다.
- 플라즈마 광원으로 시료를 원자화하며, 가장 중요하고 널리 사용된다.

단색화장치

빛의 회절 현상을 이용하여 특정 파장대의 빛을 선택한다.

검출부(검출기)

검출기 및 신호처리계로 구성되어 있다.

4-2 ICP-AES 작동방법

① 질소와 아르곤 가스를 연다.
② 공기 압축기와 칠러를 켠다.
③ 컴퓨터를 켜고, 가동프로그램을 활성화시킨다.
④ 준비된 시료를 펌프로 주입시켜 해당 원소를 측정한다.
⑤ 기지의 표준물질로 검량선을 그린다.
⑥ 해당 원소의 정량분석을 실시한다.
⑦ 초순수로 1시간동안 가동시키면서 세척을 진행한다.
⑧ 장비를 끄고 주변을 정리한다.

칠러
냉각장치

기지의 표준물
기지란 알고 있는 양을 의미한다.

5. 적외선 분광법(IR)

- 분석물인 분자가 적외선(IR)을 흡수하면 바닥 진동상태에서 들뜬 진동상태로 전이하는 현상을 이용한다.
- 분자는 적외선을 흡수에 의해 진동과 회전운동에 의한 쌍극자 모멘트 변화가 있어야 한다.
- 분자가 적외선을 흡수하여 진동하는 상태는 특정한 에너지를 가지고 있기 때문에 분석물에 포함된 작용기, 결합 등을 분석할 수 있다.

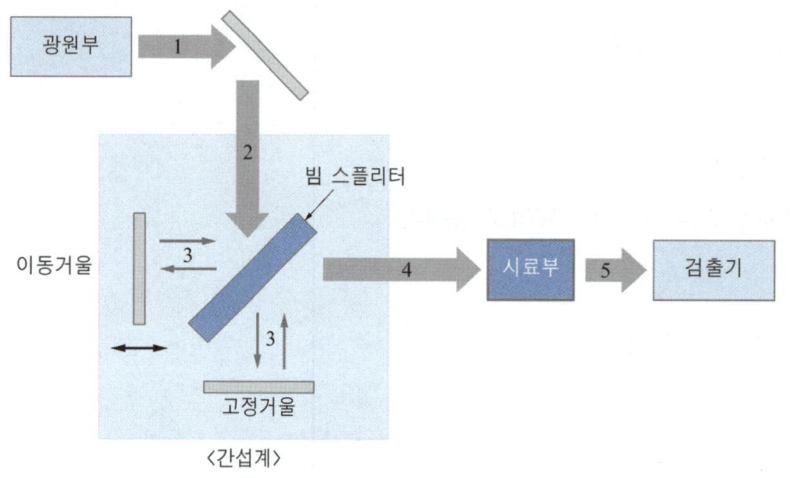

적외선 분광광도계의 구조

쌍극자 모멘트
- 극성 : 쌍극자 모멘트가 0이 아닌 분자
- 비극성 : 쌍극자 모멘트가 0에 가깝다.
- 비극성인 메테인(CH_4) 분자는 쌍극자 모멘트의 변화가 없어 적외선 분광법으로 분석할 수 없다.

5-1 적외선 분광광도계(IR)의 구조

- 구조 : 광원부 - 간섭계 - 시료부 - 검출부

광원부

Nernst 백열등, Globar 광원, 레이저 등을 사용한다.

간섭계

- 간섭계에는 이동거울, 고정거울, 빛살 분할기로(beam splitter) 구성되어 있다.
- 광원으로부터 나온 복사선은 빛살 분할기를 통해 이동거울과 고정거울에 각각 나누어져 반사된다.

시료부

보강 또는 상쇄를 일으키는 복사선 중 특정 파장대의 복사선을 흡수한다.

검출부

시료를 통과한 복사선은 검출기를 통해 복사선의 세기가 검출된다.

5-2 적외선스펙트럼 흡수파수(cm^{-1})

작용기	흡수 파수(cm^{-1})
알케인의 (C - H) 결합	2,850 ~ 2,970 1,340 ~ 1,470
알켄의 (C = C) 결합	1,610 ~ 1,680
방향족의 (C = C) 결합	1,500 ~ 1,600
알카인의 (C ≡ C) 결합	2,100 ~ 2,260
방향족의 (C - H) 결합	3,030 ~ 3,100 690 ~ 900
페놀, 알코올의 하이드록시기(-OH)	3,200 ~ 3,600
카복시산의 하이드록시기(-OH)	2,500 ~ 2,700
알데하이드, 케톤, 카복시산, 에스터의 (C = O) 결합	1,690 ~ 1,760
알코올, 에터, 에스터, 카복시산의 (C - O) 결합	1,050 ~ 1,300
아민, 아미드의 (C - N)	1,180 ~ 1,360
아민, 아미드의 (N - H)	3,300 ~ 3,500

> **개념잡기**
>
> 적외선흡수스펙트럼에서 흡수띠가 주파수 1,690 ~ 1,760(cm^{-1}) 영역에서 강하게 나타났을 때 예측되는 화합물은?
>
> ① 알칸류 ② 아민류
> ③ 케톤류 ④ 아미이드류
>
> 1,690 ~ 1,760(cm^{-1}) 영역 발생하는 흡수 피크는 알데하이드, 케톤, 카복시산, 에스터의 (C = O) 결합일 경우 나타나기 때문에 케톤류로 예측할 수 있다.
>
> 정답 : ③

5-3 FT-IR 작동 방법 확인

① 장비의 스위치와 컴퓨터를 켠다.
② 장비를 얼라인시킨다.
③ 장비 내부에 빈 셀을 장착한다.
④ 백그라운드를 측정한다.
⑤ 셀 위에 시료를 도포한다.
⑥ 드라이어를 사용하여 시료의 휘발성 물질들을 제거한다.
⑦ 장비에 시료 셀을 장착한다.
⑧ IR을 측정한다.

개념잡기

적외선 분광기의 광원으로 사용되는 램프는?

① 텅스텐 램프
② 네른스트 램프
③ 음극방전관(측정하고자 하는 원소로 만든 것)
④ 모노크로미터

정답 : ②

---

6. 핵자기공명 분광법(NMR)

- 자기장 내에서 원자의 핵이 고유 주파수의 라디오파와 공명하여 **높은 에너지 상태로 전이함**에 따라 **라디오파를 흡수하는 현상**을 이용하는 분석법이다.
- 유기 및 무기 화학종의 **구조**를 밝히는 데 유용하다.
- 측정 대상이 되는 핵은 원자번호 또는 **질량수가 홀수인** ^1H, ^{13}C, ^{15}N, ^{31}P 등이 있다.

03 크로마토그래피 분석

1. 크로마토그래피

혼합물인 시료를 고정상과 이동상 간의 물리·화학적 차이를 이용해 분리하는 분석법으로 정량, 정성분석이 가능하다.

1-1 크로마토그래피의 원리

- 시료가 혼합된 이동상이 고정상을 지나갈 때 이동상 속의 성분 중 고정상과 친한 성분은 멀리 이동하지 못하며, 고정상과 친하지 않은 성분은 더 멀리 이동할 수 있다.
- 즉, 고정상과 이동상을 이용하여 여러 가지 물질들이 섞여 있는 혼합물을 이동 속도 차이에 따라 분리하는 방법이다.

핵심 KEY

크로마토그래피
- 크로마토그래피의 기록계에 나타난 피크 넓이나 높이는 물질의 양을 정량할 수 있다.
- 크로마토그래피의 피크가 발생하는 시간인 머무름 시간을 이용해 물질의 성분(정성)을 알 수 있다.

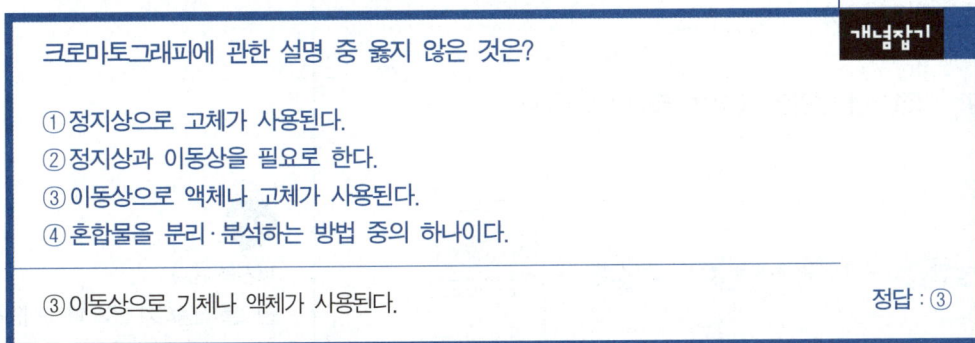

크로마토그래피에 관한 설명 중 옳지 않은 것은?

① 정지상으로 고체가 사용된다.
② 정지상과 이동상을 필요로 한다.
③ 이동상으로 액체나 고체가 사용된다.
④ 혼합물을 분리·분석하는 방법 중의 하나이다.

③ 이동상으로 기체나 액체가 사용된다.   정답 : ③

2. 종이 크로마토그래피

가장 간단한 크로마토그래피이다. 고정상(종이)에 전개액을 흡수시키고 분석시료를 떨어뜨려 분석물에 포함된 시료들 중 고정상 또는 이동상과의 친화도에 따른 속도 차이를 이용해 분리하는 방법이다.

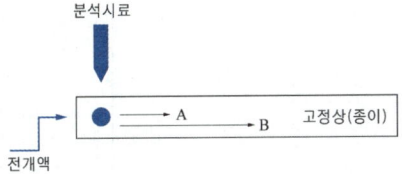

2-1 이동률(R_f)

$$R_f = \frac{\text{분석시료가 이동한 거리}}{\text{전개액에 이동한 거리}}$$

개념잡기

종이 크로마토그래피에서 이동도(R_f)를 구하는 식은? (단, C : 기본선과 이온이 나타난 사이의 거리(cm), K : 기본선과 전개 용매가 전개한 곳까지의 거리(cm)이다)

① $R_f = \dfrac{C}{K}$ 　　② $R_f = C \times K$

③ $R_f = \dfrac{K}{C}$ 　　④ $R_f = K + C$

R_f는 이동률의 약자이며,
$R_f = \dfrac{\text{분석시료가 이동한 거리}}{\text{전개액에 이동한 거리}}$ 로 정의할 수 있다.

정답 : ①

3. 액체 크로마토그래피(LC)

이동상이 액체이고, 고정상이 컬럼인 고성능 크로마토그래피

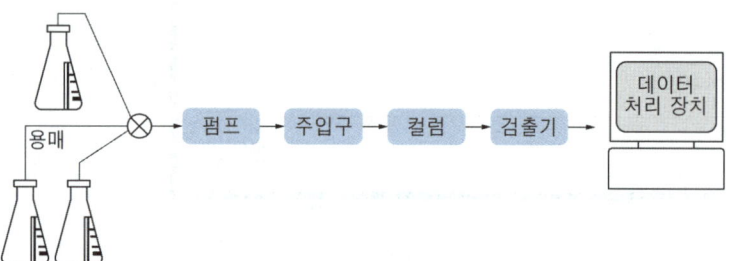

액체 크로마토그래피의 구조

퍼지(purge)
펌프를 작동하기 전에 퍼지 작업을 통해 시료가 이동하는 경로 내 기포를 제거한다.

3-1 액체 크로마토그래피(HPLC)의 구조

- 구조 : 이동상 - 펌프 - 주입구 - 컬럼 - 검출기

이동상
- 분석시료는 이동상에 용해되어야 한다.
- 분석물질의 종류나 컬럼에 따라 적절한 이동상을 선택한다.
- 이동상은 사용하기 전에 degassing(탈기) 과정을 거쳐, 이동상에 포함된 산소와 기포 등을 제거하여 사용한다.

펌프
이동상의 이동 속도를 조절한다.

시료 주입부
- 일정한 양의 시료를 주입한다.
- 장치 설정값에 따라 주입 횟수를 조절한다.

컬럼(분리관)
- 시료 성분의 분리가 일어나는 곳이다.
- 시료의 종류에 따라 컬럼의 길이, 관의 지름, 충전제의 종류가 달라진다.
- 순상 컬럼 : 이동상은 비극성 용액을 사용하며, 고정상은 극성 물질을 사용, 주로 비극성 물질인 유기화합물을 분리할 때 사용한다.
- 역상 컬럼 : 이동상은 극성 용액을 사용하며, 고정상은 비극성 물질을 사용, 극성 용매에 잘 용해되는 물질을 분리할 때 사용한다.

검출기
- 컬럼에서 분리되어 나오는 시료의 특성을 전기적 신호로 변환한다.
- 검출 방법에 따라 적외선-가시광선 검출기(UV-Vis Detector), 형광 검출기(FLD), 전기화학 검출기(ECD), 적외선 흡수 검출기, 굴절률 검출기, 광다이오드 검출기(PDA), 전도도 검출기(CD), 질량-분석 검출기 등을 사용한다.

핵심 KEY

충전제
시료의 분리가 잘 일어날 수 있도록 컬럼에 채워진 물질

3-2 머무름 비

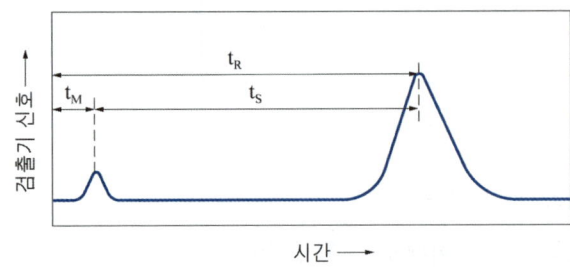

$$R = \frac{t_M}{t_M + t_S}$$

- R : 머무름 비
- 이동상의 머무름 시간(t_M) : 시료 분자가 이동상에서 머무름 시간
- 보정 머무름 시간(t_S) : 시료 분자가 고정상에서 머무름 시간
- 총 머무름 시간(t_R) : 총 이동시간

• 시료가 고정상에 머물지 않는다면, 머무름 비는 1이 된다.

3-3 분배계수

• 시료는 이동상과 고정상에서 **동적평형**을 이루며 분배된다.
• 분배계수는 이동상과 정지상에 분배된 시료의 **농도비**이다.

3-4 분리도

• 비슷한 성질을 갖는 성분들의 분리되는 정도를 정량적인 값으로 나타낸 것이다.
• 분리도가 **높을수록 잘 분리**된다.
• 분리도를 향상시키기 위해 분리 온도, 각 상의 조성의 변화, 컬럼단수를 조절하여 향상시킬 수 있다.

핵심 KEY

머무름 시간
• 시료는 이동상과 함께 이동한다.
• 시료의 이동시간은 고정상에 머무르는 시간에 따라 달라진다.
• 즉, 시료가 고정상에 머무르는 시간(t_S)이 머무름 시간이다.

컬럼단수
• 컬럼효율을 파악하는 척도
• 컬럼 내의 분리에 관여하는 단의 수

> **개념잡기**
>
> 액체 크로마토그래피에서 이동상으로 사용하는 용매의 구비 조건이 아닌 것은?
>
> ① 점도가 커야 한다.
> ② 적당한 가격으로 쉽게 구입할 수 있어야 한다.
> ③ 관 온도보다 20~50℃ 정도 끓는점이 높아야 한다.
> ④ 분석물의 봉우리와 겹치지 않는 고순도이어야 한다.
>
> 점도가 높으면 컬럼에서 압력이 증가하고 물질의 분리가 제대로 이루어지지 않는다. 　　정답 : ①

4. 액체 크로마토그래피의 분류

4-1 고성능 액체 크로마토그래피(HPLC)

분배 크로마토그래피

섞이지 않는 2개의 액체를 이동상과 고정상으로 하여 분석시료의 용해도 차이(분배계수 차이)를 이용해 분리하는 방법이다.

흡착 크로마토그래피

고정상(흡착제)을 고체, 이동상을 액체로 하여 분석시료가 고정상에 흡착되는 정도에 따라 분리하는 방법이다.

4-2 이온 크로마토그래피(IC)

이온 교환 크로마토그래피

컬럼 내 이온이 정전기적 인력에 의해 분석시료를 끌어당기는 방법으로 시료를 분리하는 방법이다.

- 이온성 물질을 정량·정성분석하기 위한 크로마토그래피이다.
- 주로 무기 음이온과 양이온을 측정한다.
- HPLC와 구조가 같으며 컬럼으로 이온 교환 컬럼 또는 이온 배제 컬럼을 사용한다.

4-3 겔 투과 크로마토그래피(GPC)

크기 배제 크로마토그래피
분자들의 크기에 따라 분리하는 방법이다.
- 고분자 유기화합물의 분리에 사용되며 **큰 분자가 먼저 용리**되어 나온다.

5. 기체 크로마토그래피(GC)

- 이동상이 기체이고, 고정상이 컬럼인 크로마토그래피이다.
- 일반적으로 유기화합물의 정성·정량분석에 사용된다.

이상적인 검출기의 특성
- 적당한 감도
- 안정성과 재현성
- 짧은 시간에 감응하고 분석물에만 선택적으로 감응
- 높은 신뢰도와 편리한 사용
- 시료 비파괴 등

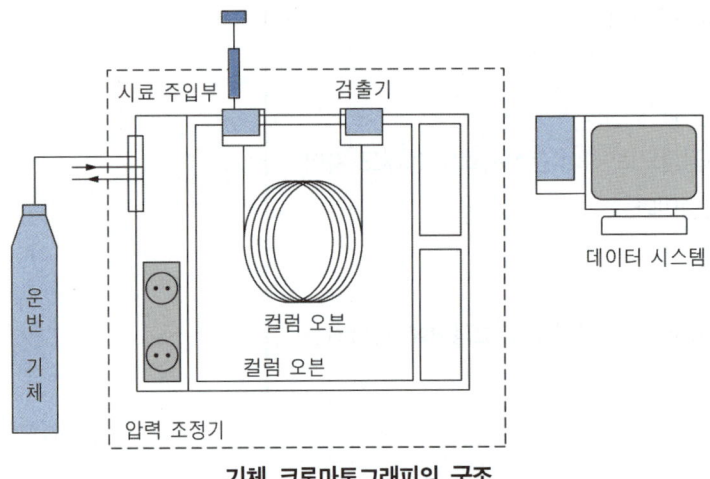

기체 크로마토그래피의 구조

5-1 기체 크로마토그래피(GC)의 구조

- 구조 : 운반기체 공급 - 시료주입부 - 컬럼 - 검출기

운반 기체 공급
- 이동상 기체의 흐름을 조절하는 압력 조절기, 흐름 속도계 등이 사용된다.
- 이동상으로는 **수소**(H_2), **헬륨**(He), **아르곤**(Ar) 등의 **불활성 기체를 사용**한다.

이동상의 조건
- 비활성이어야 한다.
- 안정성이 높아야 한다.
- 점도가 낮아야 한다.
- 순도가 높아야 한다.
- 검출기 적합성이 있어야 한다.

시료 주입부

- 기체 또는 액체 상태로 직접 컬럼에 주입하는 장치이다.
- 주사기 주입 및 밸브 주입, 자동주입기로 구성된다.
- 주입부에서 시료를 기화시켜 가스상을 이용하므로 분리 효율이 좋다.
- 분할도입 : 시료의 농도가 높을 때 사용하며, 각 시료 성분의 분리도를 증가시킬 수 있다.
- 비분할 도입 : 시료의 농도가 낮을 때 사용하며, 분석의 감도를 향상 시킬 수 있다.

컬럼(분리관)

- 시료 성분의 분리가 일어나는 곳이다.
- 주로 충전컬럼과 모세관 컬럼 두 가지 종류가 사용된다.
- 시료의 종류에 따라 컬럼의 길이, 관의 지름, 충전제의 종류가 달라진다.
- 오븐 안에 있는 컬럼에서 물질 분리가 일어나므로 분석조건에 맞는 온도 유지가 필요하다.

모세관 컬럼
모세관 컬럼을 이용하면 미량 분석이 가능하다.

검출기

- 컬럼에서 분리되어 나오는 시료의 특성을 전기적 신호로 변환하는 장치이다.
- 검출기의 종류

검출기 종류	용도	이동상
불꽃 이온화 검출기(FID)	대부분의 유기화합물 검출	N_2, He, H_2(불꽃)
전자포획 검출기(ECD)	폴리염화비닐, 할로젠화물 (전자포획 원자를 포함한 유기화합물)	N_2, 공기/CH_4
질소, 인 검출기(NPD)	N, P화합물, 농약	He, N_2
열전도도 검출기(TDC)	운반기체와 열전도도 차이가 있는 유기화합물	He, N_2, H_2
불꽃 광도 검출기(FPD)	P, S화합물	N_2
원자 방출 분광 검출기(AED)	대부분의 유기화합물의 원소별 검출	N_2, H_2
질량분석 검출기(MSD)	모든 유기화합물 질량분석	He

> **개념잡기**
>
> 가스 크로마토그래피에서 시료를 흡착법에 의해 분리하는 곳은?
>
> ① 운반 기체부 ② 주입부
> ③ 컬럼   ④ 검출기
>
> ---
>
> 컬럼
> - 시료 성분의 분리가 일어나는 곳
> - 시료의 종류에 따라 컬럼의 길이, 관의 지름, 충전제의 종류가 달라진다.
>
> 정답 : ③

6. 초임계 유체 크로마토그래피

6-1 초임계 유체

- **임계온도**와 **임계압력 이상**의 온도·압력을 가지는 유체이다.
- 밀도, 점도 등의 성질에 있어 **기체와 액체의 중간 정도의 성질**을 가진다.

6-2 초임계 유체 크로마토그래피

- 기체 크로마토그래피와 액체 크로마토그래피의 장점을 결합시켜 만든 분석법이다.
- 기체 크로마토그래피에서 분석할 수 없는 비휘발성, 열적으로 안정한 물질 또는 액체 크로마토그래피에서 검출기에 검출되지 않는 작용기를 가진 화합물 등을 분리할 때 사용한다.

6-3 초임계 유체 크로마토그래피 이동상

- 자외선을 흡수하지 않으며, 냄새가 없고, 독성이 없어야 한다.
- 값이 싸고 쉽게 구할 수 있어야 한다.
- 주로 **이산화탄소(CO_2)**를 사용하며, **에테인, 암모니아** 등이 사용된다.

6-4 초임계 유체 크로마토그래피 검출기

- 기체 크로마토그래피에서 사용되는 불꽃 이온화 검출기 사용 가능
- 액체 크로마토그래피에서 사용되는 대부분의 검출기 사용 가능

04 전기분석법

- 화학전지를 구성하는 분석용액의 **전기적 성질**을 이용한 분석법
- **전해반응** 또는 **전극반응**을 수반하는 정량분석법이다.

1. 전기화학 전지

1-1 산화전극과 환원전극

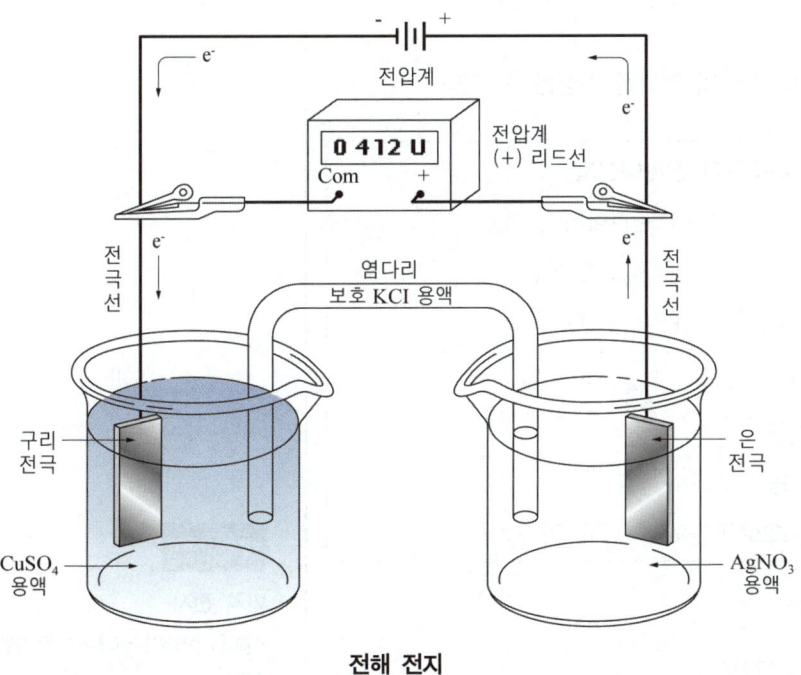

전해 전지

> **핵심 KEY**
>
> **갈바니 전지와 전해 전지**
> - 갈바니 전지(자발적 반응)
>   화학에너지 → 전기에너지
> - 전해 전지(비자발적 반응)
>   전기에너지 → 화학에너지

전해 전지 표현
$Cu(s) \mid Cu^{2+}(0.0200M) \parallel Ag^+(0.0200M) \mid Ag(s)$

- 전기화학 전지의 환원전극은 환원(cathode)이 일어나는 전극이다.
- 산화전극은 산화(anode)가 일어나는 전극이다.
- 갈바니 전지, 전해 전지에 모두 적용

2. 전극전위

환원전극의 전위와 산화전극의 전위 사이의 차이

2-1 표준전극전위($E°$)

- **표준상태**의 조건(H_2의 압력이 1atm, HCl의 농도가 1M, 25℃)에서 H^+의 환원전위를 0으로 정한다.
- 표준수소전극(SHE)으로도 불리며 **수소 전극의 표준 환원전위를 0으로 정의**한다.

표준수소전극
$2H^+(1M) + 2e^- \rightarrow H_2(1atm)$ $E° = 0V$

- 표준수소전극을 써서 다른 종류의 전극의 전위를 측정할 수 있다.

아연전극과 표준수소전극으로 이루어진 갈바니전지
전지 표기 : $Zn(s) \mid Zn^{2+}(1M) \parallel H^+(1M) \mid H_2(1atm) \mid Pt(s)$
산화(양극) 반응 : $Zn(s) \rightarrow Zn^{2+} + 2e^-$ $E°_{산화} = 0.76V$
환원(음극) 반응 : $2H^+ + 2e^- \rightarrow H_2$ $E°_{환원} = 0V$
전체 반응 : $Zn(s) + 2H^+ \rightarrow Zn^{2+} + H_2$ $E°_{전지} = -0.76V$
① 아연(Zn) 전극에서는 산화반응
② 수소(H_2) 전극에서는 환원반응
③ 전지의 전위는 $E°_{환원} - E°_{산화}$으로 $E°_{전지} = -0.76V$가 된다.

- 반쪽 전지의 표준전극전위

    $Cu^{2+} + 2e^- \rightleftarrows Cu(s)$ $E° = 0.337V$

    $2H^+ + 2e^- \rightleftarrows H_2(g)$ $E° = 0.000V$

    $Cd^{2+} + 2e^- \rightleftarrows Cd(s)$ $E° = -0.403V$

    $Zn^{2+} + 2e^- \rightleftarrows Zn(s)$ $E° = -0.763V$

    - 각 환원전극에서 **표준전극전위($E°$)가 클수록 강한 산화제**이다.
- 화학전지에서 환원전극의 표준전극전위와 산화전극의 표준전극전위를 뺀 값은 전지의 전위를 나타낸다.

표준수소전극(SHE)

- 수소 이온의 활동도가 1이며, 수소의 부분 압력은 1atm으로 모든 온도에서 전위는 0이다.
- 표준수소전극을 기준 전극으로 사용하기 위해서는 온도, 용액의 수소 이온활동도, 전극 표면에서의 수소 압력이 일정해야 한다.

반쪽 전지

산화와 환원이 일어나는 각 부분의 전지

산화제

자신은 환원되며 남을 산화시키는 물질

환원제

자신은 산화되며 남을 환원시키는 물질

> **개념잡기**
>
> 일반적으로 어떤 금속을 그 금속 이온이 포함된 용액 중에 넣었을 때 금속이 용액에 대하여 나타내는 전위를 무엇이라 하는가?
>
> ① 전극전위 　　　　　　② 과전압전위
> ③ 산화·환원전위 　　　④ 분극전위
>
> 정답 : ①

3. 전위차법

3-1 원리

- 전위차(전압차)를 이용한 분석법
- 기준전극, 지시전극 및 전위측정장치로 구성된다.

핵심 KEY

모든 전압측정 장치는 전위의 차이만을 측정하기 때문에 한 전극의 절대적인 전위를 측정할 수는 없다.

3-2 기준전극

전위가 정확히 알려져 있고 전류가 흐르는 동안 일정한 전위를 유지하는 전극이다.

기준전극의 조건

- 전극의 전위가 알려져 있다.
- 분석물질 용액에 감응하지 않아야 한다.
- 온도변화에 히스테리시스 현상이 없어야 한다.
- 측정하려는 분석물의 농도나 다른 이온의 농도와 무관하게 일정한 값을 갖는다.

기준전극의 종류

- 칼로멜 기준전극(Hg | Hg$_2$Cl$_2$(sat`d), KCl(xM) ‖) : 일정한 농도의 염화칼륨을 포함하는 용액에 수은을 넣어 만든 반쪽 전지
- 은-염화은 전극(Ag | AgCl(sat`d), KCl(xM) ‖) : 염화은으로 포화된 염화칼륨 용액 속에 잠긴 은 전극으로 이루어진 반쪽 전지

참고

히스테리시스

A → B → A로 이동할 때 처음 경로로 되돌아오지 않고 다른 경로로 도착하는 특성

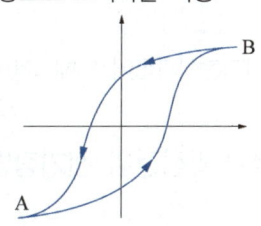

3-3 지시전극

- 전해액의 농도에 의해 전위, 전류의 변화를 나타내는 전극이다.
- 대표적으로 pH 측정용 유리전극(막지시 전극)이 있다.
  - 금속지시전극 : 금속 양이온을 측정하는 금속 전극
  - 막지시전극 : 이온에 선택적으로 감응하는 전극

3-4 전위차법 적정

- 지시전극의 전위를 이용하여 적정의 당량점을 찾는 적정법
- 전위차를 이용한 종말점은 지시약을 이용하는 방법보다 더 정확한 결과값을 얻을 수 있다.

개념잡기

전위차법에 사용되는 이상적인 기준전극이 갖추어야 할 조건 중 틀린 것은?

① 시간에 대하여 일정한 전위를 나타내야 한다.
② 분석물 용액에 감응이 잘되고 비가역적이어야 한다.
③ 작은 전류가 흐른 후에는 본래 전위로 돌아와야 한다.
④ 온도 사이클에 대하여 히스테리시스를 나타내지 않아야 한다.

② 분석물질 용액에 감응하지 않아야 한다.   정답 : ②

---

4. 전기량법

전기분해과정에 의해 소비되거나 생성되는 전기량(C)을 측정하는 방법

4-1 일정전위 전기량법

- 작업전극의 전위를 일정하게 유지시켜 주면서 분석물과만 정량적으로 산화·환원반응이 일어나게 하는 방법
- 기기장치는 일정전위기, 전기분해전지, 적분장치 등으로 구성되어 있다.

쿨롱[C]
1C = 1A × 1s

작업전극
분석물의 반응이 일어나는 전극

적분장치
쿨롱 수를 측정하기 위한 장치

일정 전위보다 일정 전류법을 더 많이 사용한다.

4-2 일정전류 전기량법

- 분석물이 완전히 반응할 때까지 전류를 일정하게 유지시켜 주는 방법
- 반응이 완결될 때까지의 시간과 전류의 크기를 통해 전기량을 계산(= 전기량 적정법)한다.
- 기기장치는 전류를 흘려준 시간을 나타내는 디지털 시계, 일정 전류원, 전류 측정용 전압계, 전기량법 적정용 전지 등으로 구성되어 있다.

4-3 전해무게 분석법

전기분해로 인해 전극에서 석출되는 금속의 무게를 측정하여 분석하는 방법

5. 전압전류법

작업전극이 편극된 상태에서 걸어준 전위에 대한 전류를 측정하는 방법

5-1 폴라로그래피

적하수은전극으로 수행한 전압전류법이다.

폴라로그래피 구성

- 기준전극 : 포화칼로멜전극
- 작업전극(지시전극) : 적하수은전극
- 보조전극 : 백금(Pt)

원리

- 적하수은전극에서 수은을 시료 용액에 떨어뜨려 전기분해한다.
- 이때 발생한 전류와 전압에 대한 그래프를 얻어 용액에 있는 화학종을 분석하는 방법이다.

핵심 KEY

부피 적정과 전기량법 적정의 비교

부피 적정	전기량 적정
표준용액의 양 측정	전자의 양 측정

공통사항
- 종말점 확인이 필요하다.
- 반응이 빠르고 완전히 일어나야 한다.
- 부반응이 없어야 한다.

기준전극의 전극 전위
- 수소전극 = 0V
- 칼로멜 전극 = 0.242V
- 염화은 전극 = 0.228V

5-2 전압전류곡선

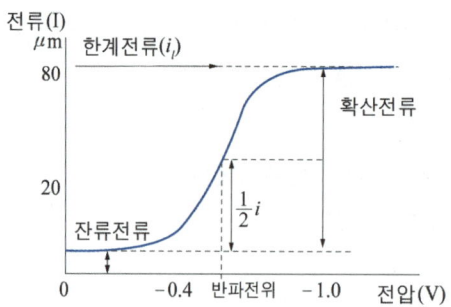

한계전류(i_l)

- 전류가 급격히 상승한 다음 일정해지는 전류
- 한계전류는 반응물의 농도에 비례하기 때문에 정량분석에 사용된다.
- 확산전류(i, diffusion current)
  - 한계전류 - 잔류전류
  - 확산전류는 반응물의 농도에 비례하므로 정량분석에 대한 정보를 얻을 수 있다.

반파전위 $\left(\dfrac{1}{2}i\right)$

- 충전전류의 반이 되는 지점에서의 전위
- 금속이온과 착화제의 종류에 따라 다르며, 용액 중의 성분을 확인하는 데 사용(정성분석)된다.

핵심 KEY

충전전류 = 한계전류 = 잔류전류

개념잡기

특정 물질의 전류와 전압의 2가지 전기적 성질을 동시에 측정하는 방법은 무엇인가?

① 폴라로그래피 ② 전위차법
③ 전기전도도법 ④ 전기량법

정답 : ①

6. 표준물 첨가법과 내부표준물법

6-1 표준물 첨가법

- 미지시료에 기지량(알고 있는 양)의 분석물질을 첨가한 다음 분석기기의 증가된 신호를 측정하는 방법
- 상대적으로 증가된 기기신호로부터 미지시료 중 분석물질의 함량을 알 수 있다.
- 시료의 매트릭스가 복잡하면 표준용액을 똑같이 제조하기 어렵기 때문에 표준물 첨가법을 사용한다.
- 시료의 조성이 잘 알려지지 않거나 복잡할 때 사용한다.

6-2 내부표준물법

- 내부표준물질은 분석물질과는 다른 화합물로, 미지시료에 첨가하는 기지량의 화합물이다.
- 내부표준물질을 미지시료에 첨가하여 분석물질의 신호와 내부표준물의 신호를 비교하여 분석시료의 정량 또는 분석기기를 보정 등에 사용된다.
- 시험분석 절차, 기기 또는 시스템의 변동으로 발생하는 오차를 보정하기 위해 사용한다.

매트릭스(Matrix)
분석시료 이외의 물질

표준물
분석물질과 같은 물질

내부표준물
분석물질과 다른 물질

PART 03

실험실 안전관리

01 실험실 문서관리
02 화학물질 취급
03 실험실 환경·안전 점검

CHAPTER 01

실험실 문서관리

KEYWORD 실험실 문서관리, 분석 기기의 적격성 평가, 시약 및 소모품 관리, 분석 결과 정리, 시험 결과값 표현, 유효 숫자, 측정 자료의 오차, 시험결과보고서

01 실험실 문서관리

실험실 안전관리 책임자는 실험실 일일 점검기록, 정기 점검기록, 안전관리 점검표, 안전사고 보고서, 안전 교육 기록부, 기기 사용 대장, 분석기기 사용 대장, 시약, 소모품 구매 관리 기록 등 실험·실습 안전관리 유지 및 운용에 관한 기록문서를 **3년간 보존**해야 한다.

1. 시설과 분석 장비의 관리 기록

실험실의 모든 시설과 장비, 분석기기에 대한 작업 표준 문서와 설명서를 구비하고 숙지해야 한다. 시설, 장비, 사용 시 다음의 항목을 기재하고 관리해야 한다.
① 기자재명, 시설명
② 모델명 및 규격
③ 구입연도, 구입가격
④ 사용 목적
⑤ 제작사
⑥ 설치 장비
⑦ 사용일
⑧ 사용시간
⑨ 수리 후 내역(내역과 업체명), 수리 후 상태(확인자, 작업내용 등 기록)
⑩ 검·교정 내역(일시, 내역과 업체명, 검·교정 후 상태, 유효기간 등 기록)

> **핵심 KEY**
>
> **표준작업지침서**
> - 특정 업무를 표준화된 방법에 따라 일관되게 실시할 목적으로 수행 절차 및 방법 등에 대해 상세히 기술한 문서
> - 업무가 유기적으로 행해지고 여러 상황에서 각기 다른 자료가 얻어지는 복잡한 업무인 화학분석의 경우 반드시 필요하다.

⑪ 분석 장비 사용 내역(일시, 시간, 시료명, 시료 수, 기기명, 사용자, 기기상태 등 기록)

1-1 분석 기기 시험과정 분석 절차 흐름도

① 분석기기의 상태파악(적격성 평가 및 검교정)
② 분석 시료의 결정
③ 분석 목적 확인
④ 분석방법 조사 및 결정(화학분석, 기기분석)
⑤ 시료 준비
⑥ 분석 샘플 준비(전처리)
⑦ 시료 및 분석 샘플 보관
⑧ 분석 조건 및 기기 조건 결정
⑨ 분석의뢰서 작성
⑩ 분석결과
⑪ 분석결과 평가
⑫ 재현성 평가
⑬ 결론 및 실험진행 방향 결정

1-2 분석 기기의 적격성 평가

- 분석장비를 사용하고자 하는 용도에 따라 그 목적에 맞게 설계되었는지, 그 설계에 충실하게 제작되었는지, 그 의도에 맞게 설치되었으며 의도하는 대로 운전되는지 등 미리 정한 규격 범위 안에서 기능하는지를 평가한다.
- 분석장비는 정기적인 검·교정을 통하여 안정성을 확보하고 시험에 사용될 장비가 정확한 분석결과를 나타낼 수 있는지에 대한 **적격성 평가**가 이루어져야 한다.

설계 적격성(DQ)

- 분석장비가 사용 목적에 맞게 설계되었는지에 대해 평가한다.
- 운용에 관한 전반적인 조건, 사양 등에 대한 적합성을 평가한다.
- 새로운 설비 및 시스템을 도입하는 경우에 실시한다.

설치 적격성(IQ) 평가

- 시험장비의 신규 도입 및 설치 장소 변경 등에 따라 장비의 적절한 설치 여부를 평가한다.
- 기계적 시스템 설치·구성을 평가한다.
- 최초 설치, 위치 이동, 시스템 변경 시 실시한다.

운전 적격성(OQ) 평가

- 분석장비가 설치환경에서 정상적인 운전이 가능한지에 대해 평가한다.
- 기능적 검증 측면에서 평가한다.
- 최초 설치, 위치 이동, 시스템 변경 시 실시한다.

성능 적격성(PQ) 평가

- 분석장비가 실제 분석 환경과 조건에서 목적에 맞게 분석할 수 있는지에 대해 평가한다.
- 최초 설치, 위치 이동, 시스템 변경 시 실시한다.

시험·교정(TC)

- IOS 국제 인정 기관인 한국인정기구(KOLAS) 인증 시험·교정 기관에서 수행한다.
- 평가 결과물 : 시험 성적서, 교정 성적서, 점검 성적서 등

1-3 시약 및 소모품 관리

실험실 시약 관리

- 시약의 특성과 위험성에 대해 쉽게 확인할 수 있도록 시약의 명칭, 위해 정도, 제조 일자 등 안전에 필요한 사항을 기재하여 부착해야 한다.
- 표지기준 : 제조된 시약 용기에는 독극성, 인화성, 반응성, 부식성 등 식별이 용이하게 **표지를 부착**해야 한다.
- 저장기준 : 모든 화학물질은 소유자, 구입날짜, 위험성, 응급 절차 등을 나타내는 **라벨**을 부착해야 하며, 특별히 구획된 **보관함**에 보관한다.

핵심 KEY

- 시약을 덜어서 사용하는 경우에도 시약의 명칭, 제조일자, 위해 정도를 표시하여 안전사고를 예방해야 한다.
- 유해 화학약품은 알파벳이나 가나다 순으로 분류하여 저장하면 절대 안 된다.
- 실험실에 입고, 사용, 재고 이력을 통해 시약구매 계획을 세울 수 있다.

시약 관리 대장

- 보관 중인 시약은 반드시 주기적으로 보유 현황을 조사하여 재고량을 최신화한다.
- 시약을 최초 개봉하는 경우 변질 여부 등을 쉽게 파악할 수 있도록 최초 개봉 일자를 기재한다.
- 시약이 입고되면 시약 라벨에 내용물의 종류, 양, 제조일자, 입고일자, 사용 개시 일자 및 유효기간에 대해 작성한다.
- 매월 개봉하지 않은 시약은 따로 파악하여 연구 책임자에게 보관한다.
- 관리 담당자는 약품 보관장의 유해 화학약품 사용량을 정확히 파악해 재고량과 대장에 기록된 잔여량이 일치하는지 정기적으로 확인한다.
- 시약을 점검했던 기록은 2년간 보관하며, 시약 재고 관리 장부에는 시약명, 공급일자, 유효기간, 사용종료 일자 등을 기록한다.

02 분석 결과 정리

1. 데이터 원자료(raw data)

- 현장에서 즉시 출력한 결과 또는 정밀 분석 장비로부터 출력되는 가공되지 않는 데이터로 최초 관측 결과를 기록한 데이터이다.
- 실험에서 얻은 데이터 자료는 백업하고 보관해야 한다.

1-1 원자료 기록의 중요성

- 실험자마다 다른 결과와 샘플의 채취, 전처리, 기기분석의 검량선 등의 오차로부터 다른 원자료가 나올 수 있다.
- 검증된 원자료는 믿을만한 결과값을 얻을 수 있다. 이는 실험 결과의 신뢰성과 재현성 검증을 의미한다.
- 원자료의 기록은 다른 사람이 같은 실험을 반복하거나 분석할 때 유용한 자료가 된다.
- 별도로 정리하거나 제외할 데이터
  - 실험 기기의 시험 테스트 과정에서 얻은 데이터
  - 실험 초기에 설정했던 조건과 다른 조건에서 실험을 해서 얻은 데이터
  - 실험 방법을 바꾼 경우 바꾸기 이전의 데이터

연구 부정 행위

- 실험을 통해서 얻은 데이터를 정직하게 제시하는 것은 매우 중요하며, 데이터를 허위로 만들거나 수정 및 베끼는 행위는 연구 부정행위로 규정된다.
- 변조
  인위적으로 데이터를 조작하는 행위
- 위조
  허위로 만들어낸 데이터

연구노트

연구노트에는 실험에 관련한 데이터 또는 연구 계획부터 분석 과정 등을 기입해야 한다.
① 실험 제목
② 실험 일자, 실험 시간
③ 실험 목적
④ 실험 방법
⑤ 실험 재료의 구체적 명시
⑥ 판정
⑦ 결론
⑧ 고찰
⑨ 차후계획

1-2 원자료 작성 원칙

- 타인이 읽을 수 있도록 **완성된 형태의 내용으로 정리**하여 작성한다.
- 제3자가 재현이 가능하도록 분석조건, 시간, 온도 등을 자세하게 작성한다.
- 분석 시 원자료는 **시료의 채취**부터 샘플을 처리하는 **전처리하는 과정까지** 모두 기록한다.

2. 시험 결과값 표현

2-1 과학적 표기법

$$N \times 10^n$$

- N : 일반적으로 1 ~ 10 사이의 수
- n : 지수

- 매우 크거나 작은 수를 계산하거나 표기할 때 실수를 줄이기 위해 사용하는 방법이다.

예제 과학적 표기법

① $152,648 = 1.5 \times 10^5$
② $0.00003 = 3.0 \times 10^{-5}$

예제 덧셈과 뺄셈에서 과학적 표기법

① $1.5 \times 10^5 + 3.0 \times 10^5 = 4.5 \times 10^5$
  - 10^5으로 지수가 같기 때문에 앞에 숫자만 계산한다.
② $1.5 \times 10^7 + 3.0 \times 10^5 = 1.5 \times 10^7 + 0.03 \times 10^7 = 1.53 \times 10^7$
  - 10의 지수가 다르므로, 지수가 같도록 표기한 후 계산한다.

예제 곱셈과 나눗셈에서 과학적 표기법

① $(3.0 \times 10^4) \times (2.0 \times 10^2) = 6 \times 10^{4+2} = 6 \times 10^6$
  - 지수끼리 곱은 더해준다.
② $(3.0 \times 10^4) \div (2.0 \times 10^2) = 1.5 \times 10^{4-2} = 1.5 \times 10^2$
  - 지수끼리 나누기는 빼준다.

2-2 유효숫자

측정 중인 값을 완벽하게 얻는 것은 불가능하다. 그러므로 측정값이나 계산값의 **의미있는 자릿수를 표현**한 것이 유효숫자이다.

- 0이 아닌 모든 숫자는 유효숫자이다.
  예) 221의 유효숫자 3개, 2,114의 유효숫자는 4개
- 숫자들 사이의 0은 유효숫자로 포함시킨다.
  예) 102의 유효숫자는 3개, 3,002의 유효숫자는 4개
- 소수점에서 자릿수를 나타내는 0은 유효숫자에 포함시키지 않는다.
  예) 0.002의 유효숫자는 1개, 1.0002의 유효숫자는 5개
- 1보다 작은 수일 경우 해당 값 뒤로 작성되는 0은 유효숫자이다.
  예) 0.02500은 유효숫자 4개
- 1보다 큰 수일 경우 소수점 아래로 쓰인 0은 유효숫자이다.
  예) 7.00 = 유효숫자 3개
- 소수점이 없는 숫자에서 뒤에 나오는 0은 유효숫자일 수도 있고 아닐 수도 있다.
  예) 500의 유효숫자는 500(유효숫자 1개), 500(유효숫자 2개), 500(유효숫자 3개) 일 수 있다.

핵심 KEY

반올림
반올림은 반올림하는 자리의 수가 5 미만이면 버리고 5이상이면 앞의 숫자에 1을 더해준다.

복잡한 계산의 유효숫자
계산 중간과정에서는 유효숫자 유지를 생략한다.

예제 유효숫자의 연산 덧셈과 뺄셈

덧셈과 뺄셈에서 연산은 소수점 이하 자릿수가 가장 적은 유효숫자로 맞춘다.
① 5.32 + 1.2 = 6.52 → 6.5
  - 소수점 첫째 자리에 맞춘다.
② 2.0125 - 0.22 = 1.7925 → 1.79
  - 소수점 둘째 자리에 맞춘다.

예제 유효숫자의 연산 곱셈과 나눗셈

가장 적은 유효숫자의 개수에 맞춘다.
① 10.2 × 2.245 = 22.899 → 22.9
  - 유효숫자 3개에 맞춘다.
② 0.23 ÷ 0.2225 = 0.051175 → 0.051
  - 유효숫자 2개에 맞춘다.

> **개념잡기**
>
> 유효숫자 규칙에 맞게 계산한 결과는?
>
> "2.1 + 123.21 + 20.126"
>
> ① 145.136　　② 145.43
> ③ 145.44　　　④ 145.4
>
> ---
>
> 덧셈과 뺄셈에서 연산은 소수점 이하 자릿수가 가장 적은 유효숫자로 맞춘다.
> 2.1 + 123.21 + 20.126 = 145.436 → 145.4
> 소수점 첫째 자리에 맞춘다.
>
> 정답 : ④

03 측정자료의 오차

1. 계통오차

측정값과 참값 사이의 동일한 크기의 **편차**를 가지고, **오차의 원인**을 어느 정도 알 수 있다.

1-1 방법오차

의미

분석기기의 비이상적인 **물리적, 화학적인 영향**으로부터 발생하는 오차

원인

반응속도, 반응의 불완결성, 화학종의 불안정성, 시약의 비선택성, 측성과정을 방해하는 부반응 등이 있으며, 어떤 방법에 존재하는 본질적인 오차는 검출하기 어렵다.

1-2 개인오차

의미
개인의 특성, 한계, 부주의 등으로부터 발생하는 오차

원인
사람마다 다른 판단 기준으로부터 발생한다. 예를 들어 피펫의 눈금을 읽는 과정, 용액의 색변화 등 개인마다 오차가 있기 때문에 발생하므로, 분석자의 알려진 습관 등을 파악하여 오차를 최소화할 수 있다.

1-3 기기 및 시약 오차

의미
분석기기 또는 시약의 불안정성, 잘못된 검정 및 전력공급기의 불안정성 등으로부터 발생하는 오차

원인
분석기기의 또는 시약의 잘못된 검정, 변형 및 오염 등이 있으며, 오차는 검출이 가능하며 보정할 수 있다.

1-4 계통오차 검출 방법

- 표준 기준 물질과 같은 조성을 아는 시료를 사용하여 분석한다.
- 분석물이 들어 있지 않은 바탕시료를 분석한다.
- 실험실 내, 실험실 간 실험을 통해 오차 확인한다.
- 같은 양을 측정하기 위해 여러 가지 다른 방법을 이용한다.

2. 우연오차

- 측정값이 불규칙적이고 오차의 원인을 정확히 알 수 없는 오차
- 우연오차에서는 평균값보다 큰 측정값이 얻어질 확률과 작은 값이 얻어질 확률이 같다.

3. 오차를 줄이기 위한 방법

3-1 오차를 줄이기 위한 시험 방법 ★

공시험
분석대상 시료를 넣지 않고 분석을 진행하는 방법

조절시험(대조시험)
대조시료에서 발생하는 오차의 크기를 결과값에 보정하는 방법

회수시험
분석대상 시료에 포함된 공존 물질의 영향성을 파악하는 방법

맹시험
예비시험, 처음에 얻어지는 시험 결과값을 제외하는 방법

평행시험
우연오차가 발생 시 검사의 신뢰도 계수 및 표준오차 등을 추정하기 위한 방법

3-2 오차를 줄이기 위한 방법

- 분석 방법 및 기구 사용에 대한 숙련도 향상
- 시약의 순도 조절 및 측정기기와 기구의 보정
- 표준물질을 사용하여 계통오차를 보정
- 바탕 분석을 통해 시약과 기기에 의한 오차를 보정
- 표준물질 첨가법, 내부표준물법, 동위원소 희석법 등을 이용
- 2명 이상 동시 분석하거나 다른 분석법과 비교하여 분석

> **개념잡기**
>
> 공시험(Blank test)을 하는 가장 주된 목적은?
>
> ① 불순물 제거 ② 시약의 절약
> ③ 시간의 단축 ④ 오차를 줄이기 위함
>
> ---
>
> **오차를 줄이기 위한 시험 방법**
> - 공시험 : 분석대상 시료를 넣지 않고 분석을 진행하는 방법
> - 조절시험(대조시험) : 대조시료에서 발생하는 오차의 크기를 결과값에 보정하는 방법
> - 회수시험 : 분석대상 시료에 포함된 공존 물질의 영향성을 파악하는 방법
> - 맹시험 : 예비시험, 처음에 얻어지는 시험 결과값을 제외하는 방법
> - 평행시험 : 우연오차가 발생 시 검사의 신뢰도 계수 및 표준오차 등을 추정하기 위한 방법
>
> 정답 : ④

04 시험결과보고서

1. 시험결과보고서 작성

- 시험제목 및 목적은 시험을 의뢰한 고객의 요구사항에 따라 결정한다.
- 시험조건 분석환경 등 시험절차와의 일치여부를 확인할 수 있게 상세히 기재한다.
- 시험 전 과정을 자세히 기재하여 최종 결과값이 시험 기초 자료와 일치해야 한다.
- 제목, 목적, 시험기간, 시험기관, 시험자, 시험조건, 분석환경, 시험절차, 시험결과 등으로 구성되어 있다.

2. 시험결과보고서 검토

- 오해와 오용의 가능성을 최소화하도록 명확하게 작성한다.
- 시험 결과값의 신뢰성을 확인하기 위해 계산식의 내용을 검산한다.
- 오타와 오류를 점검하고 수정한다.

CHAPTER 02
화학물질 취급

KEYWORD 유해화학물질, 위험물안전관리법상 화학물질의 분류, 물질안전보건자료(MSDS), 개인보호구, 화학물질 취급 및 보관, 화학물질 보관 및 주의사항

01 화학물질의 종류와 정보

1. 화학물질의 종류

1-1 유해화학물질

유해화학물질이란 유독물질, 허가물질, 제한물질(금지물질), 사고대비물질, 그 밖에 유해성 또는 위해성이 있거나 그러할 우려가 있는 화학물질이다.

화학물질
원소·화합물 및 인위적인 반응을 일으켜 얻어진 물질 또는 자연상태에서 존재하는 물질을 화학적으로 변형시키거나 추출·정제한 물질

유독물질
유해성이 있는 화학물질

허가물질
위해성이 있다고 우려되는 화학물질로 환경부장관의 허가를 받아 제조, 수입, 사용해야 하는 물질

제한물질
특정 용도로 사용되는 경우 위해성이 큰 화학물질로서 그 용도로의 제조, 수입, 판매, 보관, 저장, 운반 또는 사용을 금지하는 물질

유해성과 위해성
- 유해성
  화학물질의 독성 등으로 건강이나 환경에 좋지 아니한 영향을 미치는 물질
- 위해성
  유해한 화학물질에 노출되는 경우 사람의 건강이나 환경에 피해를 줄 수 있는 정도

사고대비 물질

화학물질 중에서 급성독성·폭발성 등이 강해 화학 사고의 발생 가능성이 높거나 사고가 발생할 경우 피해규모가 큰 화학물질

1-2 유해화학물질 표시내용

명칭

유해화학물질의 이름이나 제품의 이름에 관한 정보

그림문자

유해성의 내용을 나타낸 그림

신호어

유해성의 정도에 따라 위험 또는 경고로 표시

유해·위험 문구

유해성을 알리는 문구

예방 조치 문구

부적절한 저장·취급 등으로 인한 유해성을 막거나 최소화하기 위한 문구

공급자 정보

제조자 또는 공급자의 이름, 전화번호, 주소 정보 등

국제연합 번호

유해위험물질 및 제품의 국제적 운송 보호를 위하여 국제연합이 지정한 물질 분류 번호

1-3 위험물안전관리법상 화학물질의 분류

위험물의 성상

제1류 위험물	산화성 고체
제2류 위험물	가연성 고체
제3류 위험물	금수성 물질 및 자연발화성 물질
제4류 위험물	인화성 액체
제5류 위험물	자기반응성 물질
제6류 위험물	산화성 액체

저자 어드바이스

위험물에 대한 내용을 1류부터 6류까지 분류하였지만 기능사 필기에서는 중요도가 높지 않습니다. 다만 위험물의 성상과 대표적인 위험물의 종류만 알아두어도 좋을 것으로 보입니다.

류별 위험물의 종류

제1류 위험물			
위험등급	지정수량	품명	대표 위험물
I	50kg	아염소산염	아염소산칼륨
			아염소산나트륨
		염소산염류	염소산칼륨
			염소산나트륨
		과염소산염류	과염소산칼륨
			과염소산나트륨
		무기 과산화물	과산화칼륨
			과산화나트륨
II	300kg	브로민산 염류	브로민산암모늄
		질산 염류	질산칼륨
			질산나트륨
			질산암모늄
III	1,000kg	아이오딘산 염류	아이오딘산칼륨
		다이크로뮴산 염류	다이크로뮴산칼륨
		과망가니즈산 염류	과망가니즈산칼륨

지정수량과 위험등급

- 지정수량
  위험물의 위험성을 고려하여 정한 수량으로 제조소등의 설치 허가 등에 있어서 최저의 기준이 되는 수량
- 위험등급
  위험성을 나타낸 등급
- 제조소등
  위험물을 제조, 저장, 취급하는 시설

제2류 위험물			
위험등급	지정수량	품명	대표 위험물
II	100kg	황화인	삼황화인
			오황화인
			칠황화인
		황	황
		적린	적린
III	500kg	철분	철분
		마그네슘	마그네슘
		금속분	알루미늄분
			아연분
			안티몬
	1,000kg	인화성고체	고형알코올

제3류 위험물			
위험등급	지정수량	품명	대표 위험물
I	10kg	알킬알루미늄	트라이에틸알루미늄
		알킬리튬	메틸리튬
		칼륨	칼륨
		나트륨	나트륨
	20kg	황린	황린
II	50kg	알칼리 금속	리튬, 루비듐
		알칼리 토금속	칼슘, 바륨
		유기 금속 화합물	
III	300kg	금속 수소 화합물	수소화칼슘, 수소화나트륨
		금속 인 화합물	인화 칼슘
		칼슘 및 알루미늄 탄화물	탄화칼슘, 탄화알루미늄
		그 외	염소화 규소 화합물

핵심 KEY

2류 위험물의 기준
- 황 : 순도 60wt% 이상인 것
- 철분 : 53μm의 표준체를 통과하는 것 중 순도 50wt% 이상인 것
- 금속분 : 구리, 니켈을 제외하고 150μm의 표준체를 통과하는 것 중 순도 50wt% 이상인 것
- 마그네슘 : 2mm의 체를 통과하지 않는 덩어리 또는 직경 2mm 이상의 막대모양은 제외하고 나머지는 위험물
- 인화성고체 : 고형알코올 그밖에 1기압에서 인화점이 40℃ 미만인 고체

저자 어드바이스

위험물안전관리법 개정 (2024.04.30)
제2류 위험물에서 유황을 황으로 변경한다. 황은 순도가 60중량 퍼센트 이상인 것을 말하며, 순도 측정을 하는 경우 불순물은 활석 등 불연성물질과 수분으로 한정한다.

위험등급	제4류 위험물			
	품명		지정수량	대표 위험물
I	특수 인화물	비수용성	50L	이황화탄소, 다이에틸에터
		수용성		아세트알데하이드, 산화프로필렌
II	제1석유류	비수용성	200L	휘발유, 메틸에틸케톤, 톨루엔, 벤젠
		수용성	400L	사이안화수소, 아세톤, 피리딘
	알코올류		400L	메틸알코올, 에틸알코올
III	제2석유류	비수용성	1,000L	등유, 경유, 크실렌, 클로로벤젠
		수용성	2,000L	아세트산, 포름산, 하이드라진
	제3석유류	비수용성	2,000L	클레오스트유, 중유, 아닐린, 나이트로벤젠
		수용성	4,000L	글리세린, 에틸렌글리콜
	제4석유류	비수용성	6,000L	윤활유, 기어유, 실린더유
	동식물유류	건성유 아이오딘값 130 이상	10,000L	아마인유, 들기름, 동유, 해바라기유, 대구유, 정어리유, 상어유
		반 건성유 아이오딘값 100 ~ 130	10,000L	면실유, 청어유, 쌀겨기름, 옥수수기름, 채종유, 참기름, 콩기름
		불건성유 아이오딘값 100 이하	10,000L	쇠기름, 돼지기름, 고래기름, 올리브유, 팜유, 땅콩기름, 파마자유, 야자유

핵심 KEY

4류 위험물의 기준

- 특수인화물
  1기압에서 발화점 100℃ 이하, 인화점 -20℃ 이하, 비점 40℃ 이하인 것
- 제1석유류
  1기압에서 인화점이 21℃ 미만인 것
- 알코올류
  1분자를 구성하는 탄소원자의 수가 1개부터 3개까지인 포화 1가 알코올
- 제2석유류
  1기압에서 인화점이 21℃ 이상 70℃ 미만
- 제3석유류
  1기압에서 인화점이 70℃ 이상 200℃ 미만
- 제4석유류
  1기압에서 인화점이 200℃ 이상 250℃ 미만인 것
- 동식물유류
  동물의 지육 또는 식물의 종자나 과육으로부터 추출한 것으로 1기압에서 인화점이 250℃ 미만인 것

제5류 위험물			
등급	지정수량	품명	대표 위험물
• 제1종 I • 제2종 II	• 제1종 : 10kg • 제2종 100kg	질산에스터류	질산메틸, 질산에틸, 나이트로글리세린, 나이트로글리콜, 나이트로셀룰로오스, 셀룰로이드
		유기과산화물	과산화벤조일(벤조일퍼옥사이드), 아세틸퍼옥사이드
		하이드록실아민	-
		하이드록실아민염류	-
		나이트로화합물	트라이나이트로톨루엔, 트라이나이트로페놀(피크린산), 테트릴
		나이트로소화합물	-
		아조화합물	-
		다이아조화합물	-
		하이드라진유도체	-
		그 외	금속의 아지화합물, 질산구아니딘

제6류 위험물			
등급	지정수량	품명	분자식
I	300kg	질산	HNO_3
		과산화수소	H_2O_2
		과염소산	$HClO_4$
		그 외 (할로젠 간 화합물)	BrF_3(삼불화브로민) BrF_5(오불화브로민) IF_5(오불화아이오딘)

저자 어드바이스

위험물안전관리법 개정
(2024.04.30)
제5류란을 다음과 같이 한다.
• 제1종 : 10킬로그램
• 제2종 : 100킬로그램
"자기반응성물질"이란 고체 또는 액체로서 폭발의 위험성 또는 가열분해의 격렬함을 판단하기 위하여 고시로 정하는 시험에서 고시로 정하는 성질과 상태를 나타내는 것을 말하며, 위험성 유무와 등급에 따라 제1종 또는 제2종으로 분류한다.

핵심 KEY

6류 위험물의 기준
• 질산 : 비중 1.49 이상
• 과산화수소 : 농도 36wt% 이상

1-4 유해·위험성에 따른 분류기준

유해성·위험성 평가자료를 통하여 다음과 같이 분류한다.

물리적 위험성

화학물질의 분류	그림문자	신호어
1. 폭발성물질		위험/경고
2. 인화성가스 3. 인화성액체 4. 인화성고체 5. 인화성에어로졸		위험/경고
6. 물반응성물질 14. 자기발열성물질		위험/경고
7. 산화성가스 8. 산화성액체 9. 산화성고체		위험/경고
10. 고압가스		경고
11. 자기반응성물질 및 혼합물 15. 유기과산화물	구분 A. 구분 B. 구분 C~F.	위험/경고
12. 자연발화성액체 13. 자연발화성고체		위험
16. 금속부식성물질		경고

건강 유해성

화학물질의 분류	그림문자		신호어
1. 급성독성물질	구분 1 ~ 3.	☠	위험
	구분 4.	❗	경고
2. 피부 부식성/자극성물질 3. 심한 눈 손상/자극성물질	구분 1.	🧪	위험
	구분 2.	❗	경고
4. 호흡기과민성물질		🎯	위험
5. 피부과민성물질		❗	경고
6. 발암성물질		🎯	위험
7. 생식세포변이성물질 8. 생식독성물질	구분 1.	🎯	위험
	구분 2.	🎯	경고
9. 특정표적 장기전신독성물질 (1회 노출)	구분 1.	🎯	위험
	구분 2.	🎯	경고
	구분 3.	❗	경고
10. 특성표적 장기전신독성 물질(반복노출)	구분 1.	🎯	위험
	구분 2.	🎯	경고

환경 유해성

화학물질의 분류	그림문자		신호어
가. 급성수생환경유해성물질			경고
나. 만성수생환경유해물질	구분 1.		경고
	구분 2.		해당없음

개념잡기

다음의 유해화학물질의 건강유해성의 표시 그림문자가 나타내지 않는 사항은?

① 호흡기 과민성 ② 발암성
③ 생식독성 ④ 급성독성

건강유해성에 따른 그림문자
- 호흡기 과민성
- 생식세포 변이원성
- 발암성
- 생식독성
- 특정표적장기 독성(1회 노출 + 반복 노출)
- 흡인 유해성

정답 : ④

---

2. 물질안전보건자료(MSDS : Material Safety Data Sheet)

물질안전보건자료란 화학물질에 대한 정보를 담은 자료로 화학물질의 유해 위험성, 응급조치, 취급 및 사용 시 주의사항 등 아래의 표와 같은 16개의 항목을 포함한다.

GHS
- 화학 물질 관리 세계 조화 시스템
- 화학물질에 대한 분류·표시 통일

항목			
① 화학제품과 회사에 관한 정보	② 유해·위험성 정보	③ 구성 성분의 명칭 및 함유량	④ 응급조치 요령
⑤ 폭발·화재 시 대처방법	⑥ 누출 사고 시 대처방법	⑦ 취급 및 저장방법	⑧ 노출 방지 및 개인 보호구
⑨ 물리·화학적 특성	⑩ 안정성 및 반응성	⑪ 독성에 관한 정보	⑫ 환경에 미치는 영향
⑬ 폐기 시 주의사항	⑭ 운송에 필요한 정보	⑮ 법적 규제 현황	⑯ 그 밖의 참고 사항

개념잡기

산업안전보건법령상 물질안전보건자료 작성 시 포함되어야할 항목이 아닌 것은?

① 재활용방안 ② 응급조치요령
③ 운송에 필요한 정보 ④ 구성성분의 명칭 및 함유량

정답 : ①

02 개인보호구

1. 위험성별 개인보호구

보호구 종류	위험성	안전 사항
실험복	화학물질의 신체 접촉	• 화학물질 특성에 맞는 재질의 실험복을 착용한다. • 실험실 이외의 장소에서 착용해서는 안 된다.
안전화	화학물질의 신체 접촉	• 화학물질 특성에 맞는 재질로 된 것을 착용한다. • 신발은 완전히 발등을 덮는 신발을 착용한다.
보안경/보안면	화학물질에 대한 눈 보호	• 화학물질 특성에 맞는 재질로 된 것을 착용한다. • 반드시 보안경(Safety Glasses or goggles)을 착용한다. • 폭발 위험성이 있는 실험이나 유독한 화학 물질이 튀는 등의 위험한 실험을 수행하는 경우에는 보안면(Face Shield)을 착용한다.

보호구 종류	위험성	안전 사항
안전 장갑	손 보호	• 장갑과 손목 사이에 틈이 생기지 않도록 충분한 길이여야 한다. • 안전 장갑에 사용되는 재료와 부품은 착용자에게 해로운 영향을 주지 않아야 한다.
귀마개	청력 손상 예방	• 소음으로 인한 연구 활동 종사자의 청력을 보호한다. • 소음 수준에 적합한 청력 보호구를 착용한다. • 착용자 귀의 이상 유무를 파악하여 귀마개 또는 귀덮개를 선정하여야 한다.
호흡 보호구	흡입 독성을 예방	• 방진 마스크, 방독 마스크, 송기 마스크, 공기 공급식 호흡 보호구 • 실험실 등 유해 화학물질을 취급하는 경우 착용한다. • 흡입 독성이 있는 유해 화학물질을 취급하는 경우 착용한다. • 방독 마스크는 산소 농도가 18% 이상인 장소에서 사용한다.
화학물질 보호용 작업복	화학물질의 신체 접촉	• 유해 화학물질의 유출, 화재, 폭발 등으로 인해 오염된 공기 또는 액상 물질 등이 피부에 접촉됨으로써 발생할 수 있는 건강 영향을 예방한다. • 1, 2형식 보호복은 안전 장갑과 안전화를 포함하는 일체형이어야 한다.

2. 취급 화학물질별 착용 보호구

취급 화학물질	착용해야 할 보호구
산 용액	실험복, 고글, 안전 장갑, 안전화
부식성 액체·고체	실험복, 고글, 안전 장갑, 안전화, 보안경(고체), 보안면, 앞치마
인화성 액체·고체	실험복, 고글, 안전 장갑, 안전화, 보안경(고체), 보안면(액체)
반응성, 산화성 액체·고체	실험복, 고글, 안전 장갑, 안전화, 보안경(고체), 보안면
급성 독성 액체·고체	고글, 안전 장갑, 안전화, 보안경(고체), 보안면(액체), 방독면(고체)

취급 화학물질	착용해야 할 보호구
만성 독성 액체·고체	실험복, 고글, 안전 장갑, 안전화, 보안경(고체), 방독면(고체)
압축 독성 가스	실험복, 고글, 안전 장갑, 안전화
일정한 압력으로 유지되는 유리/플라스틱 관을 다루는 경우	실험복, 고글, 안전 장갑, 안전화, 보안면
방사선	보안경
UV	실험복, 안전 장갑, 안전화, 보안경, 보안면
고온(표면, 용액)	실험복, 안전 장갑, 안전화, 보안면
저온	실험복, 안전 장갑, 안전화
초저온 가스	실험복, 안전 장갑, 안전화, 보안면
증기 멸균기(autoclave)	실험복, 안전 장갑, 안전화, 보안면, 앞치마

3. 유해가스별 정화통의 종류

시험 가스	정화통의 색	대상 유해 물질
유기 화합물용	갈색	유기 용제, 유기 화합물 등의 가스 또는 증기
할로젠용	회색	할로젠 가스나 증기
황화수소용		황화수소 가스
사이안화수소용		사이안화수소 가스나 사이안산 증기
일산화탄소용	적색	일산화탄소 가스
암모니아용	녹색	암모니아 가스
아황산가스용	노란색	아황산가스나 증기
아황산·황용 (복합용)	백색 및 노란색	아황산가스 및 황의 증기 또는 분진

03 화학물질 취급 및 보관

1. 화학물질 취급 시 주의사항

1-1 산 및 알칼리류

- 강산과 강염기는 공기 중 수분과 반응하여 치명적 증기를 생성하므로 **사용하지 않을 때는 뚜껑을 닫아 놓는다.**
- 희석 용액을 제조할 경우에는 **물에 소량의 산 또는 알칼리를 조금씩 첨가하여 희석**한다.
- 강한 부식성이 있으므로 **금속성 용기에 저장을 금하며**, 적합한 보호구(내산성)를 반드시 착용한다.
- 산이나 염기가 눈이나 피부에 묻었을 때 즉시 흐르는 물에 **15분 이상** 씻어내고 도움을 요청한다.(세안 장치 및 전신 샤워 장치)
- **플루오린화수소(HF)**는 가스 및 용액이 **극한 독성**을 나타내며, 화상과 같은 즉각적인 증상 없이 피부에 흡수되므로 취급에 주의해야 한다.
- **과염소산(HClO₄)**은 강산의 특성을 띠며 **유기물 및 무기물과 반응하여 폭발**할 수 있으며, 특히 가열, 화기 접촉, 마찰에 의해 **스스로 폭발**하므로 주의해야 한다.

참고
고압가스 용기는 40℃ 이하에서 보관한다.

염산(HCl)의 특성과 위험성

- 염산의 특성
  - 염화수소(HCl)는 색깔이 없고 자극성이 매우 강한 기체이다.
  - 공기보다 무겁고 물에 잘 녹는다.
  - 진한 염산은 비중이 1.18이며, 약 35% 염산기체가 녹아있는 수용액이다.
  - 부식성이 있으므로 조심해야 한다.
- 염산의 유해·위험성
  - 염화수소 가스는 가열하면 폭발할 수 있다.
  - 삼키면 유독하며, 피부와 눈에 심한 손상을 일으킨다.
  - 흡입하면 인체에 유독하며, 수생생물에도 유해한 영향을 미친다.

GHS 그림 문자	의미
	부식성 고압 가스 급성 독성 수생 환경 유해성

- 저장 및 취급 방법
  - 염화수소 가스 용기는 열이나 물을 피한다.
  - 용기는 직사광선을 피하고 환기가 잘되는 곳에 밀폐하여 저장한다.

황산(H_2SO_4)의 특성과 위험성

- 황산의 특성
  - 순수한 황산은 무색의 액체이다.
  - 물에 대한 강한 친화력이 있어 탈수제로 작용한다.
  - 화학물질관리법에 의하여 유독물질, 사고대비물질로 분류된다.
- 황산의 유해·위험성
  - 묽은 황산은 이온화 경향이 높은 금속과 반응하여 수소기체를 발생한다.
  - 대부분의 금속을 부식시킨다.
  - 피부에 묻으면 수분을 흡수하여 심한 화상과 눈 손상을 일으킨다.
  - 흡입하면 치명적이며, 암을 유발한다.

GHS 그림 문자	의미
	부식성 급성 독성 호흡기 과민성

- 저장 및 취급 방법
  - 금속을 부식시키므로 내부식성 용기에 저장한다.
  - 환기가 잘되는 곳에 밀폐하여 저장한다.
  - 황산에 물을 주입하면 황산이 튀거나 심한 발열로 폭발우려가 있다.
  - 가연성물질, 금속, 물 등을 피한다.

질산(HNO_3)의 특성과 위험성

- 질산의 특성
  - 비료 및 폭발물 제조에 사용된다.
  - 화학물질관리법에 의하여 유독물질, 사고대비물질로 분류된다.

제6류 위험물
질산은 제6류 위험물인 산화성 액체에 속한다.

- 질산의 유해·위험성
  - 강한 산화제로 화재 또는 폭발을 일으킨다.
  - 대부분의 금속을 부식 시키거나 녹인다.
  - 피부에 심한 화상과 눈 손상을 일으킨다.
  - 질산가스(NO_X)는 유독하며 산성비의 원인 물질이다.

GHS 그림 문자	의미
	부식성 급성 독성 호흡기 과민성

- 저장 및 취급 방법
  - 열, 스파크 등 고온의 환경을 피한다.
  - 가연성 물질이나 금속 등과의 접촉을 피한다.
  - 환기가 잘되는 곳에 밀폐하여 저장한다.

수산화나트륨(NaOH)의 특성과 위험성

- 수산화나트륨의 특성
  - 강한 염기성을 나타낸다.
  - 공기 중의 수분을 흡수하여 녹는 조해성이 있다.
  - 화학물질관리법에 의하여 유독물질로 분류된다.
- 수산화나트륨의 유해·위험성
  - 금속을 부식시킨다.
  - 삼키면 유독하며, 피부와 접촉하면 유해하다.
  - 피부에 심한 화상과 눈 손상을 일으킨다.

GHS 그림 문자	의미
	부식성 급성 독성

- 저장 및 취급 방법
  - 금속을 부식시키므로 내부식성 용기를 사용한다.
  - 가연성 물질, 환원성 물질을 피해 저장한다.

1-2 산화제

- 강산화제는 매우 적은 양으로 강렬한 폭발을 일으킬 수 있으므로 방호복, 고무장갑, 보안경 및 보안면 같은 보호구를 착용하고 취급하여야 한다.
- 많은 산화제를 사용하고자 할 경우에는 폭발 방지용 방호벽 등이 포함된 특별 계획을 수립해야 한다.

1-3 금속 분말

- 초미세한 금속 분말의 분진들은 폐질환, 호흡기 질환 등을 일으킬 수 있으므로 방진 마스크 등 올바른 호흡기 보호구를 착용해야 한다.
- 실험실 오염을 방지하기 위해 가능한 한 부스나 후드 아래에서 분말을 취급한다.
- 대부분의 미세한 금속 분말은 물과 산의 접촉으로 수소 가스를 발생하고 발열한다. 특히, 습기와 접촉할 때 자연발화의 위험이 있어 폭발할 수 있으므로 특별히 주의한다.
- 금속분, 황가루, 철분은 밀폐된 공간 내에서 부유할 때 분진 폭발의 위험이 있다.

1-4 유기용제 및 가연성 화학물질

- 휘발성이 매우 크며, 증발하기 쉬운 인화성 액체로 대부분 위험물안전관리법상 제4류 위험물에 속한다.
- 점화원에 의해 인화, 폭발의 위험이 크다.
- 대부분 물보다 가볍고, 물에 녹지 않는다.
- 증기 비중은 1보다 커 바닥에 체류하며 대부분 유독하다.
- 보호구를 착용하거나 후드 내에서 취급해야 한다.

제4류 위험물
인화성 액체

> **아세톤(CH_3COCH_3)의 특성과 위험성**
>
> 아세톤의 저장 및 취급
> - 독성과 가연성 증기를 가지고 있어 적절한 환기 시설에서 보호구를 착용하여 작업한다.
> - 가연성 액체 저장실에 저장한다.

GHS 그림 문자	의미
	인화성 액체 경고 호흡기 과민성

메탄올(CH_3OH)의 특성과 위험성

메탄올의 저장 및 취급

- 약간에 노출에도 인체에 치명적이므로 주의한다.
- 환기 시설이 잘되는 후드에서 사용하고 보호구를 착용한다.

GHS 그림 문자	의미
	인화성 액체 급성 독성 호흡기 과민성

벤젠(C_6H_6)의 특성과 위험성

벤젠의 저장 및 취급

- 휘발성이며 증기는 가연성이고 공기보다 무겁다.
- 발암성 물질이며, 장기간에 걸쳐 흡입하면 중독이 일어날 수 있다.
- 가연성 액체와 같이 저장한다.

GHS 그림 문자	의미
	인화성 액체 경고

에터(R-O-R)의 특성과 위험성

에터(에스터)의 저장 및 취급

- 과산화물을 형성하는 에터는 작은 충격·마찰에도 공기 중의 산소와 결합하여 불안전한 과산화물을 형성하여 매우 격렬하게 폭발한다.
- 가급적 사용하지 않는 것이 좋다.
- 공기를 완전히 차단하여 황갈색 유리병에 저장한다.
- 암실이나 금속 용기에 보관한다.
- 인화점이 45℃ 이하인 에터는 폭발성 화합물을 생성할 수 있어 특히 조심한다.

GHS 그림 문자	의미
	인화성 액체 경고

1-5 질소를 함유한 유기질소 화합물

- 유기 질소 화합물은 가열, 충격, 마찰 등으로 폭발할 수 있다.
- 연소 속도가 매우 빨라 폭발성이 있다.
- 불안정한 물질로서 공기 중 장시간 저장 시 분해하여 분해열이 축적되는 자연발화위험이 있다.

1-6 유해가스

상온에서 기체상의 물질로 인체에 유해한 물질

황산화물, 질소산화물, 탄화수소, 플루오린 화합물, 암모니아 등

1-7 기타

알킬알루미늄, 알킬리튬은 물 또는 공기와 접촉하면 폭발한다.

핵심 KEY

인화점, 발화점
- 인화점
  - 연소가 되는 최저 온도
  - 점화원이 필요
  - 폭발 하한값
- 발화점
  점화원이 없어서 연소할 수 있는 온도

개념잡기

산·알칼리류를 다룰 때의 취급요령을 바르게 나타낸 것은?

① 과염소산은 유기화합물 및 무기화합물과 반응하여 폭발할 수 있으므로 주의를 한다.
② 산과 알칼리류는 부식성이 있으므로 유리용기에 저장한다.
③ 산과 알칼리류를 희석할 때 소량의 물을 가하여 희석한다.
④ 산이 눈이나 피부에 묻었을 때 즉시 염기로 중화시킨 후 흐르는 물에 씻어낸다.

① 과염소산은 산화제이며 유기화합물 및 무기화합물은 가연성 물질로 연소 및 폭발의 가능성이 있다.
② 알칼리류는 유리를 부식시킬 수 있다.
③ 산이나 알칼리류를 희석할 때는 항상 물에 산이나 알칼리류를 가하여 희석한다.
④ 산이 눈이나 피부에 묻었을 때 즉시 15분정도 물로 씻어내고 주변에 도움을 요청한다.

정답 : ①

2. 화학물질 보관 및 주의사항

2-1 일반사항

- 환기가 잘되고 직사광선을 피할 수 있는 냉암소에 보관한다.
- 특성에 따라 적절히 분류하여 지정된 장소에 보관한다.
- 눈높이 이상에는 시약을 보관하지 않는다.
- 화학약품을 바닥에 보관하지 않는다.
- 용량이 큰 화학약품은 선반 하단에 보관한다.

2-2 안전, 라벨, 밀폐

- 안전을 위해 가스누출경보기와 화재 감지 시스템 및 소화기를 갖추어야 한다.
- 비상 샤워 장치 및 세안 장치를 설치한다.
- 산·알칼리 누출 시 처리용으로 산 중화제, 알칼리 중화제 및 제거물질 등을 준비한다.
- 내용물은 명확하게 라벨에 기재한다.
- 가연성, 인화성 증기가 체류하는 장소에는 스파크를 발생하는 기계·기구 등을 사용하지 않으며, 전기기구는 접지 및 방폭형으로 설치한다.
- 독극성 화학약품은 잠금장치가 되어 있는 안전 캐비넷에 보관한다.
- 가스가 발생하는 약품은 정기적으로 가스(압력)을 제거한다.

2-3 혼재 금지 위험물

위험물의 구분	산화성 고체	가연성 고체	자연발화 및 금수성 물질	인화성 액체	자기반응성 물질	산화성 액체
산화성 고체		×	×	×	×	○
가연성 고체	×		×	○	○	×
자연발화 및 금수성 물질	×	×		○	×	×
인화성 액체	×	○	○		○	×
자기반응성물질	×	○	×	○		×
산화성 액체	○	×	×	×	×	

2-4 위험 화학물질 운반

- 위험 화학물질은 온도변화 등에 의하여 누설되지 않도록 밀봉하여 수납한다.
- 수납하는 위험물과 위험한 반응을 일으키지 않도록 적절한 재질의 운반용기를 사용한다.
- 하나의 외장 용기에는 다른 종류의 위험물을 같이 수납하지 않는다.
- 액체위험물은 운반용기 내용적의 98% 이하로 수납하되 55℃의 온도에서 누설되지 않도록 충분한 공간용적을 유지해야 한다.
- 고체위험물은 운반용기 내용적의 95% 이하로 수납해야 한다.

2-5 산과 염기

- 산과 염기는 분리하여 보관한다.
- 산은 전용 캐비넷에 보관한다.
- 산성이 강한 질산은 따로 보관한다.

주의를 요하는 산

- **질산** : 부식성, 가연성이 센 산화제로 대다수의 물질과 가연성, 폭발성 화합물을 만든다.
- **과염소산** : 자발적으로 폭발성 물질을 형성하기 때문에 **1년 이상 보관하지 않고**, 유기화합물 및 금속류와 매우 높은 폭발성 화합물을 형성하므로 **최소량만 구입**하여 보관한다.
- **피브릭산** : 건조한 상태로 보관할 경우 폭발, 흔드는 경우에도 폭발하므로 **수분이 많은 곳에 보관**한다.
- **불화수소** : 부식성이 강하여 유리도 부식시키고 피부접촉 시 심각한 화상을 야기하며, 증기 흡입은 호흡기에 치명적이므로 취급 시 매우 신중해야 한다.

개념잡기

물질들의 폭발에 대한 설명 중 틀린 것은?

① HF 가스 및 용액은 극한 독성을 나타내고 폭발할 수 있다.
② 과염소산은 고농도일 때 모든 유기화물과 반응하여 폭발할 수 있으나 무기화학물과는 비교적 안정하게 반응한다.
③ 밀폐공간 내의 황가루 및 금속분은 분진폭발의 위험이 있다.
④ 유기질소 화합물은 가열, 충격, 마찰 등으로 폭발할 수 있다.

① HF(플루오린화수소)는 독성이 강한 기체로 발연성과 자극성이 매우 강하다. 불연성이지만 반응성이 커서 금속분말 등과 반응하여 폭발 가능하다.
② $HClO_4$(과염소산)은 매우 강한 산이며, 수용액 상태에서도 부식력이 강하고 유기물등과 접촉하면 점화 및 폭발 가능하다.
③ 황 및 금속분은 가연성 고체인 2류 위험물로 분진상태에서 분진폭발 가능하다.
④ 유기질소 화합물은 질소를 함유한 유기물로 4류 위험물(피리딘, 아닐린 등), 5류 위험물(질산에스터류, 나이트로화합물 등)이 있으며 가열, 충격, 마찰 등으로 폭발 가능하다.

정답 : ②

2-6 가연성 액체

- **발화원이 없는** 곳에 보관한다.
- 냉·건조하고 환기가 잘되는 **장소에 보관 및 전용캐비넷을 사용**한다.
- 폭발 방지 장치가 필요하다.
- 가능하면 **방폭 냉장고**를 사용한다.

저자 어드바이스

위험물안전관리법 개정 (2024.04.30)
제2류 위험물의 유황이 황으로 변경됩니다.

2-7 과산화물 물질

- 과산화물은 **금속용기**에 보관한다.
- 과산화물이나 과산화물을 생성하는 물질은 **냉암소**에 보관한다.
- **3 ~ 6개월마다** 위험성 여부를 확인한다.

2-8 부식성 물질

- 부식성은 강산, 강염기, 탈수제, 산화제로 나뉜다.
- 용액을 섞거나 희석 시 반드시 소량의 산을 다량의 물에 희석하는 방식으로 한다.
- 냉·건조하고 환기가 잘되는 장소에 보관한다.
- **금속, 가연성물질, 산화성물질과 따로** 보관한다.

2-9 산화제와 반응성 물질

- 반응성이 매우 커 특별한 주의가 필요하다.
- **물과 격렬하게 반응**한다.
- 충분한 냉각 시스템을 갖춘 **넓은 장소**에서 다뤄야 한다.
- 가연성 액체, 유기물, 탈수제, 환원제와는 따로 보관해야 한다.

2-10 발암성 및 독성 물질

- 발암성 및 독성 물질의 저장 및 취급량을 최소화한다.
- 누출 여부를 **정기적**으로 점검한다.
- 독성이 강한 물질은 잠금장치, 환기장치가 있는 **안전장소에 보관**한다.

2-11 물질 안전보건 자료 확인 및 화학물질의 성상 확인

- 모든 용기에는 시료 명칭(증류수 포함)을 기재하며, 명칭이 없는 용기의 시료는 사용하지 않는다.
- 취급 물질의 성상, 화재, 폭발, 중독 위험성을 확인 후 취급한다.
- 사용하는 유해 물질은 **가급적 소량을 사용**하고, 미지의 물질은 **예비 시험**을 통해 필요한 정보를 얻는다.

2-12 방호설비 및 보호구

- 화재 폭발의 위험이 있는 실험의 경우 **방호 설비를 갖춘다**.
- 가연성 증기가 체류하는 장소에는 스파크를 발생시키는 기계기구 등을 사용하지 않고, 전기 기계·기구는 방폭형으로 설치한다.
- **가연성 증기**가 체류하는 장소에는 **충분한 환기**와 누출 증기 감지를 위한 **가스 누출 감지 및 경보기 설치**해야 한다.
- 위험물질의 유동이나 이로 인해 정전기가 발생하는 경우 접지 등으로 의한 **정전기를 제거**한다.
- **인체 유해 가스**가 발생하는 실험은 **방독면, 방독복 등 개인 보호구를 착용**해야 한다.

2-13 폐기물 관리

- 폐기물은 냉각, 분리, 흡수, 흡착, 소각 등의 폐기물 처리 공정을 통하여 처리한다.
- 폐기물이 외부로 방출되지 않도록 하여 수질 및 대기오염을 방지한다.

개념잡기

화학 물질을 취급할 때 주의해야 할 사항으로 적절한 것은?

① 모든 용기에는 약품의 명칭을 기재하는 것이 원칙이나 증류수처럼 무해한 약품은 기재하지 않는다.
② 사용할 물질의 성상, 특히 화재·폭발·중독의 위험성을 잘 조사한 후가 아니라면 위험한 물질을 취급해서는 안 된다.
③ 모든 약품의 맛 또는 냄새 맡는 행위를 절대로 금하고, 입으로 피펫을 빨아서 정확도를 높인다.
④ 약품의 용기에 그 명칭을 표기하는 것은 사용자가 약품의 사용을 빨리 하게 하려는 목적이 전부다.

① 모든 용기에는 시료 명칭(증류수 포함)을 기재하며, 명칭이 없는 용기의 시료는 사용하지 않는다.
② 취급 물질의 성상, 화재, 폭발, 중독 위험성을 확인 후 취급한다.
③ 모든 약품에 대하여 절대로 맛을 보거나 냄새 맡는 행위를 금하고, 입으로 피펫을 빨지 않는다.
④ 화재, 폭발 또는 용기가 넘어졌을 때 어떠한 성분인지를 알 수 있도록 하기 위한 것이다.

정답 : ②

CHAPTER 03
실험실 환경·안전 점검

KEYWORD 실험실 안전수칙, 안전·보건표지, 위험물 류별 위험성, 화재의 분류, 소화, 화학물질 사고별 예방 및 대처 방법, 가스 사고 시 대처 방법, 응급처치, 심폐소생술, 안전 점검, 환경 점검, 시설 관리, 폐수·폐기물

01 실험실 안전

1. 실험실 안전수칙

1-1 실험실 안전·보건관리 수칙

- **안전보건관리규정**을 작성하고 실험실에 게시 또는 비치하여야 한다.
- 실험대, 실험부스, 안전통로 등은 항상 **청결**하게 유지하여야 한다.
- 실험실의 전반적인 구조를 숙지하고, **출입구**는 항상 **피난이 가능한 상태**로 유지하여야 한다.
- 사고 시 연락 및 대피를 위해 출입구 벽면 등 눈에 잘 띄는 곳에 **비상연락망 및 피난안내도**를 부착하여야 한다.
- 소화기는 눈에 잘 띄는 위치에 비치하고, 실험종사자가 **소화기 사용법**을 숙지하도록 교육하여야 한다.
- 실험실에 **필요한 시약**만 실험대에 두고, 실험실 내에 일일 사용에 필요한 **최소량**만 보관하여야 한다.
- 시약병은 깨끗하게 유지하고, 라벨에는 **물질명, 위험·경고·주의표지, 뚜껑을 개봉한 날짜를 기록**하여야 한다.
- 실험 시의 폐액이나 누출된 유해물질은 싱크대나 일반 쓰레기통에 버리지 말고 폐액 **수거용기**에 안전하게 버려야 한다.

- **실험실의 안전점검표를 작성**하여 정기적으로 실험실 내 실험장치, 시약보관상태, 소방설비 등의 안전점검(일상점검, 정기점검, 특별안전점검)을 실시하여야 한다.
- 취급하고 있는 유해물질에 대한 **물질안전보건자료(MSDS)를 게시**하고 이를 **숙지**하여야 한다.
- 실험실 내에는 금지, 경고, 지시, 안내 표지 등 필요한 안전보건 표지를 부착하여야 한다.

1-2 화학약품 취급 시 안전수칙

- 화학약품은 **운반용 캐리어**나 **운반용기**에 놓고 운반한다.
- 실험실 외의 장소에서 개봉되어서는 안 된다.
- 약품명 등 **라벨을 부착**하여 정보를 공유한다.
- **직사광선은 피하고** 화기, 열원으로부터 격리한다.
- 다른 물질과 섞이지 않도록 **성상별로 보관**한다.
- **물질안전보건자료(MSDS)를 숙지**하여 물질에 대해 파악한다.

1-3 실험실 가스 안전수칙

- 가스 저장 시설에는 실험용 가스 성분과 종류별로 보관한다.
- 고압가스 용기는 **40℃ 이하**에서 보관한다.
- 점검액을 이용하여 배관, 호스 등의 연결 부분을 수시로 점검하여 누출 여부를 확인한다.
- 연소기는 노즐이 막히지 않도록 청소한다.
- **가스 누설 경보기**의 작동이 잘되고 있는지 **수시로 확인**한다.
- 가스탱크에는 내용물에 대한 정보가 표기되어 있어야 한다.

개념잡기

시약의 취급방법에 대한 설명으로 틀린 것은?

① 나트륨과 칼륨의 알칼리 금속은 물속에 보관한다.
② 브로민산, 플루오린화수소산은 피부에 닿지 않게 한다.
③ 알코올, 아세톤, 에터 등은 가연성이므로 취급에 주의한다.
④ 농축 및 가열 등의 조작 시 끓임쪽을 넣는다.

① 나트륨은 제3류 위험물의 금수성 물질로서 물과 접촉을 금한다.

정답 : ①

2. 안전·보건표지

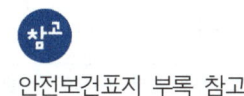
안전보건표지 부록 참고

경고표지

인화성물질 경고	산화성물질 경고	부식성물질 경고	급성독성물질 경고
고압가스 경고	폭발성 물질 경고	발암성, 병이원성, 생식독성, 전신독성, 호흡기 과민성 물질 경고	수생환경유해성 경고

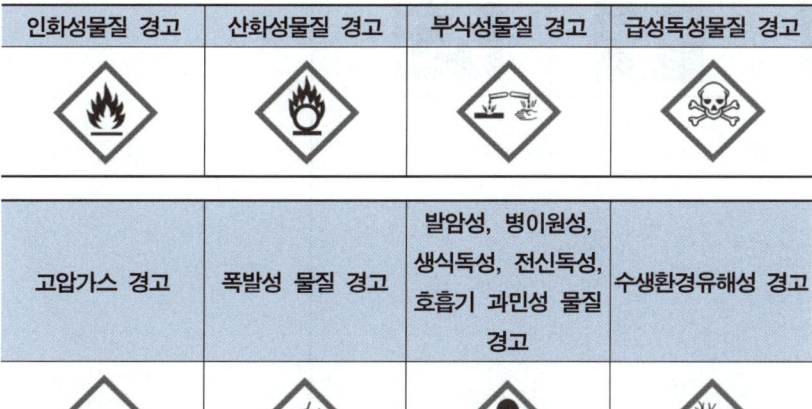

금지표지

출입금지	보행금지	차량통행금지	사용금지
화기금지	물체이동금지	탑승금지	금연

지시표지

보안경 착용	방독마스크 착용	방진마스크 착용	보안면 착용
안전모 착용	귀마개 착용	안전복 착용	안전장갑 착용

안내표지

녹십자 표지	세안장치	응급구호표지	비상구
⊕	👁💧	✚	🏃

02 사고대응 및 조치

1. 위험물 류별 위험성

1-1 제1류 위험물

- **산화성고체**로 열분해 시 산소를 방출하여 **가연성 물질의 연소를 돕는다**.
- **불연성 물질**이다.
- 물과의 반응성이 없어 주로 **주수소화**한다.(단, 알칼리 금속의 과산화물일 경우 물과 반응하여 산소기체 발생)

1-2 제2류 위험물

- **가연성 물질**로 화기, 충격, 마찰을 피한다.
- **황은 물속에 저장**하여 가연성 증기 발생을 억제한다.
- 철분, 마그네슘, 금속분 등은 물과 반응하여 수소기체를 발생한다.

1-3 제3류 위험물

- **금수성 물질**은 물과 반응하여 가연성 기체를 발생한다.
- 황린은 자연발화성 물질로 pH 9 정도의 물에 보관한다.
- **칼륨과 나트륨**은 물에 닿지 않도록 **석유류**(등유, 경유, 파라핀)에 보관한다.
- 금속 인 화합물은 물과 반응하여 유독성 가스인 **포스핀(PH_3)을** 발생한다.

인체 유해가스

- 자연발화성 물질 및 금수성 물질 물과 접촉하면 반응하여 가연성 가스가 발생한다.
- 인성액체
  - 상온에서 액체이며, 인화되기 쉽다.
  - 발생 증기는 가연성이며 공기보다 무겁다.
  - 증기는 연소 하한이 낮아 공기와 약간만 혼합해도 연소한다.
- 유기화합물
  가연성 액체 또는 고체 물질로 연소할 때 다량의 유독가스를 발생한다.

1-4 제4류 위험물

인화성 액체로 열에 의한 인화성 기체의 발생 시 폭발적 연소가 가능하다.

1-5 제5류 위험물

- 유기화합물 또는 가연성의 액체, 고체이다.
- 대부분 물질 자체에 산소를 함유하고 있다.
- 질식소화는 효과가 없다.
- 오래 저장할수록 자연발화의 위험이 있다.
- 소분하여 저장하고 화재 시 다량의 냉각·주수소화가 효과적이다.

1-6 제6류 위험물

- 산화성 액체로 열분해 시 산소를 방출한다.
- 물과 접촉 시 발열한다.
- 마른 모래, 이산화탄소를 이용한 질식소화가 효과적이다.

개념잡기

위험물안전관리법령상 제2류 위험물인 철분에 대한 상세 설명 중 A와 B에 들어갈 숫자는?

"철분"이라 함은 철의 분말로서 (A)마이크로미터의 표준체를 통과하는 것이 (B)중량퍼센트 미만인 것은 제외한다.

① A : 53, B : 50   ② A : 150, B : 50
③ A : 53, B : 40   ④ A : 150, B : 40

철분이라 함은 철의 분말로서 53마이크로미터의 표준체를 통과하는 것이 50중량퍼센트 미만인 것은 제외한다.

정답 : ①

2. 화재의 분류 및 소화 방법

2-1 화재의 분류

일반화재(A급)

- 연소 후 재를 남기는 화재로 나무, 종이 등의 **가연물 화재**이다.
- 물을 이용한 **냉각소화, 질식소화**가 효과적이다.

유류화재(B급)

- 연소 후 재를 남기지 않는 화재로 유류, 가스 등의 **가연성 액체나 기체에 의한 화재**이다.
- 분말 소화약제를 이용한 **질식소화**가 효과적이다.

전기화재(C급)

- **전기설비 등에 의한 화재**이다.
- 이산화탄소, 분말 등의 소화약제를 이용하여 **질식, 냉각, 억제소화**가 효과적이다.

금속화재(D급)

- **금속에 의한 화재**이다.
- 일반적으로 소화가 어려우며, 물을 이용해 주수소화 할 경우 물과 반응해 가연성 기체를 만들어 내고 발열하므로 **건조사, 팽창질석 등을 이용해 소화**한다.

화재의 종류	등급	색상	소화방법
일반화재	A	백색	냉각소화
유류 및 가스화재	B	황색	질식소화
전기화재	C	청색	질식소화
금속화재	D	-	피복소화

2-2 소화의 종류

냉각소화

가연성 물질을 발화점 이하의 온도로 냉각시켜 소화

질식소화

산소농도를 21%에서 15% 이하로 감소시켜 소화

핵심 KEY

연소의 3요소

연소가 이루어지기 위해서는 아래 3가지가 모두 있어야 한다. 이 중 하나만 빠져도 연소는 일어나지 않는다.
- 연료(가연물)
- 산소(공기)
- 열(발화원)

제거소화

가연성 물질을 제거하여 소화

피복소화

가연성 물질 주위 공기를 차단하여 소화

억제소화

연쇄 화학반응을 억제(부촉매/화학적 소화)

희석소화

수용성 인화성 액체 화재 시 물을 이용해 연소농도를 희석하여 소화

2-3 소화기의 종류

이산화탄소 소화기

- 원리 : CO_2를 액화하여 소화기에 충전한 것으로 액화 상태의 이산화탄소가 방출되면 공기를 차단하여 소화
- 적응화재 : 유류화재, 전기화재 등

분말소화기

- 원리 : 분말소화약제인 탄산수소나트륨, 제1인산암모늄 분말 등이 불에 닿아 분해되면 주로 CO_2 또는 N_2 기체를 발생하여 공기를 차단하여 소화
- 적응화재 : 유류화재, 전기화재, 화학약품 화재 등

포 소화기

- 원리 : 탄산수소나트륨 용액과 황산알루미늄 용액이 화학반응을 일으켜 수산화알루미늄이 발생, 이산화탄소의 거품과 수산화알루미늄의 거품이 공기의 공급을 차단하여 소화
- 적응화재 : 일반화재 및 유류화재 등

하론 소화기

- 원리 : 하론가스를 소화약품으로 사용하여 화학적으로 억제 또는 부촉매 작용으로 소화
- 적응화재 : 일반화재, 유류화재, 화학약품 화재, 전기화재, 가스화재 등

> **개념잡기**
>
> CO_2 소화기의 특징으로 옳은 것은?
>
> ① 모든 화재에 소화효과를 기대할 수 있다.
> ② 모든 소화기 중 가장 소화효율이 좋다.
> ③ 잘못 사용할 경우 동상 위험이 있다.
> ④ 반영구적으로 사용할 수 있다.
>
> ① 일반화재(A급)에 적응성이 없다.
> ② 분말, 할로젠 소화기보다 소화능력이 떨어진다.
> ④ 액화상태의 이산화탄소가 들어있어 주기적으로 점검하고 교체가 필요하다.
>
> 정답 : ③

2-4 소화약제의 종류

소화약제				
물 소화약제	물	방사 방법	봉상주수	
			적상주수	
			무상주수	
	포 소화약제	화학포	탄산수소나트륨 + 황산알루미늄	
		기계포	단백질포 소화약제	
			수성막포 소화약제	
			합성계면활성제포 소화약제	
가스계 소화약제	이산화탄소 소화약제		이산화탄소 소화약제	
	분말 소화약제	1종	탄산수소나트륨	
		2종	탄산수소칼륨	
		3종	제1인산암모늄	
		4종	**중탄신킬륨 + 요소**	
	할로젠화합물 소화약제		하론1301(CF_3Br)	
			하론1211(CF_2ClBr)	
			하론2402($C_2F_4Br_2$)	
			하론1011(CH_2ClBr)	
			하론104(CCl_4)	

> **개념잡기**
>
> 분말소화기의 종류와 소화약제의 연결로 틀린 것은?
>
> ① 제1종 - 탄산수소나트륨
> ② 제2종 - 탄산수소칼륨
> ③ 제3종 - 제1인산암모늄
> ④ 제4종 - 요소와 탄산수소나트륨
>
> 제4종
> 요소와 탄산수소칼륨(중탄산칼륨)
>
> 정답 : ④

3. 화학물질 사고별 예방 및 대처 방법

3-1 실험실에서 발생할 수 있는 사고 요인

유리 기구 파손에 의한 사고
유리 기구의 낙하, 고온·고압에서의 실험, 불산 사용 등

산·알칼리에 의한 사고
- 산이나 알칼리에 노출된 경우 물을 이용해 용액을 씻어낸다. 중화작용을 생각해서 산이나 알칼리를 가하면 중화열에 의해 더 심한 손상을 입는다.
- 진한 황산은 다량의 물에 진한 황산을 조금씩 첨가하여 묽혀야 한다. 반대로 진행할 경우 비중이 작은 물이 뜨면서 큰 열을 발생하고 수증기가 발생하며 황산이 비산할 위험성이 있다.
- 강염기의 수용액이 눈에 들어가면 실명할 위험성이 있으므로 용액가열에 주의한다.

금속에 의한 사고
나트륨과 칼륨의 물 반응 : 나트륨, 칼륨 등의 금속은 물과 격렬히 반응하여 수소 기체와 다량의 열을 발생시킨다. 공기 중의 수분과 반응하지 않도록 석유에 담가 보관한다.

이산화황, 황화수소, 염소 등의 유독가스
해당 화학물질을 사용할 경우 후드에서 작업하며 환기에 주의한다.

에터, 알코올, 이황화탄소, 폭발 약품류
증기가 발생하지 않도록 밀폐하여 보관해야 한다.

>
> **참고**
>
> **불산**
> 불산(HF)는 유리와 반응하므로 플라스틱과 같은 다른 용기를 사용한다.

3-2 화학물질 사고 시 대처 요령

화재 발생
- 출입문과 창문을 닫아 **연소의 확대를 방지**한다.
- 초기 진압이 가능한 경우 신속 정확히 대응하며, 어려울 경우 신속히 대피한다.
- 전기기계·기구 등에 의한 화재인 경우 **차단기**를 내린 후 소화한다.
- 화재의 원인 물질(가스, 화학물질)의 **누출을 중단**한다.
- 유류화재인 경우 주위의 **유류를 제거**한 후 소화한다.
- 금속화재 시 모래 또는 **팽창질석 등으로 덮어서 소화**한다.
- 밀폐된 공간에서 불이 났을 경우 불을 끄기 위해 출입문을 갑자기 열면 안 된다.

화학 화상의 응급처치
- **안전한 곳으로 이동**하고 화상이 더 이상 진행되지 않도록 한다.
- 화학물질이 액체가 아닌 고형물질인 경우 **물로 씻기 전 먼저 털어낸다**.
- 약품이 묻은 의류와 신발 등은 **즉시 제거**하고, 화학약품이 전부 제거될 때까지 **흐르는 물로 계속 씻는다**.

> **핵심 KEY**
>
> **백드래프트(Backdraft)**
> 밀폐된 공간에서 화재 시 연소에 필요한 산소가 부족한 상태에서 실내에 산소가 다량으로 공급되면 순간적으로 발화하는 현상

개념잡기

실험실에서 화재가 발생한 경우 적절한 조치가 아닌 것으로만 묶인 것은?

ㄱ. 대비한 후 119에 신고한다.
ㄴ. 화학물질의 MSDS 확인 전 초동대응을 위하여 근방의 물과 소화기로 즉각 대응한다.
ㄷ. 화재 감지기의 경보음은 종종 오작동하므로 업무에 집중한다.
ㄹ. 근방의 수건이나 천 등을 적셔서 입을 가리고 낮은 자세를 유지하며 비상 통로로 탈출한다.

① ㄱ, ㄴ
② ㄴ, ㄷ
③ ㄷ, ㄹ
④ ㄱ, ㄹ

ㄴ. 초동대응이 가능한 상황이면 MSDS를 확인하여 적절한 소화방법을 선택한다.
ㄷ. 화재 경보음 발생 시 화재 대응 매뉴얼을 따른다.

정답 : ②

4. 가스 사고 시 대처 방법

4-1 가스 사용 시 주의사항

- 가스 용기의 라벨을 확인하여 MSDS를 확인하여 가스의 특성과 누출 시 대처 방법을 숙지한다.
- 가스 용기는 고정장치 또는 쇠사슬을 이용해 벽이나 기둥에 고정한다.
- 인화성 가스는 반드시 역화방지장치를 설치하여 산소의 유입을 차단한다.
- 가연성 가스와 조연성 가스는 같은 공간에 보관하지 않는다.
- 압력 조절기를 빠르게 조작하면 마찰열 또는 정전기로 인한 사고의 위험이 있다.
- 가스용기는 항상 40℃ 이하에서 보관한다.

4-2 가스사고 발생 시 대응 요령

- 펌프와 밸브를 잠그고, 모든 장비의 작동을 멈춰 더 이상 누출되지 않게 한다.
- 화재가 발생한 장소는 그대로 놓아둔 채 대피하며, 초기 대응으로 연소물질을 제거하거나 다른 사람들의 접근을 차단한다.
- 독성 또는 인화성 가스가 누출된 경우 폭발과 중독의 위험물 피하기 위해 신속히 대피한다.
- 독성 가스와 접촉한 경우 응급 처치 키트를 사용하여 조치한다.
- 안전 책임자는 주기적으로 점검하며, 소모성 안전장비는 정기적으로 채워 넣는다.

4-3 가스 종류에 따른 용기 색상

의료용 가스		그 밖의 가스	
종류	도색의 색상	종류	도색의 색상
산소	백색	산소	녹색
사이클로프로판	주황색	수소	주황색
아산화질소	청색	아세틸렌	황색
액화탄산가스	회색	액화암모니아	백색
에틸렌	자색	액화염소	갈색
질소	흑색	액화탄산가스	청색
헬륨	갈색	소방용 용기	소방법에 의한 도색
기타 가스	회색	기타 가스	회색

03 응급처치 및 심폐소생술

1. 응급처치 시 주의사항

- 아무리 긴급한 상황이라도 자신의 안전과 현장 상황의 **안전을 확보**해야 한다.
- 비의료인의 경우, 환자나 부상자의 생사를 판단하지 않는다.
- 지시를 받기 전까지 원칙적으로 의약품을 사용하지 않는다.
- **무의식 환자에게(물 포함) 음식을 주어서는 안 된다.**
- 긴급을 요하는 환자부터 처치를 한다.
- 도움을 요청할 경우 사고의 경위, 환자의 상태 및 응급처치의 내용 등을 알려야 한다.
- 응급처치 후 반드시 **전문 의료인**에게 인계해 전문적 진료를 받도록 한다.

2. 응급처치의 기본 원칙

① 쇼크의 예방 및 지혈
② 기도유지
③ 의식 상태와 신체부위 관찰
④ 상처 보호
⑤ 통증과 불안 감소

3. 심폐소생술의 기본 원칙

① 가슴압박 - 기도유지 - 인공호흡 순으로 심폐소생술을 시행한다.
② 최소 **5cm 이상**으로 **최소 분당 100회 이상** 가슴압박을 권장(120회 이상 x)
③ 한 차례 흉부 압박은 **30회 속도**로 한다.
④ 반응이 없거나 호흡이 없는 사람을 발견한 경우에는 즉각 가슴압박을 시행한다.

4. 심폐소생술의 절차

① 반응 확인
② 119 신고
③ 호흡과 맥박 확인
④ 가슴압박
⑤ 자동제세동기 사용

개념잡기

응급처치 시 주의사항 중 가장 적절하지 않은 것은? (단, 과학기술인력개발원의 연구실 안전 표준 교재를 기준으로 한다)

① 무의식 환자에게 음식(물 포함)을 주어서는 안 된다.
② 응급처치 후 반드시 의료인에게 인계해 전문적 진료를 받도록 한다.
③ 아무리 긴급한 상황이라도 처치하는 자신의 안전과 현장 상황의 안전을 확보해야 한다.
④ 의료인의 지시를 받기 전에 의약품을 사용할 시 환자의 동의를 구하고 사용한다.

지시를 받기 전까지 원칙적으로 의약품을 사용하지 않는다.   정답 : ④

---

5. 화학물질의 노출에 따른 응급처치

5-1 화학물질 노출 경로별 응급처치

피부를 통한 중독

- 화학물질에 노출된 경우 흐르는 물에 오염 부위를 충분히 씻어준다.
- 눈에 들어간 경우 세척하는 눈이 반대쪽 눈보다 반드시 아래쪽에 있어야 한다.
- 산이나 알칼리에 노출된 경우 이를 중화하기 위해 절대로 반대되는 성질을 가진 물질로 닦아내지 않는다.
- 화학물질에 오염된 의복류는 즉시 제거한다.

흡입에 의한 중독

- 유독가스에 노출된 경우 신선한 공기가 있는 곳으로 이동한다.
- 유독가스 유출이 심한 곳에 환자가 있는 경우 함부로 접근하기 보다는 빨리 119에 신고하여 전문 처치팀이 신속하게 도착하도록 한다.

복용에 의한 중독

- 구토의 유발은 응급 의료정보센터의 연락 후 의사의 지시와 환자의 의식이 명료한 상태에서만 시행한다.
- 환자가 의식이 정상이 아닐 때 구토 유발과 같은 응급처치는 절대 하지 않는다.
- 강산, 강알칼리 등을 복용했을 시 2차 피해를 입을 수 있으므로 구토를 하지 않는다.

04 실험실 환경·안전 점검

1. 안전점검의 종류

일상점검

- 분석장비, 화학물질 등의 보관 상태 및 보호 장비의 관리 실태 등을 육안으로 실시하는 점검으로 연구·개발 활동을 시작하기 전에 매일 1회 실시한다.
- 점검항목 : 일반관리, 산업위생, 전기안전, 소방안전, 화공약품안전, 가스안전, 기계안전 관리, 생물안전 관리 항목 등

정기점검

- 분석장비, 화학물질 등의 보관 상태 및 보호 장비의 관리 실태 등을 안전 점검 기기를 이용하여 실시하는 세부적인 점검으로 매년 1회 이상 실시한다.
- 점검항목 : 일반 관리, 실험 건물 및 실험실, 보호구, 실험실 안전장치, 실험 기계·기구, 화공약품, 기계, 전기 기구, 방사선 취급 등

특별안전점검

폭발·화재 사고 등 연구 활동 종사자의 치명적인 위험을 야기할 가능성이 있다고 예상되는 경우 실시하는 점검으로 필요하다고 인정되는 경우에 실시한다.

2. 분야별 환경점검 항목

2-1 화공 환경 안전

- 물질 안전 보건 자료 비치 및 교육
- 시약병 경고 표지 부착(물질명 및 주의사항, 조제 일자, 조제자명)
- 시약 선반 전도 방지 조치
- 시약 용기 보관 상태(밀폐, 보관 위치 등)
- 시약장 시건장치
- 미사용 시약 적정 기간 보관 여부
- 화학약품 성상별 분류 보관 여부
- 폐액 용기 보관 상태
- 폐액의 성상별 분류, 전용 용기 보관 및 성상 분류명 부착
- 세척설비(세안기, 샤워 설비) 설치 및 관리 상태
- 기타 화공 안전 위험 요소

2-2 소방 환경 안전

- 인화성 물질 적정 보관 여부
- 소화기구의 화재 안전 기준에 따른 소화전함, 소화기 비치 및 관리
- 소화전함 관리
- 출입구 및 복도 통로 적재물 비치 여부, 비상통로 확보 상태
- 비상 조명등 예비 전원
- 기타 소방 안전 위험 요소

2-3 가스 환경 안전

- 가스 용기 충전 기한 경과 여부
- 가스 용기 고정 여부
- 가스 용기 보관 위치(직사광선, 고온 주변 등)
- 가스용기 밸브 보호 캡 설치 여부
- LPG 및 아세틸렌 용기 역화 방지 장치 부착
- 가스배관에 명칭, 압력, 흐름방향 등 기입
- 가스 배관 및 부속품 부식 여부
- 가스 호스 T형 연결 사용 여부
- 용기, 배관, 조정기 및 밸브 등 가스 누출 확인
- 가연성·조연성·독성 가스 용기 관리 상태
- 가스 배관 충격 방지 보호 덮개 설치 여부
- 가연성 및 독성 가스 누출 여부
- 가스 누출 경보 장치 설치 여부(가연성, 독성 등)
- 기타 가스 분야 위험 요소

3. 분석실 시설 관리

3-1 시료 보관 시설

시료 보관 시설은 실험 전 시료를 보관하는 공간으로 시료의 변질을 최대한 억제하기 위한 용도이다.
- 시료 보관시설은 **최소 3개월분의 시료를 보관할 수 있는 공간**을 확보하여야 한다.
- 보관온도는 **약 4℃로 유지**한다.
- 독성 물질, 방서성 물질, 감염성 물질의 시료는 표기 및 보관 조건 등을 기재하여 별도의 공간에 보관하고, 안전장치를 반드시 설치하고 물질에 대한 사용 및 보관 기록을 유지 하여야 한다.
- 시료 보관 시 악취 발생 및 증기 체류를 대비하여 환기 설비를 설치하여야 한다.
- 환기 설비는 작동 시 짧은 시간에 환기가 가능하도록 0.5m/s 이상의 풍속으로 환기
- 조명은 **150lx 이상**으로 하여 기재된 사항을 볼 수 있어야 한다.
- 시료보관 시설은 벽면 응축이 발생할 수 있으므로 **상대습도를 25~30% 정도로 조절**, 경우에 따라 배수라인을 설치하여 바닥에 물이 고이지 않도록 한다.

3-2 시약 보관 시설

시약 보관 시설은 시료를 분석하기 위해 고체, 액체 시약을 보관하는 공간으로 실험이 이루어지는 곳과 분리된 공간이다.

- 시약의 균질성과 **안정성을 확보**하고, 오염이나 혼동을 막기 위해 **별도의 공간**을 마련한다.
- 시약 여유분의 1.5배 이상의 공간을 확보하여야 한다.
- 시약은 종류별로 구분하여 배치하고, 시약의 보관 방법에 따라 냉장, 냉동 등의 설비를 갖추어야 한다.
- 독성 물질, 방서성 물질, 감염성 물질의 시료는 표기 및 보관 조건 등을 기재하여 별도의 공간에 보관하고, 안전장치를 반드시 설치하고 물질에 대한 사용 및 보관 기록을 유지하여야 한다.
- 유기물질, 유기용매, 무기물질은 실험실의 안전과 오염방지를 위해 **별도의 용기**를 사용한다.
- 조명은 **150lx 이상**으로 하여 기재된 사항을 볼 수 있어야 한다.
- 보관 시설은 통풍이 잘되도록 설비하고, 환기는 외부공기와 원활하게 접촉할 수 있도록 최소 0.3 ~ 0.4m/s 이상으로 하여야 한다.

3-3 전처리 시설

전처리 시설은 시료 분석을 위한 이화학 및 추출, 정제 등의 전처리 실험 공간이다.

- 전처리 과정에서 발생할 수 있는 오염 물질을 제어하거나 실험실 내 안정성을 확보하기 위한 **별도의 전처리 시설**이 필요하다.
- 실험실 내에 전처리 시설을 설치한 경우 **외부에서 내부를 확인**할 수 있어야 하며, 내부에서 장금장치를 풀 수 있어야 한다.
- 전처리 시설은 **실험실 면적의 약 15% 이상**을 별도로 확보하여야 한다.
- 오염물질을 배출시킬 수 있는 환기설비, 오염처리장치 등의 안전설비를 갖추어야 한다.
- 유기·무기 물질의 전처리 시설은 별도로 구분해야 하며, 시설별로 환기설비가 필요하다.
- 조명은 **300lx 이상**으로 하여 실험에 용이해야 한다.
- 실험에 맞는 보호장비를 갖추어야 하고, 화재 예방을 위한 **소화기를 비치**한다.

3-4 유리 기구 보관 시설

유리 기구 보관 시설은 분석에 사용되는 유리(초자) 기구를 보관하는 시설이다.
- 최소 면적은 유리 기구를 보관할 수 있는 **공간의 1.5배** 이상이어야 한다.
- 조명은 **150lx 이상**으로 한다.
- **종류별로 분리 보관**하여야 한다.
- 미생물 실험 등에 사용한 유리기구는 감염이나 오염이 되지 않도록 별도의 보관실에서 보관한다.

3-5 저울실

저울실은 시료분석에 필요한 시약 등의 무게를 측정하는 공간이다.
- 시약 제조 시 표준성 및 정확성을 확보하고 분석 오차를 줄이기 위해 실험이 이루어지는 곳과 다른 별도의 공간을 확보하는 것이 바람직하다.
- 조명은 약 **300lx 이상**으로 한다.
- 무게 측정은 수평이며, 진동이 없는 곳에서 측정하고, 주변의 공기를 차단할 수 있는 덮개 등을 이용한다.
- 온도는 시료의 변질을 막기 위해 약 20℃, 습도는 상대습도 40~60%를 유지한다.

3-6 분석실

이화학 분석실
- 분석 목적에 따라 시설을 갖춘다.
- 온도유지를 위해 **중앙 냉난방 장치가 필요**하다.
- 온도는 20℃, 상대습도는 40~60%로 유지한다.
- 환기 및 통풍이 잘 이루어지도록 환기 설비를 설치해야 하며, 배출된 공기는 내부로 재유입되지 않도록 해야 한다.
- 별도의 환기설비가 필요한 경우 별도 **환기 시설(HOOD)을 갖춘다**.
- 조명은 **300lx 이상**으로 한다.
- 실험 용액 및 폐액을 분리할 수 있도록 **배수 설비를 설치**한다.
- 배수 설비가 없는 경우 별도의 공간에 **산성, 알칼리성 물질을 구분하여 처리**한다.

기기 분석실

- 분석 장비 현황을 고려하여 여유 있게 공간을 배치한다.
- 실험 수행과 분석기기 안정을 위해 냉난방장치를 설치해 20℃로 유지하는 것이 바람직하다.
- 조명은 300lx 이상으로 한다.
- 가스가 필요한 분석 장비는 분석실 벽면에서 분석 장비로 연결되는 가스배관을 가변성 자재를 사용하여 장비 이동 시 배관 시설을 조정할 수 있도록 한다.
- 안정적인 전원공급을 위해 무정전 전원장치(UPS) 또는 전압 조정 장치(AVR)를 설치한다.

3-7 가스저장 시설

분석 기기에 사용되는 가스저장 시설을 말한다.

- 가능한 실험실 외부공간에 배치한다.
- 외부의 열을 차단할 수 있는 지하나 음지에 설치한다.
- 상대습도 65% 이상으로 유지하고 환기 설비를 갖춘다.
- 저장실의 면적은 가스 저장분의 약 1.5배 이상으로 한다.
- 저장된 가스통이 넘어지는 것을 방지하기 위해 잠금장치를 설치한다.
- 저장실의 출입문에는 위험 표지 등 경고문을 부착한다.
- 가스통의 유·출입 상황 기재 및 잠금장치를 설치하여 관리자가 통제한다.

개념잡기

실험실 환경에 대한 설명으로 틀린 것은?

① 환기 장치 가동 시 실험자가 소음으로 지장을 받지 않도록 가능한 한 90dB 이하가 되도록 해야 한다.
② 분석용 가스 저장능력은 가스의 종류와 무관하게 저장분의 1.0배 이하로 하여야 한다.
③ 분석실 내 배수관의 재질은 가능한 한 산성이나 알칼리성 물질에 잘 부식되지 않는 재질을 선택하여야 한다.
④ 기기 분석실에 안정적인 전원을 공급할 수 있도록 무정전 전원 장치(UPS) 또는 전압 조정 장치(AVR)를 설치해야 한다.

분석용 가스 저장 시설의 최소 면적은 분석용 가스저장분의 약 1.5배 이상이어야 하며, 가스별로 배관을 별도로 설비하고 가능한 한 이음매 없이 설비해야 한다.

정답 : ②

3-8 폐기물 및 폐수 저장 시설

폐기물 저장 시설
- 실험실과는 별도로 **외부에 설치**하는 것이 바람직하다.
- **최소 3개월 이상** 보관할 수 있는 **공간을 확보**한다.
- 환기 및 통풍이 잘되는 구조로 하고 온도는 10 ~ 20℃, 습도는 45% 이상으로 유지한다.
- 재활용이 가능한 폐기물과 지정폐기물 등 종류별로 별도로 보관한다.
- **가연성 폐기물**은 화재 발생 방지를 위해 **구분**하여 저장한다.

폐수 저장 시설
- 지하나 혐오감을 주지 않는 공간에 설비한다.
- 저장 시설은 외부로 유출되지 않게 **방수처리, 부식, 훼손되지 않는 재질**로 설비한다.
- 발생되는 폐액(산, 알칼리)에 따라 **별도로 분리**하여 저장한다.

3-9 창고, 샤워 및 세척 시설(분석실 지원 시설)

창고
- 실험실과는 **별도로** 설비하며, 최소한 실험실 **면적의 약 7% 이상의 공간을 확보**한다.
- **환기 및 통풍이 원활**한 구조로 한다.
- 장비 보관을 위해 **분석실 환경과 유사**하도록 설비한다.

샤워 및 세척 시설
- **최소한 10m² 이상 확보**하고 분석실과 **근접한** 위치에 설비한다.
- 산, 알칼리, 기타 부식성 물질을 사용하는 곳에 설치한다.
- 사슬이나 삼각형 손잡이로 하여 **쉽게 작동 가능**하도록 한다.
- 배수구 근처에 설치하며 **전기설비 등과는 멀리 떨어져야 한다**.

3-10 출입문

- 출입문은 한쪽 문일 경우 최소 1.2m 이상, 양쪽 문일 경우 2m 이상의 폭으로 하고 높이는 2.5m ~ 3m 정도로 한다.
- 화재나 긴급 시 **신속하게 이동 가능한 구조**로 한다.
- 출입자의 안전을 위해 **실험실 안쪽**으로 열리도록 설치한다.
- 실험실의 출입문의 수는 **최소 2개 이상** 설치한다.
- 출입문 개폐 시 출입자의 힘이 크게 가해지지 않도록 최소 **2 ~ 6kg의 무게로 개폐**할 수 있어야 한다.
- 출입구 주변에는 분석장비, 위험물질, 가구 등을 설치하지 않도록 한다.

05 폐수·폐기물 처리

1. 폐기물의 분류

실험실 및 분석실에서 발생하는 폐기물은 「폐기물관리법」에 따라 처리한다.

폐기물
쓰레기, 연소재, 오니(汚泥), 폐유, 폐산, 폐알칼리 및 동물의 사체 등 사람의 생활이나 사업 활동에 필요하지 아니하게 된 물질을 말한다.

사업장 폐기물
「대기환경보전법」, 「물환경보전법」, 「소음·진동관리법」에 따라 배출 시설을 설치·운영하는 사업장이나 그 밖의 대통령령으로 정하는 사업장에서 발생하는 폐기물을 말한다.

지정폐기물
사업장 폐기물 중 폐유, 폐산 등 주변 환경을 오염시킬 수 있거나 의료 폐기물 등 인체에 위해를 줄 수 있는 물질로서 대통령령으로 정한 폐기물을 말한다.

의료폐기물
보건·의료 기관, 동물병원, 시험·검사 기관 등에서 배출되는 폐기물 중 인체에 감염 등 위해를 줄 우려가 있는 폐기물과 인체 조직 등 적출물, 실험동물의 사체 등 보건·환경보호상 특별한 관리가 필요하다고 인정되는 폐기물로서 대통령령으로 정한 폐기물을 말한다.

생활 폐기물은 사업장 폐기물 외의 폐기물이다.

1-1 지정폐기물의 종류

분류	지정폐기물 종류
특정시설에서 발생되는 폐기물	• 폐합성 고분자화합물(폐합성 수지, 폐합성 고무) * 고체 상태 제외
	• 오니류(폐수처리 오니, 공정 오니) * 수분 함량이 95% 미만이거나 고형물 함량이 5% 이상인 것
	• 폐농약
부식성 폐기물	• 폐산(pH 2 이하 액체) • 폐알칼리(pH 12.5 이상 액체)
유해물질함유 폐기물	• 광재, 분진, 폐주물사 및 샌드블라스트 폐사, 폐내화물 및 재벌구이 이전에 유약을 바른 도자기 조각, 소각재, 안정화 또는 고형화·고화 처리물, 폐촉매, 폐흡착제 및 폐흡수제 등
폐 유기용제	• 할로젠족, 그 밖의 폐유기용제
폐 페인트 및 폐락카	-
폐유	• 기름성분을 5% 이상 함유한 것을 포함하며, 폴리클로리네이티드비페닐 함유 폐기물 및 폐식용유 등 제외
폐석면	• 석면의 제조 가공 시 발생되는 것 • 석면의 제거작업에 사용된 비닐시트, 방진마스크, 작업복 등 포함
폴리클로리네이티드비페닐 함유 폐기물	• 액체상태의 것(2mg/L 이상에 한함) • 액체상태 외의 것(용출액 1리터당 0.003밀리그램 이상 함유한 것으로 한정한다)
폐유독물질	• 화학물질관리법 제2조 제2호의 유독물질을 폐기하는 경우로 한정한다.
의료 폐기물	• 환경부령이 정하는 의료기관이나 시험 검사기관 등에서 발생하는 것에 한함
기타 주변 환경을 오염시킬 수 있는 유해한 물질로서 환경부장관이 정하여 고시하는 물질	-

1-2 의료 폐기물의 종류

분류	의료 폐기물 종류	
격리 의료 폐기물	감염병으로부터 타인을 보호하기 위하여 격리된 사람에 대한 의료행위에서 발생한 폐기물	
위해 의료 폐기물	조직물류 폐기물	혈청, 혈장, 혈액 제제 등
	병리계 폐기물	시험·검사 등에 사용된 배양액, 배양 용기, 폐시험관, 슬라이드, 폐장갑 등
	손상성 폐기물	주삿바늘, 파손된 유리 재질의 시험기구 등
	생물·화학 폐기물	폐백신, 폐항암제, 폐화학 치료제 등
일반 의료 폐기물	혈액, 체액, 분비물 등이 함유되어 있는 탈지면, 붕대, 거즈, 일회용 주사기 등	

1-3 실험 폐기물의 종류

- 폐기할 시약 및 시약병(고체, 액체)
- 중금속을 함유한 화합물
- 폐유독물
- 폐유
- 부동액
- 액상의 폐유기 용제
- 폐산, 폐알칼리
- 폐농약
- 의료 폐기물 등

폐수보관 용기 스티커

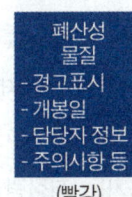
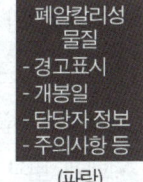
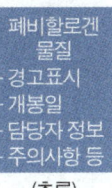

1-4 폐기물 수집요령

- 발생 폐수를 폐액의 종류별로 분리하여 폐수통에 보관한다.
- 원 폐수와 2차 세척 폐수를 수집하는 것이 원칙이다.
- 독성이 강한 물질이나 배출 허용기준이 낮은 물질은 3회의 세척 폐수도 수집한다.

2. 혼합 금지 폐기물 종류

화학물질들이 혼합되면 다량의 에너지를 방출하거나, 가연성 증기나 유독성 기체를 발생시킬 수 있다. 그러므로 폐기물을 보관할 때는 성상별로 구분하여 내용물을 표기하여 보관한다.

- 산화제와 환원제는 서로 떨어져서 별도로 보관한다.
- 반응의 개시제(initiator)는 단위체와 떨어져 있어야 한다.
- 산과 알칼리는 함께 두어서는 안 된다.

3. 폐수, 폐기물 처리와 보관

3-1 실험실 폐기물 관리 주의사항

- 폐시약은 성분별로 폐산, 폐알칼리, 폐할로젠, 폐비할로젠 유기용제, 폐유 등으로 구분하여 보관한다.
- 폐시약 원액은 보관용기를 손상시킬 우려가 있어 희석하여 폐기한다.
- 폐시약병은 내부를 세척제로 3회 이상 세척하여 별도로 분리 배출한다.
- 시약을 취급한 기구나 용기 등을 세척한 세척수도 폐약 보관 용기에 보관한다.
- 폐액 보관 용기는 저장량을 주기적으로 확인하고 처리한다.
- 관리자는 폐수 처리대장을 반드시 작성, 보관하여야 한다.
- 유해 물질이 부착된 거름종이, 약봉지 등은 소각 등의 적당한 처리 후 잔사를 보관한다.

3-2 폐기물 보관용기 관리 주의사항

- 폐기물 분류별 폐액 보관용기에 표지를 부착하여야 한다.
- 폐액 유출이나 악취 차단을 위해 이중 마개로 밀폐하고, 밀폐 여부를 수시로 확인한다.
- 화기 및 열원에 안전한 지정 보관장소를 정한다.
- 직사광선을 피하고 통풍이 잘되는 곳에 보관한다.
- 폐액 수집량은 용기의 2/3을 넘기지 않고 보관일은 「폐기물관리법」시행규칙 (별표5)의 규정에 따라 폐유 및 폐유기 용제 등은 수집 시작일로부터 최대 45일을 초과하지 않는다.
- 폐액 최종 처리 시 담당자는 폐액 처리 대장을 작성하여 보관하여야 한다.

3-3 폐기물 종류별 처리 방법

폐산

- 액체 상태의 폐기물로 pH 2.0 이하의 강산성 물질
- 질산, 황산, 초산, 염산 기타 유기산류 등 각종 산
- 처리절차 : 수집 → 폐수처리장 → 지정폐기물처리업체 수거 → 소각 또는 매립
- 경고표지

산화성	급성독성	부식성

폐알칼리

- 액체 상태의 폐기물로 pH 12.5 이상의 강염기성 물질
- 수산화칼륨, 수산화나트륨, 아민류, 암모니아, 탄산염 등
- 처리절차 : 수집 → 폐수처리장 → 지정폐기물처리업체 수거 → 소각 또는 매립
- 경고표지

산화성	급성독성	부식성

폐할로젠

- 환경부령이 정하는 유기 용제 17종
- 다이클로로메테인, 트라이클로로메테인, 클로로벤젠 등
- 처리절차 : 수집 → 폐수처리장 → 지정폐기물처리업체 수거 → 소각 또는 매립
- 경고표지

산화성	급성독성	폭발성

폐비할로젠

- 환경부령이 정하는 유기용제 17종을 제외한 모든 유기용제
- 아세톤, 메탄올, 에탄올, 에틸벤젠, 벤젠, 포름알데하이드 등
- 처리절차 : 수집 → 폐수처리장 → 지정폐기물처리업체 수거 → 소각 또는 매립
- 경고표지

산화성	급성독성	폭발성

PART 04

과년도 기출문제 & CBT 복원문제

2016년   1, 4회 과년도 기출문제
2017년   1, 3회 CBT 복원문제
2018년   1, 3회 CBT 복원문제
2019년   1, 3회 CBT 복원문제
2020년   1, 3회 CBT 복원문제
2021년   1, 3회 CBT 복원문제
2022년   1, 3회 CBT 복원문제
2023년   1, 3회 CBT 복원문제
2024년   1, 3회 CBT 복원문제
2025년   1, 3회 CBT 복원문제

단원 들어가기 전

기능사 필기 시험은 2016년 5회부터 CBT 방식으로 전면 시행됨에 따라 실제 수험생분들의 복원을 토대로 문제를 구성하였습니다. 본서에 구성된 CBT 복원문제를 통해 최신경향을 파악하고 실력을 키워보세요.

과년도기출문제 2016 * 1

01★
벤젠고리 구조를 포함하고 있지 않은 것은?
① 톨루엔　　② 페놀
③ 자일렌　　④ 사이클로헥산

해설및용어설명 |
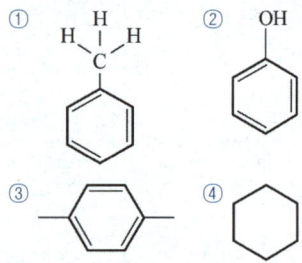

02★
다음의 반응식을 기준으로 할 때 수소의 연소열은 몇 kcal/mol 인가?

$$2H_2 + O_2 \rightleftarrows 2H_2O + 136kcal$$

① 136　　② 68
③ 34　　④ 17

해설및용어설명 | 2mol의 수소가 반응하여 136kcal의 열을 방출하므로, 수소의 몰당 연소열(kcal/mol)은 136/2인 68kcal/mol이 된다.

03★★
포화탄화수소 중 알케인(Alkane) 계열의 일반식은?
① C_nH_{2n}　　② C_nH_{2n+2}
③ C_nH_{2n-2}　　④ C_nH_{2n-1}

해설및용어설명 |
① 알켄의 일반식
② 알케인의 일반식
③ 알카인의 일반식
④ 알킬의 일반식

04★
석고 붕대의 재료로 사용되는 소석고의 성분을 옳게 나타낸 것은?
① H_2SO_4　　② $CaCO_3$
③ Fe_2O_3　　④ $CaSO_4 \cdot \frac{1}{2}H_2O$

해설및용어설명 | ④ 석고의 성분 중 주요성분은 황산칼슘($CaSO_4$)이다. 소석고는 석고를 높은 온도에서 가열하여 수분이 빠진 상태를 말하며, 소석고를 물과 함께 두면 다시 단단함을 얻게 된다.

05*

o - (ortho), m - (meta), p - (para)의 3가지 이성질체를 가지는 방향족 탄화수소의 유도체는?

① 벤젠   ② 알데하이드
③ 자일렌   ④ 톨루엔

해설및용어설명 |

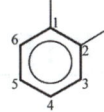 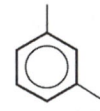 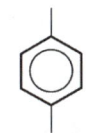

1,2-dimethylbenzene (ortho-xylene) 오쏘(ortho-)자일렌

1,3-dimethylbenzene (meta-xylene) 메타(Meta-)자일렌

1,4-dimethylbenzene (para-xylene) 파라(Para-)자일렌

06*

25wt%의 NaOH 수용액 80g이 있다. 이 용액에 NaOH를 가하여 30wt%의 용액을 만들려고 한다. 약 몇 g의 NaOH를 가해야 하는가?

① 3.7g   ② 4.7g
③ 5.7g   ④ 6.7g

해설및용어설명 | 80g의 NaOH 수용액 중 25wt%의 값은 20g이다. 30wt%를 만들기 위하여 가해주는 만큼의 양을 x라고 한다면

$\dfrac{(20+x)g}{(80+x)g} = 0.30$이므로 가해야 하는 NaOH의 값은 5.7g이 된다.

07*

다음의 0.1mol 용액 중 전리도가 가장 작은 것은?

① NaOH   ② H_2SO_4
③ NH_4OH ④ HCl

해설및용어설명 |
- 강산 : H_2SO_4, HCl
- 강염기 : NaOH
- 약염기 : NH_4OH

08

탄산수소나트륨 수용액의 액성은?

① 중성   ② 염기성
③ 산성   ④ 양쪽성

해설및용어설명 | ② 탄산수소나트륨은 Na^+와 HCO_3^-로 이온화된다.
$H_2O + NaHCO_3 \rightarrow H^+ + OH^- + HCO_3^- + Na^+$
$H_2CO_3 + NaOH$
이 NaOH로 인해 수용액이 약염기를 띠게 된다.

09**

어떤 비전해질 3g을 물에 녹여 1L로 만든 용액의 삼투압을 측정하였더니, 27℃에서 1기압이었다. 이 물질의 분자량은 약 얼마인가?

① 33.8   ② 53.8
③ 73.8   ④ 93.8

해설및용어설명 |

삼투압(π)
$\pi V = nRT$
$1 \times 1L = n \times 0.082(atm \cdot L/mol \cdot K) \times (27+273)K$
n = 0.04065mol

몰수 = $\dfrac{질량}{분자량}$

분자량 = 73.8g/mol

10

전기음성도의 크기 순서로 옳은 것은?

① Cl > Br > N > F
② Br > Cl > O > F
③ Br > F > Cl > N
④ F > O > Cl > Br

해설및용어설명 | ④ 같은 족에서 원자번호가 증가할수록 전자껍질의 수가 많아져서 전자친화도값은 작아진다.

11

건조 공기 속에 헬륨은 0.00052%를 차지한다. 이는 몇 ppm 인가?

① 0.052
② 0.52
③ 5.2
④ 52

해설및용어설명 | 1ppm은 10^{-6}을 기준으로 한 비율이다.

$0.00052 \times \dfrac{1}{100} \times \dfrac{10^6 \text{ppm}}{1} = 5.2 \text{ppm}$

12**

탄산음료수의 병마개를 열었을 때 거품(기포)이 솟아오르는 이유는?

① 수증기가 생기기 때문이다.
② 이산화탄소가 분해하기 때문이다.
③ 온도가 올라가게 되어 용해도가 증가하기 때문이다.
④ 병 속의 압력이 줄어들어 용해도가 줄어들기 때문이다.

해설및용어설명 | ④ 기체의 용해도는 압력이 강할수록 높다. 병마개를 열었을 때 압력이 줄어들어 용해도가 줄어들게 되며, 이때 발생하는 기포는 이산화탄소 입자가 밖으로 나오는 과정에서 이들끼리 뭉쳐진 방울이다.

13*

다음 중 원소주기율표상 족이 다른 하나는?

① 리튬(Li)
② 나트륨(Na)
③ 마그네슘(Mg)
④ 칼륨(K)

해설및용어설명 | ③ 마그네슘은 2족 원소이다.

14

지방족 탄화수소가 아닌 것은?

① 아릴(Aryl)
② 알켄(Alkene)
③ 알카인(Alkyne)
④ 알케인(Alkane)

해설및용어설명 | ① 아릴은 방향족 탄화수소의 핵에서 수소 원자 하나를 제거한 것을 말한다.

15*

산소분자의 확산속도는 수소분자의 확산속도의 얼마 정도인가?

① 4배
② $\dfrac{1}{4}$배
③ 16배
④ $\dfrac{1}{16}$배

해설및용어설명 | 그레이엄의 확산 법칙

일정한 온도와 압력 상태에서 기체의 확산 속도는 그 기체 분자량의 제곱근에 반비례한다는 법칙이다.

속도 $\propto \dfrac{1}{\sqrt{M}}$

수소분자의 확산속도 : 산소분자의 확산속도
$\sqrt{32} : \sqrt{2} = \sqrt{16} : 1 = 4 : 1$

산소분자의 확산속도는 수소분자의 확산속도의 $\dfrac{1}{4}$배가 된다.

정답 10 ④ 11 ③ 12 ④ 13 ③ 14 ① 15 ②

16

펜탄(C_5H_{12})은 몇 개의 이성질체가 존재하는가?

① 2개　　② 3개
③ 4개　　④ 5개

해설및용어설명 |

② C─C─C─C─C

　　　　C
　　　　│
　C─C─C─C

　　　　C
　　　　│
　C─C─C
　　　　│
　　　　C

17★★

Na^+이온의 전자 배열에 해당하는 것은?

① $1s^2 2s^2 2p^6$
② $1s^2 2s^2 3s^6 2s^4$
③ $1s^2 2s^2 3s^6 2s^5$
④ $1s^2 2s^2 2p^6 3s^1$

해설및용어설명 | Na 원자는 전자가 11개이므로 차례로 배열하면 $1s^2 2s^2 2p^6 3s^1$이다. Na^+의 경우 전자를 하나 잃은 상태이므로 전자의 개수가 총 10개로 $1s^2 2s^2 2p^6$가 옳은 전자 배열에 해당한다.

18

10g의 프로판이 완전 연소하면 몇 g의 CO_2가 발생하는가?

① 25g　　② 27g
③ 30g　　④ 33g

해설및용어설명 |

C_3H_8	+	$5O_2$	→	$3CO_2$	+	$4H_2O$
44g/mol		32g/mol		44g/mol		18g/mol
10g				x		

1몰의 C_3H_8가 10g 반응하여 3몰의 CO_2가 생성되므로

44g/mol : 10g = 44g/mol : x

x = 10g이지만 3몰이므로 CO_2는 30g이 된다.

19★★

반감기가 5년인 방사성 원소가 있다. 이 동위원소 2g이 10년이 경과하였을 때 몇 g이 남겠는가?

① 0.125　　② 0.25
③ 0.5　　　④ 1.5

해설및용어설명 | 반감기 공식

$$N(t) = N(0) \times \left(\frac{1}{2}\right)^{\frac{t}{t_{1/2}}}$$

- N(t) : t시간만큼 흘렀을 때 물질의 양
- N(0) : 초기 물질의 양
- t : 시간
- $t_{1/2}$: 반감기

$N(10) = 2 \times \left(\frac{1}{2}\right)^{\frac{10}{5}} = 0.5g$

20★

다음 중 원자의 반지름이 가장 큰 것은?

① Na　　② K
③ Rb　　④ Li

해설및용어설명 | ③같은 족에서는 원자번호가 증가할수록 핵과 전자 사이의 인력이 증가하며, 껍질의 수가 증가하여 원자의 크기도 커진다.

21

어떤 용기에 20℃, 2기압의 산소(O_2) 기체 8g이 들어있을 때 부피는 약 몇 L인가? (단, 산소는 이상기체로 가정하고, 이상기체 상수 R의 값은 0.082atm·L/mol·K이다)

① 3 ② 6
③ 9 ④ 12

해설및용어설명 |

산소 8g의 몰수 $= \dfrac{8g}{32g/mol} = 0.25mol$

$PV = nRT$

$2atm \times V = 0.25(mol) \times 0.082(atm \cdot L/mol \cdot K) \times (273+20)K$

$V = 3L$

22★

다음 중 극성 분자인 것은?

① H_2O ② O_2
③ CH_4 ④ CO_2

해설및용어설명 |
- 극성 공유결합 : 전기음성도가 서로 다른 원자들이 공유결합하고 있는 상태
- 무극성 공유결합 : 전기음성도가 같은 원자들이 공유결합하고 있거나 전기적 평형상태인 공유결합

23★

다음 중 비활성 기체가 아닌 것은?

① He ② Ne
③ Ar ④ Cl

해설및용어설명 | 비활성 기체는 18족 원소를 말한다.
④ Cl은 17족 원소이며 할로젠족이다.

24

물질의 일반식과 그 명칭이 옳지 않은 것은?

① R_2CO : 케톤
② R-O-R : 알코올
③ RCHO : 알데하이드
④ $R-CO_2-R$: 에스터

해설및용어설명 | ② 알코올의 일반식은 R-OH이며, R-O-R은 에터이다.

25★

물 100g에 NaCl 25g을 녹여서 만든 수용액의 질량 백분율 농도는?

① 18% ② 20%
③ 22.5% ④ 25%

해설및용어설명 |

질량 백분율[wt%] $= \dfrac{25}{100+25} \times 100 = 20\%$

26

아세톤이나 에탄올 검출에 이용되는 반응은?

① 은거울 반응 ② 아이오딘폼 반응
③ 비누화 반응 ④ 설폰화 반응

27★★

1차 표준물질이 갖추어야 할 조건 중 틀린 것은?

① 분자량이 작아야 한다.
② 조성이 순수하고 일정해야 한다.
③ 습기, CO_2 등의 흡수가 없어야 한다.
④ 건조 중 조성이 변하지 않아야 한다.

해설및용어설명 | ① 1차 표준물질은 비교적 큰 화학식량을 가지고 있어서 상대적 오차를 최소화해야 한다.

28★

다음 중 알데하이드 검출에 주로 쓰이는 시약은?

① 밀론 용액 ② 비토 용액
③ 펠링 용액 ④ 리베르만 용액

29★

산화환원 적정에 주로 사용되는 산화제는?

① $FeSO_4$ ② $KMnO_4$
③ $Na_2C_2O_4$ ④ $Na_2S_2O_3$

해설및용어설명 |
- 산화제 : 과산화수소(H_2O_2), 질산(HNO_3), 황산(H_2SO_4), 염소(Cl_2), 과망가니즈산칼륨($KMnO_4$), 다이크로뮴산칼륨($K_2Cr_2O_7$) 등
- 환원제 : 수소(H_2), 나트륨(Na), 옥살산($H_2C_2O_4$) 등

30

황산바륨의 침전물에 흡착하기 쉽기 때문에 황산바륨의 침전물을 생성시키기 전에 제거해 주어야 할 이온은?

① Ze^{2+} ② Cu^{2+}
③ Fe^{2+} ④ Fe^{3+}

31★

양이온 제1족에 해당되는 것은?

① Ba^{2+} ② K^+
③ Na^+ ④ Pb^{2+}

해설및용어설명 | 양이온 제1족 : Ag^+, Hg_2^{2+}, Pb^{2+}

32★★

다음 염소산 화합물의 세기 순서가 옳게 나열된 것은?

① $HClO > HClO_2 > HClO_3 > HClO_4$
② $HClO_4 > HClO > HClO_3 > HClO_2$
③ $HClO_4 > HClO_3 > HClO_2 > HClO$
④ $HClO > HClO_3 > HClO_2 > HClO_4$

33

10℃에서 염화칼륨의 용해도는 43.1이다. 10℃, 염화칼륨 포화용액의 중량 %농도는?

① 30.1 ② 43.1
③ 76.2 ④ 86.2

해설및용어설명 | 용해도 43.1이면 물 100g에 43.1g의 염화칼륨이 녹아 있다.

염화칼슘[wt%] = $\dfrac{43.1g}{100g + 43.1g} \times 100 = 30.1\%$

34

양이온 제1족의 분족시약은?

① HCl ② H_2S
③ NH_4OH ④ $(NH_4)_2CO_3$

해설및용어설명 | ① 양이온 제1족 분족시약 : 묽은 염산
- 양이온 제2족 분족시약 : $H_2S(0.3N-HCl)$
- 양이온 제3족 분족시약 : $NH_4OH(NH_4Cl)$
- 양이온 제4족 분족시약 : $H_2S(NH_4OH)$
- 양이온 제5족 분족시약 : $(NH_4)_2CO_3(NH_4OH)$
- 양이온 제6족 분족시약 : 없음

35*

양이온 계통 분리 시 분족시약이 없는 족은?

① 제3족　　② 제4족
③ 제5족　　④ 제6족

36**

20℃에서 포화 소금물 60g 속에 소금 10g이 녹아 있다면 이 용액의 용해도는?

① 10　　② 14
③ 17　　④ 20

해설및용어설명 | 용해도
물 100g에 녹을 수 있는 용질의 양
소금물 60g에는 물 50g, 소금 10g
∴ 소금 용해도 = 20

37*

철광석 중의 철의 정량실험에서 자철광과 같은 시료는 염산에 분해하기 어렵다, 이때 분해되기 쉽도록 하기 위해서 넣어주는 것은?

① 염화 제일주석　　② 염화 제이주석
③ 염화나트륨　　④ 염화암모늄

해설및용어설명 | 염화 제일주석은 환원제로서 역할을 한다.

38**

기체의 용해도에 대한 설명으로 옳은 것은?

① 질소는 물에 잘 녹는다.
② 무극성인 기체는 물에 잘 녹는다.
③ 기체의 용해도는 압력에 비례한다.
④ 기체는 온도가 올라가면 물에 녹기 쉽다.

해설및용어설명 |
① 질소는 무극성 물질로서, 극성인 물에 잘 녹지 않는다.
② 무극성인 기체는 극성인 물에 잘 녹지 않는다.
④ 기체의 온도가 너무 높으면 분자 운동이 활발해서 용매에 녹지 못하고 공기 중으로 빠져나간다. 그러므로 기체는 온도가 낮아야 물에 녹기 쉽다.

39*

제4족 양이온 분족 시 최종 확인 시약으로 다이메틸글라이옥심을 사용하는 것은?

① 아연　　② 철
③ 니켈　　④ 코발트

40*

0.1N-NaOH 표준용액 1mL에 대응하는 염산의 양(g)은? (단, HCl의 분자량은 36.47g/mol이다)

① 0.0003647g　　② 0.003647g
③ 0.03647g　　④ 0.3647g

해설및용어설명 |
- 0.1N - NaOH 표준용액 1mL에 포함된 OH^-의 몰수
  (NaOH의 당량수는 1이므로 몰 농도와 같다)
  = 0.1M × 0.001L = 0.1 × 10^{-3}mol(대응하는 염산의 몰수)
- 염산의 양(g) = 0.1 × 10^{-3}mol × 36.47g/mol = 3.647 × 10^{-3}g

41

탄화수소화합물의 검출에 가장 적합한 가스 크로마토그래피 검출기는?

① TID
② TCD
③ ECD
④ FID

해설및용어설명 | 불꽃 이온화 검출기(FID)는 대부분의 유기화합물을 검출할 수 있다.

42

전기분해반응 $Pb^{2+} + 2H_2O \rightleftharpoons PbO_2(s) + H_2(g) + 2H^+$ 에서 0.1A의 전류가 20분 동안 흐른다면, 약 몇 g의 PbO_2가 석출되겠는가? (단, PbO_2의 분자량은 239로 한다)

① 0.10g
② 0.15g
③ 0.20g
④ 0.30g

해설및용어설명 |
전기가 흐를 때의 전자의 몰수를 계산하면 다음과 같다.
전하량 = 0.1A×20×60 = 120C
96,500C : 1mol = 120C : x
x = 0.00124mol
Pb^{2+}를 석출하기 위해 2개의 전자가 필요하므로 석출되는 Pb의 몰수를 구하면
x(Pb의 몰수) = 0.00062mol
PbO_2의 질량 = 0.00062mol×239g/mol = 0.15g

43★

금속 이온의 수용액에 음극과 양극 2개의 전극을 담그고 직류 전압을 통하여 주면 금속 이온이 환원되어 석출된다. 이때, 석출된 금속 또는 금속산화물을 칭량하여 금속시료를 분석하는 방법은?

① 비색분석
② 전해분석
③ 중량분석
④ 분광분석

44★

가스 크로마토그래피로 정성 및 정량분석하고자 할 때 다음 중 가장 먼저 해야 할 것은?

① 본체의 준비
② 기록계의 준비
③ 표준용액의 조제
④ 가스 크로마토그래피에 의한 정성 및 정량분석

45

액체 크로마토그래피에서 이동상으로 사용하는 용매의 구비 조건이 아닌 것은?

① 점도가 커야 한다.
② 적당한 가격으로 쉽게 구입할 수 있어야 한다.
③ 관 온도보다 20~50℃ 정도 끓는점이 높아야 한다.
④ 분석물의 봉우리와 겹치지 않는 고순도 이어야 한다.

해설및용어설명 |
• 비활성이어야 한다.
• 안정성이 높아야 한다.
• 점도가 낮아야 한다.
• 순도가 높아야 한다.
• 검출기 적합성이 있어야 한다.

46★

두 가지 이상의 혼합 물질을 단일 성분으로 분리하여 분석하는 기법은?

① 분광광도법
② 전기무게분석법
③ 크로마토그래피법
④ 핵자기 공명 흡수법

정답 41 ④ 42 ② 43 ② 44 ① 45 ① 46 ③

47*

람베르트 - 비어의 법칙은 $\log(I_0/I) = \varepsilon bC$로 나타낼 수 있다. 여기서, C를 [mol/L], b를 액층의 두께[cm]로 표시할 때, 비례상수 ε인 몰흡광계수의 단위는?

① [L/cm·mol] ② [kg/cm·mol]
③ [L/cm] ④ [L/mol]

해설및용어설명 |

$\log(I_0/I)$의 단위는 무차원이다.
εbC의 단위를 무차원으로 만들면 비례상수 ε의 단위를 알 수 있다.

$$\varepsilon = \frac{1}{bC} = \frac{1}{cm} \times \frac{1}{mol} = \frac{1}{cm \cdot mol}$$

48*

전해분석 방법 중 폴라로그래피(Polarography)에서 작업전극으로 주로 사용하는 전극은?

① 포화칼로멜 전극 ② 적하수은 전극
③ 백금 전극 ④ 유리막 전극

해설및용어설명 | 폴라로그래피의 구성

- 기준전극 : 포화칼로멜 전극
- 작업전극 : 적하수은 전극
- 보조전극 : 백금 전극

49*

투광도가 50%일 때 흡광도는?

① 0.25 ② 0.30
③ 0.35 ④ 0.40

해설및용어설명 |

$A = 2 - \log[\%T] = 2 - \log(50\%) = 0.301$

50*

원자흡광광도계에서 시료원자부가 하는 역할은?

① 시료를 검출한다.
② 시료를 원자상태로 환원시킨다.
③ 빛의 파장을 원하는 값으로 조절한다.
④ 스펙트럼을 원하는 파장으로 분리한다.

해설및용어설명 | 원자흡광광도계의 시료원자부

- 불꽃형 : 아세틸렌 - 공기 불꽃 속으로 시료를 분무하여 원자화시킨다.
- 비 불꽃형 : 흑연로 또는 탄탈, 텅스텐 필라멘트 등에 전류를 흘려 발생시키는 전열을 이용하여 원자화 시킨다.

51*

다음 크로마토그래피 구성 중 가스 크로마토그래피에는 없고 액체 크로마토그래피에는 있는 것은?

① 펌프 ② 검출기
③ 주입구 ④ 기록계

해설및용어설명 |

- 기체 크로마토그래피의 구조 : 운반기체 - 시료주입부 - 컬럼 - 검출기
- 액체 크로마토그래피의 구조 : 이동상 - 펌프 - 주입구 - 컬럼 - 검출기

52**

pH 미터 보정에 사용하는 완충용액의 종류가 아닌 것은?

① 붕산염 표준용액 ② 프탈산염 표준용액
③ 옥살산염 표준용액 ④ 구리산염 표준용액

해설및용어설명 | pH 미터 보정에 사용하는 pH표준용액

- 수산염 표준용액
- 프탈산염 표준용액
- 인산염 표준용액
- 붕산염 표준용액
- 탄산염 표준용액
- 수산화칼슘 표준용액

53

종이 크로마토그래피법에서 이동도(R_f)를 구하는 식은?
(단, C : 기본선과 이온이 나타난 사이의 거리[cm], K : 기본선과 전개 용매가 전개한 곳까지의 거리[cm]이다)

① $R_f = \dfrac{C}{K}$ ② $R_f = C \times K$

③ $R_f = \dfrac{K}{C}$ ④ $R_f = C + K$

해설 및 용어설명 |
R_f는 이동률의 약자이며, $R_f = \dfrac{\text{용질의 이동거리}}{\text{원점과 용매첨단의 거리}}$ 로 정의할 수 있다.

54*

기체를 이동상으로 주로 사용하는 크로마토그래피는?

① 겔 크로마토그래피
② 분배 크로마토그래피
③ 기체 – 액체 크로마토그래피
④ 이온 교환 크로마토그래피

해설 및 용어설명 | 보기 중 기체를 이동상으로 사용하는 크로마토그래피는 ③ 기체 - 액체 크로마토그래피이다.

55*

다음 반응의 Nernst 식을 바르게 표현한 것은? (단, Ox = 산화형, Red = 환원형, E = 전극전위, E° = 표준전극전위이다)

$$a\ Ox + ne^- \rightleftarrows b\ Red$$

① $E = E° - \dfrac{0.0591}{n} \log \dfrac{[Red]^b}{[Ox]^a}$

② $E = E° - \dfrac{0.0591}{n} \log \dfrac{[Ox]^a}{[Red]^b}$

③ $E = 2E° + \dfrac{0.0591}{n} \log \dfrac{[Red]^b}{[Ox]^a}$

④ $E = 2E° - \dfrac{0.0591}{n} \log \dfrac{[Red]^b}{[Ox]^a}$

56*

전위차 적정의 원리식(Nernst 식)에서 n은 무엇을 의미하는가?

$$E = E° + \dfrac{0.0591}{n} \log C$$

① 표준전위차   ② 단극전위차
③ 이온 농도   ④ 산화수 변화

57

분광광도계의 검출기 종류가 아닌 것은?

① 광전 증배관   ② 광다이오드
③ 음극 진공관   ④ 광다이오드 어레이

해설 및 용어설명 | 분광광도계는 광전 증배관, 광전관, 다이오드 어레이 등의 검출기를 사용한다.

58

원자흡광광도계의 특징으로 가장 거리가 먼 것은?

① 공해물질의 측정에 사용된다.
② 금속의 미량 분석에 편리하다.
③ 조작이나 전처리가 비교적 용이하다.
④ 유기재료의 불순물 측정에 널리 사용된다.

해설및용어설명 | 알칼리 금속, 알칼리 토금속 등 약 65종의 원소 측정이 가능하다.

59★

분광광도계로 미지시료의 농도를 측정할 때 시료를 담아 측정하는 기구의 명칭은?

① 흡수셀
② 광다이오드
③ 프리즘
④ 회절격자

해설및용어설명 | ① 시료부(셀)은 시료 용액을 담는 용도로 사용하며, 측정 파장의 빛을 흡수하지 않아야 한다.

60★

가스 크로마토그래피에서 운반 기체로 이용되지 않는 것은?

① 헬륨
② 질소
③ 수소
④ 산소

해설및용어설명 | 화학적으로 안정하고 시료와 고정상과 반응하지 않는 수소(H_2), 헬륨(He), 아르곤(Ar) 등의 불활성 기체를 사용한다.

과년도 기출문제 2016 * 4

01*
2M NaOH 용액 100mL 속에 있는 수산화나트륨의 무게는?
(단, 원자량은 Na = 23, O = 16, H = 1이다)

① 80g ② 40g
③ 8g   ④ 4g

해설및용어설명 |
2M NaOH 용액 100mL의 몰수 = 2M × 0.1L = 0.2mol
NaOH의 질량 = 0.2 × 40g/mol = 8g

02
다음 중 이온화 경향이 가장 큰 것은?

① Ca ② Al
③ Si ④ Cu

해설및용어설명 | 금속의 이온화 경향성에 의해 ① Ca이 가장 이온화 경향이 크다.

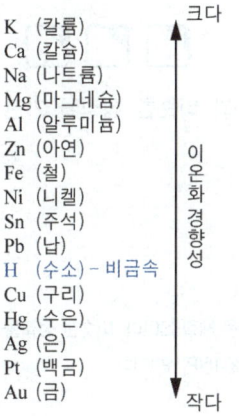

03*
수소 분자 6.02×10^{23}개의 질량은 몇 g인가?

① 2   ② 16
③ 18 ④ 20

해설및용어설명 | 원자나 분자가 1몰이 있을 때의 질량이 6.02×10^{23}개다. 수소 분자의 1몰 질량은 2g이다.

04*
다음 중 알칼리 금속에 속하지 않는 것은?

① Li ② Na
③ K   ④ Si

해설및용어설명 | 알칼리 금속은 1족 원소로서 원자가전자가 1개이며 +1가의 양이온이 되기 쉽다. ④ Si는 14족에 해당하므로 알칼리 금속에 해당하지 않는다.

05*
묽은 염산에 넣을 때 많은 수소 기체를 발생하며 반응하는 금속은?

① Au ② Hg
③ Ag ④ Na

해설및용어설명 | $2Na + 2HCl \rightarrow 2NaCl + H_2 \uparrow$

정답 01 ③ 02 ① 03 ① 04 ④ 05 ④

06

다음 중 유리를 부식시킬 수 있는 것은?

① HF
② HNO_3
③ NaOH
④ HCl

해설및용어설명 | ① F는 유리제품을 부식시킬 수 있는 물질이므로 반드시 플라스틱이나 폴리에틸렌 병 등을 이용해야 한다.

07

소금 200g을 물 600g에 녹였을 때 소금 용액의 wt% 농도는?

① 25%
② 33.3%
③ 50%
④ 60%

해설및용어설명 |

- 질량 백분율(wt%) = $\dfrac{용질의\ 양}{용액(용매 + 용질)의\ 양} \times 100$

- 소금 용액의 (wt%) = $\dfrac{200g}{(600+200)g} \times 100 = 25\%$

08

다음 반응식에서 평형이 왼쪽으로 이동하는 경우는?

$$N_2 + 3H_2 \rightleftarrows 2NH_3 + 92kJ$$

① 온도를 높이고 압력을 낮춘다.
② 온도를 낮추고 압력을 올린다.
③ 온도와 압력을 높인다.
④ 온도와 압력을 낮춘다.

해설및용어설명 | 발열반응이므로 온도를 높이면 온도를 낮추기 위한 방향인 왼쪽으로 평형이 일어난다. 또한 반응 전 몰수가 총 4몰이고 반응 후 몰수가 2몰이므로 압력을 올리면 생성물을 만드는 방향인 오른쪽으로 평형이 이동하지만, 압력을 낮추면 생성물을 만드는 방향인 왼쪽으로 평형이 이동하게 된다.

09

어떤 기체의 공기에 대한 비중이 1.10일 때 이 기체에 해당하는 것은? (단, 공기의 평균 분자량은 29이다)

① H_2
② O_2
③ N_2
④ CO_2

해설및용어설명 |

- 증기비중 = $\dfrac{기체의\ 분자량}{공기의\ 분자량} = \dfrac{기체분자량}{29} = 1.10$

- 기체의 분자량 = 32 = O_2

10

불순물을 10% 포함한 코크스가 있다. 이 코크스 1kg을 완전 연소시키면 몇 kg의 CO_2가 발생하는가?

① 3.0
② 3.3
③ 12
④ 44

해설및용어설명 | 코크스 = C
$C + O_2 \rightarrow CO_2$

- 코크스 1kg의 몰수 = $\dfrac{(1,000 \times 0.9)g}{12g/mol} = 75mol$

- 생성된 CO_2의 몰수 = 75mol
CO_2의 kg = $75mol \times 44g/mol = 3,300g = 3.3kg$

11

주기율표상에서 원자번호 7의 원소와 비슷한 성질을 가진 원소의 원자번호는?

① 2
② 11
③ 15
④ 17

해설및용어설명 | 주기율표상 원자번호 7번은 N(질소)이다. 비슷한 성질을 가진 원소의 원자번호는 같은 족에 속한 ③ 15(P, 인)이다.

12

다음 중 이온화 에너지가 가장 작은 것은?

① Li
② Na
③ K
④ Rb

해설및용어설명 | 보기에 제시된 원소는 1족 원소에 해당한다. 이온화 에너지는 같은 족에서는 원자번호가 증가할수록 원자의 크기가 커지기 때문에 이온화 에너지가 감소한다. 그러므로 이온화 에너지가 가장 작은 것은 ④ Rb이다.

13*

다음 물질 중에서 유기화합물이 아닌 것은?

① 프로판
② 녹말
③ 염화코발트
④ 아세톤

해설및용어설명 | 유기화합물은 생명체의 구성 성분 또는 생명체로부터 만들어지는 화합물이며, 탄소를 기본 골격으로 한 화합물이다.
③ 염화코발트는 코발트 이온과 염화 이온으로 이루어진 염이다.

14**

$MgCl_2$ 2몰에 포함된 염소 분자는 몇 개인가?

① 6.02×10^{23}개
② 12.04×10^{23}개
③ 18.06×10^{23}개
④ 24.08×10^{23}개

해설및용어설명 | $MgCl_2$에는 염소 분자가 1몰 있으므로, 6.02×10^{23}개의 염소 분자가 있다. 2몰의 경우 12.04×10^{23}개의 염소 분자가 있다.

15

다음 중 방향족 탄화수소가 아닌 것은?

① 벤젠
② 자일렌
③ 톨루엔
④ 아닐린

해설및용어설명 | 아닐린은 벤젠의 수소원자가 $-NH_2$로 치환된 화합물로 방향족 탄화수소 유도체에 속한다.

16*

다음 화학식의 올바른 명명법은?

$$CH_3CH_2C \equiv CH$$

① 2-에틸-3-부텐
② 2,3-메틸에틸프로판
③ 1-부틴
④ 2-메틸-3-에틸부텐

해설및용어설명 | 3중 결합 한 개와 탄소가 총 4개이므로 부틴이며, 3중 결합이 가장 끝에 있으므로 ③ 1-부틴으로 명명할 수 있다.

17

아이소프렌, 부타다이엔, 클로로프렌은 다음 중 무엇을 제조할 때 사용되는가?

① 유리
② 합성고무
③ 비료
④ 설탕

18 ★★

에틸알코올의 화학식으로 옳은 것은?

① C_2H_5OH　　② C_2H_4OH
③ CH_3OH　　　④ CH_2OH

해설및용어설명 | 탄소의 개수가 2개이고, 다중결합이 없으며 작용기로 알코올기를 가지고 있는 ① C_2H_5OH이 에틸알코올의 화학식으로 알맞다.

19 ★

혼합물의 분리 방법이 아닌 것은?

① 여과　　　　② 대류
③ 증류　　　　④ 크로마토그래피

해설및용어설명 | ② 대류란 유체가 부력에 의한 상하운동으로 열을 전달하는 것을 말한다. 혼합물을 분리할 수 없다.

20

47℃, 4기압에서 8L의 부피를 가진 산소를 27℃, 2기압으로 낮추었다. 이때 산소의 부피는 얼마가 되겠는가?

① 7.5L　　　　② 15L
③ 30L　　　　④ 60L

해설및용어설명 | 보일 - 샤를의 법칙

$$\frac{P_1V_1}{T_1} = \frac{P_2V_2}{T_2}$$

$$\frac{4 \times 8}{(273+47)} = \frac{2 \times V_2}{(273+27)}$$

$V_2 = 15L$

21 ★

다음 물질 중 승화와 가장 거리가 먼 것은?

① 드라이아이스　　② 나프탈렌
③ 알코올　　　　　④ 아이오딘

해설및용어설명 | ③ 알코올은 액체가 기체로 변하는 기화에 해당한다.

22 ★

순물질에 대한 설명으로 틀린 것은?

① 순수한 하나의 물질로만 구성되어 있는 물질
② 산소, 칼륨, 염화나트륨 등과 같은 물질
③ 물리적 조작을 통하여 두 가지 이상의 물질로 나누어지는 물질
④ 끓는점, 어는점 등 물리적 성질이 일정한 물질

해설및용어설명 | ③ 혼합물에 대한 설명이다.

23 ★★

나트륨(Na) 원자는 11개의 양성자와 12개의 중성자를 가지고 있다. 원자번호와 질량수는 각각 얼마인가?

① 원자번호 : 11, 질량수 : 12
② 원자번호 : 12, 질량수 : 11
③ 원자번호 : 11, 질량수 : 23
④ 원자번호 : 11, 질량수 : 1

해설및용어설명 | 원자번호 = 양성자 수
• 질량수 = 양성자 수 + 중성자 수

24

유리의 원료이며 조미료, 비누, 의약품 등 화학공업의 원료로 사용되는 무기화합물로 분자량이 약 106인 것은?

① 탄산칼슘   ② 황산칼슘
③ 탄산나트륨   ④ 염화칼륨

해설및용어설명 | 유리는 이산화규소(SiO_2)와 탄산나트륨 또는 탄산칼슘을 고온에서 녹여 제조한다.
① 탄산칼슘($CaCO_3$) : 100g/mol
② 황산칼슘 : 136g/mol
③ 탄산나트륨 : 106g/mol
④ 염화칼륨 : 74.5g/mol

25

다이크로뮴산칼륨($K_2Cr_2O_7$)에서 크로뮴의 산화수는?

① 2   ② 4
③ 6   ④ 8

해설및용어설명 |
$K_2Cr_2O_7$에서
$\underline{K_2}\ Cr_2\ \underline{O_7} = 0$
$+2\ \ \ \ \ \ \ \ \ -14$
$Cr_2 = 12$이므로 Cr의 산화수는 $+6$이다.

26*

EDTA 1mol에 대한 금속 이온 결합의 비는?

① 1 : 1   ② 1 : 2
③ 1 : 4   ④ 1 : 6

해설및용어설명 | ① EDTA 1mol에 대한 금속 이온 결합은 1 : 1로 반응한다.

27

양이온 1족에 속하는 Ag^+, Hg_2^{2+}, Pb^{2+}의 염화물에 따라 용해도 곱 상수(K_{sp})를 큰 순서로 바르게 나타낸 것은?

① $AgCl > PbCl_2 > Hg_2Cl_2$
② $PbCl_2 > AgCl > Hg_2Cl_2$
③ $Hg_2Cl_2 > AgCl > PbCl_2$
④ $PbCl_2 > Hg_2Cl_2 > AgCl$

해설및용어설명 |
• $PbCl_2$는 온수에 녹는다.
• $AgCl$(흰색 침전물)는 NH_4OH를 가하면 녹는다.
• H_2Cl_2는 NH_4OH를 가하면 검게 변한다.

28*

양이온 정성분석에서 제3족에 해당하는 이온이 아닌 것은?

① Fe^{3+} ② Ni^{2+}
③ Cr^{3+} ④ Al^{3+}

해설및용어설명 | 양이온 제3족 : Fe^{3+}, Al^{3+}, Cr^{3+}

29*

수소화비소를 연소시켜 이 불꽃을 증발접시의 밑바닥에 접속시키면 비소거울이 된다. 이 반응의 명칭은?

① 구차이트 실험   ② 베텐도르프 시험
③ 마시 시험   ④ 린만 그린 시험

해설및용어설명 |
① 구차이트 실험 : 비소의 화합물은 염산 산성인데 아이오딘화 칼륨·염화주석Ⅱ의 존재하에 금속아연 조각을 첨가하면 환원하여 비소화수소 AsH_3가 되어 발생하는 수소와 함께 기체로서 분리된다.
② 베텐도르프 시험 : 아비산염 또는 비산염 용액 몇 방울을 몇 배 녹인 진한 염산에 가한 후 염화주석Ⅱ의 진한 염산 포화 용액을 가하면 환원되어 비소가 유리한다.
④ 린만 그린 시험 : 아연염 용액에 몇 방울의 질산코발트 용액을 넣어서 아연 이온을 확인하는 데 이용한다.

정답 24 ③   25 ③   26 ①   27 ②   28 ②   29 ③

30★

0.1N-NaOH 25.00mL를 삼각 플라스크에 넣고 페놀프탈레인 지시약을 가하여 0.1N-HCl 표준용액(f = 1.000)으로 적정하였다. 적정에 사용된 0.1N-HCl 표준용액의 양이 25.15mL였다. 0.1N-NaOH 표준용액의 역가(Factor)는 얼마인가?

① 0.1
② 0.1006
③ 1.006
④ 10.006

해설및용어설명 | MV = M′V′
염산과 수산화나트륨은 1 : 1로 반응한다.
N(실제 수산화나트륨의 농도)×25mL = 0.1N×25.15mL
N = 0.1006

- 표준용액의 역가(Factor)

$$f = \frac{0.1006}{0.1} = 1.006$$

31

은적정법 중 하나인 모르(Mohr) 적정법은 염소 이온(Cl^-)을 질산은($AgNO_3$) 용액으로 적정하면 은 이온과 반응하여 적색 침전을 형성하는 반응이다. 이때 사용하는 지시약은?

① K_2CrO_4
② Cr_2O_7
③ $KMnO_4$
④ $Na_2C_2O_4$

32

다음 설명 중 틀린 것은?

① 물의 이온곱은 25℃에서 $1.0 \times 10^{-14} [mol/L]^2$이다.
② 순수한 물의 수소 이온 농도는 $1.0 \times 10^{-7} [mol/L]$이다.
③ 산성 용액은 H^+의 농도가 OH^-보다 더 큰 용액이다.
④ pOH 4는 산성 용액이다.

해설및용어설명 | ④ pH 4가 산성 용액이다.

33★

다음 중 양이온 분족시약이 아닌 것은?

① 제1족 – 묽은 염산
② 제2족 – 황화수소
③ 제3족 – 암모니아수
④ 제4족 – 염화암모늄

해설및용어설명 |
- 제1족 : 묽은 염산
- 제2족 : H_2S + 0.3N-HCl
- 제3족 : NH_4OH + NH_4Cl
- 제4족 : H_2S + NH_4OH
- 제5족 : $(NH_4)_2CO_3$ + NH_4OH
- 제6족 : 없음

34★

중량 분석에 이용되는 조작 방법이 아닌 것은?

① 침전중량법
② 휘발중량법
③ 전해중량법
④ 건조중량법

해설및용어설명 | ④ 건조중량법은 토양 시료의 수분함량을 측정하는 방법이다.

35

aA + bB ⇌ cC 식의 정반응의 평형상수는?

① $\dfrac{[A][B]}{[C]}$
② $\dfrac{[A]^a[B]^b}{[C]^c}$
③ $\dfrac{[C]^c}{[A]^a[B]^b}$
④ $\dfrac{c[C]}{a[A]b[B]}$

해설및용어설명 | 반응 전은 분모로, 반응 후는 분자로 하여 평형상수를 나타낸다. 반응식의 계수는 계승으로 나타낸다.

36 ★★

10g의 어떤 산을 물에 녹여 200mL의 용액을 만들었을 때 그 농도가 0.5M이었다면, 이 산 1몰은 몇 g인가?

① 40g
② 80g
③ 100g
④ 160g

해설및용어설명 | 0.5M 200mL의 몰수 = 0.5M × 0.2L = 0.1mol

산의 분자량 = $\dfrac{질량}{몰수} = \dfrac{10g}{0.1mol} = 100g/mol$

37 ★

강산과 강염기의 작용에 의하여 생성되는 화합물의 액성은?

① 산성
② 중성
③ 양성
④ 염기성

해설및용어설명 | ② 강산과 강염기에 의해 중화되어 중성을 나타낸다.

38

다음 킬레이트제 중 물에 녹지 않고 에탄올에 녹는 흰색 결정성의 가루로서 NH_3 염기성 용액에서 Cu^{2+}와 반응하여 초록색 침전을 만드는 것은?

① 쿠프론
② 다이페닐카바자이드
③ 디티존
④ 알루미논

39

교반이 결정 성장에 미치는 영향이 아닌 것은?

① 확산속도의 증진
② 1차 입자의 용해촉진
③ 2차 입자의 용해촉진
④ 불순물의 공침현상을 방지

40 ★

As_2O_3 중의 As의 1g당량은 얼마인가? (단, As의 원자량은 74.92이다)

① 18.73
② 24.97
③ 37.46
④ 74.92

해설및용어설명 | $As_2\ O_3$
( ) -6 = 0, As_2 = +6
As의 산화수 +3(= 당량수)
As의 1g당량 = $\dfrac{74.92}{3}$ = 24.97

41

혼합물로부터 각 성분들을 순수하게 분리하거나 확인, 정량하는 데 사용하는 편리한 방법으로 물질의 분리는 혼합물이 정지상이나 이동상에 대한 친화성이 서로 다른 점을 이용하는 분석법은?

① 분광 광도법
② 크로마토그래피법
③ 적외선 흡수 분광법
④ 자외선 흡수 분광법

42 ★★

기기 분석법의 장점으로 볼 수 없는 것은?

① 원소들의 선택성이 높다.
② 전처리가 비교적 간단하다.
③ 낮은 오차 범위를 나타낸다.
④ 보수, 유지관리가 비교적 간단하다.

해설및용어설명 | ④ 기기분석법은 보수, 유지관리가 중요하기 때문에 설비의 점검부터 검사, 보수계획, 유지계획 및 지침 등을 통하여 관리하여야 한다.

43

용매만 있으면 모든 물질을 분리할 수 있고, 비휘발성이거나 고온에 약한 물질 분리에 적합하여 용매 및 컬럼, 검출기의 조합을 선택하여 넓은 범위의 물질을 분석 대상으로 할 수 있는 장점이 있는 분석기기는?

① 기체 크로마토그래피(Gas Chromatography)
② 액체 크로마토그래피(Liquid Chromatography)
③ 종이 크로마토그래피(Paper Chromatography)
④ 분광 광도계(Photoelectric Spectrophotometer)

44

pH의 값이 5일 때 pOH의 값은 얼마인가?

① 3 ② 5
③ 7 ④ 9

해설및용어설명 |
pOH = 14 - pH
pOH = 14 - 5 = 9

45

과망가니즈산칼륨 표준용액을 조제하려고 한다. 과망가니즈산칼륨의 분자량은 얼마인가? (단, 원자량은 각각 K = 39, Mn = 55, O = 16이다)

① 126 ② 142
③ 158 ④ 197

해설및용어설명 | 과망가니즈산칼륨 = $KMnO_4$

46

어느 시료의 평균분자들이 컬럼의 이동상에 머무르는 시간의 분율을 무엇이라고 하는가?

① 분배계수 ② 머무름 비
③ 용량인자 ④ 머무름 부피

해설및용어설명 |
$R = \dfrac{t_M}{t_M + t_s}$

- R : 머무름 비
- t_M : 시료 분자가 이동상에서 머무른 시간
- t_s : 시료 분자가 고정상에서 머무른 시간

47

금속에 빛을 조사하면 빛의 에너지를 흡수하여 금속 중의 자유전자가 금속표면에 방출되는 성질을 무엇이라고 하는가?

① 광전효과 ② 틴들현상
③ 라만(Raman)효과 ④ 브라운 운동

48

표준수소전극에 대한 설명으로 틀린 것은?

① 수소의 분압은 1기압이다.
② 수소전극의 구성은 구리로 되어 있다.
③ 용액의 이온 평균 활동도는 보통 1에 가깝다.
④ 전위차계의 마이너스 단자에 연결된 왼쪽 반쪽 전지를 말한다.

해설및용어설명 | 수소전극의 구성은 백금(Pt)로 되어 있다.

49 ★★

약품을 보관하는 방법에 대한 설명으로 틀린 것은?

① 인화성 약품은 자연발화성 약품과 함께 보관한다.
② 인화성 약품은 전기의 스파크로부터 멀고 찬 곳에 보관한다.
③ 흡습성 약품은 완전히 건조시켜 건조한 곳이나 석유 속에 보관한다.
④ 폭발성 약품은 화기를 사용하는 곳에서 멀리 떨어져 있는 창고에 보관한다.

해설및용어설명 | ① 인화성 약품은 자연발화성 약품과 함께 보관을 금한다.

50 ★

전해분석에 대한 설명 중 옳지 않은 것은?

① 석출물은 다른 성분과 함께 전착하거나, 산화물을 함유하도록 한다.
② 이온의 석출이 완결되었으면 비커를 아래로 내리고 전원 스위치를 끈다.
③ 석출물을 세척, 건조 칭량할 때에 전극에서 벗겨지거나 떨어지지 않도록 치밀한 전착이 이루어지게 한다.
④ 한번 사용한 전극을 다시 사용할 때에는 따뜻한 $6N-HNO_3$ 용액에 담겨 전착된 금속을 제거한 다음 세척하여 사용한다.

해설및용어설명 | 전해분석이란 전기분석 중 전해반응 또는 전극반응을 수반하는 정량분석법이다.

51 ★

수소 이온의 농도(H^+)가 0.01mol/L일 때 수소 이온 농도 지수(pH)는 얼마인가?

① 1   ② 2
③ 13 ④ 14

해설및용어설명 | $pH = -\log[H^+] = -\log 0.01 = 2$

52 ★

액체 크로마토그래피의 분석용 관의 길이로서 가장 적당한 것은?

① 1~3cm   ② 10~30cm
③ 100~300cm   ④ 300~1,000cm

해설및용어설명 | ② 액체 크로마토그래피의 분석용 관(컬럼)은 보통 10~30cm의 길이를 사용한다.

53 ★

비색측정을 하기 위한 발색반응이 아닌 것은?

① 염석 생성
② 착이온 생성
③ 콜로이드 용액 생성
④ 킬레이트화합물 생성

해설및용어설명 | 비색법이란 중량법과 달리 분진의 무게가 아니라, 분진에 빛을 조사하여 그 투과된 양으로 효율을 측정하는 방법이다.
① 염석 생성은 비색법이 아닌 침전법을 이용한 반응이다.

54

분광광도계에서 투과도에 대한 설명으로 옳은 것은?

① 시료 농도에 비례한다.
② 입사광의 세기에 비례한다.
③ 투과광의 세기에 비례한다.
④ 투과광의 세기에 반비례한다.

해설및용어설명 |
① 시료의 농도가 높을수록 빛을 많이 흡수하므로 투과도와 농도는 반비례 관계이다.
② 투과도(T) = $\dfrac{I}{I_0}$ 이므로 입사광(I_0)의 세기에 반비례하고 투과광(I)의 세기에 비례한다.

정답 49 ① 50 ① 51 ② 52 ② 53 ① 54 ③

55★

가스 크로마토그래피(GC)에서 사용되는 검출기가 아닌 것은?

① 불꽃 이온화 검출기
② 전자포획 검출기
③ 자외/가시광선 검출기
④ 열전도도 검출기

56

분광광도계에서 광전관, 광전자증배관, 광전도셀 또는 광전지 등을 사용하여 빛의 세기를 측정하는 장치 부분은?

① 광원부
② 파장선택부
③ 시료부
④ 측광부

해설및용어설명 | ④ 분광광도계의 측광부(검출부)는 빛이 시료를 통과하기 전과 후의 빛의 감도를 측정하여 시료가 흡수한 빛의 양을 측정한다.

57★

원자흡수분광계에서 광원으로 속 빈 음극 등에 사용되는 기체가 아닌 것은?

① 네온(Ne)
② 아르곤(Ar)
③ 헬륨(He)
④ 수소(H_2)

해설및용어설명 | 원자흡수분광계에서는 속 빈 음극 등에 Ne, Ar 등의 비활성 기체를 사용한다.

58

약 8,000Å 보다 긴 파장의 광선을 무엇이라고 하는가?

① 방사선
② 자외선
③ 적외선
④ 가시광선

해설및용어설명 |

1Å(옹스트롬) = 10^{-10}m
8,000Å = 8×10^{-10}m

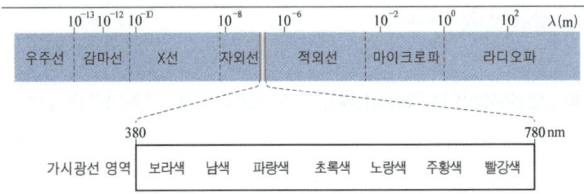

59

특정물질의 전류와 전압의 2가지 전기적 성질을 동시에 측정하는 방법은 무엇인가?

① 폴라로그래피
② 전위차법
③ 전기전도도법
④ 전기량법

60★

가스 크로마토그래피를 이용하여 분석을 할 때, 혼합물을 단일 성분으로 분리하는 원리는?

① 각 성분의 부피 차이
② 각 성분의 온도 차이
③ 각 성분의 이동 속도 차이
④ 각 성분의 농도 차이

CBT 복원문제 2017 * 1

01*

다음은 혼합물과 이를 분리하는 방법 및 원리를 연결한 것이다. 잘못된 것은?

① 혼합물 : NaCl, KNO₃, 적용원리 : 용해도차, 분리방법 : 분별결정
② 혼합물 : H₂O, C₂H₅OH, 적용원리 : 끓는점의 차, 분리방법 : 분별증류
③ 혼합물 : 모래, 아이오딘, 적용원리 : 승화성, 분리방법 : 승화
④ 혼합물 : 석유, 벤젠, 적용원리 : 용해성, 분리방법 : 분액깔때기

해설및용어설명 | 석유, 벤젠 혼합물은 끓는점 차이에 의한 분별증류 방식을 이용한다.

02**

다음 중 삼원자 분자가 아닌 것은?

① 아르곤　　② 오존
③ 물　　　　④ 이산화탄소

해설및용어설명 |
① 아르곤 : Ar(단원자 분자)
② 오존 : O₃(삼원자 분자)
③ 물 : H₂O(삼원자 분자)
④ 이산화탄소 : CO₂(삼원자 분자)

03**

"어떠한 화학반응이라도 반응물 전체의 질량과 생성물 전체의 질량은 서로 차이가 없고 완전히 같다."라고 설명할 수 있는 법칙은?

① 일정성분비의 법칙　　② 배수비례의 법칙
③ 질량보존의 법칙　　　④ 기체반응의 법칙

04***

C₂H₂(아세틸렌)은 σ-결합을 몇 개 가지고 있는가?

① 1개　　② 2개
③ 3개　　④ 4개

해설및용어설명 | H-C≡C-H
C≡C결합 사이 : σ-결합 1개, H-C결합 사이 : σ-결합을 각각 1개씩 총 3개의 σ-결합을 가진다.

05**

다음 중 이온결합인 것은?

① 염화나트륨(Na-Cl)
② 암모니아(N-H₃)
③ 염화수소(H-Cl)
④ 에틸렌(CH₂-CH₂)

해설및용어설명 | ②, ③, ④번은 공유결합에 해당한다.

06 ★

다음 중 분자 간에 수소결합을 이루지 않는 것은?

① HF
② CH_3F
③ CH_3COOH
④ NH_3

해설및용어설명 | 수소와 결합한 전기 음성도가 큰 F, O, N가 H_2O, HF, NH_3와 같이 수소와 결합한 분자들 간의 결합. 즉, 수소결합을 하기 위해서는 분자 내 F-H, O-H, N-H의 결합이 있어야 한다.
② CH_3F은 C-F가 붙어 있기 때문에 수소결합이 불가능하다.

07 ★★

다음 중 반데르발스 결합이 가장 강한 것은?

① H_2-Ne
② Cl_2-Xe
③ O_2-Ar
④ N_2-Ar

해설및용어설명 | 반데르발스 결합은 분자 간 인력으로 유효핵전하가 큰 (원자번호가 큰) 분자의 결합일수록 반데르발스 결합이 강하다.
① H_2(1번) - Ne(10번)
② Cl_2(17번) - Xe(54번)
③ O_2(8번) - Ar(18번)
④ N_2(7번) - Ar(18번)

08 ★★

20℃에서 포화 소금물 60g 속에 소금 10g이 녹아 있다면 이 용액의 용해도는?

① 10
② 14
③ 17
④ 20

해설및용어설명 | 용해도
물 100g에 녹을 수 있는 용질의 양
소금물 60g = 물 50g, 소금 10g
∴ 소금 용해도 = 20

09 ★★

$MgCl_2$ 2몰에 포함된 염소 분자는 몇 개인가?

① 6.02×10^{23}개
② 12.04×10^{23}개
③ 18.06×10^{23}개
④ 24.08×10^{23}개

해설및용어설명 | $MgCl_2$에는 염소 분자가 1몰 있으므로, 6.02×10^{23}개의 염소 분자가 있다. 2몰의 경우 12.04×10^{23}개의 염소 분자가 있다.

10 ★★

어떤 비전해질 3g을 물에 녹여 1L로 만든 용액의 삼투압을 측정하였더니, 27℃에서 1기압이었다. 이 물질의 분자량은 약 얼마인가?

① 33.8
② 53.8
③ 73.8
④ 93.8

해설및용어설명 | 삼투압(π)
$\pi V = nRT$
$1 \times 1L = n \times 0.082(atm \cdot L/mol \cdot K) \times (27+273)K$
$n = 0.04065 mol$

몰수 = $\dfrac{질량}{분자량}$

분자량 = 73.8g/mol

11 ★★★

다음 수성가스 반응의 표준반응열은?

$C + H_2O(l) \rightleftarrows CO + H_2$
(단, 표준생성열(290K)은 $\triangle H_f(H_2O) = -68,317cal$, $\triangle H_f(CO) = -26,416cal$이다)

① 68,317cal
② 26,416cal
③ 41,901cal
④ 94,733cal

해설및용어설명ㅣ
- 수성가스($CO + H_2$)
  고온의 코크스(C)와 수증기가 만나 생성되는 가스이다.
- 표준반응열
  생성물의 $\triangle H_f$ - 반응물의 $\triangle H_f$ = -26,416 - (-68,317)
  $= 41,901 cal$
- C와 H_2의 표준생성열은 0이다.

12*

탄화칼슘에 물을 작용시켜 얻을 수 있는 가스로서 용접가스 또는 PVC 등의 합성수지의 원료로 사용되는 것은?

① C_2H_2
② H_2O_2
③ CO
④ HCN

해설및용어설명ㅣ
$2CaC + 2H_2O \rightarrow 2Ca(OH)_2 + C_2H_2$

13**

용기 속에 들어 있는 액체 프로판 1kg을 표준상태의 가스로 기화하였을 때 몇 L가 되는가? (단, 이상기체의 거동을 한다고 가정한다)

① 200
② 509
③ 710
④ 1,029

해설및용어설명ㅣ
액체 프로판(C_3H_6) 1kg의 몰수 = $\dfrac{1,000g}{44g/mol}$ = 22.73mol

표준상태(0℃, 1기압)이므로 22.73mol × 22.4L/mol = 509L

14**

화학 평형에 대한 설명으로 틀린 것은?

① 화학 반응에서 반응 물질(왼쪽)로부터 생성 물질(오른쪽)로 가는 반응을 정반응이라고 한다.
② 화학 반응에서 생성 물질(오른쪽)로부터 반응 물질(왼쪽)로 가는 반응을 비가역 반응이라고 한다.
③ 온도, 압력, 농도 등 반응 조건에 따라 정반응과 역반응이 모두 일어날 수 있는 반응을 가역 반응이라고 한다.
④ 가역 반응에서 정반응 속도와 역반응 속도가 같아져서 겉보기에는 반응이 정지된 것처럼 보이는 상태를 화학 평형 상태라고 한다.

해설및용어설명ㅣ 가역 반응이란 정반응과 역반응이 모두 일어나는 반응이며, 비가역 반응이란 한쪽 방향으로만 반응이 진행되는 반응을 말한다.
② 화학 반응에서 생성 물질(오른쪽)로부터 반응 물질(왼쪽)로 가는 반응을 역반응이라고 한다.

15*

수산화나트륨에 대한 설명 중 틀린 것은?

① 물에 잘 녹는다.
② 조해성 물질이다.
③ 양쪽성 원소와 반응하여 수소를 발생한다.
④ 공기 중의 이산화탄소를 흡수하여 탄산나트륨이 된다.

해설및용어설명ㅣ 조해성
공기 중 수분을 흡수하여 녹는 성질
- 양쪽성 원소 종류 : Al, Zn, Ga, In, Sn, Tl, Pb, Bi
- 양쪽성 원소는 수산화나트륨과 반응하며, Al, Zn 등은 수소기체를 발생시킨다.

17 ★★

pH에 관한 식을 옳게 나타낸 것은?

① pH = log[H⁺] ② pH = −log[H⁺]
③ pH = log[OH⁻] ④ pH = −log[OH⁻]

18 ★

황화수소(H_2S)의 일반적인 성질 중 틀린 것은?

① 특유한 냄새를 가진 유독한 기체이다.
② 환원제이다.
③ 물에 불용이다.
④ 알칼리에 반응하여 염을 생성한다.

해설및용어설명 | 황화수소는 수용성이다.

19

20wt% NaOH 용액 10g을 중화하는 데 0.5N HCl 몇 mL가 필요한가?

① 50mL ② 100mL
③ 150mL ④ 200mL

해설및용어설명 |

20wt% NaOH 용액 10g에 포함된 NaOH의 g = 2g

NaOH의 몰수 = $\frac{2g}{40g/mol}$ = 0.05mol

HCl의 몰수가 0.05mol이면 중화가 된다.

0.5M × V = 0.05mol(HCl의 당량수는 1이므로 N = M이다)

V = 0.1L = 100mL

20 ★★

다음 중 1차(Primary) 알코올로 분류되는 것은?

① $(CH_3)_2CHOH$ ② $(CH_3)_3COH$
③ C_2H_5OH ④ $(CH_2)_2Br_2$

해설및용어설명 | 알킬기 수에 따라서 1차, 2차, 3차 알코올로 나눌 수 있다. 그러므로 1차 알코올로 분류되는 것은 알킬기가 1개인 ③ C_2H_5OH가 된다.

구분	1차 알코올	2차 알코올	3차 알코올
일반식	R—C(OH)(H)—H	R—C(OH)(H)—R	R—C(OH)(R)—R

21 ★★

0.2mol/L H_2SO_4 수용액 100mL를 중화시키는 데 필요한 NaOH의 질량은?

① 0.4g ② 0.8g
③ 1.2g ④ 1.6g

해설및용어설명 |

H_2SO_4 100mL의 몰수 = 0.02mol

H^+의 몰수 = 0.04mol(= 필요한 NaOH의 몰수)

NaOH의 질량 = 0.04mol × 40g/mol = 1.6g

22★

페놀(C_6H_5OH)에 대한 설명 중 옳은 것은?

① 산(-COOH)과 반응하여 에테르를 만들어 낸다.
② $FeCl_3$과 반응하여 수소기체를 발생시킨다.
③ 수용액은 염기성이다.
④ 금속나트륨과 반응하여 수소기체를 발생시킨다.

해설및용어설명 |
- 페놀류는 염화철($FeCl_3$)과 반응해 적자색의 정색반응 일으킨다.
- 페놀은 약한 산성을 나타내고 있어 금속나트륨과 반응하여 수소기체를 발생시킨다.

23★★

다음의 반응으로 철을 분석한다면 N/10$KMnO_4$(f=1.000) 1mL에 대응하는 철의 양은 몇 g인가? (단, Fe의 원자량은 55.85이다)

$$10FeSO_4 + 8H_2SO_4 + 2KMnO_4 \rightarrow 5Fe(SO_4)_3 + K_2SO_4$$

① 0.005585g Fe
② 0.05585g Fe
③ 0.5585g Fe
④ 5.585g Fe

해설및용어설명 | $KMnO_4$의 산화수는 5이다.(당량수와 같다)
$0.1N = 5 \times$ 몰 농도[M]
$KMnO_4$의 몰 농도 = 0.02M
0.02M, 1mL에 포함된 $KMnO_4$의 몰수 = 0.02×10^{-3} mol
$FeSO_4$은 $KMnO_4$와 5 : 1로 반응하므로
$FeSO_4$의 몰수는 = 0.1×10^{-3} mol
Fe의 질량 = 0.1×10^{-3} mol $\times 55.85$(원자량) = 5.58×10^{-3}g
= 0.005585g

24★★

다음 중 P형 반도체 제조에 소량 첨가하는 원소는?

① 인
② 비소
③ 붕소
④ 안티몬

25★★

다음 중 건조용으로 사용되는 실험기구는?

① 데시케이터
② 피펫
③ 메스실린더
④ 플라스크

해설및용어설명 | ① 데시케이터는 물체가 건조상태를 유지하도록 보존하는 용기이다.

26★★

몰 농도를 구하는 식을 옳게 나타낸 것은?

① 몰 농도[M] = 용질의 몰수[mol]/용액의 부피[L]
② 몰 농도[M] = 용질의 몰수[mol]/용매의 질량[kg]
③ 몰 농도[M] = 용질의 질량[g]/용액의 질량[kg]
④ 몰 농도[M] = 용질의 당량/용액의 부피[L]

해설및용어설명 |
② 몰랄 농도[m]에 대한 식
③ 질량 백분율[wt%]에 대한 식
④ 노르말 농도[N]에 대한 식

27★

음이온 정성분석에서 Cl^-, Br^-, I^-, CNS^- 이온의 침전을 생성하기 위하여 주로 사용하는 시약은?

① $AgNO_3$
② $NaNO_3$
③ KNO_3
④ HNO_3

해설및용어설명 | 할로겐 원소와 은(Ag)의 착물
- AgF : 물에 용해
- AgCl : 흰색 침전
- AgBr : 연한 노란색 침전
- AgI : 노란색 침전

정답 22 ④ 23 ① 24 ③ 25 ① 26 ① 27 ①

28 ★★

농도가 1.0×10^{-5} mol/L인 HCl 용액이 있다. HCl 용액이 100% 전리한다고 한다면 25℃에서 OH^-의 농도는 몇 mol/L인가?

① 1.0×10^{-14}　　② 1.0×10^{-10}
③ 1.0×10^{-9}　　④ 1.0×10^{-7}

해설및용어설명 |

　　HCl　　⇌　　H^+　　+　　Cl^-
1.0×10^{-5} mol/L　　1.0×10^{-5} mol/L　　1.0×10^{-5} mol/L

OH^-의 농도를 구하기 위하여 물의 이온곱 상수를 이용하면

$K_w = [H^+][OH^-]$

$(1.0 \times 10^{-14}) = (1.0 \times 10^{-5}) \times [OH^-]$

$[OH^-] = 1.0 \times 10^{-9}$

29 ★

고체의 용해도에 대한 설명 중 가장 거리가 먼 것은?

① NaCl의 용해도는 온도에 따라 큰 변화가 없다.
② 일반적으로 고체는 온도가 상승하면 용해도가 커진다.
③ 일반적으로 고체는 압력이 높아지면 용해도가 커진다.
④ KNO_3은 용해도가 온도에 따라 큰 차이가 있다.

해설및용어설명 | 고체의 용해도
대부분의 경우 용매의 온도가 높아질수록 용해도가 증가하며, 압력에는 무관하다.

30 ★★

다음 중 양이온 제3족이 아닌 것은?

① Fe　　② Cr
③ Al　　④ Zn

해설및용어설명 |
- 양이온 제3족 : Fe^{3+}, Al^{3+}, Cr^{3+}
- 양이온 제4족 : Ni^{2+}, Co^{2+}, Zn^{2+}, Mn^{2+}

31 ★★

양이온 5족의 정성분석 이온 중 Ba^{2+}가 K_2CrO_4와 반응하여 침전을 생성시킨다. 이때 침전의 색깔은?

① 노란색　　② 빨간색
③ 검정색　　④ 연두색

해설및용어설명 |
$Ba^{2+} + CrO_4^{2-} \rightarrow BaCrO_4$(노란색)

32 ★★

다음 중 지시약이 아닌 것은?

① 메틸오렌지　　② 브로민크레졸 그린
③ 브로민티몰 블루　　④ 메틸 에터

해설및용어설명 | pH용 지시약
메틸오렌지, 브로민크레졸 그린, 브로민티몰 블루 등

33 ★★

EDTA 적정법에서 역적정을 이용하는 경우가 아닌 것은?

① 시료 중 금속 이온이 지시약과 반응하는 경우
② 사용할 적당한 지시약이 없는 금속 이온을 분석할 경우
③ 시료 중 금속 이온이 EDTA를 가하기 전에 침전물을 형성하는 경우
④ 시료 중 금속 이온이 적정 조건에서 EDTA와 너무 천천히 반응하는 경우

해설및용어설명 | EDTA 역적정은 과량의 EDTA를 분석물과 반응시킨 후 남은 EDTA를 다시 금속 이온 표준용액으로 적정하는 방법으로 다음 경우에 사용한다.
- 금속 이온이 지시약과 반응하는 경우
- 시료 중 금속 이온이 EDTA를 가하기 전 침전물을 형성하는 경우
- EDTA와 너무 천천히 반응하는 경우

28 ③　29 ③　30 ④　31 ①　32 ④　33 ②

34

적정반응에서 용액의 물리적 성질이 갑자기 변화되는 점이며, 실질 적정반응에서 적정의 종결을 나타내는 점은?

① 당량점 ② 종말점
③ 시작점 ④ 중화점

해설 및 용어설명 |
① 당량점 : 중화반응에서 실제 H^+의 몰수와 OH^-의 몰수가 같아지는 지점
② 종말점 : 적정이 끝나는 지점
④ 중화점 : 산과 염기의 중화반응이 완결된 지점

35

다음 황화합물 중 색깔이 검은색인 것은?

① CdS ② CuS
③ SnS ④ As_2S_3

해설 및 용어설명 |
① CdS : 노란색
③ SnS : 진한 갈색
④ As_2S_3 : 노란색

36

다음 보기는 어떤 기기에 대한 설명인가?

- 두 전극 사이에 발생하는 전위차를 측정하는 방법이다.
- 사용 전에 캘리브레이션 작업을 해주어야 한다.
- 용액의 액성을 정확하게 측정할 수 있다.

① 비색계 ② 점도계
③ 굴절계 ④ pH 미터

해설 및 용어설명 | 용액 속의 H^+의 농도를 측정하는 장치로 측정 용액에 pH 전극을 담그면 용액 중의 H^+의 농도에 따라 전위차가 발생하며, 이 전위를 측정하여 pH를 측정한다.

37

횡파의 빛을 니콜 프리즘에 통과시키면 일정한 방향으로 진동시키는 빛을 얻는데 이것을 무엇이라 하는가?

① 편광 ② 전도
③ 굴절 ④ 분광

38

분광광도계의 구조 중 일반적으로 단색화 장치나 필터가 사용되는 곳은?

① 광원부 ② 파장 선택부
③ 시료부 ④ 검출부

해설 및 용어설명 |
① 광원부 : 일정한 파장의 빛을 발생시키는 역할을 한다.
② 파장 선택부 : 빛의 회절 현상을 이용하여 특정 파장대의 빛을 선택한다.
③ 시료부 : 셀은 시료 용액을 담는 용도로 사용한다.
④ 검출부 : 빛이 시료를 통과하기 전과 후의 빛의 감도를 측정하여 시료가 흡수한 빛의 양을 측정한다.

39

분광광도계 실험에서 과망가니즈산칼륨 시료 1,000ppm을 40ppm으로 희석시키려면, 100mL 플라스크에 시료 몇 mL를 넣고 표선까지 물을 채워야 하는가?

① 2 ② 4
③ 20 ④ 40

해설 및 용어설명 | $MV = M'V'$
$1,000ppm \times V = 40ppm \times 100mL$
$V = 4mL$

40*

원자흡수분광법에서 주로 사용하는 광원은?

① 중수소램프(D2 Lamp)
② 텅스텐램프(W Lamp)
③ 속 빈 음극램프(Hollow Cathode Lamp)
④ 글로바(Globar) 방전관

해설및용어설명 | 속 빈 음극등(HCL), 전극 없는 방전등(EDL)

41*

적외선 분광광도계를 취급할 때 주의사항 중 옳지 않은 것은?

① 온도는 10 ~ 30℃가 적당하다.
② 습도는 크게 문제가 되지 않는다.
③ 먼지와 부식성 가스가 없어야 한다.
④ 강한 전기장, 자기장에서 떨어져 설치한다.

해설및용어설명 | 시료를 분석하는 장비는 습도에 영향을 받는다.

42**

크로마토그래피에 관한 설명 중 옳지 않은 것은?

① 정지상으로 고체가 사용된다.
② 정지상과 이동상을 필요로 한다.
③ 이동상으로 액체나 고체가 사용된다.
④ 혼합물을 분리·분석하는 방법 중의 하나이다.

해설및용어설명 | ③ 이동상으로 기체나 액체가 사용된다.

43*

HPLC(고성능 액체 크로마토그래피)가 갖추어야 할 조건으로 가장 거리가 먼 것은?

① 펌프 내부는 용매와 화학적 상호 반응이 없어야 한다.
② 최소한 5,000psi의 고압에 견디어야 한다.
③ 펌프에서 나오는 용매는 펄스가 일정해야 한다.
④ 기울기 용리가 가능해야 한다.

해설및용어설명 | 펌프에서 나오는 용매는 펄스가 없어야 한다.

44**

가스 크로마토그래피에서 운반 기체에 대한 설명으로 옳지 않은 것은?

① 화학적으로 비활성이어야 한다.
② 수증기, 산소 등이 주로 이용된다.
③ 운반 기체와 공기의 순도는 99.995% 이상이 요구된다.
④ 운반 기체의 선택은 검출기의 종류에 의해 결정된다.

해설및용어설명 | ② 화학적으로 안정하고 시료와 고정상과 반응하지 않는 수소(H_2), 헬륨(He), 아르곤(Ar) 등의 불활성 기체를 사용한다.

45*

가스 크로마토그래피의 검출기 중 불꽃 이온화 검출기에 사용되는 불꽃을 위해 필요한 기체는?

① 헬륨
② 질소
③ 수소
④ 산소

정답 40 ③ 41 ② 42 ③ 43 ③ 44 ② 45 ③

46 ★★

불꽃 이온화 검출기의 특징에 대한 설명으로 옳은 것은?

① 유기 및 무기화합물을 모두 검출할 수 있다.
② 검출 후에도 시료를 회수할 수 있다.
③ 감도가 비교적 낮다.
④ 시료를 파괴한다.

해설및용어설명 | 불꽃 이온화 검출기(FID)는 대부분의 유기화합물을 검출할 수 있으며, 시료를 불꽃으로 이온화하기 때문에 시료를 파괴한다.

47 ★★

전해 결과 두 전극에 전지가 생성되면 이것이 외부로부터 가해지는 전압을 상쇄시키는 기전력을 내는데 이것을 무엇이라고 하는가?

① 분해전압   ② 과전압
③ 역기전력   ④ 전극반응

해설및용어설명 |
① 분해전압 : 실제로 전기 분해를 하기 위한 최소의 전압
② 과전압 : 정격 전압보다 높은 전압
④ 전극반응 : 전극과 전해질 용액 사이의 경계면에서 발생하는 전자의 주고받음을 포함한 화학반응

48 ★

HCl의 표준용액 25.00mL를 채취하여 농도를 분석하기 위해 0.1M NaOH 표준용액을 이용하여 전위차 적정하였다. pH 7에서 소비량이 25.40mL라면 HCl의 농도는 약 몇 M인가? (단, 0.1M NaOH 표준용액의 역가(f)는 1.0920이다)

① 0.01   ② 0.11
③ 1.11   ④ 2.11

해설및용어설명 | 역가(f)는 표준용액의 오차를 나타낸다.
그러므로 적정에 사용된 NaOH의 실제 농도는 $0.1M \times 1.092 = 0.1092M$ 이다.
적정에 사용된 NaOH의 몰수(= HCl의 몰수)는 다음과 같이 계산한다.
$= 0.1092M \times 25.40 \times 10^{-3}L = 2.77 \times 10^{-3} mol$

HCl의 몰 농도 $= \dfrac{2.77 \times 10^{-3} mol}{25.00 \times 10^{-3} L} = 0.11M$

49 ★★★

분극성의 미소전극과 비분극성의 대극과의 사이에 연속적으로 변화하는 전압을 가하여 전해에 의해 생긴 전류를 측정한 후, 전압과 전류의 관계곡선(전류 - 전압 곡선)을 그려 해당 곡선의 해석을 통해 목적 성분을 분리하는 방법은?

① 전위차 분석   ② 폴라로그래피
③ 전해 중량분석   ④ 전기량 분석

50 ★★

기기 분석법의 장점으로 볼 수 없는 것은?

① 원소들의 선택성이 높다.
② 전처리가 비교적 간단하다.
③ 낮은 오차범위를 나타낸다.
④ 보수, 유지관리가 비교적 간단하다.

해설및용어설명 | ④ 기기 분석법은 보수, 유지관리가 중요하기 때문에 설비의 점검부터 검사, 보수 계획, 유지계획 및 지침 등을 통하여 관리하여야 한다.

51

약품을 보관하는 방법에 대한 설명으로 틀린 것은?

① 인화성 약품은 자연발화성 약품과 함께 보관한다.
② 인화성 약품은 전기의 스파크로부터 멀고 찬 곳에 보관한다.
③ 흡습성 약품은 완전히 건조시켜 건조한 곳이나 석유 속에 보관한다.
④ 폭발성 약품은 화기를 사용하는 곳에서 멀리 떨어져 있는 창고에 보관한다.

해설및용어설명 | ① 인화성 약품은 자연발화성 약품과 함께 보관을 금한다.

52

금속 나트륨(Na)을 보관하려면 어느 물질 속에 저장하여야 하는가?

① 물　　　　　　　② 파라핀
③ 알코올　　　　　④ 이산화탄소

해설및용어설명 | 나트륨, 칼륨은 물과 폭발적으로 반응하며, 수소 기체를 발생시키기 때문에 석유류(등유, 경유)나 파라핀 속에 저장한다.

53

아세톤, 메탄올에 대한 설명 중 틀린 것은?

① 인화점이 높은 물질이다.
② 저장장소에 화기엄금 표시를 한다.
③ 가열 및 충격을 피한다.
④ 저장 시 정전기 발생을 방지하여야 한다.

해설및용어설명 |
• 아세톤, 메탄올은 인화성 액체로 상온에서 액체상태로 불에 탈 수 있기 때문에 인화점이 낮다.
• 화기엄금 및 가열, 충격, 마찰을 피해야 하며, 또한 정전기 발생을 방지하여야 한다.

54

공시험(Blank test)을 하는 가장 주된 목적은?

① 불순물 제거　　　② 시약의 절약
③ 시간의 단축　　　④ 오차를 줄이기 위함

55

유기정성의 위험에 대한 주의사항 중 가장 올바른 것은?

① 인화성 액체는 보통 1~2L 정도 채취하여 실습에 임한다.
② 인화성 물질은 1회 적정 시 3g 정도 채취하여 실습한다.
③ 염소나 브로민 등 독가스를 마셨을 때는 에틸알코올을 마신다.
④ 다이아조염이나 나이트로화합물은 경제적으로 이득이 있게 다량 채취하여 실습한다.

해설및용어설명 |
① 인화성 물질은 점화원에 의해 쉽게 연소하므로 적당량 덜어서 조심히 사용한다.
③ 에탄올은 신체에 치명적 손상을 주기 때문에 마시면 안 된다.
④ 다이아조염이나 나이트로화합물은 가연성 물질이며 분해 시 산소를 방출하므로 소량 사용한다.

56

산-염기 적정을 전위차법으로 적정할 때에 관한 설명 중 틀린 것은?

① 유리전극을 사용한다.
② 금, 팔라듐 전극을 사용한다.
③ 포화 칼로멜 전극을 사용한다.
④ 측정전위는 용액의 pH에 비례한다.

해설및용어설명 |
• 산-염기 적정을 위한 전위차법 적정
• 지시전극으로 pH측정용 유리전극 사용(막지시전극)
• 기준전극으로 칼로멜 기준전극, 은-염화은 전극 사용

57 ★★

다음 중 이온화 경향이 큰 것부터 순서대로 나열이 바르게 된 것은?

① Li > K > Na > Al > Cu
② Al > K > Li > Cu > Na
③ Na > K > Li > Cu > Al
④ Cu > Li > K > Al > Na

해설및용어설명 | Li(리튬)은 칼륨보다 반응성이 크다.

58 ★

다음 반응식의 표준전위는 얼마인가?

$Cd(s) + 2Ag^+ \rightleftarrows Cd^{2+} + 2Ag(s)$
이때 반응의 표준환원전위는 다음과 같다.
$Ag^+ + e^- \rightleftarrows Ag(s), E° = +0.799V$
$Cd^{2+} + 2e^- \rightleftarrows Cd(s), E° = -0.402V$

① +1.201V ② +0.397V
③ +2.000V ④ -1.201V

해설및용어설명 |
산화반응 : $Cd(s) \rightleftarrows Cd^{2+} + 2e^-, E° = +0.402V$
환원반응 : $2Ag^+ + 2e^- \rightleftarrows 2Ag(s), E° = +0.799$

전체반응 : $Cd(s) + 2Ag^+ \rightleftarrows Cd^{2+} + 2Ag(s), E° = +1.201V$
※ 표준환원전위는 전자수와 무관하기 때문에 산화반응에서 2배씩 증가해도 E°는 그대로이다.

59 ★★

고성능 액체 크로마토그래피는 고정상의 종류에 의해 4가지로 분류된다. 다음 중 해당되지 않는 것은?

① 분배 ② 흡수
③ 흡착 ④ 이온 교환

해설및용어설명 | 액체 크로마토그래피 분류
- 고성능 액체 크로마토그래피(HPLC)
  - 분배 크로마토그래피
  - 흡착 크로마토그래피
- 이온 크로마토그래피
  - 이온 교환 크로마토그래피
- 겔 투과 크로마토그래피
  - 크기 배제 크로마토그래피

60 ★

적외선 분광광도계에 의한 고체시료의 분석방법 중 고체 시료의 취급 방법이 아닌 것은?

① 용액법 ② 페이스트(paste)법
③ 기화법 ④ KBr 정제법

해설및용어설명 | 적외선 분광광도계 고체시료 취급 방법
- KBr(KCl) 정제법 : 고체시료와 KBr(또는 KCl)을 압축정제하여 만든다.
- 용액법 : 고체시료를 유기용매에 녹여 셀에 주입한다.
- 페이스트법 : 고체시료를 유동파라핀과 섞어 페이스트를 만든다.

CBT 복원문제

2017 * 3

01

하나의 물질로만 구성되어 있는 것으로 물, 소금, 산소 등이 예이고, 끓는점, 어는점, 밀도, 용해도 등의 물리적 성질이 일정한 것을 가리키는 말은?

① 단체
② 순물질
③ 화합물
④ 균일혼합물

02

다음 중 콜로이드 용액이 아닌 것은?

① 녹말 용액
② 점토 용액
③ 설탕 용액
④ 수산화알루미늄 용액

해설및용어설명 | 콜로이드 용액이란 지름이 $10^{-5} \sim 10^{-7}$cm 정도의 콜로이드 입자들이 분산된 용액을 말한다.
③ 설탕 용액은 혼합물에 속한다.

03

과망가니즈산칼륨 표준용액을 조제하려고 한다. 과망가니즈산칼륨의 분자량은 얼마인가? (단, 원자량은 각각 K = 39, Mn = 55, O = 16이다.)

① 126
② 142
③ 158
④ 197

해설및용어설명 | 과망가니즈산칼륨 = $KMnO_4$

04

황린과 적린이 동소체라는 사실을 증명하는 데 가장 효과적인 실험 방법은?

① 녹는점 비교
② 연소생성물 비교
③ 전기전도성 비교
④ 물에 대한 용해도 비교

해설및용어설명 | ② 동소체는 같은 원소로 되어있으나 모양과 성질이 서로 다른 물질을 말한다. 연소생성물이 같으므로 연소생성물로 동소체를 확인할 수 있다.

05

칼륨(K) 원자는 19개의 양성자와 20개의 중성자를 가지고 있다. 원자번호와 질량수는 각각 얼마인가?

① 9, 19
② 9, 39
③ 19, 20
④ 19, 39

해설및용어설명 |
- 원자번호 = 양성자 수
- 질량수 = 양성자 수 + 중성자 수

정답 01 ② 02 ③ 03 ③ 04 ② 05 ④

06

같은 주기에서 원자번호가 증가할 때 나타나는 전형원소의 일반적 특성에 대한 설명으로 틀린 것은?

① 이온화 에너지는 증가하지만 전자친화도는 감소한다.
② 전기음성도와 전자친화도 모두 증가한다.
③ 금속성과 원자의 크기가 모두 감소한다.
④ 금속성은 감소하고 전자친화도는 증가한다.

해설및용어설명 | ① 같은 주기에서 원자번호가 증가할 때 이온화 에너지와 전자친화도는 모두 증가한다.

07

다음 중 원자 반지름이 가장 큰 원소는?

① Mg
② Na
③ S
④ Si

해설및용어설명 |
- 같은 주기에서는 원자번호가 커질수록 원자의 크기는 작아진다.
- 같은 족에서는 원자번호가 증가할수록 원자의 크기는 커진다.

08*

이온 결합에 대한 설명으로 틀린 것은?

① 이온 결정은 극성 용매인 물에 잘 녹지 않는 것이 많다.
② 전자를 잃은 원자는 양이온이 되고, 전자를 얻은 원자는 음이온이 된다.
③ 이온 결정은 고체 상태에서는 양이온과 음이온이 강하게 결합되어 있기 때문에 전류가 흐르지 않는다.
④ 전자를 잃기 쉬운 금속 원자로부터 전자를 얻기 쉬운 비금속 원자로 하나 이상의 전자가 이동할 때 형성된다.

해설및용어설명 | ① 이온 결정은 물에 잘 녹는 것이 많으며, 물에 녹이면 양이온과 음이온으로 나뉘어지며 전류가 흐른다.

09*

다음 물질 중 승화와 관계가 없는 것은?

① 드라이아이스
② 나프탈렌
③ 알코올
④ 아이오딘

해설및용어설명 | ③ 알코올은 액체가 기체로 변하는 기화 현상을 보인다.

10*

수산화나트륨과 같이 공기 중의 수분을 흡수하여 스스로 녹는 성질을 무엇이라 하는가?

① 조해성
② 승화성
③ 풍해성
④ 산화성

11*

수은 기압계에서 수은 기둥의 높이가 380mm이었다. 이것은 약 몇 atm인가?

① 0.5
② 0.6
③ 0.7
④ 0.8

해설및용어설명 |
1atm = 760mmHg = 1,032mmH$_2$O = 14.7psi = 380mmHg = 0.5atm

12*

다음 중 산성산화물은?

① P$_2$O$_5$
② Na$_2$O
③ MgO
④ CaO

해설및용어설명 | 산성산화물이란 산의 무수물로 간주할 수 있는 산화물로서 물과 화합하면 산소산이 되고, 염기와 반응하면 염이 되는 것을 말한다.

13

0℃, 1기압에서 1m³의 아세틸렌을 얻으려면 순도 85%의 탄화칼슘 몇 kg이 필요한가? (단, 탄화칼슘 분자량은 64이다)

① 1.4kg
② 3.36kg
③ 5.29kg
④ 11.2kg

해설및용어설명 | 탄화칼슘은 물과 반응해 아세틸렌을 생성한다.

$CaC_2 + 2H_2O \rightleftarrows Ca(OH)_2 + C_2H_2$

표준상태 0℃, 1기압에서 1mol = 22.4L

1m³ = 1,000L

1m³의 아세틸렌 몰수 = $\dfrac{1,000L}{22.4L/mol}$ = 44.6mol

반응계수비는 몰수비와 같으므로 필요한 CaC_2 = 44.6mol

탄화칼슘의 순도는 85%이므로 = $\dfrac{44.6}{0.85}$ = 52.47mol

탄화칼슘의 질량 = 52.47mol × 64g/mol = 3.36kg

14★

석고 붕대의 재료로 사용되는 소석고의 성분을 옳게 나타낸 것은?

① H_2SO_4
② $CaCO_3$
③ Fe_2O_3
④ $CaSO_4 \cdot \dfrac{1}{2}H_2O$

해설및용어설명 | (4) 석고의 성분 중 주요 성분은 황산칼슘($CaSO_4$)이다. 소석고는 석고를 높은 온도에서 가열하여 수분이 빠진 상태를 말하며, 소석고를 물과 함께 두면 다시 단단함을 얻게 된다.

15★

다음 화학평형에서 평형을 오른쪽으로 진행시키기 위한 조건은?

$$C + CO_2 \rightarrow 2CO - 40kcal$$

① 온도를 높이고 압력을 가한다.
② 온도를 내리고 압력을 가한다.
③ 온도를 내리고 압력을 내린다.
④ 온도를 높이고 압력을 내린다.

해설및용어설명 | 다음 반응은 (-)의 칼로리를 내므로 흡열과정이다. 그러므로 오른쪽으로 반응을 진행시키기 위해서는 온도를 높여야 한다. 압력은 기체의 경우에만 해당하며 반응 전 1몰, 반응 후 2몰이므로 압력을 낮추게 되면 압력을 높이려는 쪽인 오른쪽으로 반응을 진행하게 된다. 즉, 온도를 높이고 압력을 내리면 보기의 반응은 오른쪽으로 진행된다.

16★

25.0g의 물속에 2.85g의 설탕(분자량 : 342)이 녹아있는 용액의 끓는점은 약 몇 ℃인가? (단, 물의 분자 상승(몰오름)은 0.513)

① 102.2
② 101.2
③ 100.2
④ 103.2

해설및용어설명 | 용액의 끓는점오름을 $\triangle t_b$, 용질의 분자량을 M, 그 용매 1,000g 속에 녹아 있는 용질의 g수를 w, 그 용매에 용질 1mol을 녹였을 때의 끓는점오름(몰 끓는점오름이라고도 한다)을 k라고 하면 M = (k/$\triangle t$)w 이 관계식이 성립된다.

$\triangle t_b = \dfrac{(k \times w)}{M}$

용매 1,000g 속에 녹아 있는 용질의 g수를 구하면

25.0g : 2.85g = 1,000g : x

x = 114g

$\triangle t_b = \dfrac{(0.513 \times 114)}{342}$ = 0.171℃

100 + 0.171 = 100.171 ≒ 100.2℃

17

1%의 NaOH 용액으로 0.1N NaOH 100mL를 만들고자 한다. 다음 중 어떤 방법으로 조제하여야 하는가? (단, NaOH의 분자량은 40이다)

① 원용액 40mL에 60mL의 물을 가한다.
② 원용액 40g에 물을 가하여 100mL로 한다.
③ 원용액 40g에 60g의 물을 가한다.
④ 원용액 40mL에 물을 가하여 100mL로 한다.

18*

프로판가스(C_3H_8)의 연소반응식은 아래와 같다. 프로판가스 1g을 연소시켰을 때 나오는 열량은 몇 cal인가?

$$C_3H_8 + 5O_2 \rightarrow 3CO_2 + 4H_2O + 530cal$$

① 12.03 ② 23.69
③ 120.3 ④ 530.6

해설및용어설명 |

프로판가스 1g의 몰수 = $\dfrac{1g}{44g/mol}$ = 0.0227mol

발생한 열량 = 0.0227mol × 530cal = 12.03

19*

다음과 같은 반응에 대해 평형상수(K)를 옳게 나타낸 것은?

$$aA + bB \leftrightarrow cC + dD$$

① $K = [C]^c [D]^d / [A]^a [B]^b$
② $K = [A]^a [B]^b / [C]^c [D]^d$
③ $K = [C]^c / [A]^a [B]^b$
④ $K = 1 / [A]^a [B]^b$

해설및용어설명 | 반응 전은 분모로, 반응 후는 분자로 하여 평형상수를 나타낸다. 반응식의 계수는 계승으로 나타낸다.

20*

$[H^+][OH^-] = K_W$일 때 상온에서 K_W의 값은?

① 6.02×10^{23} ② 1×10^{-7}
③ 1×10^{-14} ④ 3×10^{-8}

21*

다음 납축전지에 대한 설명 중 틀린 것은?

① 충전과 방전이 모두 일어난다.
② 산화전극에서 일어나는 반응식은
   $Pb + SO_4^{2-} \rightleftarrows PbSO_4 + 2e^-$ 이다.
③ 환원전극에서 일어나는 반응식은
   $PbO_2 + 4H_3O^+ + SO_4^{2-} + 2e^- \rightleftarrows PbSO_4 + 6H_2O$이다.
④ 축전지가 완전히 방전될 때 반응물인 황산의 농도는 증가한다.

해설및용어설명 | 축전지가 완전히 방전될 때 반응물인 황산의 농도는 감소

- 납축전지
  - 산화전극(-극) : Pb
  - 환원전극(+극) : PbO_2
  - $Pb + PbO_2 + 2H_2SO_4 \rightleftarrows 2PbSO_4 + 2H_2O$
         충전   방전

22*

탄소화합물의(유기물)특성을 설명한 것이다. 틀린 것은?

① 유기용매에 녹는 것이 많다.
② 공유결합을 하며 녹는점이 매우 높다.
③ 유기물은 연소하여 CO_2와 H_2O이 생성된다.
④ 구성 원소는 대부분 C, H, O로 되어있으며 약간의 N, P, S 등의 원소로 구성되어 있다.

해설및용어설명 | 공유결합물질은 분자 내 원자들의 결합은 강하지만 분자와 분자 사이의 결합은 상대적으로 약하기 때문에 녹는점, 끓는점이 낮다.

정답 17 ② 18 ① 19 ① 20 ③ 21 ④ 22 ②

23

에틸알코올의 화학식으로 옳은 것은?

① C_2H_5OH
② C_2H_4OH
③ CH_3OH
④ CH_2OH

해설및용어설명 | 탄소의 개수가 2개이고, 다중결합이 없으며 작용기로 알코올기를 가지고 있는 ① C_2H_5OH이 에틸알코올의 화학식으로 알맞다.

24★

다음 중 성격이 다른 화학식은?

① CH_3COOH
② C_2H_5OH
③ C_2H_5CHO
④ $C_2H_3O_2$

해설및용어설명 | ①, ②, ③은 작용기가 화학식에 포함되어 있는 시성식이며, ④은 분자식을 나타낸 것이다.

25★

다음 중 아염소산의 화학식은?

① $HClO$
② $HClO_2$
③ $HClO_3$
④ $HClO_4$

해설및용어설명 |
① $HClO$: 하이포아염소산
③ $HClO_3$: 염소산
④ $HClO_4$: 과염소산

26★

불꽃반응 색깔을 관찰할 때 노란색을 띠는 것은?

① K
② As
③ Ca
④ Na

해설및용어설명 |
① K : 빨간색
② As : 파란색
③ Ca : 주황색

27★

할로젠에 대한 설명으로 옳지 않은 것은?

① 자연 상태에서 2원자 분자로 존재한다.
② 전자를 얻어 음이온이 되기 쉽다.
③ 물에는 거의 녹지 않는다.
④ 원자번호가 증가할수록 녹는점이 낮아진다.

해설및용어설명 | 할로젠 원자번호가 증가할수록 녹는점과 끓는점이 높아진다.

28★

비색측정을 하기 위한 발색반응이 아닌 것은?

① 염석 생성
② 착이온 생성
③ 콜로이드 용액 생성
④ 킬레이트화합물 생성

해설및용어설명 | 비색법이란 중량법과 달리 분진의 무게가 아니라, 분진에 빛을 조사하여 그 투과된 양으로 효율을 측정하는 방법이다.
① 염석 생성은 비색법이 아닌 침전법을 이용한 반응이다.

29★

황산 49g을 물에 녹여 용액 1L을 만들었다. 이 수용액의 몰 농도는 얼마인가? (단, 황산의 분자량은 98이다)

① 0.5M
② 1M
③ 1.5M
④ 2M

해설및용어설명 |

황산 49g의 몰 수 = $\frac{49g}{98g/mol}$ = 0.5mol

용액 1L이므로 몰 농도는 0.5M이다.

30★

미지 농도의 염산 용액 100mL를 중화하는 데 0.2N NaOH 용액 250mL가 소모되었다. 염산 용액의 농도는?

① 0.05N
② 0.1N
③ 0.2N
④ 0.5N

해설및용어설명 |

$M_{염산} \times 100mL = 0.2N \times 250mL$

$M_{염산} = 0.5N$

31★

중화 적정에 사용되는 지시약으로서 pH 8.3 ~ 10.0 정도의 변색 범위를 가지며 약산과 강염기의 적정에 사용되는 것은?

① 메틸옐로
② 페놀프탈레인
③ 메틸오렌지
④ 브로민티몰블루

해설및용어설명 | ② 페놀프탈레인은 산염기 지시약으로서 pH 8.0 ~ 10.0의 변색 범위를 가지며, 강산과 강염기의 적정과 약산과 강염기의 적정에 사용된다.

32★

어떤 물질 30g을 넣어 용액 150g을 만들었더니 더 이상 녹지 않았다. 이 물질의 용해도는? (단, 온도는 변하지 않았다)

① 20
② 25
③ 30
④ 35

해설및용어설명 |

어떤 물질을 30g 넣어서 용액 150g이 되었으므로 용매는 120g, 용질은 30g이 된다. 용해도란 용질이 용매에 포화상태가 될 때까지 녹을 수 있는 정도를 수치로 나타낸 것으로 용매 100g에 최대로 녹을 수 있는 용질의 양을 의미하므로 용매 100g을 기준으로 용질의 양을 구하면

120g : 30 = 100g : x

x = 25

용매 100g에 대한 용질 25g을 용해도로 나타내면 25가 된다.

33

다음 중 양이온 제4족 원소는?

① 납
② 바륨
③ 철
④ 아연

해설및용어설명 |

- 양이온 제1족 정성분석 : Ag^+, Hg_2^{2+}, Pb^{2+}
- 양이온 제2족 정성분석 : Bi^{3+}, Cu^{2+}
- 양이온 제3족 : Fe^{3+}, Al^{3+}, Cr^{3+}
- 양이온 제4족 : Ni^{2+}, CO^{2+}, Zn^{2+}, Mn^{2+}
- 양이온 제5족 : Ba^{2+}, Ca^{2+}, Sr^{2+}
- 양이온 제6족 : Mg^{2+}, Na^+, K^+, NH_4^+

34 ★

다음 물질의 성질에 대한 설명으로 틀린 것은?

① $CuSO_4$는 푸른색 결정이다.
② $KMnO_4$은 환원제이며 용액은 보라색이다.
③ CrO_3에서 크로뮴은 +6가이다.
④ $AgNO_3$ 용액은 염소 이온과 반응하여 흰색 침전을 생성한다.

해설및용어설명 | ② $KMnO_4$은 산화제이다.

35 ★

다음 중 분석물질과 적정액 사이의 착물형성 반응을 이용한 적정법은?

① 중화적정법　　② 침전적정법
③ 산화환원적정법　④ 킬레이트적정법

36 ★

pH미터의 측정 원리에 대한 설명으로 맞는 것은?

① 탄소전극의 전기 저항
② 수은전극의 전해 전류
③ 유리전극과 비교전극 간의 전위차
④ 백금전극과 유리전극 간의 전위차

37 ★

분광광도법에서 정량분석 검량선 그래프의 X축은 농도를 나타내고 Y축은 무엇을 나타내는가?

① 흡광도　　② 투명도
③ 파장　　　④ 여기에너지

38 ★

아베굴절계를 사용한 굴절률 측정에 관한 설명으로 틀린 것은?

① 굴절률과 농도의 상관관계로 검량선을 그려 시료의 농도를 구한다.
② 굴절률은 온도와는 무관하므로 항온장치는 사용하지 않는다.
③ 프리즘 사이에 시료용액을 떨어뜨려 빛을 굴절시킨다.
④ 사용하는 빛은 Na증기램프의 D-선이다.

해설및용어설명 | 굴절률은 온도에 반비례한다. 그러므로 온도를 유지시킬 수 있는 장치가 필요하다.

39 ★

분광광도계의 구조로 옳은 것은?

① 광원 → 입구슬릿 → 회절격자 → 출구슬릿 → 시료부 → 검출부
② 광원 → 회절격자 → 입구슬릿 → 출구슬릿 → 시료부 → 검출부
③ 광원 → 입구슬릿 → 회절격자 → 출구슬릿 → 검출부 → 시료부
④ 광원 → 입구슬릿 → 시료부 → 출구슬릿 → 회절격자 → 검출부

40 ★

UV/Vis는 빛과 물질의 상호 작용 중에서 어떤 작용을 이용한 것인가?

① 흡수　　② 산란
③ 형광　　④ 인광

해설및용어설명 |
• 형광과 인광 : 빛을 방출
• 산란 : 빛이 매질을 통과할 때 일부 진행방향이 바뀌는 현상

41

원자흡광광도계에서 시료원자부가 하는 역할은?

① 시료를 검출한다.
② 시료를 원자상태로 환원시킨다.
③ 빛의 파장을 원하는 값으로 조절한다.
④ 스펙트럼을 원하는 파장으로 분리한다.

해설및용어설명 | 원자흡광광도계의 시료원자화부
- 불꽃형 : 아세틸렌 - 공기 불꽃 속으로 시료를 분무하여 원자화 시킨다.
- 비 불꽃형 : 흑연로 또는 탄탈, 텅스텐 필라멘트 등에 전류를 흘려 발생시키는 전열을 이용하여 원자화 시킨다.

42

다음 중 적외선 스펙트럼의 원리로 맞는 것은?

① 핵자기공명
② 전하이동전이
③ 분자전이현상
④ 분자 내 원자들이 진동

해설및용어설명 | 분석물인 분자가 적외선(IR)을 흡수하면 바닥 진동상태에서 들뜬 진동상태로 전이하는 현상을 이용한다.

43

크로마토그래피에서 컬럼 효율은 일반적으로 이론단수(N)로 나타낸다. 다음 중 N값에 영향을 주는 요인 중 무시할 수 있는 것은?

① 실험실 온도
② 컬럼 제작방법
③ 이동상의 흐름속도
④ 분리온도

해설및용어설명 | 실험실의 온도는 대부분 일정하게 유지되므로 분석에 크게 영향을 미치지 않는다.

44

어느 시료의 평균분자들이 컬럼의 이동상에 머무르는 시간의 분율을 무엇이라고 하는가?

① 분배계수
② 머무름 비
③ 용량인자
④ 머무름 부피

해설및용어설명 |

$$R = \frac{t_M}{t_M + t_S}$$

- R : 머무름 비
- t_M : 시료 분자가 이동상에서 머무른 시간
- t_S : 시료 분자가 고정상에서 머무른 시간

45

가스 크로마토그래피의 설치 장소로 적당한 것은?

① 온도 변화가 심한 곳
② 진동이 없는 곳
③ 공급전원의 용량이 일정하지 않은 곳
④ 주파수 변동이 심한 곳

46

12,500C(쿨롱)의 전기량으로 Ag^+를 Ag로 환원하였을 때 약 몇 g의 은(Ag)을 얻을 수 있는가? (단, Ag의 원자량은 107.880이다)

① 6.99
② 13.97
③ 27.94
④ 55.88

해설및용어설명 |

- 1F = 96,500C이므로 $\frac{12,500C}{96,500C}$ = 0.1295mol의 전자가 발생된다.
- Ag로 환원되기 위해서는 1개의 전자가 필요하므로 0.1295mol의 Ag가 환원된다.
- Ag의 질량 = 0.1295mol × 107.88g/mol = 13.97g

정답 41 ② 42 ③ 43 ① 44 ② 45 ② 46 ②

47★

전해로 석출되는 속도와 확산에 의해 보충되는 물질의 속도가 같아서 흐르는 전류를 무엇이라 하는가?

① 이동전류 ② 한계전류
③ 잔류전류 ④ 확산전류

해설및용어설명 | 한계전류
전류가 급격히 상승한 후 일정해지는 전류로, 반응물의 농도에 비례하는 특징을 갖는다.

48★

일반적으로 어떤 금속을 그 금속 이온이 포함된 용액 중에 넣었을 때 금속이 용액에 대하여 나타내는 전위를 무엇이라 하는가?

① 전극전위 ② 과전압전위
③ 산화·환원전위 ④ 분극전위

49★

전위차법 분석용 전지에서 용액 중의 분석물질 농도나 다른 이온 농도와 무관하게 일정 값의 전극전위를 갖는 것은?

① 기준전극 ② 지시전극
③ 이온전극 ④ 경계선위선극

해설및용어설명 | 기준전극의 조건
- 전극의 전위가 알려져 있다.
- 분석물질 용액에 감응하지 않아야 한다.
- 온도변화에 히스테리시스 현상이 없어야 한다.
- 측정하려는 분석물의 농도나 다른 이온의 농도와 무관하게 일정한 값을 갖는다.
※ 기준전극 : 전위가 정확히 알려져 있고 전류가 흐르는 동안 일정한 전위를 유지하는 전극이다.

50★

폴라로그래피에서 확산전류는 조성, 온도, 전극의 특성을 일정하게 하면 무엇에 비례하는가?

① 전해액의 부피 ② 전해조의 크기
③ 금속 이온의 농도 ④ 대기압

해설및용어설명 | 확산전류는 반응물의 농도(금속 이온의 농도)에 비례하므로 정량분석에 사용한다.

51★★

분석법을 선택하는 데 고려해야 할 특성 중 틀린 것은?

① 신속성 ② 시료당 비용
③ 조작자의 연령 ④ 장치의 가격과 이용 가능성

52★★

유효숫자 규칙에 맞게 계산한 결과는?

$$2.1 + 123.21 + 20.126$$

① 145.136 ② 145.43
③ 145.44 ④ 145.4

해설및용어설명 | 덧셈과 뺄셈에서 연산은 소수점 이하 자릿수가 가장 적은 유효숫자로 맞춘다.
2.1 + 123.21 + 20.126 = 145.436 → 145.4
(소수점 첫째 자리에 맞춘다)

53*

다음 중 인화성 물질이 아닌 것은?

① 질소
② 벤젠
③ 메탄올
④ 에틸에터

해설및용어설명 | 인화성 물질이란 휘발유와 같이 낮은 온도에도 쉽게 불이 붙거나 폭발하는 물질을 말한다.

54*

다음 설명에서 올바르게 설명한 것은?

① 질산이 피부에 묻으면 화상을 입는다.
② 진한 황산은 공기 중의 수분을 흡수하지 않는다.
③ 진한 황산은 데시케이터의 흡수제로 사용할 수 없다.
④ 황산은 기체를 발생하지 않으므로 보안경을 쓸 필요 없다.

해설및용어설명 |
② 진한 황산은 공기 중의 수분을 흡수한다.
③ 진한 황산은 데시케이터의 흡수제로 사용한다.
④ 황산은 기체를 발생하므로 보안경을 착용한다.

55*

약품을 보관하는 방법에 대한 설명으로 틀린 것은?

① 인화성 약품은 자연발화성 약품과 함께 보관한다.
② 인화성 약품은 전기의 스파크로부터 멀고 찬 곳에 보관한다.
③ 흡습성 약품은 완전히 건조시켜 건조한 곳이나 석유 속에 보관한다.
④ 폭발성 약품은 화기를 사용하는 곳에서 멀리 떨어져 있는 창고에 보관한다.

해설및용어설명 |
① 인화성 약품은 자연발화성 약품과 함께 보관을 금한다.

56*

실험 중에 지켜야할 유의사항이 아닌 것은?

① 반드시 실험복을 착용한다.
② 실험과정은 반드시 노트에 기록한다.
③ 실험대 위에는 항상 깨끗하게 정돈되어 있어야 한다.
④ 실험을 빨리하기 위해서는 두 가지 이상의 실험을 동시에 한다.

해설및용어설명 | 실험의 정확성 및 실험실 안전을 위해 두 가지를 동시에 하지 않는다.

57*

옷, 종이, 고무, 플라스틱 등의 화재로 소화 방법으로 주로 물을 뿌리는 방법이 많이 이용되는 화재는?

① A급 화재
② B급 화재
③ C급 화재
④ D급 화재

해설및용어설명 |
① 일반화재(A급) : 연소 후 재를 남기는 화재로 나무, 종이 등의 가연물 화재이다.
② 유류화재(B급) : 연소 후 재를 남기지 않는 화재로 유류, 가스 등의 가연성 액체나 기체에 의한 화재이다.
③ 전기화재(C급) : 전기설비 등에 의한 화재이다.
④ 금속화재(D급) : 금속에 의한 화재이다.

58*

다음 기기분석법 중 광학적 방법이 아닌 것은?

① 전위차적정법
② 분광분석법
③ 적외선분광법
④ X선 분석법

해설및용어설명 | ① 전위차법은 전위차(전압차)를 이용한 분석법이며, 기준전극과 지시전극 및 전위측정 장치로 구성되어 있다.

59★

철을 고온으로 가열한 다음 수증기를 통과시키면 표면에 피막이 생겨 녹스는 것을 방지하는 역할을 하는 자철광의 주성분은 무엇인가?

① Fe_2O_3
② Fe_3O_4
③ $FeSO_4$
④ $FeCl_2$

해설및용어설명 | ② Fe_3O_4은 산화철로서 자연에서 광물 자철광으로 생성된다.

60★

가스 크로마토그래피에 검출기에서 황, 인을 포함한 화합물을 선택적으로 검출하는 것은?

① 열전도도 검출기(TCD)
② 불꽃광도 검출기(FPD)
③ 열 이온화 검출기(TID)
④ 전자포획형 검출기(ECD)

해설및용어설명 |

검출기 종류	용도	이동상
불꽃 이온화 검출기(FID)	대부분의 유기화합물 검출	N_2, He, H_2(불꽃)
전자포획 검출기(ECD)	폴리염화비닐, 할로젠화물 (전자포획 원자를 포함한 유기화합물)	N_2, 공기/CH_4
질소, 인 검출기(NPD)	N, P화합물, 농약	He, N_2
열전도도 검출기(TDC)	운반기체와 열전도도 차이가 있는 유기화합물	He, N_2, H_2
불꽃 광도 검출기(FPD)	P, S화합물	N_2
원자 방출 분광 검출기(AED)	대부분의 유기화합물의 원소별 검출	N_2, H_2
질량분석 검출기(MSD)	모든 유기화합물 질량분석	He

CBT 복원문제 2018 * 1

01 ★

다음 물질과 그 분류가 바르게 연결된 것은?

① 물 – 홑원소물질
② 소금물 – 균일 혼합물
③ 산소 – 화합물
④ 염화수소 – 불균일 혼합물

해설및용어설명 |
① 물 - 균일 혼합물
③ 산소 - 순물질
④ 염화수소 - 균일 혼합물
※ 홑원소물질은 순물질로서 한 가지 원소로 이루어진 물질을 말한다.

02 ★

탄소는 4족 원소로 모든 생명체의 가장 기본이 되는 물질이다. 다음 중 탄소의 동소체로 볼 수 없는 것은?

① 원유   ② 흑연
③ 활성탄   ④ 다이아몬드

해설및용어설명 |
• 흑연, 활성탄, 다이아몬드는 모두 탄소로만 이루어져 있다.
• 원유는 대부분 탄화수소를 기반으로 이루어져 있다.

03 ★★

공기는 많은 종류의 기체로 이루어져 있다. 이 중 가장 많이 포함되어 있는 기체는?

① 산소   ② 네온
③ 질소   ④ 이산화탄소

해설및용어설명 | 공기에는 소량의 기체혼합물을 제외하고 대략 질소 80%, 산소 20%가 있다.

04 ★★

"어떠한 화학반응이라도 반응물 전체의 질량과 생성물 전체의 질량은 서로 차이가 없고 완전히 같다."라고 설명할 수 있는 법칙은?

① 일정성분비의 법칙   ② 배수비례의 법칙
③ 질량보존의 법칙   ④ 기체반응의 법칙

05

칼륨의 중성자 수는 얼마인가? (단, 질량수는 38이다)

① 19   ② 20
③ 38   ④ 40

해설및용어설명 | 질량수 = 양성자 수 + 중성자 수
38 = 19 + 중성자 수
중성자 수 = 19

정답 01 ② 02 ① 03 ③ 04 ③ 05 ①

06

다음 원소 중 원자의 반지름이 가장 작은 원소는 무엇인가?

① Li
② N
③ B
④ O

해설및용어설명 | 원자 반지름은 같은 주기에서 오른쪽으로 갈수록 감소한다.

07★

이온결합 물질의 특성에 관한 설명 중 맞는 것은?

① 극성용매에 녹는다.
② 연성, 전성이 있으며 광택이 있다.
③ 결정일 때는 전기전도성이 없다.
④ 결정격자로 이루어져 있으며, 녹는점과 끓는점이 높은 액체이다.

해설및용어설명 | 이온결합물질은 양이온과 음이온의 정전기적 인력에 의한 결합으로 극성용매에 잘 녹는다.
② 연성과 전성은 금속의 특징이다.

08★

전이원소의 특성에 대한 설명으로 옳지 않은 것은?

① 모두 금속이며, 대부분 중금속이다.
② 녹는점이 매우 높은 편이고 열과 전기전도성이 좋다.
③ 색깔을 띤 화합물이나 이온이 대부분이다.
④ 반응성이 아주 강하며, 모두 환원제로 작용한다.

해설및용어설명 | 전이원소는 대부분 반응성이 약하여 전이원소의 단체나 화합물은 촉매로 쓰이는 경우가 많다.

09

다음 중 결합력이 가장 강한 결합은 무엇인가?

① 금속결합
② 공유결합
③ 이온결합
④ 반데르발스 결합

해설및용어설명 | 공유결합은 분자 내 원자들 사이의 전자쌍을 공유하는 결합이기 때문에 매우 강한 결합이다.

10★★

다음 중 헨리의 법칙이 적용되지 않는 것은?

① O_2
② H_2
③ CO_2
④ NaCl

해설및용어설명 | 헨리의 법칙은 용해도가 용매와 평형을 이루고 있는 그 기체의 부분압력에 비례한다는 것인데, ④ NaCl은 기체가 아니므로 헨리의 법칙에 적용되지 않는다.

11★

기체는 어느 경우에 물에 잘 녹는가?

① 압력, 온도가 모두 낮을 때
② 압력, 온도가 모두 높을 때
③ 압력은 낮고, 온도가 높을 때
④ 압력은 높고, 온도가 낮을 때

해설및용어설명 | 온도가 높아질수록 기체 분자운동이 활발해져 용해도는 감소하고, 압력이 높아질수록 용해도는 증가한다.

12 ★★

$MgCl_2$ 2몰에 포함된 염소 분자는 몇 개인가?

① 6.02×10^{23}개 ② 12.04×10^{23}개
③ 18.06×10^{23}개 ④ 24.08×10^{23}개

해설및용어설명 | $MgCl_2$에는 염소 분자가 1몰 있으므로, 6.02×10^{23}개의 염소 분자가 있다. 2몰의 경우 12.04×10^{23}개의 염소 분자가 있다.

13 ★

프로판(C_3H_8) 7g이 연소할 때 발생하는 H_2O의 양(g)은? (단, C, H, O의 원자량은 각각 12, 1, 16이다)

① 0.159 ② 0.636
③ 11.45g ④ 44.00g

해설및용어설명 |
프로판의 연소반응식 : $C_3H_8 + 5O_2 \rightarrow 3CO_2 + 4H_2O$

C_3H_8의 몰수 = $\dfrac{7g}{44g/mol}$ = 0.159mol

H_2O의 몰수 = 0.159mol × 4mol = 0.636mol

H_2O의 양 g = 0.636mol × 18g/mol = 11.45g

14 ★★★

다음 화학반응 중 복분해는 어느 것인가? (단, A, B, C, D는 원자 또는 라디칼을 나타낸다)

① $A + B \rightarrow AB$ ② $AB \rightarrow A + B$
③ $AB + C \rightarrow BC + A$ ④ $AB + CD \rightarrow AD + BC$

해설및용어설명 | 복분해란 두 종류의 화합물이 반응할 때 그들의 성분이 교환되어 새로운 두 종류의 화합물이 생기는 반응을 말한다.

15 ★

다음 수성가스 반응의 표준반응열은?

$C + H_2O(l) \rightleftarrows CO + H_2$
(단, 표준생성열(290K)은 $\triangle H_f(H_2O) = -68,317cal$, $\triangle H_f(CO) = -26,416cal$이다)

① 68,317cal ② 26,416cal
③ 41,901cal ④ 94,733cal

해설및용어설명 |
- 수성가스($CO + H_2$)
  고온의 코크스(C)와 수증기가 만나 생성되는 가스이다.
- 표준반응열
  생성물의 $\triangle H_f$ − 반응물의 $\triangle H_f$ = −26,416 − (−68,317)
  = 41,901cal
- C와 H_2의 표준생성열은 0이다.

16 ★★

어떤 비전해질 3g을 물에 녹여 1L로 만든 용액의 삼투압을 측정하였더니, 27℃에서 1기압이었다. 이 물질의 분자량은 약 얼마인가?

① 33.8 ② 53.8
③ 73.8 ④ 93.8

해설및용어설명 | 삼투압(π)

$\pi V = nRT$

$1 \times 1L = n \times 0.082(atm \cdot L/mol \cdot K) \times (27 + 273)K$

n = 0.04065mol

몰수 = $\dfrac{질량}{분자량}$

분자량 = 73.8g/mol

17★

일정한 온도에서 A의 농도를 2배, B의 농도를 3배로 증가시키면 반응속도는 몇 배가 되는가?

반응식 : $2A + B \rightarrow 3C + 4D$

① 2 ② 3
③ 6 ④ 12

해설및용어설명 | 반응속도 $V = k[A]^2[B]$이므로 A의 농도를 2배, B의 농도를 3배씩 증가시키면 $k[2A]^2[3B] \rightarrow 12k[A]^2[B]$
12배 증가한다.

18★★

다음 반응식에서 브뢴스테드-로우리가 정의한 산으로만 짝지어진 것은?

$HCl + NH_3 \rightleftharpoons NH_4^+ + Cl^-$

① HCl, NH_4^+ ② HCl, Cl^-
③ NH_3, NH_4^+ ④ NH_3, Cl^-

해설및용어설명 | 브뢴스테드-로우리의 산염기
- 산 : 양성자(H^+)를 주는 물질
- 염기 : 양성자(H^+)를 받는 물질

19★

강산과 강염기의 작용에 의하여 생성되는 화합물의 액성은?

① 산성 ② 중성
③ 양성 ④ 염기성

해설및용어설명 | ② 강산과 강염기에 의해 중화되어 중성을 나타낸다.

20★

수소 이온의 농도(H^+)가 0.01mol/L일 때 수소 이온 농도 지수(pH)는 얼마인가?

① 1 ② 2
③ 13 ④ 14

해설및용어설명 | $pH = -\log[H^+] = -\log 0.01 = 2$

21★

다음 밑줄 친 원소의 산화수는 얼마인가?

$\underline{Mn}O_4^-$, $\underline{N}O$

① +7, +2 ② +4, +2
③ -1, -2 ④ -7, -2

해설및용어설명 |

Mn O_4^-
( ) -8 = -1
Mn = +7

N O
( ) -2 = 0
N = +2

22★

볼타 전지의 음극에서 일어나는 반응은?

① 환원 ② 산화
③ 응집 ④ 킬레이트

해설및용어설명 | ② 볼타 전지의 음극에서는 산화가, 양극에서는 환원이 일어난다.

23

공업용 H_2SO_4의 순도를 측정하기 위해 9.8g의 H_2SO_4을 물에 희석하여 1L의 용액으로 만들었다. H_2SO_4 용액 20mL를 0.1N NaOH로 중화하는 데 10mL 소요되었다면, H_2SO_4의 순도는 몇 %인가?(단, 원자량은 Na = 23, S = 32, H = 1, O = 16이다)

① 25
② 40
③ 50
④ 75

해설및용어설명 | $NV = N'V'$

$N \times 20mL = 0.1N \times 10mL$

실제 황산의 노르말 농도[N] = 0.05N

9.8g H_2SO_4의 몰수 = $\frac{9.8g}{98g/mol}$ = 0.1mol

H_2SO_4의 몰 농도 = 0.1M

H_2SO_4의 노르말 농도 = 2(당량수) × 0.1M = 0.2N

H_2SO_4의 순도 = $\frac{0.05N}{0.2N}$ × 100 = 25%

24*

다음 중 환원의 정의를 나타낸 것은?

① 어떤 물질이 산소와 화합하는 것
② 어떤 물질이 수소를 잃는 것
③ 어떤 물질에서 전자를 방출하는 것
④ 어떤 물질에서 산화수가 감소하는 것

해설및용어설명 | ①, ②, ③은 모두 산화의 정의를 나타낸다.

25

다음 중 알켄(alkene)의 일반식으로 옳은 것은?

① C_nH_{2n}
② C_nH_{2n+1}
③ C_nH_{2n+2}
④ C_nH_{2n-2}

26*

다음 중 탄소와 탄소 사이에 π결합이 없는 물질은?

① 벤젠
② 페놀
③ 톨루엔
④ 이소부탄

해설및용어설명 | ④ 이중결합에 의해 π결합이 생기는데, 보기 중 이중결합이 없는 것은 이소부탄이다.

27*

다음 중 명명법이 잘못된 것은?

① $NaClO_3$: 아염소산나트륨
② Na_2SO_3 : 아황산나트륨
③ $(NH_4)_2SO_4$: 황산암모늄
④ $SiCl_4$: 사염화규소

해설및용어설명 | $NaClO_3$: 염소산나트륨

28**

다음 중 1차(Primary) 알코올로 분류되는 것은?

① $(CH_3)_2CHOH$
② $(CH_3)_3COH$
③ C_2H_5OH
④ $(CH_2)_2Br_2$

해설및용어설명 | 알킬기 수에 따라서 1차, 2차, 3차 알코올로 나눌 수 있다. 그러므로 1차 알코올로 분류되는 것은 알킬기가 1개인 ③ C_2H_5OH가 된다.

구분	1차 알코올	2차 알코올	3차 알코올
일반식	R—C(OH)(H)—H	R—C(OH)(H)—R	R—C(OH)(R)—R

29

분자량이 큰(100,000 이상) 화합물 100g을 물 1,000g에 용해시켰을 때, 화합물의 분자량의 측정에 가장 적당한 방법은?

① 증기압 내림
② 끓는점 오름
③ 어는점 내림
④ 삼투압

해설및용어설명 | 분자량이 약 1만 이상인 고분자 화합물의 분자량은 삼투압을 이용하여 측정한다.

30

탄산칼륨(K_2CO_3)의 성질에 대한 설명으로 틀린 것은?

① 흰색 가루이며 조해성 물질이다.
② 수용액은 가수분해되어 알칼리성을 나타낸다.
③ 염산과 작용하여 CCl_4가 생성된다.
④ 수용액은 탄산가스와 작용하여 중탄산칼륨을 만든다.

해설및용어설명 | 탄산칼륨과 염산의 반응
$K_2CO_3 + 2HCl \rightarrow 2KCl + CO_2 + 2H_2O$

31

NaCl과 KCl을 구별하는 가장 좋은 방법은?

① $AgNO_3$ 용액을 가한다.
② H_2SO_4를 가한다.
③ 불꽃반응을 실시한다.
④ 페놀프탈레인 용액을 가한다.

해설및용어설명 |

금속	나트륨(Na)	리튬(Li)	칼륨(K)	구리(Cu)	칼슘(Ca)	스트론튬(Sr)
불꽃색	노란색	빨간색	보라색	청록색	주황색	진한 빨간색

32

다음 중 수용액에서 전이금속이온 중 푸른색을 띠는 이온은?

① Co^{2+}
② Cu^{2+}
③ Fe^{3+}
④ Cr^{3+}

해설및용어설명 |
- Co^{2+} : 담홍색
- Fe^{3+} : 노란색
- Cr^{3+} : 초록색

33

다음 중 알칼리 금속에 속하지 않는 것은?

① Li
② Na
③ K
④ Si

해설및용어설명 | 알칼리 금속은 1족 원소로서 원자가전자가 1개이며 +1가의 양이온이 되기 쉽다. ④ Si는 14족에 해당하므로 알칼리 금속에 해당하지 않는다.

34

다음 중 중화적정 시 물질의 종말점을 확인하기 위해 사용하는 유리기구는?

① 비커
② 메스플라스크
③ 메스피펫
④ 뷰렛

해설및용어설명 |
- 비커 : 액체시료를 담는 용도로 표시되어 있는 눈금은 정확하지 않다.
- 메스플라스크 : 일정한 용량을 정확하게 담을 수 있는 플라스크로 용액을 제조할 때 많이 사용된다.
- 피펫 : 눈금이 있어 다양한 액체 시료의 부피를 취할 때 사용한다.

35★

다음 중 같은 종 원소로만 나열된 것은?

① F, Cl, Br
② Li, H, Mg
③ C, N, P
④ Ca, K, B

해설 및 용어설명 | ① F, Cl, Br은 할로젠 원소로 나열되어 있다.

36★

다음 용액에 대한 설명으로 옳은 것은?

① 물에 대한 고체의 용해도는 일반적으로 물 1,000g에 녹아 있는 용질의 최대 질량을 말한다.
② 몰분율은 용액 중 어느 한 성분의 몰수를 용액 전체의 몰수로 나눈 값이다.
③ 질량 백분율은 용질의 질량을 용액의 부피로 나눈 값을 말한다.
④ 몰 농도는 용액 1L 중에 들어 있는 용질의 질량을 말한다.

해설 및 용어설명 |
① 용해도는 용질이 용매에 포화상태가 될 때까지 녹을 수 있는 정도를 수치로 나타낸 것으로 용매 100g에 최대로 녹을 수 있는 용질의 양을 의미한다.
③ 질량 백분율은 용질의 질량을 용질의 질량과 용매의 질량의 합으로 나눈 값에 100을 곱하여 얻는다.
④ 몰 농도는 용액 1L에 녹아 있는 용질의 몰수이다.

37★

0.205M의 $Ba(OH)_2$ 용액이 있다. 이 용액의 몰랄 농도(m)는 얼마인가? (단, $Ba(OH)_2$의 분자량은 171.34이며, 용액의 밀도는 1g/mL이다)

① 0.205
② 0.212
③ 0.351
④ 3.51

해설 및 용어설명 |
1L(= 1,000g)의 용액이 있다고 가정하면
0.205M의 $Ba(OH)_2$ 몰 농도 = 0.205mol
$Ba(OH)_2$의 g = 0.205mol × 171.34 = 35.12g
용매의 질량 = 1,000g - 35.12g = 964.88g

몰랄 농도(m) = $\dfrac{용질의 \, 몰수}{용매 \, 1kg}$

비례식을 사용하면 1,000g : 964.88g = x : 0.205mol
x = 0.212mol
몰랄 농도 = 0.212m

38★

소금 200g을 물 600g에 녹였을 때 소금 용액의 wt% 농도는?

① 25%
② 33.3%
③ 50%
④ 60%

해설 및 용어설명 |

- 질량 백분율[wt%] = $\dfrac{용질의 \, 양}{용액(용매 + 용질)의 \, 양} \times 100$

- 소금 용액의 [wt%] = $\dfrac{200g}{(600+200)g} \times 100 = 25\%$

39★

3N-HCl 60mL에 5N-HCl 40mL를 혼합한 용액의 노르말 농도(N)는 얼마인가?

① 1.6N
② 3.8N
③ 5.0N
④ 7.2N

해설 및 용어설명 |
HCl은 1가이기 때문에 몰 농도와 같다고 놓고 계산할 수 있다.
3mol/L × 0.06L = 0.18mol
5mol/L × 0.04L = 0.2mol
두 용액을 혼합한 용액의 농도를 구하면
$\dfrac{(0.18 + 0.2)mol}{0.1L} = 3.8M = 3.8N$

40

농도를 모르는 HCl 용액 200mL를 중화적정하여 완전 중화시키는 데 0.5N NaOH 100mL가 소모되었다. HCl 용액의 농도(N)는?

① 0.25N
② 0.3N
③ 0.4N
④ 0.5N

해설및용어설명 | MV = M′V′
N × 200mL = 0.5N × 100mL
N = 0.25N

41 ★★

농도가 1.0×10^{-5} mol/L인 HCl 용액이 있다. HCl 용액이 100% 전리한다고 한다면 25℃에서 OH^-의 농도는 몇 mol/L인가?

① 1.0×10^{-14}
② 1.0×10^{-10}
③ 1.0×10^{-9}
④ 1.0×10^{-7}

해설및용어설명 |

HCl	⇌	H^+	+	Cl^-
1.0×10^{-5} mol/L		1.0×10^{-5} mol/L		1.0×10^{-5} mol/L

OH^-의 농도를 구하기 위하여 물의 이온곱 상수를 이용하면
$K_w = [H^+][OH^-]$
$(1.0 \times 10^{-14}) = (1.0 \times 10^{-5}) \times [OH^-]$
$[OH^-] = 1.0 \times 10^{-9}$

42

질산칼륨은 40℃의 물 50g에 30g 녹을 수 있다. 질산칼륨의 용해도는 얼마인가?

① 15
② 30
③ 45
④ 60

해설및용어설명 | 용해도는 물 100g에 녹을 수 있는 용질의 양을 기준으로 한다.

43 ★

에탄올에 진한 황산을 촉매로 사용하여 160~170℃의 온도를 가해 반응시켰을 때 만들어지는 물질은?

① 에틸렌
② 메테인
③ 황산
④ 아세트산

해설및용어설명 |
알코올의 탈수 반응(160℃ ~ 170℃)

44 ★

어느 산 HA의 0.1M 수용액을 만든 다음, pH 미터로 pH를 측정하였더니 25℃에서 3.0이었다. 이 온도에서 산 HA의 이온화 상수 K_a는?

① 1.0×10^{-3}
② 1.0×10^{-4}
③ 1.0×10^{-5}
④ 1.0×10^{-6}

해설및용어설명 | 이온화 반응식
$HA(aq) + H_2O(l) \rightleftharpoons H_3O^+(aq) + A^-(aq)$
$pH = 3 = -\log[H^+]$
$[H^+] = 10^{-3}$ M 해리되며 A^-도 10^{-3} M 해리된다.

- 이온화 상수(K_a) $= \dfrac{[H_3O^+][A^-]}{[HA]} = \dfrac{[H^+][A^-]}{[HA]}$

$= \dfrac{10^{-3} \times 10^{-3}}{0.1} = 1.0 \times 10^{-5}$

45 ★★

다음 중 양이온 제3족이 아닌 것은?

① Fe   ② Cr
③ Al   ④ Zn

해설및용어설명 |
- 양이온 제3족 : Fe^{3+}, Al^{3+}, Cr^{3+}
- 양이온 제4족 : Ni^{2+}, CO^{2+}, Zn^{2+}, Mn^{2+}

46

양이온 계통분석에서 다이메틸글리옥심을 넣었을 때 침전물의 색이 빨간색이 되는 이온은?

① Fe^{3+} ② Ni^{2+}
③ Cr^{3+} ④ Al^{3+}

해설및용어설명 | $C_4H_8N_2O_2(D.M.G) \rightarrow Ni(C_4H_8N_2O_2)_2$(빨간색 침전)

47 ★★

EDTA 적정법에서 역적정을 이용하는 경우가 아닌 것은?

① 시료 중 금속 이온이 지시약과 반응하는 경우
② 사용할 적당한 지시약이 없는 금속 이온을 분석할 경우
③ 시료 중 금속 이온이 EDTA를 가하기 전에 침전물을 형성하는 경우
④ 시료 중 금속 이온이 적정조건에서 EDTA와 너무 천천히 반응하는 경우

해설및용어설명 | EDTA역적정은 과량의 EDTA를 분석물과 반응시킨 후 남은 EDTA를 다시 금속 이온 표준용액으로 적정하는 방법으로 다음 경우에 사용한다.
- 금속 이온이 지시약과 반응하는 경우
- 시료 중 금속 이온이 EDTA를 가하기 전 침전물을 형성하는 경우
- EDTA와 너무 천천히 반응하는 경우

48 ★

산·염기 지시약 중 변색 범위가 pH 약 8.3~10 정도이며 무색 - 빨간색으로 변하는 지시약은?

① 메틸오렌지   ② 페놀프탈레인
③ 콩고레드   ④ 다이메틸옐로

해설및용어설명 |

종류	변색 범위	산	염기
메틸오렌지	3.1~4.4	빨간색	노란색
페놀프탈레인	8.0~10.0	무색	빨간색

49 ★

$KMnO_4$ 표준용액으로 적정할 때 HCl 산성으로 하지 않는 이유는?

① MnO_2가 생성된다.
② Cl_2가 발생한다.
③ 높은 온도로 가열해야 한다.
④ 종말점 판정이 어렵다.

해설및용어설명 |
- HCl은 $KMnO_4$에 의해 산화되므로 적당하지 않다.
- 황산(H_2SO_4) 용액을 가해 H^+를 공급한다.

50 ★

중량 분석에 이용되는 조작 방법이 아닌 것은?

① 침전중량법   ② 휘발중량법
③ 전해중량법   ④ 건조중량법

해설및용어설명 | ④건조중량법은 토양 시료의 수분 함량을 측정하는 방법이다.

51 ★

다음의 전자기복사선 중 파장이 가장 짧은 것은?

① 라디오파 ② 적외선
③ 가시광선 ④ 자외선

해설및용어설명 |

종류	라디오파	마이크로파	적외선	가시광선	자외선	X선	감마선
파장[m]	10^3	10^{-2}	10^{-5}	0.5×10^{-6}	10^{-8}	10^{-10}	10^{-12}

52

분광광도계를 이용하여 측정한 투과도[T]가 30%였다. 이때 흡광도는 얼마인가?

① 0.5 ② 1
③ 1.5 ④ 2

해설및용어설명 | 흡광도(A) = 2 - log[%T] = 0.5

53

유기화합물의 전자전이 중 가장 높은 에너지의 빛을 필요로 하는 전자전이는?

① $\sigma \rightarrow \sigma^*$ ② $n \rightarrow \sigma^*$
③ $\pi \rightarrow \pi^*$ ④ $n \rightarrow \pi^*$

해설및용어설명 | 에너지의 크기는 $\sigma \rightarrow \sigma^*$ 가장 크며, $n \rightarrow \pi^*$ 가장 작다.

54 ★

적외선 흡수분광법에서 액체시료는 어떤 시료판을 이용하여 측정하는가?

① K_2CrO_4 ② KBr
③ CrO_3 ④ $KMnO_4$

해설및용어설명 | 주로 NaCl이나 KBr 판에 떨어뜨려 측정한다.

55 ★★

용리액으로 불리는 이동상을 고압 펌프로 운반하는 크로마토 장치를 말하며 펌프, 주입기, 컬럼, 검출기, 데이터 처리 장치 등으로 구성되어 있는 기기는?

① 분광광도계
② 원자 흡광 광도계
③ 가스 크로마토그래피
④ 고성능 액체 크로마토그래피

56 ★

LC(액체 크로마토그래피) 중 하나인 이온 크로마토그래피(IC)에서 가장 널리 사용되는 검출기는?

① UV 검출기 ② 형광 검출기
③ 전기전도도 검출기 ④ 굴절율 검출기

해설및용어설명 | 전기전도도 검출기
용리된 이온을 전기전도도법을 이용해 검출한다.

57★

가스 크로마토그래피에서 운반 기체로 이용되지 않는 것은?

① 헬륨   ② 질소
③ 수소   ④ 산소

해설및용어설명 | 화학적으로 안정하고 시료와 고정상과 반응하지 않는 수소(H_2), 헬륨(He), 아르곤(Ar) 등의 불활성 기체를 사용한다.

58★

다음 반응의 Nernst 식을 바르게 표현한 것은? (단, Ox = 산화형, Red = 환원형, E = 전극전위, E° = 표준전극전위이다)

$$a\ Ox + ne^- \rightleftharpoons b\ Red$$

① $E = E° - \dfrac{0.0591}{n}\log\dfrac{[Red]^b}{[Ox]^a}$

② $E = E° - \dfrac{0.0591}{n}\log\dfrac{[Ox]^a}{[Red]^b}$

③ $E = 2E° + \dfrac{0.0591}{n}\log\dfrac{[Red]^b}{[Ox]^a}$

④ $E = 2E° - \dfrac{0.0591}{n}\log\dfrac{[Red]^b}{[Ox]^a}$

59★

전위차적정에 대한 설명 중 틀린 것은?

① 일반적인 기준전극은 백금으로 만든다.
② 적정분석법에서 종말점의 결정에 이용된다.
③ 기준전극은 Nernst식에 따라야 한다.
④ 기준전극은 고정된 전위를 유지하여야 한다.

해설및용어설명 | 일반적으로 기준전극은 칼로멜 기준전극 또는 은-염화은 전극을 사용한다.

60★

화학실험 시 주의할 사항으로 적절하지 않은 것은?

① 휘발성을 지닌 액체시료를 사용할 때는 후드에서 사용한다.
② 폐액은 종류별로 구분하여 처리한다.
③ 가스용기는 온도 40℃ 이상에서 보관한다.
④ 실험에 사용할 화합물이 유리와 반응하는지 꼭 확인하고 사용해야 한다.

해설및용어설명 | 고압가스 용기는 40℃ 이하에서 보관한다.

CBT 복원문제 — 2018 * 3

01*
다음 중 균일혼합물이 아닌 것은?
① 공기　　② 암석
③ 소금물　　④ 암모니아수

02*
다음 중 표준상태(0℃, 101.3kPa)에서 22.4L의 무게가 가장 가벼운 기체는?
① 질소　　② 산소
③ 아르곤　　④ 이산화탄소

해설및용어설명 | 가장 분자량이 작은 ①질소가 제시된 조건에서 가장 가볍다.

03
물질 1mol에 들어 있는 입자 수인 아보가드로수로 옳은 것은?
① 6.02×10^{22}　　② 6.02×10^{23}
③ 6.02×10^{33}　　④ 6.02×10^{34}

04*
다음 A, B는 어떤 중성 원자 전자 배치의 두 가지 경우를 표시한 것이다. 이 중 잘못 설명한 것은?

> A : $1s^2 2s^2 2p^6 3s^1$
> B : $1s^2 2s^2 2p^6 5s^1$

① 전자 1개를 분리시키는 데 A원자가 B원자보다 많은 에너지가 필요하다.
② B의 상태는 A의 상태보다 원자로서 높은 에너지 상태에 있다.
③ B가 A로 변할 때는 빛이 방출된다.
④ A와 B는 서로 다른 원소이다.

해설및용어설명 | A, B 모두 중성 원자로 11개의 전자를 가진 나트륨(Na)이다.

05
다음 원소의 무게로 알맞은 것은?

양성자 수	중성자 수	전자수
8	7	8

① 8　　② 15
③ 16　　④ 23

해설및용어설명 | 전자의 무게는 무시할 수 있을 만큼 작기 때문에 원소의 무게는 중성자의 수와 양성자의 수에 의해 결정된다.

정답: 01 ② 02 ① 03 ② 04 ④ 05 ②

06

원소 주기율표에 대한 설명으로 옳은 것은?

① 원자 반지름은 같은 주기에서 오른쪽으로 갈수록 감소한다.
② 원자 반지름은 같은 족에서 위로 올라갈수록 증가한다.
③ 금속성은 같은 주기에서 오른쪽으로 갈수록 증가한다.
④ 18족 원소는 알칼리 금속 물질이다.

해설및용어설명 |
- 원자 반지름은 같은 족에서 위로 올라갈수록 감소한다.
- 금속성은 같은 주기에서 왼쪽으로 갈수록 증가한다.
- 18족 원소는 비활성기체이다.

07★

주기율표에 대한 설명으로 가장 거리가 먼 내용은?

① 같은 주기에 있는 원자들은 모두 전자껍질 수가 같다.
② 0족 원소(비활성 기체)는 주기율표의 가장 오른쪽 줄에 있다.
③ 2주기에는 10종류의 원소가 들어 있다.
④ 같은 족에 있는 원자들은 모두 원자가전자수가 같다.

해설및용어설명 | 2주기에는 1~2족, 13~18족, 총 9종류의 원소가 있다.

08

주기율표에서 원자번호 8번과 화학적 성질이 비슷한 원소의 원자번호는?

① 6
② 12
③ 16
④ 18

해설및용어설명 |
- 같은 족 원소는 화학적 성질이 유사하다.
- 같은 주기 원소는 물리적 성질이 유사하다.

09★★

다음 중 비전해질은 어느 것인가?

① NaOH
② HNO_3
③ CH_3COOH
④ C_2H_5OH

해설및용어설명 | 전해질이란 물에서 극성을 띤 용매에 녹아서 이온을 형성함으로써 전기를 통하는 물질이다.
④ C_2H_5OH는 비전해질에 속한다.

10★

CO_2와 H_2O는 모두 공유결합으로 된 삼원자 분자인데 CO_2는 비극성이고 H_2O는 극성을 띠고 있다. 그 이유로 옳은 것은?

① C가 H보다 비금속성이 크다.
② 결합구조가 H_2O는 굽은형이고 CO_2는 직선형이다.
③ H_2O의 분자량이 CO_2의 분자량보다 적다.
④ 상온에서 H_2O는 액체이고 CO_2는 기체이다.

11

분자들 사이의 분산력에 대한 설명으로 옳지 않은 것은?

① 분산력은 몰질량에 비례한다.
② 분산력은 물질의 크기에 비례한다.
③ 분산력이 클수록 끓는점은 낮아진다.
④ 분산력이 클수록 상태변화를 하기 위해 더 많은 에너지가 필요하다.

해설및용어설명 | 분산력
원자 또는 분자에서 전자가 한쪽으로 쏠릴 때 발생하는 힘. 즉, 비극성 분자도 일시적으로 전자가 쏠리면서 서로 붙어 있으려는 인력이 발생하는데 이것을 분산력이라 한다. 분산력이 클수록 상태변화를 하기 위해 더 많은 에너지가 필요하기 때문에 끓는점은 높아진다.

정답 06 ① 07 ③ 08 ③ 09 ④ 10 ② 11 ③

12 ★

증기압에 대한 설명으로 틀린 것은?

① 증기압이 크면 증발이 어렵다.
② 증기압이 크면 끓는점이 낮아진다.
③ 증기압은 온도가 높아짐에 따라 커진다.
④ 증기압이 크면 분자 간 인력이 작아진다.

해설및용어설명 | ① 증기압이 크면 휘발성이 커서 증발이 쉽다.

13

다음 중 화학변화가 일어날 때 발생할 수 있는 현상으로 틀린 것은?

① 열의 흡수
② 열의 발생
③ 원자수의 변화
④ 에너지의 변화

해설및용어설명 | 반응물과 생성물의 원자수는 항상 같다.

14 ★★

일정한 온도에서 1atm의 이산화탄소 1L와 2atm의 질소 2L를 밀폐된 용기에 넣었더니 전체 압력이 2atm이 되었다. 이 용기의 부피는?

① 1.5L
② 2L
③ 2.5L
④ 3L

해설및용어설명 | 보일의 법칙
일정한 온도에서 압력과 부피는 반비례한다.
$PV = $ 일정하다.
$P_{CO_2}V_{CO_2} + P_{N_2}V_{N_2} = P_{total}V_{total}$
$1atm \times 1L + 2atm \times 2L = 2atm \times V$
$V = 2.5L$

15 ★

25wt%의 NaOH 수용액 80g이 있다. 이 용액에 NaOH를 가하여 30wt%의 용액을 만들려고 한다. 약 몇 g의 NaOH를 가해야 하는가?

① 3.7g
② 4.7g
③ 5.7g
④ 6.7g

해설및용어설명 | 80g의 NaOH 수용액 중 25wt%의 값은 20g이다. 30wt%를 만들기 위하여 가해주는 만큼의 양을 x라고 한다면
$\dfrac{(20 + x)g}{(80 + x)g} = 0.30$ 이므로
가해야 하는 NaOH의 값은 5.7g이 된다.

16

일정한 온도와 압력에서 기체가 연소할 때 반응한 기체의 부피와 생성된 기체의 부피 사이에는 간단한 정수비가 성립한다는 법칙은?

① 질량보존의 법칙
② 일정성분비의 법칙
③ 아보가드로의 법칙
④ 기체반응의 법칙

해설및용어설명 | 일정성분비 법칙
화합물을 구성하는 원소들의 질량비는 일정하다는 법칙
• 화합물이 만들어질 때 일정한 개수비에 의해 형성된다.
• 물(H_2O) 분자는 2개의 수소 원자와 1개의 산소 원자로 생성된다.

17

64g의 메테인(CH_4)을 완전 연소시키면 몇 몰(mol)의 이산화탄소(CO_2)가 생성되는가? (단, C, H, O의 원자량은 각각 12, 1, 16이다)

① 1
② 2
③ 3
④ 4

해설및용어설명 |

메테인의 연소반응식 : $CH_4 + 2O_2 \rightarrow CO_2 + 2H_2O$

CH_4의 몰수 = $\dfrac{64g}{16g/mol}$ = 4mol

생성되는 CO_2의 몰수 = 4mol

18

$A + 2B \rightarrow 3C + 4D$와 같은 기초 반응에서 A, B의 농도를 각각 2배로 하면 반응속도는 몇 배로 되겠는가?

① 2
② 4
③ 8
④ 16

해설및용어설명 |

반응속도 = $k[A][B]^2 \rightarrow k[2A][2B]^2 = 8k[A][B]^2$ = 8배 증가

- [A] : A의 농도
- [B] : B의 농도
- k : 속도상수

19*

다음 반응식에서 평형이 왼쪽으로 이동하는 경우는?

$$N_2 + 3H_2 \rightleftharpoons 2NH_3 + 92kJ$$

① 온도를 높이고 압력을 낮춘다.
② 온도를 낮추고 압력을 올린다.
③ 온도와 압력을 높인다.
④ 온도와 압력을 낮춘다.

해설및용어설명 | 발열반응이므로 온도를 높이면 온도를 낮추기 위한 방향인 왼쪽으로 평형이 일어난다. 또한 반응 전 몰수가 총 4몰이고 반응 후 몰수가 2몰이므로 압력을 올리면 생성물을 만드는 방향인 오른쪽으로 평형이 이동하지만, 압력을 낮추면 생성물을 만드는 방향인 왼쪽으로 평형이 이동하게 된다.

20*

다음 중 Arrhenius 산, 염기 이론에 대하여 설명한 것은?

① 산은 물에서 이온화될 때 수소 이온을 내는 물질이다.
② 산은 전자쌍을 받을 수 있는 물질이고, 염기는 전자쌍을 줄 수 있는 물질이다.
③ 산은 진공에서 양성자를 줄 수 있는 물질이고, 염기는 진공에서 양성자를 받을 수 있는 물질이다.
④ 산은 용매에 양이온을 방출하는 용질이고, 염기는 용질에 음이온을 방출하는 용매이다.

해설및용어설명 | ① 아레니우스의 산은 물에 녹았을 때 수소 이온(H^+)을 내놓을 수 있는 물질을 말하며, 아레니우스의 염기는 물에 녹았을 때 수산화이온(OH^-)을 내놓을 수 있는 물질을 말한다.

21*

수산화 이온의 농도가 5×10^{-5}일 때 이 용액의 pH는 얼마인가?

① 7.7
② 8.3
③ 9.7
④ 10.3

해설및용어설명 |

$K_w = [H^+][OH^-]$

$(1.0 \times 10^{-14}) = [H^+] \times (5 \times 10^{-5})$

$[H^+] = 2 \times 10^{-10}$

$pH = -\log[H^+] = -\log(2 \times 10^{-10}) = 9.7$

22

다음 중 물에 녹았을 때 산성을 나타내는 물질은?

① NaCl
② NH_4NO_3
③ Na_2CO_3
④ NaOH

해설및용어설명 |
- NaCl은 가수분해가 일어나지 않아 중성이다.
- $NH_4^+ + H_2O \rightleftarrows NH_3 + H_3O^+$(산성)
- $CO_3^- + H_2O \rightleftarrows HCO_3^- + OH^-$
- OH^-를 내놓아 염기성

23

엽록소(클로로필)는 광합성의 핵심 분자로 빛 에너지를 흡수하는 역할을 하는 색소로 포르피린과 금속 이온의 착화물이다. 금속 이온으로 옳은 것은?

① K^+
② Mg^{2+}
③ Zn^{2+}
④ Ni^{2+}

해설및용어설명 | 엽록소(클로로필)

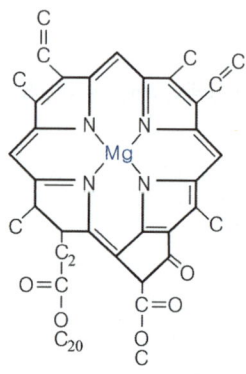

24★

탄소화합물의 특징에 대한 설명으로 옳은 것은?

① CO_2, $CaCO_3$는 유기화합물로 분류된다.
② CH_4, C_2H_6, C_3H_8은 포화탄화수소이다.
③ CH_4에서 결합각은 90°이다.
④ 탄소의 수가 많아도 이성질체 수는 변하지 않는다.

해설및용어설명 |
① 무기 화합물은 탄소와 수소 원자가 없는 것이 보통이지만, 예외로 탄소를 포함하더라도 물, CO_2, NO_2, $CaCO_3$ 등은 무기화합물로 분류된다.
③ CH_4(메테인)은 C-H 결합에서 전기음성도 차이가 있지만, 정사면체 구조로 쌍극자 모멘트의 합이 0이므로 무극성 물질이다. 정사면체인 메테인의 결합각은 109.2°가 된다.
④ 이성질체란 분자식이 같지만, 구조식은 다른 화합물을 말한다. 탄소의 수가 많아질수록 이성질체의 수도 많아진다.

25★

유지의 추출에 사용되는 용제는 대부분 어떤 물질인가?

① 발화성 물질
② 용해성 물질
③ 인화성 물질
④ 폭발성 물질

26

다음 중 탄화수소의 화학식이 틀린 것은?

① 프로필렌 – C_3H_6
② 펜탄 – C_5H_{12}
③ 에틸렌 – C_2H_4
④ 아세틸렌 – C_2H_6

해설및용어설명 | 아세틸렌 - C_2H_2

27★

o - (ortho), m - (meta), p - (para)의 3가지 이성질체를 가지는 방향족 탄화수소의 유도체는?

① 벤젠　　　　② 알데하이드
③ 자일렌　　　④ 톨루엔

해설및용어설명 |

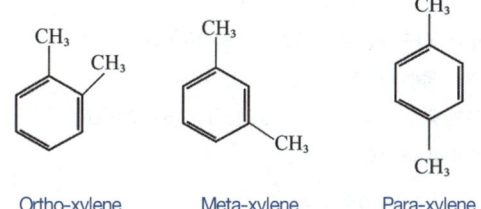

Ortho-xylene　　Meta-xylene　　Para-xylene

28★

나프탈렌의 분자식은?

① C_6H_6　　　② $C_{10}H_8$
③ $C_{14}H_{10}$　　④ $C_{20}H_{22}$

29★

황화수소(H_2S)의 일반적인 성질 중 틀린 것은?

① 특유한 냄새를 가진 유독한 기체이다.
② 환원제이다.
③ 물에 불용이다.
④ 알칼리에 반응하여 염을 생성한다.

해설및용어설명 | 황화수소는 수용성이다.

30★

다음 금속 이온을 포함한 수용액에 전기분해로 같은 무게의 금속을 각각 석출시킬 때 전기량이 가장 적게 드는 것은?

① Ag^+　　　② Cu^{2+}
③ Ni^{2+}　　 ④ Fe^{3+}

해설및용어설명 | Ag^+은 1개의 전자가 있으면 Ag 1개가 석출된다.

31★

수소화비소를 연소시켜 이 불꽃을 증발접시의 밑바닥에 접속시키면 비소거울이 된다. 이 반응의 명칭은?

① 구차이트 실험　　② 베텐도르프 시험
③ 마시 시험　　　　④ 린만 그린 시험

해설및용어설명 |
① 구차이트 실험 : 비소의 화합물은 염산산성인데 아이오딘화칼륨·염화주석II의 존재하에 금속아연 조각을 첨가하면 환원하여 비소화수소 AsH_3가 되어 발생하는 수소와 함께 기체로서 분리된다.
② 베텐도르프 시험 : 아비산염 또는 비산염 용액 몇 방울을 몇 배 녹인 진한 염산에 가한 후 염화주석II의 진한 염산 포화 용액을 가하면 환원되어 비소가 유리한다.
④ 린만 그린 시험 : 아연염 용액에 몇 방울의 질산코발트 용액을 넣어서 아연 이온을 확인하는 데 이용한다.

32★

묽은 염산에 넣을 때 많은 수소 기체를 발생하며 반응하는 금속은?

① Au　　　② Hg
③ Ag　　　④ Na

해설및용어설명 | $2Na + 2HCl \rightarrow 2NaCl + H_2 \uparrow$

33*

알칼리 금속에 대한 설명으로 틀린 것은?

① 공기 중에서 쉽게 산화되어 금속 광택을 잃는다.
② 원자가전자가 1개이므로 +1가의 양이온이 되기 쉽다.
③ 할로젠 원소와 직접 반응하여 할로젠화합물을 만든다.
④ 원자번호가 증가함에 따라 금속결합력이 강해지므로 융점과 끓는점이 높아진다.

해설및용어설명 | 알칼리 금속은 주기율표상 1족에 속하며 같은 족에서 원자번호가 증가할수록 껍질의 수가 늘어나 결합력이 약해진다.

34*

해수 속에 존재하며 상온에서 붉은 갈색의 액체인 할로젠 물질은?

① F_2
② Cl_2
③ Br_2
④ I_2

해설및용어설명 | 해수 속에 존재하며 상온에서 붉은 갈색의 액체인 할로젠 물질은 Br_2이다.

35

유리 기구의 취급방법에 대한 설명으로 틀린 것은?

① 눈금이 새겨진 유리기구(메스피펫, 뷰렛 등)은 가열하면 안 된다.
② 불산은 유리와 반응하므로 절대 유리기구에 담지 않는다.
③ 유리 기구와 철제, 스테인리스강 등 금속재질의 실험 실습 기구는 따로 보관한다.
④ 유리기구를 가열할 경우 불꽃을 직접 닿게 하여 가열한다.

해설및용어설명 | 유리기구는 파손의 위험이 있어 불꽃이 직접 닿지 않도록 한다.

36*

0.1M의 아세트산 용액 25mL와 0.4M의 NaOH 용액 25mL를 섞은 혼합용액의 NaOH 농도는?

① 0.15M
② 0.25M
③ 0.5M
④ 0.3M

해설및용어설명 |
$CH_3COOH + NaOH \rightleftharpoons CH_3COONa + H_2O$
아세트산의 H^+ 몰수 $= 0.1M \times 0.025L = 2.5 \times 10^{-3}$ mol
NaOH의 OH^- 몰수 $= 0.4M \times 0.025L = 10 \times 10^{-3}$ mol
남은 NaOH의 몰수 $= (10 \times 10^{-3}) - (2.5 \times 10^{-3}) = 7.5 \times 10^{-3}$ mol
혼합용액의 부피 $= 50mL$
NaOH 농도 $= \dfrac{7.5 \times 10^{-3} \text{mol}}{0.05L} = 0.15M$

37*

용매 1,000g 중에 포함된 용질의 몰수로서 나타내는 농도는?

① 몰 농도
② 몰랄 농도
③ g농도
④ 노르말 농도

38*

0.1N-NaOH 표준용액 1mL에 대응하는 염산의 양(g)은? (단, HCl의 분자량은 36.47g/mol이다)

① 0.0003647g
② 0.003647g
③ 0.03647g
④ 0.3647g

해설및용어설명 |
0.1N - NaOH 표준용액 1mL에 포함된 OH^-의 몰수
(NaOH의 당량수는 1이므로 몰 농도와 같다)
$0.1M \times 0.001L = 0.1 \times 10^{-3}$ mol(대응하는 염산의 몰수)
염산의 양(g) $= 0.1 \times 10^{-3}$ mol $\times 36.47$g/mol $= 3.647 \times 10^{-3}$g

정답 33 ④ 34 ③ 35 ④ 36 ① 37 ② 38 ②

39

침전 적정에서 Ag^+에 의한 은법적정 중 지시약법이 아닌 것은?

① Mohr법 ② Fajans법
③ Volhard법 ④ 네펠로법(nephelometry)

해설및용어설명 | ④ 네펠로법은 혼탁입자들에 의한 산란도를 측정하는 방법이다.

40

25℃에서 NaCl 포화용액 60g에 NaCl이 20g 녹아 있을 때, 물질의 용해도는?

① 20 ② 40
③ 50 ④ 60

해설및용어설명 | 용해도는 물 100g에 녹아있는 용질의 몰수
NaCl의 양 = 20g
물의 양 = 40g
40g : 20g = 100g : x
x = 50g
물 100g에 NaCl은 50g 녹을 수 있으므로 용해도는 50이다.

41*

고체의 용해도에 대한 설명 중 가장 거리가 먼 것은?

① NaCl의 용해도는 온도에 따라 큰 변화가 없다.
② 일반적으로 고체는 온도가 상승하면 용해도가 커진다.
③ 일반적으로 고체는 압력이 높아지면 용해도가 커진다.
④ KNO_3은 용해도가 온도에 따라 큰 차이가 있다.

해설및용어설명 | 대부분의 고체의 용해도는 온도가 증가하면 용해도도 증가하고 압력에는 무관하다.

42*

다음 중 약염기 BOH의 이온화 상수(K_b)는?

$$BOH \rightleftarrows B^+ + OH^-$$

① $[BOH]/[B^+][OH^-]$ ② $[BOH][B^+]/[OH^-]$
③ $[B^+][OH^-]/[BOH]$ ④ $[B^+]/[BOH][OH^-]$

해설및용어설명 |

$$K_b = \frac{[BH^+][OH^-]}{[BOH]}$$

43*

철광석 중의 철의 정량실험에서 자철광과 같은 시료는 염산에 분해하기 어렵다, 이때 분해되기 쉽도록 하기 위해서 넣어주는 것은?

① 염화 제일주석 ② 염화 제이주석
③ 염화나트륨 ④ 염화암모늄

해설및용어설명 | 염화 제일주석은 환원제로서 역할을 한다.

44***

약산과 강염기 적정 시 사용할 수 있는 지시약은?

① Bromophenol Blue ② Methyl Orange
③ Methyl Red ④ Phenolphthalein

해설및용어설명 | 페놀프탈레인은 산·염기 지시약으로서 pH 8.0 ~ 10.0의 변색 범위를 가지며, 강산과 강염기의 적정과 약산과 강염기의 적정에 사용된다. 산에서는 무색, 염기에서는 빨간색으로 변색한다.

45

양이온 정성분석에서 분족시약인 묽은 염산과 반응해 염화물 침전을 형성하는 이온은 몇 족인가?

① 제1족
② 제2족
③ 제3족
④ 제4족

해설및용어설명 | 제1족(은족)
제1족 이온들의 염화물 침전을 형성하는 양이온
- 종류 : 납(Pb^{2+}), 은(Ag^+), 제일수은(Hg_2^{2+})
- 분족시약 : 묽은 염산(HCl) 또는 NH_4Cl
- 침전된 $PbCl_2$, AgCl, $HgCl_2$의 분리
  - $PbCl_2$는 온수에 녹는다.
  - AgCl(흰색 침전물)는 NH_4OH를 가하면 녹는다.
  - H_2Cl_2는 NH_4OH를 가하면 검게 변한다.

46★

EDTA 1mol에 대한 금속 이온 결합의 비는?

① 1 : 1
② 1 : 2
③ 1 : 4
④ 1 : 6

해설및용어설명 | 금속과 EDTA는 1 : 1로 반응한다.

47★

중화적정법에서 당량점(Equivalence Point)에 대한 설명으로 가장 거리가 먼 것은?

① 실질적으로 적정이 끝난 점을 말한다.
② 적정에서 얻고자 하는 이상적인 결과이다.
③ 분석물과 가해준 적정액의 화학양론적 양이 정확하게 동일한 점을 말한다.
④ 당량점을 정하는 데 지시약 등을 이용한다.

48

EDTA 적정에서 종말점을 검출하기 위해 사용하는 금속 지시약이 아닌 것은?

① 에리오크로뮴 블랙T(EBT)
② Pyrocatechol Violet
③ Murexide(MX)
④ Phenolphthalein

해설및용어설명 | 금속 지시약으로 에리오크로뮴 블랙T(EBT), PAN, Pyrocatechol Violet, Salicylic Acid, Murexide(MX) 등이 있다.

49★

다음 황화물 중 흑색 침전이 아닌 것은?

① PbS
② Ag_2S
③ CuS
④ ZnS

해설및용어설명 | ④ 침전 반응으로 생기는 ZnS는 흰색을 띤다.

50★

전해분석 방법 중 폴라로그래피(Polarography)에서 작업 전극으로 주로 사용하는 전극은?

① 포화칼로멜전극
② 적하수은전극
③ 백금전극
④ 유리막전극

해설및용어설명 | 폴라로그래피의 구성
- 기준전극 : 포화칼로멜전극
- 작업전극 : 적하수은전극
- 보조전극 : 백금전극

정답 45 ① 46 ① 47 ① 48 ④ 49 ④ 50 ②

51

UV - Vis분광분석은 빛이 시료를 통과할 때 시료와 어떤 상호작용을 이용한 것인가?

① 흡수 ② 방출
③ 산란 ④ 굴절

52*

분광광도계에서 빛이 지나가는 순서로 맞는 것은?

① 입구슬릿 → 시료부 → 분산장치 → 출구슬릿 → 검출부
② 입구슬릿 → 분산장치 → 시료부 → 출구슬릿 → 검출부
③ 입구슬릿 → 분산장치 → 출구슬릿 → 시료부 → 검출부
④ 입구슬릿 → 출구슬릿 → 분산장치 → 시료부 → 검출부

해설및용어설명 |

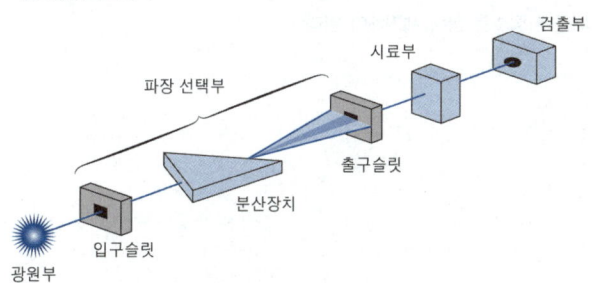

UV-Vis 분광광도계의 구조

53

람베르트 - 비어의 법칙에서 몰흡광계수(ε)를 나타낸 식으로 옳은 것은?

① $\varepsilon = \dfrac{A}{bc}$ ② $\varepsilon = \dfrac{1}{Abc}$

③ $\varepsilon = \dfrac{bc}{A}$ ④ $\varepsilon = Abc$

해설및용어설명 | $A = \varepsilon bc$

54

광원으로부터 들어온 빛을 특정 파장대의 빛으로 분리해내는 장치는?

① 원자화장치 ② 단색화장치
③ 검출기 ④ 컬럼

해설및용어설명 | 단색화장치
빛의 회절 현상을 이용해 특정 파장대의 빛을 선택하는 장치

55*

흡광도가 0.700, 몰흡광계수가 0.02L/mol·cm, 용액층의 두께가 1cm인 시료의 농도(M)는?

① 0.035 ② 0.35
③ 3.5 ④ 35

해설및용어설명 | $A = \varepsilon bc$
$0.700 = 0.02\text{L/mol}\cdot\text{cm} \times 1\text{cm} \times C$
농도 $C = 35$

56**

비휘발성 또는 열에 불안정한 시료의 분석에 가장 적합한 크로마토그래피는?

① GC(기체 크로마토그래피)
② GSC(기체 - 고체 크로마토그래피)
③ GLC(기체 - 액체 크로마토그래피)
④ HPLC(고성능 액체 크로마토그래피)

해설및용어설명 | ④ GC의 경우 일반적인 사용온도 범위(약 350℃) 이하에서 기화되지 않는 비휘발성 물질이며 열변성이나 열분해를 쉽게 받는 시료는 일반적으로 직접 분리할 수가 없다. 하지만 HPLC는 시료가 상온에서 용해 불가능하여 가온할 필요가 없는 경우를 제외하면 온도와 관계없이 용매가 용해되는 시료는 모두 분리 가능하다.

정답 51 ① 52 ③ 53 ① 54 ② 55 ④ 56 ④

57★

다음 중 전자전이를 유발하는 데 가장 큰 에너지를 요하는 것은?

① $n \to \sigma^*$ ② $n \to \pi^*$
③ $\sigma \to \sigma^*$ ④ $\pi \to \pi^*$

해설및용어설명 | 전자전이의 종류

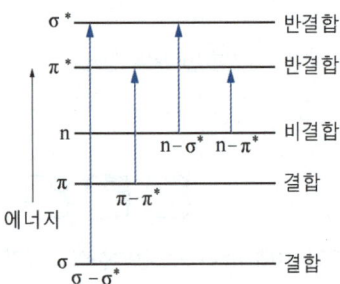

58★

기체를 이동상으로 주로 사용하는 크로마토그래피는?

① 겔 크로마토그래피
② 분배 크로마토그래피
③ 기체 – 액체 크로마토그래피
④ 이온 교환 크로마토그래피

해설및용어설명 | 보기 중 기체를 이동상으로 사용하는 크로마토그래피는 ③기체 - 액체 크로마토그래피이다.

59★

다음 중 1패러데이[F]의 전기량은?

① 1mol의 물질이 갖는 전기량
② 1개의 전자가 갖는 전기량
③ 96,500개의 전자가 갖는 전기량
④ 1g 당량 물질이 생성할 때 필요한 전기량

60★

폴라로그래피법에서 용액 속에 무엇이 들어가 있으면 질소가스 등을 수 분간 통과시켜 제거해야 하는가?

① 수은   ② 염화수소
③ 산소   ④ 나트륨

해설및용어설명 | 용액 중에 존재하는 용존산소는 수은전극에서 환원되기 때문에 질소를 통해 제거해야 한다.

CBT 복원문제

2019 * 1

문제 회독수를 체크하여 오답률을 줄여 보세요.

01★

이산화탄소(CO_2)의 분자량은 얼마인가?

① 12　　　　　　② 28
③ 32　　　　　　④ 44

해설및용어설명 | 탄소 원자는 12, 산소 원자는 16이므로 분자량은 12 + (16×2) = 44g/mol이다.

02

전자궤도 함수인 오비탈 중 p오비탈에 채워질 수 있는 전자의 총 수는?

① 2　　　　　　② 6
③ 10　　　　　　④ 14

해설및용어설명 | p오비탈은 총 3개의 방을 채울 수 있다. 하나의 방에는 전자가 2개까지 들어갈 수 있으므로 p오비탈에 채워질 수 있는 전자의 총 수는 6개가 된다.

03★★★

C_2H_2(아세틸렌)은 σ-결합을 몇 개 가지고 있는가?

① 1개　　　　　② 2개
③ 3개　　　　　④ 4개

해설및용어설명 | 아세틸렌은 아래와 같은 삼중구조를 이룬다.
H - C ≡ C - H
- C ≡ C결합 사이 : σ-결합 1개
- H - C결합 사이 : σ-결합을 각각 1개씩

총 3개의 σ-결합을 가진다.

04★

다음 중 원자의 반지름이 가장 큰 것은?

① Na　　　　　② K
③ Rb　　　　　④ Li

해설및용어설명 | ③ 같은 족에서는 원자번호가 증가할수록 핵과 전자 사이의 인력이 증가하며, 껍질의 수가 증가하여 원자의 크기도 커진다.

05★★

다음 중 이온결합인 것은?

① 염화나트륨(Na-Cl)　　② 암모니아(N-H_3)
③ 염화수소(H-Cl)　　　④ 에틸렌(CH_2-CH_2)

해설및용어설명 | ②, ③, ④번은 공유결합에 해당한다.

정답 01 ④　02 ②　03 ③　04 ③　05 ①

06

다음 중 분자 안에 배위결합이 존재하는 화합물은?

① 벤젠 ② 에틸알콜
③ 염소 이온 ④ 암모늄 이온

해설및용어설명 | 배위결합이란 두 원자가 공유결합을 할 때 전자를 한쪽에서 모두 제공하는 결합을 말한다.
④ 암모늄 이온은 다음과 같이 배위결합을 한다.

$$H:\underset{H}{\overset{..}{N}}:H + [H]^+ \longrightarrow H:\underset{H}{\overset{H}{\underset{..}{N}}}:H$$

07

화장실에서 볼 수 있는 나프탈렌과 같이 고체에서 기체로 상태변화가 일어나는 것을 무엇이라 하는가?

① 기화 ② 액화
③ 융해 ④ 승화

해설및용어설명 |
승화는 고체에서 기체, 기체에서 고체로 변하는 상태변화이다.

08★

20℃, 0.5atm에서 10L인 기체가 있다. 표준상태에서 이 기체의 부피는?

① 2.54L ② 4.65L
③ 5L ④ 10L

해설및용어설명 | 보일 - 샤를의 법칙

$$\frac{P_1V_1}{T_1} = \frac{P_2V_2}{T_2}$$

$$\frac{0.5atm \times 10L}{(273.15 + 20)K} = \frac{1atm \times V_2}{273.15K}$$

$V_2 = 4.65L$

09★

2M NaOH 용액 100mL 속에 있는 수산화나트륨의 무게는? (단, 원자량은 Na = 23, O = 16, H = 1이다)

① 80g ② 40g
③ 8g ④ 4g

해설및용어설명 |
2M NaOH 용액 100mL의 몰수 = 2M × 0.1L = 0.2mol
NaOH의 질량 = 0.2 × 40g/mol = 8g

10

2N HCl 용액 2L를 이용해 1N 용액 3L를 만들고자 한다. 이때 필요한 2N HCl 용액의 양은 몇 L인가?

① 0.5L ② 1.0L
③ 1.5L ④ 2.0L

해설및용어설명 | MV = M'V'

2N × V = 1N × 3L

V = 1.5L

11

표준상태에서 프로판(C_3H_8) 2.24L를 완전히 연소할 때 필요한 공기의 부피(L)는? (단, 공기 중의 O_2는 20vol%이다)

① 2.24L ② 11.2L
③ 22.4L ④ 56L

해설및용어설명 | 프로판의 연소반응식 : $C_3H_8 + 5O_2 \rightarrow 3CO_2 + 4H_2O$
프로판의 몰수 = 0.1mol
필요한 산소의 몰수 = 0.5mol
필요한 산소의 부피 = 11.2L
필요한 공기의 몰수 = $\frac{11.2L}{0.2}$ = 56L

12★

온도가 10℃ 올라감에 따라 반응속도는 2배 빨라진다. 20℃때보다 60℃에서는 반응속도가 몇 배 더 빨라지겠는가?

① 8배 ② 16배
③ 60배 ④ 64배

해설및용어설명 | 40℃ 올라갔으므로 2^4배(16배) 빨라진다.

13★★

화학 평형에 대한 설명으로 틀린 것은?

① 화학반응에서 반응 물질(왼쪽)로부터 생성 물질(오른쪽)로 가는 반응을 정반응이라고 한다.
② 화학반응에서 생성 물질(오른쪽)로부터 반응 물질(왼쪽)로 가는 반응을 비가역반응이라고 한다.
③ 온도, 압력, 농도 등 반응 조건에 따라 정반응과 역반응이 모두 일어날 수 있는 반응을 가역반응이라고 한다.
④ 가역반응에서 정반응 속도와 역반응 속도가 같아져서 겉보기에는 반응이 정지된 것처럼 보이는 상태를 화학 평형 상태라고 한다.

해설및용어설명 | 가역반응이란 정반응과 역반응이 모두 일어나는 반응이며, 비가역반응이란 한쪽 방향으로만 반응이 진행되는 반응을 말한다.
② 화학반응에서 생성 물질(오른쪽)로부터 반응 물질(왼쪽)로 가는 반응을 역반응이라고 한다.

14★★

pH에 관한 식을 옳게 나타낸 것은?

① $pH = \log[H^+]$ ② $pH = -\log[H^+]$
③ $pH = \log[OH^-]$ ④ $pH = -\log[OH^-]$

15★

다음 중 산의 성질이 아닌 것은?

① 신맛이 있다.
② 붉은 리트머스 종이를 푸르게 변색시킨다.
③ 금속과 반응하여 수소를 발생한다.
④ 염기와 중화반응한다.

해설및용어설명 |
• 산의 성질 : 리트머스 종이를 붉게 변색시킨다.
• 염기의 성질 : 붉은 리트머스 종이를 푸르게 변색시킨다.

16

다음 중 상온에서 물과 반응해 수소기체를 발생시키는 금속은?

① K ② Fe
③ Al ④ Zn

해설및용어설명 |
• 칼륨, 칼슘, 나트륨 : 상온에서 물과 반응
• 마그네슘, 알루미늄, 아연, 철 : 고온의 수증기와 반응

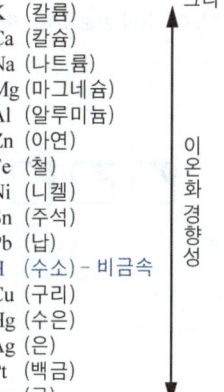

17*

다음 중 과염소산칼륨의 분자식으로 옳은 것은?

① KClO
② KClO$_2$
③ KClO$_3$
④ KClO$_4$

해설및용어설명 |
① KClO : 하이포아염소산칼륨
② KClO$_2$: 아염소산 칼륨
③ KClO$_3$: 염소산칼륨
④ KClO$_4$: 과염소산칼륨

18*

다음 중 아이오딘포름 반응도 일어나고 은거울 반응도 일어나는 물질은?

① CH$_3$CHO
② CH$_3$CH$_2$OH
③ HCHO
④ CH$_3$COCH$_3$

해설및용어설명 |
- 아이오딘포름 반응은 아세틸기(CH$_3$CHO-)를 지닌 화합물에서 아이오딘과 반응하여 아이오딘포름(CHI$_3$)을 생성한다.
- 은거울반응은 포르밀기(-CHO)를 가진 화합물이 은이온을 환원시키는 반응(환원성이 강한 물질 검출)이다.

19

다음 금속 중 비중이 제일 큰 금속은?

① Fe
② Al
③ Cu
④ K

해설및용어설명 |
① Fe : 7.87
② Al : 2.7
③ Cu : 8.963
④ K : 0.862

20*

실리콘이라고도 하며, 반도체로서 트랜지스터, 다이오드 등의 원료가 되는 물질은?

① C
② Si
③ Cu
④ Mn

21*

실험실에서 유리기구 등에 묻은 기름을 산화시켜 제거하는 데 쓰이는 클리닝 용액(Cleaning Solution)은 다음 중 어느 것인가?

① 크로뮴산칼륨 + 진한 황산
② 다이크로뮴산칼륨 + 황산제일철
③ 브로민화은 + 하이드로퀴논
④ 질산은 + 폼알데하이드

해설및용어설명 | 크로뮴산칼륨 + 진한 황산을 혼합한 클리닝 용액
- 크로뮴산칼륨 : 산화제
- 진한 황산 : 탈수효과

22**

수산화나트륨(NaOH) 80g을 물에 녹여 전체 부피가 1,000mL가 되게 하였다. 이 용액의 노르말 농도(N)는 얼마인가?
(단, 수산화나트륨의 분자량은 40이다)

① 0.08N
② 1N
③ 2N
④ 4N

해설및용어설명 |

수산화나트륨의 몰 농도 = $\dfrac{\frac{80}{40\text{g/mol}}}{1{,}000\text{mL}}$ = 2M

수산화나트륨의 당량수 = 1
노르말 농도 = 몰 농도 × 당량수 = 2N

23 ★★

몰 농도를 구하는 식을 옳게 나타낸 것은?

① 몰 농도[M] = 용질의 몰수[mol]/용액의 부피[L]
② 몰 농도[M] = 용질의 몰수[mol]/용매의 질량[kg]
③ 몰 농도[M] = 용질의 질량[g]/용액의 질량[kg]
④ 몰 농도[M] = 용질의 당량/용액의 부피[L]

24 ★

30% 수산화나트륨 용액 200g에 물 20g을 가하면 약 몇 %의 수산화나트륨 용액이 되겠는가?

① 27.3%   ② 25.3%
③ 23.3%   ④ 20.3%

해설및용어설명 |

용액의 질량 백분율[wt%] = $\dfrac{\text{용질의 질량}}{(\text{용질의 질량} + \text{용매의 질량})} \times 100$

$= \dfrac{200 \times 0.3}{200 + 20} \times 100 = 27.3\%$

25

2N NaOH 2L를 1N NaOH로 묽히려 한다. 필요한 물의 부피는 몇 L인가? (단, NaOH의 분자량은 40g/mol이다)

① 1.0L   ② 2.0L
③ 3.0L   ④ 4.0L

해설및용어설명 | $MV = M'V'$

$2N \times 2L = 1N \times V$

$V = 4L$

2N NaOH 2L에 물 2L를 추가해 4L가 되도록 희석하면 1N NaOH가 되므로 필요한 물의 부피는 2L이다.

26 ★★

AgCl의 용해도가 0.0016g/L일 때 AgCl의 용해도곱은 약 얼마인가? (단, Ag의 원자량은 108, Cl의 원자량은 35.5이다)

① 1.12×10^{-5} ② 1.12×10^{-3}
③ 1.2×10^{-5} ④ 1.2×10^{-10}

해설및용어설명 |

AgCl의 이온화 : $AgCl(s) \rightarrow Ag^+(aq) + Cl^-(aq)$

용해된 AgCl의 몰수 = $\dfrac{0.0016g}{(108 + 35.5)g/mol} = 1.115 \times 10^{-5} mol$

용해된 AgCl의 몰 농도 = $1.115 \times 10^{-5} M$

$[Ag^+] = [Cl^-] = 1.115 \times 10^{-5} M$

용해도곱(K_{sp}) = $[Ag^+][Cl^-] = (1.115 \times 10^{-5})^2 = 1.2 \times 10^{-10}$

27 ★

양이온 제1족에 해당되는 것은?

① Ba^{2+} ② K^+
③ Na^+ ④ Pb^{2+}

해설및용어설명 | 양이온 제1족 : Ag^+, Hg_2^{2+}, Pb^{2+}

28 ★★

적정반응에서 용액의 물리적 성질이 갑자기 변화되는 점이며, 실질 적정반응에서 적정의 종결을 나타내는 점은?

① 당량점   ② 종말점
③ 시작점   ④ 중화점

해설및용어설명 |

① 당량점 : 중화반응에서 실제 H^+의 몰수와 OH^-의 몰수가 같아지는 지점
② 종말점 : 적정이 끝나는 지점
④ 중화점 : 산과 염기의 중화반응이 완결된 지점

정답 23 ① 24 ① 25 ② 26 ④ 27 ④ 28 ②

29

다음 중 양이온 분족시약이 아닌 것은?

① 제1족 – 묽은 염산
② 제2족 – 황화수소
③ 제3족 – 암모니아수
④ 제4족 – 염화암모늄

해설및용어설명 |
- 양이온 제1족 분족시약 : 묽은 염산
- 양이온 제2족 분족시약 : H_2S(0.3N-HCl)
- 양이온 제3족 분족시약 : $NH_4OH(NH_4Cl)$
- 양이온 제4족 분족시약 : $H_2S(NH_4OH)$
- 양이온 제5족 분족시약 : $(NH_4)_2CO_3(NH_4OH)$
- 양이온 제6족 분족시약 : 없음

30

단백질의 검출에 이용되는 정색반응이 아닌 것은?

① 뷰렛반응
② 크산토프로테인반응
③ 닌하이드린반응
④ 은거울반응

해설및용어설명 |
① 푸른색의 뷰렛용액을 이용하여 단백질을 검출하는 반응
② 단백질을 진한 질산과 반응시켜 황색을 띠는 정색반응
③ 단백질을 닌하이드린과 반응시켜 적자색 또는 청자색을 띠는 정색반응
④ 은거울반응은 환원성이 강한 물질을 검출하는 반응

31

0.1038N인 다이크로뮴산칼륨 표준용액 25mL을 취하여 0.1N의 티오황산나트륨 용액으로 적정하였더니 25mL이 사용되었다. 티오황산나트륨의 역가는?

① 0.1021   ② 0.1038
③ 1.021   ④ 1.038

해설및용어설명 | $NVF = N'V'F'$
$0.1038N \times 25mL \times 1 = 0.1N \times 25mL \times F'$
(표준용액의 역가는 값이 따로 주어지지 않으면 1로 간주한다)
티오황산나트륨의 역가 $F' = 1.038$

32

0.01M Ca^{2+} 50.0mL와 반응하려면 0.05M EDTA 몇 mL가 필요한가?

① 10   ② 25
③ 50   ④ 100

해설및용어설명 | EDTA와 금속은 1 : 1로 반응
$MV = M'V' = 0.01M \times 50mL = 0.05M \times V$
$V = 10mL$

33

침전적정법에서 사용하지 않는 표준시약은?

① 질산은   ② 염화나트륨
③ 티오사이안산암모늄   ④ 과망가니즈산칼륨

해설및용어설명 |
① 침전적정법은 질산은 표준용액을 사용하는 은적정법이 있다.
② Fajans을 이용하여 미지의 염화 이온 농도를 정량할 수 있다.
③ 흡착 지시약 또는 티오사이안산칼륨 표준용액을 사용하는 폴하르트법이 있다.

34

할로젠 이온 중 수용액에서 AgNO₃ 이온과 침전물을 형성하지 않는 이온은?

① F^-
② Cl^-
③ Br^-
④ I^-

해설및용어설명 |
- AgF : 물에 용해
- AgCl : 흰색 침전
- AgBr : 연한 노란색 침전
- AgI : 노란색 침전

35 ★★

pH 미터 보정에 사용하는 완충용액의 종류가 아닌 것은?

① 붕산염 표준용액
② 프탈산염 표준용액
③ 옥살산염 표준용액
④ 구리산염 표준용액

해설및용어설명 | pH 미터 보정에 사용하는 pH표준용액
- 수산염 표준용액
- 프탈산염 표준용액
- 인산염 표준용액
- 붕산염 표준용액
- 탄산염 표준용액
- 수산화칼슘 표준용액

36 ★

분광분석법에서는 파장을 nm단위로 사용한다. 1nm는 몇 m 인가?

① 10^{-3}
② 10^{-6}
③ 10^{-9}
④ 10^{-12}

해설및용어설명 |

$\frac{1nm}{} | \frac{1\mu m}{10^3 nm} | \frac{1mm}{10^3 \mu m} | \frac{1m}{10^3 mm} = 10^{-9} m$

37 ★

분자가 자외선 광에너지를 받으면 낮은 에너지 상태에서 높은 에너지 상태로 된다. 이때 흡수된 에너지를 무엇이라고 하는가?

① 투광에너지
② 자외선에너지
③ 여기에너지
④ 복사에너지

해설및용어설명 | ③ 여기에너지는 빛에너지를 받아 전자가 들뜨게 되는 에너지이다.

38 ★

람베르트-비어의 법칙은 $\log(I_0/I) = \varepsilon bC$로 나타낼 수 있다. 여기서 C를 [mol/L], b를 액층의 두께[cm]로 표시할 때, 비례 상수 ε인 몰흡광계수의 단위는?

① $[L/cm \cdot mol]$
② $[kg/cm \cdot mol]$
③ $[L/cm]$
④ $[L/mol]$

해설및용어설명 |

$\log(I_0/I)$의 단위는 무차원이다.
εbC의 단위를 무차원으로 만들면 비례상수 ε의 단위를 알 수 있다.

$\varepsilon = \frac{1}{bC} = \frac{1}{cm} \times \frac{1}{mol} = \frac{1}{cm \cdot mol}$

39

원자흡수분광법 중 비 불꽃형 원자화 장치에서 차가운 증기 생성법을 이용하여 분석하는 금속은?

① Hg
② Cu
③ As
④ Pb

해설및용어설명 | 차가운 증기 생성법
수은(Hg) 정량에만 사용한다.

40★

적외선 분광광도계에 의한 고체시료의 분석방법 중 고체시료의 취급 방법이 아닌 것은?

① 용액법
② 페이스트(paste)법
③ 기화법
④ KBr 정제법

해설및용어설명 | 적외선 분광광도계 고체시료 취급방법
- KBr(KCl) 정제법 : 고체시료와 KBr(또는 KCl)을 압축정제하여 만든다.
- 용액법 : 고체시료를 유기용매에 녹여 셀에 주입한다.
- 페이스트법 : 고체시료를 유동 파라핀과 섞어 페이스트를 만든다.

41★★

가스 크로마토그래피에서 운반 기체에 대한 설명으로 옳지 않은 것은?

① 화학적으로 비활성이어야 한다.
② 수증기, 산소 등이 주로 이용된다.
③ 운반 기체와 공기의 순도는 99.995% 이상이 요구된다.
④ 운반 기체의 선택은 검출기의 종류에 의해 결정된다.

해설및용어설명 | ② 화학적으로 안정하고 시료와 고정상과 반응하지 않는 수소(H_2), 헬륨(He), 아르곤(Ar) 등의 불활성 기체를 사용한다.

42★

HPLC에서 Y축을 높이로 하여 파형의 축을 밑변으로 한 넓이로 알 수 있는 것은?

① 성분
② 신호의 세기
③ 머무른 시간
④ 성분의 양

43★

액체 크로마토그래피의 검출기가 아닌 것은?

① UV 흡수 검출기
② IR 흡수 검출기
③ 전도도 검출기
④ 이온화 검출기

해설및용어설명 | 검출 방법에 따라 형광 검출기(FLD), 전기화학 검출기(ECD), 적외선-가시광선 검출기(UV-Vis Detector), 적외선 흡수 검출기, 굴절률 검출기, 광다이오드 검출기(PDA), 전도도 검출기(CD), 질량-분석 검출기 등을 사용한다.

44★

가스 크로마토그래피의 검출기 중 기체의 전기전도도가 기체 중의 전하를 띤 입자의 농도에 직접 비례한다는 원리를 이용한 것은?

① FID
② TCD
③ ECD
④ TID

해설및용어설명 |
① FID(불꽃 이온화 검출기)는 기체의 전기전도도가 기체 중의 전하를 띤 입자의 농도에 직접 비례한다는 원리를 이용한 것이다. 작동원리는 유기물이 수소-공기 불꽃에서 연소될 때 양이온과 전자가 생성되는 불꽃 이온화 현상에 바탕을 둔 검출기이다.
② TCD(열전도도 검출기)는 이동상 기체의 열전도도와 시료와의 열전도도 차이를 측정하며 N_2, CO, CO_2 등 무기물 분석에 사용된다.
③ ECD(전자포획 검출기) : 할로젠족 원소 등 전자포획 원자를 포함한 유기화합물을 분석이다.
④ TID(열 이온화 검출기) : 인 또는 질소 화합물에 선택적으로 감응하도록 개발된 검출기로 NPD라고도 한다.

45

불꽃 이온화 검출기의 특징에 대한 설명으로 옳은 것은?

① 유기 및 무기화합물을 모두 검출할 수 있다.
② 검출 후에도 시료를 회수할 수 있다.
③ 감도가 비교적 낮다.
④ 시료를 파괴한다.

해설및용어설명 | 불꽃 이온화 검출기(FID)는 대부분의 유기화합물을 검출할 수 있으며, 시료를 불꽃으로 이온화하기 때문에 시료를 파괴한다.

46

정지상으로 작용하는 물을 흡착시켜 머무르게 하기 위한 지지체로서 거름종이를 사용하는 분배 크로마토그래피는?

① 관 크로마토그래피
② 박막 크로마토그래피
③ 기체 크로마토그래피
④ 종이 크로마토그래피

47

전해 결과 두 전극에 전지가 생성되면 이것이 외부로부터 가해지는 전압을 상쇄시키는 기전력을 내는데 이것을 무엇이라고 하는가?

① 분해전압
② 과전압
③ 역기전력
④ 전극반응

해설및용어설명 |
① 분해전압 : 실제로 전기 분해를 하기 위한 최소의 전압
② 과전압 : 정격 전압보다 높은 전압
④ 전극반응 : 전극과 전해질 용액 사이의 경계면에서 발생하는 전자의 주고받음을 포함한 화학반응

48

황산구리 용액에 10A의 전류를 30분간 흘렸을 때 석출되는 구리는 몇 g인가? (단, 구리의 원자량은 63.5이다)

① 7.45
② 5.9
③ 11.84
④ 63.5

해설및용어설명 |
전하량(C) = 10A × 30 × 60 = 18,000C
1F = 전자 1mol의 전하량(96,500C = 1mol e^-)
Cu^{2+} 1mol을 석출하기 위해서는 2mol의 전자가 필요하므로

$$\frac{18,000C}{2} \times \frac{1mol}{96,500C} \times 0.093mol$$

구리의 질량 = 0.093mol × 63.5g/mol = 5.9g

49

pH 유리 전극은 일정한 pH 값을 갖는 내부 완충용액이 들어 있다. 내부 완충용액으로 옳은 것은?

① pH 4의 KCl의 표준용액
② pH 7의 KCl 포화용액
③ pH 9의 NaOH 포화용액
④ pH 4의 HCl 포화용액

해설및용어설명 | pH 유리 전극은 pH 7의 KCl 포화용액을 채워 보관한다.

50

다음 중 전위차법에서 사용하는 장치로 옳은 것은?

① 광원
② 시료용기
③ 파장선택기
④ 기준전극

51 ★★★

분극성의 미소전극과 비분극성의 대극과의 사이에 연속적으로 변화하는 전압을 가하여 전해에 의해 생긴 전류를 측정한 후, 전압과 전류의 관계곡선(전류 - 전압 곡선)을 그려 해당 곡선의 해석을 통해 목적 성분을 분리하는 방법은?

① 전위차 분석 ② 폴라로그래피
③ 전해 중량분석 ④ 전기량 분석

52 ★

다음 중 기기분석의 장점이 아닌 것은?

① 분석시료의 전처리가 불필요하다.
② 높은 감도의 결과를 얻을 수 있다.
③ 분석결과를 신속하게 얻을 수 있다.
④ 소량 또는 극소량의 시료도 분석가능하다.

해설및용어설명 | 분석기기에서 분석하기 쉬운 형태로 시료의 전처리가 필요하다.

53 ★

화학실험에 사용하는 약품 보관 방법에 대한 설명으로 틀린 것은?

① 폭발성 또는 자연 발화성의 약품은 화기를 멀리한다.
② 흡습성 약품은 완전히 건조시켜 건조한 곳이나 석유 속에 보관한다.
③ 모든 화학약품은 될 수 있는 대로 같은 장소에 보관하고 정리정돈을 잘한다.
④ 직사광선을 피하고, 약품에 따라 유색병에 보관한다.

해설및용어설명 | 화학약품은 위험성이 있으므로 보관해야 하는 장소가 종류별로 다르다. 약품을 같은 장소에 보관하는 것은 위험하다.

54 ★

다음 중 수분과 반응하여 폭발의 위험이 있기 때문에 석유 속에 보관해야 하는 금속은?

① Cu ② Hg
③ K ④ Zn

해설및용어설명 | 칼륨과 나트륨은 물에 닿지 않도록 석유류(등유, 경유, 파라핀)에 보관한다.

55 ★

다음 중 발화성 위험물끼리 짝지어진 것은?

① 칼륨, 나트륨, 황, 황린
② 수소, 아세톤, 에탄올, 에틸에터
③ 등유, 아크릴산, 아세트산, 크레졸
④ 질산암모늄, 나이트로셀룰로오스, 피크린산

해설및용어설명 | 발화성 위험물
스스로 발화하거나, 물과 접촉하여 가연성가스를 발생시키는 물질로 가연성 고체 또는 자연발화성 및 금수성 물질이 발화성 위험물에 속한다.
• 칼륨, 나트륨, 황린 : 자연발화성 및 금수성 물질
• 황 : 가연성 고체

56 ★

다음 중 상온(25℃)에서 물 또는 습기와 접촉하여 발화하는 금속은?

① Na ② Si
③ Cu ④ Be

해설및용어설명 | 칼륨과 나트륨은 금수성 물질로 물에 닿지 않도록 석유류(등유, 경유, 파라핀)에 보관한다.

57 ★★

유기정성의 위험에 대한 주의사항 중 가장 올바른 것은?

① 인화성 액체는 보통 1~2L 정도 채취하여 실습에 임한다.
② 인화성 물질은 1회 적정 시 3g 정도 채취하여 실습한다.
③ 염소나 브로민 등 독가스를 마셨을 때는 에틸알코올을 마신다.
④ 다이아조염이나 나이트로화합물은 경제적으로 이득이 있게 다량 채취하여 실습한다.

해설및용어설명 |
① 인화성물질은 점화원에 의해 쉽게 연소하므로 적당량 덜어서 조심히 사용한다.
③ 에탄올은 신체에 치명적 손상을 주기 때문에 마시면 안 된다.
④ 다이아조염이나 나이트로화합물은 가연성 물질이며 분해 시 산소를 방출하므로 소량 사용한다.

58 ★★

황산구리 용액에 아연을 넣을 경우 구리가 석출되는 것은 아연이 구리보다 무엇의 크기가 크기 때문인가?

① 이온화 경향
② 전기저항
③ 원자가전자
④ 원자번호

해설및용어설명 | ① 금속의 이온화 경향이 클수록 반응성이 커서 전자를 잃고 산화되기 쉽다.

59

금속분의 연소 시 주수소화하면 위험한 원인으로 옳은 것은?

① 물에 녹아 산이 된다.
② 물과 작용하여 유독가스를 발생한다.
③ 물과 작용하여 수소가스를 발생한다.
④ 물과 작용하여 산소가스를 발생한다.

해설및용어설명 | 마그네슘, 철분, 금속분(Al, Zn 등)은 물과 반응하여 가연성 가스를 방출한다.

60

실험실 안전수칙에 대한 설명으로 틀린 것은?

① 시약병 마개를 실습대 바닥에 놓지 않는다.
② 실험실에 필요한 시약만 실험대에 두고, 실험실 내에 일일 사용에 필요한 최소량만 보관한다.
③ 시약병에 꽂혀 있는 피펫을 다른 시약병에 넣지 않는다.
④ 음식물은 실험에 방해되지 않게 피해서 먹는다.

해설및용어설명 | 실험실에서 음식물은 먹지 않는다.

CBT 복원문제 2019 * 3

01*
혼합물의 분리 방법이 아닌 것은?
① 여과
② 대류
③ 증류
④ 크로마토그래피

해설및용어설명 | ② 대류란 유체가 부력에 의한 상하운동으로 열을 전달하는 것을 말한다. 혼합물을 분리할 수 없다.

02*
양성자 6개, 중성자가 7개 들어 있는 원자의 원자번호는 얼마인가?
① 6
② 7
③ 10
④ 13

해설및용어설명 | 원자번호 = 양성자 수

03*
한 원소의 화학적 성질을 주로 결정하는 것은?
① 원자량
② 전자의 수
③ 원자번호
④ 최외각의 전자수

해설및용어설명 | 최외각전자의 개수가 원소의 화학적 성질을 결정한다. 보통 주기율표에서 같은 족끼리 공통적인 특징을 갖는 것과 일맥상통한다.

04**
다음 중 삼원자 분자가 아닌 것은?
① 아르곤
② 오존
③ 물
④ 이산화탄소

해설및용어설명 |
① 아르곤 : Ar(단원자 분자)
② 오존 : O_3(삼원자 분자)
③ 물 : H_2O(삼원자 분자)
④ 이산화탄소 : CO_2(삼원자 분자)

05*
다음 중 동소체로 연결된 것이 아닌 것은?
① 황린 – 적린
② 물 – 과산화수소
③ 일산화질소 – 이산화질소
④ 산소 – 오존

해설및용어설명 | 동소체란 한 종류의 원소로 구성되어 있지만 그 원자의 배열 상태나 결합 방법이 달라서 성질이 서로 다른 물질로 존재하는 것을 말한다.

정답 01 ② 02 ① 03 ④ 04 ① 05 ②,③

06*

같은 주기에서 이온화 에너지가 가장 작은 것은?

① 알칼리 금속 ② 알칼리 토금속
③ 할로젠족 ④ 비활성기체

해설및용어설명 | ① 이온화 에너지는 같은 주기에서 원자번호가 작을수록 작은 경향을 보인다. 즉, 18족에 비하여 1족이 이온화 에너지가 작으므로 알칼리 금속이 이온화 에너지가 가장 작다.

07

주기율표에서 원자번호 4번과 화학적 성질이 비슷한 원소의 원자번호는?

① 8 ② 6
③ 12 ④ 16

해설및용어설명 |
- 같은 족원소는 화학적 성질이 유사하다.
- 같은 주기원소는 물리적 성질이 유사하다.

08*

다음 화합물 중 순수한 이온결합을 하고 있는 물질은?

① CO_2 ② NH_3
③ KCl ④ NH_4Cl

해설및용어설명 | 이온결합
금속과 비금속의 결합

09*

공유결합(Covalent Bond)에 대한 설명으로 틀린 것은?

① 두 원자가 전자쌍을 공유함으로써 형성되는 결합이다.
② 공유되지 않고 원자에 남아 있는 전자쌍을 비결합 전자쌍 또는 고립 전자쌍이라고 한다.
③ 수소 분자나 염소 분자의 경우 분자 내 두 원자는 두 개의 결합 전자쌍을 가지는 이중결합을 한다.
④ 분자 내에서 두 원자가 2개 또는 3개의 전자쌍을 공유할 수 있는데, 이것을 다중공유결합이라고 한다.

해설및용어설명 | ③ 수소 분자나 염소 분자의 경우 분자 내 두 원자는 한 개의 결합 전자쌍을 가지는 단일결합을 한다.

10*

다음 중 물리적 상태가 엿과 같이 비결정 상태인 것은?

① 수정 ② 유리
③ 다이아몬드 ④ 소금

해설및용어설명 | 비결정
일정한 모양이 없이 무질서하게 결합된 상태

11*

일정한 온도에서 일정한 몰수를 가지는 기체의 부피는 압력에 반비례한다는 것(보일의 법칙)을 올바르게 표현한 식은?
(단, P : 압력, V : 부피, k : 비례상수이다)

① $PV = k$ ② $P = kV$
③ $V = kP$ ④ $P = \dfrac{1}{k}V^2$

12

20℃, 1atm에서 CO_2 기체의 부피를 2배로 증가시키기 위해 온도를 몇 ℃로 올려야 하는가? (단, 압력은 일정하다)

① 40℃   ② 297℃
③ 313℃   ④ 586℃

해설 및 용어설명 | 샤를의 법칙
- 일정한 압력에서 온도(절대온도)와 부피는 비례한다.
- 부피가 2배가 되기 위해 절대온도를 2배로 올리면 된다.
20℃ → 293K
586K → 313℃

13*

0℃의 얼음 1g을 100℃의 수증기로 변화시키는 데 필요한 열량은?

① 539cal   ② 639cal
③ 719cal   ④ 839cal

해설 및 용어설명 |
- 얼음에서 물로 변할 때 필요한 열량은 80cal이다.
- 물에서 수증기로 변할 때 필요한 열량은 539cal이다.
- 0도에서 100도까지 올릴 때의 열량은 100cal이다.
- 각각 용융잠열과 증발잠열이라고 하며 모두 더하면 80 + 100 + 539 = 719cal가 필요하다.

14*

다음 화합물 중 브로민(Br)액을 적가할 때 브로민액의 적갈색을 탈색(무색)시키는 물질은?

① CH_4 ② C_2H_4
③ C_6H_{12} ④ CH_3OH

해설 및 용어설명 | 브로민은 상온에서 적갈색의 액체이며 불포화탄화수소와 첨가반응하여 화합물을 만들면 적갈색에서 무색으로 변한다.

15*

아세틸렌의 연소반응식이 아래와 같다. 이때 아세틸렌 104g을 완전 연소하는 데 몇 g의 산소가 필요한가? (단, C, H, O의 원자량은 12, 1, 16이다)

$$2C_2H_2(g) + 5O_2(g) \rightarrow 4CO_2(g) + 2H_2O(g)$$

① 80g   ② 160g
③ 320g   ④ 640g

해설 및 용어설명 |

아세틸렌 104g의 몰수 = $\frac{104g}{26g/mol}$ = 4mol

아세틸렌과 산소는 2 : 5로 반응하므로 필요한 산소의 몰수는 10mol이다.
산소의 양(g) = 10mol × 32g/mol = 320g

16

다음 중 화학반응에 대한 설명으로 틀린 것은?

① 정반응은 화학반응에서 반응물로부터 생성물로 가는 반응이다.
② 역반응은 화학반응에서 생성물로부터 반응물로 가는 반응이다.
③ 가역반응은 압력, 농도, 온도 등의 조건에 따라 정반응과 역반응 중 정반응만 일어나는 반응이다.
④ 화학평형은 정반응 속도와 역반응 속도가 같아져 반응이 멈춘 것처럼 보이는 상태이다.

해설 및 용어설명 | 가역반응은 압력, 농도, 온도 등의 조건에 따라 정반응과 역반응 모두 일어나는 반응이다.

17 ★★

다음 반응에서 반응계에 압력을 증가시켰을 때 평형이 이동하는 방향은?

$$2SO_2 + O_2 \rightleftarrows 2SO_3$$

① SO_3가 많이 생성되는 방향
② SO_3가 감소되는 방향
③ SO_2가 많이 생성되는 방향
④ 이동이 없다.

해설및용어설명 | 압력을 증가시키면 르샤틀리에 원리에 의해 압력을 감소시키는, 즉 입자 수를 감소시키는 방향인 정반응(SO_3를 생성하는) 방향으로 평형이 이동한다.

18 ★

산의 성질에 대한 설명으로 옳지 않은 것은?

① 양성자를 줄 수 있는 물질
② 비공유 전자쌍을 받을 수 있는 물질
③ 전리 분리해서 +극에 산소 발생
④ 리트머스 시험지를 청색에서 적색으로 변화

해설및용어설명 |
- 아레니우스 산 : 물에 녹았을 때 수소 이온(H^+)을 내놓을 수 있는 물질
- 브뢴스테드 - 로우리 산 : 양성자(H^+)를 주는 물질
- 루이스 산 : 비공유 전자쌍을 받는 물질(H^+)
- 산은 푸른색 리트머스 시험지를 붉게 변화시킨다.

19 ★

산의 전리상수값이 다음과 같을 때 가장 강한 산은?

① 5.8×10^{-2}
② 2.4×10^{-4}
③ 8.9×10^{-2}
④ 9.3×10^{-5}

해설및용어설명 | 전리상수값이 클수록 강한 산이다.

20

pH가 9인 NaOH 용액이 있다. 이 용액의 몰 농도(M)는 얼마인가?

① $10^{-9} M$
② $10^{-5} M$
③ $10^5 M$
④ $10^9 M$

해설및용어설명 |
pH + pOH = 14
pOH = 14 - 9 = 5
pOH = -log[OH^-] = 5
[OH^-] = $10^{-5} M$

21 ★

다음 금속 중 환원력이 가장 큰 것은?

① 니켈
② 철
③ 구리
④ 아연

해설및용어설명 | 환원력은 자신은 산화되고 다른 물질을 환원시키는 능력으로 이온화 경향성일 클수록 환원력이 크다.

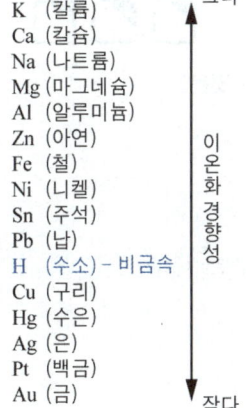

22 ★★

이상적인 pH 전극에서 pH가 1단위 변할 때, pH 전극의 전압은 약 얼마나 변하는가?

① 96.5mV
② 59.2mV
③ 96.5V
④ 59.2V

해설및용어설명 | 이론적으로 pH가 1단위 변할 때 전극전압은 59.16mV 변한다.

23

다음 중 탄화수소 화합물에 대한 설명으로 틀린 것은?

① 연소 시 H_2O와 CO_2를 생성한다.
② 원자 간 공유결합을 한다.
③ 비전해질 물질이 많다.
④ 원자 간 결합이 약해 쉽게 반응한다.

해설및용어설명 | 원자 간 공유결합을 하기 때문에 쉽게 반응하지 않는다.

24 ★

다음 유기화합물의 IUPAC명이 맞는 것은?

① $CHCl_3$, 트라이클로로메테인
② $CH_3CH_2CH_2OH$, 2-프로판올
③ $CH\equiv C-CH_3$, 2-프로핀
④ $Cl-CH_2-CH_2-Cl$, 1,2-트라이클로로메테인

해설및용어설명 |
② $CH_3CH_2CH_2OH$: 프로판올
③ $CH\equiv C-CH_3$: 프로핀
④ $Cl-CH_2-CH_2-Cl$: 1,2-다이클로로에테인

25

다음 중 불포화탄화수소에 대한 설명으로 틀린 것은?

① 2중결합 또는 3중결합으로 되어 있다.
② 치환반응을 한다.
③ 첨가반응을 잘한다.
④ 기하 이성질체를 갖는다.

해설및용어설명 | 불포화되어 있기 때문에 첨가반응을 한다.

26

다음 중 2차 알코올로 분류되는 것은?

① $(CH_3)_2CHOH$
② $(CH_3)_3COH$
③ C_2H_5OH
④ $(CH_2)_2Br_2$

해설및용어설명 |

구분	1차 알코올	2차 알코올	3차 알코올
일반식	$\begin{array}{c} OH \\ \mid \\ R-C-H \\ \mid \\ H \end{array}$	$\begin{array}{c} OH \\ \mid \\ R-C-H \\ \mid \\ R \end{array}$	$\begin{array}{c} OH \\ \mid \\ R-C-R \\ \mid \\ R \end{array}$

27 ★★

페놀류의 정색반응에 사용되는 약품은?

① CS_2
② KI
③ $FeCl_3$
④ $(NH_4)_2Ce(NO_3)_6$

해설및용어설명 | 페놀류의 염화철($FeCl_3$) 정색반응
염화철과 페놀류가 반응하여 적자색의 정색반응을 일으킨다.
→ 페놀류 검출에 사용된다.

28*

다음 중 금(Au), 백금(Pt)을 녹일 수 있는 용액은?

① 질산 ② 황산
③ 염산 ④ 왕수

해설및용어설명 | 왕수(王水)는 진한 염산과 진한 질산을 3 : 1의 비율로 혼합한 용액을 말한다.

29**

다음 중 P형 반도체 제조에 소량 첨가하는 원소는?

① 인 ② 비소
③ 붕소 ④ 안티몬

해설및용어설명 | P형 반도체는 Si들의 공유결합에 최외각전자의 수가 3개인 13족 원소(B, Al, Ga)를 첨가하여 진성 반도체에 정공이 생긴 반도체이다.

30*

벤젠의 반응에서 소량의 철이 존재할 때 벤젠과 염소가스를 반응시키면 수소 원자와 염소 원자의 치환이 일어나 클로로벤젠이 생기는 반응을 무엇이라 하는가?

① 나이트로화 ② 술폰화
③ 할로젠화 ④ 알킬화

31**

이온곱과 용해도곱 상수(K_{sp})의 관계 중 침전을 생성시킬 수 있는 것은?

① 이온곱 > K_{sp} ② 이온곱 = K_{sp}
③ 이온곱 < K_{sp} ④ 이온곱 = K_{sp}/해리상수

32*

0.1M NaOH 0.5L와 0.2M HCl 0.5L를 혼합한 용액 중 수소 이온의 몰 농도(M) 값은?

① 0.05M ② 0.1M
③ 0.3M ④ 1M

해설및용어설명 |
- 0.1M NaOH 0.5L의 OH^- 몰수 = 0.05mol
- 0.2M HCl 0.5L의 H^+ 몰수 = 0.1mol
- 중화반응 후 남은 H^+의 몰수 = 0.1 - 0.05 = 0.05mol
- 혼합한 용액의 부피 = 0.5 + 0.5 = 1L
- 용액 중 수소 이온의 몰 농도 = 0.05M

33**

염화나트륨 10g을 물 100mL에 용해한 액의 중량 농도는?

① 9.09% ② 10%
③ 11% ④ 12%

해설및용어설명 | 중량농도 = 질량 백분율(wt%)

용액의 질량 백분율(wt%) = $\dfrac{용질의 질량}{(용질의 질량 + 용매의 질량)} \times 100$

$= \dfrac{10}{(10 + 100)} \times 100$

$= 9.09\%$

34

양이온 정성분석에서 제4족에 해당하는 이온은?

① Fe^{3+} ② Ni^{2+}
③ Cr^{3+} ④ Al^{3+}

해설및용어설명 | 제4족
염기성 용액에서 황화물 침전을 형성하는 양이온
- 종류 : 니켈(Ni^{2+}), 코발트(Co^{2+}), 망가니즈(Mn^{2+}), 아연(Zn^{2+})

정답 28 ④ 29 ③ 30 ③ 31 ① 32 ① 33 ① 34 ②

35

양이온 정성 분리 시 침전물을 형성하지 않아 분류시약이 없는 족은?

① 제3족 ② 제4족
③ 제5족 ④ 제6족

해설및용어설명 | 제6족
침전을 하지 않는 양이온
- 종류 : 마그네슘(Mg^{2+}), 칼륨(K^+), 나트륨(Na^+), 암모늄(NH_4^+)
- 분족시약 : 없음

36**

다음 중 지시약이 아닌 것은?

① 메틸오렌지 ② 브로민크레졸 그린
③ 브로민티몰 블루 ④ 메틸 에터

해설및용어설명 | pH용 지시약
메틸오렌지, 브로민크레졸 그린, 브로민티몰 블루 등

37*

다음 반응 중 이산화황이 산화제로 작용한 것은?

① $SO_2 + NaOH \rightleftarrows NaHSO_3$
② $SO_2 + Cl_2 + 2H_2O \rightleftarrows H_2SO_4 + 2HCl$
③ $SO_2 + H_2O \rightleftarrows H_2SO_3$
④ $SO_2 + 2H_2S \rightleftarrows 3S + 2H_2O$

해설및용어설명 | 이산화황이 산화제로 작용하려면 이산화황은 환원되고 반응물질은 산화되면 된다.
$SO_2 + 2H_2S \rightleftarrows 3S + 2H_2O$에서 이산화황은 산소를 잃어 환원되었다.

38

아이오딘 적정법은 산화제인 아이오딘(I_2)을 이용한 적정방법으로 종말점을 확인하기 위해 지시약이 필요하다. 이때 사용하는 지시약으로 옳은 것은?

① EDTA ② 페놀레드
③ 전분 ④ 페놀프탈레인

해설및용어설명 | 아이오딘(I_2)과 녹말이 만나면 청색으로 변색된다.

39**

킬레이트 적정에서 EDTA 표준용액 사용 시 완충용액을 가하는 주된 이유는?

① 적정 시 알맞은 pH를 유지하기 위하여
② 금속지시약 변색을 선명하게 하기 위하여
③ 표준용액의 농도를 일정하게 하기 위하여
④ 적정에 의하여 생기는 착화합물을 억제하기 위하여

해설및용어설명 | EDTA와 금속 이온이 반응하여 생기는 킬레이트 화합물은 pH의 영향을 받기 때문에 완충용액(공통이온효과)을 이용하여 pH를 일정하게 유지해야 한다.

40*

다음 중 침전 적정법에서 주로 사용하는 시약은?

① $AgNO_3$ ② NaOH
③ $Na_2C_2O_4$ ④ $KMnO_4$

해설및용어설명 | 침전 적정에는 질산은($AgNO_3$)를 사용하는 은적정법, 티오사이안산칼륨(KSCN)을 사용한 폴하르트법 등이 있다.
② NaOH : 산·염기 적정
③ $Na_2C_2O_4$, $KMnO_4$: 산화·환원적정

41

pH 미터에 사용하는 포화 칼로멜 전극의 내부관에 채워져 있는 재료로 나열된 것은?

① Hg, Hg_2Cl_2, 포화 KCl
② 포화 KOH 용액
③ Hg_2Cl_2, KCl
④ Hg, KCl

해설및용어설명 | 칼로멜 기준전극(Hg | Hg_2Cl_2(sat'd), KCl(xM) ||)

42

다음 중 가시광선 영역의 파장에 속하는 것은?

① 100nm
② 200nm
③ 300nm
④ 500nm

해설및용어설명 | 가시광선은 약 400 ~ 800nm이다.

43

투광도가 50%일 때 흡광도는?

① 0.25
② 0.30
③ 0.35
④ 0.40

해설및용어설명 |

A = 2 - log[%T]

A = 2 - log50 = 0.30

T값이 %로 나와 있을 때 A = 2 - log[%T]

T값이 소수점으로 나와 있을 때 A = -logT

44

가시선의 광원으로 주로 사용하는 것은?

① 수소 방전등
② 중수소 방전등
③ 텅스텐등
④ 나트륨등

45

적외선 흡수 스펙트럼에서 흡수띠가 주파수 1,690 ~ 1,760cm^{-1} 영역에서 강하게 나타났을 때 예측되는 화합물은?

① 알칸류
② 아민류
③ 케톤류
④ 아미이드류

해설및용어설명 | 1,690 ~ 1,760cm^{-1} 영역 발생하는 흡수 피크는 알데하이드, 케톤, 카복시산, 에스터의 (C = O) 결합일 경우 나타나기 때문에 케톤류로 예측할 수 있다.

적외선흡수스펙트럼 흡수 파수

작용기	흡수 파수[cm^{-1}]
알케인의 (C - H) 결합	2,850 ~ 2,970 1,340 ~ 1,470
알켄의 (C = C) 결합	1,610 ~ 1,680
방향족의 (C = C) 결합	1,500 ~ 1,600
알카인의 (C ≡ C) 결합	2,100 ~ 2,260
방향족의 (C - H) 결합	3,030 ~ 3,100 690 ~ 900
페놀, 알코올의 하이드록시기(- OH)	3,200 ~ 3,600
카복시산의 하이드록시기(- OH)	2,500 ~ 2,700
알데하이드, 케톤, 카복시산, 에스터의 (C = O) 결합	1,690 ~ 1,760
알코올, 에터, 에스터, 카복시산의 (C - O) 결합	1,050 ~ 1,300
아민, 아미드의 (C - N)	1,180 ~ 1,360
아민, 아미드의 (N - H)	3,300 ~ 3,500

46

크로마토그래피에 관한 설명 중 옳지 않은 것은?

① 정지상으로 고체가 사용된다.
② 정지상과 이동상을 필요로 한다.
③ 이동상으로 액체나 고체가 사용된다.
④ 혼합물을 분리·분석하는 방법 중의 하나이다.

해설및용어설명 | ③ 이동상으로 기체나 액체가 사용된다.

47

액체 크로마토그래피법 중 고체 정지상에 흡착된 상태와 액체 이동상 사이의 평형으로 용질 분자를 분리하는 방법은?

① 친화 크로마토그래피(Affinity Chromatography)
② 분배 크로마토그래피(Partition Chromatography)
③ 흡착 크로마토그래피(Adsorption Chromatography)
④ 이온 교환 크로마토그래피(Ion-exchange Chromatography)

48

고성능 액체 크로마토그래피는 고정상의 종류에 의해 4가지로 분류된다. 다음 중 해당되지 않는 것은?

① 분배   ② 흡수
③ 흡착   ④ 이온 교환

해설및용어설명 | 액체 크로마토그래피 분류
- 고성능 액체 크로마토그래피(HPLC)
  - 분배 크로마토그래피
  - 흡착 크로마토그래피
- 이온 크로마토그래피
  - 이온 교환 크로마토그래피
- 겔 투과 크로마토그래피
  - 크기 배제 크로마토그래피

49

금속 이온의 수용액에 음극과 양극 2개의 전극을 담그고 직류 전압을 통하여 주면 금속 이온이 환원되어 석출된다. 이때, 석출된 금속 또는 금속산화물을 칭량하여 금속시료를 분석하는 방법은?

① 비색분석   ② 전해분석
③ 중량분석   ④ 분광분석

50

가스 크로마토그래피의 기록계에 나타난 크로마토그램을 이용하여 피크의 넓이 또는 높이를 측정하여 분석할 수 있는 것은?

① 정성분석   ② 정량분석
③ 이동속도분석   ④ 전위차분석

해설및용어설명 |
- 크로마토그래피의 기록계에 나타난 피크 넓이나 높이는 물질의 양을 정량할 수 있다.
- 크로마토그래피의 피크가 발생하는 시간인 머무름 시간을 이용해 물질의 성분을 알 수 있다.

51

가스 크로마토그래피에서 시료를 흡착법에 의해 분리하는 곳은?

① 운반기체부   ② 주입부
③ 컬럼   ④ 검출기

해설및용어설명 | ③ 컬럼
- 시료 성분의 분리가 일어나는 곳
- 시료의 종류에 따라 컬럼의 길이, 관의 지름, 충전제의 종류가 달라진다.

52

종이 크로마토그래피에 의한 분석에서 구리, 비스무트, 카드뮴 이온을 분리할 때 사용하는 전개액으로 가장 적당한 것은?

① 묽은 염산, n-부탄올
② 페놀, 암모니아수
③ 메탄올, n-부탄올
④ 메탄올, 암모니아수

해설및용어설명 | 전개액은 보통 HCl과 극성이 작은 물질(메틸에틸케톤, n-부탄올)을 혼합하여 사용. HCl을 넣으면 금속양이온들이 전개되면서 중심이온의 특성에 따라 Cl-과 서로 다른 착물을 형성하는데 이로인해 착화합물간 이동속도 차이가 생긴다.

53★

다음 표준전극전위에 대한 설명 중 틀린 것은?

① 각 표준전극전위는 0.000V를 기준으로 하여 정한다.
② 수소의 환원 반쪽반응에 대한 전극전위는 0.000V이다.
③ $2H^+ + 2e^- \rightarrow H_2$은 산화반응이다.
④ $2H^+ + 2e^- \rightarrow H_2$의 반응에서 생긴 전극전위를 기준으로 하여 다른 반응의 표준전극전위를 정한다.

해설및용어설명 | ③ $2H^+ + 2e^- \rightarrow H_2$은 환원반응이다.

54★

Fe^{2+}를 황산 산성에서 MnO_4^-로 적정할 때 E° = 0.78V이고 Fe^{2+}의 80%가 Fe^{3+}로 산화되었을 때 전위차 V는?
(단, E = E° + 0.0591logQ)

① 2.7210　　② 0.8156
③ 0.7210　　④ 2.8156

해설및용어설명 |

E = E° + 0.0591logQ

반응지수(Q) = $\frac{[생성물\ 농도]}{[반응물\ 농도]}$

= 0.78V + 0.0591log$\frac{[80]}{[20]}$ = 0.8156V

[참고] 철(Ⅱ)과 과망가니즈산의 산화·환원반응

55★★

공시험(Blank test)을 하는 가장 주된 목적은?

① 불순물 제거　　② 시약의 절약
③ 시간의 단축　　④ 오차를 줄이기 위함

해설및용어설명 | 오차를 줄이기 위한 시험 방법

- 공시험 : 분석 대상 시료를 넣지 않고 분석을 진행하는 방법
- 조절시험(대조시험) : 대조시료에서 발생하는 오차의 크기를 결과값에 보정하는 방법
- 회수시험 : 분석대상 시료에 포함된 공존 물질의 영향성을 파악하는 방법
- 맹시험 : 예비시험, 처음에 얻어지는 시험 결과값을 제외하는 방법
- 평행시험 : 우연오차가 발생 시 검사의 신뢰도 계수 및 표준오차 등을 추정하기 위한 방법

56★

수은을 바닥에 떨어뜨렸을 때 가장 적절한 조치사항은?

① 빗자루로 쓸어 담아 일반 하수구에 버린다.
② 수은은 인체에 무해하므로 그대로 두어도 무방하다.
③ 흙이나 모래 등을 가하여 수은을 흡착시킨 후 일반 하수구에 버린다.
④ 주위에 아연가루를 골고루 뿌리고 약 5%의 황산수용액으로 적셔 반죽처럼 되게 한 후 처리한다.

해설및용어설명 | 수은은 인체에 매우 유해하므로 유출 시 처리방법에 따라 지정된 장소에 폐기한다.

57

가열·충격·마찰에 의해 분해하여 조연성 기체를 발생시키는 산화성 고체 위험물은?

① 과산화수소
② 과염소산
③ 질산암모늄
④ 질산

해설및용어설명 |

제6류 위험물			
등급	지정수량	품명	분자식
I	300kg	질산	HNO_3
		과산화수소	H_2O_2
		과염소산	$HClO_4$
		그 외 (할로젠 간 화합물)	BrF_3(삼불화브로민) BrF_5(오불화브로민) IF_5(오불화아이오딘)

58★

일반적으로 화학실험실에서 발생하는 폭발사고의 유형이 아닌 것은?

① 조절 불가능한 발열반응
② 이산화탄소 누출에 의한 폭발
③ 불안전한 화합물의 가열·건조·증류 등에 의한 폭발
④ 에터 용액 증류 시 남아 있는 과산화물에 의한 폭발

해설및용어설명 | 이산화탄소는 불연성 물질로 연소하지 않으며, 질식소화 효과가 있다. 누출 시 질식의 위험이 있으므로 주의해야 한다.

59★★

Cu^{2+} 시료 용액에 깨끗한 쇠못을 담가두고 5분간 방치한 후 못 표면을 관찰하면 쇠못 표면에 붉은색 구리가 석출된다. 그 이유는?

① 철이 구리보다 이온화 경향이 크기 때문이다.
② 침전물이 분해하기 때문에
③ 용해도의 차이 때문에
④ Cu^{2+} 시료용액의 농도가 진하기 때문에

해설및용어설명 | 이온화 경향이란 원자 또는 분자가 이온이 되려고 하는 경향이다. 철이 구리보다 이온화 경향이 크며, 구리는 철보다 이온화가 잘 안되므로 전자를 내어 놓지 않아 반응이 잘 일어나지 않는다. 결국 철이 이온으로 산화되고 구리 이온은 구리로 환원된다.

60

다음 중 이온화 경향이 큰 것부터 순서대로 나열이 바르게 된 것은?

① Li > K > Na > Al > Cu
② Al > K > Li > Cu > Na
③ Na > K > Li > Cu > Al
④ Cu > Li > K > Al > Na

해설및용어설명 | 금속의 이온화 경향

CBT 복원문제 2020 * 1

01

다음 물질의 공통된 성질을 나타낸 것은?

K_2O_2, Na_2O_2, BaO_2, MgO_2

① 과산화물이다.
② 수소를 발생시킨다.
③ 물에 잘 녹는다.
④ 양쪽성 산화물이다.

해설및용어설명 | 산소가 1개씩 더 붙어 있는 과산화물에 해당한다.

02

수산화크로뮴, 수산화알루미늄은 산과 만나면 염기로 작용하고, 염기와 만나면 산으로 작용한다. 이런 화합물을 무엇이라 하는가?

① 이온성 화합물
② 양쪽성 화합물
③ 혼합물
④ 착화물

03

원소는 색깔이 없는 일원자 분자기체이며 반응성이 거의 없어 비활성기체라고도 하는 것은?

① Li, Na
② Mg, Al
③ F, Cl
④ Ne, Ar

04

NH_4^+의 원자가 전자는 총 몇 개인가?

① 7
② 8
③ 9
④ 10

해설및용어설명 | NH_4는 언제나 NH_4^+의 형태를 가진다. 암모니아가 NH_4 형태로 존재하지 않는 이유는 모든 원소가 최외각 전자수(원자가 전자수)를 8개로 채우려는 옥텟규칙일 때 안정해지기 때문이다. 옥텟규칙을 지킬 수 있을 때는 전자를 얻거나 빼면서 원자가 전자수를 8개로 맞춘다.

05

다음 원소와 이온 중 원자가 전자의 개수가 다른 것은?

① Na^+
② K^+
③ Ne
④ F

해설및용어설명 |
① Na의 원자가 전자는 1개이지만 Na^+는 전자를 하나 잃은 상태이므로 원자가 전자가 0개이다.
② K^+의 원자가 전자는 1개이지만, K^+는 전자를 하나 잃은 상태이므로 원자가 전자가 0개이다.
③ Ne은 18족 원소로 원자가 전자의 수가 0개이다.
④ F는 17족 원소로 원자가 전자의 수가 7개이다.

정답 01 ① 02 ② 03 ④ 04 ② 05 ④

06

다음 중 반응성이 가장 큰 원소는?

① F ② O
③ Ne ④ Ar

해설및용어설명 | 비금속에서 오른쪽, 위로 갈수록 반응성이 크다.
• 비활성기체 : Ne, Ar

07★

다음 중 착이온을 형성할 수 없는 이온이나 분자는?

① H_2O ② NH_4^+
③ Br^- ④ NH_3

08★

금속결합 물질에 대한 설명 중 틀린 것은?

① 금속 원자끼리의 결합이다.
② 금속결합의 특성은 이온 전자 때문에 나타난다.
③ 고체상태나 액체상태에서 전기를 통한다.
④ 모든 파장의 빛을 반사하므로 고유한 금속광택을 가진다.

해설및용어설명 | 금속결합의 특성은 자유전자 때문에 나타난다.

09★★

다음 중 수소결합을 할 수 없는 화합물은?

① H_2O ② CH_4
③ HF ④ CH_3OH

해설및용어설명 | 수소결합을 하기 위해서는 분자 내 F-H, O-H, N-H의 결합이 있어야 한다.

10

다음 중 Cl_2의 결합 형태로 옳은 것은?

① 금속결합 ② 이온결합
③ 공유결합 ④ 수소결합

해설및용어설명 | Cl_2(염소기체)는 비금속과 비금속의 결합으로 공유결합을 한다.

11★

'용해도가 크지 않은 기체의 용해도는 그 기체의 압력에 비례한다.'와 관련이 깊은 것은?

① 헨리의 법칙 ② 보일의 법칙
③ 보일 – 샤를의 법칙 ④ 질량보존의 법칙

12

기체가 물에 더 잘 용해되기 위한 조건은?

① 압력, 온도가 모두 낮을 때
② 압력, 온도가 모두 높을 때
③ 압력은 낮고, 온도가 높을 때
④ 압력은 높고, 온도가 낮을 때

해설및용어설명 | 온도가 높으면 기체 분자운동이 활발해져 용해도가 감소한다.

13★

1기압에서 수소 22.4L 속의 수소 분자의 수는 얼마인가?

① 5.38×10^{22} ② 3.01×10^{23}
③ 6.02×10^{23} ④ 1.20×10^{24}

해설및용어설명 | 1기압, 22.4L는 1몰을 나타내므로, 수소 분자의 1몰수는 6.02×10^{23}이다.

14 ★

표준상태에서 H_2 기체 1mol이 가지는 부피는?

① 12.4L ② 22.4L
③ 44.8L ④ 67.2L

해설및용어설명 | 아보가드로 법칙
기체의 종류에 관계없이 표준상태에서 1mol의 부피는 22.4L이다.

15

0℃, 1atm에서 H_2 기체의 부피가 22.4L일 때 기체의 부피가 44.8L로 팽창할 때 절대온도(K)는 얼마인가?

① 0K ② 273K
③ 546K ④ 819K

해설및용어설명 | 샤를의 법칙
일정한 압력에서 온도(절대온도)와 부피는 비례한다.
• 부피가 2배가 되기 위해 절대온도를 2배로 올리면 된다.
  0℃ → 273K
  546K

16 ★

101.325kPa에서 부피가 22.4L인 어떤 기체가 있다. 이 기체를 같은 온도에서 압력을 202.650kPa으로 하면 부피는 얼마가 되겠는가?

① 5.6L ② 11.2L
③ 22.4L ④ 44.8L

해설및용어설명 |
$P_1V_1 = P_2V_2$
101.325 × 22.4L = 202.650 × V_2
V_2 = 11.22L

17 ★

다음의 반응을 무엇이라고 하는가?

$$3C_2H_2 \rightleftarrows C_6H_6$$

① 치환반응 ② 부가반응
③ 중합반응 ④ 축합반응

해설및용어설명 | 중합반응
작은 분자(단위체)들이 연속적으로 반응하여 더 큰 분자를 형성하는 반응

18 ★★

용기 속에 들어 있는 액체 프로판 1kg을 표준상태의 가스로 기화하였을 때 몇 L가 되는가? (단, 이상기체의 거동을 한다고 가정한다)

① 200 ② 509
③ 710 ④ 1,029

해설및용어설명 |
액체 프로판(C_3H_6) 1kg의 몰수 = $\dfrac{1,000g}{44g/mol}$ = 22.73mol

표준상태(0℃, 1기압)이므로 22.73mol × 22.4L/mol = 509L

19 ★

화학반응 시 정촉매의 역할을 옳게 설명한 것은?

① 정반응의 속도는 증가시키나 역반응의 속도는 감소시킨다.
② 활성화에너지를 증가시켜 반응속도를 빠르게 한다.
③ 정반응의 속도는 감소시키나 역반응의 속도는 증가시킨다.
④ 활성화에너지를 감소시켜 반응속도를 빠르게 한다.

해설및용어설명 | 정촉매는 활성화에너지를 감소시켜 정반응, 역반응의 반응속도를 모두 증가시킨다. 촉매는 반응에 직접적으로 참여하지 않아 소비되지 않는다.

정답 14 ② 15 ③ 16 ② 17 ③ 18 ② 19 ④

20★

다음 반응은 물(H_2O)의 변화를 반응식으로 나타낸 것이다. 이 반응에 대한 설명으로 옳지 않은 것은?

$$H_2O(l) \rightleftarrows H_2O(g)$$

① 가역반응이다.
② 반응의 속도는 온도에 따라 변한다.
③ 정반응 속도는 압력의 변화와 관계없이 일정하다.
④ 반응의 평형은 정반응 속도와 역반응 속도가 같을 때 이루어진다.

해설및용어설명 | 정반응은 액체에서 기체로 변하는 반응으로 액체일 때보다 기체일 때의 부피가 훨씬 크다. 그러므로 일정 부피에서 압력을 증가시킬 경우 압력을 감소시키는 방향인 역반응이, 압력을 감소시킬 경우 압력을 증가시키는 정반응이 우세하게 일어난다.

21★

산(Acid)에 대한 설명으로 틀린 것은?

① 물에 용해되어 수소 이온(H^+)을 내는 물질이다.
② 양성자(H^+)를 받아들이는 분자 또는 이온이다.
③ 푸른색 리트머스 종이를 붉게 변화시킨다.
④ 비공유 전자쌍을 받는 물질이다.

해설및용어설명 | 염기(base)
양성자(H^+)를 받아들이는 분자 또는 이온이다.

22★★

다음 중 건조용으로 사용되는 실험기구는?

① 데시케이터　　② 피펫
③ 메스실린더　　④ 플라스크

해설및용어설명 |
①데시케이터는 물체가 건조상태를 유지하도록 보존하는 용기이다.

23★

다음 중 산성의 세기가 가장 큰 것은?

① HF　　② HCl
③ HBr　　④ HI

해설및용어설명 |
• 원자번호가 작을수록 전기음성도가 높기 때문에 전자를 끌어 당기는 힘이 세다.
• HF < HCl < HBr < HI

24★

pH가 3인 산성 용액의 몰 농도(M)는 얼마인가?
(단, 용액은 일양성자산이며 100% 이온화한다)

① 0.0001M　　② 0.001M
③ 0.01M　　④ 0.1M

해설및용어설명 | 일양성자산
물에 녹아 H^+이온을 1분자당 1개만 내놓는다.
$pH = -\log[H^+]$
$[H^+] = 10^{-3}M = 0.001M$

25★

다음의 염들 중 그 수용액의 액성이 중성이 되는 것은?

① 강산과 강염기의 염
② 강산과 약염기의 염
③ 강염기와 약산의 염
④ 강염기와 유기산의 염

해설및용어설명 |
• 강산과 강염기의 적정 시 완전 중화되므로 pH는 7이다.
• 강산과 약염기의 적정 시 당량점의 pH는 7보다 작다.
• 약산과 강염기의 적정 시 당량점의 pH는 7보다 크다.

26

다음 화합물 중 염소(Cl)의 산화수가 +3인 것은?

① HClO
② HClO$_2$
③ HClO$_3$
④ HClO$_4$

해설 및 용어설명 |

① H Cl O
  +1 ( ) −2 = 0
  Cl의 산화수 = +1

② H Cl O$_2$
  +1 ( ) −4 = 0
  Cl의 산화수 = +3

③ H Cl O$_3$
  +1 ( ) −6 = 0
  Cl의 산화수 = +5

④ H Cl O$_4$
  +1 ( ) −8 = 0
  Cl의 산화수 = +7

27

유기화합물은 무기화합물에 비하여 다음과 같은 특성을 가지고 있다. 이에 대한 설명 중 틀린 것은?

① 유기화합물은 일반적으로 탄소화합물이므로 가연성이 있다.
② 유기화합물은 일반적으로 물에 용해되기 어렵고 알코올, 에터 등의 유기 용매에 용해되는 것이 많다.
③ 유기화합물은 일반적으로 녹는점, 끓는점이 무기화합물보다 낮으며, 가열했을 때 열에 약하여 쉽게 분해된다.
④ 유기화합물에는 물에 용해 시 양이온과 음이온으로 해리되는 전해질이 많으나 무기화합물은 이온화되지 않는 비전해질이 많다.

해설 및 용어설명 | ④ 유기화합물에는 이온화되지 않는 비전해질이 많으나, 무기화합물은 물에 용해 시 양이온과 음이온으로 해리되는 전해질이 많다.

28

다음 화학식의 올바른 명명법은?

$$CH_3CH_2C\equiv CH$$

① 2-에틸-3-부텐
② 2,3-메틸에틸프로판
③ 1-부틴
④ 2-메틸-3-에틸부텐

해설 및 용어설명 | 3중결합 한 개와 탄소가 총 4개이므로 부틴이며, 3중결합이 가장 끝에 있으므로 ③ 1-부틴으로 명명할 수 있다.

29

포화탄화수소 중 알케인(Alkane) 계열의 일반식은?

① C_nH_{2n}
② C_nH_{2n+2}
③ C_nH_{2n-2}
④ C_nH_{2n-1}

해설 및 용어설명 |

① 은 알켄의 일반식이다.
② 은 알케인의 일반식이다.
③ 은 알카인의 일반식이다.
④ 은 알킬의 일반식이다.

30

다음 중 카르복시기는?

① −O−
② −OH
③ −CHO
④ −COOH

해설 및 용어설명 |

① -O- : 에터(ether)
② -OH : 하이드록시기(hydroxyl)
③ -CHO : 포르밀기(formyl)

31 ★

다음은 무슨 반응인가?

$$(C_{15}H_{31}COO)_3C_3H_5 + 3NaOH \rightarrow 3C_{15}H_{31}COONa + C_3H_5(OH)_3$$

① 중화 ② 산화
③ 비누화 ④ 에스터화

해설및용어설명 |

$R_1-COO-CH_2$
$R_2-COO-CH \quad + 3NaOH \xrightarrow{\text{강염기}} R_2-COO-Na^+ \quad + \quad CH-OH$
$R_3-COO-CH_2 \qquad\qquad\qquad R_3-COO-Na^+ \qquad CH_2-OH$

동물기름(에스터) · 비누 · 글리세롤

32 ★★

충분히 큰 에너지의 복사선을 금속표면에 쪼이면 금속의 자유 전자가 방출되는 현상을 무엇이라고 하는가?

① 광전효과 ② 굴절효과
③ 산란효과 ④ 반사효과

33 ★★

알칼리 금속에 대한 설명으로 틀린 것은?

① 공기 중에서 쉽게 산화되어 금속광택을 잃는다.
② 원자가전자가 1개이므로 +1가의 양이온이 되기 쉽다.
③ 할로젠 원소와 직접 반응하여 할로젠화합물을 만든다.
④ 염소와 1 : 2 화합물을 형성한다.

해설및용어설명 | ④ 알칼리 금속은 1족으로 염소와 1 : 1 화합물을 형성한다.

34

반도체 산업의 핵심 재료로 사용되며 모래로부터 얻을 수 있는 원소는?

① C ② Si
③ K ④ Cu

해설및용어설명 | 반도체 웨이퍼 재료로 Ge(저마늄)을 사용했지만 현재는 구하기 쉬운 모래(SiO_2)로부터 Si를 정제하여 많이 사용한다.

35 ★

강산이나 강알칼리 등과 같은 유독한 액체를 취할 때 실험자가 입으로 빨아올리지 않기 위하여 사용하는 기구는?

① 피펫필러 ② 자동뷰렛
③ 홀피펫 ④ 스포이드

해설및용어설명 | 피펫필러
피펫으로 시료를 취할 때 압력을 이용해서 시료를 빨아올리기 위한 도구

36 ★

다음 두 용액을 혼합했을 때 완충용액이 되지 않는 것은?

① NH_4Cl과 NH_4OH
② CH_3COOH과 CH_3COONa
③ $NaCl$과 HCl
④ CH_3COOH와 $Pb(CH_3COO)_2$

해설및용어설명 |
완충용액은 약산에 그 짝염기를 넣거나 약염기에 그 짝산을 넣어 제조한다.
NaCl과 HCl은 강염기와 강산이므로 완충용액이 되지 않는다.
① NH_4Cl(약염기) - NH_4OH(짝산)
② CH_3COOH(약산) - CH_3COONa(짝염기)
④ CH_3COOH(약산) - $Pb(CH_3COO)_2$(짝염기)

정답 31 ③ 32 ① 33 ④ 34 ② 35 ① 36 ③

37★

2M-NaCl 용액 0.5L를 만들려면 염화나트륨 몇 g이 필요한가? (단, 각 원소의 원자량은 Na는 23이고, Cl은 35.5이다)

① 24.25
② 58.5
③ 117
④ 127

해설및용어설명 | 2M-NaCl 용액 0.5L의 몰수 = 2M×0.5L = 1mol
NaCl 1mol의 양(g) = 1mol×(23 + 35.5)g/mol = 58.5g

38★

분자량이 100인 어떤 비전해질을 물에 녹였더니 5M 수용액이 되었다. 이 수용액의 밀도가 1.3g/mL이면 몇 몰랄 농도(Molality)인가?

① 6.25
② 7.13
③ 8.15
④ 9.84

해설및용어설명 |
용액 1L로 가정(용액 1L의 질량 = 1,300g)
5M 수용액에 포함된 물질의 몰수 = 5mol
물질의 질량 = 5mol×100g/mol = 500g
용액 중 물(용매)의 질량 = 1,300 - 500 = 800g
몰랄 농도 = $\dfrac{\text{용질의 몰수}}{\text{용매 1kg}}$ 이므로 비례식을 세우면
1,000g : x = 800g : 5mol
x = 6.25mol
용매 1kg에 6.25mol 녹아있다. 즉, 몰랄 농도 = 6.25m

39★

1ppm은 몇 %인가?

① 10^{-2}
② 10^{-3}
③ 10^{-4}
④ 10^{-5}

해설및용어설명 | ③ 1ppm은 10^{-6}을 기준으로 한 비율이며, %로 나타내기 위하여 '×100'을 해주면 10^{-4}로 나타낼 수 있다.

40★

72℃에서 질산칼륨(KNO_3)의 포화용액 200g을 18℃로 냉각시키면 몇 g의 질산칼륨이 결정으로 석출되는가? (단, 질산칼륨의 용해도(g/100g)는 18℃에서 30, 72℃에서 150이다)

① 48g
② 96g
③ 120g
④ 240g

해설및용어설명 |
72℃에서 질산칼륨(KNO_3)의 용해도는 물(용매) 100g당 150g이 녹을 수 있으므로 용액 250g에는 150g의 질산칼륨이 녹을 수 있다.
200g의 포화용액에 포함된 질산칼륨의 양(x)을 구하기 위해 비례식을 세우면
250g : 150g = 200g : x
x = 120g(72℃)
물(용매)의 양 = 80g
물(용매) 80g에 대해 18℃로 냉각했을 때 녹을 수 있는 질산칼륨의 양은
100g : 30 = 80g : x
x = 24g(18℃)
냉각했을 때 질산칼륨의 석출양 120g - 24g = 96g

41 *

양이온 계통 분리 시 분족시약이 없는 족은?

① 제3족 ② 제4족
③ 제5족 ④ 제6족

해설및용어설명 |
- 양이온 제1족 분족시약 : 묽은 염산
- 양이온 제2족 분족시약 : $H_2S(0.3N-HCl)$
- 양이온 제3족 분족시약 : $NH_4OH(NH_4Cl)$
- 양이온 제4족 분족시약 : $H_2S(NH_4OH)$
- 양이온 제5족 분족시약 : $(NH_4)_2CO_3(NH_4OH)$
- 양이온 제6족 분족시약 : 없음

42

Ag^+, Cu^{2+}, Cr^{3+}에서 Cr^{3+}만 선택할 수 있는 시약은?

① HCl ② NH_4OH
③ H_2S ④ $(NH_4)_2CO_3$

해설및용어설명 | 제3족(황화암몬족)
염기성 용액에서 수산화물과 침전을 형성하는 양이온
- 종류 : 철(Fe^{3+}), 크로뮴(Cr^{3+}), 알루미늄(Al^{3+})
- 분족시약 : $NH_4OH(+NH_4Cl)$ → 수산화물 침전

43

산화환원 적정에 주로 사용되는 산화제는?

① $FeSO_4$ ② $KMnO_4$
③ $Na_2C_2O_4$ ④ $Na_2S_2O_3$

해설및용어설명 |
- 산화제 : 과산화수소(H_2O_2), 질산(HNO_3), 황산(H_2SO_4), 과망가니즈산칼륨($KMnO_4$), 염소(Cl_2), 다이크로뮴산칼륨($K_2Cr_2O_7$) 등
- 환원제 : 수소(H_2), 나트륨(Na), 옥살산($H_2C_2O_4$) 등

44 **

다음 중 산화-환원 지시약이 아닌 것은?

① 다이페닐아민 ② 다이클로로메테인
③ 페노사프라닌 ④ 메틸렌 블루

해설및용어설명 |

지시약	산화	환원	$E°$
페노사프라닌	빨간색	무색	0.28
테트라설폰산 인디고	파란색	무색	0.36
메틸렌 블루	파란색	무색	0.53
다이페닐아민	보라색	무색	0.75

45 *

약염기를 강산으로 적정할 때 당량점의 pH는?

① pH 4 이하 ② pH 7 이하
③ pH 7 이상 ④ pH 4 이상

해설및용어설명 | 강산-약염기 적정
중화반응 후 생성된 염은 가수분해되어 H_3O^+를 생성하므로 당량점에서 pH는 7보다 작다.

46 *

산화·환원 적정법 중의 하나인 과망가니즈산칼륨 적정은 주로 산성 용액 상태에서 이루어진다. 이때 분석액을 산성화하기 위하여 주로 사용하는 산은?

① 황산(H_2SO_4) ② 질산(HNO_3)
③ 염산(HCl) ④ 아세트산(CH_3COOH)

해설및용어설명 | 과망가니즈산칼륨 적정법에서 황산(H_2SO_4) 용액은 H^+를 공급한다.

47 ★★

시료 중의 염화물을 정량하기 위하여 염화물을 질산은(AgNO₃)으로 침전시켜 염화은(AgCl) 0.245g을 생성시켰다. 시료 중 염소의 양은? (단, 각 원소의 원자량은 Ag = 107.9, N = 14, O = 16, Cl = 35.45이다)

① 0.02
② 0.06
③ 0.12
④ 0.16

해설및용어설명 | $Ag^+ + Cl^- \rightarrow AgCl$
- AgCl의 분자량 = 143.35g/mol
- AgCl 속 Cl의 질량비 = $\frac{35.45}{143.35}$ = 0.247
- Cl의 질량 = 0.247 × 0.245g = 0.06g

48 ★

다음 중 침전 적정법이 아닌 것은?

① 모르법
② 파얀스법
③ 폴하르트법
④ 킬레이트법

해설및용어설명 | ④ 킬레이트 적정법은 킬레이트 시약을 사용하여 금속이온을 적정하는 방법으로 주기율표상에 있는 대부분의 원소를 직·간접적으로 분석할 수 있다.

49 ★

pH meter로 농도와 액성을 측정할때 pH meter의 온도는 일반적으로 몇 ℃로 놓고 조작하는가?

① 10℃
② 15℃
③ 20℃
④ 25℃

해설및용어설명 |
- pH는 온도에 따라 달라진다.
- 온도가 25℃일 때 물의 pH는 7이므로 25℃에서 조작한다.

50 ★

분광광도계에 이용되는 빛의 성질은?

① 굴절
② 흡수
③ 산란
④ 전도

해설및용어설명 | ② 분광광도계는 빛의 성질 중 흡광도를 이용한다.

51 ★★

람베르트-비어(Lambert-Beer)의 법칙에 대한 설명으로 틀린 것은?

① 흡광도는 액층의 두께에 비례한다.
② 투광도는 용액의 농도에 반비례한다.
③ 흡광도는 용액의 농도에 비례한다.
④ 투광도는 액층의 두께에 비례한다.

해설및용어설명 | ④ 투광도는 액층의 두께에 반비례한다.

52 ★

분광광도계에서 빛의 파장을 선택하기 위한 단색화 장치로 사용되는 것만으로 짝지어진 것은?

① 프리즘, 회절격자
② 프리즘, 반사거울
③ 반사거울, 회절격자
④ 볼록거울, 오목거울

해설및용어설명 | ① 파장선택부(회절격자, 프리즘) : 빛의 회절 현상을 이용하여 특정 파장대의 빛을 선택한다.

53

두 가지 이상의 혼합 물질을 단일 성분으로 분리하여 분석하는 기법은?

① 분광광도법
② 전기무게분석법
③ 크로마토그래피법
④ 핵자기 공명 흡수법

해설및용어설명 | 고정상과 이동상을 이용하여 여러 가지 물질들이 섞여 있는 혼합물을 이동속도 차이에 따라 분리하는 방법이다.

54

기체 크로마토그래피에서 충진제의 입자는 일반적으로 60 ~ 100mesh 크기로 사용되는데 이보다 더 작은 입자를 사용하지 않는 주된 이유는?

① 분리관에서 압력강하가 발생하므로
② 분리관에서 압력상승이 발생하므로
③ 분리관의 청소를 불가능하게 하므로
④ 고정상과 이동상이 화학적으로 반응하므로

55

다음 중 1g-당량에 해당하는 전기량은?

① 1.6×10^{-19}C
② 1.0C
③ 96.5C
④ $96,500$C

해설및용어설명 | 패러데이는 1화학 당량을 포함하는 전기화학 반응에 있어서 필요로 하는 전기량이며, 1패러데이는 96,485C와 같다.

56

다음 기기분석법 중 광학적 방법이 아닌 것은?

① 전위차적정법
② 분광분석법
③ 적외선분광법
④ X선 분석법

해설및용어설명 | ① 전위차법은 전위차(전압차)를 이용한 분석법이며, 기준전극과 지시전극 및 전위측정장치로 구성되어 있다.

57

$KMnO_4$는 어디에 보관하는 것이 가장 적당한가?

① 에보나이트병
② 폴리에틸렌병
③ 갈색 유리병
④ 투명 유리병

해설및용어설명 | $KMnO_4$는 직사광선에 의해 분해되므로 갈색 유리병에 보관한다.

58

실험실 안전수칙에 대한 설명으로 틀린 것은?

① 시약병 마개를 실습대 바닥에 놓지 않도록 한다.
② 실험 실습실에 음식물을 가지고 올 때에는 한 쪽에서 먹는다.
③ 시약병에 꽂혀 있는 피펫을 다른 시약병에 넣지 않도록 한다.
④ 화학약품의 냄새는 직접 맡지 않도록 하며 부득이 냄새를 맡아야 할 경우에는 손으로 코가 있는 방향으로 증기를 날려서 맡는다.

해설및용어설명 | 실험실에 필요한 시약만 실험대에 두고, 실험실 내에 일일 사용에 필요한 최소량만 보관한다.

59★

산이나 알칼리에 반응하여 수소를 발생시키는 것은?

① Mg
② Si
③ Cu
④ Hg

해설및용어설명 | 철, 마그네슘, 금속분 등은 산, 알칼리, 물과 반응하여 수소를 발생시킨다.

60

다음 중 D급 화재에 해당하는 것은?

① 플라스틱 화재
② 휘발유 화재
③ 나트륨 화재
④ 전기 화재

해설및용어설명 |
- 일반화재(A급) : 연소 후 재를 남기는 화재로 나무, 종이 등의 가연물 화재이다.
- 유류화재(B급) : 연소 후 재를 남기지 않는 화재로 유류, 가스 등의 가연성 액체나 기체에 의한 화재이다.
- 전기화재(C급) : 전기설비 등에 의한 화재이다.
- 금속화재(D급) : 금속에 의한 화재이다.

CBT 복원문제 2020 * 3

01 ★

다음 물질 중 혼합물인 것은?

① 염화수소 ② 암모니아
③ 공기   ④ 이산화탄소

해설및용어설명 | 공기는 질소 약 78%, 산소 약 21%, 기타 기체 약 1%로 이루어져 있는 혼합물이다.

02 ★

질산(HNO_3)의 분자량은 얼마인가? (단, 원자량 H = 1, N = 14, O = 16이다)

① 63 ② 65
③ 67 ④ 69

해설및용어설명 | ① 1 + 14 + (16×3) = 63

03

일정한 온도와 압력에서 20mL의 수소와 10mL의 산소가 반응하면 20mL의 수증기가 발생한다. 이 관계를 설명할 수 있는 법칙은?

① 기체반응의 법칙   ② 일정성분비의 법칙
③ 아보가드로의 법칙 ④ 질량보존의 법칙

해설및용어설명 | 기체반응의 법칙
화학반응에서 기체반응의 계수비는 부피비와 같다.

04

산소의 원자번호는 8이다. O^{2-}이온의 바닥상태의 전자배치로 맞는 것은?

① $1s^2$, $2s^2$, $2p^4$ ② $1s^2$, $2s^2$, $2p^6$, $3s^2$
③ $1s^2$, $2s^2$, $2p^6$ ④ $1s^2$, $2s^2$, $2s^4$, $3s^2$

해설및용어설명 |
중성상태의 산소 전자 = 8개
O^{2-} = 전자 10개
• 바닥상태일 때
  - 1s 오비탈에 전자 2개
  - 2s 오비탈에 전자 2개
  - sp 오비탈에 전자 6개가 배치된다.

05 ★

원자나 이온의 반지름은 전자껍질의 수, 핵의 전하량, 전자수에 따라 달라진다. 핵의 전하량 변화에 따른 반지름의 변화를 살펴보기 위하여 다음 중 어떤 원자 또는 이온들을 서로 비교해 보는 것이 가장 좋겠는가?

① S^{2-}, Cl^-, K^+, Ca^{2+} ② Li, Na, K, Rb
③ F^+, F^-, Cl^+, Cl^- ④ Na, Mg, O, F

해설및용어설명 |
• 핵의 전하량 변화에 따른 반지름의 변화는 같은 주기의 원자들을 비교하면 된다.
• S^{2-}, Cl^-, K^+, Ca^{2+}은 이온상태로 껍질의 수는 같다. 그러므로 원자번호(양성자 수)가 커질수록 이온의 반지름은 작아진다.

정답 01 ③ 02 ① 03 ① 04 ③ 05 ①

06★

원자의 성질에 대한 설명으로 옳지 않은 것은?

① 원자가 양이온이 되면 크기가 작아진다.
② 0족의 기체는 최외각의 전자껍질에 전자가 채워져서 반응성이 낮다.
③ 전기음성도 차이가 큰 원자끼리의 결합은 공유결합성 비율이 커진다.
④ 염화수소(HCl) 분자에서 염소(Cl)쪽으로 공유된 전자들이 더 많이 분포한다.

해설및용어설명 |
- 두 원자 간 전기음성도의 차이가 1.67 이상이면 이온결합이다.
- 전기음성도의 차이가 1.67 이하이면 극성 공유결합이다.
- 전기음성도의 차이가 0이면 무극성 공유결합이다.

07★

다음 중 물체에 해당하는 것은?

① 나무
② 유리
③ 신발
④ 쇠

해설및용어설명 | 물체는 어떤 목적으로 사용하기 위해 만든 물건이며, 물질은 물체를 만들기 위한 재료를 부르는 말이다.
①, ②, ④번은 물질에 해당한다.

08★★

다음 물질 중 물에 가장 잘 녹는 기체는?

① NO
② C_2H_2
③ NH_3
④ CH_4

해설및용어설명 | 극성이 클수록 물에 잘 녹는다.

09★

알칼리 금속에 속하는 원소와 할로젠족에 속하는 원소가 결합하여 화합물을 생성하였다. 이 화합물의 화학결합은 무엇인가? (단, 수소는 제외한다)

① 이온결합
② 공유결합
③ 금속결합
④ 배위결합

해설및용어설명 |
- 금속결합 : 금속 + 금속
- 이온결합 : 금속 + 비금속
- 공유결합 : 비금속 + 비금속
- 배위결합 : 비금속 + 비금속(전자쌍을 한 쪽에서 제공)

10

금속에 대한 설명으로 틀린 것은?

① 수은(Hg)를 제외한 금속은 상온에서 광택을 가지는 고체이다.
② 금속 열전도성과 전기전도성이 우수하다.
③ 금속은 자유전자 때문에 전성과 연성이 좋다.
④ 금속결합은 양이온과 음이온의 정전기적 인력에 의한 결합이다.

해설및용어설명 | 금속은 금속성 원소에서 빠져나온 자유전자와 금속 양이온 사이에서 작용하는 정전기적 인력에 의한 결합으로 이루어져 있다.

11★★

일정한 온도 및 압력하에서 용질이 용매에 용해도 이하로 용해된 용액을 무엇이라고 하는가?

① 포화 용액
② 불포화 용액
③ 과포화 용액
④ 일반 용액

12*

분자 간에 작용하는 힘에 대한 설명으로 틀린 것은?

① 반데르발스 힘은 분자 간에 작용하는 힘으로서 분산력, 이중극자 간의 인력 등이 있다.
② 분산력은 분자들이 접근할 때 서로 영향을 주어 전하의 분포가 비대칭이 되는 편극현상에 의해 나타나는 힘이다.
③ 분산력은 일반적으로 분자의 분자량이 커질수록 강해지나, 분자의 크기와는 무관하다.
④ 헬륨이나 수소기체도 낮은 온도와 높은 압력에서는 액체나 고체 상태로 존재할 수 있는데, 이는 각각의 분자 간에 분산력이 작용하기 때문이다.

해설및용어설명 | ③ 분산력은 분자량이 큰 분자일수록 전자수가 많아서 분산력이 커진다. 또한 분자 크기가 클수록 분산력도 크다.

13*

poise는 무엇을 나타내는 단위인가?

① 비열
② 무게
③ 밀도
④ 점도

해설및용어설명 | 1poise = 1g/cm·s

14*

다음의 반응식을 기준으로 할 때 수소의 연소열은 몇 kcal/mol인가?

$$2H_2 + O_2 \rightleftarrows 2H_2O + 136kcal$$

① 136
② 68
③ 34
④ 17

해설및용어설명 | 2mol의 수소가 반응하여 136kcal의 열을 방출하므로, 수소의 몰당 연소열[kcal/mol]은 136/2인 68kcal/mol이 된다.

15

2.5mol의 질산(HNO_3)의 질량은 얼마인가? (단, N의 원자량은 14, O의 원자량은 16이다)

① 0.4g
② 25.2g
③ 60.5g
④ 157.5g

해설및용어설명 | 2.5mol × 63g/mol = 157.5g

16*

$SrCO_3$, $BaCO_3$ 및 $CaCO_3$를 모두 녹일 수 있는 시약은?

① NH_4OH
② CH_3COOH
③ H_2SO_4
④ HNO_3

해설및용어설명 | 제시된 물질은 모두 CO_3를 포함하고 있기 때문에 CH_3COOH와 만나면 $4CO_3 + CH_3COOH \rightarrow 6CO_2 + 2H_2O$의 반응이 일어나게 된다.

17**

반감기가 5년인 방사성 원소가 있다. 이 동위원소 2g이 10년이 경과하였을 때 몇 g이 남겠는가?

① 0.125
② 0.25
③ 0.5
④ 1.5

해설및용어설명 | 반감기 공식

$$N(t) = N(0) \times \left(\frac{1}{2}\right)^{\frac{t}{t_{\frac{1}{2}}}}$$

- N(t) : t시간만큼 흘렀을 때 물질의 양
- N(0) : 초기 물질의 양
- t : 시간
- $t_{\frac{1}{2}}$: 반감기

$$N(10) = 2 \times \left(\frac{1}{2}\right)^{\frac{10}{5}} = 0.5g$$

18*

A(g) + B(g) ⇌ C(g) + D(g)의 반응에서 A와 B가 각각 2mol씩 주입된 후 고온에서 평형을 이루었다. 평형상수값이 1.5이면 평형에서의 C의 농도는 몇 mol인가?

① 0.799　　② 0.899
③ 1.101　　④ 1.202

해설및용어설명 |

반응식 : A(g) + B(g) ⇌ C(g) + D(g)
초 기 :　2　　2
반 응 : -x　-x　+x　+x
───────────────
평 형 : 2-x　2-x　+x　+x

평형상수 $= \dfrac{[x][x]}{[2-x][2-x]} = 1.5$

$x^2 = 1.5(x^2 - 4x + 4)$

───────────────

$0.5x^2 - 6x + 6 = 0$

$x = \dfrac{-b \pm \sqrt{b^2-4ac}}{2a} = \dfrac{6 \pm \sqrt{(-6)^2-(4 \times 0.5 \times 6)}}{2 \times 0.5} = 6 \pm 4.899$

[x] = 1.101 or 10.899

초기 반응물의 몰수가 2mol이었으므로

[x] = C = 1.1010 이 된다.

19*

브뢴스테드 - 로우리의 산, 염기 정의에 의하면 H_2O가 산으로도 염기로도 작용한다. 다음 화학반응식 중 반응이 오른쪽으로 진행될 때 H_2O가 산으로 작용하는 것은?

① $HCO_3^- + H_2O \rightarrow CO_3^{2-} + H_3O^+$
② $HCO_3^- + H_2O \rightarrow H_2CO_3 + OH^-$
③ $HCO_3^- + OH^- \rightarrow H_2CO_3 + O^{2-}$
④ $HCO_3^- + H_3O^+ \rightarrow CO_2 + 2H_2O$

해설및용어설명 |

- 산 : 양성자(H^+)를 주는 물질
- 염기 : 양성자(H^+)를 받는 물질

H_2O가 산으로 작용하기 위해서는 H^+를 주는
② $HCO_3^- + H_2O \rightarrow H_2SO_3 + OH^-$ 이다.

20*

전해질이 보통 농도의 수용액 중에서도 거의 완전히 이온화되는 것을 무슨 전해질이라고 하는가?

① 약전해질　　② 초전해질
③ 비전해질　　④ 강전해질

21*

0.400M의 암모니아 용액의 pH는? (단, 암모니아의 K_b 값은 1.8×10^{-5}이다)

① 9.25　　② 10.33
③ 11.43　　④ 12.57

해설및용어설명 |

반응식 $NH_3 + H_2O \rightleftarrows NH_4^+ + OH^-$
평 형　4 - x　　　　+x　　+x

$K_b = \dfrac{x^2}{0.4-x} = 1.8 \times 10^{-5}$

(0.4 - x)에서 x는 매우 작으므로 생략한다.

x = [OH^-] = 2.68×10^{-3}

pOH = -log[OH^-] = 2.57

pH = 14 - 2.57 = 11.43

22

pH 1인 HCl과 pH 3인 HCl의 수소 이온 농도 차이는 몇 배인가?

① 3배
② 30배
③ 100배
④ 1,000배

해설및용어설명 |
- pH 1일 때 $[H^+] = 10^{-1} M$
- pH 3일 때 $[H^+] = 10^{-3} M$
- pH가 1씩 증가할 때마다 수소 이온의 농도는 10배 감소한다.

23 ★★

0.2mol/L H_2SO_4 수용액 100mL를 중화시키는 데 필요한 NaOH의 질량은?

① 0.4g
② 0.8g
③ 1.2g
④ 1.6g

해설및용어설명 | 0.2mol/L H_2SO_4 수용액 100mL의 몰수 = 0.02mol
황산의 당량수가 2이므로 H^+의 몰수 = 0.04mol
필요한 NaOH의 몰수 = 0.04mol
NaOH의 질량 = 0.04mol × 40g/mol = 1.6g

24 ★

산화 - 환원반응에서 산화수에 대한 설명으로 틀린 것은?

① 한 원소로만 이루어진 화합물의 산화수는 0이다.
② 단원자 이온의 산화수는 전하량과 같다.
③ 산소의 산화수는 항상 -2이다.
④ 중성인 화합물에서 모든 원자와 이온들의 산화수의 합은 0이다.

해설및용어설명 | 산소(O)의 산화수는 (-2)이다. (단, 과산화물에서는 (-1)이다)

25

염화나트륨 용액을 전기분해할 때 일어나는 반응이 아닌 것은?

① 양극에서 Cl_2 기체가 발생한다.
② 음극에서 O_2 기체가 발생한다.
③ 양극은 산화반응을 한다.
④ 음극은 환원반응을 한다.

해설및용어설명 |
- 산화 전극(+) : $2Cl^- \rightarrow Cl_2 + 2e^-$
- 환원 전극(-) : $2H_2O + 2e^- \rightarrow H_2 + 2OH^-$

26 ★★

펜탄의 구조 이성질체는 몇 개인가?

① 2
② 3
③ 4
④ 5

해설및용어설명 | 알케인의 구조 이성질체 수
- 메테인 : 1개
- 에테인 : 1개
- 프로페인 : 1개
- 뷰테인 : 2개
- 펜테인 : 3개
- 헥세인 : 5개
- 헵테인 : 9개(+ 거울상 이성질체 2개) = 이성질체 수 11개

27 ★

다음 유기화합물 중 파라핀계 탄화수소는?

① C_5H_{10}
② C_4H_8
③ C_3H_6
④ CH_4

해설및용어설명 | 파라핀계 탄화수소
지방족 포화탄화수소 알케인(C_nH_{2n+2})

정답: 22 ③ 23 ④ 24 ③ 25 ② 26 ② 27 ④

28★

알데하이드는 공기와 접촉하였을 때 무엇이 생성되는가?

① 알코올 ② 카르복실산
③ 글리세린 ④ 케톤

해설및용어설명 | ② 1차 알코올을 산화시켜 알데하이드를 제조하고 이를 또 산화시켜 카복시산을 제조할 수 있다.

29★★

포도당의 분자식은?

① $C_6H_{12}O_6$ ② $C_{12}H_{22}O_{11}$
③ $(C_6H_{10}O_5)_n$ ④ $C_{12}H_{20}O_{10}$

30★★

다음의 반응으로 철을 분석한다면 N/10KMnO₄(f = 1.000) 1mL에 대응하는 철의 양은 몇 g인가? (단, Fe의 원자량은 55.85이다)

$$10FeSO_4 + 8H_2SO_4 + 2KMnO_4 \rightarrow 5Fe(SO_4)_3 + K_2SO_4$$

① 0.005585g Fe ② 0.05585g Fe
③ 0.5585g Fe ④ 5.585g Fe

해설및용어설명 | KMnO₄의 산화수는 5이다.(당량수와 같다)

$0.1N = 5 \times$ 몰 농도(M)

KMnO₄의 몰 농도 = 0.02M

0.02M, 1mL에 포함된 KMnO₄의 몰수 = 0.02×10^{-3} mol

FeSO₄은 KMnO₄와 5 : 1로 반응하므로

FeSO₄의 몰수는 = 0.1×10^{-3} mol

Fe의 질량 = (0.1×10^{-3}) mol $\times 55.85$(원자량) = 5.58×10^{-3} g
= 0.005585g

31★

탄소 간의 이중, 삼중결합의 검출에 이용되며 불포화 화합물에 가하면 적갈색이 무색으로 변하는 할로젠 원소는?

① F_2 ② Br_2
③ Cl_2 ④ I_2

해설및용어설명 | 브로민은 상온에서 적갈색의 액체이며 불포화 탄화수소와 첨가반응하여 화합물을 만들면 적갈색에서 무색으로 변한다.

32★

농도를 모르는 HCl(염산) 50mL를 완전히 중화하는 데 0.2M NaOH(수산화나트륨) 100mL가 필요했다면 이 염산의 몰 농도(M)는 얼마인가?

① 0.1M ② 0.2M
③ 0.3M ④ 0.4M

해설및용어설명 | MV = M′V′
염산과 수산화나트륨은 1 : 1로 반응한다.
M×50mL = 0.2M×100mL
M = 0.4

33★

물 100g에 NaCl 25g을 녹여서 만든 수용액의 질량 백분율 농도는?

① 18% ② 20%
③ 22.5% ④ 25%

해설및용어설명 |

질량 백분율(wt%) = $\dfrac{25}{100+25} \times 100 = 20\%$

정답 28 ② 29 ① 30 ① 31 ② 32 ④ 33 ②

34 ★★

1차 표준물질이 갖추어야 할 조건 중 틀린 것은?

① 분자량이 작아야 한다.
② 조성이 순수하고 일정해야 한다.
③ 습기, CO_2 등의 흡수가 없어야 한다.
④ 건조 중 조성이 변하지 않아야 한다.

해설및용어설명 | ① 1차 표준물질은 비교적 큰 화학식량을 가지고 있어서 상대적 오차를 최소화해야 한다.

35 ★

25℃에서 용해도가 35인 염, 20g을 50℃의 물 50mL에 완전 용해시킨 다음 25℃로 냉각하면 약 몇 g의 염이 석출되는가? (단, 물의 비중은 1g/mL이다)

① 2.0
② 2.3
③ 2.5
④ 2.8

해설및용어설명 | 25℃ 용해도가 35이면 물 100g에 염 35g이 용해되므로, 50mL의 물에는 17.5g이 용해 가능하다.
석출되는 염의 양 = 20 - 17.5 = 2.5g

36 ★★

다음 물질 중 가수분해되어 산성이 되는 염은?

① $NaHCO_3$
② $NaHSO_4$
③ $NaCN$
④ NH_4CN

해설및용어설명 |
① $Na^+ + HCO_3^- + H_2O \rightarrow Na^+ + H_2CO_3 + OH^-$
② $Na^+ + HSO_4^- + H_2O \rightarrow Na^+ + SO_4^{2-} + H_3O^+$
③ $Na^+ + CN^- + H_2O \rightarrow Na^+ + HCN + OH^-$
④ $NH_4^+ + CN^- + H_2O \rightarrow NH_3 + HCN + OH^-$

37

양이온 정성분석에서 제2족을 분리하기 위해 사용되는 분족 시약은?

① HCl
② H_2S
③ $NH_4OH + NH_4OH$
④ $(NH_4)_2CO_3 + NH_4OH$

해설및용어설명 |
• 제2족 : 산성 용액에서 황화물 침전을 형성하는 양이온
• 분족시약 : H_2S(1% HCl)

38 ★

0.49g의 황산을 물 100mL에 녹였다. 이를 0.1N NaOH 수용액으로 적정하려 할 때, 0.1N NaOH 수용액의 예상 소요량은? (단, 황산의 분자량은 98이다)

① 25mL
② 50mL
③ 100mL
④ 200mL

해설및용어설명 |

0.49g의 황산 100mL의 몰 농도 = $\dfrac{\frac{0.49g}{98g/mol}}{0.1L}$ = 0.05M

황산은 2당량(eq)이므로 노르말 농도는 0.1N이다.
MV = M′V′ 공식을 이용하면,
0.1N × 100mL = 0.1 × V
V(필요한 NaOH의 부피) = 100mL

39 ★

수산화알루미늄 $Al(OH)_3$의 침전은 어떤 pH의 범위에서 침전이 가장 잘 생성되는가?

① 4.0 이하
② 6.0 ~ 8.0
③ 10.0 이하
④ 10 ~ 14

40

SO₄²⁻이온을 함유하는 용액으로부터 황산바륨의 침전을 만들기 위하여 염화바륨 용액을 사용할 수 있으나 질산바륨은 사용할 수 없다. 주된 이유는?

① 침전을 생성시킬 수 없기 때문에
② 질산기가 황산바륨의 용해도를 크게 하기 때문에
③ 침전의 입자를 작게 생성하기 때문에
④ 황산기에 흡착되기 때문에

41

다음 보기는 어떤 기기에 대한 설명인가?

- 두 전극 사이에 발생하는 전위차를 측정하는 방법이다.
- 사용 전에 캘리브레이션 작업을 해주어야 한다.
- 용액의 액성을 정확하게 측정할 수 있다.

① 비색계 ② 점도계
③ 굴절계 ④ pH 미터

42

가스 크로마토그래피에 대한 설명 중 틀린 것은?

① 운반가스는 일정한 유량으로 흘러야 한다.
② 일반적으로 유기화합물의 정성 및 정량분석에 이용한다.
③ 시료도입부, 분리관, 검출기 등은 적당한 온도로 유지해 주어야 한다.
④ 충진물로 흡착성 고체분말을 사용한 것을 기체 – 액체 크로마토그래피라고 한다.

해설및용어설명 | 기체 - 고체 크로마토그래피
충진물로 흡착성 고체분말을 사용한 것

43

분광광도계에서 정성분석에 대한 정보를 주는 흡수 스펙트럼 파장은 어느 것인가?

① 최저 흡수파장 ② 최대 흡수파장
③ 중간 흡수파장 ④ 평균 흡수파장

44

분광광도계 실험 시 검량선을 작성하기 위하여 1,000ppm 표준용액을 사용하여 10ppm의 표준용액 100mL를 만들고자 한다. 다음 중 제조방법이 올바른 것은?

① 1,000ppm 표준용액 0.01mL를 100mL 메스플라스크에 넣고 증류수로 표선까지 맞춘다.
② 1,000ppm 표준용액 0.1mL를 100mL 메스플라스크에 넣고 증류수로 표선까지 맞춘다.
③ 1,000ppm 표준용액 1mL를 100mL 메스플라스크에 넣고 증류수로 표선까지 맞춘다.
④ 1,000ppm 표준용액 10mL를 100mL 메스플라스크에 넣고 증류수로 표선까지 맞춘다.

해설및용어설명 |
1,000ppm 표준용액을 이용해 10ppm, 100mL로 희석
MV = M′V′ 사용
1,000ppm × V = 10ppm × 100mL
V = 1mL
1,000ppm 표준용액 1mL를 100mL 메스플라스크에 넣고 증류수로 표선까지 맞춘다.

45

분석시료의 각 성분이 액체 크로마토그래피 내부에서 분리되는 이유는?

① 흡착 ② 기화
③ 건류 ④ 혼합

46

원자흡수분광계에서 광원으로 속 빈 음극등에 사용되는 기체가 아닌 것은?

① 네온(Ne)
② 아르곤(Ar)
③ 헬륨(He)
④ 수소(H_2)

해설및용어설명 | 원자 흡수 분광계에서는 속 빈 음극등에 Ne, Ar 등의 비활성기체를 사용한다.

47

적외선 분광광도계의 광원으로 많이 사용되는 것은?

① 나트륨 램프
② 텅스텐 램프
③ 네른스트 램프
④ 할로젠 램프

해설및용어설명 | 광원
Nernst 백열등, Globar 광원, 레이저 등을 사용한다.

48

황산구리($CuSO_4$) 수용액에 10A의 전류를 30분 동안 가하였을 때, (−)극에서 석출되는 구리의 양은 약 몇 g인가? (단, Cu 원자량은 64이다)

① 0.01g
② 3.98g
③ 5.95g
④ 8.45g

해설및용어설명 |
전하량(C) = 10A × 30 × 60 = 18,000C
1F = 전자 1mol의 전하량(96,500C = 1mol e^-)
Cu^{2+} 1mol을 석출하기 위해서는 2mol의 전자가 필요하므로
$\frac{18,000C}{2} \times \frac{1mol}{96,500C} = 0.093mol$
구리의 질량 = 0.093mol × 64g/mol = 5.95g

49

가스 크로마토그래피의 기본 원리로 보기 어려운 것은?

① 이동상이 기체이다.
② 고정상은 휘발성 액체이다.
③ 혼합물이 각 성분의 이동속도의 차이 때문에 분리된다.
④ 분리된 각 성분들은 검출기에서 검출된다.

해설및용어설명 | ② 기체 크로마토그래피는 이동상이 기체이고, 고정상이 컬럼인 크로마토그래피이다.

50

가시 - 자외선 분광광도계의 기본적인 구성요소의 순서로서 가장 올바른 것은?

① 광원 − 단색화 장치 − 검출기 − 흡수용기 − 기록계
② 광원 − 단색화 장치 − 흡수용기 − 검출기 − 기록계
③ 광원 − 흡수용기 − 검출기 − 단색화 장치 − 기록계
④ 광원 − 흡수용기 − 단색화 장치 − 검출기 − 기록계

51

전해분석에 대한 설명 중 옳지 않은 것은?

① 석출물은 다른 성분과 함께 전착하거나, 산화물을 함유하노록 한다.
② 이온의 석출이 완결되었으면 비커를 아래로 내리고 전원 스위치를 끈다.
③ 석출물을 세척, 건조 칭량할 때에 전극에서 벗겨지거나 떨어지지 않도록 치밀한 전착이 이루어지게 한다.
④ 한번 사용한 전극을 다시 사용할 때에는 따뜻한 6N−HNO_3 용액에 담가 전착된 금속을 제거한 다음 세척하여 사용한다.

해설및용어설명 | 전해분석이란 전기분석 중 전해반응 또는 전극반응을 수반하는 정량분석법이다.

정답 46 ④ 47 ③ 48 ③ 49 ② 50 ② 51 ①

52

$CoCl_2 \cdot XH_2O$ 0.403g을 포함한 용액이 완전히 전기분해되어 백금 환원전극 표면에 코발트 금속 0.100g이 석출되었다. 이 시약의 조성은? (단, Co 원자량은 59.0, $CoCl_2$ 화학식량은 130, H_2O의 분자량은 18.0이다)

$$Co^{2+} + 2e^- \rightarrow Co(s)$$

① $CoCl_2 \cdot 2H_2O$
② $CoCl_2 \cdot 4H_2O$
③ $CoCl_2 \cdot 6H_2O$
④ $CoCl_2 \cdot 8H_2O$

해설및용어설명 |

코발트 0.100g의 몰수 = $\frac{0.100g}{59.0g/mol}$ = 1.695×10^{-3} mol

$CoCl_2$의 몰수 = 1.695×10^{-3} mol

$CoCl_2$의 질량 = $(1.695 \times 10^{-3}) \times 130$ = 0.220g

$CoCl_2 \cdot XH_2O$ 0.403g 중 0.220g은 $CoCl_2$이므로

H_2O의 질량 = 0.403 - 0.220 = 0.183g

H_2O의 몰수 = $\frac{0.183g}{18g/mol}$ = 10.17×10^{-3} mol

$CoCl_2$와 H_2O의 몰수 비 = $\frac{10.17 \times 10^{-3}}{1.695 \times 10^{-3}}$ = 6

시약의 조성 = $CoCl_2 \cdot 6H_2O$

53

유효숫자 규칙에 맞게 계산한 결과는?

$$2.1 + 123.21 + 20.126$$

① 145.136
② 145.43
③ 145.44
④ 145.4

해설및용어설명 | 덧셈과 뺄셈에서 연산은 소수점 이하 자릿수가 가장 적은 유효숫자로 맞춘다.

2.1 + 123.21 + 20.126 = 145.436 → 145.4
(소수점 첫째 자리에 맞춘다)

54

전위차법에서 사용되는 기준전극의 구비조건이 아닌 것은?

① 반전지 전위값이 알려져 있어야 한다.
② 비가역적이고 편극전극으로 작동하여야 한다.
③ 일정한 전위를 유지하여야 한다.
④ 온도변화에 히스테리시스 현상이 없어야 한다.

해설및용어설명 | 기준전극의 조건

• 전극의 전위가 알려져 있다.
• 분석물질 용액에 감응하지 않아야 한다.
• 온도변화에 히스테리시스 현상이 없어야 한다.
• 측정하려는 분석물의 농도나 다른 이온의 농도와 무관하게 일정한 값을 갖는다.

※ 기준전극 : 전위가 정확히 알려져 있고 전류가 흐르는 동안 일정한 전위를 유지하는 전극이다.

55

다음 중 독성 시약이 아닌 것은?

① 수은염
② 염화나트륨
③ 사이안화물
④ 비소화합물

해설및용어설명 | 염화나트륨은 소금의 주성분이다.

56

실험실에서 일어나는 사고의 원인과 그 요소를 연결한 것으로 옳지 않은 것은?

① 정신적 원인 – 성격적 결함
② 신체적 결함 – 피로
③ 기술적 원인 – 기계장치의 설계 불량
④ 교육적 원인 – 지각적 결함

해설및용어설명 | ④ 교육적 원인은 지식의 부족에서 원인이 일어날 수 있다.

57 ★★

묽은 염산을 가할 때 기체를 발생시키는 금속은?

① Cu
② Hg
③ Mg
④ Ag

해설및용어설명 | 이온화 경향성에 의해 Mg(마그네슘)은 H(수소)보다 반응성이 크기 때문에 HCl과 반응하여 수소기체를 발생시킨다.

58 ★

가스 크로마토그래피의 주요부가 아닌 것은?

① 시료 주입부
② 운반 기체부
③ 시료 원자화부
④ 데이터 처리장치

해설및용어설명 | 가스 크로마토그래피 구성
운반 기체부 - 시료 주입부 - 컬럼 - 검출기(데이터 처리장치)
③ 시료 원자화부는 원자흡광분광기의 주요부이다.

59 ★

다음 중 전기 전류의 분석신호를 이용하여 분석하는 방법은?

① 비탁법
② 방출분광법
③ 폴라로그래피법
④ 분광광도법

60 ★

용매만 있으면 모든 물질을 분리할 수 있고, 비휘발성이거나 고온에 약한 물질 분리에 적합하여 용매 및 컬럼, 검출기의 조합을 선택하여 넓은 범위의 물질을 분석 대상으로 할 수 있는 장점이 있는 분석기기는?

① 기체 크로마토그래피(Gas Chromatography)
② 액체 크로마토그래피(Liquid Chromatography)
③ 종이 크로마토그래피(Paper Chromatography)
④ 분광 광도계(Photoelectric Spectrophotometer)

해설및용어설명 | 액체 크로마토그래피(Liquid Chromatography) 이동상을 액체로 사용한다.

CBT 복원문제 — 2021 * 1

01★

순물질에 대한 설명으로 틀린 것은?

① 순수한 하나의 물질로만 구성되어 있는 물질
② 산소, 칼륨, 염화나트륨 등과 같은 물질
③ 물리적 조작을 통하여 두 가지 이상의 물질로 나누어지는 물질
④ 끓는점, 어는점 등 물리적 성질이 일정한 물질

해설및용어설명 | ③ 혼합물에 대한 설명이다.

02★

0℃, 1atm에서 22.4L의 무게가 가장 적은 기체는 어느 것인가?

① 질소 ② 산소
③ 아르곤 ④ 이산화탄소

해설및용어설명 |
- 표준상태에서 22.4L는 1mol의 개수가 있다.
- 1mol의 질량이 가장 작은 기체는 질소이다.
  - N_2 = 28g
  - O_2 = 32g
  - Ar = 40g
  - CO_2 = 44g

03★

수소 분자 6.02×10^{23}개의 질량은 몇 g인가?

① 2 ② 16
③ 18 ④ 20

해설및용어설명 |
6.02×10^{23}개 = 1mol
수소분자(H_2) = 1mol의 질량 = 1mol × 2(분자량)g/mol
= 2g

04★★

비활성기체에 대한 설명으로 틀린 것은?

① 전자배열이 안정하다.
② 특유의 색깔, 맛, 냄새가 있다.
③ 방전할 때 특유한 색상을 나타내므로 야간광고용으로 사용된다.
④ 다른 원소와 화합하여 반응을 일으키기 어렵다.

해설및용어설명 | ② 비활성기체는 18족에 해당하며 특유의 색깔이나 맛, 냄새가 없는 안정한 기체이다.

정답 01 ③ 02 ① 03 ① 04 ②

05★

주기율표에서 전형원소에 대한 설명으로 틀린 것은?

① 전형원소는 1족, 2족, 12~18족이다.
② 전형원소는 대부분 밀도가 큰 금속이다.
③ 전형원소는 금속 원소와 비금속 원소가 있다.
④ 전형원소는 원자가전자수가 족의 끝 번호와 일치한다.

해설및용어설명 | 대부분 밀도가 큰 금속은 전이원소에 속한다.
- 전형원소 : 1~2족, 12~18족에 속하는 원소
- 전이원소 : 3~11족

06★★

다음 등전자 이온 중 이온 반지름이 가장 큰 것은?

① $_{12}Mg^{2+}$
② $_{11}Na^+$
③ $_{10}Ne$
④ $_9F^-$

해설및용어설명 | 등전자 이온
양성자의 수는 다르지만 전자의 수가 같은 이온
- 전자의 수가 같아 양성자의 수가 많을수록 유효핵전하가 커지기 때문에 이온 반지름이 작아진다.
따라서, 양성자 수(원자번호)가 가장 작은 $_9F^-$의 이온반지름이 가장 크다.

07★

금속결합의 특징에 대한 설명으로 틀린 것은?

① 양이온과 자유전자 사이의 결합이다.
② 열과 전기의 부도체이다.
③ 연성과 전성이 크다.
④ 광택을 가진다.

해설및용어설명 | 금속결합은 전자가 자유롭게 이동하기 때문에 도체이다.

08★

다음 중 극성 분자인 것은?

① H_2O
② O_2
③ CH_4
④ CO_2

해설및용어설명 |
- 극성 공유결합 : 전기음성도가 서로 다른 원자들이 공유결합하고 있는 상태
- 무극성 공유결합 : 전기음성도가 같은 원자들이 공유결합하고 있거나 전기적 평형상태인 공유결합

09★

다음 결합 중 결합력이 가장 약한 것은?

① 공유결합
② 이온결합
③ 금속결합
④ 반데르발스결합

해설및용어설명 | ④ 반데르발스는 중성인 분자에서 극히 근거리에만 작용하는 약한 인력이다.

10★★

7.40g의 물을 29.0℃에서 46.0℃로 온도를 높이려고 할 때 필요한 에너지(열)는 약 몇 J인가? (단, 물(l)의 비열은 4.184 (J/g·℃)이다)

① 305
② 416
③ 526
④ 627

해설및용어설명 | 4.184(J/g·℃)×7.40g×(46-29)℃ = 526J

11 ★★

20℃에서 포화 소금물 60g 속에 소금 10g이 녹아 있다면 이 용액의 용해도는?

① 10
② 14
③ 17
④ 20

해설및용어설명 | 용해도
물 100g에 녹을 수 있는 용질의 양
소금물 60g = 물 50g, 소금 10g
∴ 소금 용해도 = 20

12 ★

물 500g에 비전해질 물질이 12g이 녹아 있다. 이 용액의 어는점이 -0.93℃일 때 녹아 있는 비전해질의 분자량은 얼마인가? (단, 물의 어는점 내림상수(K_f)는 1.86이다)

① 6
② 12
③ 24
④ 48

해설및용어설명 | 어는점 내림
$\triangle T_f = K_f \times m$
-0.93℃ = 1.86 × m(몰랄 농도)
m = 0.5
비전해질의 몰수 = 0.5mol/kg × 0.5kg = 0.25mol
비전해질의 분자량 = $\dfrac{질량}{몰수} = \dfrac{12g}{0.25mol}$ = 48g/mol

13 ★

표준상태(0℃, 1atm)에서 H_2 1mol의 부피는 22.4L이다. 표준상태에서 N_2 1mol의 부피는 몇 L인가?

① 11.2
② 22.4
③ 44.8
④ 28

해설및용어설명 | 아보가드로 법칙
기체의 종류에 관계없이 표준상태에서 1mol의 부피는 22.4L이다.

14 ★

수소 기체 2g과 산소 기체 24g을 반응시켜 물을 만들 때 반응하지 않고 남아 있는 기체의 무게는?

① 산소 4g
② 산소 8g
③ 산소 12g
④ 산소 16g

해설및용어설명 |
$2H_2 + O_2 \rightarrow 2H_2O$
H_2 = 1mol
$O_2 = \dfrac{24g}{32g/mol}$ = 0.75mol
O_2 0.5mol은 반응하고 0.25mol이 남았다.
O_2의 무게 = 0.25mol × 32g/mol = 8g

15 ★★

11g의 프로판(C_3H_8)을 완전 연소시키면 몇 몰(mol)의 이산화탄소(CO_2)가 생성되는가? (단, C, H, O의 원자량은 각각 12, 1, 16이다)

① 0.25
② 0.75
③ 1.0
④ 3.0

해설및용어설명 | 연소 반응식 : $C_3H_8 + 5O_2 \rightarrow 3CO_2 + 4H_2O$
• 프로판의 몰수 = $\dfrac{11g}{44g/mol}$ = 0.25mol
• 이산화탄소의 몰수 = 3 × 0.25mol = 0.75mol

16 ★

화학평형의 이동에 영향을 주지 않는 것은?

① 온도
② 농도
③ 압력
④ 촉매

해설및용어설명 | 촉매는 활성화 에너지의 크기를 변화시켜 반응의 속도를 조절한다.

정답 11 ④ 12 ④ 13 ② 14 ② 15 ② 16 ④

17 ★

다음 중 같은 농도일 때 수용액에서 가장 강한 산성을 나타내는 것은?

① H_2CO_3
② HCl
③ H_3PO_4
④ CH_3COOH

해설및용어설명 |
- 강산 : 염산(HCl), 질산(HNO_3), 과염소산($HClO_4$), 황산(H_2SO_4) 등
- 약산 : 아세트산(CH_3COOH), 탄산(H_2CO_3), 폼산($HCOOH$), 인산(H_3PO_4)

18 ★

용액이 산성인지 알칼리성인지 또는 중성인지를 알려면, 용액 속에 들어 있는 공존 물질에는 관계가 없고 용액 중에 [H^+] : [OH^-]의 농도비로 결정되는데 [H^+] > [OH^-]의 용액은?

① 산성
② 알칼리성
③ 중성
④ 약성

19 ★

페놀과 중화반응하여 염을 만드는 것은?

① HCl
② $NaOH$
③ $Cl_6H_5CO_2H$
④ $C_6H_5CH_3$

해설및용어설명 | 페놀은 벤젠에 수소 원자 하나가 -OH기로 치환된 형태이다. 알코올과 달리 물에 녹아 H^+를 내놓기 때문에 약산에 해당하며 염기인 $NaOH$와 중화반응을 한다.

20

산소의 산화수가 가장 큰 것은?

① O_2
② $KClO_4$
③ H_2SO_4
④ H_2O_2

해설및용어설명 | 산화수 계산법
- 단원자 분자 물질 원소의 산화수는 0이다. H_2, O_2, N_2 등
- 수소(H)의 산화수는 (+1)이다.(단, 금속의 수소화물에서는 (-1)이다)
- 산소(O)의 산화수는 (-2)이다.(단, 과산화물에서는 (-1)이다)

21 ★

다음 물질 중에서 유기화합물이 아닌 것은?

① 프로판
② 녹말
③ 염화코발트
④ 아세톤

해설및용어설명 | 유기화합물은 주로 C, H로 이루어져 있다.
③ 염화코발트($CoCl_2$)

22 ★

아이오딘포름 반응으로 확인할 수 있는 물질은?

① 에틸알코올
② 메틸알코올
③ 아밀알코올
④ 옥틸알코올

해설및용어설명 | ① 에틸알코올은 아이오딘포름 반응을 한다.

23

다음 중 은거울 반응을 하는 분자는?

① 페놀 ② 에탄올
③ 폼알데하이드 ④ 메틸아세테이트

해설 및 용어설명 |
은거울 반응은 환원성을 가진 알데하이드($R-\overset{\overset{O}{\|}}{C}-H$)를 검출할 수 있다.

24

유리의 원료이며 조미료, 비누, 의약품 등 화학공업의 원료로 사용되는 무기화합물로 분자량이 약 106인 것은?

① 탄산칼슘 ② 황산칼슘
③ 탄산나트륨 ④ 염화칼륨

해설 및 용어설명 | 유리는 이산화규소(SiO_2)와 탄산나트륨 또는 탄산칼슘을 고온에서 녹여 제조한다.
① 탄산칼슘($CaCO_3$) : 100g/mol
② 황산칼슘 : 136g/mol
③ 탄산나트륨 : 106g/mol
④ 염화칼륨 : 74.5g/mol

25

P형 반도체 제조에 사용되는 원소는?

① Na ② C
③ Mg ④ Ga

해설 및 용어설명 | P형 반도체는 Si들의 공유결합에 최외각전자의 수가 3개인 13족 원소(B, Al, Ga)를 첨가하여 진성 반도체에 정공이 생긴 반도체이다.

26

다음 중 유리를 부식시킬 수 있는 것은?

① HF ② HNO_3
③ NaOH ④ HCl

해설 및 용어설명 | 불산(HF)은 유리를 부식시키므로 플라스틱 보관용기를 사용한다.

27

원자흡광광도계에 사용할 표준용액을 조제하려고 한다. 이때 정확히 100mL를 조제하고자 할 때 가장 적합한 실험기구는?

① 메스피펫 ② 용량플라스크
③ 비커 ④ 뷰렛

28

칭량병과 $BaCl_2 \cdot 2H_2O$의 무게가 17.994g이고, 이 중 $BaCl_2 \cdot 2H_2O$의 무게가 1.1318g이었다. 칭량병과 염화바륨의 무게가 17.8272g일 때를 함량으로 간주하여 실험을 중단했다면 결정수의 백분율은?

① 16.12% ② 14.74%
③ 16.52% ④ 14.25%

해설 및 용어설명 | 결정수 분자 내 H_2O의 함량
칭량병의 무게 = 17.994g - 1.1318g = 16.8622g
염화바륨의 무게 = 17.8272g - 16.8622g = 0.965g
$BaCl_2 \cdot 2H_2O$의 무게 = 1.1318g

결정수의 백분율 $= \dfrac{(1.1318 - 0.965)g}{1.1318g} \times 100 = 14.74\%$

정답 23 ③ 24 ③ 25 ④ 26 ① 27 ② 28 ②

29 ★

용액 1L 중에 녹아있는 용질의 g당량수로 나타낸 것을 그 물질의 무엇이라고 하는가?

① 몰 농도
② 몰랄 농도
③ 노르말 농도
④ 포르말 농도

30 ★

건조 공기 속에서 네온은 0.0018%를 차지한다. 몇 ppm인가?

① 1.8ppm
② 18ppm
③ 180ppm
④ 1,800ppm

해설및용어설명 | 1ppm은 10^{-6}을 기준으로 한 비율이다.

$0.0018 \times \dfrac{1}{100} \times \dfrac{10^6 \text{ppm}}{1} = 18\text{ppm}$

31 ★

다음의 0.1mol 용액 중 전리도가 가장 작은 것은?

① NaOH
② H_2SO_4
③ NH_4OH
④ HCl

해설및용어설명 |
- 강산 : H_2SO_4, HCl
- 강염기 : NaOH
- 약염기 : NH_4OH

32 ★

양이온 정성분석에서 제3족에 해당하는 이온이 아닌 것은?

① Fe^{3+}
② Ni^{2+}
③ Cr^{3+}
④ Al^{3+}

해설및용어설명 | 양이온 제3족 : Fe^{3+}, Al^{3+}, Cr^{3+}

33 ★★

양이온 5족의 정성분석 이온 중 Ba^{2+}가 K_2CrO_4와 반응하여 침전을 생성시킨다. 이때 침전의 색깔은?

① 노란색
② 빨강색
③ 검정색
④ 연두색

해설및용어설명 | $K_2CrO_4 \rightarrow BaCrO_4$(노란색)

34 ★★★

약산과 강염기 적정 시 사용할 수 있는 지시약은?

① Bromophenol Blue
② Methyl Orange
③ Methyl Red
④ Phenolphthalein

해설및용어설명 |
① Bromophenol Blue : 강산과 약염기 적정
② Methyl Orange : 강산과 강염기 적정, 강산과 약염기 적정
③ Methyl Red : 강산과 강염기 적정

35★

0.1N-NaOH 25.00mL를 삼각플라스크에 넣고 페놀프탈레인 지시약을 가하여 0.1N-HCl 표준용액(f = 1.000)으로 적정하였다. 적정에 사용된 0.1N-HCl 표준용액의 양이 25.15mL였다면 0.1N-NaOH 표준용액의 역가(Factor)는 얼마인가?

① 0.1　　　　　　② 0.1006
③ 1.006　　　　　④ 10.006

해설 및 용어설명 | $MV = M'V'$
염산과 수산화나트륨은 1 : 1로 반응한다.
N(실제 수산화나트륨의 농도)×25mL = 0.1N×25.15mL
N = 0.1006

- 표준용액의 역가(Factor)
  $f = \dfrac{0.1006}{0.1} = 1.006$

36★

금속지시약의 설명으로 옳지 않은 것은?

① 금속염이 주성분이다.
② 킬레이트 시약이다.
③ 킬레이트 화합물을 만든다.
④ 자신의 고유색을 갖는다.

해설 및 용어설명 | 금속지시약
금속 이온을 함유한 용액에 금속지시약을 가하면 금속과 지시약이 킬레이트 화합물을 만들어, 특정 pH 범위에서 특유의 색을 띠게 된다.

37★★

다음 황화합물 중 색깔이 검은색인 것은?

① CdS　　　　　② CuS
③ SnS　　　　　④ As_2S_3

해설 및 용어설명 |
① CdS : 노란색
③ SnS : 진한 갈색
④ As_2S_3 : 노란색

38★★

횡파의 빛을 니콜 프리즘에 통과시키면 일정한 방향으로 진동시키는 빛을 얻는데 이것을 무엇이라 하는가?

① 편광　　　　　② 전도
③ 굴절　　　　　④ 분광

39★★

분광광도계의 구조 중 일반적으로 단색화 장치나 필터가 사용되는 곳은?

① 광원부　　　　② 파장 선택부
③ 시료부　　　　④ 검출부

해설 및 용어설명 |
① 광원부 : 일정한 파장의 빛을 발생시키는 역할을 한다.
② 파장 선택부 : 빛의 회절 현상을 이용하여 특정 파장대의 빛을 선택한다.
③ 시료부 : 셀은 시료 용액을 담는 용도로 사용한다.
④ 검출부 : 빛이 시료를 통과하기 전과 후의 빛의 감도를 측정하여 시료가 흡수한 빛의 양을 측정한다.

40 ★

1.0×10^{-4}몰 용액의 어떤 시료를 1.6cm 용기에 넣었을 때 λ_{max} = 250nm에서 투광도 40%이다. 250nm에서 ε_{max}(최대 몰 흡광도)는?

① 1.5×10^3 ② 2.5×10^3
③ 3.5×10^3 ④ 4.5×10^3

해설및용어설명 |

$A = 2 - \log[\%T] = 2 - \log(40\%) = 0.398$

$A_{max} = \varepsilon_{max}bC$

$0.398 = \varepsilon_{max} \times 1.6cm \times 1.0 \times 10^{-4}$

$\varepsilon_{max} = 2.5 \times 10^3$

41 ★

분광광도계로 미지시료의 농도를 측정할 때 시료를 담아 측정하는 기구의 명칭은?

① 흡수셀 ② 광다이오드
③ 프리즘 ④ 회절격자

42 ★

유기화합물의 전자전이 중에서 가장 작은 에너지의 빛을 필요로 하고, 일반적으로 약 280nm 이상에서 흡수를 일으키는 것은?

① $\sigma \rightarrow \sigma^*$ ② $n \rightarrow \sigma^*$
③ $\pi \rightarrow \pi^*$ ④ $n \rightarrow \pi^*$

해설및용어설명 | 에너지의 크기

$\sigma \rightarrow \sigma^* > n \rightarrow \sigma^* > \pi \rightarrow \pi^* > n \rightarrow \pi^*$

43 ★

AAS(원자흡수 분광법)을 화학분석에 이용하는 특성이 아닌 것은?

① 선택성이 좋고 감도가 좋다.
② 방해 물질의 영향이 비교적 적다.
③ 반복하는 유사분석을 단시간에 할 수 있다.
④ 대부분의 원소를 동시에 검출할 수 있다.

44 ★

액체 크로마토그래피의 분석용 관이 길이로서 가장 적당한 것은?

① 1~3cm ③ 10~30cm
③ 100~300cm ④ 300~1,000cm

해설및용어설명 | ③ 액체 크로마토그래피의 분석용 관(컬럼)은 보통 10~30cm의 길이를 사용한다.

45 ★

가스 크로마토그래피(gas chromatography)로 가능한 분석은?

① 정성분석만 가능
② 정량분석만 가능
③ 반응속도 분석만 가능
④ 정량분석과 정성분석이 가능

해설및용어설명 |

- 정량분석 : 하나 이상의 성분 물질들의 상대적인 양에 관한 정보를 얻기 위한 분석법
- 정성분석 : 시료 속에 존재하는 원자 또는 분자, 화학종 또는 작용기에 관한 정보를 얻기 위한 분석법

④ 가스 크로마토그래피는 정량분석과 정성분석이 가능하다.

46★

기체 크로마토그래피법에서 이상적인 검출기가 갖추어야 할 특성이 아닌 것은?

① 적당한 감도를 가져야 한다.
② 안정성과 재현성이 좋아야 한다.
③ 실온에서 약 600℃까지의 온도영역을 꼭 지녀야 한다.
④ 유속과 무관하게 짧은 시간에 감응을 보여야 한다.

해설및용어설명 | 이상적 검출기의 특성
- 적당한 감도
- 안정성과 재현성
- 짧은 시간에 감응하고 분석물에만 선택적으로 감응
- 높은 신뢰도와 편리한 사용
- 시료 비파괴 등

47★

종이 크로마토그래피 조작에서 R_f(Rate of Flow)의 정의를 올바르게 표현한 것은?

① $R_f = \dfrac{\text{기본선과 물질 사이의 거리(cm)}}{\text{기본선과 용매가 스며든 앞 끝까지의 거리(cm)}}$

② $R_f = \dfrac{\text{용매가 스며든 거리(cm)} - \text{물질이 스며든 거리(cm)}}{\text{기본선과 용매가 스며든 앞 끝까지의 거리(cm)}}$

③ $R_f = \dfrac{\text{시료의 농도}}{\text{전개액의 농도}}$

④ $R_f = \dfrac{\text{기본선과 용매가 스며든 앞 끝까지의 거리(cm)}}{\text{기본선과 물질 사이의 거리(cm)}}$

48★

전기분석법의 분류 중 전자의 이동이 없는 분석방법은?

① 전위차적정법
② 전기분해법
③ 전압전류법
④ 전기전도도법

해설및용어설명 | ④ 용액의 전기전도도는 온도가 일정하면 용액 중의 이온 농도와 종류에 의해 결정되며 일정 종류의 이온이면 농도에 비례한다. 따라서 용액의 농도 또는 적정에 따른 전기전도도의 변화를 측정하여 화학 분석을 할 수 있다.

49★

pH를 측정하는 전극으로 맨 끝에 얇은 막(0.01 ~ 0.03mm)이 있고, 그 얇은 막의 양쪽에 pH가 다른 두 용액이 있으며 그 사이에서 전위차가 생기는 것을 이용한 측정법은?

① 수소전극법
② 유리전극법
③ 퀸하이드론(Quinhydrone) 전극법
④ 칼로멜(Calomel) 전극법

해설및용어설명 | pH 측정에서 지시전극은 주로 유리전극(막지시 전극)을 이용한다.

50★

Fe^{3+}/Fe^{2+} 및 Cu^{2+}/Cu로 구성되어 있는 가상 전지에서 얻을 수 있는 전위는? (단, 표준환원전위는 다음과 같다)

$Fe^{3+} + e^- \rightarrow Fe^{2+}$	$E° = 0.771V$
$Cu^{2+} + 2e^- \rightarrow Cu$	$E° = 0.337V$

① 0.434V
② 1.018V
③ 1.205V
④ 1.879V

해설및용어설명 | 표준환원전위가 높은 전극이 환원전극이다.
전위 = 환원전극 - 산화전극 = 0.771 - 0.337 = 0.434V

51 ★

전위차적정에 의한 당량점 측정 실험에서 필요하지 않은 재료는?

① 0.1N-HCl ② 0.1N-NaOH
③ 증류수 ④ 황산구리

해설및용어설명 |
- 기준 전극과 지시 전극 간의 전위차를 측정하여 종말점을 확인한다.
- 산·염기 및 증류수가 필요하다.

52 ★

폴라로그래피에서 정량분석에 쓰이는 것은?

① 확산전류 ② 한계전류
③ 잔여전류 ④ 반파전위

53 ★★

약품을 보관하는 방법에 대한 설명으로 틀린 것은?

① 인화성 약품은 자연발화성 약품과 함께 보관한다.
② 인화성 약품은 전기의 스파크로부터 멀고 찬 곳에 보관한다.
③ 흡습성 약품은 완전히 건조시켜 건조한 곳이나 석유 속에 보관한다.
④ 폭발성 약품은 화기를 사용하는 곳에서 멀리 떨어져 있는 창고에 보관한다.

해설및용어설명 | 인화성(제4류 위험물) 물질은 가연성 증기를 발생시키며, 자연발화성 물질은 온도조건이 갖춰지면 점화원 없이 발화하기 때문에 두 물질을 함께 보관해서는 안 된다.

54 ★★

금속 나트륨(Na)을 보관하려면 어느 물질 속에 저장하여야 하는가?

① 물 ② 파라핀
③ 알코올 ④ 이산화탄소

해설및용어설명 | 나트륨, 칼륨은 물과 폭발적으로 반응하며, 수소 기체를 발생시키기 때문에 석유류(등유, 경유)나 파라핀 속에 저장한다.

55 ★

아세톤, 메탄올에 대한 설명 중 틀린 것은?

① 인화점이 높은 물질이다.
② 저장장소에 화기엄금 표시를 한다.
③ 가열 및 충격을 피한다.
④ 저장 시 정전기 발생을 방지하여야 한다.

해설및용어설명 |
- 아세톤, 메탄올은 인화성 액체로 상온에서 액체상태로 불에 탈 수 있기 때문에 인화점이 낮다.
- 화기엄금 및 가열, 충격, 마찰을 피해야 하며, 또한 정전기 발생을 방지하여야 한다.

56 ★★

기기 분석법의 장점으로 볼 수 없는 것은?

① 원소들의 선택성이 높다.
② 전처리가 비교적 간단하다.
③ 낮은 오차 범위를 나타낸다.
④ 보수, 유지관리가 비교적 간단하다.

해설및용어설명 | ④ 기기분석법은 보수, 유지관리가 중요하기 때문에 설비의 점검부터 검사, 보수계획, 유지계획 및 지침 등을 통하여 관리하여야 한다.

57

다음 중 이온화 경향이 가장 큰 것은?

① K
② Na
③ H
④ Pt

해설및용어설명 | 이온화 경향성

K (칼륨)
Ca (칼슘)
Na (나트륨)
Mg (마그네슘)
Al (알루미늄)
Zn (아연)
Fe (철)
Ni (니켈)
Sn (주석)
Pb (납)
H (수소) - 비금속
Cu (구리)
Hg (수은)
Ag (은)
Pt (백금)
Au (금)

이온화 경향성 크다 → 작다

58★★

시약의 취급방법에 대한 설명으로 틀린 것은?

① 나트륨과 칼륨의 알칼리 금속은 물속에 보관한다.
② 브로민산, 플루오린화수소산은 피부에 닿지 않게 한다.
③ 알코올, 아세톤, 에터 등은 가연성이므로 취급에 주의한다.
④ 농축 및 가열 등의 조작 시 끓임쪽을 넣는다.

해설및용어설명 |

① 나트륨, 칼륨은 물과 폭발적으로 반응하며, 수소 기체를 발생시키기 때문에 석유류(등유, 경유)나 파라핀 속에 저장한다.
④ 끓임쪽은 급격히 끓어오르는 것을 방지해준다.

59★

가스 크로마토그래피로 정성 및 정량을 분석하고자 할 때 다음 중 가장 먼저 해야 할 것은?

① 본체의 준비
② 기록계의 준비
③ 표준용액의 조제
④ 가스 크로마토그래피에 의한 정성 및 정량분석

60★

원자흡수분광법에서 주로 사용하는 광원은?

① 중수소램프(D2 Lamp)
② 텅스텐램프(W Lamp)
③ 속 빈 음극램프(Hollow Cathode Lamp)
④ 글로바(Globar) 방전관

CBT 복원문제 2021 * 3

01

다음 물질 중 동소체의 관계가 아닌 것은?

① 흑연과 다이아몬드   ② 산소와 오존
③ 수소와 중수소   ④ 황린과 적린

해설및용어설명 |
- 동소체는 한 종류의 원소로 이루어졌으나 결합형태가 달라 다른 물질로 존재한다.
- 수소와 중수소는 같은 원자이며 중성자의 수만 다르다.

02**

공기는 많은 종류의 기체로 이루어져 있다. 이 중 가장 많이 포함되어 있는 기체는?

① 산소   ② 네온
③ 질소   ④ 이산화탄소

해설및용어설명 | 공기에는 소량의 기체혼합물을 제외하고 대략 질소 80%, 산소 20%가 있다.

03*

결정수를 가지는 화합물을 무엇이라고 하는가?

① 이온화   ② 수화물
③ 승화물   ④ 포화 용액

해설및용어설명 | 수화물이란 물을 포함하고 있는 화합물을 말하며, 물의 물리·화학적 상태는 수화물의 종류에 따라 다르다.

04**

원자의 K껍질에 들어있는 오비탈은?

① s   ② p
③ d   ④ f

해설및용어설명 |
- 각 원소들은 전자들을 가지고 전자껍질에 배열한다.
- 전자껍질은 종류가 K, L, M … 등이 있으며 이때 K껍질에는 s 오비탈만 존재한다.
- L껍질에는 s, p 오비탈이, M껍질에는 s, p, d 오비탈이 존재한다.

05*

질량수가 23인 나트륨의 원자번호가 11이라면 양성자 수는 얼마인가?

① 11   ② 12
③ 23   ④ 34

해설및용어설명 | 원자번호 = 양성자 수

06*

다음 중 반응성이 가장 작은 원소의 족은?

① 0족   ② 1족
③ 2족   ④ 3족

해설및용어설명 | 0족 원소 : 18족의 비활성 기체로 반응성이 매우 작다.

07 ★★

할로젠 원소의 성질 중 원자번호가 증가할수록 작아지는 것은?

① 금속성 ② 반지름
③ 이온화 에너지 ④ 녹는점

해설및용어설명 | 주기율표상 같은 족에서 원자번호가 커질수록 껍질의 수가 늘어나기 때문에 이온화 에너지는 작아진다.

08 ★

전해질에는 물에 대부분 전리하는 강전해질, 일부만 전리되는 약전해질, 거의 전리되지 않는 비전해질로 나눈다. 다음 중 비전해질에 해당하는 것은?

① $NaOH$ ② NH_4OH
③ CH_3COOH ④ $C_{12}H_{22}O_{11}$

해설및용어설명 | ④은 유기화합물로 물에서 전리되는 전해질이 아니다.

09 ★

보기 중 공유결합성 화합물로만 구성되어 있는 것은?

① CO_2, KCl, HNO_3 ② SO_2, $NaCl$, Na_2S
③ NO, NaF, H_2SO_4 ④ NO_2, HF, NH_3

해설및용어설명 | 공유결합물질은 비금속 - 비금속의 결합이다.

10 ★

결정의 구성단위가 양이온과 전자로 이루어진 결정 형태는?

① 금속결정 ② 이온결정
③ 분자결정 ④ 공유결합결정

해설및용어설명 |
- 금속결정 : 양이온과 전자
- 이온결정 : 양이온과 음이온
- 분자결정 : 분자
- 공유결합결정 : 원자

11 ★

다음 중 수소결합에 대한 설명으로 틀린 것은?

① 원자와 원자 사이의 결합이다.
② 전기음성도가 큰 F, O, N의 수소화합물에 나타난다.
③ 수소결합을 하는 물질은 수소결합을 하지 않는 물질에 비해 녹는점과 끓는점이 높다.
④ 대표적인 수소결합 물질로는 HF, H_2O, NH_3 등이 있다.

해설및용어설명 | H를 가진 분자가 인접한 분자의 전기음성도가 큰 F, O, N의 수소화합물에 나타난다.

12 ★

500mL의 물을 증발시키는 데 필요한 열은 얼마인가?
(단, 물의 증발열은 40.6kJ/mol, 밀도는 1g/mL이다)

① 222kJ ② 1,128kJ
③ 2,256kJ ④ 20,300kJ

해설및용어설명 |
- 물 500mL의 몰수 = $\frac{500g}{18g/mol}$ = 27.8mol
- 필요한 열 = 40.6kJ/mol × 27.8mol = 1,128kJ

13 ★★

탄산음료수의 병마개를 열었을 때 거품(기포)이 솟아오르는 이유는?

① 수증기가 생기기 때문이다.
② 이산화탄소가 분해하기 때문이다.
③ 온도가 올라가게 되어 용해도가 증가하기 때문이다.
④ 병 속의 압력이 줄어들어 용해도가 줄어들기 때문이다.

해설및용어설명 | ④기체의 용해도는 압력이 강할수록 높다. 병마개를 열었을 때 압력이 줄어들어 용해도가 줄어들게 되며, 이때 발생하는 기포는 이산화탄소 입자가 밖으로 나오는 과정에서 이들끼리 뭉쳐진 방울이다.

14 ★

어떤 석회석의 분석치는 다음과 같다. 이 석회석 5ton에서 생성되는 CaO의 양은 몇 kg인가? (단, Ca의 원자량은 40, Mg의 원자량은 24.8이다)

| $CaCO_3$: 92% |
| $MgCO_3$: 5.1% |
| 불용물 : 2.9% |

① 2,576kg ② 2,776kg
③ 2,976kg ④ 3,176kg

해설및용어설명 |

석회석 5ton = 5,000kg

$CaCO_3 = 0.92 \times 5,000kg = 4,600kg$

$CaCO_3 \rightarrow CaO + CO_2$

$CaCO_3$의 몰수 = $\dfrac{4,600kg}{(40+12+16\times3)}$ = 46kmol

CaO의 몰수 = 46kmol

CaO의 질량 = 46kmol × (40+16)g/mol = 2,576kg

15 ★

기체의 용해도에 관한 설명 중 옳은 것은?

① 이산화탄소는 물에 잘 녹는다.
② 무극성인 기체는 물에 녹기가 더욱 쉽다.
③ 기체는 온도가 올라가면 물에 녹기 쉽다.
④ 무극성인 기체는 용해하는 질량이 압력에 비례한다.

해설및용어설명 |
① 이산화탄소는 무극성으로 극성인 물에 잘 녹지 않는다.
② 극성인 기체는 극성인 물에 녹기가 더욱 쉽다.
③ 기체는 온도가 낮아지면 물에 녹기 쉽다.

16 ★

불순물을 10% 포함한 코크스가 있다. 이 코크스 1kg을 완전 연소시키면 몇 kg의 CO_2가 발생하는가?

① 3.0   ② 3.3
③ 12   ④ 44

해설및용어설명 |

코크스 = C

$C + O_2 \rightarrow CO_2$

코크스 1kg의 몰수 = $\dfrac{(1,000 \times 0.9)g}{12g/mol}$ = 75mol

생성된 CO_2의 몰수 = 75mol

CO_2의 kg = 75mol × 44g/mol = 3,300g = 3.3kg

17 ★

0℃, 1기압에서 $1m^3$의 아세틸렌을 얻으려면 순도 85%의 탄화칼슘 몇 kg이 필요한가? (단, 탄화칼슘 분자량은 64이다)

① 1.4kg   ② 3.36kg
③ 5.29kg ④ 11.2kg

정답 13 ④ 14 ① 15 ④ 16 ② 17 ②

해설및용어설명 | 탄화칼슘은 물과 반응해 아세틸렌을 생성한다.

$CaC_2 + 2H_2O \rightleftarrows Ca(OH)_2 + C_2H_2$

표준상태 0℃, 1기압에서 1mol = 22.4L

$1m^3 = 1,000L$

$1m^3$의 아세틸렌 몰수 = $\frac{1,000L}{22.4L/mol}$ = 44.6mol

반응 계수비는 몰수비와 같으므로 필요한 CaC_2 = 44.6mol

탄화칼슘의 순도는 85%이므로 = $\frac{44.6}{0.85}$ = 52.47mol

탄화칼슘의 질량 = 52.47mol × 64g/mol = 3.36kg

18**

다음 반응식 중 첨가반응에 해당하는 것은?

① $3C_2H_2 \rightarrow C_6H_6$
② $C_2H_4 + Br_2 \rightarrow C_2H_4Br_2$
③ $C_2H_5OH \rightarrow C_2H_4 + H_2O$
④ $CH_4 + Cl_2 \rightarrow CH_3Cl + HCl$

해설및용어설명 | 할로젠의 첨가반응

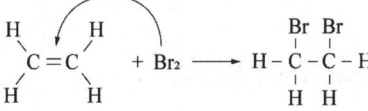

19*

다음 중 촉매에 의하여 변화되지 않는 것은?

① 정반응의 활성화에너지
② 역반응의 활성화에너지
③ 반응열
④ 반응속도

해설및용어설명 | 반응열이란 화학반응이 일어날 때 방출하거나 흡수하는 열을 말하며, 고유의 값이기 때문에 촉매에 의해 변화되지 않는다.

20*

다음 반응에서 정반응이 일어날 수 있는 경우는?

$N_2 + 3H_2 \rightleftarrows 2NH_3 + 22kcal$

① 반응 온도를 높인다.
② 질소의 농도를 감소시킨다.
③ 수소의 농도를 감소시킨다.
④ 암모니아의 농도를 감소시킨다.

해설및용어설명 | ④ 반응물이 총 4몰이고, 생성물이 2몰이므로 평형을 이루기 위해 반응물의 암모니아 농도를 감소시키면 암모니아를 더욱 생성시키려는 정방향으로 반응이 진행된다.

21*

화학반응에서 정반응과 역반응의 속도가 같아지는 상태를 화학평형(Chemical Equilibrium)이라 한다. 이 화학 평형에 영향을 끼치는 인자는 온도, 압력 및 농도인데 평형상태에 놓여 있는 반응계의 온도, 압력, 농도를 변화시키면 그 변화에 대하여 영향을 적게 받는 쪽으로 반응이 진행된다. 이것을 무슨 법칙이라 하는가?

① 보일
② 샤를
③ 아레니우스
④ 르샤틀리에

22*

수산화 이온 농도(OH^-)가 1.0×10^{-4}일 때의 pH는?

① 4
② 6
③ 8
④ 10

해설및용어설명 |

$pOH = -\log[OH^-] = 4$

$pH + pOH = 14$

$14 - 4 = 10$

23 ★★

다음 반응식에서 브뢴스테드 - 로우리가 정의한 산으로만 짝지어진 것은?

$$HCl + NH_3 \rightleftarrows NH_4^+ + Cl^-$$

① HCl, NH_4^+
② HCl, Cl^-
③ NH_3, NH_4^+
④ NH_3, Cl^-

해설및용어설명 | 브뢴스테드 - 로우리의 산
양성자를 주는 물질
- $HCl \rightarrow Cl^-$
- $NH_4^+ \rightarrow NH_3$

24 ★

다음 중 수용액에서 이온화도가 5% 이하인 산은?

① HNO_3
② H_2CO_3
③ H_2SO_4
④ HCl

해설및용어설명 | 용액에서 이온화도가 5% 이하인 산은 약산이다.
- 강산 : HNO_3, H_2SO_4, HCl
- 약산 : H_2CO_3

25 ★★

pH 4인 용액 농도는 pH 6인 용액 농도의 몇 배인가?

① $\frac{1}{2}$배
② $\frac{1}{200}$배
③ 2배
④ 100배

해설및용어설명 |
- pH 4일 때 $[H^+] = 10^{-4}M$
- pH 6일 때 $[H^+] = 10^{-6}M$
- pH가 1씩 증가할 때마다 수소 이온의 농도는 10배 감소한다.
pH가 2 증가하였으므로 수소 이온 농도는 100배 차이난다.

26 ★★

20wt% NaOH 용액 10g을 중화하는 데 0.5N HCl 몇 mL가 필요한가?

① 50mL
② 100mL
③ 150mL
④ 200mL

해설및용어설명 |
20wt% NaOH 용액 10g에 포함된 NaOH의 g = 2g

NaOH의 몰수 = $\frac{2g}{40g/mol}$ = 0.05mol

HCl의 몰수가 0.05mol이면 중화가 된다.
0.5M × V = 0.05mol(HCl의 당량수는 1이므로 N = M이다)
V = 0.1L = 100mL

27 ★

다음 착이온 $Fe(CN)_6^{4-}$의 중심 금속 이온의 전하수는?

① +2
② -2
③ +3
④ -3

해설및용어설명 | 산화수 구하는 방식과 동일하다.

Fe   (CN)$_6$ 4-
( ) (-1)×6 = -4
Fe = +2

28 ★

에탄올에 진한 황산을 넣고 180℃에서 반응시켰을 때 알코올의 제거반응으로 생성되는 물질은?

① CH_3OH
② $CH_2=CH_2$
③ $CH_3CH_2CH_2SO_3$
④ $CH_3CH_2S^-$

해설및용어설명 |
진한 황산의 탈수반응으로 에탄올에서 물 분자가 떨어져 나오고 에텐이 된다.

29★

다음의 산화·환원반응에서 $Cr_2O_7^{2-}$ 1mol은 몇 mol의 Fe^{2+}과 반응하겠는가?

| ( )Fe^{2+} + $Cr_2O_7^{2-}$ + 14H^+ → ( )Fe^{3+} + ( )Cr^{3+} + 7H_2O |

① 2mol ② 4mol
③ 6mol ④ 12mol

해설및용어설명 |
- Cr_2 O_7 $^{2-}$
  ( ) $-14 = -2$, $Cr_2 = +12$, $Cr = +6$
  Cr^{3+}의 산화수 $+3$
- 산화수가 3이 줄었으며, $Cr_2O_7^{2-}$에 Cr이 2개 있으므로 환원될 때 전자는 6개 이동한다.
  $Cr_2O_7^{2-} + 6e^- \rightleftarrows 2Cr^{3+}$

30★

벤젠고리 구조를 포함하고 있지 않은 것은?

① 톨루엔 ② 페놀
③ 자일렌 ④ 사이클로헥산

해설및용어설명 |

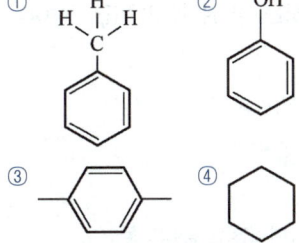

31★

다음 중 과염소산칼륨의 분자식으로 옳은 것은?

① KClO ② $KClO_2$
③ $KClO_3$ ④ $KClO_4$

해설및용어설명 |
① KClO : 하이포아염소산칼륨
② $KClO_2$: 아염소산칼륨
③ $KClO_3$: 염소산칼륨
④ $KClO_4$: 과염소산칼륨

32

알킨(Alkyne)계 탄화수소의 일반식으로 옳은 것은?

① C_nH_{2n} ② C_nH_{2n+2}
③ C_nH_{2n-2} ④ C_nH_n

해설및용어설명 |
① C_nH_{2n} : 알켄(Alkene)
② C_nH_{2n+2} : 알케인(Alkane)

33★

다음 중 같은 양의 물과 함께 넣어 흔들면 섞이지 않고 상층액으로 분리되는 것은?

① 에탄올 ② 에터
③ 폼산 ④ 아세트산

해설및용어설명 |
② 에터 : 비극성
① 에탄올 : 극성
③ 폼산 : 극성
④ 아세트산 : 극성

정답 29 ③ 30 ④ 31 ④ 32 ③ 33 ②

34 ★

헥사메틸렌디아민($H_2N(CH_2)_6NH_2$)과 아디프산($HOOC(CH_2)_4COOH$)이 반응하여 고분자가 생성되는 반응을 무엇이라 하는가?

① Addition   ② Synthetic resin
③ Reduction   ④ Condensation

해설및용어설명 | ④ 축합반응

35 ★★

다음 중 주기율표상 V족 원소에 해당되지 않는 것은?

① P   ② As
③ Si   ④ Bi

해설및용어설명 |
- 15족 원소 : N, P, As, Sb, Bi
- ③ Si(규소) = 14족 원소

36 ★

다음 중 수용액에서 전이금속 이온 중 푸른색을 나타내는 이온은?

① Co^{2+} ② Cu^{2+}
③ Fe^{3+} ④ Cr^{3+}

해설및용어설명 |
- Co^{2+} : 담홍색
- Fe^{3+} : 노란색
- Cr^{3+} : 초록색

37 ★

다음 할로젠 원소 중 다른 원소와의 반응성이 가장 강한 것은?

① I   ② Br
③ Cl   ④ F

해설및용어설명 | 할로젠 원소들은 거의 모든 금속과 결합하여 염을 만든다. 단, 할로젠 원소들은 알칼리 금속과는 반대로 주기가 작을수록(F쪽) 반응성이 크다.

38 ★

다음 실험기구 중 적정 실험을 할 때 직접적으로 쓰이지 않는 것은?

① 분석천칭   ② 뷰렛
③ 데시케이터   ④ 메스플라스크

해설및용어설명 | ③ 데시케이터는 물체가 건조상태를 유지하도록 보존하는 용기이다.

39 ★

일반적으로 바닷물은 1,000mL당 27g의 NaCl을 함유하고 있다. 바닷물 중에서 NaCl의 몰 농도는 약 얼마인가? (단, NaCl의 분자량은 58.5g/mol이다)

① 0.05   ② 0.5
③ 1   ④ 5

해설및용어설명 | 몰 농도 = 용액 1L에 포함된 용질의 몰수

- 27g의 NaCl의 몰수 = $\dfrac{27g}{58.5g/mol}$ = 0.5mol
- NaCl의 몰 농도 = 0.5M

40*

순황산 9.8g을 물에 녹여 250mL로 만든 용액은 몇 노르말 농도인가? (단, 황산의 분자량은 98이다)

① 0.2N　　　　　② 0.4N
③ 0.6N　　　　　④ 0.8N

해설및용어설명 |

$9.8g \times \dfrac{mol}{98g} \times \dfrac{1}{0.25L} = 0.4M$

황산은 H_2SO_4로 2당량이므로 $0.4 \times 2 = 0.8N$

41*

건조 공기 속에 헬륨은 0.00052%를 차지한다. 이는 몇 ppm 인가?

① 0.052　　　　　② 0.52
③ 5.2　　　　　　④ 52

해설및용어설명 | ppm(백만분율)

$\dfrac{0.00052}{100} \times \dfrac{10^4}{10^4} = \dfrac{5.2}{10^6} = 5.2ppm$

42*

초산은의 포화수용액은 1L 속에 0.059몰을 함유하고 있다. 전리도는 50%라고 하면 이 물질의 용해도곱은 얼마인가?

① 2.95×10^{-2}　　　② 5.9×10^{-2}
③ 5.9×10^{-4}　　　④ 8.7×10^{-4}

해설및용어설명 |

$CH_3COOAg \rightleftarrows CH_3COO^- + Ag^+$

0.059mol 중 50% 전리되었다면

$[CH_3COO^-] = [Ag^+] = 0.0295mo/L$

용해도곱$(k_{sp}) = [CH_3COO^-][Ag^+] = 8.7 \times 10^{-4}$

43***

용액의 전리도(α)를 옳게 나타낸 것은?

① 전리된 몰 농도 / 분자량
② 분자량 / 전리된 몰 농도
③ 전체 몰 농도 / 전리된 몰 농도
④ 전리된 몰 농도 / 전체 몰 농도

44*

Pb^{2+} 이온을 확인하는 최종 확인 시약은?

① H_2S　　　　　② K_2CrO_4
③ $NaBiO_3$　　　④ $(NH_4)_2C_2O_4$

해설및용어설명 |

②제1족 양이온 분리에서 Pb^{2+}는

$PbCl_2(s) \rightarrow Pb^{2+}(aq) + 2Cl^-(aq) +$ 뜨거운 물

$PbCrO_4(s) \rightarrow Pb^{2+}(aq) + CrO_4^{2-}(aq)$

- 뜨거운 물을 넣은 것은 $PbCl_2$의 용해도를 높여 $PbCl_2$를 용해하려는 것이다. 이때, K_2CrO_4는 지시약으로 사용할 수 있다.
- 상층액과 침전물을 분리하는 과정에서 Ag^+ 이온이 함유되었다면 Ag_2CrO_4 역시 생성된다.

45*

pH 측정기에 사용하는 유리전극의 내부에는 보통 어떤 용액이 들어 있는가?

① 0.1N-HCl의 표준용액
② pH 7의 KCl 포화 용액
③ pH 9의 KCl 포화 용액
④ pH 7의 NaCl 포화 용액

해설및용어설명 | 유리전극 내부는 pH 7로 일정한 KCl 포화 용액 전해액으로 채워져 있다.

46 ★

제5족 양이온의 분리검출에 쓰이는 분족 시약은?

① $(NH_4)_2CO_3 + NH_4Cl$
② $(NH_4)_2CO_3 + NH_4OH$
③ $ZnCO_3 + NH_4Cl$
④ $ZnCO_3 + NH_4OH$

해설및용어설명 |

- 1족 : 묽은 염산
- 2족 : H_2S + 0.3N-HCl
- 3족 : $NH_4OH + NH_4Cl$
- 4족 : $H_2S + NH_4OH$
- 5족 : $(NH_4)_2CO_3 + NH_4OH$
- 6족 : 없음

47 ★

바닷물 중의 염소 이온을 정량할 때는 은법적정을 이용한다. 이때 적정 반응은 다음 중 어느 것인가?

① $Na^+ + Cl^- \rightarrow NaCl$
② $Na^+ + NO_3^- \rightarrow NaNO_3$
③ $Ag^+ + Cl^- \rightarrow AgCl$
④ $Ag^+ + NO_3^- \rightarrow AgNO_3$

해설및용어설명 | AgCl은 흰색의 침전물 형성

48 ★

분광광도법에서 자외선 영역에는 어떤 셀을 주로 이용하는가?

① 플라스틱 셀
② 유리 셀
③ 석영 셀
④ 반투명 유리 셀

해설및용어설명 | ③ 석영 셀은 자외선 - 가시선 영역 모두 사용 가능하며 고가이므로 주로 자외선 영역에 사용한다.

49 ★

$CuSO_4 \cdot 5H_2O$ 중의 Cu를 정량하기 위해 시료 0.5012g을 칭량하여 물에 녹여 KOH를 가했을 때 $Cu(OH)_2$의 청백색 침전이 생긴다. 이때 이론상 KOH는 약 몇 g이 필요한가? (단, 원자량은 Cu = 63.54, S = 32, O = 16, K = 39이다)

① 0.1125
② 0.2250
③ 0.4488
④ 1.0024

해설및용어설명 |

$CuSO_4 \cdot 5H_2O$의 몰수 = $\dfrac{0.5012g}{249.54g/mol}$ = 2.01×10^{-3} mol

Cu^{2+} 1몰당 OH^- 2mol이 필요하다.

- 필요한 KOH의 몰수 = 4.02×10^{-3} mol
- KOH의 질량 = 0.225g

50 ★

분광 광도계의 광원으로 사용되는 램프의 종류로만 짝지어진 것은?

① 형광 램프, 텅스텐 램프
② 형광 램프, 나트륨 램프
③ 나트륨 램프, 중수소 램프
④ 텅스텐 램프, 중수소 램프

해설및용어설명 |

- 텅스텐(W) 램프는 가시광선 범위의 파장을 발생시킨다.
- 중수소(D2) 램프는 자외선 범위의 파장을 발생시킨다.

51

과망가니즈산칼륨 시료를 20ppm으로 1L를 만들려고 한다. 이때 과망가니즈산칼륨을 몇 g을 칭량하여야 하는가?

① 0.0002g ② 0.002g
③ 0.02g   ④ 0.2g

해설및용어설명 |
1ppm = 1mg/L
20ppm = 20mg/L = 0.02g/L

52

흡광도가 0.700, 몰흡광 계수가 0.02L/mol·cm, 용액층의 두께가 1cm인 시료의 농도(M)는?

① 0.035   ② 0.35
③ 3.5   ④ 35

해설및용어설명 |
$A = \varepsilon bc$
$0.700 = 0.02 L/mol \cdot cm \times 1cm \times C$
농도 $C = 35$

53

분자가 자외선과 가시광선 영역의 광에너지를 흡수할 때 전자가 낮은 에너지 상태에서 높은 에너지 상태로 변화하게 된다. 이때 흡수된 에너지를 무엇이라고 하는가?

① 전기에너지   ② 광에너지
③ 여기에너지   ④ 파장

54

다음 크로마토그래피 구성 중 가스 크로마토그래피에는 없고 액체 크로마토그래피에는 있는 것은?

① 펌프   ② 검출기
③ 주입구 ④ 기록계

해설및용어설명 | 펌프
액체 크로마토그래피에서 이동상의 속도를 조절한다.

55

가스 크로마토그래피는 두 가지 이상의 성분을 단일 성분으로 분리하는데, 혼합물의 각 성분은 어떤 차이에 의해 분리되는가?

① 반응속도 ② 흡수속도
③ 주입속도 ④ 이동속도

해설및용어설명 | 고정상과 이동상을 이용하여 여러 가지 물질들이 섞여 있는 혼합물을 이동속도 차이에 따라 분리하는 방법이다.

56

전위차법에 사용되는 이상적인 기준전극이 갖추어야 할 조건 중 틀린 것은?

① 시간에 대하여 일정한 전위를 나타내야 한다.
② 분석물 용액에 감응이 잘 되고 비가역적이어야 한다.
③ 작은 전류가 흐른 후에는 본래 전위로 돌아와야 한다.
④ 온도 사이클에 대하여 히스테리시스를 나타내지 않아야 한다.

해설및용어설명 | ② 분석물질 용액에 감응하지 않아야 한다.

정답 51 ③ 52 ④ 53 ③ 54 ① 55 ④ 56 ②

57★

기체 크로마토그래피에서 정지상에 사용하는 흡착제의 조건이 아닌 것은?

① 점성이 높아야 한다.
② 성분이 일정해야 한다.
③ 화학적으로 안정해야 한다.
④ 낮은 증기압을 가져야 한다.

해설및용어설명 | 기체 크로마토그래피 고정상(액체)
- 분석 대상물질을 완전히 분리할 수 있어야 한다.
- 화학적으로 안정해야 한다.
- 낮은 증기압을 가져야 한다.
- 점성이 낮아야 한다.
- 성분이 일정해야 한다.
- 흡착제는 고정상 액체로 표면처리한다.

58★

이온의 수와 전하, 전류, 전하의 이동도 등에 영향을 받는 분석법은?

① 비색법
② 전도도 측정법
③ 적외선 흡수 분광법
④ 선광도법

해설및용어설명 | 전도도 측정법은 이온의 수와 전하, 전류, 전하의 이동도 등에 의한 전류를 측정하는 방법이다.

59★★

분석법을 선택하는 데 고려해야 할 특성 중 틀린 것은?

① 신속성
② 시료당 비용
③ 조작자의 연령
④ 장치의 가격과 이용 가능성

해설및용어설명 | 조작자의 연령과 분석법 선택은 관련이 없다.

60★

다음 중 수분과 반응하여 폭발의 위험이 있기 때문에 석유 속에 보관해야 하는 금속은?

① Cu
② Hg
③ K
④ Zn

해설및용어설명 | 칼륨과 나트륨은 물에 닿지 않도록 석유류(등유, 경유, 파라핀)에 보관한다.

CBT 복원문제 2022 * 1

01 ★★
다음 중 수소결합을 할 수 없는 화합물은?

① H_2O
② CH_4
③ HF
④ CH_3OH

해설및용어설명 | 수소결합
전기 음성도가 큰 F, O, N가 H_2O, HF, NH_3와 같이 수소와 결합한 분자들 간의 결합이다.
- 수소결합물질은 극성분자이며, 메테인(CH_4)은 무극성 분자로 분자 간 인력인 반데르발스결합을 한다.
- 수소결합은 반데르발스 결합보다 강하기 때문에 메테인보다 물의 끓는점이 높다.

02 ★★
다음 알칼리 금속 중 이온화 에너지가 가장 작은 것은?

① Li
② Na
③ K
④ Rb

해설및용어설명 | 같은 족에서 원자번호가 클수록, 같은 주기에서 원자번호가 작을수록 이온화 에너지가 작아지는 경향이 있다.
- Li = 2주기, 1족, 원자번호 3번
- Na = 3주기, 1족, 원자번호 11번
- K = 4주기, 1족, 원자번호 19번
- Rb = 5주기, 1족, 원자번호 37번

03 ★★★
다음 수성가스 반응의 표준반응열은?

$C + H_2O(l) \rightleftarrows CO + H_2$
(단, 표준생성열(290K)은 $\triangle H_f(H_2O) = -68,317 cal$, $\triangle H_f(CO) = -26,416 cal$이다)

① 68,317cal
② 26,416cal
③ 41,901cal
④ 94,733cal

해설및용어설명 |
- 수성가스($CO + H_2$)
  고온의 코크스(C)와 수증기가 만나 생성되는 가스이다.
- 표준반응열
  생성물의 $\triangle H_f$ - 반응물의 $\triangle H_f$ = -26,416 - (-68,317)
  = 41,901cal
- C와 H_2의 표준생성열은 0이다.

04 ★★
다음 중 반데르발스 결합이 가장 강한 것은?

① H_2-Ne
② Cl_2-Xe
③ O_2-Ar
④ N_2-Ar

해설및용어설명 | 반데르발스 결합은 분자 간 인력으로 유효핵전하가 큰 (원자번호가 큰) 분자의 결합일수록 반데르발스 결합이 강하다.
① H_2(1번)-Ne(10번)
② Cl_2(17번)-Xe(54번)
③ O_2(8번)-Ar(18번)
④ N_2(7번)-Ar(18번)

정답 01 ② 02 ④ 03 ③ 04 ②

05★

다음 중 균일혼합물이 아닌 것은?

① 우유
② 설탕물
③ 소금물
④ 암모니아수

해설및용어설명 | 우유 = 불균일 혼합물

06★★★

약산과 강염기 적정 시 사용할 수 있는 지시약은?

① Bromophenol Blue
② Methyl Orange
③ Methyl Red
④ Phenolphthalein

해설및용어설명 |
① 강산과 강염기의 적정 : 메틸 오렌지, 페놀프탈레인 등
② 강산과 약염기의 적정 : 메틸 오렌지 등
③ 약산과 강염기의 적정 : 페놀프탈레인 등

07★★

다음 반응에서 반응계에 압력을 증가시켰을 때 평형이 이동하는 방향은?

$$2SO_2 + O_2 \rightleftarrows 2SO_3$$

① SO_3가 많이 생성되는 방향
② SO_3가 감소하는 방향
③ SO_2가 많이 생성되는 방향
④ 이동이 없다.

해설및용어설명 | 압력을 증가시키면 르샤틀리에 원리에 의해 압력을 감소시키는, 즉 입자수를 감소시키는 방향인 정반응(SO_3를 생성하는) 방향으로 평형이 이동한다.

08★★

다음 중 전위차법에서 사용하는 장치로 옳은 것은?

① 광원
② 시료용기
③ 파장선택기
④ 기준전극

해설및용어설명 | 전위차법은 기준전극과 지시전극 사이의 전위를 측정한다.

09

염산의 위험성에 대한 경고표지로 옳지 않은 것은?

해설및용어설명 |
④ 산화성물질 경고표지
① 부식성물질 경고표지
② 급성독성물질 경고표지
③ 수생환경 유해성 경고표지

10

화학전지 중 묽은 황산을 전해액으로 아연과 구리판 도선으로 연결한 전지는?

① 다니엘 전지
② 연료전지
③ 볼타전지
④ 리튬전지

해설및용어설명 | 볼타전지(= 갈바니전지)
아연판과 구리판을 묶은 황산 전해액에 넣고 도선으로 연결한 전지

11 ★★

비휘발성 또는 열에 불안정한 시료의 분석에 가장 적합한 크로마토그래피는?

① GC(기체 크로마토그래피)
② GSC(기체 – 고체 크로마토그래피)
③ GLC(기체 – 액체 크로마토그래피)
④ HPLC(고성능 액체 크로마토그래피)

해설및용어설명 | ④ GC의 경우 일반적인 사용온도 범위(약 350℃) 이하에서 기화되지 않는 비휘발성 물질이며 열변성이나 열분해를 쉽게 받는 시료는 일반적으로 직접 분리할 수가 없다. 하지만 HPLC는 시료가 상온에서 용해 불가능하여 가온할 필요가 없는 경우를 제외하면 온도와 관계없이 용매가 용해되는 시료는 모두 분리 가능하다.

12

거울상 이성질체를 분리하는데 적절한 크로마토그래피는?

① 키랄 크로마토그래피
② 이온쌍 크로마토그래피
③ 역상 크로마토그래피
④ 순상 크로마토그래피

해설및용어설명 | 거울상을 가지는 화합물을 분리하기 위해서는 키랄 크로마토그래피가 응용되며 키랄 이동상 첨가제나 키랄 정지상을 사용하여 분리한다.

- 키랄성(거울상 이성질체)
  왼손과 오른손처럼 겹쳐지지 않는 분자구조

13

전지의 두 전극에서 반응이 자발적으로 진행되려는 경향을 갖고 있어 외부 도체를 통해 산화전극에서 환원전극으로 전자가 흐르는 전지는?

① 전해전지   ② 자발전지
③ 표준전지   ④ 볼타전지

해설및용어설명 | 볼타전지는 자발적인 화학반응으로부터 전기를 발생시킨다.

14

3M 초산(CH_3COOH)의 pH는 얼마인가? (단, $K_a = 1.5 \times 10^{-4}$)

① 1.5   ② 1.67
③ 2.1   ④ 3

해설및용어설명 |

반응식 : $CH_3COOH \rightarrow CH_3COO^- + H^+$

초 기 :   3M
반 응 :   -x   +x   +x
─────────────────────────
평 형 :   3-x   +x   +x

평형상수 $K_a = \dfrac{x^2}{3-x} = 1.5 \times 10^{-4}$

3-x에서 x는 3에 비해 매우 작으므로 생략한다.

$K_a = \dfrac{x^2}{3} = 1.5 \times 10^{-4}$

x = 0.0212M

pH = $-\log[H^+]$ = $-\log(0.0212) = 1.67$

15

0.2M HCl 50mL를 0.2M NaOH로 적정할 때, NaOH 100mL를 사용했다면 이 용액의 pH는 얼마인가?

① 1.17
② 3.69
③ 10.31
④ 12.8

해설및용어설명 |

HCl의 몰수 = 0.2M × 0.05L = 0.01mol
NaOH의 몰수 = 0.2M × 0.01L = 0.02mol
적정 후 NaOH 0.01mol이 남는다.
OH^-의 몰수 = 0.01mol
적정 후 용액의 부피 = 150mL
$[OH^-]$의 몰 농도 = $\dfrac{0.01mol}{0.150L}$ = 0.067M
pOH = $-\log[OH^-]$ = $-\log(0.067)$ = 1.17
pH = 14 − pOH = 14 − 1.17 = 12.8

16 **

수산화나트륨(NaOH) 80g을 물에 녹여 전체 부피가 1,000mL가 되게 하였다. 이 용액의 노르말 농도는 얼마인가? (단, 수산화나트륨의 분자량은 40이다)

① 0.08N
② 1N
③ 2N
④ 4N

해설및용어설명 |

수산화나트륨의 몰 농도 = $\dfrac{\dfrac{80g}{40g/mol}}{1,000mL}$ = 2M

수산화나트륨의 당량수 = 1이다.
노르말 농도 = 몰 농도 × 당량수 = 2N

17

이상기체상태방정식에서 이상기체상수(R)의 단위로 옳은 것은?

① $\dfrac{atm \cdot K}{L \cdot mol}$
② $\dfrac{mol \cdot L}{atm \cdot K}$
③ $\dfrac{atm \cdot L}{mol \cdot K}$
④ $\dfrac{mol \cdot K}{atm \cdot L}$

18

원자흡광분석에서 원자화를 시키기 위한 불꽃을 만들기 위해 사용하는 가스로 틀린 것은?

① 수소 – 공기
② 아세틸렌 – 공기
③ 아세틸렌 – 이산화질소
④ 이산화탄소 – 공기

해설및용어설명 |

- 이산화탄소는 불연성기체로 가연성 또는 조연성 기체에 해당하지 않는다.
- 원자흡광분석에 사용되는 불꽃을 만들기 위해서는 조연성(산화제) 가스와 가연성(연료) 가스를 조합해서 사용한다.

연료	산화제
천연가스	공기
	산소
수소	공기
	산소
아세틸렌	공기
	산소
	산화이질소

19★

다음 중 HPLC(고성능 액체 크로마토그래피)에 사용하는 검출기가 아닌 것은?

① UV/Vis 검출기
② RI(Refractive Index) 검출기
③ ECD(Elextron Capture Detector) 검출기
④ CD(Conductivity Detector) 검출기

해설및용어설명 |

- 검출 방법에 따라 자외선 - 가시광선 검출기(UV-Vis Detector), 형광 검출기(FLD), 전기화학 검출기(ECD), 광다이오드 검출기(PDA), 전도도 검출기(CD) 사용
- 전자 포획 검출기, ECD(Elextron Capture Detector)
  → 가스 크로마토그래피에서 할로젠화물을 분석할 때 사용

20★

산소 분자의 확산 속도는 수소분자의 확산속도의 얼마 정도인가?

① 4배
② $\frac{1}{4}$배
③ 16배
④ $\frac{1}{16}$배

해설및용어설명 | 그레이엄의 확산법칙

일정한 온도와 압력 상태에서 기체의 확산속도는 그 기체 분자량의 제곱근에 반비례한다는 법칙이다.

속도 $\propto \frac{1}{\sqrt{M}}$

수소 분자의 확산속도 : 산소 분자의 확산속도
$\sqrt{32} : \sqrt{2} = \sqrt{16} : 1 = 4 : 1$

산소 분자의 확산속도는 수소 분자의 확산속도의 $\frac{1}{4}$배가 된다.

21

액체 크로마토그래피에서 컬럼의 충진물로 실리카를 사용하는 이유로 옳은 것은?

① 실리카 표면의 화학적 개질이 쉽다.
② 높은 pH의 이동상에서 사용할 수 있다.
③ 실리카는 비극성이 강하다.
④ 실리카는 자체에 기공이 없는 물리적 특성을 가진다.

해설및용어설명 |

- 실리카를 충진물로 사용하는 이유는 실리카 입자의 다공성과 표면에 다양한 작용기를 결합시킬 수 있는 화학적 개질이 쉽기 때문이다.
- 실리카는 높은 pH에서 쉽게 용해된다.
- 실리카는 극성 물질이다.

22

액체 크로마토그래피에서 응용되는 물리적 현상과 거리가 먼 것은?

① 흡착
② 이온 교환
③ 분배
④ 끓는점

해설및용어설명 | 액체 크로마토그래피의 종류

- 분배 크로마토그래피
- 흡착 크로마토그래피
- 이온 크로마토그래피
- 크기 배제 크로마토그래피 등

23

일정한 온도에서 부피가 4L, 압력이 1atm인 CO_2 기체의 압력을 4배로 증가시켰을 때 부피는 몇 L인가?

① 1L
② 4L
③ 8L
④ 16L

해설및용어설명 | 보일의 법칙
압력과 부피는 반비례한다.
$P_1V_1 = P_2V_2$
$1atm \times 4L = 4atm \times V_2$
$V_2 = 1L$

24 ★★

시약의 취급방법에 대한 설명으로 틀린 것은?

① 나트륨과 칼륨의 알칼리 금속은 물속에 보관한다.
② 브로민산, 플루오린화수소산은 피부에 닿지 않게 한다.
③ 알코올, 아세톤, 에터 등은 가연성이므로 취급에 주의한다.
④ 농축 및 가열 등의 조작 시 끓임 쪽을 넣는다.

해설및용어설명 |
① 나트륨은 제3류 위험물의 금수성 물질로서 물과 접촉을 금한다.

25

pH 5인 강산을 pH 10인 강염기로 적정하여 pH 7인 용액을 만들 때 강산의 부피와 강염기의 부피비로 옳은 것은? (단, 강산과 강염기의 당량수는 1이다)

① 2 : 1   ② 1 : 2
③ 10 : 1   ④ 100 : 1

해설및용어설명 |
• $pH = -\log[H^+] = 5$
  강산의 $[H^+] = 10^{-5}M$
• $pH = -\log[H^+] = 10$
  $pOH = 14 - pH = 4$
  강염기의 $[OH^-] = 10^{-4}M$
• $MV = M'V'$
  $10^{-5} \times V_{강산} = 10^{-4} \times V_{강염기}$
  $10^{-1} \times V_{강산} = V_{강염기}$
  ∴ 10 : 1

26 ★★

실험실 안전수칙에 대한 설명으로 틀린 것은?

① 시약병 마개를 실습대 바닥에 놓지 않도록 한다.
② 휘발성 화학약품을 사용할 때는 후드를 사용하지 않는다.
③ 화학약품은 성상별로 따로 저장한다.
④ 화학약품의 냄새는 직접 맡지 않도록 하며 부득이 냄새를 맡아야 할 경우에는 손으로 코가 있는 방향으로 증기를 날려서 맡는다.

해설및용어설명 | 휘발성 화학약품은 후드를 사용한다.

27

다음 중 응급처치방법으로 틀린 것은?

① 화학약품에 의한 화상을 입었을 때 타닌산, 붕산 등을 바른다.
② 실험복에 불이 붙었을 때 뛰어다니면 불을 끈다.
③ 브로민수가 피부에 묻었을 때 글리세린을 바르고 문질러서 브로민과 반응시킨 후 닦아낸다.
④ 알코올과 같이 물과 잘 섞이는 용매에 불이 붙었을 때는 물을 이용해 소화한다.

해설및용어설명 | 실험복에 불이 붙었을 때 바닥에 누운 뒤 방염 담요나 젖은 실험복으로 덮어 불을 끈다.

28

시료 속 납(Pb)을 정량할 때 크로뮴산 납($PbCrO_4$)으로 침전시켜 무게를 측정한다. 이때 침전물의 색깔로 옳은 것은?

① 검은색   ② 빨간색
③ 흰색   ④ 노란색

해설및용어설명 | 물에 잘 녹지 않으며 노란색을 띤다.

29

암모니아 완충용액에서 수산화물 침전을 형성하는 양이온 중 최종확인 시약인 $Pb(CH_3COO)_2$와 반응해 노란색의 침전을 형성하는 이온은?

① Cr^{3+}
② Al^{3+}
③ Fe^{3+}
④ Ni^{2+}

해설및용어설명 | 노란색의 $PbCrO_4$를 생성한다.

30

부피분석이란 분석하려는 물질과 정량적으로 반응하는 표준용액을 사용하여 적정하는 방법이다. 부피분석의 조건으로 틀린 것은?

① 반응 속도가 느려야 한다.
② 정해진 부피대로 반응해야 한다.
③ 검출 방법이 있어야 한다.
④ 부반응이 일어나지 않아야 한다.

해설및용어설명 | 적정에서 종말점을 확인하기 위해서는 반응속도가 빨라야 한다.

31

발색시약의 조건으로 틀린 것은?

① 여러 물질과 반응성이 좋아야 한다.
② 람베르트 – 비어의 법칙을 따라야 한다.
③ 발색된 색이 예민하고 안정해야 한다.
④ 발색된 화합물의 조성이 명확해야 한다.

해설및용어설명 | 발색시약이란 자외선, 가시선 영역에서 흡수되지 않을 때 분석물질을 발색시약과 반응시켜 자외선, 가시선 영역에 흡수될 수 있도록 하는 물질로 원하는 분석물에만 반응해야 한다.

32

72g의 물을 전기분해할 때 발생하는 수소기체의 분자수는?

① 6.02×10^{23}개
② 12.04×10^{23}개
③ 24.08×10^{23}개
④ 48.16×10^{23}개

해설및용어설명 |

물의 전기분해 : $2H_2O \rightarrow 2H_2 + O_2$

물의 몰수 = $\dfrac{72g}{18g/mol}$ = 4mol

생성된 수소 기체의 몰수 = 4mol

수소기체의 분자수 = 4mol × (6.02 × 10²³)개 = 24.08 × 10²³개

33

분광광도계의 소모품 중 시료를 담는 셀의 재질로 틀린 것은?

① 석영
② 플라스틱
③ 유리
④ 알루미늄

34

촉매에 대한 설명으로 틀린 것은

① 역반응을 일으키는 촉매를 정촉매라 한다.
② 반응속도에 영향을 줄 수 있다.
③ 반응 후 생성물의 최종 부피는 그대로이다.
④ 촉매는 반응과정에서 소모되지 않는다.

해설및용어설명 |

- 정촉매는 활성화에너지를 낮춰 반응속도를 높인다.
- 부촉매는 활성화에너지를 높여 반응속도를 늦춘다.
- 촉매는 반응속도에만 영향을 주기 때문에 반응 후 생성물의 최종 부피는 그대로이다.
- 촉매는 반응과정에서 소모되지 않는다.

35

다음 화학반응에 대한 설명으로 옳지 않은 것은?

$$N_2 + 3H_2 \rightarrow 2NH_3, \triangle H = -92kJ$$

① 질소 분자 1개와 수소 분자 3개가 반응한다.
② 반응 전과 후의 분자의 수는 변하지 않는다.
③ 암모니아가 생성되는 반응은 발열반응이다.
④ 반응열(Q)은 92kJ이다.

해설및용어설명 | 질량보존의 법칙
반응 전과 후의 원자의 수는 변하지 않는다.

36

원자흡광도계(AAS)에 대한 설명으로 틀린 것은?

① 단색화 장치로 필터를 쓴다.
② 광원 – 원자화 장치 – 단색화 장치 – 검출기로 구성되어 있다.
③ 미량의 시료 측정이 가능하다.
④ 흑연로 원자화 장치는 비 불꽃 원자화 방법이다.

해설및용어설명 | 원자흡광도계는 단색화 장치로 회절발을 사용한다.

37*

다음 중 원소주기율표상 족이 다른 하나는?

① 리튬(Li) ② 나트륨(Na)
③ 마그네슘(Mg) ④ 칼륨(K)

해설및용어설명 |
- 1족 알칼리 금속 : 리튬, 나트륨, 칼륨
- 2족 알칼리 토금속 : 마그네슘

38

황산구리(CuSO₄) 수용액에 5A의 전류를 10분 동안 가하였을 때, (-)극에서 석출되는 구리의 양은 약 몇 g인가? (단, Cu 원자량은 64이다)

① 0.016g ② 0.78g
③ 0.99g ④ 1.99g

해설및용어설명 |
5A×600초 = 3,000C

구리를 석출하기 위해서는 전자가 2개 필요하므로 1,500C

$\dfrac{1,500C}{96,500C} = 0.0155F$

석출된 구리의 몰수 = 0.0155mol
구리의 질량 = 0.992g

39

고체의 용해도는 온도의 상승에 따라 증가한다. 온도에 따라 물에 대한 용해도의 변화가 가장 작은 물질은?

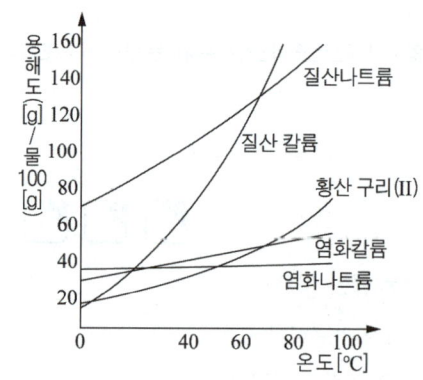

① 질산나트륨 ② 질산칼륨
③ 황산구리 ④ 염화나트륨

해설및용어설명 |
- 온도에 따른 용해도 변화가 가장 큰 물질 : 질산칼륨
- 온도에 따른 용해도 변화가 가장 작은 물질 : 염화나트륨

40

액체 크로마토그래피에서 시료를 넣지 않고 이동상만을 흘렸을 때 15분에 검출기에 봉우리 피크가 나타났다. 시료가 고정상에 머무르는 시간이 60분이라면 머무름 비는 얼마인가?

① 0.2
② 0.8
③ 1.25
④ 4

해설및용어설명 |

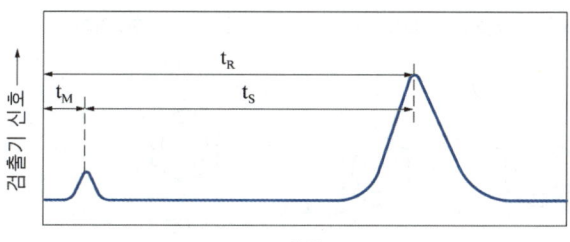

$R = \dfrac{t_M}{t_M + t_s}$

- R : 머무름 비
- t_M : 시료 분자가 이동상에서 머무른 시간
- t_s : 시료 분자가 고정상에서 머무른 시간

$R = \dfrac{15}{60 + 15} = 0.2$

41

다음 중 악티늄족 원소가 아닌 것은?

① 토륨
② 우라늄
③ 악티늄
④ 루비듐

해설및용어설명 | 루비듐은 1족 알칼리 금속이다.
악티늄족 원소는 89(악티늄)에서 103(로렌슘)까지의 15개 원소들이 악티늄족을 구성한다.

42

소금물의 어는점을 -10℃로 만들려고 때, 물 1L에 필요한 소금의 양 g은? (단, 어는점 내림상수 K_f는 1.86℃/m, 물의 밀도는 1g/mL, NaCl의 분자량은 58.5g/mol이다)

① 31.5g
② 108.81g
③ 157.4g
④ 314.5g

해설및용어설명 | 어는점 내림(전해질일 경우)

$\triangle T_f = i \times K_f \times m$

- $\triangle T_f$: 어는점 내림
- i : 용액에 존재하는 이온의 몰수
- K_f : 어는점 내림상수
- m : 몰랄 농도

$10 = 2 \times 1.86 \times m$

$m = 2.69$

몰랄 농도(m) = $\dfrac{\text{용질의 몰수}}{\text{용매 1kg}}$

NaCl의 몰수 = 2.69mol
NaCl의 양(g) = 157.37g

43★★

Cu^{2+} 시료 용액에 깨끗한 쇠못을 넣고 관찰하면 쇠못(Fe) 표면에 붉은색 구리가 석출된다. 그 이유로 옳은 것은?

① 철이 구리보다 이온화 경향이 크기 때문이다.
② Cu^{2+} 시료 용액의 농도가 진하기 때문에
③ 용해도의 차이 때문에
④ 침전물이 분해하기 때문에

해설및용어설명 | 이온화 경향이란 원자 또는 분자가 이온이 되려고 하는 경향이다. 철이 구리보다 이온화 경향이 크며, 구리는 철보다 이온화가 잘 안되므로 전자를 내어 놓지 않아 반응이 잘 일어나지 않는다. 결국 철이 이온으로 산화되고 구리 이온은 구리로 환원된다.

정답 40 ① 41 ④ 42 ③ 43 ①

44

다음 공유결합을 이루고 있는 물질이 아닌 것은?

① H_2　　② Cl_2
③ HCl　　④ $NaCl$

해설및용어설명 | $NaCl$: 이온결합

45

이산화탄소 소화기 안에 소화분말(CO_2)이 88g이 들어있다. 27℃, 1기압 야외에서 모든 분말이 방출되어 기체가 되었을 때 부피는 약 몇 L인가? (단, 이산화탄소는 이상기체로 가정하고, 이상기체상수 R의 값은 0.082atm·L/mol·K이다)

① 22.4L　　② 44.8L
③ 49.2L　　④ 67.2L

해설및용어설명 |

소화기에 들어있는 이산화탄소의 몰수 = $\frac{88g}{44g/mol}$ = 2mol

이상기체상태방정식

$V = \frac{nRT}{P} = \frac{2mol \times 0.082 atm \cdot L/mol \cdot K \times (273+27)℃}{1atm}$

$V = 49.2L$

46

다음 중 혼합물의 분리방법에 대한 설명으로 틀린 것은?

① 여과는 물질의 입자 크기 차이를 이용한 분리법이다.
② 원심분리 물질의 밀도 차이를 이용한 분리법이다.
③ 추출 물질의 용해도 차이를 이용한 분리법이다.
④ 증류 물질의 인화점 차이를 이용한 분리법이다.

해설및용어설명 | 증류 물질의 끓는점 차이를 이용한 분리법이다.

47

방향족 탄화수소 중 크레졸에 대한 설명으로 옳은 것은?

① 이성질체가 3개있다.
② 벤젠의 수소원자 2개가 $-CH_3$로 치환된 탄화수소이다.
③ 벤젠의 수소원자 2개가 $-OH$로 치환된 탄화수소이다.
④ 페놀의 수소원자 1개가 $-OH$로 치환된 탄화수소이다.

해설및용어설명 |

크레졸은 페놀의 수소원자 1개가 $-CH_3$로 치환된 탄화수소이다.

오쏘 - 크레졸　　메타 - 크레졸　　파라 - 크레졸

48

벤젠의 반응에서 소량의 철이 존재할 때 벤젠과 염소가스를 반응시키면 수소 원자와 염소 원자의 치환이 일어난다. 이때 생성되는 화합물의 명칭은?

① 클로로벤젠　　② 페놀
③ 나이트로벤젠　　④ 톨루엔

해설및용어설명 |

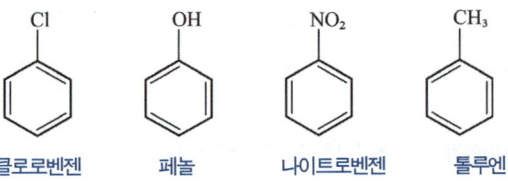

클로로벤젠　　페놀　　나이트로벤젠　　톨루엔

49

화학물질의 보관 요령이 잘못된 것은?

① 산화제는 목재로된 시약장에 보관한다.
② 금수성 물질은 습기가 없는 건조한 곳에 보관한다.
③ 인화성 액체는 근처에 화기를 두지 않는다.
④ 자연발화성물질을 보관 시에는 온도상승 방지조치를 한다.

해설및용어설명 | 산화제는 가연성 물질로 된 목재로 된 시약장에 보관 시 화재의 위험이 있다.

50

다음 중 전기가 흐르지 않는 반도체는?

① 진성 반도체　② N형 반도체
③ P형 반도체　④ 전이 반도체

해설및용어설명 | 순수한 규소(Si)로만 이루어진 진성 반도체는 강한 공유결합으로 전기가 흐르지 않는다.

51

다음 중 은거울 반응으로 검출할 수 있는 작용기는?

① 카르보닐기　② 하이드록시기
③ 포르밀기　④ 아미노기

해설및용어설명 | 은거울 반응은 환원성이 강한 물질을 검출하는 반응으로 포르밀기(-CHO)인 알데하이드를 검출할 수 있다.

52**

람베르트-비어(Lambert-Beer)의 법칙에 대한 설명으로 틀린 것은?

① 흡광도는 액층의 두께에 비례한다.
② 투광도는 용액의 농도에 반비례한다.
③ 흡광도는 용액의 농도에 비례한다.
④ 투광도는 액층의 두께에 비례한다.

해설및용어설명 | ④ 투광도는 용액층의 두께에 반비례한다.

53

다음 반응식에서 역반응에 대한 평형상수는? (단, 정반응의 평형상수값은 50이다)

$$H_2(g) + I_2(g) \rightleftarrows 2HI(g)$$

① $\dfrac{1}{25}$　② $\dfrac{1}{50}$
③ 25　④ -50

해설및용어설명 | 역반응의 평형상수는 정반응 평형상수의 역수이다.

54

적하수은 전극을 사용하는 폴라로그래피로 분석물을 적정할 때, 미지시료에 이미 알고 있는 양의 분석물질을 첨가한 다음 증가된 신호로부터 미지시료 중의 분석물질의 양을 알아내는 방법은?

① 표준물 첨가법　② 내부표준법
③ 외부표준법　④ 내부첨가법

해설및용어설명 | 내부표준법
이미 양을 알고 있는 내부표준물(분석물과는 다른 물질)을 미지시료에 첨가하여 분석물질의 신호와 내부표준물질의 신호를 비교하는 방법

55★

가시광선의 파장 영역은 어느 것인가?

① 100nm ② 200nm
③ 315nm ④ 650nm

해설및용어설명 | 가시광선 파장범위 : 400 ~ 800nm

56

빛의 성질 중 물리적으로 다른 두 물질을 이동할 때 재질 차이에 의해 진행 방향이 변하는 현상은?

① 반사 ② 회절
③ 간섭 ④ 굴절

해설및용어설명 | 굴절
빛이 이동 중 다른 매질을 만날 경우 방향이 바뀌는 현상

57

금속에 대한 설명으로 틀린 것은?

① 수은(Hg)를 제외한 금속은 상온에서 광택을 가지는 고체이다.
② 금속 열전도성과 전기전도성이 우수하다.
③ 금속은 자유전자 때문에 전성과 연성이 좋다.
④ 금속결합은 양이온과 음이온의 정전기적 인력에 의한 결합이다.

해설및용어설명 | 이온결합
양이온과 음이온의 정전기적 인력에 의한 결합이다.

58

갈바니 전지에 대한 설명으로 틀린 것은?

① (−)극에서 산화반응이 일어난다.
② 금속의 이온화 경향성에 의한 자발적 반응이다.
③ 화학에너지를 전기에너지로 변환할 수 있다.
④ 환원반응이 일어나는 전극을 anode라 한다.

해설및용어설명 |
- 산화반응이 일어나는 전극 : anode
- 환원반응이 일어나는 전극 : cathode

59★

드라이아이스와 같이 고체에서 기체로 상변화가 일어나는 과정을 무엇이라고 하는가?

① 승화 ② 기화
③ 용해 ④ 응고

60★★

일정한 온도에서 1atm의 이산화탄소 1L와 2atm의 질소 2L를 밀폐된 용기에 넣었더니 전체 압력이 2atm이 되었다. 이 용기의 부피는?

① 1.5L ② 2L
③ 2.5L ④ 3L

해설및용어설명 | 보일의 법칙
일정한 온도에서 압력과 부피는 반비례한다.
PV = 일정하다.
$P_{CO_2}V_{CO_2} + P_{N_2}V_{N_2} = P_{total}V_{total}$
1atm×1L + 2atm×2L = 2atm×V
V = 2.5L

01

탄소는 4족 원소로 모든 생명체의 가장 기본이 되는 물질이다. 다음 중 탄소의 동소체로 볼 수 없는 것은?

① 원유　　② 흑연
③ 활성탄　　④ 다이아몬드

해설 및 용어설명 | 탄소의 동소체란 C로만 이루어져 있으나 결합의 형태 또는 원자의 개수가 다른 물질이다.
① 원유는 탄소, 수소, 기타 원소들로 이루어져 있다.

02 ★★

다음 중 Na^+ 이온의 전자 배열에 해당하는 것은?

① $1s^2 2s^2 2p^6$　　② $1s^2 2s^2 3s^2 2p^4$
③ $1s^2 2s^2 3s^2 2p^5$　　④ $1s^2 2s^2 2p^6 3s^1$

해설 및 용어설명 | Na 원자는 전자가 11개이므로 차례로 배열하면 $1s^2 2s^2 2p^6 3s^1$이다. Na^+의 경우 전자를 하나 잃은 상태이므로 전자의 개수가 총 10개로 $1s^2 2s^2 2p^6$가 옳은 전자 배열에 해당한다.

03 ★

다음 중 비활성 기체가 아닌 것은?

① He　　② Ne
③ Ar　　④ Cl

해설 및 용어설명 | Cl(염소)는 할로젠(17족) 원소이다.

04 ★★

같은 주기에서 원자번호가 증가할 때 나타나는 전형원소의 일반적 특성에 대한 설명으로 틀린 것은?

① 이온화 에너지는 증가하지만 전자친화도는 감소한다.
② 전기음성도와 전자친화도 모두 증가한다.
③ 금속성과 원자의 크기가 모두 감소한다.
④ 금속성은 감소하고 전자친화도는 증가한다.

해설 및 용어설명 | ① 같은 주기에서 원자번호가 증가할 때 이온화 에너지와 전자친화도는 모두 증가한다.

05 ★

돌턴의 원자설에 대한 설명 중 가장 거리가 먼 내용은?

① 물질은 분자라고 하는 더 이상 쪼갤 수 없는 작은 입자로 구성되어 있다.
② 원소에서 화합물이 생길 때 원소의 원자는 간단한 정수비로 결합한다.
③ 원자는 화학변화를 일으킬 때 새로 생성되지도 않고 소멸되지도 않는다.
④ 주어진 원소의 원자들은 질량과 모든 성질에서 동일하다.

해설 및 용어설명 | 물질은 원자라고 하는 더 이상 쪼갤 수 없는 작은 입자로 구성되어 있다.

정답 01 ① 02 ① 03 ④ 04 ① 05 ①

06 ★

다음 중 이온화 에너지가 가장 큰 원소는?

① 리튬(Li)   ② 마그네슘(Mg)
③ 칼슘(Ca)   ④ 규소(Si)

해설및용어설명 | 이온화 에너지는 같은 족에 원자번호가 작을수록, 같은 주기에서 원자번호가 클수록 커지는 경향이 있다.

07 ★

다음 물질 중 전해질에 해당하는 것은?

① 소금   ② 설탕
③ 포도당   ④ 에탄올

해설및용어설명 | 전해질이란 물처럼 극성을 띤 용매에 녹아서 이온을 형성함으로써 전기를 통하는 물질이다. 소금은 물에 녹아 이온을 형성한다.

08 ★

다음 공유결합 중 이중결합을 이루고 있는 분자는?

① H_2 ② O_2
③ HCl ④ F_2

해설및용어설명 |

화합물 이름	분자식	루이스 점전자식	구조식
산소분자	O_2	:Ö::Ö:	O=O

09 ★

다음의 원자 및 분자 간 결합 중 물에 가장 잘 녹을 수 있는 결합성 물질은?

① 쌍극자 – 쌍극자 상호결합
② 금속결합
③ Van der Waals 결합
④ 수소결합

해설및용어설명 | 수소결합 물질은 극성분자로 물에 잘 녹는다.

10 ★

다음 중 극성분자는 어느 것인가?

① H_2 ② O_2
③ H_2O ④ CH_4

해설및용어설명 | 물은 극성분자이며, 극성물질을 잘 녹인다.

11 ★★

물, 벤젠, 석유의 3가지 용매가 있다. 이 중 서로 혼합되는 것으로만 짝지어진 것은?

① 물, 벤젠   ② 물, 석유
③ 벤젠, 석유   ④ 물, 벤젠, 석유

해설및용어설명 | 극성은 극성끼리 비극성은 비극성끼리 잘 섞인다.
- 물 : 극성
- 벤젠 : 비극성
- 석유 : 비극성

12

메테인(CH_4)의 분자 구조에서 중심에 있는 원자 주위로 각각의 원자들이 차지하는 공간을 최대로 가지려는 이유는 무엇 때문인가?

① 원자량의 크기
② 원자가전자의 수
③ 전자친화도의 차이
④ 원자가 전자쌍의 반발

해설및용어설명 | 원자가 전자쌍의 반발
중심에 있는 원자 주위에 전자쌍들의 반발을 최소화하기 위해 서로 최대한 멀리 떨어져 있으려는 것

13*

다음 물질 중 정전기적 힘에 의한 결합이 아닌 것은?

① NaCl
② $CaBr_2$
③ NH_3
④ KBr

해설및용어설명 | 정전기적 힘에 의한 결합 = 이온결합(금속 + 비금속 결합)
③ NH_3은 비금속과 비금속의 결합으로 전자쌍을 공유한 공유결합이다.

14**

다음 중 헨리의 법칙이 적용되지 않는 것은?

① O_2
② H_2
③ CO_2
④ NaCl

해설및용어설명 | 헨리의 법칙은 용해도가 용매와 평형을 이루고 있는 그 기체의 부분압력에 비례한다는 것인데, NaCl은 기체가 아니므로 헨리의 법칙에 적용되지 않는다.

15**

다음 ( )에 들어갈 용어는?

> 점성 유체의 흐르는 모양, 또는 유체 역학적인 문제에 있어서는 점도를 그 상태의 유체 ( )로 나눈 양에 지배되므로 이 양을 동점도라 한다.

① 밀도
② 부피
③ 압력
④ 온도

16**

1%의 NaOH 용액으로 0.1N NaOH 100mL를 만들고자 한다. 다음 중 어떤 방법으로 조제하여야 하는가? (단, NaOH의 분자량은 40이다)

① 원용액 40mL에 60mL의 물을 가한다.
② 원용액 40g에 물을 가하여 100mL로 한다.
③ 원용액 40g에 60g의 물을 가한다.
④ 원용액 40mL에 물을 가하여 100mL로 한다.

17*

1g의 라듐으로부터 1m 떨어진 거리에서 1시간 동안 받는 방사선의 영향을 무엇이라 하는가?

① 1 뢴트겐
② 1 큐리
③ 1 렘
④ 1 베크렐

해설및용어설명 |
① 1 뢴트겐 : 건조 공기 1kg 당 2.58×10^{-4} 쿨롱의 전기량을 만들어내는 x선 또는 감마선 세기
② 1 큐리 : 1초 동안 3.7×10^{10}개의 원자핵이 붕괴하면서 발생하는 방사선양 (1g의 라돈이 내는 방사능 세기)
③ 1 렘 : 1g의 라듐으로부터 1m 떨어진 거리에서 1시간 동안 받는 방사선의 영향
④ 1 베크렐 : 방사성 물질이 1초 동안 1개의 원자핵을 붕괴하는 경우 발생하는 방사능

정답 12 ④ 13 ③ 14 ④ 15 ① 16 ④ 17 ③

18

녹는점에서 고체 1몰을 모두 녹이는 데 필요한 열량을 몰 융해열이라 한다. 얼음 1몰의 융해열은 몇 J인가? (단, 얼음의 융해열은 335J/g)

① 18
② 18.61
③ 335
④ 6,030

해설및용어설명 | 얼음의 융해열이 1g당 335J이므로
얼음 1mol(=18g)의 융해열 335×18 = 6,030J

19★

가수분해 생성물이 포도당과 과당인 것은?

① 맥아당
② 설탕
③ 젖당
④ 글라이코겐

20★

프로판(C_3H_8) 7g이 연소할 때 발생하는 H_2O의 양(g)은? (단, C, H, O의 원자량은 각각 12, 1, 16이다)

① 0.159
② 0.636
③ 11.45
④ 44.00

해설및용어설명 |
프로판의 연소반응식 : $C_3H_8 + 5O_2 \rightarrow 3CO_2 + 4H_2O$

C_3H_8의 몰수 = $\dfrac{7g}{44mol}$ = 0.159mol

H_2O의 몰수 = 0.159mol × 4mol = 0.636mol

H_2O의 양 g = 0.636mol × 18g/mol = 11.45g

21★

일정한 온도에서 A의 농도를 2배, B의 농도를 3배로 증가시키면 반응속도는 몇 배가 되는가?

반응식 : $2A + B \rightarrow 3C + 4D$

① 2
② 3
③ 6
④ 12

해설및용어설명 | 반응속도 $V = k[A]^2[B]$이므로
A의 농도를 2배, B의 농도를 3배씩 증가시키면
$k[2A]^2[3B] \rightarrow 12k[A]^2[B]$
12배 증가한다.

22★

다음은 한 반응의 평형상수값들이다. 반응물질이 생성물로 가장 많이 변한 것은 어느 것인가?

① 0
② 1.0
③ 10^{-2}
④ 10

해설및용어설명 | 평형상수 = $\dfrac{[생성물]}{[반응물]}$

23★

다음 중 염기성이 가장 강한 것은?

① 0.1M HCl
② $[H^+] = 10^{-3}$
③ pH = 4
④ $[OH^-] = 10^{-1}$

해설및용어설명 | pH가 클수록 염기성이 강하다.
① pH(0.1M HCl) = $-\log(0.1)$ = 1
② pH($[H^+]$) = $-\log(10^{-3})$ = 3
③ pH = 4
④ pOH = $-\log(10^{-1})$ = 1
　　pH = 14 - pOH = 13

24

다음 중 산, 염기의 반응이 아닌 것은?

① $NH_3 + HCl \rightarrow NH_4^+ + Cl^-$
② $2C_2H_5OH + 2Na \rightarrow 2C_2H_5ONa + H_2$
③ $H^+ + OH^- \rightarrow H_2O$
④ $NH_3 + BF_3 \rightarrow NH_3BF_3$

해설및용어설명ㅣ ②은 치환반응에 해당한다.

25

다음 화합물의 액성이 모두 염기성인 것은?

① SO_2, Na_2O ② CaO, KCl
③ Na_2O, K_2CO_3 ④ CO_2, $NaNO_3$

해설및용어설명ㅣ Na_2O, CaO는 염기성산화물로 주기율표 1, 2족(알칼리금속/토금속)에 해당하는 금속이 산소와 결합한 화합물이다. 이들은 물에 녹아 OH^-이온을 내놓는 염기성 물질이다.
K_2CO_3에서 물에 녹아 CO_3^{2-} 이온은 물에 의해 일부 가수분해되어
$CO_3^{2-} + H_2O \rightleftharpoons HCO_3^- + OH^-$
약염기성을 띠게 된다.
중화반응에서 산성, 중성, 염기성을 예측할 때 염의 양이온과 음이온을 확인하면 된다.
예를 들어 강산과 강염기가 반응해서 생기는 염은 가수분해가 일어나지 않아 중성이다.
예 $NaCl$, KCl, $NaNO_3$ 등
약산과 강염기가 반응해서 생성되는 염은 K_2CO_3처럼 염의 음이온이 가수분해 하기 때문에 염기성을 나타낸다.
예 Na_2CO_3, $NaHCO_3$, CH_3COONa 등
강산과 약염기가 반응해서 생성되는 염은 양이온이 물과 반응해 H^+를 생성하기 때문에 산성을 나타낸다.
예 NH_4Cl, NH_4NO_3 등

26

산과 염기가 반응하여 염과 물을 생성하는 반응을 무엇이라고 하는가?

① 중화반응   ② 산화반응
③ 환원반응   ④ 연화반응

27

분석 용액이 강한 산성일 때 전처리 방법은?

① 전처리 없이 분석한다.
② HCl을 첨가하여 분석한다.
③ NaOH를 넣어 완전 중화 후 분석한다.
④ 암모니아수로 중화한 후 질산으로 약산성을 만들어 분석한다.

28

$HClO_4$에서 할로젠 원소가 갖는 산화수는?

① +1   ② +3
③ +5   ④ +7

해설및용어설명ㅣ

H Cl O_4
+1 ( ) -8 = 0
Cl의 산화수 = +7

29

볼타전지의 처음 기전력은 1V인데, 1분도 되지 않아 전압이 0.4V가 되었다. 이 현상을 무엇이라고 하는가?

① 소극   ② 감극
③ 분극   ④ 전압강하

30 ★★

에틸알코올의 화학식으로 옳은 것은?

① C_2H_5OH
② C_2H_4OH
③ CH_3OH
④ CH_2OH

해설및용어설명 | 탄소 개수가 2개이고, 다중결합이 없으며 작용기로 알코올기를 가지고 있는 ① C_2H_5OH이 에틸알코올의 화학식으로 알맞다.

31

벤젠의 반응에서 소량의 철이 존재할 때 벤젠과 염소가스를 반응시키면 수소 원자와 염소 원자의 치환이 일어난다. 이때 생성되는 화합물의 명칭은?

① 클로로벤젠
② 페놀
③ 나이트로벤젠
④ 톨루엔

해설및용어설명 |

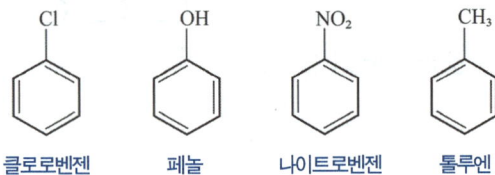

클로로벤젠　페놀　나이트로벤젠　톨루엔

32 ★

다음 중 에탄올과 아세트산에 소량의 진한 황산을 넣고 반응시켰을 때 주 생성물은?

① HCOONa
② $(CH_3)_2CHOH$
③ $CH_3COOC_2H_5$
④ HCHO

해설및용어설명 | 알코올 + 카복시산 → 에스터
$C_2H_5OH + CH_3COOH \rightarrow CH_3COOC_2H_5$

33 ★★

다음 염소산 화합물의 세기 순서가 옳게 나열된 것은?

① $HClO > HClO_2 > HClO_3 > HClO_4$
② $HClO_4 > HClO > HClO_3 > HClO_2$
③ $HClO_4 > HClO_3 > HClO_2 > HClO$
④ $HClO > HClO_3 > HClO_2 > HClO_4$

34 ★

할로젠 분자의 일반적인 성질에 대한 설명으로 틀린 것은?

① 특유한 색깔을 가지며, 원자번호가 증가함에 따라 색깔이 진해진다.
② 원자번호가 증가함에 따라 분자 간의 인력이 커지므로 녹는점과 끓는점이 높아진다.
③ 수소기체와 반응하여 할로젠화수소를 만든다.
④ 원자번호가 작을수록 산화력이 작아진다.

해설및용어설명 | 원자번호가 작을수록 반응성(산화력)이 커진다.

35 ★

다음 할로젠화은(AgX) 중 침전되지 않고 물에 잘 녹는 물질은? (단, X는 할로젠족 원소이다)

① AgI
② AgBr
③ AgF
④ AgCl

해설및용어설명 | 할로젠 원소와 은(Ag)의 착물

- AgF : 물에 용해
- AgCl : 흰색 침전
- AgBr : 연한 노란색 침전
- AgI : 노란색 침전

36

다음 유리기구 중 액체물질의 용량을 측정하는 용도로 주로 쓰이지 않는 것은?

① 메스플라스크 ② 뷰렛
③ 피펫 ④ 분액깔때기

해설및용어설명 | ④ 분액깔때기 : 밀도 차이를 이용한 혼합물 분리에 사용

37

10g의 어떤 산을 물에 녹여 200mL의 용액을 만들었을 때 그 농도가 0.5M이었다면, 이 산 1몰은 몇 g인가?

① 40g ② 80g
③ 100g ④ 160g

해설및용어설명 |

0.5M 200mL의 몰수 = 0.5M × 0.2L = 0.1mol

산의 분자량 = $\frac{질량}{몰수}$ = $\frac{10g}{0.1mol}$ = 100g/mol

38

염화나트륨 10g을 물 100mL에 용해한 액의 중량 농도는?

① 9.09% ② 10%
③ 11% ④ 12%

해설및용어설명 | 중량농도 = 질량 백분율(wt%)

용액의 질량 백분율(wt%) = $\frac{용질의\ 질량}{(용질의\ 질량 + 용매의\ 질량)} \times 100$

$= \frac{10}{(10+100)} \times 100$

$= 9.09\%$

39

전해질의 전리도 비교는 주로 무엇을 측정하여 구할 수 있는가?

① 용해도 ② 어는점 내림
③ 융점 ④ 중화적정량

해설및용어설명 | 어는점 내림은 용액에 녹아 있는 용질의 양에 의존하기 때문에 전해질의 전리도 비교를 할 때 측정한다.

40

황산(H_2SO_4) 용액 100mL에 황산이 4.9g 용해되어 있다. 이 황산 용액의 노르말 농도는? (단, 황산의 분자량은 98g/mol이다)

① 0.5N ② 1N
③ 4.9N ④ 9.8N

해설및용어설명 |

황산의 몰수 = $\frac{4.9g}{98g/mol}$ = 0.05mol

몰 농도 = $\frac{0.05mol}{0.1L}$ = 0.5M

노르말 농도 = 0.5M × 2(당량수) = 1N

41

공업적으로 에틸렌을 진한 황산과 반응시키면 에틸황산 ($C_2H_5OSO_3H$)이 생긴다. 이것을 가수분해하면 생성되는 물질은?

① 메탄올 ② 페놀
③ 에탄올 ④ 초산

해설및용어설명 |

$C_2H_5OSO_3H + H_2O \rightarrow C_2H_5OH + H_2SO_4$

정답 36 ④ 37 ③ 38 ① 39 ② 40 ② 41 ③

42*

I⁻, SCN⁻, Fe(CN)₆⁴⁻, Fe(CN)₆³⁻, NO₃⁻ 등이 공존할 때 NO₃⁻을 분리하기 위하여 필요한 시약은?

① $BaCl_2$
② CH_3COOH
③ $AgNO_3$
④ H_2SO_4

해설및용어설명 |
Ag이온은 I⁻, SCN⁻, Fe(CN)₆⁴⁻, Fe(CN)₆³⁻와 침전물을 형성한다.
• $AgNO_3$: 물에 잘 녹는 염이다.

43*

히파반응(Hepar Reaction)에 의해 주로 검출되는 것은?

① SiF_6^{2-}
② CrO_4^{2-}
③ SO_4^{2-}
④ ClO_3^-

해설및용어설명 | ③ 히파반응으로는 황산 이온 SO_4^{2-}이 주로 검출된다.

44*

양이온 제1족부터 제5족까지의 혼합액으로부터 양이온 제2족을 분리시키려고 할 때의 액성은 무엇인가?

① 중성
② 알칼리성
③ 산성
④ 액성과는 관계가 없다.

해설및용어설명 | 제2족
산성 용액에서 황화물 침전을 형성하는 양이온

45**

다음 중 산화-환원 지시약이 아닌 것은?

① 다이페닐아민
② 다이클로로메테인
③ 페노사프라닌
④ 메틸렌 블루

해설및용어설명 |

지시약	산화	환원	E°
페노사프라닌	빨간색	무색	0.28
테트라설폰산 인디고	파란색	무색	0.36
메틸렌 블루	파란색	무색	0.53
다이페닐아민	보라색	무색	0.75

46**

과망가니즈산칼륨 이온(MnO_4^-)은 진한 보라색을 가지는 대표적 산화제이며, 센 산성 용액(pH≤1)에서는 환원제와 반응하여 무색의 Mn^{2+}으로 환원된다. 1몰(mol)의 과망가니즈산 이온이 반응하였을 때, 몇 당량에 해당하는 산화가 일어나게 되는가?

① 1
② 3
③ 5
④ 7

해설및용어설명 | 과망가니즈산의 환원
$MnO_4^- + 8H^+ + 5e^- \rightarrow Mn^{2+} + 4H_2O$
MnO_4^-은 다른 물질로부터 $5e^-$에 해당하는 산화가 일어난다.
즉, 5당량에 해당하는 산화가 일어난다.

47 ★★

침전 적정법에서 사용하지 않는 표준시약은?

① 질산은 ② 염화나트륨
③ 티오사이안산암모늄 ④ 과망가니즈산칼륨

해설및용어설명 |
① 침전적정법은 질산은 표준용액을 사용하는 은적정법이 있다.
② Fajans을 이용하여 미지의 염화 이온 농도를 정량할 수 있다.
③ 흡착 지시약 또는 티오사이안산칼륨 표준용액을 사용하는 폴하르트법이 있다.

49 ★

다음의 전자기복사선 중 파장이 가장 짧은 것은?

① 라디오파 ② 적외선
③ 가시광선 ④ 자외선

해설및용어설명 |

종류	라디오파	마이크로파	적외선	가시광선	자외선	X선	감마선
파장[m]	10^3	10^{-2}	10^{-5}	0.5×10^{-6}	10^{-8}	10^{-10}	10^{-12}

48 ★★

pH 미터 보정에 사용하는 완충용액의 종류가 아닌 것은?

① 붕산염 표준용액 ② 프탈산염 표준용액
③ 옥살산염 표준용액 ④ 구리산염 표준용액

해설및용어설명 | pH 미터 보정에 사용하는 pH 표준용액
- 수산염 표준용액
- 프탈산염 표준용액
- 인산염 표준용액
- 붕산염 표준용액
- 탄산염 표준용액
- 수산화칼슘 표준용액

50 ★

빛이 음파처럼 여러 가지 빛이 합쳐져 빛의 세기를 증가하거나 서로 상쇄하여 없앨 수 있다. 예를 들면 여러 개의 종이에 같은 물감을 그린 다음 한 장만 보면 연하게 보이지만 여러 장을 겹쳐 보면 진하게 보인다. 그리고 여러 가지 물감을 섞으면 본래의 색이 다르게 나타나는 이러한 현상을 무엇이라 하는가?

① 빛의 상쇄 ② 빛의 간섭
③ 빛의 이중성 ④ 빛의 회절

51 ★

분광광도계의 광원 중 중수소램프는 어느 범위에서 사용하는 광원인가?

① 자외선 ② 가시광선
③ 적외선 ④ 감마선

해설및용어설명 |
- 텅스텐(W)램프는 가시광선 범위의 파장을 발생시킨다.
- 중수소(D2)램프는 자외선 범위의 파장을 발생시킨다.

52

원자흡광광도계의 특징으로 가장 거리가 먼 것은?

① 공해물질의 측정에 사용된다.
② 금속의 미량 분석에 편리하다.
③ 조작이나 전처리가 비교적 용이하다.
④ 유기재료의 불순물 측정에 널리 사용된다.

해설및용어설명 | 알칼리 금속, 알칼리 토금속 등 약 65종의 원소 측정이 가능하다.

53★

얇은 막 크로마토그래피(TLC) 작동법 중 틀린 것은?

① 점적의 직경은 2 ~ 5mm 정도가 좋다.
② 시약량은 분석용 TLC법에서는 점적당 10 ~ 100μg 정도이다.
③ 상승전개나 하강전개법 그리고 일차원 혹은 다차원 방법을 사용할 수 있다.
④ 전개시간이 보통 종이 크로마토그래피법에서 보다 얇은 막 크로마토그래피법이 더 느리다.

해설및용어설명 | 얇은 막 크로마토그래피(TLC)
종이 크로마토그래피보다 더 빠르고 좋은 감도와 분리능을 가진다.

54★

가스 크로마토그래피에서 운반기체로 사용할 수 없는 것은?

① N_2 ② He
③ O_2 ④ H_2

해설및용어설명 | 가스 크로마토그래피의 운반기체로는 수소(H_2), 질소(N_2), 헬륨(He), 아르곤(Ar) 등의 기체를 사용한다.

55★

가스 크로마토그래피를 이용하여 분석을 할 때, 혼합물을 단일 성분으로 분리하는 원리는?

① 각 성분의 부피 차이
② 각 성분의 온도 차이
③ 각 성분의 이동속도 차이
④ 각 성분의 농도 차이

56

전기분해반응 $Pb^{2+} + 2H_2O \rightleftharpoons PbO_2(s) + H_2(g) + 2H^+$ 에서 0.1A의 전류가 20분 동안 흐른다면, 약 몇 g의 PbO_2가 석출되겠는가? (단, PbO_2의 분자량은 239로 한다)

① 0.10g   ② 0.15g
③ 0.20g   ④ 0.30g

해설및용어설명 |
전기가 흐를 때의 전자의 몰수를 계산하면 다음과 같다.
전하량 = 0.1A × 20 × 60 = 120C
96,500C : 1mol = 120C : x
x = 0.00124mol
Pb^{2+}를 석출하기 위해 2개의 전자가 필요하므로 석출되는 Pb의 몰수를 구하면
x(Pb의 몰수) = 0.00062mol
PbO_2의 질량 = 0.00062mol × 239g/mol = 0.15g

정답 52 ④ 53 ④ 54 ③ 55 ③ 56 ②

57★

포화 칼로멜(calomel) 전극 안에 들어있는 용액은?

① 포화 염산
② 포화 황산알루미늄
③ 포화 염화칼슘
④ 포화 염화칼륨

해설및용어설명 | 칼로멜 기준전극(Hg | Hg_2Cl_2(sat`d), KCl(xM) ||)

58★★★

분극성의 미소전극과 비분극성의 대극과의 사이에 연속적으로 변화하는 전압을 가하여 전해에 의해 생긴 전류를 측정한 후, 전압과 전류의 관계곡선(전류-전압 곡선)을 그려 해당 곡선의 해석을 통해 목적 성분을 분리하는 방법은?

① 전위차 분석
② 폴라로그래피
③ 전해 중량분석
④ 전기량 분석

59★

화학실험 시 주의할 사항으로 적절하지 않은 것은?

① 휘발성을 지닌 액체시료를 사용할 때는 후드에서 사용한다.
② 폐액은 종류별로 구분하여 처리한다.
③ 가스용기는 온도 40℃ 이상에서 보관한다.
④ 실험에 사용할 화합물이 유리와 반응하는지 꼭 확인하고 사용해야 한다.

해설및용어설명 | 고압가스 용기는 40℃ 이하에서 보관한다.

60

묽은 염산을 가할 때 기체를 발생시키는 금속은?

① Cu
② Hg
③ Mg
④ Ag

해설및용어설명 | 이온화 경향성에 의해 Mg(마그네슘)은 H(수소)보다 반응성이 크기 때문에 HCl과 반응하여 수소기체를 발생시킨다.

01

기체 크로마토그래피와 액체 크로마토그래피의 장점만 혼합된 기기분석법은?

① 폴라로그래피
② 종이 크로마토그래피
③ 얇은 층 크로마토그래피
④ 초임계 유체 크로마토그래피

해설및용어설명 |
④ 초임계 유체 크로마토그래피는 기체 크로마토그래피에서 분석할 수 없는 비휘발성, 열적으로 안정한 물질 또는 액체 크로마토그래피에서 검출기에 검출되지 않는 작용기를 가진 화합물 등을 분리할 때 사용한다.
① 폴라로그래피는 전압전류법의 한 종류이다.

02

다음 중 가장 정확하게 시료를 채취할 수 있는 실험기구는?

① 피펫
② 비커
③ 플라스크
④ 미터글라스

해설및용어설명 | 비커, 플라스크, 미터글라스는 대략적인 부피를 측정할 수 있는 실험기구이다.

03

구리 12.25kg, 아연 3.15kg과 니켈 2.1kg 합금에서 구리의 질량 백분율은?

① 60%
② 70%
③ 80%
④ 90%

해설및용어설명 |
- 구리의 질량백분율(wt%) = $\dfrac{구리의\ 질량}{구리질량 + 아연질량 + 니켈질량} \times 100$의 식으로 계산할 수 있다.
- 구리의 질량백분율(wt%) = $\dfrac{12.25}{12.25 + 3.15 + 2.1} \times 100 = 70\%$

04

원자흡수광도계의 광원으로 주로 사용하는 것은?

① 나트륨 램프
② 중수소 램프
③ 텅스텐 램프
④ 속 빈 음극 램프

해설및용어설명 | 원자 흡수 분광광도계(AAS)의 광원부
- 속 빈 음극등(HCL) : 대부분의 원소 분석에 사용된다.
- 전극 없는 방전등(EDL) : 비소(As), 셀레늄(Se)와 같은 휘발성 원소 분석에 사용된다.

05

방사선 에너지가 얼마나 흡수되는지 측정하는 흡수선량의 단위는?

① 큐리(Ci) ② 시버트(Sv)
③ 베크렐(Bq) ④ 그레이(Gy)

해설및용어설명 | 방사선과 방사능을 측정하는 단위는 아래와 같이 국제 단위로 통일해서 사용한다.

과거	국제 단위	의미
큐리(Ci)	베크렐(Bq)	방사능의 세기
라드(rad)	그레이(Gy)	방사선 에너지 흡수량
렘(rem)	시버트(Sv)	방사선의 인체 영향 정도

06

다음 중 환원력이 가장 큰 금속은?

① 철 ② 니켈
③ 구리 ④ 아연

해설및용어설명 | 금속의 이온화 경향성

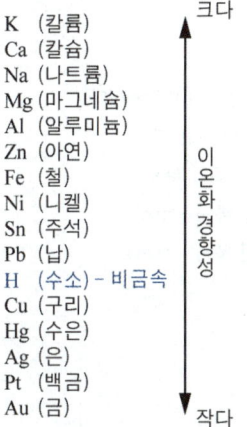

- 이온화 경향성이 크다. → 산화되기 쉽다. → 환원력(환원성)이 크다.
- 이온화 경향성이 작다. → 환원되기 쉽다. → 산화력(산화성)이 크다.

07

아래와 같은 성질을 가지고 있는 화학결합은?

- 전자를 잃은 원자들은 결정의 격자에 위치한다.
- 결합전자가 특정한 원자 쌍에 묶여 있지 않다.
- 낮은 이온화 에너지와 전기 음성도를 갖는다.

① 금속결합 ② 이온결합
③ 분자결합 ④ 공유결합

해설및용어설명 | 금속결합은 금속성 원소에서 빠져나온 자유전자와 금속 양이온 사이에서 작용하는 정전기적 인력에 의한 결합이다.

08

상변화에 관한 설명이다. ( ) 안에 들어갈 용어는?

기체를 액화시키는 방법 중 하나는 냉각이다. 이때, 액체가 될 수 없는 최저 온도를 (A)(이)라 하고, (A)일 때 액화에 필요한 압력을 (B)(이)라 한다.

① A : 최대 과잉 온도, B : 최대 과잉 압력
② A : 최대 과잉 온도, B : 임계 압력
③ A : 임계 온도, B : 최대 과잉 압력
④ A : 임계 온도, B : 임계 압력

해설및용어설명 | 임계 압력이란 임계 온도에서 기체가 액화되는 최소의 압력을 말한다. 임계 온도와 임계 압력의 상태를 임계점이라고 한다.

09

CH₃COOH 용액을 NaOH로 적정하기 위해 페놀프탈레인을 지시약으로 사용하였을 때, 당량점에서 색상의 변화는?

① 적색에서 무색으로 변한다.
② 적색에서 청색으로 변한다.
③ 무색에서 적색으로 변한다.
④ 청색에서 적색으로 변한다.

해설및용어설명 | 페놀프탈레인은 산·염기 지시약으로서 8.0 ~ 10.0의 변색 범위를 가지며, 산성, 중성에서 무색, 염기성일 때 적색을 나타낸다. CH₃COOH는 약산이고 NaOH는 강염기로 당량점에서 pH는 7보다 크다. 그러므로 적색을 띄게 된다.

11

양이온 제1족을 구분하는 데 쓰이는 분족시약은?

① H_2S
② HCl
③ $(NH_4)_2CO_3$
④ $NH_4Cl + NH_4OH$

해설및용어설명 |
- 양이온 제1족 분족시약 : 묽은 염산
- 양이온 제2족 분족시약 : H_2S(0.3N-HCl)
- 양이온 제3족 분족시약 : $NH_4OH(NH_4Cl)$
- 양이온 제4족 분족시약 : $H_2S(NH_4OH)$
- 양이온 제5족 분족시약 : $(NH_4)_2CO_3(NH_4OH)$
- 양이온 제6족 분족시약 : 없음

10

분광광도계의 투과도에 대한 설명으로 옳은 것은?

① 입사광의 세기에 비례한다.
② 투과광의 세기에 비례한다.
③ 투과광의 세기에 반비례한다.
④ 시료의 농도와 흡광도에 비례한다.

해설및용어설명 |
- 투과도[%T] = $\frac{I(투과광)}{I_0(입사광)} \times 100$이므로 투과광과 입사광의 차이가 클수록 투과도가 커진다.
- 입사광의 세기에 반비례하고 투과광의 세기에 비례한다.
- 람베르트-비어의 법칙은 A(흡광도) = εbc로 흡광도(A)와 농도는 비례한다.
- 흡광도와 투과도는 반비례 관계로 투과도는 시료의 농도와 흡광도에 반비례한다.

12

$(NH_4)_2SO_4$ 66g이 녹아있는 물에 포함되어 있는 이온의 총 개수(mol)는?(단, $(NH_4)_2SO_4$는 완전 해리되었고, 물의 자동이온화로 인한 H^+와 OH^-의 개수는 제외한다)

① 1
② 1.5
③ 2
④ 3

해설및용어설명 |
- $(NH_4)_2SO_4$의 분자량은 132g으로 66g의 몰수는 0.5mol이다.
- $(NH_4)_2SO_4$는 강전해질로 0.5mol은 모두 이온화한다.
이온화 반응 : $(NH_4)_2SO_4(aq) \rightarrow 2NH_4^+(aq) + SO_4^{2-}(aq)$
- 생성된 NH_4^+(aq)의 몰수 = 0.5mol × 2(반응계수) = 1mol
- 생성된 SO_4^{2-}(aq)의 몰수 = 0.5mol × 1(반응계수) = 0.5mol
총 이온의 개수는 1.5mol이다.

13

분광광도계에서 빛이 지나가는 순서로 맞는 것은?

① 입구슬릿 → 출구슬릿 → 분산장치 → 시료부 → 검출부
② 입구슬릿 → 분산장치 → 출구슬릿 → 시료부 → 검출부
③ 입구슬릿 → 분산장치 → 시료부 → 출구슬릿 → 검출부
④ 입구슬릿 → 시료부 → 분산장치 → 출구슬릿 → 검출부

해설및용어설명 |

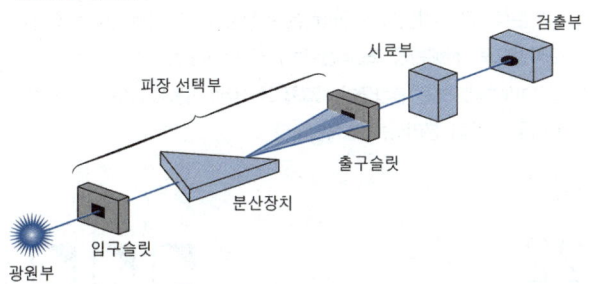

UV-Vis 분광광도계의 구조

14

망가니즈(Mn)의 산화수가 +7인 화합물은?

① MnO_2
② Mn_3O_4
③ $KMnO_4$
④ $MnSO_4$

해설및용어설명 |

Mn_2 O_3
( )×2 + (-2)×3 = 0 → Mn의 산화수 = +3

Mn O_2
( )×1 + (-2)×2 = 0 → Mn의 산화수 = +4

K^+ Mn O_4
(+1) + ( )×1 + (-2)×4 = 0 → Mn의 산화수 = +7

Mn SO_4^{2-}
( )×1 + (-2) = 0 → Mn의 산화수 = +2

15

pH 측정용 유리전극에서 pH를 측정하는 원리는?

① 흡착차
② 전위차
③ 이동상차
④ 분배도차

해설및용어설명 | pH 미터는 유리전극과 비교전극 간의 전위차를 이용하여 pH를 측정한다.

16

0.1038N 다이크로뮴산칼륨($K_2Cr_2O_7$) 30mL 시료를 0.1N 티오황산나트륨($Na_2S_2O_3$) 표준용액으로 적정하였더니 30mL가 소모되었을 때, 다이크로뮴산칼륨의 역가(F)는?

① 0.9634
② 0.1021
③ 0.1038
④ 1.038

해설및용어설명 |
NVF = N′V′F′(역가), 표준용액의 역가(f)는 1이다.
0.1N×30mL×1 = 0.1038N×30mL×F′
F = 0.9634

17

연실법과 접촉법에 의해 만들어지는 산은?

① 염산(HCl)
② 질산(HNO_3)
③ 황산(H_2SO_4)
④ 아세트산(CH_3COOH)

해설및용어설명 | 황산은 연실법과 접촉법에 의해 생산된다. 폭약, 염료, 화공약품 등에 사용된다.

정답 13 ② 14 ③ 15 ② 16 ① 17 ③

18

GHS-MSDS에 따라 그림문자로 화학물질의 유해성을 표시할 때 그 설명으로 틀린 것은?

① 흰색 배경 위에 흑색으로 심벌을 나타내고 적색 테두리가 분명하게 보이도록 심벌을 둘러싸야 한다.
② 기울어지지 않은 정사각형으로 표기하여, 사용자가 쉽게 인지할 수 있도록 나타내야 한다.
③ 그림문자의 배열은 유엔(UN)에서 정한 규칙을 따른다.
④ 급성 독성을 나타내는 그림문자의 심벌이름은 "해골과 X자형 뼈"이다.

해설및용어설명 | 유해성을 표시할 때는 마름모꼴의 기울어진 정사각형으로 표기한다.

19

전기적 활성인 물질에 전압을 걸고 전류를 측정하는 분석방법은?

① 전기량법   ② 전위차법
③ 전압전류법   ④ 전기전도도법

해설및용어설명 |
①전기량법은 전기분해과정에 의해 소비되거나 생성되는 전기량(C)을 측정하는 분석법이다.
②전위차법은 전위차(전압차)를 측정하는 분석법이다.
④전기전도도법은 전기전도도의 변화를 측정하는 분석법이다.

20

양이온 제4족을 정성분석할 때 다이메틸글리옥심을 최종 확인 시약으로 사용하는 이온은?

① 철   ② 니켈
③ 아연   ④ 코발트

해설및용어설명 |
니켈은 다이메틸글리옥심과 결합하여 빨간색의 침전물이 생긴다.
$C_4H_8N_2O_2(D.M.G) \rightarrow Ni(C_4H_8N_2O_2)_2$(빨간색 침전)

21

원자의 증기층에 특정 파장의 빛을 가해서 바닥상태에 있는 원자가 빛을 흡수하는 것을 이용한 분석법은?

① 전위차법   ② 전기분석법
③ 원자흡수분광법 ④ 크로마토그래피법

해설및용어설명 |
①전위차법은 전위차(전압차)를 이용한 분석법이다.
②전기분석법은 화학전지를 구성하는 분석용액의 전기적 성질을 이용한 분석법으로, 전해반응 또는 전극반응을 수반하는 분석법이다.
④크로마토그래피법은 혼합물인 시료를 고정상과 이동상 간의 물리·화학적 차이를 이용해 분리하는 분석법이다.

22

Pb | H_2SO_4 | PbO_2로 표시되는 축전지를 방전시킨 결과 음극이 12g이 증가되었다면 양극의 무게 증가량(g)은? (단, 각 원소의 원자량은 O는 16, S는 32, Pb는 207amu이다)

① 6   ② 8
③ 12   ④ 16

해설및용어설명 | 납축전지 방전 반응식
(+)극 : $PbO_2(s) + HSO_4^- + 3H^+ + 2e^- \rightarrow PbSO_4(s) + 2H_2O$
(-)극 : $Pb(s) + HSO_4^- \rightarrow PbSO_4(s) + H^+ + 2e^-$
_____
전체 : $PbO_2(s) + Pb(s) + 2H_2SO_4 \rightarrow 2PbSO_4(s) + 2H_2O$

(+)극과 (-)극에서 $PbO_2(s)$, $Pb(s)$는 황산과 1 : 1로 반응하면 같은 양의 $PbSO_4(s)$을 생성한다. 그러므로 먼저 반응한 황산의 몰수를 구해야 한다.
(-)극에서 $Pb(s) \rightarrow PbSO_4(s)$의 반응이 일어날 때 질량이 12g 증가하였다면 SO_4가 12g 증가한 것이다.

SO_4의 몰수 = $\dfrac{12g}{96g/mol}$ = 0.125mol(반응한 황산의 몰수와 같다)

(+)극에서 $PbO_2(s) \rightarrow PbSO_4(s)$이므로 SO_2는 반응한 황산의 몰수(0.125mol)만큼 증가한다.

SO_2의 질량 = 0.125mol × 64g/mol = 8g ← (+)극에서 증가한 질량

23

$CuSO_4$ 용액에 1시간 동안 20A의 전류를 통하였을 때, 음극에 석출되는 구리의 양(g)은? (단, 구리의 원자량은 63.5이다)

① 0.751
② 11.02
③ 23.69
④ 31.15

해설및용어설명 |
전하량(C) = 20A × 3,600s = 72,000C
1F = 전자 1mol의 전하량(96,500C = 1mol e^-)
Cu^{2+} 1mol을 석출하기 위해서는 2mol의 전자가 필요하므로
$\frac{72,000C}{2} \times \frac{1mol}{96,500C} = 0.373mol$
구리의 질량 = 0.373mol × 63.5g/mol = 23.69g

24

기체 크로마토그래피(GC)에서 액체 흡착제를 침투시킨 정지상이 시료를 분리하는 원리는?

① 분배 계수차
② 흡착 계수차
③ 고정상 계수차
④ 기체 확산속도의 차

해설및용어설명 | 기체 크로마토그래피(GC)는 액체 흡착제를 침투시킨 정지상과 기체 이동상 사이에서 분석물의 분배 계수차이를 이용한다.

25

반응속도에 대한 설명 중 틀린 것은?

① 대부분의 정촉매는 특정하게 반응속도를 증가시킨다.
② 반응물의 농도와 반응속도는 비례한다.
③ 온도와 반응속도는 비례한다.
④ 고체물질의 반응속도는 표면적이 작을수록 빠르다.

해설및용어설명 | 고체물질의 반응속도는 표면적이 클수록 빠르게 진행된다.

26

고성능 액체 크로마토그래피(HPLC)용 검출기에서 유리판으로 분리되어있는 두 셀을 통과하여 거의 모든 용질에 감응을 갖는 검출기는?

① 전기화학 검출기
② 형광 검출기
③ 시차굴절률 검출기
④ 자외선/가시광선 흡수 검출기

27

30wt% 황산 수용액의 농도(M)는? (단, 이 수용액의 밀도는 1.47g/cm³이고, 황산의 분자량은 98g/mol이다)

① 4.0
② 4.5
③ 5.0
④ 5.5

해설및용어설명 | 황산 수용액(황산 + 물)이 100g 있다고 가정하면 황산의 양은 30g이 된다.

- 황산의 몰수 = $\frac{30g}{98g/mol}$ = 0.31mol

- 황산 수용액의 부피 = $\frac{질량}{밀도}$ = $\frac{100g}{1.47g/cm^3}$ = 68.03cm³ = 68.03mL
  = 0.0683L

- 황산의 몰농도 = $\frac{몰수}{부피}$ = $\frac{0.31mol}{0.0683L}$ = 4.54mol/L = 4.54M

28

K^+의 불꽃반응을 관찰할 때 코발트 유리를 사용하는 경우는?

① 분석 시료에 NH_4^+이 함께 있을 때
② 분석 시료에 Mn_2^+이 함께 있을 때
③ 분석 시료에 Mg^{2+}이 함께 있을 때
④ 분석 시료에 Na^+이 함께 있을 때

해설및용어설명 | K^+(보라색), Na^+(노란색)이 함께 있을 때 코발트 유리를 통해서 불꽃반응을 관찰하면 Na^+의 노란색은 흡수되고 칼륨의 보라색만 보이게 된다.

29

이성질체가 존재하는 착이온은?

① $Cu(NH_3)_4^{2+}$
② $Cu(NH_3)_3(CN)^{2+}$
③ $Cu(NH_3)(CN)_3^{2+}$
④ $Cu(NH_3)_2(CN)_2^{2+}$

해설및용어설명 |

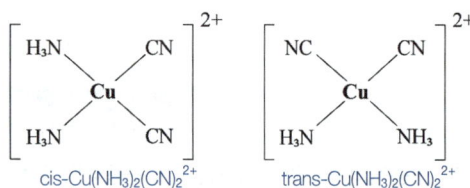

30

기체 크로마토그래피(GC)에서 사용하는 검출기가 아닌 것은?

① 전자 포획 검출기
② 이온 전도도 검출기
③ 열전도도 검출기
④ 불꽃 이온화 검출기

해설및용어설명 | 기체 크로마토그래피의 검출기 종류

검출기 종류	용도	이동상
불꽃 이온화 검출기(FID)	대부분의 유기화합물 검출	N_2, He, H_2(불꽃)
전자포획 검출기(ECD)	폴리염화비닐, 할로젠화물 (전자포획 원자를 포함한 유기화합물)	N_2, 공기/CH_4
질소, 인 검출기(NPD)	N, P화합물, 농약	He, N_2
열전도도 검출기(TDC)	운반기체와 열전도도 차이가 있는 유기화합물	He, N_2, H_2
불꽃 광도 검출기(FPD)	P, S화합물	N_2
원자 방출 분광 검출기(AED)	대부분의 유기화합물의 원소별 검출	N_2, H_2
질량분석 검출기(MSD)	모든 유기화합물 질량분석	He

② 이온 전도도 검출기는 액체 크로마토그래피에서 사용된다.

31

이온결합성 물질을 잘 녹이는 용매의 중요한 특징은?

① 밀도가 커야 한다.
② 극성이 커야 한다.
③ 비휘발성이어야 한다.
④ 온도가 높아야 한다.

해설및용어설명 | 이온결합물질은 물에 녹아 양이온과 음이온으로 해리된다. 즉, 용매의 극성이 클수록 잘 녹는다.

32

광학 분광기기의 시료용기 사용법으로 적절하지 않은 것은?

① 시료용기 안쪽에 묻은 오물은 휴지를 감은 막대기로 닦아낸다.
② 시료용기에 용액을 채울 때는 넘치게 담아낸 후 표면에 넘친 시약을 닦아내고 사용한다.
③ 시료용기는 건조시켜 사용하지 않고 측정하려는 용액으로 2~3번 씻어낸 다음 사용하여야 한다.
④ 시료용기를 씻을 때는 솔로 문질러 사용하지 않는다.

해설및용어설명 | 시료용기에 용액을 채울 때는 2~3회 측정하려는 용액으로 씻어낸 다음 적당량(용기의 70~80%) 또는 정확한 양을 채운다.

33

NH_4Cl과 NH_4OH 혼합 용액에 알칼리 용액을 조금씩 첨가하였을 때 액성의 변화는?

① 액성이 크게 변하지 않는다.
② 알칼리성이 강해진다.
③ 알칼리성이 약해진다.
④ 산성이 강해진다.

해설및용어설명 | NH_4Cl과 NH_4OH 혼합 용액은 완충용액으로 알칼리 용액을 첨가해도 액성이 크게 변하지 않는다.

34

$2H_2O \rightleftharpoons 2H_2 + O_2$의 압력 평형상수는?

$$CO_2 + H_2 \rightleftharpoons CO + H_2O \quad \cdots\cdots K_{p_1} = 2.00$$
$$2CO_2 \rightleftharpoons 2CO + O_2 \quad \cdots\cdots K_{p_2} = 1.00 \times 10^{-12}$$

① 1.0×10^{-12} ② 2.0×10^{-13}
③ 4.0×10^{-13} ④ 5.0×10^{-13}

해설및용어설명 | $2H_2O \rightleftharpoons 2H_2 + O_2$식을 만들기 위해 $CO_2 + H_2 \rightleftharpoons CO + H_2O$의 반응식의 생성물과 반응물의 위치를 바꾸고 2를 곱한 다음 $2CO_2 \rightleftharpoons 2CO + O_2$식을 더해준다.

$$2CO + 2H_2O \rightleftharpoons 2CO_2 + 2H_2 \quad \cdots\cdots \frac{1}{K_{p_1}} = 1/2.00 = 0.5$$
$$+ \; 2CO_2 \rightleftharpoons 2CO + O_2 \quad \cdots\cdots K_{p_1} = 1.00 \times 10^{-12}$$

$$= 2H_2O \rightleftharpoons 2H_2 + O_2 \quad \cdots\cdots \frac{1}{K_{p_1}} \times K_{p_2} = 5.0 \times 10^{-13}$$

35

Fe^{3+}/Fe^{2+} 및 Cu^{2+}/Cu로 구성되어 있는 전지에서 얻을 수 있는 전위(V)는?

[표준환원전위]
$Cu^{2+} + 2e^- \rightleftharpoons Cu(s) \quad \cdots\cdots E° = 0.339V$
$Fe^{3+} + e^- \rightleftharpoons Fe^{2+} \quad \cdots\cdots E° = 0.771V$

① 0.432 ② 1.110
③ 1.205 ④ 1.879

해설및용어설명 |
$E°_{전지} = E°_{환원} - E°_{산화} = 0.771V - 0.339V = 0.432V$
$E°$ 값이 클수록 환원되기 쉬워 환원전극(= 강한 산화제)이다.

36

아보가드로 법칙에 따라 이상기체 1mol이 차지하는 부피는 표준상태(0°C, 1atm)에서 22.4L이다. 이것을 활용하여 이상기체 상수(R[atm·L/mol·K])를 구한 값은?

① 6.02×10^{23} ② 0.082
③ 9.18 ④ 273.15

해설및용어설명 | PV = nRT(이상기체상태방정식)

$$R = \frac{PV}{nT} = \frac{1atm \times 22.4L}{1mol \times 273K} = 0.082 \, atm \cdot L/mol \cdot K$$

37

은과 철, 알루미늄과 마그네슘의 산화·환원반응이 아래와 같을 때, 두 개의 반응에서 산화제(Oxidizing agent)는?

$$Ag^+(aq) + Fe^{2+}(aq) \rightarrow Ag(s) + Fe^{3+}(aq)$$
$$2Al^{3+}(aq) + 3Mg(s) \rightarrow 2Al(s) + 3Mg^{2+}(aq)$$

① $Fe^{2+}(aq), \; Mg(s)$ ② $Ag^+(aq), \; Mg(s)$
③ $Ag^+(aq), \; Al^{3+}(aq)$ ④ $Fe^{2+}(aq), \; Al^{3+}(aq)$

해설및용어설명 | 산화제(Oxidizing agent)는 다른 물질을 산화시킬 수 있는 물질로 자신은 환원된다.

- $Ag^+(aq) \rightarrow Ag(s)$
  +1   0   산화수 감소(환원) → 산화제
- $Fe^{2+}(aq) \rightarrow Fe^{3+}(aq)$
  +2   +3   산화수 증가(산화)
- $2Al^{3+}(aq) \rightarrow 2Al(s)$
  +3   0   산화수 감소(환원) → 산화제
- $3Mg(s) \rightarrow 3Mg^{2+}(aq)$
  +0   +2   산화수 증가(산화)

38

다음 중 가시광선 영역에서 가장 파장이 짧은 빛의 색상은?

① 보라　　　② 파랑
③ 노랑　　　④ 빨강

해설및용어설명 | 자외선 - 가시광선(400 ~ 800nm) - 적외선
① 보라색의 파장이 가장 짧다.

39

이산화탄소가 0.035vol% 포함된 공기를 ppm 단위로 표기한 것으로 옳은 것은? (단, 공기는 표준상태이다)

① 687.5　　　② 350
③ 68.75　　　④ 35.0

해설및용어설명 |

$\dfrac{0.035}{100} \times 10^6 = 350\text{ppm}$

40

중화적정 실험에서 시약 취급 시 주의사항으로 옳지 않은 것은?

① 피펫으로부터 액체를 유출시킬 때 절대 입으로 불지 않고, 피펫 필러를 사용하여 빼낸다.
② 피펫으로 위험성 물질을 취급할 때는 반드시 안전 피펫이나 피펫 필러를 사용한다.
③ 유독가스가 나오는 시약은 환기장치가 설치된 곳에서 취급한다.
④ 발연성 물질을 용해 또는 가열할 때는 메스플라스크를 사용한다.

해설및용어설명 |
• 물질을 용해하거나 가열할 때는 비커 또는 삼각플라스크를 이용한다.
• 메스플라스크는 정확한 농도의 용액을 제조 또는 희석하기 위해 사용하는 유리기구이다.

41

다음 중 불포화탄화수소는?

① CH_4　　　② C_2H_6
③ C_2H_4　　　④ C_3H_8

해설및용어설명 | 불포화탄화수소는 이중결합이나 삼중결합을 가지고 있다.

포화탄화수소 일반식	불포화탄화수소일반식
알케인 C_nH_{2n+2}	알켄 C_nH_{2n} 알카인 C_nH_{2n-2}

42

다음 중 가수분해했을 때 주로 메탄올이 생성되는 화합물은?

① $HCOOH$　　　② CH_3COOCH_3
③ CH_3CH_2COOH　　　④ $CH_3COOCH_2CH_3$

해설및용어설명 | 메탄올은 CH_3OH이다.
② $CH_3COOCH_3 + H_2O \rightleftarrows CH_3COOH + CH_3OH$

43

다음 중 공유결합하기 가장 쉬운 것은?

① 같은 족의 원소 사이
② 같은 주기의 원소 사이
③ 전자를 내놓기 쉬운 금속 원소 사이
④ 전자를 내놓기 어려운 비금속 원소 사이

해설및용어설명 |
• 공유결합은 전자쌍을 공유하는 비금속과 비금속의 결합이다.
• 전자를 내놓기 어려운 비금속 사이에서 형성되기 쉽다.

정답 38 ① 39 ② 40 ④ 41 ③ 42 ② 43 ④

44

크로마토그램을 이용하여 정량분석을 하기 위해 양쪽 피크의 변곡점에 접선을 긋고, 이 두 선과 바탕선이 만나게 삼각형을 그렸을 때, 이 결과로 생긴 면적으로 물질의 성분량을 측정하는 방법은?

① 검량선법 ② 내부표준법
③ 면적측정법 ④ 면적백분율법

해설및용어설명 | ④ 면적백분율법은 크로마토그램의 전체 피크면적에 대해 해당 피크의 면적이 차지하는 비율을 사용하는 방법

45

산과 염기의 이온화 상수(K_a, K_b) 중 가장 강한 산은?

① $K_a = 1 \times 10^{-2}$ ② $K_a = 4 \times 10^{-5}$
③ $K_b = 3 \times 10^{-4}$ ④ $K_b = 2 \times 10^{-3}$

해설및용어설명 | 산 이온화 상수(K_a) 값이 클수록 더 강한 산이다.
$K_a \times K_b = K_w = 10^{-14}$의 관계이다.
③ $K_b = 3 \times 10^{-4}$를 K_a로 계산하면 $K_a = \dfrac{10^{-14}}{3 \times 10^{-4}} = 3.33 \times 10^{-11}$이다.
④ $K_b = 2 \times 10^{-3}$를 K_a로 계산하면 $K_a = \dfrac{10^{-14}}{2 \times 10^{-3}} = 5 \times 10^{-12}$이다.
산 이온화 상수 값이 큰 것은 ① $K_a = 1 \times 10^{-2}$이다.

46

모르(Mohr)법에 사용하는 지시약은?

① $AgNO_3$ ② K_2CrO_4
③ NH_4SCN ④ $C_5H_{12}O_5$: Fluorescein

해설및용어설명 | 침전 적정을 할 때 사용되는 모르법(Mohr method)는 지시약으로 크로뮴산칼륨(K_2CrO_4)를 사용한다.

47

알루미늄염 용액에 NH_4OH 용액 첨가로 $Al(OH)_3$의 침전물 생성 시, NH_4Cl를 가하는 이유가 아닌 것은?

① $Al(OH)_3$로 침전된 것의 용해도를 증가
② $Al(OH)_3$의 완전침전을 위해 pH 조절
③ $Al(OH)_3$가 콜로이드가 되는 것을 방지
④ 공통이온 효과를 증가시키기 위해

해설및용어설명 | 양이온 3족의 정성분석
NH_4OH의 알칼리성에서 NH_4Cl를 첨가하면 Al^{3+}은 $Al(OH)_3$로 침전을 형성한다.

48

다음 중 색을 나타내는 결합이나 원자단으로 작용하는 발색단은? (단, R은 알킬(alkyl)기를 나타낸다)

① RCl ② RNH_2
③ ROH ④ $RHC=O$

해설및용어설명 |
- 자외선 - 가시광선 영역에서 흡수하는 불포화 유기 작용기를 발색단이라 한다.
- 이중결합을 포함한 $RHC=O$이 발색단이다.

49

물질 A, B가 반응하여 C가 생성되는 반응의 화학반응식이 아래와 같을 때 참인 식은? (단, a, b, c는 정수이고, 하첨자 물질의 분자량은 $M_{하첨자}$로 나타낸다)

$$aA(g) + b(B)(g) \rightarrow cC(g)$$

① $a + b = c$
② $M_A + M_B = M_C$
③ $M_A/a + M_B/b = M_C/C$
④ $a \times M_A + b \times M_B = c \times M_C$

해설및용어설명ㅣ 질량보존의 법칙에 의해 반응물의 질량의 합과 생성물의 질량의 합은 같다.

예) $2H_2 + O_2 \rightarrow 2H_2O$
$2 \times 2 + 1 \times 32 = 2 \times 18$

50

아세트산과 에틸알코올을 각각 1몰씩 혼합하여 평형에 도달시킨 뒤 분석한 결과 아세트산에틸과 물이 각각 0.6몰씩 생성되었을 때, 이 반응의 평형상수는?

① 0.036
② 0.36
③ 1.50
④ 2.25

해설및용어설명ㅣ

CH_3COOH	+	C_2H_5OH	→	$CH_3COOC_2H_5$	+	H_2O
아세트산		에틸알코올		아세트산에틸		물
1mol - 0.6mol		1mol - 0.6mol		+ 0.6mol		+ 0.6mol

초기반응평형
0.4mol   0.4mol   0.6mol   0.6mol

이때의 평형상수는

평형상수(K) = $\frac{[아세트산에틸][물]}{[아세트산][에틸알코올]}$

평형상수(K) = $\frac{0.6 \times 0.6}{0.4 \times 0.4}$ = 2.25

51

다음 중 분자 물질의 고체, 액체, 기체 세 가지 상태로 가장 관계가 깊은 것은?

① 분자의 물리적 성질
② 분자의 화학적 성질
③ 분자 사이의 인력과 분자의 운동 에너지
④ 원자 사이의 결합에너지와 원자의 운동에너지

해설및용어설명ㅣ 물질이 에너지를 얻거나 잃어서 모양 또는 상태가 변화하는 현상을 물리적 변화라고 한다. 대표적으로 물질의 상태변화가 있으며 예시로 얼음의 액화, 물의 기화 등을 들 수 있다.

52

종이 크로마토그래피(PC)에 의한 분석 시 유의사항이 아닌 것은?

① 정성 분석용 종이를 사용하는 것이 좋다.
② 녹슨 가위나 칼로 종이를 자르지 않는다.
③ 작은 너비의 종이를 사용하는 것이 좋다.
④ 전개 용매는 휘발성 액체이므로 사용하지 않을 때는 용기의 뚜껑을 닫는다.

해설및용어설명ㅣ 종이의 너비가 너무 작으면 시료가 제대로 전개되지 않을 수 있어 시료의 양을 고려해 적당한 너비를 선택해야 한다.

49 ④ 50 ④ 51 ① 52 ③

53

전자기 복사선의 에너지(E)와 파장(λ)의 관계를 나타낸 식은? (단, h는 플랑크상수, c는 진공에서의 빛의 속도, ν는 진동수를 의미한다)

① $E = \lambda c$
② $E = hc$
③ $E = \dfrac{h\nu c}{\lambda}$
④ $E = \dfrac{hc}{\lambda}$

해설및용어설명 | 파장과 빛에너지의 관계는 다음과 같다.

$E = h\nu = \dfrac{hc}{\lambda}$

54

염화암모늄으로부터 암모니아를 만들고자 한다. 다음 시약 중 가장 적합한 것은?

① 페놀
② 황산
③ 아닐린
④ 수산화칼슘

해설및용어설명 | 염화암모늄을 염기성 용액을 넣고 가열하여 암모니아를 제조한다.

$2NH_4Cl + Ca(OH)_2 \rightarrow 2NH_3 + CaCl_2 + 2H_2O$

55

어떤 온도에서 포화 소금물 50g에 소금 10g이 녹아있을 때, 이 온도에서 소금의 용해도(g/100g$_{water}$)는?

① 10
② 15
③ 20
④ 25

해설및용어설명 |
용해도란 용매 100g에 최대로 녹을 수 있는 용질의 양이다.
포화 소금물 50g에는 소금(용질) 10g과 물(용매) 40g이 있다.
용매 100g이 기준이므로 비례식을 세워 계산하면 다음과 같다.
40 : 10 = 100 : x

$x = \dfrac{100 \times 10}{40} = 25$

100g에 소금 25g이 녹을 수 있으므로 용해도는 25이다.

56

19세기 초, 돌턴(Dalton)이 발표한 원자론으로 옳지 않은 것은?

① 물질은 매우 작고 쪼갤 수 없는 원자들로 구성되어 있다.
② 원자들은 화학반응으로 조성이 바뀌거나 새로운 원자가 만들어진다.
③ 서로 다른 원자들은 가장 간단한 정수비로 결합하여 화합물을 만든다.
④ 원자의 종류는 원소에 의해 정해지며, 같은 원소의 원자들은 모두 같은 질량을 가진다.

해설및용어설명 | 돌턴의 원자모형
- 모든 물질은 원자라는 더 이상 쪼갤 수 없는 작은 공 모양의 입자로 구성되어 있다.
- 같은 원소의 원자들은 크기, 질량 및 성질이 같다.
- 화학반응에서 원자는 재배열될 뿐 다른 원자로 바뀌거나 없어지지 않는다.
- 화합물은 화합물의 구성 성분 원자들이 일정한 비율로 결합한 것이다.

57

O^{2-}에 대한 설명으로 옳지 않은 것은?

① 음이온이다.
② 산소 분자이다.
③ 10개의 전자를 가지고 있다.
④ 중성의 산소 원자보다 전자 2개가 많다.

해설및용어설명 | 산소 분자는 O_2이다.

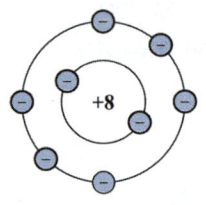
중성 산소원자

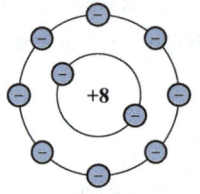
산소 음이온

58

액체 크로마토그래피에서 컬럼의 충진물로 실리카를 사용하는 이유로 옳은 것은?

① 실리카는 비극성이 강하다.
② 실리카 표면의 화학적 개질이 쉽다.
③ 높은 pH의 이동상에서 사용할 수 있다.
④ 실리카는 자체에 기공이 없는 물리적 특성을 가진다.

해설및용어설명 |
• 실리카를 충진물로 사용하는 이유는 실리카 입자의 다공성과 표면에 다양한 작용기를 결합시킬 수 있는 화학적 개질이 쉽기 때문이다.
• 실리카는 높은 pH에서 쉽게 용해된다.
• 실리카는 극성 물질이다.

59

독성 시약이 아닌 것은?

① 수은염   ② 사이안화물
③ 염화나트륨   ④ 비소화합물

해설및용어설명 | 염화나트륨은 소금의 주성분이다.

60

0.5N HCl 10L를 완전 중화시키기 위한 pH 13 NaOH의 부피(L)는?

① 20   ② 30
③ 40   ④ 50

해설및용어설명 | pH 13의 NaOH의 몰농도 계산

$pH = -\log[H^+] = 13$

$[H^+] = 10^{-13}M$

$pOH = 14 - pH = 1$

$[OH^-] = 10^{-1}M (= NaOH의 몰농도)$

NaOH의 당량수는 1이므로 $10^{-1}M = 10^{-1}N$이다.

$NV = N'V'$ 공식에 의해 NaOH 부피를 계산하면

$0.5N \times 10L = 10^{-1}N \times x$

$x = 50L$

CBT 복원문제 2023 * 3

01

다음에서 설명하는 법칙은?

> 평형 상태에 있는 반응계에 농도, 온도, 압력 등의 변화를 주면, 반응은 그 변화를 감소시키는 쪽으로 진행한다.

① 르 샤틀리에의 법칙
② 아보가드로의 법칙
③ 아레니우스의 법칙
④ 보일-샤를의 법칙

02

다음은 전해분석기 전극의 기름때를 세척하기 위한 용액 제조법이다. ( )에 들어갈 약품은?

세척액 제조 비율

$K_2Cr_2O_7$: Potassium dichromate	120g
( )	1000mL
H_2O : Water	1600mL

① HNO_3
② HCl
③ H_3PO_4
④ H_2SO_4

해설및용어설명 | Cleaning solution($K_2Cr_2O_7$ + H_2SO_4) : 유기 오염물질을 제거하는 데 효과적이다.
• 다이크로뮴산칼륨 : 산화제
• 진한 황산 : 탈수효과

03

분자 내 낮은 에너지 상태의 전자가 자외선 및 가시광선을 흡수하여 높은 에너지 상태로 변화할 때, 높은 에너지 상태를 어떤 상태라고 하는가?

① 들뜬 상태
② 바닥 상태
③ 발색 상태
④ 용해 상태

04

작은 값의 pH의 차이로 예민하게 색이 변하지 않으나, 넓은 범위의 색상 변화로 pH를 측정할 수 있는 것은?

① pH 시험지
② pH 지시약
③ 유리 전극
④ 만능 지시약

05

반응속도에 영향을 주는 인자로 가장 거리가 먼 것은?

① 촉매
② 반응온도
③ 반응물의 농도
④ 반응생성물의 색상

해설및용어설명 | 반응속도에 영향을 주는 인자
농도, 온도, 촉매, 표면적 등

06

밀폐된 반응기에서 아래와 같은 일산화질소를 생성하는 기상 반응이 일어나고 있다. 이 반응기에서 생성된 일산화질소를 제거 했을 때 일어나는 반응은?

$$N_2(g) + O_2(g) \rightleftarrows 2NO(g)$$

① 역반응이 우세하게 일어난다.
② 정반응이 우세하게 일어난다.
③ 특별한 변화를 보이지 않는다.
④ 산소와 질소의 농도가 증가한다.

해설및용어설명 | 생성된 일산화질소를 제거하면 '르 샤틀리에의 법칙'에 의해 일산화질소를 생성하려는 방향으로 반응이 진행된다. 그러므로 정반응이 우세하게 일어난다.

07

우라늄($^{235}U_{92}$)이 아래와 같은 과정으로 악티늄(Ac)을 만들 때, 악티늄의 원자번호는?

$$U \xrightarrow{\alpha} Th \xrightarrow{\beta} Pa \xrightarrow{\alpha} Ac$$

① 83
② 85
③ 89
④ 90

해설및용어설명 |
- α붕괴 : 양성자가 2, 질량수가 4 감소한다.
- β붕괴 : 양성자가 1개 증가한다.
$^{235}U_{92} \rightarrow {}^{231}Th_{90}(토륨) \rightarrow {}^{231}Pa_{91}(프로트악티늄) \rightarrow {}^{277}Ac_{89}$이므로 악티늄의 원자번호는 89이다.

08

고성능 액체 크로마토그래피(HPLC)의 기기장치 중 펌프가 갖추어야 할 조건이 아닌 것은?

① 여러 용매에 잘 부식되지 않아야 한다.
② 6000psi까지의 압력을 발생시킬 수 있어야 한다.
③ 펌프에서 나오는 용매의 공급은 펄스가 커야 한다.
④ 흐름속도는 0.1 ~ 10mL/min 정도로 조절이 가능해야 한다.

해설및용어설명 | 고성능 액체 크로마토그래피(HPLC)의 펌프장치 조건
- 6,000psi(414bar)까지의 압력을 발생시킬 수 있어야 한다.
- 펌프에서 나오는 용매의 공급은 펄스가 없어야 한다.
- 0.1 ~ 10mL/min 범위로 흐름속도 조절이 가능해야 한다.
- 흐름속도 재현성의 상대오차는 0.5% 이하로 유지해야 한다.
- 펌프 내의 부분 장치는 부식되거나 여러 용매와 화학반응이 없어야 한다.

09

물질의 분류에서 '설탕물'의 분류는?

① 순물질
② 화합물
③ 단량체
④ 균일혼합물

해설및용어설명 | 설탕은 균일혼합물에 속한다. 균일혼합물이란 혼합물의 조성이 일정한 혼합물을 말한다.

10

액체 크로마토그래피(LC)의 이동상 용매로 가장 적당한 것은?

① 테트라하이드로푸란
② 산소
③ 질소
④ 헬륨

해설및용어설명 | 액체 크로마토그래피(LC)의 이동상은 액체를 사용하며 주로 물, 아세토나이트릴, 프로판올, 이소프로판올, 테트라하이드로푸란, 메탄올, 에탄올 등 분석물의 목적에 맞게 사용한다.

11

공업용 NaOH의 순도를 알고자 4.0g을 물에 용해시켜 1L로 하고 그 중 20mL를 취하여 0.1N H_2SO_4로 중화시키는 데 15mL가 소요되었을 때, NaOH의 순도(%)는? (단, Na와 S의 원자량은 각각 23amu, 32amu이다)

① 65   ② 75
③ 85   ④ 95

해설및용어설명 |

$NV = N'V'$ 공식 이용하여 NaOH 계산

$x \times 20mL = 0.1N \times 15mL$

$x = 0.075N$이므로, NaOH = 0.075M(NaOH는 당량수가 1이므로)

NaOH 0.075M에는 용액 1L에 NaOH 0.075mol 있다. 질량을 계산하면

NaOH의 질량 $= 0.075mol \times \dfrac{40g}{mol} = 3.0g$

순도의 계산

NaOH의 순도 $= \dfrac{3.0g}{4.0g} \times 100 = 75\%$

12

기체 크로마토그래피(GC)의 검출기로 아래와 같은 특징을 갖는 것은?

- 시료를 파괴하는 단점이 있다.
- 응용성이 넓은 검출기이다.
- 튼튼하고 사용이 편리하다.
- 감도가 높고 노이즈(noise)가 적다.

① 불꽃이온화검출기   ② 전자포획검출기
③ 열이온검출기   ④ 열전도도검출기

13

54g의 금속을 묽은 황산에 녹였더니 3몰의 수소가 발생했다. 이 금속의 원자가를 3가라 할 때, 이 금속의 원량(amu)은?

① 9   ② 18
③ 27   ④ 54

해설및용어설명 | 미지 금속과 황산의 반응식

$(\ )M^{3+} + (\ )H_2SO_4 \rightarrow 3H_2 + (\ )M_2(SO_4)_3$

( ) 안에 들어갈 숫자를 미정계수법으로 맞춰준다.

반응식 : $2M^{3+} + 3H_2SO_4 \rightarrow 3H_2 + M_2(SO_4)_3$

2몰의 금속 54g이 반응하여 3몰의 수소를 생성하므로, 1몰의 금속은 27g이 된다.

금속의 분자량 $= \dfrac{질량}{몰수} = \dfrac{27g}{3mol} = 9g/mol$

14

다음 중 결합력이 가장 약한 것은?

① 이온 결합   ② 공유 결합
③ 금속 결합   ④ 반데르발스 결합

해설및용어설명 |

- 반데르발스는 중성인 분자에서 극히 근거리에만 작용하는 약한 인력이다.
- 반데르발스 결합은 분자 간에 작용하는 힘으로서 분산력, 이중극자 간의 인력 등이 있다.

15

유기화합물의 전자전이 중 가장 큰 에너지가 필요한 것은?

① $\sigma \rightarrow \sigma^*$ ② $n \rightarrow \sigma^*$
③ $n \rightarrow \pi^*$ ④ $\pi \rightarrow \pi^*$

해설및용어설명 | 에너지의 크기는 $\sigma \rightarrow \sigma^*$가 가장 크며, $n \rightarrow \pi^*$가 가장 작다.

16

이소프렌, 부타디엔, 클로로프렌을 원료로 제조할 수 있는 물질은?

① 합성고무　　② 비료
③ 설탕　　④ 유리

해설및용어설명 |
- 고분자는 분자량이 10,000 이상인 화합물을 말하며, 중합체(polymer)이다.
- 합성고분자는 인위적으로 단위체를 반복적 결합하여 만든 물질이다.
- ① 합성고무는 합성고분자에 속하며 이소프렌, 부타디엔, 클로로프렌 등을 이용하여 제조할 수 있다.

17

이온화 에너지를 결정하는 것이 아닌 것은?

① 중성자 수　　② 핵의 전하
③ 가리움 효과　　④ 핵과 전자 사이의 평균 거리

해설및용어설명 |
- 이온화 에너지는 바닥상태에 있는 원자핵으로부터 전자 1개를 떼어내는 데 필요한 최소에너지(kJ/mol)이다.
- 가리움 효과란 전자와 전자 사이의 정전기적 반발력이 원자의 핵과 전자 사이의 인력을 약화시키는 효과이다.
- ① 중성자는 중성이므로 이온화 에너지를 결정하는 인자로 볼 수 없다.

18

비어-람베르트 법칙(beer-Lambert law)이 갖는 한계점에 대한 설명으로 틀린 것은?

① 미광 복사선은 흡수가 되지 않아서 편차가 생긴다.
② 분석물질이 반응하여 겉보기 화학 편차가 생긴다.
③ 분자 간에 많은 상호작용이 필요하므로 0.01M 이상의 높은 농도만 적용 가능하다.
④ 단색 복사선만 적용이 가능하다.

해설및용어설명 | Beer 법칙의 한계
- 흡광도가 농도에 비례하는 것은 편차가 있다.(화학적 편차, 기기편차)
- 분자 간 상호작용으로 낮은 농도의 분석물에서만 적용된다.(높은 농도에서 분자 사이의 거리가 가까워져 에너지 준위가 변한다)
- 전해질에서 흡수화학종과 이온 간의 상호작용으로 몰흡광계수가 변한다. (묽혀서 해결)
- 몰흡광계수(ε)가 굴절률에 따라 달라진다.
- beer의 법칙은 단색 복사선에서만 적용된다.

19

흡광도가 0.5인 용액의 농도가 0.01mol/L이고, 측정 셀의 두께가 1cm일 때, 이 용액의 몰흡광계수(L/mol·cm)는?

① 0.01　　② 0.5
③ 1　　④ 50

해설및용어설명 |
$A = -\log T = \varepsilon bc$
(A : 흡광도, T : 투과도, ε : 몰흡광계수, b : 시료의 두께, c : 시료의 농도)
$0.5 = \varepsilon \times 1cm \times 0.01mol/L$
$\varepsilon = 50 L/mol \cdot cm$

20

물에 대한 고체 물질의 용해도에 관한 설명 중 (　)에 들어갈 것으로 옳은 것은?

> 일반적으로 용해도는 물 (　)에 최대로 녹을 수 있는 용질의 g이다.

① 1L　　② 100g
③ 100mL　　④ 1kg

해설및용어설명 | 용해도는 용질이 용매에 포화상태가 될 때까지 녹을 수 있는 정도를 수치로 나타낸 것으로 물 100g에 최대로 녹을 수 있는 용질의 양을 의미한다.

21

용액 내 이온이 아래와 같을 때, 이 용액의 액성은? (단, 대괄호 '[ ]'는 괄호 안 이온의 농도를 의미한다)

$$[H^+] > [OH^-]$$

① 알칼리성 ② 알 수 없다.
③ 중성 ④ 산성

해설및용어설명 | 수용액 속의 $[H^+]$이온의 농도가 $[OH^-]$이온보다 높으면 산성 용액, 반대로 $[H^+]$이온의 농도보다 $[OH^-]$이온의 농도가 더 높으면 염기성 용액, 같으면 중성 용액이라고 한다.

22

0.01M Ca^{2+} 50.0mL를 0.05M EDTA로 적정할 때, 당량점까지 필요한 EDTA 용액의 부피(mL)는?

① 10 ② 25
③ 50 ④ 100

해설및용어설명 | EDTA 1mol에 대한 금속 이온 결합의 비는 1 : 1이다. MV = M'V' 공식을 활용한다.

0.01M×50mL = 0.05M×xmL

x = 10mL

23

다음 중 휘발성과 가연성이 가장 강한 용매는?

① 물 ② 에터
③ 과산화수소 ④ 사염화탄소

해설및용어설명 | 에터는 휘발성이 강하며 작은 충격과 마찰에도 공기 중의 산소와 결합하여 매우 격렬하게 폭발한다.

24

화합물의 명명법이 틀린 것은?

① $(NH_4)_2SO_4$: 황산암모늄
② $SiCl_4$: 사염화규소
③ $NaClO_3$: 아염소산나트륨
④ Na_2SO_3 : 아황산나트륨

해설및용어설명 | ③ $NaClO_3$은 염소산나트륨이며, 아염소산나트륨은 $NaClO_2$이다.

25

740mmHg에서 320mL의 기체를 일정한 온도에서 640mmHg로 감압하였을 때 기체의 부피(mL)는?

① 276 ② 370
③ 600 ④ 1,480

해설및용어설명 | 보일의 법칙 공식인 $P_1V_1 = P_2V_2$ 공식을 이용한다.

740mmHg×320mL = 640mmHg×x

x = 370mL

26

다음 중 공유결합을 형성하기 쉬운 것은?

① 같은 족의 원소 사이
② 같은 주기의 원소 사이
③ 전자를 내놓기 쉬운 금속 원소 사이
④ 전자를 내놓기 어려운 비금속 원소 사이

해설및용어설명 | 공유결합은 전자쌍을 공유하는 비금속과 비금속의 결합이다. 전자를 내놓기 어려운 비금속 사이에서 형성되기 쉽다.

정답 21 ④ 22 ① 23 ② 24 ③ 25 ② 26 ④

27

방향족 탄화수소가 아닌 것은?

① 벤젠　　　　　② 자일렌
③ 에틸렌　　　　④ 톨루엔

해설및용어설명 | 에틸렌(C_2H_4)은 지방족 탄화수소이다.

28

양이온 제1족 Ag^+, Hg_2^{2+}, Pb^{2+} 염화물을 용해도곱 상수(K_{sp})가 큰 순서로 바르게 나타낸 것은?

① $PbCl_2 > Hg_2Cl_2 > AgCl$
② $PbCl_2 > AgCl > Hg_2Cl_2$
③ $Hg_2Cl_2 > AgCl > PbCl_2$
④ $AgCl > PbCl_2 > Hg_2Cl_2$

29

실험실에서 유리기구 등에 묻은 기름을 산화시켜 제거하는 데 사용되는 클리닝 용액(cleaning solution)은?

① 다이크로뮴산칼륨 + 진한 황산
② 질산은 + 포름알데하이드
③ 브로민화은 + 하이드로퀴논
④ 다이크로뮴산칼륨 + 황산제일철

해설및용어설명 | Cleaning solution($K_2Cr_2O_7 + H_2SO_4$) 유기 오염물질을 제거하는 데 효과적이다.
- 다이크로뮴산칼륨 : 산화제
- 진한 황산 : 탈수효과

30

분자 내에서는 극성 공유결합이지만, 구조가 대칭이어서 비극성 분자인 것은?

① CH_2Cl_2　　　② CCl_4
③ $CHCl_3$　　　　④ CH_3Cl

해설및용어설명 | 사염화탄소(CCl_4)는 분자 전체적으로 극성을 띠지 않는 비극성 분자이다.

31

크로마토그래피에 대한 설명으로 틀린 것은?

① 종이 크로마토그래피의 이동상은 종이이다.
② 기체 크로마토그래피의 이동상은 기체이다.
③ 액체 크로마토그래피의 이동상은 액체이다.
④ 얇은 막 크로마토그래피의 이동상은 액체이다.

해설및용어설명 | ① 종이 크로마토그래피 이동상은 액체, 정지상은 종이이다.

32

전위차 적정법의 원리로 틀린 것은?

① 산화-환원 반응을 이용하는 적정법이다.
② 반응물질의 전위차 변화를 이용한다.
③ 액간 접촉 전위차 측정이 중요하다.
④ 전해분석으로서 음극의 전위차를 측정한다.

해설및용어설명 | 전위차 적정법은 기준전극과 지시전극 사이의 전위차 변화를 측정하여 당량점을 결정하는 방법이다.

33

다음 중 단당류 탄수화물인 것은?

① 녹말　　② 글리코겐
③ 셀룰로오스　　④ 포도당

해설및용어설명 | 포도당은 대표적인 단당류이다.

34

에탄올에 진한 황산을 넣고 180℃에서 반응시켰을 때 알코올의 탈수반응으로 생성되는 물질은?

① CH_3OH　　② $CH_2=CH_2$
③ $(CH_3CH_2)_2S$　　④ $CH_3CO_2SO_3H$

해설및용어설명 | 알코올의 탈수반응

$$H-\underset{H}{\underset{|}{\overset{H}{\overset{|}{C}}}}-\underset{OH}{\underset{|}{\overset{H}{\overset{|}{C}}}}-H \xrightarrow{황산(H_2SO_4)} \underset{H}{\overset{H}{C}}=\underset{H}{\overset{H}{C}} + H_2O$$

35

$CuSO_4$ 수용액에 10A의 전류가 3시간 동안 흘렀을 때, 석출되는 Cu의 질량(g)은? (단, 1몰의 전자는 96,500C의 전하량을 가지며, Cu의 원자량은 63.5amu이다)

① 35.5　　② 45.5
③ 55.5　　④ 65.5

해설및용어설명 |
전하량(C) = 10A × 3h × 3,600s = 108,000C
1F = 전자 1mol의 전하량(96,500C = 1mol e⁻)
Cu^{2+} 1mol을 석출하기 위해서는 2mol의 전자가 필요하므로

구리의 몰수 = $\frac{108,000C}{2mol} \times \frac{1mol}{96,500C}$ = 0.5596mol

구리의 질량 = 0.5596mol × 63.5g/mol = 35.5g

36

크로뮴 산화물 A와 B의 산화수 합은?

CrO_3 ·················· A
Cr_2O_3 ·················· B

① -3　　② +3
③ +6　　④ +9

해설및용어설명 |

Cr　　O_3
( ) + (-2)×3 = 0 → Cr = +6

Cr_2　　O_3
( ) + (-2)×3 = 0 → Cr_2 = +6 → Cr = +3

두 값을 더하면 6 + 3 = 9

37

물 500mL에 메탄올을 40.0mL를 넣어 혼합한 용액에서 메탄올의 부피백분율(vol%)은? (단, 물과 에탄올은 이상용액이라 가정한다)

① 5.41　　② 6.41
③ 7.41　　④ 8.41

해설및용어설명 |

부피백분율(vol%) = $\frac{40.0mL}{500mL + 40.0mL} \times 100$ = 7.41vol%

38

화학 실험실에서 발생하는 안전사고 및 예방에 관한 설명 중 옳은 것은?

① 실험 후 손을 깨끗이 씻어야 한다.
② 피펫 사용 시 입으로 불어 사용해도 좋다.
③ 손에 상처가 있을 때는 유독물을 조심스럽게 사용해야 한다.
④ 유독성 가스는 실험실 내에서 숨을 잠깐 멈추고 신속히 사용한다.

해설및용어설명 |
② 피펫 사용 시 입을 사용하지 않는다.
③ 손에 상처가 있을 시 유독물 사용을 금한다.
④ 유독성 가스는 실험실 내의 환기장치인 후드 아래에서 이용한다.

39

다이크로뮴산칼륨 표준용액 1,000ppm으로 10ppm의 시료용액 100mL를 제조하고자 할 때 필요한 표준용액의 부피(mL)는?

① 0.1
② 1
③ 10
④ 100

해설및용어설명 | $MV = M'V'$ 공식을 이용한다.
$1,000\text{ppm} \times V = 10\text{ppm} \times 100\text{mL}$
$V = 1\text{mL}$

40

이산화황이 산화제로 작용한 반응은?

① $SO_2 + H_2O \rightleftarrows H_2SO_3$
② $SO_2 + NaOH \rightleftarrows NaHSO_3$
③ $SO_2 + 2H_2S \rightleftarrows 3S + 2H_2O$
④ $SO_2 + Cl_2 + 2H_2O \rightleftarrows H_2SO_4 + 2HCl$

해설및용어설명 | 이산화황이 산화제로 작용하려면 이산화황은 환원되고 반응물질은 산화되어야 한다.
- 산화 : 산소를 얻는 반응, 양성자를 잃는 반응, 전자를 잃는 반응, 산화수 증가
- 환원 : 산소를 잃는 반응, 양성자를 얻는 반응, 전자를 얻는 반응, 산화수 감소
③ $SO_2 + 2H_2S \rightleftarrows 3S + 2H_2O$에서 이산화황은 산소를 잃어 환원되었다.

41

용해와 관련된 아래의 현상을 설명할 수 있는 효과는?

> 염의 이온 중 하나가 이미 용액 중에 있으면 그 염이 포함된 용액을 첨가했을 때, 염의 용해도는 감소한다.

① 공통이온 효과
② 콜로이드 효과
③ 투석 효과
④ 삼투압 효과

해설및용어설명 | 공통이온 효과는 용해되어 있는 이온과 같은 이온을 첨가하면 평형의 이동 및 용해도가 감소하는 현상을 말한다.

42

산에 대한 설명 중 옳지 않은 것은?

① 염기와 중화반응 한다.
② 신맛이 있다.
③ 금속과 반응하면 수소가 발생한다.
④ 붉은 리트머스를 푸르게 변색시킨다.

해설및용어설명 | 산에서는 푸른 리트머스를 붉게 변색시킨다.

43

질량수가 23인 나트륨의 원자번호가 11이라면 양성자수는?

① 23
② 34
③ 12
④ 11

해설및용어설명 | 양성자수는 원자번호와 같다.(중성 원소의 경우 전자의 수도 같다)

44

다음 중 일반적으로 물에 가장 잘 녹는 염은?

① 염화물   ② 인산염
③ 질산염   ④ 황산염

해설및용어설명 | 질산염은 일반적으로 물에 잘 녹는다.

45

원자나 이온의 핵의 전하량 변화에 따른 반지름의 변화를 확인할 때 가장 적합한 것은?

① Li, Na, K, Rb
② Na, Mg, O, F
③ F^+, F^-, Cl^+, Cl^-
④ S^{2-}, Cl^-, K^+, Ca^{2+}

해설및용어설명 |
- 핵의 전하량 변화에 따른 반지름의 변화는 같은 주기의 원자들을 비교한다.
- S^{2-}, Cl^-, K^+, Ca^{2+}은 이온상태로 껍질의 수는 같다. 그러므로 원자번호(양성자 수)가 커질수록 양성자가 전자를 끌어당기는 힘이 크기 때문에 이온의 반지름은 작아진다.

46

용액에 대한 설명으로 옳은 것은?

① 몰농도는 용액 1L 중에 들어 있는 용질의 질량이다.
② 질량 백분율은 용질의 질량을 용액의 부피로 나눈 값이다.
③ 몰분율은 용액 중 어느 한 성분의 몰수를 용액 전체의 몰수로 나눈 값이다.
④ 물에 대한 고체의 용해도는 일반적으로 물 1,000g에 녹아 있는 용질의 질량이다.

해설및용어설명 |
① 몰농도는 용액 1L 중에 들어 있는 용질의 몰수를 말한다.
② 질량 백분율은 용질의 질량을 용액의 질량으로 나눈 값을 말한다.
④ 물에 대한 고체의 용해도는 일반적으로 물 100g에 최대로 녹을 수 있는 용질의 질량을 말한다.

47

다음 보기 중 이온화에너지가 두 번째로 작은 원소는?

① 규소   ② 나트륨
③ 알루미늄   ④ 마그네슘

해설및용어설명 | 이온화에너지란 바닥상태에 있는 원자핵으로부터 전자 1개를 떼어내는 데 필요한 최소에너지이다. 같은 주기의 경우 원자번호가 증가할수록 유효핵전하가 커져 이온화에너지가 증가하는 경향이 있다.

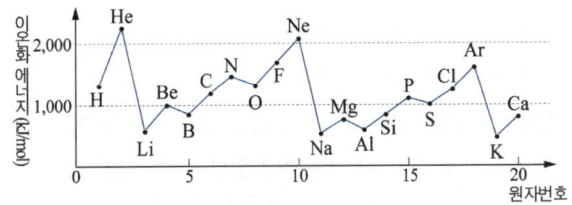

이온화에너지 주기성

- $_{11}Na$의 바닥상태 전자배치 : $[Ne]3s^1$
- $_{12}Mg$의 바닥상태 전자배치 : $[Ne]3s^2$
- $_{13}Al$의 바닥상태 전자배치 : $[Ne]3s^23p^1$

마그네슘과 알루미늄의 바닥상태 전자배치에서 알루미늄의 최외각전자를 하나 제거하기가 더 쉽기 때문에 마그네슘의 이온화에너지가 더 높다.

48

초임계 유체 크로마토그래피의 이동상으로 가장 많이 사용되는 기체는?

① 메테인   ② 암모니아
③ 일산화질소   ④ 이산화탄소

해설및용어설명 | 초임계 유체 크로마토그래피의 이동상으로는 주로 이산화탄소(CO_2)를 사용하며, 에테인, 암모니아 등이 사용된다.

49

종이 크로마토그래피를 이용하여 n-부탄과 염산 혼합용액을 사용하였다. 이때 몇몇 금속 이온의 이동도를 측정하였을 때, 분석 결과의 해석으로 옳은 것은?

이온	원자량	이동도	황화암모늄에 의한 발색
Bi^{3+}	209	0.50	갈색
Cd^{2+}	112	0.60	황색
Cu^{2+}	64	0.15	흑갈색

① 원자량이 크면 이동도가 크다.
② 이온가가 크면 많이 이동도가 크다.
③ 원점으로부터 가장 많이 이동하는 것은 Cu^{2+}이다.
④ 이동도는 원자량이나 이온가에 영향을 받지 않는다.

해설및용어설명 |
①, ② 원자량과 이온가가 가장 큰 Bi^{3+} 이온은 이동도가 가장 크지는 않다.
③ 원점으로부터 가장 많이 이동하는 것은 이동도가 가장 큰 Cd^{2+}이다.

50

명반 중의 알루미늄 정량법에서 수산화알루미늄 침전에 사용하는 지시약은?

① EBT
② 메틸레드
③ 메틸오렌지
④ 페놀프탈레인

해설및용어설명 | 지시약으로는 페놀레드 또는 메틸레드를 사용한다.

51

폴하드(Volhard) 적정법은 과량으로 사용한 은이온(Ag^+)을 티오시아네이트이온(SCN^-)으로 적정하는 것이다. 이때 적당한 지시약은?

① Starch(전분)
② $Fe(NO_3)_3$
③ $Cu(NO_3)_2$
④ $KMnO_4$

해설및용어설명 | 지시약으로는 Fe^{3+}을 이용한다.

52

0.001mol/L 염산 수용액의 pH는? (단, 염산의 전리도는 1이다)

① 1
② 2
③ 3
④ 4

해설및용어설명 |
$pH = -\log[H^+]$
　　$= -\log[0.001]$
　　$= -\log[10^{-3}]$
　　$= 3$

53

P형 반도체를 만드는 데 사용하는 것은?

① P
② Ga
③ Sb
④ As

해설및용어설명 | P형 반도체는 순수한 반도체 물질에 불순물을 첨가하여 정공이 증가하게 만든 것이다. P는 15족에 해당하며 최외각 전자가 3개인 13족 원소 불순물을 첨가하여 만든다. 보기 중 13족 원소에 해당하는 것은 Ga(갈륨)이다. Sb(안티몬), P(인), As(비소)는 N형 반도체를 제조하기 위해 사용되는 불순물이다.

54

다음 중 분자의 입체구조가 정사면체가 아닌 것은?

① CH_4
② NH_3
③ BH_4^-
④ NH_4^+

해설및용어설명 | NH_3는 공유전자쌍 3개, 비공유 전자쌍이 1개이므로 삼각뿔의 구조를 나타낸다.

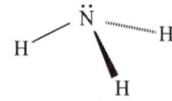

55

다음 중 가수분해하여 산성을 나타내는 것은?

① NH_4Cl ② $NaCl$
③ K_2SO_4 ④ CH_3COONa

해설및용어설명 |
① $NH_4^+ + Cl^- + H_2O \rightleftharpoons NH_3 + Cl^- + H_3O^+$
② $Na^+ + Cl^- + H_2O \rightleftharpoons NaOH + HCl$
③ $2K^+ + SO_4^{2-} + 2H_2O \rightleftharpoons KOH + H_2SO_4$
④ $CH_3COO^- + Na^+ + H_2O \rightleftharpoons NaOH + CH_3COOH$

56

$SrCO_3$, $BaCO_3$ 및 $CaCO_3$를 모두 녹일 수 있는 시약은?

① NH_4OH ② NH_4Cl
③ C_2H_5OH ④ CH_3COOH

해설및용어설명 | 제시된 물질은 모두 CO_3를 포함하고 있기 때문에 CH_3COOH와 만나면 $4CO_3 + CH_3COOH \rightarrow 6CO_2 + 2H_2O$의 반응이 일어나게 된다.

57

부피 측정용 유리 기구가 아닌 것은?

① 뷰렛 ② 피펫
③ 메스실린더 ④ 분별 깔때기

해설및용어설명 | 분별 깔때기는 서로 섞이지 않는 액체-액체 간의 밀도 차이를 이용해 추출에 사용된다.

58

파장이 10^{-3}m인 진동을 주파수(cm^{-1})로 환산한 값은?

① 1 ② 10
③ 100 ④ 1,000

해설및용어설명 |
10^{-3}m = 1mm = 0.1cm

$\nu(파수) = \dfrac{1}{\lambda(파장)} = \dfrac{1}{0.1cm} = 10cm^{-1}$

59

분광광도계에서 광전관, 광전자증배관, 광전도셀 등을 사용하여 빛의 세기를 측정하는 장치 부분은?

① 광원부 ② 검출부
③ 시료부 ④ 파장선택부

해설및용어설명 | 검출부는 빛이 시료를 통과하기 전과 후의 빛의 감도를 측정하여 시료가 흡수한 빛의 양을 전기적 신호로 변환한다. 광전증배관, 광전관, 광다이오드어레이 등의 검출기를 사용한다.

60

다음과 같은 GHS 그림문자가 있는 화학물질은?

① TNT ② 황산
③ 염소 ④ 질산

해설및용어설명 | 문제에 제시된 GHS 그림문자는 폭발성물질 경고표지이다. TNT(트라이나이트로톨루엔)는 폭발성 물질이다.

CBT 복원문제 2024 * 1

01

다음 염소산 화합물의 세기순서가 옳게 나열된 것은?

① HOCl > HClO₂ > HClO₃ > HClO₄
② HClO₄ > HOCl > HClO₃ > HClO₂
③ HClO₄ > HClO₃ > HClO₂ > HOCl
④ HOCl > HClO₃ > HClO₂ > HClO₄

02

벤젠의 반응에서 소량의 철이 존재할 때 벤젠과 염소가스를 반응시키면 수소 원자와 염소 원자의 치환이 일어난다. 이때 생성되는 화합물의 명칭은?

① 클로로벤젠 ② 페놀
③ 나이트로벤젠 ④ 톨루엔

03

실험실 안전수칙에 대한 설명으로 틀린 것은?

① 시약병 마개를 실습대 바닥에 놓지 않도록 한다.
② 실험 실습실에 음식물을 섭취하지 않는다.
③ 시약병에 꽂혀 있는 피펫을 다른 시약병에 넣지 않도록 한다.
④ 화학약품의 냄새를 부득이하게 맡아야 하는 경우 직접 맡는다.

해설및용어설명 | 화학약품의 냄새는 직접 맡지 않도록 하며 부득이하게 냄새를 맡아야 할 경우에는 손으로 코가 있는 방향으로 증기를 날려서 맡는다.

04

0족 원소 중 공기 중에 가장 많이 들어 있는 기체는?

① 헬륨 ② 질소
③ 아르곤 ④ 산소

해설및용어설명 | 공기의 구성
- 질소(78%)
- 산소(21%)
- 아르곤(0.9%)
- 이산화탄소(0.03%)
- 기타 물질

05

101,325kPa에서 부피가 22.4L인 어떤 기체가 있다. 이 기체를 같은 온도에서 압력을 202,650kPa으로 하면 부피는 얼마가 되겠는가?

① 5.6L ② 11.2L
③ 22.4L ④ 44.8L

해설및용어설명 | 압력이 2배가 되므로 부피는 1/2배가 된다. (보일의 법칙)

06

원자흡광광도계(AAS)에 대한 설명으로 틀린 것은?

① 단색화 장치로 필터를 쓴다.
② 광원 – 원자화 장치 – 단색화 장치 – 검출기로 구성되어 있다.
③ 미량의 시료 측정이 가능하다.
④ 흑연로 원자화 장치는 비 불꽃 원자화 방법이다.

해설및용어설명 | 원자흡광광도계는 단색화 장치로 회절발을 사용한다.

07

적하수은 전극을 사용하는 폴라로그래피로 분석물을 적정할 때, 미지시료에 이미 알고 있는 양의 분석물질을 첨가한 다음 증가된 신호로부터 미지시료 중의 분석물질의 양을 알아내는 방법은?

① 표준물첨가법
② 내부표준법
③ 외부표준법
④ 내부첨가법

해설및용어설명 | 내부표준법
이미 양을 알고 있는 내부표준물(분석물과는 다른 물질)을 미지시료에 첨가하여 분석물질의 신호와 내부표준물질의 신호를 비교하는 방법

08

람베르트-비어(Lambert-Beer)의 법칙에 대한 설명으로 틀린 것은?

① 흡광도는 액층의 두께에 비례한다.
② 투광도는 용액의 농도에 반비례한다.
③ 흡광도는 용액의 농도에 비례한다.
④ 투광도는 액층의 두께에 비례한다.

해설및용어설명 |
④ 투광도는 액층의 두께에 반비례한다.

09

다음 중 이온화경향이 큰 것부터 순서대로 나열이 바르게 된 것은?

① Li > K > Na > Al > Cu
② Al > K > Li > Cu > Na
③ Na > K > Li > Cu > Al
④ Cu > Li > K > Al > Na

10

다음 두 용액을 혼합했을 때 완충용액이 되지 않는 것은?

① NH_4Cl과 NH_4OH
② CH_3COOH와 CH_3COONa
③ $NaCl$과 HCl
④ CH_3COOH와 $Pb(CH_3COO)_2$

해설및용어설명 | 완충용액은 약산에 그 짝염기를 넣거나 약염기에 그 짝산을 넣어 제조한다. NaCl과 HCl은 강염기와 강산이므로 완충용액이 되지 않는다.
① NH_4Cl(약염기) - NH_4OH(짝산)
② CH_3COOH(약산) - CH_3COONa(짝염기)
④ CH_3COOH(약산) - $Pb(CH_3COO)_2$(짝염기)

11

산소분자의 확산속도는 수소분자의 확산속도의 얼마 정도인가?

① 4배
② $\frac{1}{4}$배
③ 16배
④ $\frac{1}{16}$

해설및용어설명 | 그레이엄의 확산 법칙
일정한 온도와 압력 상태에서 기체의 확산 속도는 그 기체 분자량의 제곱근에 반비례한다는 법칙이다.

속도 $\propto \dfrac{1}{\sqrt{M}}$

수소분자의 확산속도 : 산소분자의 확산속도
$\sqrt{32} : \sqrt{2} = \sqrt{16} : 1 = 4 : 1$

산소분자의 확산속도는 수소분자의 확산속도의 $\frac{1}{4}$배가 된다.

12

양이온 계통 분리 시 분족시약이 없는 족은?

① 제3족 ② 제4족
③ 제5족 ④ 6족

해설및용어설명 |
- 양이온 제1족 분족시약 : 묽은 염산
- 양이온 제2족 분족시약 : $H_2S(0.3N-HCl)$
- 양이온 제3족 분족시약 : $NH_4OH(NH_4Cl)$
- 양이온 제4족 분족시약 : $H_2S(NH_4OH)$
- 양이온 제5족 분족시약 : $(NH_4)_2CO_3(NH_4OH)$
- 양이온 제6족 분족시약 : 없음

13

다음 등전자 이온 중 이온 반지름이 가장 큰 것은?

① $_{12}Mg^{2+}$ ② $_{11}Na^+$
③ $_{10}Ne$ ④ $_9F^-$

해설및용어설명 | 등전자 이온
양성자의 수는 다르지만 전자의 수가 같은 이온
- 전자의 수가 같아 양성자의 수가 많을수록 유효핵전하가 커지기 때문에 이온 반지름이 작아진다.
따라서, 양성자 수(원자번호)가 가장 작은 $_9F$의 이온반지름이 가장 크다.

14

분광광도계를 이용하여 측정한 결과 투광도가 10%이었다. 흡광도는 얼마인가?

① 0   ② 0.5
③ 1   ④ 2

해설및용어설명 | $2 - \log[\%T] = 1$

15

다음의 전자기복사선 중 주파수가 가장 높은 것은?

① X선   ② 자외선
③ 가시광선 ④ 적외선

해설및용어설명 |

종류	라디오파	마이크로파	적외선	가시광선	자외선	X선	감마선
파장[m]	10^3	10^{-2}	10^{-5}	0.5×10^{-6}	10^{-8}	10^{-10}	10^{-12}

전파의 파장은 주파수에 반비례하므로 가장 주파수가 큰 것은 X선이다.

16

비휘발성 또는 열에 불안정한 시료의 분석에 가장 적합한 크로마토그래피는?

① GC(기체 크로마토그래피)
② GSC(기체 – 고체 크로마토그래피)
③ GLC(기체 – 액체 크로마토그래피)
④ HPLC(고성능 액체 크로마토그래피)

해설및용어설명 |
④ GC의 경우 일반적인 사용온도 범위(약 350℃) 이하에서 기화되지 않는 비휘발성 물질이며 열변성이나 열분해를 쉽게 받는 시료는 일반적으로 직접 분리할 수가 없다. 하지만 HPLC는 시료가 상온에서 용해 불가능하여 가온할 필요가 없는 경우를 제외하면 온도와 관계없이 용매가 용해되는 시료는 모두 분리 가능하다.

17

다음과 같은 반응에 대해 평형상수(K)를 옳게 나타낸 것은?

$$aA + bB \rightleftarrows cC + dD$$

① $K = [C]^c [D]^d / [A]^a [B]^b$
② $K = [A]^a [B]^b / [C]^c [D]^d$
③ $K = [C]^c / [A]^a [B]^b$
④ $K = 1 / [A]^a [B]^b$

18

이산화탄소가 0.035vol% 포함된 공기를 ppm 단위로 표기한 것으로 옳은 것은? (단, 공기는 표준상태이다.)

① 687.5
② 350
③ 68.75
④ 35.0

해설및용어설명ㅣ

$\dfrac{0.035}{100} \times 10^6 = 350\text{ppm}$

19

헥사메틸렌다이아민($H_2N(CH_2)_6NH_2$)과 아디프산($HOOC(CH_2)_4COOH$)이 반응하여 고분자가 생성되는 반응을 무엇이라 하는가?

① Addition
② Synthetic resin
③ Reduction
④ Condensation

해설및용어설명ㅣ
④ 축합반응

20

병원에서 사용되는 의료용 가스와 용기의 색상으로 옳은 것은?

① 질소 – 녹색
② 헬륨 – 주황색
③ 산소 – 백색
④ 이산화질소 – 갈색

해설및용어설명ㅣ

의료용 가스		그 밖의 가스	
종류	도색의 색상	종류	도색의 색상
산소	백색	산소	녹색
사이클로프로판	주황색	수소	주황색
아산화질소	청색	아세틸렌	황색
액화탄산가스	회색	액화암모니아	백색
에틸렌	자색	액화염소	갈색
질소	흑색	액화탄산가스	청색
헬륨	갈색	소방용 용기	소방법에 의한 도색
기타 가스	회색	기타 가스	회색

21

가스 크로마토그래피에서 사용되는 운반기체로서 가장 부적당한 것은?

① 헬륨
② 질소
③ 수소
④ 산소

해설및용어설명ㅣ 화학적으로 안정하고 시료와 고정상과 반응하지 않는 수소(H_2), 헬륨(He), 아르곤(Ar) 등의 불활성 기체를 사용한다.

22

가시선의 광원으로 주로 사용하는 것은?

① 수소 방전등
② 중수소 방전등
③ 텅스텐 필라멘트
④ 나트륨등

23

다음 용액에 대한 설명으로 옳은 것은?

① 물에 대한 고체의 용해도는 일반적으로 물 1,000g에 녹아 있는 용질의 최대 질량을 말한다.
② 몰분율은 용액 중 어느 한 성분의 몰수를 용액 전체의 몰수로 나눈 값이다.
③ 질량 백분율은 용질의 질량을 용액의 부피로 나눈 값을 말한다.
④ 몰 농도는 용액 1L 중에 들어 있는 용질의 질량을 말한다.

해설및용어설명 |
① 용해도는 용질이 용매에 포화상태가 될 때까지 녹을 수 있는 정도를 수치로 나타낸 것으로 용매 100g에 최대로 녹을 수 있는 용질의 양을 의미한다.
③ 질량 백분율은 용질의 질량을 용질의 질량과 용매의 질량의 합으로 나눈 값에 100을 곱하여 얻는다.
④ 몰 농도는 용액 1L에 녹아 있는 용질의 몰수이다.

24

다음 중 일반적으로 물에 가장 잘 녹는 염은?

① 염화물   ② 인산염
③ 질산염   ④ 황산염

해설및용어설명 | 질산염은 일반적으로 물에 잘 녹는다.

25

명반 중의 알루미늄 정량법에서 수산화알루미늄 침전에 사용하는 지시약은?

① EBT   ② 메틸레드
③ 메틸오렌지   ④ 페놀프탈레인

해설및용어설명 | 지시약으로는 페놀레드 또는 메틸레드를 사용한다.

26

부피 측정용 유리 기구가 아닌 것은?

① 뷰렛   ② 피펫
③ 메스실린더   ④ 분별 깔때기

해설및용어설명 | 분별 깔때기
서로 섞이지 않는 액체-액체 간의 밀도 차이를 이용해 추출에 사용된다.

27

얇은 막 크로마토그래피(TLC) 작동법 중 틀린 것은?

① 점적의 직경은 2 ~ 5mm 정도가 좋다.
② 시약량은 분석용 TLC법에서는 점적당 10 ~ 100g 정도이다.
③ 상승전개나 하강전개법 그리고 일차원 혹은 다차원 방법을 사용할 수 있다.
④ 전개시간이 보통 종이 크로마토그래피법에서 보다 얇은 막크로마토그래피법이 더 느리다.

해설및용어설명 | 얇은 막 크로마토그래피(TLC)
종이 크로마토그래피보다 더 빠르고 좋은 감도와 분리능을 가진다.

28

기체 크로마토그래피(GC)에서 액체 흡착제를 침투시킨 정지상이 시료를 분리하는 원리는?

① 분배 계수차   ② 흡착 계수차
③ 고정상 계수차   ④ 기체 확산속도의 차

해설및용어설명 | 기체 크로마토그래피(GC)는 액체 흡착제를 침투시킨 정지상과 기체 이동상 사이에서 분석물의 분배 계수차이를 이용한다.

29

화학반응에서 정반응과 역반응의 속도가 같아지는 상태를 화학평형(Chemical Equilibrium)이라 한다. 이 화학 평형에 영향을 끼치는 인자는 온도, 압력 및 농도인데 평형상태에 놓여 있는 반응계의 온도, 압력, 농도를 변화시키면 그 변화에 대하여 영향을 적게 받는 쪽으로 반응이 진행된다. 이것을 무슨 법칙이라 하는가?

① 돌턴
② 샤를
③ 아레니우스
④ 르샤틀리에

30

0.01M Ca^{2+} 50.0mL를 0.05M EDTA로 적정할 때, 당량점까지 필요한 EDTA 용액의 부피(mL)는?

① 10
② 25
③ 50
④ 100

해설및용어설명 |
EDTA 1mol에 대한 금속 이온 결합의 비는 1 : 1이다.
MV = M′V′ 공식을 활용한다.
0.01M×50mL = 0.05M×xmL
x = 10mL

31

산에 대한 설명 중 옳지 않은 것은?

① 염기와 중화반응 한다.
② 신맛이 있다.
③ 금속과 반응하면 수소가 발생한다.
④ 붉은 리트머스를 푸르게 변색시킨다.

해설및용어설명 | 산에서는 푸른 리트머스를 붉게 변색시킨다.

32

황산구리($CuSO_4$) 수용액에 10A의 전류를 30분 동안 가하였을 때, (-)극에서 석출하는 구리의 양은 약 몇 g인가? (단, Cu의 원자량은 64이다.)

① 0.01g
② 3.98g
③ 5.97g
④ 8.45g

해설및용어설명 |
전하량(C) = 10A×30×60 = 18,000C
1F = 전자 1mol의 전하량(96,500C = 1mol e^-)
Cu^{2+} 1mol을 석출하기 위해서는 2mol의 전자가 필요하므로
$\frac{18,000C}{2} \times \frac{1mol}{96,500C} = 0.0933mol$
구리의 질량 = 0.0933mol×64g/mol = 5.97g

33

물 500mL에 메탄올을 20.0mL를 넣어 혼합한 용액에서 메탄올의 부피백분율(vol%)은? (단, 물과 에탄올은 이상용액이라 가정한다.)

① 3.85
② 6.41
③ 7.41
④ 8.41

해설및용어설명 |
부피백분율(vol%) = $\frac{20.0mL}{500mL + 20.0mL} \times 100 = 3.85vol\%$

34

원자흡수분광법(AAS)에서 주로 사용되는 연료가스는 천연가스, 수소, 아세틸렌이다. 또한 산화제로서 공기, 산소, 산화이질소가 사용된다. 가장 높은 불꽃온도를 내는 연료가스와 산화제의 조합은?

① 천연가스 - 공기
② 수소 - 산소
③ 아세틸렌 - 산화이질소
④ 아세틸렌 - 산소

해설및용어설명 |

연료	산화제	온도(℃)	최대연소속도(cm/s)
천연가스	공기	1,700 ~ 1,900	39 ~ 43
	산소	2,700 ~ 2,800	370 ~ 390
수소	공기	2,000 ~ 2,100	300 ~ 440
	산소	2,550 ~ 2,700	900 ~ 1,400
아세틸렌	공기	2,100 ~ 2,400	158 ~ 266
	산소	3,050 ~ 3,150	1,100 ~ 2,480
	산화이질소	2,600 ~ 2,800	285

35

Pb^{2+}와 HCl이 반응할 때 생성되는 침전물의 색상은?

① 노란색
② 흰색
③ 검정
④ 초록색

해설및용어설명 | $PbCl_2$의 흰색 침전물이 생성된다.

36

극성용매인 A와 비극성용매인 B에 대한 설명으로 옳은 것은?

① A는 물에 잘 녹는다.
② A는 벤젠에 잘 녹는다.
③ B는 톨루엔에 잘 녹는다.
④ A와 B는 잘 섞인다.

해설및용어설명 | 극성은 극성끼리 비극성은 비극성끼리 잘 섞인다. 물은 대표적인 극성용매이고, 벤젠, 톨루엔은 대표적인 비극성용매이다.

37

0℃, 1기압에서 드라이아이스가 승화될 때 부피는 약 몇 배가 되는가? (단, 드라이아이스의 밀도는 $1.57g/cm^3$이다.)

① 500
② 800
③ 1,000
④ 2,000

해설및용어설명 |
드라이아이스(CO_2)는 44g 있다 가정한다.

고체 드라이아이스의 부피 = $44g \times \frac{1cm^3}{1.57g} = 28.0cm^3$

기체 드라이아이스의 부피를 구하기 위해 이상기체상태방정식 사용하면

드라이아이스의 몰수 = $\frac{44g}{44g/mol} = 1mol$

$V = \frac{nRT}{P} = \frac{1mol \times 0.082 atm \cdot L/mol \cdot K \times 273K}{1atm} = 22.4L$

• 표준상태(0℃, 1기압)일 때 1mol의 부피는 22.4L이다.
$22.4L = 22,400cm^3$

부피의 변화 = $\frac{22,400cm^3}{28.0cm^3} = 800배$

38

$CaSO_4$의 용해도가 0.68g/L일 때 $CaSO_4$ 용해도곱은 약 얼마인가? (단, Ca의 원자량은 40, S의 원자량은 32이다.)

① 2.5×10^{-5}
② 5.0×10^{-5}
③ 2.5×10^{-3}
④ 5.0×10^{-3}

해설및용어설명 |
$CaSO_4 \rightarrow Ca^{2+} + SO_4^{2-}$

$CaSO_4$의 몰수(1L 가정) = $\frac{0.68g}{136g/mol} = 5 \times 10^{-3} mol$

$K_{sp} = [Ca^{2+}][SO_4^{2-}] = (5 \times 10^{-3})^2 = 2.5 \times 10^{-5}$

정답: 34 ④ 35 ② 36 ① 37 ② 38 ①

39

다음 중 분자의 구조 다른 것은?

① 벤젠 ② 에틸렌
③ 암모니아 ④ 이산화탄소

해설및용어설명 |
③ 입체구조
①, ②, ④ : 평면 구조

40

아미노기 검출할 수 있는 반응은?

① 닌하이드린 반응 ② 은거울 반응
③ 에스터화 반응 ④ 아이오딘포름 반응

41

액체크로마토그래피의 용매 조건으로 옳지 않은 것은?

① 안정성이 높고, 휘발성이 커야 한다.
② 분석물의 봉우리와 겹치지 않는 고순도이어야 한다.
③ 점도가 낮아야 한다.
④ 관 온도보다 20~50℃ 정도 끓는점이 높아야 한다.

해설및용어설명 | 액체크로마토그래피 용매 조건
- 비활성이어야 한다.
- 안정성이 높아야 한다.
- 점도가 낮아야 한다.
- 순도가 높아야 한다.
- 검출기 적합성이 있어야 한다.
- 적당한 가격으로 쉽게 구입할 수 있어야 한다.
- 분석물의 봉우리와 겹치지 않는 고순도이어야 한다.
- 관 온도보다 20~50℃ 정도 끓는점이 높아야 한다.

42

중화 적정에 사용되는 지시약으로서 pH 8.3~10.0 정도의 변색 범위를 가지며 약산과 강염기의 적정에 사용되는 것은?

① 메틸옐로 ② 페놀프탈레인
③ 메틸오렌지 ④ 브로민티몰블루

해설및용어설명 |
② 페놀프탈레인은 산염기 지시약으로서 pH 8.0~10.0의 변색 범위를 가지며, 강산과 강염기의 적정과 약산과 강염기의 적정에 사용된다.

43

염(salt)을 만드는 화학반응식이 아닌 것은?

① $HCl + NaOH \rightarrow NaCl + 2H_2O$
② $CuO + H_2 \rightarrow Cu + H_2O$
③ $2NH_4OH + H_2SO_4 \rightarrow (NH_4)SO_4 + 2H_2O$
④ $H_2SO_4 + Ca(OH)_2 \rightarrow CaSO_4 + 2H_2O$

해설및용어설명 | 산·염기 반응은 일반적으로 물과 염이 생성된다.
- 염 : $NaCl$, $(NH_4)SO_4$, $CaSO_4$
② 산화·환원 반응

44

수산화나트륨이 0.4g을 물에 녹여 전체 부피가 50ml가 되게 하였다. 이 용액의 노르말 농도(N)는 얼마인가? (단, Na의 분자량은 23이다.)

① 0.02 ② 0.04
③ 0.2 ④ 0.4

해설및용어설명 |

NaOH의 몰수 $= \dfrac{0.4}{40} = 0.01mol$

NaOH의 몰 농도 $= \dfrac{0.01mol}{0.05L} = 0.2M$

NaOH의 당량 수 = 1(분자 내 OH⁻의 개수)
노르말 농도 = 몰 농도 × 당량 수 = 0.2N

정답 39 ③ 40 ① 41 ① 42 ② 43 ② 44 ③

45

유효숫자 규칙에 맞게 계산한 결과는?

$$2.1 + 123.21 + 20.126$$

① 145.136 ② 145.43
③ 145.44 ④ 145.4

해설 및 용어설명 | 덧셈과 뺄셈에서 연산은 소수점 이하 자릿수가 가장 적은 유효숫자로 맞춘다.
$2.1 + 123.21 + 20.126 = 145.436 → 145.4$
(소수점 첫째 자리에 맞춘다)

46

주파수가 $100cm^{-1}$일때 파장의 길이(m)는?

① 0.0001 ② 0.001
③ 0.01 ④ 100

해설 및 용어설명 |
$\lambda = \dfrac{1}{\nu(\text{주파수})} = \dfrac{1}{100cm^{-1}} = 0.01cm$

$0.01cm = 0.0001m$

47

다음 설명 중 옳은 것은?

① 물의 이온곱은 25℃에서 $1.0 \times 10^{-14} [mol/L]^2$이다.
② 순수한 물의 수소 이온 농도는 $1.0 \times 10^{-14} [mol/L]$이다.
③ 산성 용액은 OH^-의 농도가 H^+보다 더 큰 용액이다.
④ pOH 4는 산성 용액이다.

해설 및 용어설명 |
② 순수한 물의 수소 이온 농도는 $1.0 \times 10^{-7} [mol/L]$이다.
③ 산성 용액은 H^+의 농도가 OH^-보다 더 큰 용액이다.
④ 'pH + pOH = 14'이므로 'pH = 10'인 염기성 용액이다.

48

다음 중 pH 측정 실험 후 실험기구의 관리방법으로 옳은 것은?

① pH미터는 증류수로 씻은 후 햇빛에 말린다.
② pH미터는 보존액에 담근 후 세워서 보관한다.
③ pH 전극이 오염되었을 때는 불산을 이용해 오염물을 제거해준다.
④ 장기간 pH 미터를 사용하지 않을 때는 버퍼 용액을 이용해 캘리브레이션을 실시 후 보관한다.

해설 및 용어설명 |
① pH미터기는 실험이 끝난 후 증류수로 씻고, 유리전극은 보존액에 넣어 보관한다. 전극은 보통 4M KCl용액 또는 보존액에 세워서 보관한다.
③ 불산이나 강한 산은 유리전극을 녹일 수 있기 때문에 pH 측정 등에 사용하지 않는다.
④ 캘리브레이션은 pH 측정을 진행하기 전에 실시한다.

49

페놀에 대한 설명으로 옳은 것은?

① 나트륨과 만나 수소를 내놓는다.
② 수용액은 염기성이다.
③ 페놀은 벤젠고리에 메틸기가 붙어 있다.
④ 카복실산과 반응하여 에터(R-O-R)를 형성한다.

해설 및 용어설명 |
① 페놀과 나트륨 반응식 : $2C_6H_5OH + 2Na \rightarrow 2C_6H_5ONa + H_2$
② 물에 녹으면 H^+을 내놓아 매우 약한 산성을 나타낸다.
③ 페놀은 벤젠고리에 -OH기가 붙어 있다. (벤젠고리에 메틸기가 붙은 것은 톨루엔이다.)
④ 카복실산(-COOH)와 알코올(-OH)이 반응하면 에스터(R-COO-R')가 생성된다.

50

화합물이 물과 반응하여 물의 H^+, OH^-와 결합하면서 분해되는 반응은?

① 가수분해 ② 중화반응
③ 첨가중합 ④ 축합중합

51

포도당의 분자식은?

① $C_6H_{12}O_6$ ② $C_{12}H_{22}O_{11}$
③ $(C_6H_{10}O_5)_n$ ④ $C_{12}H_{20}O_{10}$

52

고분자 물질을 분리할 때 흔히 사용하는 크로마토그래피법은?

① 이온교환 크로마토그래피
② 겔 투과 크로마토그래피
③ 박막 크로마토그래피
④ 기체 크로마토그래피

해설및용어설명 |
② 분자들의 크기에 따라 분리하는 방법으로 고분자 유기화합물의 분리에 사용되며 큰 분자가 먼저 용리되어 나온다.

53

적정 실험을 할 때 사용하는 기구로 가장 옳은 것은?

① 뷰렛, 삼각플라스크, 메스플라스크, 피펫
② 뷰렛, 둥근 플라스크, 피펫, 비커
③ 뷰렛, 메스실린더, 알코올 램프, 정밀저울
④ 뷰렛, 시험관, 집기병, 비중병

해설및용어설명 | 둥근 플라스크
증류나 합성 실험에 많이 사용된다.

54

음이온 정성분석에서 Cl^-, Br^-, I^-, CNS^- 이온의 침전을 생성하기 위하여 주로 사용하는 시약은?

① $AgNO_3$ ② $NaNO_3$
③ KNO_3 ④ HNO_3

해설및용어설명 | 할로젠 원소와 은(Ag)의 착물
- AgF : 물에 용해
- AgCl : 흰색 침전
- AgBr : 연한 노란색 침전
- AgI : 노란색 침전

55

기체 크로마토그래피를 이용해 정성분석을 실시할 때 무엇을 통해 물질을 확인할 수 있는가?

① 봉우리의 넓이
② 봉우리 높이
③ 머무름 시간
④ 검출 신호의 크기

해설및용어설명 |
- 정량분석 : 봉우리 면적, 높이, 신호 크기 등 비교
- 정성분석 : 머무름 시간 비교

정답 50 ① 51 ① 52 ② 53 ① 54 ① 55 ③

56

병원에서 사용하는 가스 중 용기의 색상이 흑색인 물질은?

① 질소 ② 헬륨
③ 산소 ④ 이산화질소

해설및용어설명 |

의료용 가스		그 밖의 가스	
종류	도색의 색상	종류	도색의 색상
산소	백색	산소	녹색
사이클로프로판	주황색	수소	주황색
아산화질소	청색	아세틸렌	황색
액화탄산가스	회색	액화암모니아	백색
에틸렌	자색	액화염소	갈색
질소	흑색	액화탄산가스	청색
헬륨	갈색	소방용 용기	소방법에 의한 도색
기타 가스	회색	기타 가스	회색

57

다음 중 응급처치 방법으로 틀린 것은?

① 피에 젖은 거즈는 즉시 교체한다.
② 상처 부위에 깊게 박힌 유리는 전문가를 통해 제거한다.
③ 화학약품에 의한 경미한 화상을 입었을 경우에는 20~30분 동안 얼음물에 화상부위를 담근다.
④ 의식이 없는 환자에게는 물이나 약 등 어떠한 것도 주면 안 된다.

해설및용어설명 | 피에 젖은 거즈 위에 새 거즈를 놓고 누르면서 피가 젖는지 계속 관찰한다.(한 번 상처 부위에 사용한 거즈는 떼어내지 않는다.)

58

종이 크로마토그래피법에서 이동도(R_f)를 구하는 식은?
(단, C : 기본선과 이온이 나타난 사이의 거리[cm], K : 기본선과 전개 용매가 전개한 곳까지의 거리[cm]이다.)

① $R_f = \dfrac{C}{K}$ ② $R_f = C \times K$

③ $R_f = \dfrac{K}{C}$ ④ $R_f = C + K$

해설및용어설명 |

R_f는 이동률의 약자이며, $R_f = \dfrac{용질이\ 이동한\ 거리}{용매가\ 이동한\ 거리}$ 로 정의할 수 있다.

59

가스 크로마토그래피의 시료 혼합 성분은 운반 기체와 함께 분리관을 따라 이동하게 되는데 분리관의 성능에 영향을 주는 요인으로 가장 거리가 먼 것은?

① 분리관의 길이 ② 분리관의 온도
③ 검출기의 기록계 ④ 고정상의 충전 방법

60

불꽃 이온화 검출기의 특징에 대한 설명으로 옳은 것은?

① 유기 및 무기화합물을 모두 검출할 수 있다.
② 검출 후에도 시료를 회수할 수 있다.
③ 감도가 비교적 낮다.
④ 시료를 파괴한다.

해설및용어설명 | 불꽃 이온화 검출기(FID)는 대부분의 유기화합물을 검출할 수 있으며, 시료를 불꽃으로 이온화하기 때문에 시료를 파괴한다.

CBT 복원문제 2024 * 3

01

전기음성도가 비슷한 비금속 사이에서 주로 일어나는 결합은?

① 이온결합　　② 공유결합
③ 배위결합　　④ 수소결합

해설및용어설명 | 공유결합은 비금속과 비금속의 결합으로서, 전기음성도가 비슷한 비금속 사이에서 일어난다.

02

전해무게분석법에 사용되는 방법이 아닌 것은?

① 일정전압 전기분해
② 일정전류 전기분해
③ 조절전위 전기분해
④ 일정저항 전기분해

03

양이온 제4족을 정성분석할 때 분족시약을 넣어주기 전에 과잉의 OH⁻가 다시 녹는 것을 방지하기 위하여 넣어주는 시약은?

① 탄산나트륨　　② 염화암모늄
③ 황화수소　　　④ 암모니아수

해설및용어설명 | 4족의 양이온들은 암모니아 완충용액에서 분족시약인 H_2S를 첨가하면 S^-와 황화합물 침전을 만들어 낸다.

04

전위차법을 이용하여 산·염기 적정을 수행할 때에 대한 설명으로 틀린 것은?

① 지시전극으로는 유리전극을 사용한다.
② 측정되는 전위는 용액의 수소이온 농도에 비례한다.
③ pH가 한 단위 변화함에 따라 측정전위는 59.2mV씩 변한다.
④ 종말점 부근에는 염기 첨가에 대한 전위 변화가 매우 적다.

해설및용어설명 |
④ 종말점 부근에서는 전위 변화가 매우 크다.

05

자외선-가시광선 분광광도계의 기본적인 구성요소의 배열은?

① 광원 - 단색화 장치 - 검출기 - 흡수용기 - 기록계
② 광원 - 단색화 장치 - 흡수용기 - 검출기 - 기록계
③ 광원 - 흡수용기 - 검출기 - 단색화 장치 - 기록계
④ 광원 - 흡수용기 - 단색화 장치 - 검출기 - 기록계

정답 01 ② 02 ④ 03 ④ 04 ④ 05 ②

06

빛의 성질에 대한 설명으로 틀린 것은?

① 태양빛으로는 편광을 만들 수 없다.
② 단색광은 단일 파장으로 이루어진 빛을 말한다.
③ 백색광은 여러 가지 파장의 빛이 모여 있는 것을 말한다.
④ 편광은 빛의 진동면이 같은 것으로 이루어진 빛을 말한다.

해설및용어설명 | 태양광은 편광되어 있지 않지만 편광판을 이용하면 여러 방향으로 진동하는 빛을 하나의 방향으로만 진동(편광)하게 만들어 줄 수 있다.

07

중화적정에 사용되는 지시약으로서 pH 8.3 ~ 10.0 정도의 변색범위를 가지며 약산과 강염기의 중화 적정법에 사용되는 지시약은?

① 메틸옐로
② 페놀프탈레인
③ 메틸오렌지
④ 브로민티몰블루

해설및용어설명 | 페놀프탈레인은 산염기 지시약으로서 8.0 ~ 10.0의 변색 범위를 가지며, 강산과 강염기의 적정과 약산과 강염기의 적정에 사용된다.

08

기체-액체 크로마토그래피(GLC)에서 비극성인 Polydimethylsiloxanes 액체가 도포된 컬럼을 선택하여 분석할 때, 가장 먼저 용출될 것으로 예상되는 물질은?

① 톨루엔
② 메탄올
③ 벤젠
④ 페놀

해설및용어설명 | 극성이 큰 분자들이 먼저 용출된다.
- 톨루엔, 벤젠 : 비극성
- 페놀 : 극성이 낮다.

09

금속 철을 제1산화철로 산화시키는 과정에서 $KMnO_4$가 사용되었다. 0.1N $KMnO_4$ 표준용액 1mL에 대응하는 Fe의 양(g)은? (단, Fe의 원자량은 55.85amu이고 산화반응은 산성용액 조건에서 이루어졌다.)

① 0.002793
② 0.005585
③ 0.2793
④ 0.5585

해설및용어설명 |
- 산화 : $Fe(s) \rightarrow Fe^{2+}$(제1산화철) $+ 2e^-$
- 환원 : $MnO_4^- + 8H^+ + 5e^- \rightarrow Mn^{2+} + 4H_2O$

※ 산화식에 5를 곱하고 환원식에 2를 곱해 전자의 개수를 맞춘 후 각 식을 더한다.

전체 반응식 : $5Fe(s) + 2MnO_4^- + 16H^+ \rightarrow 5Fe^{2+} + 2Mn^{2+} + 8H_2O$

$KMnO_4$ 몰농도 = 0.1N/5 = 0.02M

※ 노르말농도 = 당량수 × 몰농도, $KMnO_4$의 당량수 = 5

$KMnO_4$ 1mL의 몰수 = 0.02mol/L × 0.001L = 0.02×10^{-3} mol

Fe와 MnO_4^-는 5 : 2로 반응하므로 5 : 2 = Fe의 몰수 : 0.02×10^{-3} mol

Fe의 몰수 = 5×10^{-5} mol

Fe의 질량 = 5×10^{-5} mol × 55.85amu = 0.002793g

10

EDTA 적정법에서 종말점의 검출을 위해 이용되는 방법이 아닌 것은?

① 전위차 측정
② 산화-환원제 사용
③ 금속 이온 지시약 사용
④ 분광기를 이용한 흡광도 측정

해설및용어설명 |
② 산화-환원제는 주로 산화·환원반응에 사용된다.

11

전도도가 0.2℧인 용액의 저항은?

① 2Ω ② 5Ω
③ 7Ω ④ 10Ω

해설및용어설명 | 지멘스(S)는 전기 전도도의 국제 단위로 옴의 역수와 같다.

12

화학약품을 보관하는 방법에 대한 설명으로 틀린 것은?

① 인화성 약품은 자연발화성 약품과 함께 보관한다.
② 인화성 약품은 전기의 스파크로부터 멀고 찬 곳에 보관한다.
③ 흡습성 약품은 완전히 건조시켜 건조한 곳이나 석유 속에 보관한다.
④ 폭발성 약품은 화기를 사용하는 곳에서 멀리 떨어져 있는 창고에 보관한다.

13

액체 크로마토그래피(LC)의 이동상의 성질로 적당하지 않은 것은?

① 점도가 높아야 한다.
② 시료를 녹일 수 있어야 한다.
③ 정지상과 섞이지 말아야 한다.
④ 적당한 가격으로 쉽게 구할 수 있어야 한다.

해설및용어설명 | 이동상의 조건
• 비활성이어야 한다.
• 안정성이 높아야 한다.
• 점도가 낮아야 한다.
• 순도가 높아야 한다.
• 검출기 적합성이 있어야 한다.

14

볼타전지의 음극에서 일어나는 반응은?

① 환원 ② 산화
③ 응집 ④ 킬레이트

해설및용어설명 | 볼타전지의 음극에서는 산화가, 양극에서는 환원이 일어난다.

15

요소[$CO(NH_2)_2$]비료 중에 포함된 질소의 함량(wt%)은?

① 24.7 ② 35.7
③ 46.7 ④ 57.7

해설및용어설명 |

요소 1mol의 질량 = 1mol × 60g/mol = 60g

요소에 포함된 질소(N)의 질량 = 2mol × 14g/mol = 28g

요소에 포함된 질소의 함량 = $\frac{28}{60} \times 100 = 46.7$wt%

16

다음 중 산성의 세기가 가장 큰 것은?

① HF ② HCl
③ HBr ④ HI

해설및용어설명 | 원자번호가 작을수록 전기음성도가 높기 때문에 전자를 끌어 당기는 힘이 세다.
• HF < HCl < HBr < HI

17

건조 시약을 분쇄하여 작은 입자로 만드는 용도로 사용하는 실험기구로 가장 적절한 것은?

① 유발
② 도가니
③ 데시케이터
④ 메스실린더

해설및용어설명ㅣ
① 유발(막자사발) : 고체를 곱게 분쇄하는 실험기구
② 도가니 : 고온으로 가열할 때 사용
③ 데시케이터 : 시약 등을 건조 상태로 유지할 때 사용
④ 메스실린더 : 액체의 부피측정에 사용

18

양이온 제3족 Al^{3+}을 NH_4OH로 침전시킬 때 $Al(OH)_3$가 콜로이드로 되는 것을 방지하기 위하여 함께 가하는 것은?

① H_2O_2
② $NaOH$
③ H_2S
④ NH_4Cl

해설및용어설명ㅣ NH_4Cl을 넣는 이유
- $Al(OH)_3$의 완전침전을 위해 pH 조절
- $Al(OH)_3$가 콜로이드가 되는 것을 방지
- 공통이온 효과를 증가시키기 위해

19

다음 중 표준상태(0℃, 101.3kPa)에서 22.4L의 무게가 가장 가벼운 기체는?

① 질소
② 산소
③ 아르곤
④ 이산화탄소

해설및용어설명ㅣ 가장 분자량이 작은 ①질소가 제시된 조건에서 가장 가볍다.

20

$HgSO_4$을 촉매로 하여 아세틸렌을 물(묽은 황산수용액)과 부가 반응시켰을 때 주로 얻을 수 있는 것은?

① 아세톤
② 메틸알코올
③ 다이에틸에터
④ 아세트알데하이드

해설및용어설명ㅣ 아세틸렌의 수화법
아세틸렌과 물을 수은 촉매에서 반응시킨다.
$C_2H_2 + H_2O \rightarrow CH_3CHO$

21

질산의 분해반응이 아래와 같을 때, 산화제로 작용하는 물질의 그램당량은?

$$2HNO_3(aq) \rightarrow H_2O(l) + 2NO(g) + O_3(g)$$

① 21
② 42
③ 63
④ 126

해설및용어설명ㅣ

$H \underline{N} O_3 \rightarrow \underline{N} O$
$+1 \ +5 \ -6 \ \rightarrow \ +2 \ -2$

N은 +5 → +2로 감소 환원되었으므로 산화제로 작용
산환·환원에서 당량수는 이동한 전자의 수와 같다.
당량수 = 3eq/mol

$$g당량수 = \frac{몰질량}{당량수} = \frac{63g/mol}{3eq/mol} = 21g/eq$$

17 ① 18 ④ 19 ① 20 ④ 21 ①

22

30℃에서 포화되어 있는 소금물 100g 중에 함유되어 있는 소금의 양(g)은? (단, 30℃에서 소금의 물에 대한 용해도는 37g · NaCl/100g · H_2O이다.)

① 18.5 ② 27.0
③ 37.0 ④ 58.7

해설및용어설명 |
소금의 양 : 100g = 37 : 137
소금의 양 = 27.0g

23

Ag^+ 이온이 포함된 수용액에 묽은 염산을 넣었을 때 생기는 침전물의 색깔은?

① 흰색 침전
② 빨간색 침전
③ 노란색 침전
④ 침전이 생기지 않는다.

해설및용어설명 | AgCl은 흰색의 침전물 형성

24

폴라로그래피의 작업전극으로 사용되는 전극은?

① 은 전극   ② 백금 전극
③ 칼로멜 전극   ④ 적하 수은 전극

해설및용어설명 | 폴라로그래피의 구성
- 기준전극 : 포화칼로멜전극
- 작업전극 : 적하수은전극
- 보조전극 : 백금전극

25

분자량이 큰(100,000 정도) 화합물 100g을 물 1,000g에 용해시켰을 때, 화합물의 분자량의 측정에 가장 적당한 방법은?

① 증기압 내림   ② 끓는점 오름
③ 어는점 내림   ④ 삼투압

해설및용어설명 | 분자량이 약 1만 이상인 고분자 화합물의 분자량은 삼투압을 이용하여 측정한다.

26

분광광도계의 시료 셀에 증류수를 넣고 영점을 보정할 때 목표로 해야 하는 투과도는?

① 0   ② 0.1
③ 1   ④ 10

해설및용어설명 |
흡광도와 투과도 관계식 $A = -\log[T]$
영점을 보정할 때 흡광도를 0에 맞추므로, $0 = -\log[T]$
$T = 1$

27

불순물을 10% 포함한 코크스 1kg을 완전 연소시켰을 때 발생하는 CO_2의 질량(kg)은?

① 3.0   ② 3.3
③ 12   ④ 44

해설및용어설명 |
코크스 = C
$C + O_2 \rightarrow CO_2$

- 코크스 1kg의 몰수 = $\dfrac{(1{,}000 \times 0.9)g}{12g/mol}$ = 75mol

- 생성된 CO_2의 몰수 = 75mol
  CO_2의 kg = 75mol × 44g/mol = 3,300g = 3.3kg

28

Na의 전자 배열에 대한 설명으로 옳은 것은?

① 중성상태의 전자배치는 $1s^2 2s^2 2p^6 3s^1$이다.
② 부껍질은 f껍질까지 갖는다.
③ 최외각 껍질에 존재하는 전자는 2개이다.
④ 전자껍질은 2개를 갖는다.

해설 및 용어설명 |
② 부껍질은 s, p, d, f가 있으며 Na은 p껍질까지 갖는다.
③ 최외각 껍질에 존재하는 전자는 1개이다.
④ 전자껍질은 3개를 갖는다.

29

$HClO_4$에서 할로젠원소가 갖는 산화수는?

① +1
② +3
③ +5
④ +7

해설 및 용어설명 |
 H Cl O_4
+1 ( ) −8 = 0
Cl의 산화수 = +7

30

CO_2와 H_2O는 모두 공유결합으로 된 삼원자 분자인데 CO_2는 비극성이고 H_2O는 극성을 띠고 있다. 그 이유로 옳은 것은?

① C가 H보다 비금속성이 크다.
② 결합구조가 H_2O는 비공유 전자쌍으로 인해 굽은형이지만, CO_2는 직선형이다.
③ H_2O의 분자량이 CO_2의 분자량보다 적다.
④ 상온에서 H_2O는 액체이고 CO_2는 기체이다.

31

5mL 부피 플라스크에 담긴 시료 원액에서 1mL를 10mL 부피 플라스크로 옮겨 묽혔다. 묽힌 시료를 1.00cm 셀로 340nm에서 흡광도를 측정한 결과가 0.6130이라고 할 때, 시료 원액의 농도 (g/L)는? (단, 분석 시료의 분자량은 292.160이고, 340nm에서의 몰흡광계수(ε)는 6,130$M^{-1} \cdot cm^{-1}$이다.)

① 1.0×10^{-3}
② 5.0×10^{-3}
③ 0.29
④ 2.92

해설 및 용어설명 |
$A = \varepsilon bC$
$0.613 = 6,130 M^{-1} \times cm^{-1} \times 1cm \times C$
$C = 1 \times 10^{-4} M$
1mL를 10mL에 넣고 묽혔으므로 10배 희석된다.
시료 원액의 농도(mol/L) = $(1 \times 10^{-4} M) \times 10 = 1 \times 10^{-3} M$

시료 원액의 농도(g/L)로 환산 = $\dfrac{1 \times 10^{-3} mol \times 292.16 g/mol}{L}$ = 0.29g/L

32

기체 크로마토그래피(GC)가 혼합물을 단일성분으로 분리하는 원리는?

① 각 성분의 부피 차이
② 각 성분의 온도 차이
③ 각 성분의 이동속도 차이
④ 각 성분의 농도 차이

정답 28 ① 29 ④ 30 ② 31 ③ 32 ③

33

크로마토그래피의 종류 중 간단하고 신속한 분석이 장점이며, 컬럼 크로마토그래피를 위한 조건 설명의 예비시험법으로서도 중요한 의미를 갖는 것은?

① 얇은 막 크로마토그래피
② 종이 크로마토그래피
③ 초임계 유체 크로마토그래피
④ 겔침투 크로마토그래피

해설및용어설명 | 얇은 막 크로마토그래피는 HPLC의 분석의 최적 조건을 얻는 데 사용된다.

34

수산화나트륨에 대한 설명 중 틀린 것은?

① 물에 잘 녹는다.
② 조해성 물질이다.
③ 수용액은 강한 산성이다.
④ 화학식은 NaOH이다.

35

고성능 액체 크로마토그래피(HPLC)의 용매로 사용할 수 없는 것은?

① 황산
② 벤젠
③ 톨루엔
④ 아세토나이트릴

해설및용어설명 | HPLC에서는 주로 유기용매/물과 혼합한 이동상을 사용한다.

36

기체 크로마토그래피(GC)에서 주입된 시료혼합물이 단일성분으로 분리되는 곳은?

① 시료주입부
② 운반기체부
③ 칼럼
④ 오븐

37

부탄(C_4H_{10})의 이성질체 개수는?

① 1개
② 2개
③ 3개
④ 4개

해설및용어설명 | 알케인의 구조 이성질체 수
- 메테인 : 1개
- 에테인 : 1개
- 프로페인 : 1개
- 뷰테인 : 2개
- 펜테인 : 3개
- 헥세인 : 5개
- 헵테인 : 9개(+ 거울상 이성질체 2개) = 이성질체 수 11개

38

위급상황 시 화학 물질의 신속한 대처를 위해 미국화재예방협회에서 아래와 같은 표시 규격을 제정하였다. 아래의 표시에서 "₩"의 의미와 가장 관련이 깊은 GHS 그림문자는?

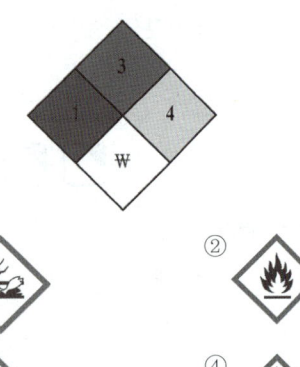

① ② ③ ④

해설및용어설명 | 기타 주요 특성

약어	영문	한글
OX	Oxidizer	산화제
ACID	Acid	산성
ALK	Alkali	염기성
COR	Corrosive	부식성
₩	Use no water	금수성
☢	Radioactive	방사성

②

인화성, 자연발화성, 자기반응성, 유기과산화물, 자기발열성, 물반응성의 물리적 위험

39

밀도가 $1.60g/cm^3$인 어떤 용매 1.00L에 NaOH 40.0g을 녹였을 때 용액의 농도(m)는? (단, Na의 원자량은 23amu로 가정한다.)

① 0.525
② 0.625
③ 1.25
④ 1.55

해설및용어설명 |

몰랄농도(m) = $\dfrac{용질의\ mol}{용매\ 1kg}$

용질의 몰수 = $\dfrac{40g}{40g/mol}$ = 1mol

용매의 질량 = $100cm^3 \times 1.60g/cm^3$ = 1,600g = 1.6kg

※ 1mL = $1cm^3$

몰랄농도(m) = $\dfrac{1mol}{1.6kg}$ = 0.625m

40

탄소화합물의 특징에 대한 설명으로 옳은 것은?

① CO_2, $CaCO_3$는 유기화합물로 분류된다.
② CH_4, C_2H_6, C_3H_8은 포화탄화수소이다.
③ CH_4에서 결합각은 90°이다.
④ 탄소의 수가 많아도 이성질체 수는 변하지 않는다.

해설및용어설명 |

① 무기화합물은 탄소와 수소원자가 없는 것이 보통이지만, 예외로 탄소를 포함하더라도 물, CO_2, NO_2, $CaCO_3$ 등은 무기화합물로 분류된다.
③ CH_4(메테인)은 C-H 결합에서 전기음성도 차이가 있지만, 정사면체 구조로 쌍극자 모멘트의 합이 0이므로 무극성 물질이다. 정사면체인 메테인의 결합각은 109.2°가 된다.
④ 이성질체란 분자식이 같지만, 구조식은 다른 화합물을 말한다. 탄소의 수가 많아질수록 이성질체의 수도 많아진다.

41

드라이아이스(고체 CO_2)가 기체 이산화탄소로 변화하는 상태를 지칭하는 것은?

① 승화 ② 증발
③ 액화 ④ 응축

42

원자흡수분광계에서 광원으로 속 빈 음극등에 사용되는 기체가 아닌 것은?

① 네온(Ne) ② 아르곤(Ar)
③ 헬륨(He) ④ 수소(H_2)

해설및용어설명 | 원자흡수분광계에서는 속 빈 음극등에 Ne, Ar 등의 비활성 기체를 사용한다.

43

무색의 액체로 흡습성과 탈수 작용이 강하여 탈수제로 사용되는 것은?

① 수은 ② 암모니아
③ 진한 황산 ④ 진한 질산

44

다음 중 산성이 가장 강한 용액은?

① pH = 5인 용액
② $[H^+] = 10^{-8}$M인 용액
③ $[OH^-] = 10^{-4}$M인 용액
④ [pOH] = 7인 용액

해설및용어설명 |
$pH = -\log[H^+]$
$pOH = -\log[OH^-]$
$pH + pOH = 14$
① pH = 5
② $[H^+] = 10^{-8}$M
  $pH = -\log[H^+]$
  $pH = 8$
③ $[OH^-] = 10^{-4}$M
  $pOH = -\log[OH^-] = 4$
  $pH + pOH = 14$
  $pH = 10$
④ $pH + pOH = 14$
  $pH = 7$

45

다음 중 이온화 경향이 가장 큰 것은?

① Ca ② Al
③ Si ④ Cu

46

1F(Faraday)의 전하량은?

① 1g당량 물질이 생성할 때 필요한 전하량
② 1개의 전자가 갖는 전하량
③ 1mol의 물질이 갖는 전하량
④ 96,500개의 전자가 갖는 전하량

해설및용어설명 | 1F(Faraday)의 정의
- 1g당량 물질을 얻는 데 필요한 전하량
- 전자 1mol의 전하량

47

할로젠 원소의 반응성 크기 순서로 옳은 것은?

① F > Cl > Br > I
② I > Cl > Br > F
③ F > Br > I > Cl
④ I > Br > Cl > F

해설및용어설명 |
반응성 F > Cl > Br > I

48

LiH에 대한 설명 중 옳은 것은?

① Li_2H, Li_3H 등의 화합물이 존재한다.
② 물과 반응하여 O_2 기체를 발생시킨다.
③ 수용액의 액성은 염기성이다.
④ 아주 안정한 물질이다.

해설및용어설명 |
$LiH + H_2O \rightarrow LiOH + H_2$

49

혼합물과 이를 분리하는 적용원리 및 분리방법을 연결한 것 중 잘못된 것은?

① 혼합물 : NaCl, KNO_3, 적용원리 : 용해도차, 분리방법 : 분별결정
② 혼합물 : H_2O, C_2H_5OH, 적용원리 : 끓는점의 차, 분리방법 : 분별증류
③ 혼합물 : 모래, 아이오딘, 적용원리 : 승화성, 분리방법 : 승화
④ 혼합물 : 석유, 벤젠, 적용원리 : 용해성, 분리방법 : 분액깔때기

해설및용어설명 | 석유, 벤젠 혼합물은 끓는점 차이에 의한 분별증류 방식을 이용한다.

50

강산과 강염기의 작용에 의하여 생성되는 화합물의 액성은?

① 산성　　　　② 중성
③ 양성　　　　④ 염기성

51

가시광선보다 긴 파장을 가지며 마이크로파보다는 짧은 파장의 범위를 갖는 광선은?

① 가시광선　　② 적외선
③ 방사선　　　④ 자외선

해설및용어설명 |

종류	라디오파	마이크로파	적외선	가시광선	자외선	X선	감마선
파장[m]	10^3	10^{-2}	10^{-5}	0.5×10^{-6}	10^{-8}	10^{-10}	10^{-12}

52

FeS와 HgS를 묽은 염산으로 반응시키면 FeS는 용해되지만 HgS는 쉽게 용해되지 않는 이유로 적합한 것은?

① FeS가 HgS보다 용해도곱이 크므로
② HgS가 FeS보다 용해도곱이 크므로
③ FeS가 HgS보다 이온화 경향이 크므로
④ HgS가 FeS보다 이온화 경향이 크므로

해설및용어설명 | 금속의 이온화 경향에서 Fe은 H보다 이온화 경향성이 크기 때문에 잘 용해되지만 Hg는 H보다 이온화 경향이 작아 잘 용해되지 않는다.

53

2.5mol 질산(HNO_3)의 질량(g)은? (단, N의 원자량은 14, O의 원자량은 16이다.)

① 0.4
② 25.2
③ 60.5
④ 157.5

해설및용어설명 |
2.5mol × 63g/mol = 157.5g

54

$A(g) + B(g) \rightleftarrows C(g) + 20kcal$ 반응의 평형상수 중 가장 높은 온도에서 측정된 평형상수로 예상되는 값은?

① 0.1
② 1
③ 5
④ 10

해설및용어설명 | 발열반응이므로 온도가 높아질수록 정반응은 감소하고 역반응은 증가하기 때문에 평형상수의 값은 작아진다.

55

다음 중 원자의 반지름이 가장 큰 것은?

① Na
② K
③ Rb
④ Li

해설및용어설명 |
③ 같은 족에서는 원자번호가 증가할수록 핵과 전자 사이의 인력이 증가하며, 껍질의 수가 증가하여 원자의 크기도 커진다.

56

황산 49g에 해당하는 몰수는? (단, 황의 원자량은 32amu로 가정한다.)

① 0.2
② 0.3
③ 0.4
④ 0.5

해설및용어설명 |
H_2SO_4의 분자량 = 98g/mol

H_2SO_4의 몰수 = $\dfrac{49g}{98g/mol}$ = 0.5mol

57

헥사메틸렌다이아민($H_2N(CH_2)_6NH_2$)과 아디프산($HOOC(CH_2)_4COOH$)이 반응하여 고분자가 생성되는 중합반응은?

① Addition
② Synthetic resin
③ Reduction
④ Condensation

해설및용어설명 |
④ 축합반응

58

0.1N NaOH 표준용액을 장시간 보관 후 재사용을 위해 농도를 측정한 결과 0.1033N일 때, 수산화나트륨의 역가는?

① 0.01033
② 0.968
③ 1.033
④ 0.1

해설및용어설명 |

역가(f) = $\dfrac{0.1033}{0.1}$ = 1.033

59

분광광도계를 사용하여 자외선 영역의 파장을 분석하기 위한 셀, 창, 렌즈 및 프리즘의 재료로서 부적합한 것은?

① NaCl
② KBr
③ ZnSe
④ LiF

해설및용어설명 | ZnSe 재료는 적외선 영역의 파장을 분석하기에 적합하다.

60

황화수소(H_2S)에 대한 설명 중 틀린 것은?

① 독성이 커서 흡입 시 위험하다.
② 달걀 썩는 냄새가 나는 가연성 액체이다.
③ 미량의 냄새를 자주 맡으면 피로감을 느낀다.
④ 흡입 시 응급처치는 진한 암모니아 용액의 증기를 맡는다.

해설및용어설명 | 흡입 시 맑은 공기가 있는 곳으로 이동하고 병원으로 이동한다.

CBT 복원문제 2025 * 1

01

101.325kPa에서 부피가 22.4L인 어떤 기체가 있다. 이 기체를 같은 온도에서 압력을 202.650kPa으로 하면 부피는 얼마가 되겠는가?

① 5.6L
② 11.2L
③ 22.4L
④ 44.8L

해설및용어설명 | 압력이 2배가 되므로 부피는 $\frac{1}{2}$배가 된다(보일의 법칙).

02

산소분자의 확산속도는 수소분자의 확산속도의 얼마 정도인가?

① 4배
② $\frac{1}{4}$배
③ 16배
④ $\frac{1}{16}$배

해설및용어설명 | 그레이엄의 확산법칙
일정한 온도와 압력 상태에서 기체의 확산속도는 그 기체 분자량의 제곱근에 반비례한다는 법칙이다.

속도 $\propto \frac{1}{\sqrt{M}}$

수소 분자의 확산속도 : 산소 분자의 확산속도
$\sqrt{32} : \sqrt{2} = \sqrt{16} : 1 = 4 : 1$

산소 분자의 확산속도는 수소 분자의 확산속도의 $\frac{1}{4}$배가 된다.

03

분광광도계를 이용하여 측정한 결과 투광도가 1%이었다. 흡광도는 얼마인가?

① 0
② 0.5
③ 1
④ 2

해설및용어설명 | $2 - \log[\%T] = 2$
T값이 %로 나와 있을 때 $A = 2 - \log[\%T]$
T값이 소수점으로 나와 있을 때 $A = -\log T$

04

이산화탄소가 0.06875vol% 포함된 공기를 ppm 단위로 표기한 것으로 옳은 것은? (단, 공기는 표준상태이다)

① 687.5
② 350
③ 68.75
④ 35.0

해설및용어설명 | $\frac{0.06875}{100} \times 10^6 = 687.5$ppm

05

가스 크로마토그래피에서 사용되는 운반기체로서 가장 부적당한 것은?

① 헬륨
② 질소
③ 수소
④ 산소

해설및용어설명 | 화학적으로 안정하고 시료와 고정상과 반응하지 않는 수소(H_2), 헬륨(He), 아르곤(Ar) 등의 불활성 기체를 사용한다.

정답 01 ② 02 ② 03 ④ 04 ① 05 ④

06

0.01M Ca^{2+} 50.0mL를 0.05M EDTA로 적정할 때, 당량점까지 필요한 EDTA 용액의 부피(mL)는?

① 10
② 25
③ 50
④ 100

해설및용어설명 |
EDTA 1mol에 대한 금속 이온 결합의 비는 1 : 1이다.
MV = M′V′ 공식을 활용한다.
0.01M×50mL = 0.05M×xmL
x = 10mL

07

극성용매인 A와 비극성용매인 B에 대한 설명으로 옳은 것은?

① A는 물에 잘 녹는다.
② A는 벤젠에 잘 녹는다.
③ B는 톨루엔에 잘 녹는다.
④ A와 B는 잘 섞인다.

해설및용어설명 | 극성은 극성끼리 비극성은 비극성끼리 잘 섞인다. 물은 대표적인 극성용매이고, 벤젠, 톨루엔은 대표적인 비극성용매이다.

08

액체크로마토그래피의 용매 조건으로 옳지 않은 것은?

① 안정성이 높고, 휘발성이 커야 한다.
② 분석물의 봉우리와 겹치지 않는 고순도이어야 한다.
③ 점도가 낮아야 한다.
④ 관 온도보다 20~50℃ 정도 끓는점이 높아야 한다.

해설및용어설명 | 액체크로마토그래피 용매 조건
- 비활성이어야 한다.
- 안정성이 높아야 한다.
- 점도가 낮아야 한다.
- 순도가 높아야 한다.
- 검출기 적합성이 있어야 한다.
- 적당한 가격으로 쉽게 구입할 수 있어야 한다.
- 분석물의 봉우리와 겹치지 않는 고순도이어야 한다.
- 관 온도보다 20~50℃ 정도 끓는점이 높아야 한다.

09

수산화나트륨이 0.4g을 물에 녹여 전체 부피가 100ml가 되게 하였다. 이 용액의 노르말 농도(N)는 얼마인가? (단, Na의 분자량은 23이다)

① 0.01
② 0.04
③ 0.1
④ 0.4

해설및용어설명 | ③

NaOH의 몰수 = $\frac{0.4}{40}$ = 0.01mol

NaOH의 몰 농도 = $\frac{0.01mol}{0.1L}$ = 0.1M

NaOH의 당량 수 = 1(분자 내 OH^-의 개수)
노르말 농도 = 몰 농도×당량 수 = 0.1N

10

다음 반응에서 정반응이 일어날 수 있는 경우는?

$$N_2 + 3H_2 \rightleftharpoons 2NH_3 + 22kcal$$

① 압력을 낮추고 온도를 낮춘다.
② 압력을 낮추고 온도를 높인다.
③ 압력을 높이고 온도를 높인다.
④ 압력을 높이고 온도를 낮춘다.

해설및용어설명 | 암모니아 생성반응에서 르 샤틀리에 법칙
- 압력 : 반응물의 분자는 4개, 생성물은 2개이므로 압력을 높이면 압력을 낮추려는 정반응이 진행
- 온도 : 발열반응으로 온도를 낮추면 온도를 높이려는 정반응이 진행

11

다음 중 pH 측정 실험 후 실험기구의 관리방법으로 옳은 것은?

① pH미터는 증류수로 씻은 후 햇빛에 말린다.
② pH미터는 보존액에 담근 후 세워서 보관한다.
③ pH 전극이 오염되었을 때는 불산을 이용해 오염물을 제거해준다.
④ 장기간 pH 미터를 사용하지 않을 때는 버퍼 용액을 이용해 캘리브레이션을 실시 후 보관한다.

해설 및 용어설명 |
① pH미터기는 실험이 끝난 후 증류수로 씻고, 유리전극은 보존액에 넣어 보관한다. 전극은 보통 4M KCl용액 또는 보존액에 세워서 보관한다.
③ 불산이나 강한 산은 유리전극을 녹일 수 있기 때문에 pH 측정 등에 사용하지 않는다.
④ 캘리브레이션은 pH 측정을 진행하기 전에 실시한다.

12

음이온 정성분석에서 Cl^-, Br^-, I^-, CNS^- 이온의 침전을 생성하기 위하여 주로 사용하는 시약은?

① $AgNO_3$
② $NaNO_3$
③ KNO_3
④ HNO_3

해설 및 용어설명 | 할로젠 원소와 은(Ag)의 착물
• AgF : 물에 용해
• AgCl : 흰색 침전
• AgBr : 연한 노란색 침전
• AgI : 노란색 침전

13

종이 크로마토그래피법에서 이동도(R_f)를 구하는 식은?
(단, C : 기본선과 이온이 나타난 사이의 거리[cm], K : 기본선과 전개 용매가 전개한 곳까지의 거리[cm]이다)

① $R_f = \dfrac{C}{K}$
② $R_f = C \times K$
③ $R_f = \dfrac{K}{C}$
④ $R_f = C + K$

해설 및 용어설명 |
R_f는 이동률의 약자이며, $R_f = \dfrac{\text{용질이 이동한 거리}}{\text{용매가 이동한 거리}}$ 로 정의할 수 있다.

14

액체 크로마토그래피에서 컬럼의 충진물로 실리카를 사용하는 이유로 옳은 것은?

① 실리카는 비극성이 강하다.
② 실리카 표면의 화학적 개질이 쉽다.
③ 높은 pH의 이동상에서 사용할 수 있다.
④ 실리카는 자체에 기공이 없는 물리적 특성을 가진다.

해설 및 용어설명 |
• 실리카를 충진물로 사용하는 이유는 실리카 입자의 다공성과 표면에 다양한 작용기를 결합시킬 수 있는 화학적 개질이 쉽기 때문이다.
• 실리카는 높은 pH에서 쉽게 용해된다.
• 실리카는 극성 물질이다.

15

0.5N HCl 20L를 완전 중화시키기 위한 pH 12 NaOH의 부피(L)는?

① 10
② 100
③ 1,000
④ 10,000

해설및용어설명 | pH 12의 NaOH의 몰농도 계산

$pH = -\log[H^+] = 12$

$[H^+] = 10^{-12}M$

$pOH = 14 - pH = 2$

$[OH^-] = 10^{-2}M (= NaOH의 몰농도)$

NaOH의 당량수는 1이므로 $10^{-2}M = 10^{-2}N$이다.

$NV = N'V'$ 공식에 의해 NaOH 부피를 계산하면

$0.5N \times 20L = 10^{-2}N \times x$

$x = 1,000L$

16

전자기 복사선의 에너지(E)와 파장(λ)의 관계를 나타낸 식은? (단, h는 플랑크상수, c는 진공에서의 빛의 속도, ν는 진동수를 의미한다)

① $E = \lambda c$
② $E = hc$
③ $E = \dfrac{h\nu c}{\lambda}$
④ $E = \dfrac{hc}{\lambda}$

해설및용어설명 | 파장과 빛에너지의 관계는 다음과 같다.

$E = h\nu = \dfrac{hc}{\lambda}$

17

물질 A, B가 반응하여 C가 생성되는 반응의 화학반응식이 아래와 같을 때 참인 식은? (단, a, b, c는 정수이고, 하첨자 물질의 분자량은 $M_{하첨자}$로 나타낸다)

$$aA(g) + b(B)(g) \rightarrow cC(g)$$

① $a + b = c$
② $M_A + M_B = M_C$
③ $M_A/a + M_B/b = M_C/c$
④ $a \times M_A + b \times M_B = c \times M_C$

해설및용어설명 | 질량보존의 법칙에 의해 반응물의 질량의 합과 생성물의 질량의 합은 같다.

예 $2H_2 + O_2 \rightarrow 2H_2O$
$2 \times 2 + 1 \times 32 = 2 \times 18$

18

모르(Mohr)법에 사용하는 지시약은?

① $AgNO_3$
② K_2CrO_4
③ NH_4SCN
④ $C_5H_{12}O_5$: Fluorescein

해설및용어설명 | 침전 적정을 할 때 사용되는 모르법(Mohr nethod)는 지시약으로 크롬산칼륨(K_2CrO_4)를 사용한다.

19

다음 중 공유결합하기 가장 쉬운 것은?

① 같은 족의 원소 사이
② 같은 주기의 원소 사이
③ 전자를 내놓기 쉬운 금속 원소 사이
④ 전자를 내놓기 어려운 비금속 원소 사이

해설및용어설명 | 공유결합은 전자쌍을 공유하는 비금속과 비금속의 결합이다. 전자를 내놓기 어려운 비금속 사이에서 형성되기 쉽다.

15 ③ 16 ④ 17 ④ 18 ② 19 ④

20

중화적정 실험에서 시약 취급 시 주의사항으로 옳지 않은 것은?

① 피펫으로부터 액체를 유출시킬 때 절대 입으로 불지 않고, 피펫 필러를 사용하여 빼낸다.
② 피펫으로 위험성 물질을 취급할 때는 반드시 안전 피펫이나 피펫 필러를 사용한다.
③ 유독가스가 나오는 시약은 환기장치가 설치된 곳에서 취급한다.
④ 발연성 물질을 용해 또는 가열할 때는 메스플라스크를 사용한다.

해설및용어설명 | 물질을 용해하거나 가열할 때는 비커 또는 삼각플라스크를 이용한다. 메스플라스크는 정확한 농도의 용액을 제조 또는 희석하기 위해 사용하는 유리기구이다.

21

은과 철, 알루미늄과 마그네슘의 산화·환원반응이 아래와 같을 때, 두 개의 반응에서 산화제(Oxidizing agent)는?

$$Ag^+(aq) + Fe^{2+}(aq) \rightarrow Ag(s) + Fe^{3+}(aq)$$
$$2Al^{3+}(aq) + 3Mg(s) \rightarrow 2Al(s) + 3Mg^{2+}(aq)$$

① $Fe^{2+}(aq)$, $Mg(s)$
② $Ag^+(aq)$, $Mg(s)$
③ $Ag^+(aq)$, $Al^{3+}(aq)$
④ $Fe^{2+}(aq)$, $Al^{3+}(aq)$

해설및용어설명 | 산화제(Oxidizing agent)는 다른 물질을 산화시킬 수 있는 물질로 자신은 환원된다.

- $Ag^+(aq) \rightarrow Ag(s)$
  +1   0   산화수 감소(환원) → 산화제
- $Fe^{2+}(aq) \rightarrow Fe^{3+}(aq)$
  +2   +3   산화수 증가(산화)
- $2Al^{3+}(aq) \rightarrow 2Al(s)$
  +3   0   산화수 감소(환원) → 산화제
- $3Mg(s) \rightarrow 3Mg^{2+}(aq)$
  0   +2   산화수 증가(산화)

22

다음과 같은 GHS 그림문자가 있는 화학물질은?

① TNT   ② 황산
③ 염소   ④ 질산

해설및용어설명 | 문제에 제시된 GHS 그림문자는 폭발성물질 경고표지이다. TNT(트라이나이트로톨루엔)는 폭발성 물질이다.

23

분광광도계에서 광전관, 광전자증배관, 광전도셀 등을 사용하여 빛의 세기를 측정하는 장치 부분은?

① 광원부   ② 검출부
③ 시료부   ④ 파장선택부

해설및용어설명 | 검출부는 빛이 시료를 통과하기 전과 후의 빛의 감도를 측정하여 시료가 흡수한 빛의 양을 전기적 신호로 변환한다. 광전증배관, 광전관, 광다이오드어레이 등의 검출기를 사용한다.

24

다음 중 분자의 입체구조가 정사면체가 아닌 것은?

① CH_4 ② NH_3
③ BH_4^- ④ NH_4^+

해설및용어설명 | NH_3는 공유전자쌍 3개, 비공유 전자쌍 1개이므로 삼각뿔의 구조를 나타낸다.

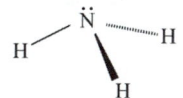

25

다음 중 일반적으로 물에 가장 잘 녹는 염은?

① 염화물 ② 인산염
③ 질산염 ④ 황산염

해설및용어설명 | 질산염은 일반적으로 물에 잘 녹는다.

26

물에 대한 고체 물질의 용해도에 관한 설명 중 ( )에 들어갈 것으로 옳은 것은?

> 일반적으로 용해도는 물 ( )에 최대로 녹을 수 있는 용질의 g이다.

① 1L ② 100g
③ 100mL ④ 1kg

해설및용어설명 | 용해도는 용질이 용매에 포화상태가 될 때까지 녹을 수 있는 정도를 수치로 나타낸 것으로 물 100g에 최대로 녹을 수 있는 용질의 양을 의미한다.

27

다음 중 결합력이 가장 약한 것은?

① 이온 결합 ② 공유 결합
③ 금속 결합 ④ 반데르발스결합

해설및용어설명 |
- 반데르발스는 중성인 분자에서 극히 근거리에만 작용하는 약한 인력이다.
- 반데르발스 결합은 분자 간에 작용하는 힘으로서 분산력, 이중극자 간의 인력 등이 있다.

28

반응속도에 영향을 주는 인자로 가장 거리가 먼 것은?

① 촉매 ② 반응온도
③ 반응물의 농도 ④ 반응생성물의 색상

해설및용어설명 | 반응속도에 영향을 주는 인자 : 농도, 온도, 촉매, 표면적 등

29

혼합물과 이를 분리하는 적용원리 및 분리방법을 연결한 것 중 잘못된 것은?

① 혼합물 : NaCl, KNO_3, 적용원리 : 용해도차, 분리방법 : 분별결정
② 혼합물 : H_2O, C_2H_5OH, 적용원리 : 끓는점의 차, 분리방법 : 분별증류
③ 혼합물 : 모래, 아이오딘, 적용원리 : 승화성, 분리방법 : 승화
④ 혼합물 : 석유, 벤젠, 적용원리 : 용해성, 분리방법 : 분액깔때기

해설및용어설명 | 석유, 벤젠 혼합물은 끓는점 차이에 의한 분별증류 방식을 이용한다.

30

가시광선보다 긴 파장을 가지며 마이크로파 보다는 짧은 파장의 범위를 갖는 광선은?

① 가시광선 ② 적외선
③ 방사선 ④ 자외선

해설및용어설명 |

종류	라디오파	마이크로파	적외선	가시광선	자외선	X선	감마선
파장[m]	10^3	10^{-2}	10^{-5}	0.5×10^{-6}	10^{-8}	10^{-10}	10^{-12}

25 ③ 26 ② 27 ④ 28 ④ 29 ④ 30 ②

31

황산 49g에 해당하는 몰 수는? (단, 황의 원자량은 32amu로 가정한다)

① 0.2
② 0.3
③ 0.4
④ 0.5

해설및용어설명 |

H_2SO_4의 분자량 = 98g/mol

H_2SO_4의 몰수 = $\frac{49g}{98g/mol}$ = 0.5mol

32

5mL 부피 플라스크에 담긴 시료 원액에서 1mL를 10mL 부피 플라스크로 옮겨 묽혔다. 묽힌 시료를 1.00cm 셀로 340nm에서 흡광도를 측정한 결과가 0.6130이라고 할 때, 시료 원액의 농도(g/L)는? (단, 분석 시료의 분자량은 292.16이고, 340nm에서의 몰흡광계수(ε)는 6,130$M^{-1} \cdot cm^{-1}$이다.)

① 1.0×10^{-3}
② 5.0×10^{-3}
③ 0.29
④ 2.92

해설및용어설명 |

$A = \varepsilon bC$

0.613 = 6,130$M^{-1} \times cm^{-1} \times 1cm \times C$

$C = 1 \times 10^{-4} M$

1mL를 10mL에 넣고 묽혔으므로 10배 희석된다.

시료 원액의 농도(mol/L) = ($1 \times 10^{-4} M$) × 10 = $1 \times 10^{-3} M$

시료 원액의 농도(g/L)로 환산 = $\frac{1 \times 10^{-3} mol \times 292.16 g/mol}{L}$ = 0.29g/L

33

불순물을 10% 포함한 코크스 1kg을 완전 연소시켰을 때 발생하는 CO_2의 질량(kg)은?

① 3.0
② 3.3
③ 12
④ 44

해설및용어설명 | 코크스 = C

$C + O_2 \rightarrow CO_2$

- 코크스 1kg의 몰수 = $\frac{(1,000 \times 0.9)g}{12g/mol}$ = 75mol

- 생성된 CO_2의 몰수 = 75mol

CO_2의 kg = 75mol × 44g/mol = 3,300g = 3.3kg

34

Ag^+ 이온이 포함된 수용액에 묽은 염산을 넣었을 때 생기는 침전물의 색깔은?

① 흰색 침전
② 빨간색 침전
③ 노란색 침전
④ 침전이 생기지 않는다.

해설및용어설명 | AgCl은 흰색의 침전물 형성

35

질산의 분해반응이 아래와 같을 때, 산화제로 작용하는 물질의 그램당량은?

$$2HNO_3(aq) \rightarrow H_2O(l) + 2NO(g) + O_3(g)$$

① 21
② 42
③ 63
④ 126

해설및용어설명 |

H N O₃ → N O
+1 +5 -6 → +2 -2

N은 +5 → +2로 감소 환원되었으므로 산화제로 작용
산화·환원에서 당량수는 이동한 전자의 수와 같다.
당량수 = 3eq/mol

g당량수 = $\dfrac{\text{몰질량}}{\text{당량수}} = \dfrac{63g/mol}{3eq/mol} = 21g/eq$

36

액체크로마토그래피(LC)의 이동상의 성질로 적당하지 않은 것은?

① 점도가 높아야 한다.
② 시료를 녹일 수 있어야 한다.
③ 정지상과 섞이지 말아야 한다.
④ 적당한 가격으로 쉽게 구할 수 있어야 한다.

해설및용어설명 | 이동상의 조건
- 비활성이어야 한다.
- 안정성이 높아야 한다.
- 점도가 낮아야 한다.
- 순도가 높아야 한다.
- 검출기 적합성이 있어야 한다.

37

EDTA 적정법에서 종말점의 검출을 위해 이용되는 방법이 아닌 것은?

① 전위차 측정
② 산화-환원제 사용
③ 금속 이온 지시약 사용
④ 분광기를 이용한 흡광도 측정

해설및용어설명 |
② 산화-환원제는 주로 산화·환원반응에 사용된다.

38

자외선-가시광선 분광광도계의 기본적인 구성요소의 배열은?

① 광원 - 단색화 장치 - 검출기 - 흡수용기 - 기록계
② 광원 - 단색화 장치 - 흡수용기 - 검출기 - 기록계
③ 광원 - 흡수용기 - 검출기 - 단색화 장치 - 기록계
④ 광원 - 흡수용기 - 단색화 장치 - 검출기 - 기록계

39

전기음성도가 비슷한 비금속 사이에서 주로 일어나는 결합은?

① 이온결합
② 공유결합
③ 배위결합
④ 수소결합

해설및용어설명 | 공유결합은 비금속과 비금속의 결합으로서, 전기음성도가 비슷한 비금속 사이에서 일어난다.

40

전기분해반응 $Pb^{2+} + 2H_2O \rightleftarrows PbO_2(s) + H_2(g) + 2H^+$에서 0.1A의 전류가 20분 동안 흐른다면, 약 몇 g의 PbO_2가 석출되겠는가? (단, PbO_2의 분자량은 239로 한다)

① 0.10g ② 0.15g
③ 0.20g ④ 0.30g

해설및용어설명 |
전하량 = $0.1A \times 20 \times 60 = 120C$
$96,500C : 1mol = 120C : x$
$x = 0.00124mol$
Pb^{2+}를 석출하기 위해 2개의 전자가 필요하므로
$x(Pb의 몰수) = 0.00062mol$
PbO_2의 몰수 = $0.00062mol \times 239g/mol = 0.15g$

41

염화나트륨 10g을 물 100mL에 용해한 액의 중량 농도는?

① 9.09% ② 10%
③ 11%   ④ 12%

해설및용어설명 | 중량농도 = 질량 백분율(wt%)
용액의 질량 백분율(wt%) = $\frac{용질의 질량}{(용질의 질량 + 용매의 질량)} \times 100$
$= \frac{10}{(10+100)} \times 100$
$= 9.09\%$

42*

다음 중 염기성이 가장 강한 것은?

① 0.1M HCl   ② $[H^+] = 10^{-3}$
③ pH = 4   ④ $[OH^-] = 10^{-1}$

해설및용어설명 | pH가 클수록 염기성이 강하다.
① pH(0.1M HCl) = -log(0.1) = 1
② pH($[H^+]$) = -log(10^{-3}) = 3
③ pH = 4
④ pOH = -log(10^{-1}) = 1
   pH = 14 - pOH = 13

43*

다음 물질 중 정전기적 힘에 의한 결합이 아닌 것은?

① NaCl   ② $CaBr_2$
③ NH_3 ④ KBr

해설및용어설명 | 정전기적 힘에 의한 결합 = 이온결합(금속 + 비금속 결합)
③ NH_3은 비금속과 비금속의 결합으로 전자쌍을 공유한 공유결합이다.

44*

1g의 라듐으로부터 1m 떨어진 거리에서 1시간동안 받는 방사선의 영향을 무엇이라 하는가?

① 1 렌트겐   ② 1 큐리
③ 1 렘   ④ 1 베크렐

해설및용어설명 |
① 1 렌트겐 : 건조 공기 1kg당 2.58×10^{-4}쿨롱의 전기량을 만들어내는 x선 또는 감마선 세기
② 1 큐리 : 1초동안 3.7×10^{10}개의 원자핵이 붕괴하면서 발생하는 방사선양 (1g의 라돈이 내는 방사능 세기)
③ 1 렘 : 1g의 라듐으로부터 1m 떨어진 거리에서 1시간 동안 받는 방사선의 영향
④ 1 베크렐 : 방사성 물질이 1초 동안 1개의 원자핵을 붕괴하는 경우 발생하는 방사능

45★

다음의 전자기복사선 중 파장이 가장 짧은 것은?

① 라디오파 ② 적외선
③ 가시광선 ④ 자외선

해설및용어설명 |

종류	라디오파	마이크로파	적외선	가시광선	자외선	X선	감마선
파장[m]	10^3	10^{-2}	10^{-5}	0.5×10^{-6}	10^{-8}	10^{-10}	10^{-12}

46★★

일정한 온도에서 1atm의 이산화탄소 1L와 2atm의 질소 4L를 밀폐된 용기에 넣었더니 전체 압력이 2atm이 되었다. 이 용기의 부피는?

① 3L ② 3.5L
③ 4L ④ 4.5L

해설및용어설명 | 보일의 법칙

일정한 온도에서 압력과 부피는 반비례한다.

PV = 일정하다.

$P_{CO_2}V_{CO_2} + P_{N_2}V_{N_2} = P_{total}V_{total}$

$1atm \times 1L + 2atm \times 4L = 2atm \times V$

V = 4.5L

47

화학물질의 보관 요령이 잘못된 것은?

① 산화제는 목재로 된 시약장에 보관한다.
② 금수성 물질은 습기가 없는 건조한 곳에 보관한다.
③ 인화성 액체는 근처에 화기를 두지 않는다.
④ 자연발화성물질을 보관 시에는 온도상승 방지조치를 한다.

해설및용어설명 | 산화제는 가연성 물질로 된 목재로 된 시약장에 보관 시 화재의 위험이 있다.

48

끓는점이 가장 낮은 것은?

① 0.5atm의 물 ② 1.5atm의 물
③ 2.5atm의 물 ④ 3.0atm의 물

해설및용어설명 | 끓는점은 액체의 증기압이 대기압과 같아지는 지점으로 압력이 높을수록 끓는점이 높다.

49

0℃, 1atm에서 프로페인(propane) 1mol을 완전 연소시키는데 필요한 산소의 양(mol)은?

① 1 ② 3
③ 5 ④ 7

해설및용어설명 |

- 프로페인 : C_3H_8
- 연소반응식 : $C_3H_8 + 5O_2 \rightarrow 3CO_2 + 4H_2O$

50

양이온 제1족 Ag^+, Hg_2^{2+}, Pb^{2+} 염화물을 용해도곱 상수(K_{sp})가 큰 순서로 나타낸 것은?

① $PbCl_2 > AgCl > Hg_2Cl_2$
② $AgCl > PbCl_2 > Hg_2Cl_2$
③ $PbCl_2 > Hg_2Cl_2 > AgCl$
④ $Hg_2Cl_2 > AgCl > PbCl_2$

해설및용어설명 |

- 양이온 1족 : Cl^-와 반응하여 염화물 침전을 형성하는 이온
- $PbCl_2$는 뜨거운 물에 잘 녹음(AgCl와 Hg_2Cl_2는 잘 녹지 않음)
- AgCl는 NH_3를 넣어주면 착이온($Ag(NH_3)_2^+$)을 형성하여 물에 녹음(Hg_2Cl_2는 잘 녹지 않음)

51

용액의 끓는점 오름과 비례하는 농도는?

① 몰랄 농도
② 몰 농도
③ 백분율 농도
④ 노르말 농도

해설및용어설명 | 몰랄 농도 용매 1kg에 대한 용질의 몰수로 온도에 영향을 받지 않기 때문에 끓는점 오름과 어는점 내림 등에 사용된다.
• 끓는점 오름 = ΔT_b(온도변화) = K_b(끓는점 오름 상수)×m(몰랄농도)

52

화학실험 시 안전 유의사항으로 틀린 것은?

① 강산을 희석할 때는 산에 물을 직접 부어서는 안 된다.
② 유독성 기체가 발생하는 실험을 할 때에는 실내에서 창문을 열고 한다.
③ 시약병으로부터 액체를 옮길 때에는 피펫이나 스포이트 입으로 빨아서는 안 된다.
④ 시약병에서 고체 시약을 덜고자 할 때에는 시약 스푼을 이용하여 덜어서 사용하고 덜어낸 시약은 다시 시약병에 넣어서는 안 된다.

해설및용어설명 | 유독성 또는 휘발성 기체가 발생하는 실험을 할 때는 흄 후드와 같은 국소배기장치 안에서 사용한다. 추가로 적절한 개인보호구를 착용한다.

[필답형 기출]
강산을 희석할 때는 물에 산을 소량 첨가하면서 희석한다(기출 : 필답형).

53

얇은 막 크로마토그래피(TLC) 분석 시 유리 슬라이드 표면의 오염을 세척할 때 사용하는 용액으로 가장 적합한 것은?

① 증류수
② 알코올 용액
③ 크롬산 용액
④ 암모니아 용액

해설및용어설명 | 알코올은 높은 휘발성과 살균효과로 세척에 적절하다.

54

물 500mL에 메탄올을 20.0mL를 혼합한 용액의 메탄올의 부피백분율(vol%)은? (단, 물과 에탄올은 이상용액이다)

① 3.85
② 4.00
③ 4.55
④ 25.0

해설및용어설명 | $\dfrac{20mL}{500mL + 20mL} \times 100 = 3.85\%$

55

보기에 대한 설명으로 옳은 것은?

① 질량 백분율은 용질의 질량을 용액의 부피로 나눈 값을 말한다.
② 몰농도는 용액 1L 중에 들어 있는 용질의 질량을 말한다.
③ 몰분율은 용액 중 어느 한 성분의 몰 수를 용액 전체의 몰 수로 나눈 값이다.
④ 물에 대한 고체의 용해도는 일반적으로 물 1,000g에 녹아 있는 용질의 최대질량을 말한다.

해설및용어설명 |
① 질량 백분율은 용질의 질량을 용액의 질량으로 나눈 값을 말한다.
② 몰농도는 용액 1L 중에 들어 있는 용질의 몰 수를 말한다.
④ 물에 대한 고체의 용해도는 일반적으로 물 100g에 녹아 있는 용질의 최대질량을 말한다.

56

부피측정용 유리기구가 아닌 것은?

① 피펫
② 뷰렛
③ 메스실린더
④ 분별 깔때기

해설및용어설명 |
• 피펫 : 일정 부피의 용액을 옮길 때 사용
• 뷰렛 : 용액을 적정할 때 부피 측정
• 메스실린더 : 액체의 부피를 측정할 때 사용

57

0.005N HCl의 pH는?

① 2.3 ② 3.3
③ 3.7 ④ 4.7

해설및용어설명 | pH = -log[H⁺] = -log0.005 = 2.3

58

아연 전극과 구리 전극을 연결한 볼타전지의 표준전지전위(V)는?

〈표준환원전위〉
$Cu^{2+} + 2e^- \rightleftarrows Cu(s)$ ………… E° = 0.339V
$Zn^{2+} + 2e^- \rightleftarrows Zn(s)$ ………… E° = -0.763V

① +0.42 ② +1.10
③ -0.10 ④ -0.42

해설및용어설명 | 볼타전지
- 두 금속 전극 사이의 자발적인 산화·환원 반응을 통해 전기를 발생시키는 전지
- 반응성(이온화경향성) : Zn(산화) > Cu(환원)
- 표준전지전위 = 환원 - 산화 = 0.339 - (-0.763) = 1.10V

59

다음 중 반응성이 가장 큰 원소는?

① 칼슘(Ca) ② 나트륨(Na)
③ 칼륨(K)   ④ 리튬(Li)

해설및용어설명 | 이온화경향성
K > Ca > Na > Mg > Al > Zn > Fe > Ni > Sn > Pb > H > Cu > Hg > Ag > Pt

60

분광광도계의 검출부에서 입력신호를 전류로 변환하는 장치가 아닌 것은?

① 트랜지스터   ② 광다이오드
③ 광전 증배관   ④ 광다이오드 어레이

해설및용어설명 | 입력신호를 전류로 변환하는 장치를 검출기라 한다.
②~④ 분광광도계의 검출기 종류

CBT 복원문제 2025 * 3

01

원자흡수분광계의 구성요소 중 버너(Burner)가 필요한 부분은?

① 측광부
② 광원부
③ 단색화부
④ 시료원자화부

해설및용어설명 | 원자흡수분광계 구성요소(주로 금속원소 분석에 사용)
- 광원 : 주로 속 빈 음극 램프 사용
- 원자화장치 : 불꽃 원자화 장치(화염 방식), 흑연로 원자화 장치 사용(전기 가열 방식)
- 단색화장치
- 검출기

02

탄화수소의 종류가 다른 것은?

① C_2H_6
② C_5H_{12}
③ C_4H_8
④ C_3H_8

해설및용어설명 |
- 알케인(C_nH_{2n+2}) : ①, ②, ④
- 알켄(C_nH_{2n}) : ③
- 알카인(C_nH_{2n-2})

03

방사선 입자 중 아래와 같은 특성을 갖는 입자는?

- 양전하를 가지고 있다.
- 헬륨이온과 동일한 질량을 가지고 있다.
- 원자번호가 2가 감소하고 질량수는 4가 감소하면서 붕괴한다.

① X선
② 알파입자
③ 베타입자
④ 감마입자

04

이온화 에너지를 결정하는 인자가 아닌 것은?

① 중성자 수
② 핵의 전하
③ 가리움 효과
④ 핵과 전자사이의 평균 거리

해설및용어설명 |
- 핵의 전하가 클수록 이온화 에너지가 커진다.
- 가리움 효과 : 전자와 전자 간 반발력이 원자핵과 전자사이의 인력을 감소시키는 효과
- 핵과 전자사이의 거리가 가까울수록 이온화 에너지가 커진다.

정답 01 ④ 02 ③ 03 ② 04 ①

05

암모니아 생성반응($N_2 + 3H_2 \rightarrow 2NH_3$)이 평형상태에 있을 때 정반응을 우세하기 위한 방법이 아닌 것은?

① N_2를 첨가한다.
② H_2를 첨가한다.
③ NH_3를 첨가한다.
④ 압력을 증가시킨다.

해설및용어설명 | 르 샤틀리에 원리
평형 상태에서 평형의 농도, 온도, 압력 등에 변화를 주면 그 변화를 상쇄시키려는 방향으로 반응이 진행된다.
①, ② : 반응물의 양을 첨가하면 반응물을 소모하기 위해 정반응 진행
④ : 반응물의 입자수는 4개, 생성물의 입자수는 2개이므로 압력을 증가시키면 압력을 감소시키는 방향으로 반응이 진행되므로 입자수를 줄이려는 정반응이 진행된다.

06

기체반응은 온도가 10℃ 상승할 때 반응 속도는 2배 빨라진다. 70℃일 때 반응속도는 20℃일 때보다 몇 배 더 빨라지는가?

① 4배
② 8배
③ 16배
④ 32배

해설및용어설명 | 10℃에 2배씩 속도가 증가하므로 2^5으로 속도가 빨라진다.

07

물질의 일반식과 그 명칭이 옳지 않은 것은?

① R-CO-R' → 케톤
② R-O-R' → 알코올
③ R-CO2-R' → 에스터
④ RCHO → 알데하이드

해설및용어설명 | R-O-R' : 에터(ether)

08

미국화재예방협회(NFPA)에서 제정한 화재 예방 규격으로 아래 NFPA코드에서 "3"의 위치의 표기와 가장 관련이 깊은 GHS 그림문자는?

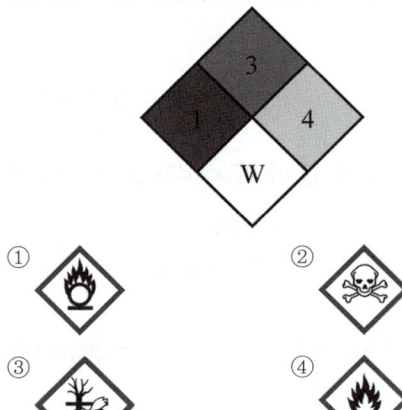

해설및용어설명 |

09

얇은 막 크로마토그래피(TLC) 분석 시 유리 슬라이드 표면의 오염을 세척할 때 사용하는 용액으로 가장 적합한 것은?

① 증류수
② 알코올 용액
③ 크롬산 용액
④ 암모니아 용액

해설및용어설명 | 알코올은 높은 휘발성과 살균효과로 세척에 적절하다.

10

전위차 적정법의 원리로 틀린 것은?

① 액간 접촉 전위차 측정이 중요하다.
② 산화-환원 반응을 이용하는 적정법이다.
③ 전해분석의 일종으로 음극의 전위차를 측정한다.
④ 반응물질의 전위차 변화를 이용한 전기분석방법이다.

해설및용어설명 | 전위차적정법이란 전극 간(음극과 양극) 전위차를 이용한 방법이다.

11

산에 대한 설명 중 옳지 않은 것은?

① 신맛이 난다.
② 염기와 중화반응을 한다.
③ 금속과 반응하면 수소가 발생된다.
④ 붉은색 리트머스를 푸르게 변색시킨다.

해설및용어설명 | 산
푸른색 리트머스 종이를 붉게 변화시킨다.
※ 산 뿐만아니라 염기성도 금속과 반응하면 수소기체가 발생할 수 있다.

12

화학실험 시 안전 유의사항으로 틀린 것은?

① 강산을 희석할 때는 산에 물을 직접 부어서는 안 된다.
② 유독성 기체가 발생하는 실험을 할 때에는 실내에서 창문을 열고 한다.
③ 시약병으로부터 액체를 옮길 때에는 피펫이나 스포이트 입으로 빨아서는 안 된다.
④ 시약병에서 고체 시약을 덜고자 할 때에는 시약 스푼을 이용하여 덜어서 사용하고 덜어낸 시약은 다시 시약병에 넣어서는 안 된다.

해설및용어설명 | 유독성 또는 휘발성 기체가 발생하는 실험을 할 때는 흄 후드와 같은 국소배기장치 안에서 사용한다. 추가로 적절한 개인보호구를 착용한다.
[필답형 기출]
강산을 희석할 때는 물에 산을 소량 첨가하면서 희석한다(기출 : 필답형).

13

수용액 속에 다음의 이온이 존재한다. 전기분해로 같은 무게의 금속을 석출할 때 전기량이 가장 적게드는 금속이온은?

① Ag^+
② Cu^{2+}
③ Ni^{2+}
④ Fe^{2+}

해설및용어설명 |
- Ag^+은 1가 양이온으로 전자 1개당 Ag(s)를 1개 석출할 수 있다.
- Cu^{2+}, Ni^{2+}, Fe^{2+}을 석출하기 위해서는 Ag^+보다 2배의 전기량이 필요하다.
※ 전하량(Q) = I(전류)×t(시간) = 1A×1s = 1C
※ 전자 1mol = 96,500C

14

폴라로그래피에서 정량분석에 사용되는 전기적 신호는?

① 확산전류
② 한계전류
③ 잔류전류
④ 반파전위

해설및용어설명 |
① 확산전류는 분석 대상 농도에 비례하며, 물질이 전극 표면으로 확산되어 올 때 생성되는 전류이다. 정량 분석에 사용된다.
② 한계전류는 확산전류와 잔류전류를 더한 값으로, 분석에는 덜 직접적이다.
③ 잔류전류는 용매나 전해질에서 발생하는 배경전류이며, 분석과 관계없는 노이즈 성분이다.
④ 반파전위는 전류가 한계전류의 절반이 되는 전위를 말한다. 정성분석에 사용된다.

15

흡수분광법에서 몰흡광계수(ε)를 나타낸 식은? (단, A는 흡광도, b는 시료용기의 길이, c는 농도를 의미한다.)

① $\varepsilon = \dfrac{A}{bc}$
② $\varepsilon = \dfrac{bc}{A}$
③ $\varepsilon = \dfrac{1}{bc}$
④ $\varepsilon = \dfrac{1}{Abc}$

해설및용어설명 | 람베르트-비어의 법칙
$A = \varepsilon bc$

16

물 500mL에 메탄올을 20.0mL를 혼합한 용액의 메탄올의 부피백분율(vol%)은? (단, 물과 에탄올은 이상용액이다.)

① 3.85
② 4.00
③ 4.55
④ 25.0

해설및용어설명 |
$\dfrac{20mL}{500mL + 20mL} \times 100 = 3.85\%$

17

기체크로마토그래피(GC)의 운반기체(Carrier gas)로 적절하지 않은 것은?

① 염소(Cl_2)
② 헬륨(He)
③ 질소(N_2)
④ 아르곤(Ar)

해설및용어설명 |
- 운반기체는 주로 화학적으로 불활성인 기체를 사용한다.
- 염소는 반응성이 크며 독성이 강하다.

18

폴하드(Volhard) 적정법은 은적정법의 하나로, 과량으로 넣은 은이온(Ag^+)을 티오시아네이트 이온(SCN^-)으로 적정한다. 이때 사용되는 지시약은?

① Starch(전분)
② $Cu(NO_3)_2$
③ $Fe(NO_3)_3$
④ $KMnO_4$

해설및용어설명 |
- 폴하드(Volhard) 적정법(역적정) : 할로겐 이온을 정량하기 위한 방법
- 시료에 과량의 Ag^+을 넣어 할로겐 이온(Cl^-, Br^-, I^- 등)과 반응시킨다(침전 반응).
- 반응 후 남은 Ag^+을 SCN^-으로 적정한다.
- 적정 후 남은 SCN^-는 Fe^{3+}(지시약)과 반응하여 붉은색 착물을 형성한다.

19

진공에서 복사선의 속도(cm/s)는?

① 2×10^8
② 2×10^{10}
③ 3×10^8
④ 3×10^{10}

해설및용어설명 | 진공에서 복사선의 속도는 빛의 속도와 동일

20

양이온과 음이온의 정전기적 인력에 의한 화학결합의 명칭은?

① 금속결합
② 이온결합
③ 공유결합
④ 수소결합

해설및용어설명 |
- 금속결합 : 금속과 금속 간의 결합
- 이온결합 : 금속과 비금속 간의 결합
- 공유결합 : 비금속과 비금속 간의 결합
- 수소결합 : 수소원자와 인접한 분자의 F, O, N 사이의 결합

21

전자저울의 사용법에 대한 설명으로 틀린 것은?

① 저울은 진동을 피할 수 있는 장소에 수평으로 설치한다.
② 휘발성이 강한 물체를 측정할 때는 방풍 케이스를 사용한다.
③ 무게를 측정할 때는 원칙적으로 저울 내부의 온도와 물체의 온도가 같을 때 한다.
④ 시료의 무게를 측정할 때는 별도의 용기 없이 직접 저울에 장착한 접시 위에 놓고 사용한다.

해설및용어설명 | 시료의 무게를 측정할 때는 시료접시 등에 올려놓고 측정한다.

22

원자흡수분광법(AAS)에서 이온의 효과에 의한 방해현상을 제거하기 위한 방법으로 옳은 것은?

① 다른 분석파장을 선택한다.
② 과량의 복사선 완충제를 가해준다.
③ 높은 온도의 불꽃으로 원자화시킨다.
④ 분석하려는 원소보다 이온화 에너지가 낮은 원소를 과량 가해준다.

해설및용어설명 |
이온화 억제제를 사용한다. → 분석물보다 이온화 에너지가 낮은 원소를 가해주어 분석물의 이온화를 억제한다.

23

2.8g의 질소(N_2)에 해당하는 물질량(mol)은?

① 0.05
② 0.075
③ 0.1
④ 0.25

해설및용어설명 |
N_2 = 28g/mol

$\dfrac{2.8g}{28g/mol}$ = 0.1mol

24

특정 물질과 물의 용해도에 관한 아래의 내용 중 ( )에 알맞은 물질은?

> 아닐린은 물에 잘 녹지 않지만 아닐린을 염화수소와 반응시키면 물에 잘 녹는 ( )이(가) 생성된다.

① C_6H_5COOH
② $C_6H_5NO_2$
③ $C_6H_4(OH)CH_3$
④ $C_6H_5NH_3^+Cl^-$

해설및용어설명 | 아닐린 염화물

25

핵반응을 완결하기 위한 괄호의 값으로 알맞은 것은?

$$^{9}_{4}Be + ^{4}_{2}He \rightarrow (\quad) + ^{1}_{0}n$$

① $^{10}_{4}Be$
② $^{11}_{5}B$
③ $^{12}_{6}C$
④ $^{13}_{7}N$

해설및용어설명 |
- 양성자 : 4 + 2 = (6) + 0
- 전자 : 9 + 4 = (12) + 1

26

보기에 대한 설명으로 옳은 것은?

① 질량 백분율은 용질의 질량을 용액의 부피로 나눈 값을 말한다.
② 몰농도는 용액 1L 중에 들어 있는 용질의 질량을 말한다.
③ 몰분율은 용액 중 어느 한 성분의 몰 수를 용액 전체의 몰 수로 나눈 값이다.
④ 물에 대한 고체의 용해도는 일반적으로 물 1,000g에 녹아 있는 용질의 최대질량을 말한다.

해설및용어설명 |
① 질량 백분율은 용질의 질량을 용액의 질량으로 나눈 값을 말한다.
② 몰농도는 용액 1L 중에 들어 있는 용질의 몰 수를 말한다.
④ 물에 대한 고체의 용해도는 일반적으로 물 100g에 녹아 있는 용질의 최대질량을 말한다.

27

용액의 끓는점 오름과 비례하는 농도는?

① 몰랄 농도
② 몰 농도
③ 백분율 농도
④ 노르말 농도

해설및용어설명 | 몰랄 농도 용매 1kg에 대한 용질의 몰수로 온도에 영향을 받지 않기 때문에 끓는점 오름과 어는점 내림 등에 사용된다.
• 끓는점 오름 = ΔT_b(온도변화) = K_b(끓는점 오름 상수)×m(몰랄농도)

28

BF_4^- 이온의 혼성화와 분자구조를 옳게 짝지은 것은?

① sp, 선형
② sp^2, 평면
③ sp^3, 삼각쌍뿔
④ sp^3, 정사면체

해설및용어설명 |

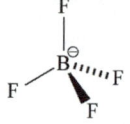

29

액체 크로마토그래피에서 이동상으로 사용하는 용매의 조건이 아닌 것은?

① 점도가 커야 한다.
② 분석물의 봉우리와 겹치지 않아야 한다.
③ 적당한 가격으로 쉽게 구할 수 있어야 한다.
④ 관 온도보다 20~50℃ 정도 끓는점이 높아야 한다.

해설및용어설명 | 이동상의 조건
• 비활성이어야 한다.
• 안정성이 높아야 한다.
• 점도가 낮아야 한다.
• 순도가 높아야 한다.
• 검출기 적합성이 있어야 한다.

30

"평형 상태에 있는 계(system)에 외부에서 변화를 가하면, 그 계는 그 변화를 상쇄하려는 방향으로 반응하여 새로운 평형 상태에 도달한다."는 법칙은?

① 아보가드로의 법칙
② 아레니우스의 법칙
③ 보일-샤를의 법칙
④ 르 샤틀리에의 법칙

31

산화력이 강하며 전자 1개를 얻어 -1가의 음이온이 되는 물질이 아닌 것은?

① Br
② Cl
③ I
④ Xe

해설및용어설명 | Xe
제논은 18족 원소로 비활성 기체이다.

32

UV-Vis 분광광도계의 구성 순서로 옳은 것은?

① 광원 – 단색화장치 – 흡수용기 – 검출계 – 기록계
② 광원 – 단색화장치 – 검출계 – 흡수용기 – 기록계
③ 광원 – 흡수용기 – 단색화장치 – 검출계 – 기록계
④ 광원 – 흡수용기 – 검출계 – 단색화장치 – 기록계

33

0.01M Ca^{2+} 50.0mL를 0.05M EDTA로 적정할 때, 당량점까지 필요한 EDTA 용액의 부피(mL)는?

① 10
② 25
③ 50
④ 100

해설및용어설명 | EDTA는 금속이온과 1:1로 착물생성

$0.01M \times 50mL = 0.05M \times V$

$V = 10mL$

34

크로마토그래피에서 컬럼효율을 나타내는 이론단수(N)를 나타낸 것으로 옳은 것은?(단, H는 단의 높이, L은 관의 충전 길이를 나타낸다)

① $\dfrac{L}{H}$
② $\dfrac{H}{L}$
③ $\dfrac{2L}{H}$
④ $\dfrac{2H}{L}$

35

분광광도계에서 광원으로부터 들어온 여러 파장의 빛을 각 파장별로 분산하여 한가지의 색에 해당하는 파장의 빛을 얻을 수 있는 장치는?

① 검출장치
② 빛 조절관
③ 단색화 장치
④ 인식 장치

36

양이온 제1족에 속하는 Ag^+, Hg_2^{2+}, Pb^{2+} 염화물의 용해도곱 상수(K_{sp})가 큰 순서로 나타낸 것은?

① $PbCl_2 > AgCl > Hg_2Cl_2$
② $AgCl > PbCl_2 > Hg_2Cl_2$
③ $PbCl_2 > Hg_2Cl_2 > AgCl$
④ $Hg_2Cl_2 > AgCl > PbCl_2$

해설및용어설명 |
- 양이온 1족 : Cl^-와 반응하여 염화물 침전을 형성하는 이온
- $PbCl_2$는 뜨거운 물에 잘 녹음(AgCl와 Hg_2Cl_2는 잘 녹지 않음)
- AgCl는 NH_3를 넣어주면 착이온($Ag(NH_3)_2^+$)을 형성하여 물에 녹음(Hg_2Cl_2는 잘 녹지 않음)

37

$NaCO_3$, $SrCO_3$, $CaCO_3$를 모두 녹일 수 있는 시약은?

① NH_4Cl
② NH_4OH
③ C_2H_5OH
④ CH_3COOH

해설및용어설명 | 탄산염은 산성용액에 잘 녹음

38

부피측정용 유리기구가 아닌 것은?

① 피펫
② 뷰렛
③ 메스실린더
④ 분별 깔때기

해설 및 용어설명 |
- 피펫 : 일정 부피의 용액을 옮길 때 사용
- 뷰렛 : 용액을 적정할 때 부피 측정
- 메스실린더 : 액체의 부피를 측정할 때 사용

39

Cu를 클립에 전해도금 하기 위해 $CuSO_4$ 수용액에 15A의 전류로 3시간 동안 흘렸을 때 클립에 석출되는 Cu의 질량은? (단, 1몰의 전자는 96,500C의 전하를 가지며, Cu의 원자량은 63.5amu이다.)

① 23.3
② 33.3
③ 43.3
④ 53.3

해설 및 용어설명 |
- 전하량(Q) = I×t = 15A×10,800s = 162,000C(쿨롱)
- 전자의 몰수 = 162,000C ÷ 96,500C/mol = 1.68mol
- 구리 1mol을 석출하기 위해 필요한 전자의 몰수 = 2mol
- 석출되는 구리의 몰수 = 0.839mol
- 구리의 질량 = 0.839mol×63.5g/mol = 53.3g

40

기체의 용해가 가장 잘 일어날 것으로 예상되는 조건은?

① 온도가 낮고 압력이 낮을 때
② 온도가 낮고 압력이 높을 때
③ 온도가 높고 압력이 높을 때
④ 온도가 높고 압력이 낮을 때

해설 및 용어설명 |
- 기체의 용해도
  온도가 낮을수록, 압력이 높을수록 용해가 잘된다.
- 고체의 용해도
  온도가 높을수록 용해가 잘된다(압력의 영향은 거의 없다).

41

0℃, 1atm에서 프로페인(propane) 1mol을 완전 연소 시키는데 필요한 산소의 양(mol)은?

① 1
② 3
③ 5
④ 7

해설 및 용어설명 |
- 프로페인 : C_3H_8
- 연소반응식 : $C_3H_8 + 5O_2 \rightarrow 3CO_2 + 4H_2O$

42

용해와 관련된 아래의 현상을 설명할 수 있는 효과는?

> 염의 이온들 중 하나가 이미 용액 중에 들어 있으면 그 염의 용해도는 감소한다.

① 투석 효과
② 삼투압 효과
③ 콜로이드 효과
④ 공통이온 효과

해설 및 용어설명 | 공통이온 효과는 용해되어 있는 이온과 같은 이온을 첨가하면 평형의 이동 및 용해도가 감소하는 현상을 말한다.

43

Fe^{3+}/Fe^{2+} 및 Cu^{2+}/Cu로 구성되어있는 전지에서 얻을 수 있는 전위(V)는?

[표준환원전위]
$Cu^{2+} + 2e^- \rightleftarrows Cu(s)$ $E° = 0.337V$
$Fe^{3+} + e^- \rightleftarrows Fe^{2+}$ $E° = 0.771V$

① 1.205   ② 1.110
③ 1.879   ④ 0.432

해설및용어설명 | $E°$전지 = $E°$환원 − $E°$산화 = 0.771V − 0.339V = 0.432V
$E°$값이 클수록 환원되기 쉬워 환원전극(= 강한 산화제)이다.

44

$Co(NH_3)_3(H_2O)_2Cl_3$ 착물 1mol을 과량의 $AgNO_3$ 수용액과 반응시키면 AgCl 2mol이 생성된다고 할 때, Co의 산화수와 배위수로 옳은 것은?

① 산화수 : +3, 배위수 : 4
② 산화수 : +2, 배위수 : 6
③ 산화수 : +3, 배위수 : 6
④ 산화수 : +2, 배위수 : 0

해설및용어설명 |
- $Co(NH_3)_3(H_2O)_2Cl_3$이 착물 1mol이 과량의 $AgNO_3$ 수용액과 반응했을 때, AgCl 2mol이 생성된다는 것은 착물 바깥에 있는 Cl^-가 2개 있다는 의미. Ag^+는 이온 상태로 존재하는 Cl^-와만 반응하여 AgCl을 생성하기 때문이다.
- Co 중심에 NH_3는 3개, H_2O 2개, Cl 1개가 리간드로 배위되어 있고 나머지 Cl 2개는 이온 상태로 존재하는데, $AgNO_3$와 반응하여 AgCl 2mol을 생성한다.

※ 산화수 계산
리간드 NH_3, H_2O는 중성이므로 전하가 0이고, 배위된 Cl^-는 1개이므로 산화수가 −1이다. Cl^- 2개가 바깥에 있으므로 전체 화합물은 전기적으로 중성이므로 전체 착이온의 전하를 +2로 가정하면
Co의 산화수 + $(0×3) + (0×2) + (−1) = +2$
Co의 산화수 = +3이 된다.
배위 결합된 리간드의 수는 NH_3 3개, H_2O 2개, Cl 1개이므로 총 6개이므로 배위수는 6이 된다.

45

0.005N HCl의 pH는?

① 2.3   ② 3.3
③ 3.7   ④ 4.7

해설및용어설명 |
pH = $-\log[H^+]$ = $-\log 0.005$ = 2.3

46

일정한 온도와 압력에서 20mL의 수소와 10mL의 산소가 반응하면 20mL의 수증기가 발생한다. 이 관계를 가장 잘 설명 할 수 있는 법칙은?

① 일정성분비의 법칙   ② 아보가드로의 법칙
③ 기체반응의 법칙   ④ 질량보존의 법칙

해설및용어설명 | 기체반응의 법칙
화학반응에서 기체반응의 계수비는 부피비와 같다.

47

아연 전극과 구리 전극을 연결한 볼타전지의 표준전지전위(V)는?

[표준환원전위]
$Cu^{2+} + 2e^- \rightleftarrows Cu(s)$ $E° = 0.337V$
$Fe^{3+} + e^- \rightleftarrows Fe^{2+}$ $E° = 0.771V$
$Zn^{2+} + 2e^- \rightleftarrows Zn(s)$ $E° = -0.763V$

① +0.42   ② +1.10
③ −0.10   ④ −0.42

해설및용어설명 | 볼타전지
두 금속 전극 사이의 자발적인 산화·환원 반응을 통해 전기를 발생시키는 전지

- 반응성(이온화경향성) : Zn(산화) > Cu(환원)
- 표준전지전위 = 환원 − 산화 = 0.339 − (−0.763) = 1.10V

정답 43 ④   44 ③   45 ①   46 ③   47 ②

48

명반 중의 알루미늄 정량방법에서 수산화알루미늄 침전법에 사용하는 지시약은?

① EBT
② 메틸 레드
③ 메틸 오렌지
④ 페놀프탈레인

해설및용어설명 | 수산화알루미늄 침전법은 알루미늄 이온에 암모니아수를 가하여 Al(OH)₃로 침전시키는 방법으로, 이 침전반응은 약알칼리성(pH 5.5~7.0 부근)에서 잘 일어나므로 이 구간에서의 변화를 감지하기 좋은 지시약인 페놀 레드 또는 메틸 레드를 사용한다.

49

서로 용해되지 않는 고체와 액체가 섞인 혼합물을 표준상태에서 분리하는 방법으로 가장 적당한 방법은?

① 증발
② 여과
③ 증류
④ 크로마토그래피

해설및용어설명 | 여과는 고체와 액체를 분리할 때 사용하는 물리적 분리방법으로, 고체가 액체에 용해되지 않고 입자 상태로 존재할 때, 거름종이나 여과지를 이용하여 고체를 걸러낼 때 사용한다.

50

다음 중 반응성이 가장 큰 원소는?

① 칼슘(Ca)
② 나트륨(Na)
③ 칼륨(K)
④ 리튬(Li)

해설및용어설명 | 이온화경향성

K > Ca > Na > Mg > Al > Zn > Fe > Ni > Sn > Pb > H > Cu > Hg > Ag > Pt

51

비공유전자쌍을 가지는 분자는?

① H_2
② H_2O
③ CH_4
④ C_2H_4

52

원소주기율표에서 같은 주기 중 원자번호가 증가할 때 나타나는 일반적 경향에 대한 설명으로 틀린 것은?

① 금속성과 원자의 크기가 모두 감소한다.
② 전기음성도와 전자친화도 모두 증가한다.
③ 금속성은 감소하고 전자친화도는 증가한다.
④ 이온화에너지는 증가하지만 전자친화도는 감소한다.

해설및용어설명 | 같은 주기에서 원자번호가 증가할수록 양성자의 수가 많아지므로 이온화에너지는 증가한다. 전자친화도는 원자가 전자 하나를 얻을 때 방출하는 에너지로 클수록 전자를 잘 받아들인다. 주기율표에서 오른쪽으로 갈수록 전자친화도는 증가한다.

53

탄소와 수소로만 이루어진 탄화수소 화합물을 분석한 결과 탄소 함유량이 92wt%라고 할 때, 분자식으로 가장 적절한 것은?

① CH_4
② C_2H_2
③ C_2H_4
④ C_2H_6

해설및용어설명 |

② C_2H_2 중 탄소함량(wt%) = $\dfrac{12 \times 2}{12 \times 2 + 1 \times 2} \times 100 = \dfrac{24}{26} \times 100 = 92.3 \text{wt\%}$

54

기체 크로마토그래피(GC)에 사용되는 검출기가 아닌 것은?

① 열전도도검출기
② Geiger검출기
③ 불꽃이온화검출기
④ 전자포획검출기

해설및용어설명 | 기체 크로마토그래피의 검출기 종류

검출기 종류	용도	이동상
불꽃 이온화 검출기(FID)	대부분의 유기화합물 검출	N_2, He, H_2(불꽃)
전자포획 검출기(ECD)	폴리염화비닐, 할로젠화물 (전자포획 원자를 포함한 유기화합물)	N_2, 공기/CH_4
질소, 인 검출기(NPD)	N, P화합물, 농약	He, N_2
열전도도 검출기(TDC)	운반기체와 열전도도 차이가 있는 유기화합물	He, N_2, H_2
불꽃 광도 검출기(FPD)	P, S화합물	N_2
원자 방출 분광 검출기(AED)	대부분의 유기화합물의 원소별 검출	N_2, H_2
질량분석 검출기(MSD)	모든 유기화합물 질량분석	He

55

분광광도계의 검출부에서 입력신호를 전류로 변환하는 장치가 아닌 것은?

① 트랜지스터
② 광다이오드
③ 광전 증배관
④ 광다이오드 어레이

해설및용어설명 | 입력신호를 전류로 변환하는 장치를 검출기라 한다.
②~④ 분광광도계의 검출기 종류

56

다음 중 일반적으로 물에 가장 잘 녹는 염은?

① 염화물
② 인산염
③ 질산염
④ 황산염

해설및용어설명 | 질산염은 일반적으로 물에 잘 녹는다.

57

다음 현상 중 변화의 양상(물리적/화학적)이 다른 하나는?

① 나무가 탄다.
② 밥이 술이 된다.
③ 얼음이 증발한다.
④ 막걸리가 식초가 된다.

해설및용어설명 |
③ 고체에서 액체로 변하는 물리적 변화

58

삼중결합을 가지고 있는 화학물질은?

① O_2
② N_2
③ Cl_2
④ NaCl

해설및용어설명 |
① 이중결합(공유결합)
③ 단일결합(공유결합)
④ 이온결합

59

끓는점이 가장 높은 것은?

① 0.5atm의 물
② 1.5atm의 물
③ 2.5atm의 물
④ 3.0atm의 물

해설및용어설명 | 끓는점은 액체의 증기압이 대기압과 같아지는 지점으로 압력이 높을수록 끓는점이 높다.

60

LC(액체 크로마토그래피) 중 하나인 이온 크로마토그래피(IC)에서 가장 널리 사용되는 검출기는?

① UV 검출기 ② 전기전도도 검출기
③ 형광 검출기 ④ 굴절율 검출기

해설및용어설명 | 이온 크로마토그래피에서 분리된 성분들은 이온을 띤다. 이온은 용액의 전기전도도에 직접적인 영향을 주기 때문에 이온의 존재와 농도를 측정하는 데 전기전도도 검출기가 가장 적합하다.
① UV 검출기는 자외선을 흡수하는 유기 화합물에 적합하며, 무기 이온은 대부분 UV 흡수가 없다.
③ 형광 검출기는 형광성 물질에 사용하며 이온 대부분은 형광성이 없다.
④ 굴절율 검출기는 굴절률 차이를 감지한다. 기본 IC 분석에는 부적합하다.

PART 05

실기[필답형] 유형별 연습문제

01 　 일반화학
02 　 주요 계산문제
03 　 분석화학
04 　 안전·위험물
05 　 기기분석

단원 들어가기 전

5개년의 기출문제 중 자주 출제되는 문제를 유형별로 구성하였습니다.
기초적인 내용을 중심으로 구성된 유형별 기출 151제로 최신 기출문제를 풀기 전 실력을 키워보세요.

실기[필답형] 유형별 연습문제

151제

유형 01 일반화학

01

물질의 화학식 표시방법 중 3가지를 쓰고, 자일렌(xylene)을 화학식 표시방법에 따라 표기하시오.

> 문제에 해당하는 핵심 키워드를 적어보세요.
>
> • 구조식 :
>
>
>
> • 시성식 : $C_6H_4(CH_3)_2$
> • 분자식 : C_8H_{10}
> • 실험식 : C_4H_5

02

나프탈렌 실험식, 구조식을 나타내시오.

- 실험식
- 구조식

> 문제에 해당하는 핵심 키워드를 적어보세요.
>
> • 실험식 : C_5H_4
>
> • 구조식 :

03

나프타를 개질할 때 나오는 방향족 탄화수소를 모두 고르면?

Benzene, Xylene, Propane, trichloroethylene, Methane

> 문제에 해당하는 핵심 키워드를 적어보세요.
>
> 나프타의 개질로 BTX인 벤젠, 톨루엔, 자일렌(= 크실렌) 등 제조

04

벤젠(C_6H_6)의 증기비중은 얼마인가? (단, 공기의 평균분자량은 29g/mol이다)

[풀이]
- 벤젠의 분자량 = 78g/mol
- 벤젠의 증기비중 = $\dfrac{78}{29}$ = 2.69

[답]
2.69

05

0℃, 1atm에서 이상기체인 아세톤(CH_3COCH_3)의 증기비중 구하시오. (단, 공기의 평균분자량은 29g/mol이다)

[풀이]
- 아세톤의 분자량 = 58g/mol
- 아세톤의 증기비중 = $\dfrac{58}{29}$ = 2

[답]
2

06

[보기]는 무엇에 대한 설명인지 쓰시오.

[보기]
- 에너지와 유사한 성질의 상태함수이다.
- 에너지의 차원을 가지고 있다.
- 계가 지나온 과정과 관계없이 온도, 압력, 그 계의 조성에 의해서만 결정되는 값이다.

엔탈피

07

어떤 물질의 밀도와 표준물질과의 밀도비로 물질의 물리적 특성인 이것은 무엇인가?

비중

08

HCHO에서 비결합 전자쌍은 몇 개 있는가?

문제에 해당하는 핵심 키워드를 적어보세요.

2개, H:C:H (가운데 위 O에 비결합 전자쌍 표시)

09

표준상태에서 H_2기체 2mol의 부피는 몇 L인가?

문제에 해당하는 핵심 키워드를 적어보세요.

표준상태 0℃, 1기압에서 1mol = 22.4L이므로 44.8L이다.

10

미지 시료 용액의 농도를 측정하고자 할 때 농도가 정확하게 알려진 용액을 무엇이라 하는가?

문제에 해당하는 핵심 키워드를 적어보세요.

표준용액

11

다음 (　) 안에 알맞은 용어를 써 넣으시오.

화학반응속도에 영향을 미치는 요인 중 (　)는(은) 활성화에너지를 변경시켜 반응속도를 빠르게 하거나 느리게 한다.

문제에 해당하는 핵심 키워드를 적어보세요.

촉매

12

과망가니즈산칼륨($KMnO_4$)은 산화제와 환원제 중 무엇인가?

문제에 해당하는 핵심 키워드를 적어보세요.

과망가니즈산칼륨은 제1류 위험물 산화석 고체에 해당하는 대표적인 산화제이다.

13
일정한 온도에서 물 100g에 녹을 수 있는 용질의 최대량을 무엇이라 하는가?

용해도

14
용해도는 용매와 평형을 이루고 있는 그 기체의 부분압력에 비례한다는 법칙은?

헨리의 법칙(Henry`s law)

15
고체의 용해도는 온도와 압력에 따라 어떻게 변하는가?

고체의 용해도는 온도가 올라갈 때 용해도는 증가하며, 압력과는 무관하다.

16
기체의 용해도는 온도와 압력에 어떻게 변하는가?

기체의 용해도는 온도가 증가할수록 용해도는 감소하며, 압력이 증가하면 용해도도 증가한다.

유형 02 주요 계산문제

17

폐수 중에 녹아있는 미량 성분의 양을 측정할 때 ppm 단위를 사용한다. 어떤 수용액 1L 중에 NaOH 0.1g이 녹아있다면 이 용액은 몇 ppm 인지 구하시오.

[풀이]
1ppm = 1mg/L

$\dfrac{0.1g}{1L} \times \dfrac{1,000mg}{1g} = 100mg/L = 100ppm$

[답]
100ppm

18

용액의 농도를 표시하는 방법 2가지를 쓰시오.

몰 농도[M], 몰랄 농도[m], 노르말 농도[N], 백만분율[ppm], 질량 백분율[wt%] 등

19

용액 1L 속에 함유된 용질의 그램 당량수를 표시한 농도는?

노르말 농도[N]

20

2g의 과망가니즈산칼륨을 메스플라스크에 넣고 증류수 998g을 넣어 녹였다. 용액 중 과망가니즈산칼륨의 농도(ppm)를 구하시오. (단, 과망가니즈산칼륨 분자량은 158이다)

[풀이]

$\dfrac{2}{2+998} \times 1,000,000 = 2,000ppm$

[답]
2,000ppm

21

0.1N-HCl 표준용액 1L를 제조하기 위해 필요한 염산의 양(mL)을 구하시오. (단, 표준용액 제조에 사용되는 염산의 농도는 35%이고, 분자량은 36.5, 밀도는 1.18g/mL이다)

문제에 해당하는 핵심 키워드를 적어보세요.

[풀이]

- 0.1N-HCl 표준용액 1L에 포함된 HCl의 몰수

  $0.1M \times 1L = 0.1mol$

  (HCl의 당량수는 1이므로 노르말 농도와 몰 농도는 같다)

- 필요한 HCl의 질량

  $0.1mol \times 36.5g/mol = 3.65g$

- 염산의 순도는 35%이므로 필요한 HCl의 양

  $\dfrac{3.65g}{0.35} = 10.43g$

- 필요한 염산의 부피

  $10.43g \times \dfrac{1mL}{1.18g} = 8.84mL$

[답]

8.84mL

22

500mL의 에탄올 수용액에 에탄올 120mL가 함유되어 있다. 에탄올의 부피 백분율 농도(vol%)를 구하시오.

문제에 해당하는 핵심 키워드를 적어보세요.

[풀이]

$\dfrac{120mL}{500mL} = 100 = 24vol\%$

[답]

24vol%

23

$K_2Cr_2O_7$(다이크로뮴산칼륨) 표준용액 1,000ppm을 이용하여 40ppm, 100mL의 용액을 제조하고자 한다. 이때 필요한 표준용액은 몇 mL인지 구하시오.

문제에 해당하는 핵심 키워드를 적어보세요.

[풀이]

$MV = M'V'$

$1,000ppm \times V = 40ppm \times 100mL$

$V = 4mL$

[답]

4mL

24

수산화나트륨 20g을 200mL의 물에 녹인 용액의 중량 농도(wt%)를 구하시오. (단, 물의 밀도는 1g/mL이며, 소수점 둘째 자리까지 표기하시오)

[풀이]

$$\frac{20g}{20g + 200g} \times 100 = 9.09\%$$

[답]
9.09%

25

4N-HCl 50mL에 6N-HCl 50mL를 혼합한 용액의 노르말 농도(N)를 구하시오.

[풀이]
HCl의 당량수는 1이므로 몰 농도와 노르말 농도는 같다.
4N-HCl 50mL의 몰수 = $4N \times 0.05L = 0.2mol$
6N-HCl 50mL의 몰수 = $6N \times 0.05L = 0.3mol$
혼합용액의 몰수 = 0.5mol
혼합용액의 부피 = 100mL

혼합용액의 몰 농도 = $\frac{0.5mol}{0.1L} = 5M(= 5N)$

[답]
5N

26

1L의 수돗물 중에 염소 이온이 0.002g이 함유되어 있다. 이때 ppm 농도는 얼마인지 구하시오.

[풀이]
1ppm=1mg/L, 따라서

$$\frac{0.002g}{1L} \times \frac{1,000mg}{1g} = 2mg/L = 2ppm$$

[답]
2ppm

27

500mL의 수용액 중에 황산(H_2SO_4)이 98.0g이 용해되어 있다. 몰 농도를 구하시오. (단, H, S, O의 원자량은 각각 1, 32, 16이다)

[풀이]
- 황산의 분자량 = 98g/mol
- 황산 98g의 몰수 = 1mol

500mL의 수용액 중에 황산(H_2SO_4)의 몰 농도

$= \dfrac{1\text{mol}}{0.5\text{L}} = 2\text{M}$

[답]
2M

28

5ppm의 과망가니즈산칼륨 용액 300mL을 만들기 위해 10ppm의 과망가니즈산칼륨 용액을 몇 mL를 채취해야 하는가?

[풀이]
$MV = M'V'$
$5\text{ppm} \times 300\text{mL} = 10\text{ppm} \times V'$
$V' = 150\text{mL}$

[답]
150mL

29

1N-NaOH 용액 5L를 만들기 위해 필요한 NaOH의 질량은 몇 g인가? (단, Na의 원자량은 23이다)

[풀이]
1N-NaOH용액 5L의 몰수
NaOH의 당량수는 1이므로 노르말 농도와 몰 농도는 같다.
NaOH의 몰수 = $1\text{M} \times 5\text{L} = 5\text{mol}$
필요한 NaOH의 양(g) = $5\text{mol} \times 40\text{g/mol} = 200\text{g}$

[답]
200g

30

100g의 Na$_2$C$_2$O$_4$를 이용해 2M 용액을 만들려고 한다. 만들어진 용액의 부피(mL)는 얼마가 되어야 하는가? (단, Na$_2$C$_2$O$_4$의 분자량은 134g/mol이다)

[풀이]

Na$_2$C$_2$O$_4$ 100g의 몰수 = $\dfrac{100g}{134g/mol}$ = 0.746mol

2M의 Na$_2$C$_2$O$_4$ = $\dfrac{0.746mol}{용액의\ 부피(L)}$ = 2M

용액의 부피 = 0.373L = 373mL

[답]
373mL

31

다이크로뮴산칼륨 200ppm은 몇 mg/mL인가?

[풀이]
1ppm = 1mg/L
200ppm = 200mg/L

200mg/L × $\dfrac{1L}{1,000mL}$ = 0.2mg/mL

[답]
0.2mg/mL

32

1,000ppm의 KMnO$_4$ 1L를 만들기 위해 필요한 KMnO$_4$는 몇 g인가? (단, KMnO$_4$의 분자량은 158g/mol이다)

[풀이]
1ppm = 1mg/L이므로 1,000ppm의 과망가니즈산칼륨 1L를 만들기 위해 1,000mg이 필요하다.
즉, 1g이 필요하다.
[답]
1g

1L의 메스플라스크에 1g 과망가니즈산칼륨을 넣고 증류수로 표선까지 채우면 1,000ppm의 과망가니즈산칼륨 용액이 만들어진다.

33

2N-HCl 60mL에 3N-HCl 40mL를 혼합하였다. 이때 용액의 당량농도(N)는 얼마인가?

[풀이]
HCl의 당량수는 1이므로 몰 농도(M)와 같다.
2N-HCl 60mL의 몰수 = 2M × 0.06L = 0.12mol
3N-HCl 40mL의 몰수 = 3M × 0.04L = 0.12mol
혼합한 용액의 몰수 = 0.24mol
혼합한 용액의 부피 = 100mL

혼합한 용액의 몰 농도 = $\dfrac{0.24mol}{0.1L}$ = 2.4M(= 2.4N)

[답]
2.4N

34

150g의 $Na_2C_2O_4$를 이용해 1.5M 용액을 만들고자 한다. 만들어진 용액의 부피(mL)는 얼마가 되어야 하는가? (단, $Na_2C_2O_4$의 분자량은 134g/mol이다)

[풀이]

$Na_2C_2O_4$ 100g의 몰수 = $\dfrac{150g}{134g/mol}$ = 1.12mol

1.5M의 $Na_2C_2O_4$ = $\dfrac{1.12mol}{용액의\ 부피(L)}$ = 1.5M

용액의 부피 = 0.746L = 746mL

[답]
746mL

35

$KMnO_4$ 15.8g을 증류수 1,000g에 녹였다. 이 용액의 몰랄 농도(m)는 얼마인가? (단, $KMnO_4$의 분자량은 158이다)

[풀이]

$KMnO_4$ 0.158g의 몰수 = $\dfrac{15.8g}{158g/mol}$ = 0.1mol

몰랄 농도(m) = $\dfrac{용질의\ 몰수}{용매\ 1kg}$ = $\dfrac{0.1mol}{1,000g}$ = 0.1m

[답]
0.1m

36

용매 1kg당 함유된 물질의 몰수를 무엇이라고 하는가?

몰랄 농도(m)

37

용액 1L에 포함된 용질의 몰수를 무엇이라 하는가?

몰 농도(M)

38

3N-NaOH 용액 5L를 만들기 위해 필요한 NaOH의 질량은 몇 g인가? (단, Na의 원자량은 23g/mol이다)

[풀이]
NaOH의 당량수는 1이므로 몰 농도와 노르말 농도는 같다.
- 3N-NaOH 용액 5L에 포함된 NaOH의 몰수
  3M × 5L = 15mol
- 필요한 NaOH의 양(g)
  15mol × 40g/mol = 600g

[답]
600g

39

1,000ppm의 시료를 20ppm으로 만들고자 한다. 100mL의 메스플라스크를 이용할 때, 20ppm의 용액을 제조하는 방법에 대해 설명하시오.

MV = M′V′
1,000ppm × V = 20ppm × 100mL
V = 2mL
20ppm, 100mL를 만들기 위해서는 1,000ppm의 2mL를 피펫으로 채취한 다음 100mL의 메스플라스크에 넣고 표선까지 증류수를 채운다.

40

다이크로뮴산칼륨($K_2Cr_2O_7$) 용액 10ppm을 100mL 만들기 위하여 필요한 용질은 몇 mg인가?

> 문제에 해당하는 핵심 키워드를 적어보세요.

[풀이]
10ppm = 10mg/L

단위환산 $10mg/L \times \dfrac{0.1L}{100mL} = \dfrac{1mg}{100mL}$

100mL에 1mg의 다이크로뮴산칼륨 시료가 필요하다.
[답]
1mg

41

다이크로뮴산칼륨($K_2Cr_2O_7$) 시료를 이용해 2,000ppm의 용액 1L를 만들려고 한다. 다이크로뮴산칼륨 시료는 몇 g이 필요한가?
(단, 다이크로뮴산칼륨 시료의 순도는 100%이다)

> 문제에 해당하는 핵심 키워드를 적어보세요.

[풀이]
2,000ppm = 2,000mg/L

2,000mg = 2g이므로 다이크로뮴산칼륨 2g을 1L의 메스플라스크에 넣고 증류수를 채우면 2,000ppm이 된다.
[답]
2g

42

과망가니즈산칼륨 1mg/mL 용액 1L는 몇 몰 농도인가?

> 문제에 해당하는 핵심 키워드를 적어보세요.

[풀이]
과망가니즈산칼륨 1mg/mL = 1g/L와 같다.

과망가니즈산칼륨 1g의 몰수는 $\dfrac{1g}{158g/mol} = 6.33 \times 10^{-3} mol$

1L에 6.33×10^{-3}mol이 있으므로 몰 농도는 6.33×10^{-3}M이다.
[답]
6.33×10^{-3}M

43

산성 용액에서 과망가니즈산칼륨의 당량수는?

문제에 해당하는 핵심 키워드를 적어보세요.

5개의 전자가 이동하므로 당량수는 5이다.
$MnO_4^- + 8H^+ + 5e^- \rightleftarrows Mn^{2+} + 4H_2O$

44

산성 용액에서 다이크로뮴산칼륨의 당량수는?

문제에 해당하는 핵심 키워드를 적어보세요.

6개의 전자가 이동하므로 당량수는 6이다.
$Cr_2O_7^{2-} + 14H^+ + 6e^- \rightleftarrows 2Cr^{3+} + 7H_2O$

45

과망가니즈산칼륨의 1g 당량은 얼마인가? (단, 과망가니즈산칼륨의 분자량은 158g/mol이다)

문제에 해당하는 핵심 키워드를 적어보세요.

[풀이]

과망가니즈산칼륨의 당량수는 5이므로 1g당량은 $\frac{158}{5} = 31.6$ 이다.

[답]

31.6

46

다이크로뮴산칼륨 1,000ppm은 몇 노르말 농도(N)인가?
(단, 다이크로뮴산칼륨의 분자량은 294g/mol이다)

문제에 해당하는 핵심 키워드를 적어보세요.

[풀이]

1,000ppm = 1,000mg/L

- 1,000mg의 다이크로뮴산칼륨 몰수

  $\frac{1g}{294g/mol} = 3.4 \times 10^{-3} mol$

- 1L에 1,000mg(= 1g)있으므로 다이크로뮴산칼륨의 몰 농도(M)는 $3.4 \times 10^{-3} M$

- 다이크로뮴산칼륨의 당량수는 6이므로 노르말 농도(N)는 $3.4 \times 10^{-3} M \times 6(당량수) = 20.4 \times 10^{-3} N$

[답]

$20.4 \times 10^{-3} N$

47

황산(H_2SO_4)이 294.0g이 용해되어 있는 수용액 200mL의 노르말 농도(N)는 얼마인가? (단, S의 원자량은 32amu이다)

[풀이]

황산 294.0g의 몰수 = $\dfrac{294g}{98g/mol}$ = 3mol

황산의 몰 농도 = $\dfrac{3mol}{0.2L}$ = 15M

황산의 당량수는 2이므로 노르말 농도 = 15×2(당량수) = 30N

[답]

30N

48

3M HCl 50mL에 6N HCl 150mL를 혼합했을 때, 혼합액의 당량 농도(N)를 구하시오.

[풀이]

HCl의 당량수는 1이므로 몰 농도와 노르말 농도는 같다.

3M HCl 50mL의 몰수 = 3M × 0.050L = 0.150mol

6N HCl 150mL의 몰수 = 6N × 0.150L = 0.9mol

혼합용액의 몰수 = 1.05mol

혼합용액의 부피 = 200mL

혼합용액의 당량 농도(N) = $\dfrac{1.05mol}{0.2L}$ = 5.25N

[답]

5.25N

49

물 200g에 $C_6H_{12}O_6$(포도당) 20g을 용해했을 때 용액의 질량 백분율(wt%)은 얼마인가?

[풀이]

$\dfrac{20}{200+20} \times 100 = 9.09\%$

[답]

9.09%

50

질산칼륨이 40℃의 물 50g에 30g 녹을 수 있을 때, 질산칼륨의 용해도는 얼마인가?

> 문제에 해당하는 핵심 키워드를 적어보세요.

용해도는 물 100g에 녹을 수 있는 용질의 양으로 물 100g에 60g 녹을 수 있기 때문에 용해도는 60이다.

51

72℃에서 질산칼륨(KNO_3)의 포화 용액 200g을 18℃로 냉각시키면 몇 g의 질산칼륨이 결정으로 석출되는가? (단, 질산칼륨의 용해도 (g/100g)는 18℃에서 30, 72℃에서 150이다.)

> 문제에 해당하는 핵심 키워드를 적어보세요.

[풀이]
72℃에서 질산칼륨(KNO_3)의 용해도는 물(용매) 100g당 150g 녹을 수 있으므로 용액 250g에는 150g의 질산칼륨이 녹을 수 있다.
200g의 포화용액에 포함된 질산칼륨의 양(x)을 구하기 위해 비례식을 세우면
250g : 150g = 200g : x
x = 120g(72℃)
물(용매)의 양 = 80g
물(용매) 80g에 대해 18℃로 냉각했을 때 녹을 수 있는 질산칼륨의 양은 100g : 30 = 80g : x
x = 24g(18℃)
냉각했을 때 질산칼륨의 석출량 120g - 24g = 96g
[답]
96g

유형 03 분석화학

52

다음의 기구 및 시약이 필요한 이화학분석법의 이름을 쓰시오.

> 전자저울, 건조기, 칭량병, 메스플라스크, 삼각플라스크, 뷰렛,
> 비커, 깔때기, 세척병, 피펫, 클램프, 뷰렛대, 염산,
> 수산화나트륨, 표준용액, 지시약 등

문제에 해당하는 핵심 키워드를 적어보세요.

중화적정

53

약염기를 강산으로 적정할 때 당량점의 pH는 7을 기준으로 큰가, 작은가, 아니면 똑같은가?

문제에 해당하는 핵심 키워드를 적어보세요.

중화반응 후 생성된 염은 가수분해되어 H_3O^+를 생성하므로 당량점에서 pH는 7보다 작다.

> 강산 - 강염기 적정 = pH 7
> 강염기 - 약산 적정 = pH 7보다 크다.

54

강산이 HCl과 약염기인 NH_3를 이용하여 중화적정을 진행할 때 적절한 지시약은?

문제에 해당하는 핵심 키워드를 적어보세요.

메틸오렌지, 메틸레드 등

55

과망가니즈산칼륨($KMnO_4$)의 Mn의 산화수는 얼마인가?

문제에 해당하는 핵심 키워드를 적어보세요.

[풀이]
K   Mn O_4
+1 ( ) −8 = 0
Mn = +7

[답]
7

56

산화제인 아이오딘을 이용하여 황산구리를 적정할 때 지시약은?

녹말(전분)

57

0.04M의 $Hg(NO_3)_2$ 용액 50mL를 KIO_3으로 적정할 때 당량점 KIO_3가 50mL가 소비되었다. 당량점에서 Hg^{2+}의 몰수는 얼마인가? (단, $Hg(IO_3)_2$ 용해도곱은 1×10^{-18}이다)

[풀이]
$K_{sp} = [Hg^{2+}][IO_3^-]^2 = 1 \times 10^{-18}$
$Hg^{2+} = x$, $IO_3^- = 2x$
$4x^3 = 1 \times 10^{-18}$
$x = [Hg^{2+}] = 6.3 \times 10^{-7} M$
적정 후 용액의 부피는 100mL이므로
$(6.3 \times 10^{-7} M) \times 0.1L = 6.3 \times 10^{-8} mol$이 된다.
[답]
$6.3 \times 10^{-8} mol$

58

0.04M KOH 용액 75mL를 0.1M HBr로 중화하고자 한다. HBr 15mL를 첨가하였을 때 용액의 pH와 중화를 위해 추가로 첨가해야 하는 용액과 해당 용액의 필요 부피(mL)를 구하시오.

㉠ 중화된 용액의 pH
㉡ 추가로 첨가해야 하는 용액의 종류
㉢ 중화를 위해 추가로 필요한 용액의 부피

문제에 해당하는 핵심 키워드를 적어보세요.

㉠ 중화된 용액의 pH
[풀이]
KOH = 0.04M × 0.075L = 0.003mol
HBr = 0.1M × 0.015L = 0.0015mol
- 용액의 부피 0.075L + 0.015L = 0.090L
- 중화되고 남은 KOH의 농도
  0.0015mol/0.090L = 0.0167M(= OH^-의 농도)
pOH = $-\log[OH^-]$ = 1.78
14 = pH + pOH
pH = 14 - pOH = 14 - 1.78 = 12.22
[답]
12.22

㉡ 추가로 첨가해야 하는 용액의 종류 KOH, HBr
중화하고 KOH 0.0015mol이 남았으므로 HBr을 더 첨가해야 한다.

㉢ 중화를 위해 추가로 필요한 용액의 부피
[풀이]
KOH 0.0015mol이 남아 있으므로 HBr 0.0015mol이 필요하다.
0.1M HBr × 0.015mL = 0.0015mol이므로
필요한 부피는 0.015L=15mL이다.
[답]
15mL

59

농도가 0.005M인 NaOH의 pH는 얼마인가?

문제에 해당하는 핵심 키워드를 적어보세요.

[풀이]
pOH = $-\log[OH^-]$ = $-\log[0.005]$ = 2.3
pH = 14 - pOH = 11.7
[답]
11.7

유형 04 안전·위험물

60

화재 발생 시 행동요령으로 옳은 것 2가지를 고르시오.

> ㉠ 석유 - 유류 화재 시 물을 이용하여 불을 끈다.
> ㉡ 전기차단기를 내리고 가스밸브를 잠근 후 신속하게 대피한다.
> ㉢ 화재 시 엘리베이터 대신 비상구로 신속히 대피한다.
> ㉣ 화재를 알리기 위해 창문과 문은 모두 열어 놓고 대피한다.

㉡, ㉢

> ㉠ 석유 - 유류화재 시 물을 사용하면 높은 온도의 유류로 인해 물의 갑작스런 기화로 화재면을 확대시킬 수 있다.
> ㉣ 화재의 확대를 막기 위해 창문과 문은 모두 닫고 대피한다.

61

소화기 사용법 중 옳은 것은?

> ㉠ 불이 난 장소로 가까이 가서 소화기의 안전핀을 뽑는다.
> ㉡ 소화기는 빗자루로 쓸 듯이 불이 난 곳을 덮을 수 있도록 사용한다.
> ㉢ 화재의 중심으로 들어가서 소화기를 사용한다.
> ㉣ 바람을 마주보고 호스를 불이 난 곳으로 향한다.

㉠, ㉡

> ㉢ 화재의 중심으로 들어가면 위험하므로 소화기의 방사거리를 확인하여 다가간다.
> ㉣ 소화기는 바람을 등지고 불이 난 곳으로 방사한다.

62

산소 농도가 15% 이하가 되면 연소가 지속될 수 없다. 산소를 차단하여 소화하는 방법을 무엇이라고 하는가?

질식소화(산소를 차단하여 소화)

63

위험물 중 물과 접촉하면 가연성 가스를 발생하기 때문에 화기로부터 멀리 보관해야 하는 것은 몇 류 위험물인지 쓰고, 해당하는 위험물을 모두 찾으시오.

㉠ 칼륨	㉡ 과염소산
㉢ 과염소산염류	㉣ 나트륨
㉤ 질산염류	㉥ 알킬리튬

제3류 위험물(자연발화성 및 금수성물질)
㉠ 칼륨, ㉣ 나트륨, ㉥ 알킬리튬

㉡ 과염소산은 제6류 위험물(산화성액체)이다.
㉢ 과염소산염류는 제1류 위험물(산화성고체)이다.
㉤ 질산염류는 제1류 위험물(산화성고체)이다.

64

다음 중 주수소화가 안 되는 것은?

㉠ 과망가니즈산칼륨
㉡ 칼륨
㉢ 나이트로글리세린
㉢ 트라이나이트로톨루엔(TNT)

㉡ 칼륨은 금수성 물질로 물과 반응 시 가연성 기체인 수소 기체를 발생시킨다.

65

보기에서 설명하는 원소가 무엇인지 쓰시오.

반도체의 핵심 재료로서 석영 모래로부터 정제하여 사용한다. 이 원자는 가장 바깥 껍질에 원자가 전자를 4개 가지며, 옥텟을 만족시키기 위해 주변의 동일 원자 4개와 결합한다.

규소(Si)

66

실험실 안전 유의사항에 대하여 3가지 쓰시오.

- 실험실에서는 음식물과 음료 등을 섭취하지 않아야 한다.
- 실험실에서는 시약이 담긴 기구들을 들고 움직일 때에는 매우 조심하여야 한다.
- 뜨거운 유리기구는 반드시 집게를 사용하여 취급한다.
- 비상구의 위치를 알아 두어야 한다.
- 시약은 사용 후 즉시 정해진 장소에 갖다 놓는다.

67

화학 실험 중 황산(H_2SO_4)이 눈, 피부에 묻었을 때 응급처치 방법에 대해 빈칸을 채우시오.

- 눈에 들어갔을 때
  - 눈에 묻으면 (   )로 씻고 긴급 의료조치를 받으시오.
- 피부에 묻었을 때
  - 오염된 옷과 신발을 제거하고 오염지역을 격리하시오.
  - 물질과 접촉 시 즉시 20분 이상 흐르는 (   )에 피부를 씻어 내시오.

물

68

다음 중 지시표시를 고르고 의미를 쓰시오.

[지시표지]
㉠ 귀마개 착용
㉡ 방독면 착용
[안내표지]
㉢ 응급구호표시
㉣ 비상구 안내
[경고표지]
㉤ 폭발성 물질 경고

69

화학물질관리 세계조화시스템(GHS)에 따른 유독물 그림 문자에서 다음 그림이 의미하는 것을 쓰시오.

㉠ 급성독성물질 경고
㉡ 귀마개 착용
㉢ 사용금지
㉣ 출입금지

70

다음 그림문자가 의미하는 것을 쓰시오.

   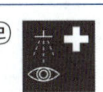

㉠ 산화성물질 경고
㉡ 보안경 착용
㉢ 보행금지
㉣ 세안장치 안내

71

다음 그림문자가 의미하는 것을 쓰시오.

㉠ 발암성 경고표지
㉡ 보안면 착용
㉢ 산화성 경고표지
㉣ 부식성 경고표지

72

다음 그림문자가 의미하는 것을 쓰시오.

㉠ 인화성물질 경고
㉡ 부식성물질 경고
㉢ 안전모 착용
㉣ 탑승 금지

73

다음은 과산화수소의 위험성에 대한 설명이다. 과산화수소의 위험성에 포함된 표지를 〈보기〉에서 모두 고르시오.

- 화재 또는 폭발을 일으킬 수 있다 : 강산화제
- 삼키거나 흡입하면 유해하다.
- 피부에 심한 화상과 눈에 손상을 일으킨다.
- 호흡기 자극을 일으킬 수 있다.
- 암을 일으킬 것으로 의심된다.(암을 일으키는 노출 경로를 기재한다. 단, 다른 노출경로에 의해 암을 일으키지 않는다는 결정적인 증거가 있는 경우에 한한다)
- 장기적인 영향에 의해 수생생물에게 유해하다.

㉠  ㉡ ㉢  ㉣

> 문제에 해당하는 핵심 키워드를 적어보세요.
>
> ㉡ 산화성 경고표지
>
>
>
> ㉢ 부식성 경고표지, 화학반응으로 물질 및 인체에 손상을 준다.
>
>

74

심폐 소생술 시행 시 흉부압박 실시는 한 차례에 몇 회씩 실시하는 것이 가장 적당한지 그 횟수를 쓰시오.

> 문제에 해당하는 핵심 키워드를 적어보세요.
>
> - 30회
> - 최소 5cm 이상 분당 100회 이상(120회 이상 ×) 속도로 압박

75

심폐 소생술 시행 시 최소 5cm 이상으로 최소 분당 몇 회 이상 가슴압박을 권장하는지 그 횟수를 쓰시오.

> 문제에 해당하는 핵심 키워드를 적어보세요.
>
> - 100회
> - 최소 5cm 이상 분당 100회 이상(120회 이상 ×) 속도로 압박
> - 한 차례 30회 실시

76

외부의 직접적인 점화원에 의하여 인화될 수 있는 최저온도 또는 가연성 증기의 연소에서 연소가 가능한 가연성 증기를 액체 표면에서 증발시킬 수 있는 최저온도를 무엇이라 하는지 쓰시오.

인화점

> 발화점 : 점화원 없이도 연소가 유지되는 온도

77

불이 나기 위한 조건인 연소의 3요소를 쓰시오.

가연물, 산소공급원, 점화원

78

소화기를 사용할 때 일반적인 주의사항을 2가지만 쓰시오.

- 적응화재에만 사용할 것
- 바람을 등지고 풍상(바람이 들어오는)에서 풍하(바람이 나가는)의 방향으로 소화할 것
- 양옆으로 비로 쓸 듯이 골고루 사용할 것
- 성능에 따라 방출 거리 내에 사용할 것

79

칼륨(K)을 안전하게 보관하기 위하여 어느 물질 속에 보관하여야 하는지 쓰시오.

칼륨, 나트륨은 공기 중의 습기를 흡수하여 발화하기 때문에 석유, 등유, 파라핀 등에 보관한다.

80

화학물질(제품)에 대한 유해성·위험성, 응급조치요령, 취급 및 저장 방법 등을 16가지 항목에 맞춰 작성한 자료의 명칭을 쓰시오.

물질안전보건자료(MSDS)

81

여러 가지 약품으로부터 자기 자신의 의복과 몸을 보호하기 위하여 실습을 시작하기 전에 반드시 착용하여야 하는 것의 명칭을 쓰시오.

실험복

82

실험 중 알칼리 약품이 피부에 묻었을 때 가장 먼저 하여야 할 응급조치 방법을 쓰시오.

흐르는 물에 충분히 씻는다.

83

유해화학물질이란 유독물질, 허가물질, 제한물질(금지물질), 사고대비물질, 그 밖에 유해성 또는 위해성이 있거나 그러할 우려가 있는 화학물질이다. 화학물질 중에서 급성독성·폭발성 등이 강해 화학사고의 발생 가능성이 높거나 사고가 발생할 경우 피해규모가 큰 화학물질은 무엇인가?

사고대비물질

유형 05 기기분석

84

비교적 고도의 기구를 내장하는 기기를 사용해 물질이 가지는 화학적, 물리적 특성을 검출하는 분석법의 총칭을 무슨 분석이라 하는가?

기기분석

85

빛을 이용한 분석법으로 시료를 통과한 빛의 양을 전기적 에너지로 바꾸어 측광하는 분석 장치를 무엇이라 하는가?

분광광도계

86

음파가 1초 동안 몇 번 진동하는지를 측정하는 단위(기호로는 ν)는 무엇이라 하는지 쓰시오.

진동수

87

색상이 다른 두 색을 적당한 비율로 혼합하여 무채색이 될 때 이 두 색을 무엇이라고 하는가?

보색(여색)

88

파장이 500nm인 빛의 파수(cm^{-1})는?

[풀이]
$1nm = 10^{-9}m = 10^{-7}cm$

$\nu(파수) = \dfrac{1}{(\lambda)파장} = \dfrac{1}{500 \times 10^{-7}cm} = 2 \times 10^{4} cm^{-1}$

[답]
$2 \times 10^{4} cm^{-1}$

89

복사선의 평행한 빛살이 좁은 구멍(슬릿)을 통과할 때 구부러지는 현상을 무엇이라고 하는가?

회절현상

90

파장이 6×10^5 cm인 빛의 진동수를 구하시오. (단 빛의 세기(c)는 3×10^{10} cm/s이다)

[풀이]
$\nu(진동수) = \dfrac{c}{(\lambda)파장} = \dfrac{3 \times 10^{10} \text{cm/s}}{6 \times 10^5 \text{cm}} = 5 \times 10^4 /s$

[답]
$5 \times 10^4 /s$

91

빛은 두 가지의 성질을 가지고 있다. 빛의 이중성은 무엇과 무엇인지 각각 쓰시오.

입자성, 파동성

92

전자기 스펙트럼 영역 중 가시광선의 파장(nm) 범위를 쓰시오.

400 ~ 800nm

93

전자흡수(Electronic absorption)가 일어나는 전자기 스펙트럼 영역은?

자외선 - 가시광선 영역

94

자외선 - 가시광선 영역에서 흡수하는 불포화 유기 작용기를 무엇이라고 하는지 쓰시오.

발색단

95

분석시료가 자외선, 가시광선 영역에서 거의 흡수되지 않을 때는 적당한 시약을 넣어서 흡수되는 화합물로 변화시켜야 한다. 이때 넣어 주는 시약을 무엇이라 하는가?

발색 시약

96

시료 용기를 통과한 빛에너지를 전기에너지로 변환하여 시료 용액의 흡광도를 나타내는 장치를 검출기라 한다. 분광광도계에서 주로 사용되는 검출기 3가지를 쓰시오.

광전증배관, 광다이오드, 광다이오드어레이

97

분광분석 중 광원으로부터 들어온 빛 중 원하는 파장의 빛을 선택할 수 있는 파장선택부에서 일반적으로 사용되는 단색화 장치를 쓰시오.

프리즘 또는 회절격자

98

분광광전광도계의 구성 중 프리즘이나 회절격자를 써서 광원으로부터 빛을 분산시켜 파장의 폭이 매우 좁은 단색광을 잡을 수 있도록 한 장치는?

단색화 장치(모노크로미터)

99

분광광도계에서 가시광선영역에서 사용되는 광원은?

텅스텐(W) 램프

- 텅스텐(W) 램프 : 가시광선 범위의 파장을 발생시킨다.
- 중수소(D2) 램프 : 자외선 범위의 파장을 발생시킨다.

100

분광광도계의 단색화 장치에서 회절발은 광원에서 나온 빛을 분산시켜 어떤 광으로 만드는가?

단색광

101

분광광도계에서 파장의 단위는 nm를 사용하고 있다. 10nm는 몇 mm인가?

[풀이]

$10\text{nm} = 10 \times 10^{-9}\text{m} \times \dfrac{10^3 \text{mm}}{1\text{m}} = 10^{-5}\text{mm}$

[답]

10^{-5}mm

102

자외선 또는 가시광선을 흡수하여 분자로 하여금 색조를 띄게 하는 작용기와 화학구조를 무엇이라 하는가?

발색단

103

분자가 자외선과 가시광선 영역의 광에너지를 흡수하게 되면 전자가 낮은 에너지 상태(바닥상태)에서 높은 에너지 상태(들뜬상태)로 변화한다. 이때, 흡수된 에너지를 무슨 에너지라고 하는지 쓰시오.

여기에너지

104

UV-Vis 분광법에서 시료가 UV-Vis 영역의 빛을 흡수하면 전자전이가 일어난다. 에너지의 크기가 가장 작은 전자전이는?

$n \rightarrow \pi^*$

105

유기화합물의 시료가 UV-Vis 영역의 빛을 흡수하면 전자전이가 일어난다. 전이의 형태 4가지를 모두 쓰시오.

$\sigma \rightarrow \sigma^*$, $n \rightarrow \sigma^*$, $\pi \rightarrow \pi^*$, $n \rightarrow \pi^*$

106

분광학에서 비결합인 n전자는 어떤 두 가지 형태로 전이하는가?

- 전자전이의 종류 $\sigma \rightarrow \sigma^*$, $n \rightarrow \sigma^*$, $\pi \rightarrow \pi^*$, $n \rightarrow \pi^*$
- 비결합인 n전자는 $n \rightarrow \sigma^*$, $n \rightarrow \pi^*$로 전이한다.

107

아세트알데하이드는 160, 180 및 290nm에서 흡수띠를 가지는데 이 중 290nm의 흡수는 어떤 전이를 하는가?

문제에 해당하는 핵심 키워드를 적어보세요.

n → π*

- σ → σ*
  가장 높은 에너지 흡수, 진공자외선 영역($\lambda < 180nm$)
  - 알케인
- n → σ*
  높은 에너지 흡수, 원적외선 영역($\lambda = 180 \sim 250nm$)
  - 아세톤, 메탄올 등
- π → π*
  중간 정도의 에너지 흡수, 자외선 영역($\lambda > 180nm$)
  - 에틸렌, 부타디엔 등
- n → π*
  가장 낮은 에너지 흡수, 근 자외선 또는 가시선 영역
  ($\lambda = 280 \sim 800nm$)
  - 아세트알데하이드 등

108

자외선과 가시광선 흡수분광법에서의 양자전이 형태는 무엇인가?

문제에 해당하는 핵심 키워드를 적어보세요.

결합전자

자외선-가시선 흡수, 방출, 및 형광 분광법에서의 양자전이 형태는 결합전자이다.

109

자외선 영역에서 주로 사용하는 유기물의 용매는?

문제에 해당하는 핵심 키워드를 적어보세요.

에탄올

- 용매는 시료의 흡수가 일어나는 자외선 영역에서 흡수가 일어나선 안 된다.
- 주로 물, 에탄올, 헥산 등을 사용한다.

110

빛의 투과도와 농도와의 관계를 나타내는 법칙으로, 입사광이 용질에 흡수되는 비율은 용질의 농도에 비례한다는 법칙을 무엇이라 하는가?

> 문제에 해당하는 핵심 키워드를 적어보세요.

비어의 법칙

111

흡광도를 나타내는 식 $A = c \cdot \varepsilon \cdot L$에서 ε가 의미하는 것은?

> 문제에 해당하는 핵심 키워드를 적어보세요.

몰 흡광계수

- c : 시료의 몰 농도
- L : 셀의 두께 또는 용액층의 두께, 빛이 이동하는 거리

112

UV-Vis 분광광도법에서 화학종을 정성분석하기 위해 측정하는 값은?

> 문제에 해당하는 핵심 키워드를 적어보세요.

최대흡수파장(λ_{max})

- 최대흡수파장은 물질마다 고유한 값을 가지기 때문에 최대흡수파장을 측정하면 어떤 물질인지 예측할 수 있다.
- 최대흡수파장에서 물질의 시료의 농도를 달리하여 측정하면 시료물질을 정량할 수도 있다.

113

$KMnO_4$의 최대흡수파장(λ_{max})은 540nm로 측정되었다. 다음 물음에 답하시오.

㉠ 최대흡수파장이 2배가 되면 보기의 빛의 영역 중 어디에 속하는가?

> 자외선, 가시광선, 라디오파, X선, 적외선

㉡ 빛의 속도가 $3 \times 10^8 m/s$일 때 진동수(MHz)는 얼마인가?

> 문제에 해당하는 핵심 키워드를 적어보세요.

㉠ 가시광선의 영역은 약 400nm ~ 800nm이다. 파장을 2배로 하면 1,080nm가 되므로 가시광선보다 파장의 길이가 긴 적외선(IR) 영역이 된다.

㉡
[풀이]

진동수(ν) = $\dfrac{c(빛의\ 속도)}{\lambda(파장)}$ = $\dfrac{3 \times 10^8 m/s}{540nm}$

540nm = 540×10^{-9}m이므로

$\dfrac{3 \times 10^8 m/s}{540 \times 10^{-9} m}$ = $5.56 \times 10^{14}/s$ = $5.56 \times 10^{14}Hz$

= $5.56 \times 10^8 MHz$

[답]
$5.56 \times 10^8 MHz$

114

눈으로 지각되는 파장 범위(400 ~ 800nm)를 가진 빛을 가시광선이라 한다. 스펙트럼에서 가시광선의 적색 바깥쪽에 나타나는 광선으로 가시광선보다 파장이 길며 눈에는 보이지 않지만 물체에 흡수되어 열에너지로 변하는 특성이 있는 빛을 무엇이라 하는지 쓰시오.

> 문제에 해당하는 핵심 키워드를 적어보세요.

적외선

종류	라디오파	마이크로파	적외선	가시광선	자외선	X선	감마선
파장[m]	10^3	10^{-2}	10^{-5}	5×10^{-7}	10^{-8}	10^{-10}	10^{-12}

115

580 ~ 590nm의 파장은 무슨 색깔인가?

> 문제에 해당하는 핵심 키워드를 적어보세요.

노란색

116

$KMnO_4$ 미지시료의 농도를 측정하기 위하여 분광광도계의 측정 파장을 545nm에 맞추었다. 545nm는 빛의 어떤 영역에 속하는가?

> 문제에 해당하는 핵심 키워드를 적어보세요.

가시광선 영역

117

크로마토그래피에서 시료성분의 분리가 일어나는 장치는 어느 것인가?

> 컬럼(분리관)

118

아래 크로마토그램을 보고 이동상의 머무름 시간(T_M), 머무름 시간(T_R), 보정 머무름 시간(T_s)의 위치를 보기에서 고르시오.

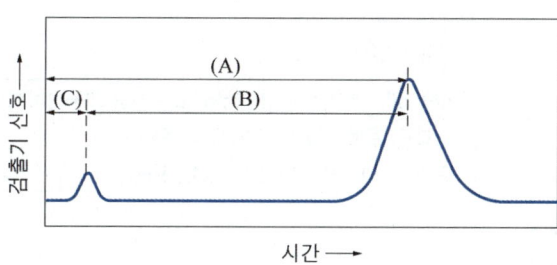

㉠ 이동상의 머무름 시간(T_M)
㉡ 머무름 시간(T_R)
㉢ 보정 머무름 시간(T_s)

> ㉠ 이동상의 머무름 시간(T_M) : C
> ㉡ 머무름 시간(T_R) : A
> ㉢ 보정 머무름 시간(T_s) : B

119

가스 크로마토그래피의 운반기체(이동상) 조건을 2가지 쓰시오.

> - 비활성이어야 한다.
> - 안정성이 높아야 한다.
> - 점도가 낮아야 한다.
> - 순도가 높아야 한다.
> - 검출기 적합성이 있어야 한다.

120

정량·정성분석 중 고정상인 컬럼과 시료를 이동시키는 이동상(기체)으로 이루어져 있으며, 시료 내 성분들이 상이한 속도로 고정상을 통과하여 분리하는 기법은?

> 기체 크로마토그래피 : 이동상을 기체로 사용한다.

121

가스 크로마토그래피(GC)에서 주로 사용하는 이동상(운반기체)을 1가지만 쓰시오.

이동상으로는 수소(H_2), 헬륨(He), 아르곤(Ar) 등의 불활성 기체를 사용한다.

122

분광광도법으로 시료의 농도를 분석할 때 유리 재질의 셀을 이용한다면, 주로 사용할 수 있는 파장 영역은 어디인가?

가시광선 영역

- 석영 셀 : 자외선-가시선 영역 모두 사용 가능하며 고가이므로 주로 자외선 영역에 사용한다.
- 유리, 플라스틱 : 가시선 영역에 사용한다.

123

비어(Beer)의 법칙은 빛의 흡광도와 농도와의 관계를 나타낸다. 비어의 법칙에서 투과도(T)와 흡광도(A)의 관계를 투과도에 대해 나타내시오.

[풀이]
$T = 10^{-A}$
$A = -\log T$이므로 $T = 10^{-A}$
[답]
10^{-A}

124

SPF는 자외선 차단지수로 자외선(UV)의 차단효과를 표시하는 단위이다. SPF의 수치는 투광도의 역수로 나타낼 수 있다. 빛의 강도가 100일 때, SPF가 2라면 흡광도는?

[풀이]
$SPF = \dfrac{1}{T} = 2$

투광도(T) = 0.5

흡광도(A) = $-\log T = -\log 0.5 = 0.3$

[답]
0.3

투광도가 %로 주어질 경우에는 흡광도(A) = $2 - \log[\%T]$ 로 나타낼 수 있다.

125

백분율 투과도[%T]를 나타내는 식을 쓰시오. (단, I_0 = 입사광의 농도, I = 투사광의 농도)

$\%T = \dfrac{I}{I_0} \times 100$

126

분광분석법에서 농도와 투과도의 관계에서 농도가 증가할수록 투과도는 어떻게 변하는가?

- 투과도는 감소한다.
- 농도와 투과도는 반비례 관계이다.

127

람베르트-비어의 법칙 [$A = 2 - \log[\%T] = \varepsilon bc$]이란, 용액의 흡광도는 용액의 농도와 용액층의 두께에 비례한다. 여기에서 ε는 [L/mol·cm]로 나타내는데 이를 무엇이라 하는가?

몰흡광계수

128

어떤 분석 시료의 몰흡광계수가 $400 M^{-1} cm^{-1}$이다. 흡수용기의 길이가 1.0cm일 때, 0.0012M 용액의 투과도(%)를 구하시오.

[풀이]
$A = \varepsilon bc = (400 M^{-1} cm^{-1})(0.0012M)(1.0cm) = 0.48$
$A = -\log T$
$T = 10^{-A} = 10^{-0.48} = 0.3311 = 33.11\%$
[답]
33.11%

129

354nm에서 용액의 투과도(%)가 15%일 때, 이 파장에서 흡광도를 구하시오.

[풀이]
$A = 2 - \log[\%T] = 2 - \log 15 = 0.82$
[답]
0.82

130

어떤 물질이 복사에너지를 흡수했을 때 그 물질로부터 하전 입자가 방출되는 현상을 무엇이라 하는가?

광전효과

131

분광광도계로 흡광도를 측정할 때 Blank 값으로 흡광도 영점조정을 한다면 흡광도값은 얼마인가?

시료가 없는 Blank 값은 흡광도가 0이다.

132

분광광도계로 흡광도를 측정할 때 흡광도가 0이라면 투과도(%)는 얼마인가?

100%

투과도와 흡광도는 반비례 관계이다.

133

가시선-자외선 분광분석법에서 몰흡광계수(ε)의 단위를 쓰시오.

L/mol·cm

134

농도가 5mol/L인 용액을 두께가 1cm인 셀을 이용하여 UV-Vis spectroscopy로 흡광분석하였을 때 투과도가 0.7이었다면 이 용액의 몰흡광계수를 구하시오.

[풀이]
$A = -\log(0.7) = 0.15$
$A = \varepsilon bc$
$0.15 = $ 몰흡광계수 $\times 5 \times 1$
몰흡광계수(ε) = 0.03
[답] 0.03

135

시료 중 금속원소를 불꽃이나 전기가열 등으로 원자화하여 바닥상태의 중성원자를 생성시키고, 그 흡광도를 측정한 후 미량의 금속을 분석하여 수질의 중금속 오염도 측정이나 식품의 무기질 성분 정량분석 등에 널리 이용하는 분석기기의 이름을 쓰시오.

원자흡수분광법(AAS)

136

물질의 농도와 흡광도와의 관계를 나타낸 그래프를 무엇이라 하는가?

검량선

137

일반적인 정량분석 과정을 다음에서 순서대로 나열하시오.

- ㉠ 신뢰도 평가
- ㉡ 대표시료 취하기
- ㉢ 분석방법 선택하기
- ㉣ 실험시료 만들기
- ㉤ 시료 분석 및 결과 계산

㉢-㉡-㉣-㉤-㉠

138

다음의 항목을 분석실험 순서대로 올바르게 나열하시오.

- ㉠ 신뢰도 평가
- ㉡ 대표시료 채취
- ㉢ 미지시료 제조
- ㉣ 분석방법 결정
- ㉤ 분석 결과값 계산

㉣-㉡-㉢-㉤-㉠

139

다음 ( ) 안에 알맞은 용어를 써넣으시오.

실제 값과 이론적으로 정확한 값과의 차이를 말하며, 잘 된 실험은 ( )의 크기는 줄일 수는 있으나 완전히 없애는 것은 불가능하다.

오차

140

다음 ( ) 안에 알맞은 용어를 써넣으시오.

( )는(은) 측정값이 참값에 얼마나 가까운가를 나타낸다. 만일 표준물이 있으면 ( )는(은) 그 값이 측정값과 얼마나 가까운지를 의미한다.

정확도

141

검량선을 이용한 미지 농도값이 45ppm이라면 표준용액(1,000ppm)으로부터 몇 배 희석되었는가?

[풀이]

희석비율 = $\dfrac{\text{표준용액농도}}{\text{미지용액농도}} = \dfrac{1{,}000}{45} = 22.22$

[답]

22.22배

142

분광광도법으로 미지시료의 농도를 측정할 때 사용하는 검량선에서 Y축이 의미하는 것은 무엇인가?

흡광도

143

물질의 흡수스펙트럼에 영향을 주는 일반적 변수를 한 가지만 쓰시오.

- 용매의 성질
- 용매의 pH
- 온도
- 방해물질의 존재 등

144

원자흡수분광법(AAS)은 금속 원자를 불꽃, 전기로 등으로 높은 온도에서 가열해 기체상태인 중성원자로 만들어 자외선 또는 가시광선 영역의 빛 에너지를 흡수하는 것을 측정하는 방법이다. 대부분의 원소분석에 사용하는 광원은?

속 빈 음극등(HCL)

145

다음 (   )에 들어갈 빛의 영역으로 옳은 것은?

> 분광분석법 중 분석물인 분자가 (   )을(를) 흡수하면 바닥 진동 상태에서 들뜬 진동상태로 전이하는 현상을 이용한다.

적외선(IR)

146

분광분석기기의 주요부 중, 분석기로 들어온 빛을 원하는 파장으로 분리시켜 주는 장치를 모두 고른 것은?

> 회절격자, 필터, 프리즘, 불꽃원자화장치, 전열원자화장치

회절격자, 필터, 프리즘

147

1,000ppm 시료 1mL를 피펫으로 채취하여 10ppm의 용액 100mL를 만들려고 할 때, 가장 정확하게 용액을 제조할 수 있는 유리 기구의 명칭을 쓰시오.

메스플라스크 : 일정한 용량을 정확하게 담을 수 있는 플라스크로 용액을 제조할 때 많이 사용된다.

148

1,000ppm 표준용액을 이용하여 15ppm의 용액을 제조하고자 한다. 표준용액의 양을 정확하게 채취하여 옮기는 데 사용되는 실험기구의 명칭을 쓰시오.

메스피펫

149

스톱 꼭지(stop cock)를 조절하여 흘러내려간 액체의 부피를 측정하는 기구로, 주로 중화적정 등에 사용되는 눈금이 새겨져 있는 유리관으로 된 실험기구의 명칭을 무엇이라고 하는가?

뷰렛

150

분광광도계를 이용하여 시료물질의 흡광도를 측정하려고 한다. 이때 시료를 넣는 실험기구의 명칭을 무엇이라고 하는가?

셀(cell)

151

과망가니즈산칼륨 용액을 보관할 경우 어느 색깔의 유리병에 보관하여야 하는가?

갈색병

과망가니즈산칼륨은 직사광선에 의해 분해되므로 색깔이 있는 갈색병에 보관해야 한다.

PART 06

실기 [필답형] 신유형 예상문제

01 신유형 예상문제 1회
02 신유형 예상문제 2회
03 신유형 예상문제 3회

 단원 들어가기 전

최근 화학분석기능사 실기 필답형 시험에 신유형 문제들의 출제 비중이 늘어나고 있어
이에 대비하기 위해 실전 예상문제를 수록하였습니다.
최신 기출복원문제와 함께 학습하여 시험에 대비해 보세요.

실기[필답형] 신유형 예상문제   1회

01

물질 A, B를 각각 증류수에 녹인 수용액의 정보는 아래와 같다. 두 수용액의 몰랄 농도는 같으며, B의 물질량은 A의 2배이다. B물질의 용질의 양(mol)을 A물질의 용질의 양(mol)에 대한 배수(y = ax형태)로 나타내시오.

수용액의 종류	용액의 질량(g)	용질의 양(mol)	농도(wt%)
A(aq)	100	x	15
B(aq)	400	y	알수없음

[풀이]

A용액의 몰랄농도(m) = $\dfrac{x\,\text{mol}}{0.1\,\text{kg}}$ = 10xm

B용액의 몰랄농도(m) = $\dfrac{y\,\text{mol}}{0.4\,\text{kg}}$ = 2.5ym

= 10x = 2.5y → y = 4x

[답]
y = 4x

02

UV-Vis 분광광도계의 자외선 영역의 빛을 만들기 위해 필요한 광원 램프는?

중수소 램프

03

다음 물질의 상태에 따라 용해도에 영향을 미치는 요인을 한 가지씩 쓰시오.

㉠ 고체 상태
㉡ 기체 상태

㉠ 온도
㉡ 온도, 압력

04

스트레이트 보어 스탑콕(stop cock)을 조절하여 흘러내려간 액체의 부피를 측정하는 기구로, 클램프로 고정하여 중화적정 등의 실험에서 사용되는 눈금이 새겨진 유리관으로 된 실험기구는?

뷰렛

05

고체 시료에 소량의 불순물이 포함되어 있을 때, 불순물을 포함한 모든 분석 대상 물질을 용해시키는 용매를 이용하여 고온에서 물질을 용해 시키고 냉각시키면서 용해도 차이에 의해 불순물을 분리하는 방법은?

재결정

06

흡광도가 0.300A이고 용액층의 두께가 1cm인 5M 용액의 몰흡광계수(ε)는?

[풀이]
$A = \varepsilon bc$
$0.300 = \varepsilon \times 1cm \times 5M$
[답]
$\varepsilon = 0.06 cm^{-1} M^{-1}$

07

98wt% 진한 황산을 증류수로 희석시켜 묽은 황산 용액을 제조하려고 한다. 다음 물음에 답하시오.

㉠ 진한 황산의 농도를 몰 농도로 변환하시오. (단, 비중이 1.840이다)
㉡ 0.1M 묽은 황산 용액 1L를 안전하게 제조하는 방법을 쓰시오.
  (단, 필요한 진한 황산의 양, 황산의 반응성, 용액의 메니스커스 등을 고려하여 답을 작성한다)

> 문제에 해당하는 핵심 키워드를 적어보세요.

㉠ [풀이]

$$\frac{1.84g}{1mL} = \frac{1,840g}{1,000mL}$$

황산의 몰수 $= \frac{1,840g \times 0.98(순도)}{98g/mol} = 18.4mol$

황산의 몰 농도 $= \frac{18.4mol}{1L} = 18.4mol/L$

[답]
18.4mol/L

㉡ [풀이]
98wt%의 진한 황산의 몰 농도는 18.4M이다. MV = M'V' 공식을 이용해 필요한 황산의 부피를 구한다.
$18.4M \times V = 0.1M \times 1L$ → 진한 황산 5.43mL 필요

[답]
① 실습복, 장갑 등 보호 장비를 착용한다.
② 1L 메스플라스크에 일정량의 증류수를 채워 넣는다.
③ 황산은 발열반응을 일으키므로 다량의 증류수에 황산을 희석시킨다.
④ 진한 황산 5.43mL를 피펫으로 채취하여 준비된 메스플라스크에 천천히 넣는다.
⑤ 진한 황산을 모두 첨가한 후 증류수를 첨가하여 메니스커스를 정확히 맞춘다.
⑥ 마개 또는 파라필름을 이용해 메스플라스크를 막고 용액을 천천히 혼합해 준다.

08

실험실에서 화재발생 시 행동요령에 대한 순서도이다. 빈칸에 알맞은 행동을 보기에서 찾아 쓰시오.

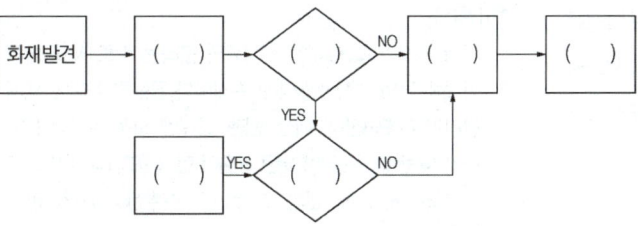

[보기]
- ㉠ 소방서에 신고한다.
- ㉡ 화재상황을 큰 소리로 전파한다.
- ㉢ 초기 진압이 가능한지 확인한다.
- ㉣ 대피한다.
- ㉤ 현장이 안전한지 확인한다.
- ㉥ 소화기를 사용해 소화한다.

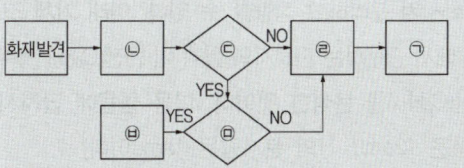

09

다음에서 설명하는 물질과 이 물질에 대한 GHS 그림문자를 보기에서 모두 고르시오.

이 물질은 상온에서 무색투명한 휘발성 액체로, 비중은 약 0.792 정도이다. 물, 알코올, 에터 등 극성 및 무극성 용매 모두에 잘 혼합되는 특징이 있다. 분자량은 58.08amu, 인화점은 -20℃, 끓는점은 56.5℃이다. 옥수수 등에서 나오는 녹말을 발효시키면 뷰틸 알코올과 함께 이 물질이 생성된다. LD_{50}은 3,000~5,800mg/kg이고, 증기를 흡입할 경우 기도가 자극받을 수 있다. 고농도에서는 중추신경계를 억제하고 의식을 잃게 만든다. 지방질을 제거할 수 있어 피부에 자극성이며, 피부에 노출될 경우 염증, 통증 등이 발생할 수 있으며, 증기는 눈을 자극하므로 취급에 주의가 필요하다.

[보기]

- 물질명 : 아세톤
- GHS 그림문자

인화성 물질 경고	흡입 유해성	피부에 자극을 일으킴 눈에 자극을 일으킴 피부과민성

10

기체 크로마토그래피 분석법은 작업장에서 노출될 수 있는 유해인자를 분석하기 위해 사용되는 분석법 중 하나이다. 이 방법은 분석물을 기화시켜 분리하고 정량할 수 있다. 아래 기체 크로마토그램은 작업장에서 근무하는 근로자의 혈액 내 벤젠(C_6H_6), 톨루엔($C_6H_5CH_3$), n-헥산(C_6H_{14})을 분석한 것이다. 다음 물음에 답하시오. (단, C의 분자량은 12amu, H의 분자량은 1amu이다)

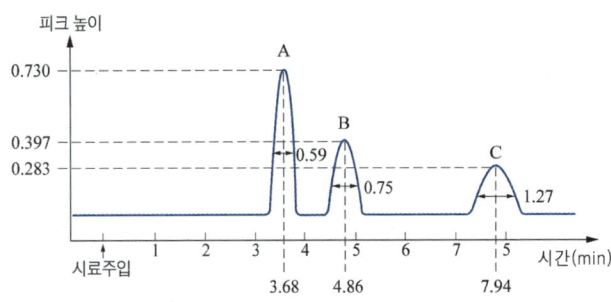

혈액 내 분석물의 기체 크로마토그램

㉠ 기체 크로마토그램에서 A, B, C에 해당하는 물질을 쓰시오.
㉡ 혈액 내 존재하는 A, B, C의 몰(mol) 함량비를 구하시오.

구분	A	B	C
머무름 시간	3.63	4.86	7.94
피크 높이 절반 위치에서 피크 폭	0.59	0.75	1.27
피크 높이	0.73	0.39	0.28

문제에 해당하는 핵심 키워드를 적어보세요.

㉠ [풀이]
기체 크로마토그래피에서 시료의 분리는 주로 시료 중의 각 성분들의 고정상에 대한 친화력과 끓는점 차이에 의해 분리가 이루어진다. 헥산, 벤젠, 톨루엔 모두 무극성 분자이기 때문에 끓는점이 낮은 물질이 먼저 용리되어 나오므로 A : 헥산(68.7), B : 벤젠(80.1℃), C : 톨루엔(110.6℃) 이다.
[답]
- A : n-헥산
- B : 벤젠
- C : 톨루엔

㉡ [풀이]
면적 표준화법 : 모든 피크 면적에 대한 각 성분의 면적비로부터 농도 계산
피크 면적 = 피크 높이 절반 위치에서 피크 폭 × 피크높이
- A 피크 면적 = 0.59 × 0.73 = 0.431
- B 피크 면적 = 0.75 × 0.397 = 0.298
- C 피크 면적 = 1.27 × 0.283 = 0.359
총 피크 면적 = 0.431 + 0.298 + 0.359 = 1.09

- A피크 면적 비(%) = $\frac{0.431}{1.09} \times 100 = 39.54\%$
- B피크 면적 비(%) = $\frac{0.298}{1.09} \times 100 = 27.34\%$
- C피크 면적 비(%) = $\frac{0.359}{1.09} \times 100 = 32.94\%$

피크 면적 비(%) = 중량농도(wt%), ppm에 비례한다. 몰 함량비를 구하기 위해 각 분자량으로 나눠준다.

※ 몰수 = $\frac{질량}{분자량}$

A(n-헥산, C_6H_{14})의 분자량 = 86
B(벤젠, C_6H_6)의 분자량 = 78
C(톨루엔, $C_6H_5CH_3$)의 분자량 = 92

$\frac{39.54}{86} : \frac{27.34}{78} : \frac{32.94}{92} = 0.460 : 0.351 : 0.358$ 또는 가장 작은 값으로 나눠 간단히 나타낸다.
= 1.31 : 1 : 1.02
[답]
A : B : C = (1.31) : (1) : (1.02)

실기[필답형] 신유형 예상문제

2회

01

4℃ 물 2kg의 부피(L)를 구하시오. (단, 물의 밀도는 1g/cm³이다.)

[풀이]
$2,000g \times \dfrac{cm^3}{1g} = 2,000cm^3$

$2,000cm^3 \times \dfrac{1L}{1,000cm^3} = 2L$

[답]
2L

02

총 열량 불변의 법칙을 설명하기 위해 2가지의 반응경로로 화학반응을 진행하였다. 보기의 화학반응에 대한 그래프를 아래와 같이 나타내었을 때, 그래프에 표시된 Ⓐ, Ⓑ, Ⓒ에서 일어나는 화학반응을 보기에서 찾아 쓰고, ㉠, ㉡, ㉢에 해당하는 엔탈피를 나타내는 물질을 보기의 화학식 내에서 찾아 쓰시오.

[보기]
① $C(s) + O_2(g) \rightarrow CO_2(g)$, $\triangle H = -394kJ$

② $C(s) + O_2(g) \rightarrow CO(g) + \dfrac{1}{2}O_2(g)$, $\triangle H = -110kJ$

③ $CO(g) + \dfrac{1}{2}O_2(g) \rightarrow CO_2(g)$, $\triangle H = -283kJ$

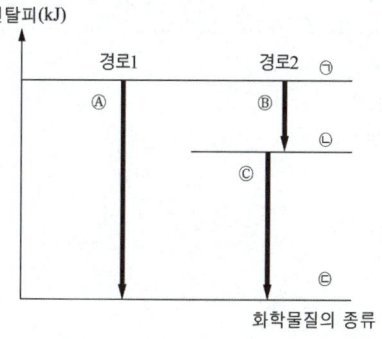

Ⓐ : ①
Ⓑ : ②
Ⓒ : ③
㉠ : C, O
㉡ : CO, O_2
㉢ : CO_2

03

다음 중 소화기 취급 및 사용법으로 옳은 것을 고르시오.

[보관방법]
㉠ 소화기는 보기 쉽고 사용하기 편리한 곳에 비치한다.
㉡ 습기와 직사광선을 피해서 비치한다.

[소화기 분류]
㉢ 능력단위가 1 이상이며, 대형 소화기의 능력단위 미만인 소화기를 소형 소화기라 한다.
㉣ 열에 의해 자동으로 작동하는 소화기를 자동식 소화기라 한다.

[분말소화기 사용법]
㉤ 바람을 마주보고 사용한다.
㉥ 불이 난 곳에 집중적으로 분사한다.
㉦ 불이 난 곳 중심으로가서 분사한다.
㉧ 안전핀을 뽑은 후 노즐을 한 손으로 잡고 다른 한 손은 손잡이를 잡고 분사한다.

[투척 및 이산화탄소 소화기 사용법]
㉨ 일반화재와 유류화재 시 발화점을 향해 직접적으로 투척한다.
㉩ 창문과 문이 닫힌 곳에 주수소화기를 사용하지 못하는 경우 이산화탄소 소화기를 사용한다.

문제에 해당하는 핵심 키워드를 적어보세요.

ㄱ, ㄴ, ㄷ, ㄹ, ㅂ, ㅇ

04

1.0N HCl 용액으로 0.1N HCl 500mL 제조하려고 한다. 필요한 1.0N HCl의 부피(mL)는?

문제에 해당하는 핵심 키워드를 적어보세요.

[풀이]
$1.0N \times V = 0.1N \times 500mL$
$V = 50mL$

[답]
50mL

05

람베르트-비어의 법칙이란 용액의 흡광도는 용액의 농도 및 용액층의 두께에 비례한다는 법칙이다. 람베르트-비어 법칙($A = 2 - \log(\%T) = \varepsilon bc$)에서 사용되는 몰흡광계수($\varepsilon$)의 단위를 쓰시오.

문제에 해당하는 핵심 키워드를 적어보세요.

$M^{-1} \cdot cm^{-1}$ 또는 $L/(mol \cdot cm)$

06

크기가 5m×3m×10m(가로×세로×높이)인 밀폐된 실험실에서 불산(HF)이 누출되었을 때 시간가중평균농도(TWA) 노출기준은 0.6ppm이다. 노출기준을 초과하지 않기 위해 누출될 수 있는 불산(HF)의 최대 질량[mg]은? (단, 땅에 떨어진 불산(HF)은 모두 기화한다.)

문제에 해당하는 핵심 키워드를 적어보세요.

[풀이]
실험실 공간의 부피 = 5m × 3m × 10m = 150m³
= 150,000L

$\dfrac{x\,mg}{150,000L}$ = 0.6ppm이므로 불산의 양은 90,000mg이다.

[답]
90,000mg

07

주어진 보기의 ㉠ ~ ㉣까지 문제에서 답에 해당하는 숫자들의 합계를 구하시오.

㉠ 물 분자 6.02×10^{23}개에 해당하는 몰수
㉡ 대기의 구성성분이 질소 79mol%와 산소 21mol%라 할 때 대기의 평균 분자량
㉢ 수소 분자 1몰이 완전 연소될 때 필요한 산소 분자의 몰수
㉣ 벤젠의 분자량

문제에 해당하는 핵심 키워드를 적어보세요.

[풀이]
㉠ 1mol
㉡ $0.79 \times 28(N_2) + 0.21 \times 32(O_2) = 28.84$
㉢ $H_2 + 0.5O_2 \rightarrow H_2O$, 산소 분자 = 0.5mol
㉣ $C_6H_6 = 78$

[답]
108.34

08

다음 물음에 답하시오.

㉠ 석유화학 분야에서 중요한 화합물인 BTX 하나로 단향이 나는 무색의 액체이다. 단기간 고농도로 노출 시 중추신경계가 저하되는 물질의 구조식을 그려라. (단, 실험식은 C_7H_8)

㉡ 아래 MSDS는 위 물질에 대한 경고표지와 그에 대한 유해/위험문구를 나타내고 있다. 보기를 참고하여 경고표지 (ㄱ), (ㄴ)과 유해/위험문구 (ㄷ)을 쓰시오.

[보기]

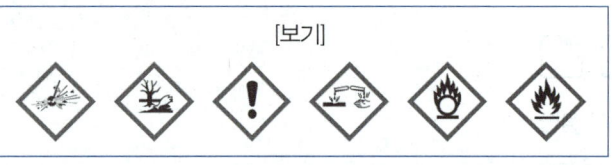

	MSDS		
경고표지	(ㄱ)		(ㄴ)
유해/위험문구	H225 : 고인화성 액체 또는 증기	H304 : (ㄷ)	H315 : 피부에 자극을 일으킴

문제에 해당하는 핵심 키워드를 적어보세요.

㉠
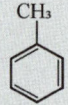

㉡
(ㄱ) 인화성 물질 경고표지

(ㄴ) 경고표지(경고 및 피부과민성)

(ㄷ) : 삼켜서 기도로 유입되면 치명적일 수 있음

09

실험실에서 사용되는 화학물질의 NFPA 코드가 아래와 같을 때, 각 물음에 답하시오.

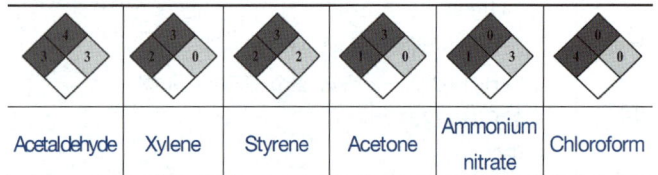

㉠ 인화성이 가장 큰 물질의 IUPAC명을 쓰시오. (단, 같은 등급일 경우 해당 물질을 모두 표기한다.)

㉡ Styrene의 구조식을 그리고 IUPAC명을 쓰시오.

문제에 해당하는 핵심 키워드를 적어보세요.

㉠ Acetaldehyde

㉡ 구조식 :
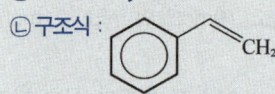

IUPAC명 : Ethenylbenzene

10

화학물질 A, B가 혼합되어 있는 용액을 같은 유속으로 컬럼 1과 컬럼 2에서 분석한 결과 크로마토그램이 아래와 같았다. 다음 물음에 참(T) 혹은 거짓(F)로 답하시오. (단, 두 컬럼의 길이는 같다.)

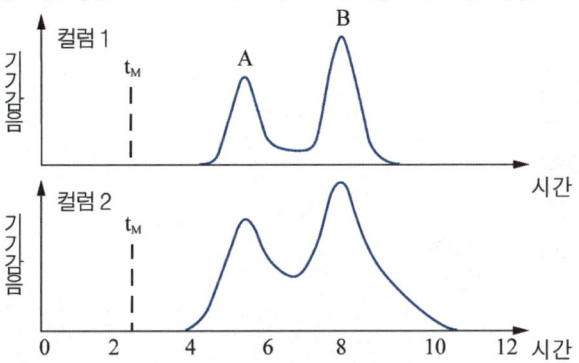

㉠ 컬럼 1의 이론 단수가 컬럼 2보다 크다.
㉡ 컬럼 2의 단높이가 컬럼 1보다 크다.
㉢ A물질의 분배계수가 B보다 크다.
㉣ A물질은 두 컬럼 모두 상대 머무름 인자가 같다.

[풀이]
컬럼1과 컬럼2의 크로마토그램을 비교할 때, 컬럼1을 사용할 때 물질의 분리효율이 더 좋다.
㉠ 단수를 증가시키면 분리(능)도를 높일 수 있다.
㉡ 단수(N) = $\dfrac{\text{컬럼길이}(L)}{\text{단높이}(H)}$ 이므로 컬럼2의 단높이가 더 크다.
㉢ 분배계수가 크면 분리 물질이 고정상과 친화력이 있어 천천히 용리되고 분배계수가 작으면 고정상과 친화력이 없어 빨리 용리된다. 그러므로 A와 B 중 B의 머무름 시간이 더 크기 때문에 A보다 늦게 용리되므로 분배계수는 B가 더 크다.
㉣ 머무름인자(k) = $\dfrac{t_R - t_M}{t_M}$ 이므로 두 컬럼 모두 A의 머무름 인자는 동일하다.

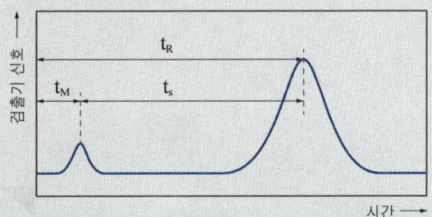

[답]
㉠ T
㉡ T
㉢ F
㉣ T

실기[필답형] 신유형 예상문제 — 3회

01

고체 분석 대상 물질에 소량의 불순물이 포함되어 있을 때, 불순물을 포함한 분석 대상 모두를 이용해 시키는 용매를 사용하여 용해 시킨 수용 해도 차이에 의해 혼합성분을 분리하는 방법을 무엇이라 하는지 쓰시오.

재결정

02

0.01M NaOH 용액의 pH를 구하시오.

[풀이]
pOH = -log[OH-] = -log0.01 = 2
pH = 14 - pOH = 12
[답]
12

03

실험실 안전에 대한 다음 ( )안에 알맞은 용어를 써 넣으시오.

> 진한 황산은 다루기가 위험하기 때문에 보통 증류수로 묽게 희석해서 사용하여야 한다. 이것을 희석할 때에는 비커에 ( )(를)을 먼저 담은 다음 그 후에 ( )(를)을 조금씩 흘려 넣어야 한다.

증류수, 진한 황산

04

유체가 흐름에 저항하는 성질을 점도라고 한다. 점도의 관습 단위인 1포이즈(P : poise)를 CGS 단위로 바꾸어 나타내시오.

$1P = 1g/cm \cdot s$

05
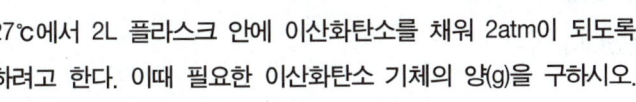

27℃에서 2L 플라스크 안에 이산화탄소를 채워 2atm이 되도록 하려고 한다. 이때 필요한 이산화탄소 기체의 양(g)을 구하시오. (단, 이산화탄소 기체의 분자량은 44이다)

[풀이]
$PV = nRT$

$n(몰수) = \dfrac{PV}{RT} = \dfrac{2atm \times 2L}{0.082atm \cdot L/mol \cdot K \times (273+27)K}$

$= 0.163mol$

g(질량) = 몰수 × 분자량 = 0.16mol × 44g/mol = 7.17g

[답]
7.17g

06

시료의 추출, 혼합, 배양을 목적으로 용기를 운동시킴으로써 용기 내의 시료를 섞는 조작(방법)을 무엇이라 하는지 쓰시오.

진탕

07

고체를 미세한 분말로 가는데 사용되는 도자기로 된 실험 도구의 명칭을 쓰시오.

막자사발

08

부피가 1.2cm³인 고체를 질량이 0.42g인 약포지 위에 올려놓았더니 눈금이 10.02g이었다. 이 고체의 밀도를 구하시오.

[풀이]
순수 고체의 질량 = 10.02g − 0.42g = 9.6g

고체의 밀도 = $\dfrac{질량}{부피}$ = $\dfrac{9.6g}{1.2cm^3}$ = 8g/cm³

[답]
8g/cm³

09

물속에 카드뮴 이온이 5ppm(질량 기준)이 들어 있다. 그 함유량을 질량%로 나타내면 얼마인지 구하시오.

문제에 해당하는 핵심 키워드를 적어보세요.

[풀이]

$$5ppm = \frac{5}{1,000,000} = \frac{5 \times \frac{1}{10,000}}{1,000,000 \times \frac{1}{10,000}} = 0.0005\%$$

(분자를 100으로 만들기 위해 분자와 분모에 $\frac{1}{10,000}$을 곱해 주었다.)

[답]
0.0005%

10

에너지와 주파수의 관계에서 다음 빈 칸에 알맞은 숫자를 써 넣으시오.

- 만약 전자기 복사선의 주파수를 두 배로 하면, 에너지는 (㉠)배로 된다.
- 만약 파수를 두 배로 하면, 에너지는 (㉡)배로 된다.

문제에 해당하는 핵심 키워드를 적어보세요.

[풀이]

$E = h \times \nu = \frac{hc}{\lambda}$

- E = 에너지
- h = 플랑크 상수
- ν = 주파수(진동수)
- c = 빛의 속도
- λ = 파수(파장)

[답]
㉠ 2
㉡ $\frac{1}{2}$

PART 07

실기[필답형]
기출 복원문제

2020년 실기[필답형] 기출 복원문제
2021년 실기[필답형] 기출 복원문제
2022년 실기[필답형] 기출 복원문제
2023년 1, 3회 실기[필답형] 기출 복원문제
2024년 1, 2, 3회 실기[필답형] 기출 복원문제
2025년 1, 2회 실기[필답형] 기출 복원문제

실기[필답형] 기출 복원문제 2020

01

정량·정성분석 중 고정상인 컬럼과 시료를 이동시키는 이동상(기체)으로 이루어져 있으며, 시료 내 성분들이 상이한 속도로 고정상을 통과하여 분리하는 기법은?

> 문제에 해당하는 핵심 키워드를 적어보세요.

기체 크로마토그래피 : 이동상을 기체로 사용한다.

02

SPF는 자외선 차단지수로 자외선(UV)의 차단효과를 표시하는 단위이다. SPF의 수치는 투광도의 역수로 나타낼 수 있다. 빛의 강도가 100일 때, SPF가 2라면 흡광도는?

> 문제에 해당하는 핵심 키워드를 적어보세요.

[풀이]

$SPF = \dfrac{I}{T} = 2$

투광도(T) = 0.5
흡광도(A) = $-\log T = -\log 0.5 = 0.3$

[답]
0.3

> 투광도가 [%]로 주어질 경우에는 흡광도(A) = $2 - \log[\%T]$로 나타낼 수 있다.

03

벤젠(C_6H_6)의 증기비중은 얼마인가? (단, 공기의 평균분자량은 29g/mol이다)

> 문제에 해당하는 핵심 키워드를 적어보세요.

[풀이]
- 벤젠의 분자량 = 78g/mol
- 벤젠의 증기비중 = $\dfrac{78}{29}$ = 2.69

[답]
2.69

04

화재 발생 시 행동요령으로 옳은 것 2가지를 고르시오.

> ㉠ 석유 - 유류화재 시 물을 이용하여 불을 끈다.
> ㉡ 전기차단기를 내리고 가스밸브를 잠근 후 신속하게 대피한다.
> ㉢ 화재 시 엘리베이터 대신 비상구로 신속히 대피한다.
> ㉣ 화재를 알리기 위해 창문과 문은 모두 열어 놓고 대피한다.

문제에 해당하는 핵심 키워드를 적어보세요.

㉡, ㉢

㉠ 석유 - 유류화재 시 물을 사용하면 높은 온도의 유류로 인해 물의 갑작스런 기화로 화재면을 확대시킬 수 있다.
㉣ 화재의 확대를 막기 위해 창문과 문은 모두 닫고 대피한다.

05

분광분석기기의 주요부 중, 분석기로 들어온 빛을 원하는 파장으로 분리시켜 주는 장치를 모두 고른 것은?

> 회절격자, 필터, 프리즘, 불꽃원자화장치, 전열원자화장치

문제에 해당하는 핵심 키워드를 적어보세요.

회절격자, 필터, 프리즘

06

다음의 항목을 분석실험 순서대로 올바르게 나열하시오.

> ㉠ 신뢰도 평가
> ㉡ 대표시료 채취
> ㉢ 미지시료 제조
> ㉣ 분석방법 결정
> ㉤ 분석 결과값 계산

문제에 해당하는 핵심 키워드를 적어보세요.

㉣-㉡-㉢-㉤-㉠

07

다음 중 주수소화가 안 되는 것은?

> ㉠ 과망가니즈산칼륨
> ㉡ 칼륨
> ㉢ 나이트로 글리세린
> ㉣ 트라이나이트로톨루엔(TNT)

문제에 해당하는 핵심 키워드를 적어보세요.

㉡ 칼륨

칼륨은 금수성 물질로 물과 반응 시 가연성 기체인 수소 기체를 발생시킨다.

08

나프타를 개질할 때 나오는 방향족 탄화수소를 모두 고르면?

> Benzene, Xylene, Propane, trichloroethylene, Methane

나프타의 개질로 BTX인 벤젠, 톨루엔, 자일렌(= 크실렌) 등이 제조된다.

09

분광학에서 비결합인 n전자는 어떤 두 가지 형태로 전이하는가?

- 전자전이의 종류 $\sigma \rightarrow \sigma^*$, $n \rightarrow \sigma^*$, $\pi \rightarrow \pi^*$, $n \rightarrow \pi^*$
- 비결합인 n전자는 $n \rightarrow \sigma^*$, $n \rightarrow \pi^*$로 전이한다.

10

4N-HCl 50mL에 6N-HCl 50mL를 혼합한 용액의 노르말 농도(N)를 구하시오.

[풀이]
HCl의 당량수는 1이므로 몰 농도와 노르말 농도는 같다.
4N-HCl 50mL의 몰수 = 4N × 0.05L = 0.2mol
6N-HCl 50mL의 몰수 = 6N × 0.05L = 0.3mol
혼합용액의 몰수 = 0.5mol
혼합용액의 부피 = 100mL
혼합용액의 몰 농도 = $\dfrac{0.5\text{mol}}{0.1\text{L}}$ = 5M(= 5N)

[답]
5N

실기[필답형] 기출 복원문제 2021

01

화학물질(제품)에 대한 유해성·위험성, 응급조치요령, 취급 및 저장 방법 등을 16가지 항목에 맞춰 작성한 자료의 명칭을 쓰시오.

물질안전보건자료(MSDS)

02

0.04M KOH 용액 75mL를 0.1M HBr로 중화하고자 한다. HBr 15mL를 첨가하였을 때 용액의 pH와 중화를 위해 추가로 첨가해야 하는 용액과 해당 용액의 필요 부피(mL)를 구하시오.

㉠ 중화된 용액의 pH
㉡ 추가로 첨가해야 하는 용액의 종류
㉢ 중화를 위해 추가로 필요한 용액의 부피

㉠ 중화된 용액의 pH
[풀이]
KOH = 0.04M × 0.075L = 0.003mol
HBr = 0.1M × 0.015L = 0.0015mol
- 용액의 부피 0.075L + 0.015L = 0.090L
- 중화되고 남은 KOH의 농도
  0.0015mol/0.090L = 0.0167M
  (= OH^-의 농도)
pOH = $-\log[OH^-]$ = 1.78
14 = pH + pOH
pH = 14 - pOH = 14 - 1.78 = 12.22
[답] 12.22

㉡ 추가로 첨가해야 하는 용액의 종류
[답]
KOH, HBr
중화하고 KOH 0.0015mol이 남았으므로 HBr을 더 첨가해야 한다.

㉢ 중화를 위해 추가로 필요한 용액의 부피
[풀이]
KOH 0.0015mol이 남아 있으므로 HBr 0.0015mol이 필요하다.
0.1M HBr × 0.015L = 0.0015mol이므로
필요한 부피는 0.015L = 15mL이다.
[답]
15mL

03

3M HCl 50mL에 6N HCl 150mL를 혼합했을 때, 혼합액의 당량농도[N]를 구하시오.

[풀이]
HCl의 당량수는 1이므로 몰 농도와 노르말 농도는 같다.
3M HCl 50mL의 몰수 = $3M \times 0.050L = 0.150mol$
6N HCl 150mL의 몰수 = $6N \times 0.150L = 0.9mol$
혼합용액의 몰수 = 1.05mol
혼합용액의 부피 = 200mL = 0.2L
혼합용액의 당량농도[N] = $\frac{1.05mol}{0.2L}$ = 5.25N

[답]
5.25N

04

정수산화나트륨 20g을 4℃ 물 200mL에 녹인 용액의 중량농도(wt%)를 구하시오.

[풀이]
4℃ 물의 밀도는 1g/mL이므로 200mL = 200g이다.
용액의 중량농도(wt%) = $\frac{20g}{20g + 200g} \times 100$ = 9.09(wt%)

[답]
9.09(wt%)

05

농도가 5mol/L인 용액을 두께가 1cm인 셀을 이용하여 UV-Vis spectroscopy로 흡광분석하였을 때 투과도가 0.70이었다면 이 용액의 몰흡광계수를 구하시오.

[풀이]
$A = -\log(0.7) = 0.15$
$A = \varepsilon bc$
$0.15 = 몰흡광계수 \times 5 \times 1$
몰흡광계수(ε) = 0.03

[답]
0.03

06

시료 중 금속원소를 불꽃이나 전기가열 등으로 원자화하여 바닥상태의 중성 원자를 생성시키고, 그 흡광도를 측정한 후 미량의 금속을 분석하여 수질의 중금속 오염도 측정이나 식품의 무기질 성분 정량분석 등에 널리 이용하는 분석기기의 이름을 쓰시오.

원자흡수분광법(AAS)

07

다음의 기구 및 시약이 필요한 이화학분석법의 이름을 쓰시오.

> 전자저울, 건조기, 칭량병, 메스플라스크, 삼각플라스크, 뷰렛, 비커, 깔때기, 세척병, 피펫, 클램프, 뷰렛대, 염산, 수산화나트륨, 표준용액, 지시약 등

중화적정

08

황산(H_2SO_4)이 294.0g이 용해되어 있는 수용액 200mL의 노르말 농도[N]는 얼마인가? (단, S의 원자량은 32amu이다)

[풀이]

황산 294.0g의 몰수 = $\dfrac{294g}{98g/mol}$ = 3mol

황산의 몰 농도 = $\dfrac{3mol}{0.2L}$ = 15M

황산의 당량수는 2이므로 노르말 농도 = 15×2(당량수) = 30N

[답]
30N

09

물질의 화학식 표시방법 중 3가지를 쓰고, 자일렌(xylene)을 화학식 표시방법에 따라 표기하시오.

- 구조식 :

- 시성식 : $C_6H_4(CH_3)_2$
- 분자식 : C_8H_{10}
- 실험식 : C_4H_5

10

다음 중 지시표지를 고르고 의미를 쓰시오.

㉠  ㉡ ㉢ ㉣ ㉤

[지시표지]
㉠ 보안경 착용
㉡ 방독마스크 착용
[안내표지]
㉢ 응급구호표시
㉣ 비상구 안내
[경고표지]
㉤ 폭발성 물질 경고

실기[필답형] 기출 복원문제

2022

01

아래 크로마토그램을 보고 이동상의 머무름 시간(T_M), 머무름 시간 (T_R), 보정 머무름 시간(T_S)의 위치를 보기에서 고르시오.

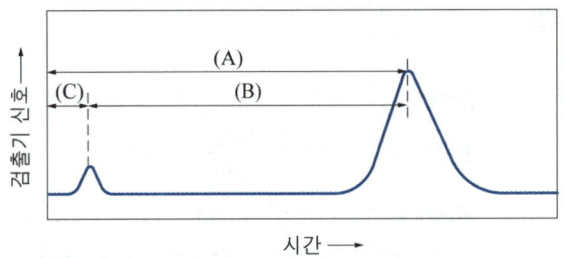

㉠ 이동상의 머무름 시간(T_M)
㉡ 머무름 시간(T_R)
㉢ 보정 머무름 시간(T_S)

문제에 해당하는 핵심 키워드를 적어보세요.

㉠ 이동상의 머무름 시간(T_M) : C
㉡ 머무름 시간(T_R) : A
㉢ 보정 머무름 시간(T_S) : B

02

0.04M의 $Hg(NO_3)_2$ 용액 50mL를 KIO_3으로 적정할 때 당량점 KIO_3가 50mL가 소비되었다. 당량점에서 Hg^{2+}의 몰수는 얼마인가? (단, $Hg(IO_3)_2$ 용해도곱은 1×10^{-18}이다)

문제에 해당하는 핵심 키워드를 적어보세요.

[풀이]
$K_{sp} = [Hg^{2+}][IO_3^-]^2 = 1 \times 10^{-18}$
$Hg^{2+} = x$, $IO_3^- = 2x$
$4x^3 = 1 \times 10^{-18}$
$x = [Hg^{2+}] = 6.3 \times 10^{-7}M$
적정 후 용액의 부피는 100mL이므로
$(6.3 \times 10^{-7}M) \times 0.1L = 6.3 \times 10^{-8}mol$이 된다.
[답]
$6.3 \times 10^{-8}mol$

03

화학 실험 중 황산(H_2SO_4)이 눈, 피부에 묻었을 때 응급처치 방법에 대해 빈칸을 채우시오.

- 눈에 들어갔을 때
  - 눈에 묻으면 (　)로 씻고 긴급 의료조치를 받으시오.
- 피부에 묻었을 때
  - 오염된 옷과 신발을 제거하고 오염지역을 격리하시오.
  - 물질과 접촉 시 즉시 20분 이상 흐르는 (　)에 피부를 씻어 내시오.

물

04

나프탈렌 실험식, 구조식, 분자식을 나타내시오.

- 실험식
- 구조식
- 분자식

- 실험식 : C_5H_4
- 구조식 :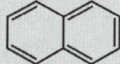
- 분자식 : $C_{10}H_8$

05

0℃, 1atm에서 이상기체인 아세톤(CH_3COCH_3)의 증기비중 구하시오. (단, 공기의 평균분자량은 29g/mol이다)

[풀이]
- 아세톤의 분자량 = 58g/mol
- 아세톤의 증기비중 = $\frac{58}{29}$ = 2

[답]
2

06

다음은 과산화수소의 위험성에 대한 설명이다. 과산화수소의 위험성에 포함된 표지를 〈보기〉에서 모두 고르시오.

- 화재 또는 폭발을 일으킬 수 있다 : 강산화제
- 삼키거나 흡입하면 유해하다.
- 피부에 심한 화상과 눈에 손상을 일으킨다.
- 호흡기 자극을 일으킬 수 있다.
- 암을 일으킬 것으로 의심된다.(암을 일으키는 노출 경로를 기재한다. 단, 다른 노출경로에 의해 암을 일으키지 않는다는 결정적인 증거가 있는 경우에 한한다)
- 장기적인 영향에 의해 수생생물에게 유해하다.

㉠  ㉡  ㉢ ㉣

> 문제에 해당하는 핵심 키워드를 적어보세요.

㉠ 산화성 경고표지

㉢ 부식성 경고표지, 화학반응으로 물질 및 인체에 손상을 준다.

07

1,000ppm의 $KMnO_4$ 1L를 만들기 위해 필요한 $KMnO_4$는 몇 g인가? (단, $KMnO_4$의 분자량은 158g/mol이다)

> 문제에 해당하는 핵심 키워드를 적어보세요.

1ppm = 1mg/L이므로 1,000ppm의 과망가니즈산칼륨 1L를 만들기 위해 1,000mg이 필요하다. 즉, 1g이 필요하다.

1L의 메스플라스크에 1g 과망가니즈산칼륨을 넣고 증류수로 표선까지 채우면 1,000ppm의 과망가니즈산칼륨 용액이 만들어진다.

08

KMnO₄의 최대흡수파장(λ_{max})은 540nm로 측정되었다. 다음 물음에 답하시오.

㉠ 최대흡수파장이 2배가 되면 〈보기〉의 빛의 영역 중 어디에 속하는가?

> 자외선, 가시광선, 라디오파, X선, 적외선

㉡ 빛의 속도가 3×10^8m/s일 때 진동수[MHz]는 얼마인가?

문제에 해당하는 핵심 키워드를 적어보세요.

㉠
가시광선의 영역은 약 400nm ~ 800nm이다. 파장을 2배로 하면 1,080nm가 되므로 가시광선보다 파장의 길이가 긴 적외선(IR) 영역이 된다.

㉡
[풀이]

진동수(ν) = $\dfrac{c(빛의\ 속도)}{\lambda(파장)}$ = $\dfrac{3 \times 10^8 \text{m/s}}{540\text{nm}}$

540nm = 540×10^{-9}m이므로

$\dfrac{3 \times 10^8 \text{m/s}}{540 \times 10^{-9}\text{m}}$ = 5.56×10^{14}/s = 5.56×10^{14}Hz

= 5.56×10^8MHz

[답]
5.56×10^8MHz

09

용액 1L에 포함된 용질의 몰수를 무엇이라 하는가?

문제에 해당하는 핵심 키워드를 적어보세요.

몰 농도(M)

10

용해도는 용매와 평형을 이루고 있는 그 기체의 부분압력에 비례한다는 법칙을 무엇이라 하는가?

문제에 해당하는 핵심 키워드를 적어보세요.

헨리의 법칙(Henry's law)

실기[필답형] 기출 복원문제

2023 * 1

01

분광광도계에서 빛을 분산시켜 파장의 폭이 매우 좁은 단색광을 만들 수 있도록 하는 단색화장치의 종류를 2가지 쓰시오.

> 프리즘, 회절격자

02

아스피레이터, 진공펌프를 이용하여 기존 여과보다 빠르게 여과시키는 여과법은?

> 진공 여과법

03

분광광도계의 광원부에서 자외선 영역의 빛을 만들어내는 램프는?

> 중수소 램프

04

안전보건 색채(색도 KS 기준)에 따른 용도를 모두 쓰시오

㉠ 빨간색(7.5R 4/14)
㉡ 노란색(5Y 8.5/12)
㉢ 초록색(2.5G 4/10)
㉣ 파란색(2.5PB 4/10)

> ㉠ 금지, 경고
> ㉡ 경고
> ㉢ 안내
> ㉣ 지시

05

1M 염산 용액을 0.1M, 200mL로 희석하려고 한다. 필요한 염산의 양(mL)은?

[풀이]
$1M \times V = 0.1M \times 200mL$
$V = 20mL$
[답]
20mL

06

귀금속을 녹이는 왕수는 진한 질산과 진한 염산을 혼합하여 제조한다. 아래 질문에 답하시오.

㉠ 질산과 염산의 혼합비율 몇 대 몇인가?
㉡ 왕수를 제조하기 위해 질산과 염산은 보기 중 어떤 비율로 혼합하는가? (단, 질산과 염산의 순도는 100%라 가정한다)

> 몰수비, 부피비, 질량비

㉢ 실제 귀금속은 왕수의 염화나이트로실에 의해 녹는다. 염산과 질산이 반응하여 염화나이트로실이 생성되는 화학반응을 쓰시오.
㉣ 왕수를 보관하기 위한 보관함의 재질은 무엇인가?

㉠ 질산(1) : 염산(3)
㉡ 몰수비
㉢ $HNO_3 + 3HCl \rightleftarrows NOCl$(염화나이트로실) $+ Cl_2 + 2H_2O$
㉣ 유리 또는 플라스틱

07

과망가니즈산칼륨 2g과 물 998g을 혼합했을 때 과망가니즈산칼륨의 ppm은?

2,000ppm

08

보기의 밑줄 친 현상은 무엇인가?

> pH 미터를 이용해 고농도의 염산을 측정할 때 측정 값이 일정하지 않은 문제가 발생하며, 또한 측정 값이 실제 값보다 높게 나타나는 현상이 발생한다. 이 현상은 유리전극 주변에 수소이온이 가득 붙어 있는 포화현상으로 설명하는데, 유리전극 주변에 수소이온이 모여 있게 되면 실제 pH보다 측정값이 높게 측정된다.

산 오차

09

기체크로마토그래피를 이용하여 운동선수의 스테로이트 검사를 진행했다. A, B, C 종류의 스테로이드가 검출되었을 때, B 스테로이드의 질량 백분율은?

스테로이드	면적비	상대적 검출기 감응
A	27.4	70%
B	32.4	72%
C	47.3	75%

문제에 해당하는 핵심 키워드를 적어보세요.

[풀이]
- A 보정 면적 : $27.4 \times 0.7 = 19.18$
- B 보정 면적 : $32.4 \times 0.72 = 23.33$
- C 보정 면적 : $47.3 \times 0.75 = 35.48$
- 전체 보정 면적 : 77.99

B 스테로이드의 질량 백분율 $= \dfrac{23.33}{77.99} \times 100 = 29.91\text{wt}\%$

[답]
29.91wt%

10

분석기기에 대한 정보표이다. (㉠), (㉡)에 들어갈 정보를 쓰시오.

구분	에너지원	입력정보	정보분류	전기신호 변환기	입력 변환 데이터
질량분석기	이온원	질량대 전하비	질량 분석기	전자 증배기	전류
ph미터	시료/유리 전극	수소이온의 활성도	유리전극	유리-칼로멜 전극	전위
불꽃 이온화 기체 크로마토 그래피	불꽃	(㉠)	(㉡)	바이어스 전극	전류

문제에 해당하는 핵심 키워드를 적어보세요.

㉠ 이온의 농도
㉡ 이온 수집기

실기[필답형] 기출 복원문제

2023 * 3

01

2성분 혼합물을 액체크로마토그래피 분석법을 이용하여 분리하였더니 아래와 같은 크로마토그램을 얻었다. 충전 컬럼의 길이는 25cm이고 흐름 속도는 0.4mL/min일 때 다음 물음에 답하시오.

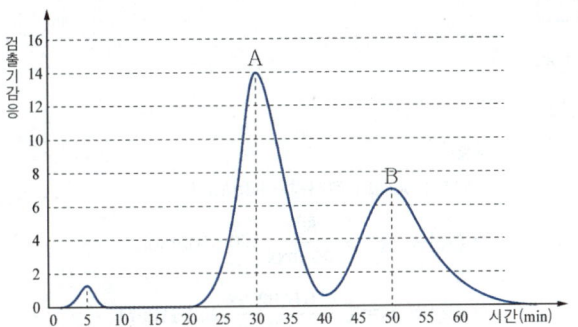

㉠ A와 B성분의 머무름 시간을 구하시오.
㉡ A와 B성분의 머무름 인자를 구하시오.

문제에 해당하는 핵심 키워드를 적어보세요.

㉠
- A 머무름 시간 : 30분 • B 머무름 시간 : 50분

머무름시간은 성분이 컬럼을 통과하는 데 걸리는 시간이다. 5분에서 발생한 피크는 용매인 이동상이 시료 주입부에서 검출기로 이동하는 데 걸리는 시간(t_M)이다.

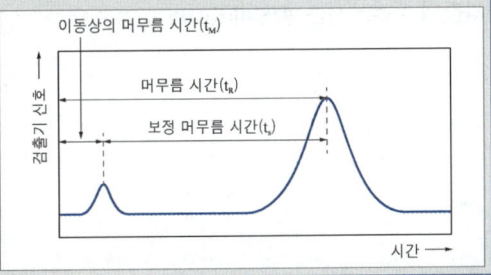

㉡
[풀이]
- A 머무름 인자 $= \dfrac{t_R - t_M}{t_M} = \dfrac{30 - 5}{5} = 5$
- B 머무름 인자 $= \dfrac{t_R - t_M}{t_M} = \dfrac{50 - 5}{5} = 9$

[답]
- A 머무름 인자 : 5   • B 머무름 인자 : 9

머무름 인자(retention factor) 또는 용량 인자(capacity factor)는 컬럼에서 분석물의 이동속도를 비교하기 위해 사용되는 값이다.

참고
- 혼합물 내의 분석물들의 머무름인자가 1~10 사이의 범위에 있는 조건이 이상적이다.
- 1보다 작으면 용리시간이 매우 빨라 머무름 시간 측정이 어렵다.
- 20보다 크면 용리시간이 매우 길다.

02

다음의 기구 및 시약이 필요한 이화학분석법의 이름을 쓰시오.

> 전자저울, 건조기, 메스플라스크, 삼각플라스크, 뷰렛, 비커, 깔때기, 세척병, 피펫, 클램프, 뷰렛, 염산, 수산화나트륨, 지시약 등

중화적정

03

황산 50g을 증류수에 녹여 1L의 용액을 만들었을 때, 몰농도를 구하시오. (단, H, S, O의 원자량은 각각 1amu, 32amu, 16amu이며, 결과값의 유효숫자는 4개이다)

[풀이]
황산(H_2SO_4)의 분자량 = 98g/mol

- 황산의 몰수 = $\dfrac{50g}{98g/mol}$ = 0.5102mol

- 황산의 몰농도 = $\dfrac{0.5102mol}{1L}$ = 0.5102M

[답]
0.5102M

04

수소에너지를 연구하는 실험실에서 수소를 생산하기 위해 암모니아를 활용한다. 이 연구는 5층 연구실에서 수행되고 있다. 갑작스런 사고로 암모니아 가스가 누출되었을 때 대처방법에 대해 답하시오. (단, 건물은 총 10층이다)

㉠ 5층에 있는 사람들은 보기 중 어디로 대피해야 하는가?

> 아래층, 위층

㉡ ㉠에서 고른 답의 이유를 밀도와 관련지어 서술하시오.

㉠ 아래층
㉡ 암모니아 가스는 공기의 밀도보다 작기 때문에 누출 시 위쪽으로 이동한다. 그러므로 아래층으로 대피해야 한다.

05

모든 종류의 측정 실험에는 실험오차가 발생한다. 아래 보기에서 관련된 오차를 서로 연결하고 두 오차의 공통점에 대해 서술하시오.

가측오차 •	• 우연오차
불가측오차 •	• 계통오차

> 문제에 해당하는 핵심 키워드를 적어보세요.
>
> • 우연오차 : 우연히 발생하는 오차로 원인을 알 수 없는 불가측오차이다.
> • 계통오차 : 계통오차는 오차의 발생 원인이 분명하고 예측할 수 있어 보정이 가능한 가측오차이다.
>
> | 가측오차 • | • 우연오차 |
> |---|---|
> | 불가측오차 • | • 계통오차 |
>
> (가측오차 — 계통오차, 불가측오차 — 우연오차로 교차 연결)

06

금속 나트륨을 물과 접촉시켰을 때 일어나는 현상에 대해 답하시오.
㉠ 화학반응에 대한 균형반응식을 작성하고 반응식에 반응물과 생성물의 상태를 나타내시오.
㉡ 생성물에서 발생하는 기체를 고압가스의 형태로 저장할 때, 경고표지에 들어갈 GHS 그림문자에 해당하는 기호를 고르시오.

㉢ 생성물에서 발생하는 기체를 표준상태에서 연소시켰을 때, 균형반응식을 작성하시오.

> 문제에 해당하는 핵심 키워드를 적어보세요.
>
> ㉠ $2Na(s) + 2H_2O(l) \rightarrow 2NaOH(aq) + H_2(g)$
>
> ㉡ ㄹ
>
> **수소기체의 경고표지의 그림문자**
>
> | 인화성 물질 경고 | 고압가스 경고 |
> |---|---|
> | (불꽃 그림) | (가스용기 그림) |
>
> ㉢ $2H_2 + O_2 \rightarrow 2H_2O$

07

다음 ( )에 들어갈 단어를 쓰시오.

흡수스펙트럼은 파장에 따른 흡광도에 대한 관계를 나타낸 것으로 분석물질의 최대 흡수가 일어나는 ( )을 나타낸 그래프이다.

> 문제에 해당하는 핵심 키워드를 적어보세요.
>
> 최대흡수파장

08

원자방출분광법(AES)은 불꽃, 플라즈마 등을 이용해 분석시료를 원자화하고, 이때 방출하는 빛을 분석하는 분광법이다. 방출된 빛은 단색화장치에 의해 특정 파장의 빛을 선택한다. 아래 에셀레 분광계의 구조를 보고 ( ) 안에 들어갈 장치의 명칭을 쓰시오.

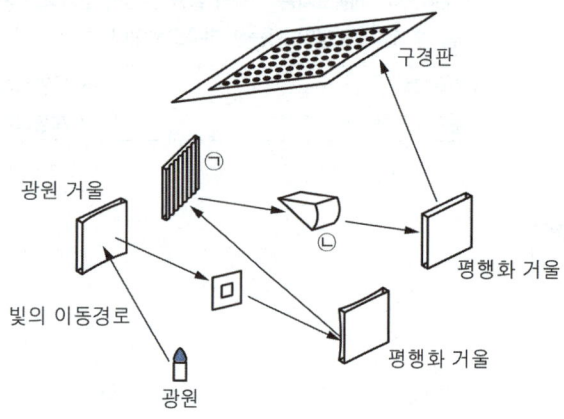

> 문제에 해당하는 핵심 키워드를 적어보세요.
>
> ㉠ 에셀레 회절발
> ㉡ 프리즘

09

O_2, H_2O, H_2O_2, CO_2를 산소의 산화수가 작은 것부터 차례대로 쓰시오. (단, 산화수가 같은 경우엔 순서 무관)

> 문제에 해당하는 핵심 키워드를 적어보세요.
>
> CO_2, H_2O, H_2O_2, O_2
>
> - O_2에서 O의 산화수는 0이다.
> - H_2O에서 O의 산화수는 -2이다.
> - H_2O_2는 과산화물로 O의 산화수는 -1이다.
> - CO_2에서 O의 산화수는 -2이다.

10

2.0×11.1을 계산하고 유효숫자에 맞게 답을 쓰시오.

> 문제에 해당하는 핵심 키워드를 적어보세요.
>
> 22
>
> 계산 결과는 22.2이다. 곱셈에서 유효숫자는 유효숫자가 적은 쪽의 개수에 맞추기 때문에 유효숫자 2개에 맞춰야 하므로 22이다.

실기[필답형] 기출 복원문제

2024 * 1

01

다음은 황화암모늄에 대한 MSDS 자료이다. MSDS 자료를 보고 (가), (나)에 들어갈 그림문자를 [보기]에서 고르시오. (단, GHS 번호 순서와는 상관이 없다.)

[보기]

A	B	C	D	E	F

MSDS(물질안전보건자료)

- 물질명 : 황화암모늄
- 신호어 : Danger
- 그림문자(GHS)
  GHS02, GHS05

(가)	(나)

- 유해·위험문구
  H226 인화성 액체 및 증기
  H314 피부에 심한 화상과 눈에 손상을 일으킴
- 예방조치문구
  P210 열·스파크·화염·고열로부터 멀리하시오.
  P233 용기를 단단히 밀폐하시오.
  P240 용기와 수용설비를 접지 및 접합시키시오.
  P280 보호장갑/보호의/보안경/안면보호구를 착용하시오.
  ⋮

문제에 해당하는 핵심 키워드를 적어보세요.

A, C

02

Ag(은) 도금공정에서 AgNO₃(질산은) 4mol이 있는 수용액에 0.2mol의 Ag이 전리되었다면 전리도는 얼마인가?

문제에 해당하는 핵심 키워드를 적어보세요.

[풀이]

$\dfrac{0.2}{4} = 0.05$

[답]
0.05

03

0.04M KOH 용액 75mL를 0.1M HBr로 중화하고자 한다. HBr 15mL를 첨가하였을 때 용액의 pH와 중화를 위해 추가로 첨가해야 하는 용액 및 해당 용액의 필요 부피(mL)를 구하시오.

㉠ 중화된 용액의 pH
㉡ KOH, HBr 중 추가로 첨가해야하는 용액
㉢ 추가로 첨가해야하는 용액의 부피(mL)

문제에 해당하는 핵심 키워드를 적어보세요.

㉠
[풀이]
KOH 몰수 = 0.04M × 0.075L = 0.003mol
HBr 몰수 = 0.1M × 0.015L = 0.0015mol
남은 몰수 = 0.003mol - 0.0015mol
= 0.0015mol KOH(= OH⁻ 의 몰수)
총 부피 = 75mL + 15mL = 90mL = 0.09L

OH⁻의 농도 = $\dfrac{0.0015 mol}{0.09L}$ = 0.0167M

pOH = -log[OH⁻] = -log0.0167 = 1.78
pH = 14 - pOH = 12.22
[답]
12.22

㉡
[풀이]
중화하고 KOH가 0.0015mol 남았으므로 HBr을 추가로 첨가해야 한다.
[답]
HBr

㉢ [풀이]
0.0015mol(남은 KOH의 몰수)
= 0.1M(HBr의 농도) × V(HBr의 부피)
0.015L = 15mL
[답]
15mL

04

석유화학공장에서는 누출된 가스 유해화학물질이 건물 내부로 들어오는 것을 신속하게 감지하고 대응하기 위해 가스 감지기를 사용한다. 다음 물음에 답하시오.

㉠ 유해화학물질이 1,3-부타디엔이라면 구조식을 그리시오.
㉡ 1,3-부타디엔의 증기비중을 구하고, 건축물 내 상부, 하부 중 가스 감지기의 설치 위치를 쓰시오.

문제에 해당하는 핵심 키워드를 적어보세요.

㉠ $H_2C=CH-CH=CH_2$

㉡
- 증기비중 : $\frac{54}{29} = 1.86$
- 가스 감지기 설치 위치 : 하부

05

하늘이 파란 이유는 태양 빛이 대기 중의 질소, 산소 등과 같은 기체 분자와 부딪히면서 빛이 사방으로 퍼지기 때문이다. 이러한 빛의 현상을 무엇이라 하는가?

문제에 해당하는 핵심 키워드를 적어보세요.

산란

06

스탑코크(stop cock)를 조절하여 흘러내려간 액체의 부피를 측정하는 기구로, 주로 중화적정 등에 사용되며 눈금이 새겨져 있는 유리관으로 된 실험기구는?

문제에 해당하는 핵심 키워드를 적어보세요.

뷰렛

07

1,000ppm의 표준용액을 이용하여 20ppm의 100mL의 용액을 만들려고 한다. 이때 필요한 표준용액의 양(mg)은 얼마인가? (단, 표준용액의 비중은 1.1이다.)

[풀이]
1,000ppm × V = 20ppm × 100mL

V = 2mL → 2mL × $\dfrac{1.1g}{mL}$ = 2.2g = 2,200mg

[답]
2,200mg

08

흡광도와 농도와의 관계를 나타낸 법칙은 무엇인가?

비어의 법칙

09

다음 크로마토그램에서 3가지 물질에 대한 보정된 머무름시간(t'_R)을 구하시오.

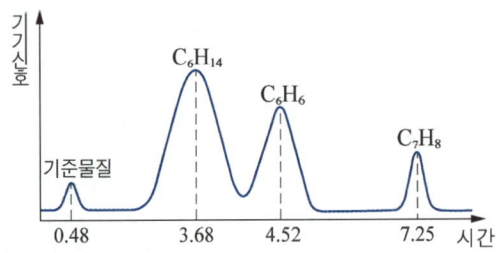

㉠ n-헥산(C_6H_{14})의 t'_R
㉡ 벤젠(C_6H_6)의 t'_R
㉢ 톨루엔(C_7H_8)의 t'_R

㉠ 3.68 - 0.48 = 3.2
㉡ 4.52 - 0.48 = 4.04
㉢ 7.25 - 0.48 = 6.77

10

촉매를 이용하여 시클로헥산으로 벤젠을 생산하는 반응은 가역 반응이다. 다음 물음에 답하시오.

- 시클로헥산으로부터 벤젠과 생성물 A가 생성되는 반응식을 쓰시오.

(㉠) ⇌ (㉡) + (㉢)
  시클로헥산   벤젠   생성물A

- 생성물 A는 크기가 매우 작아 멤브레인 반응기에 의해 분리될 수 있다. 생성물 A가 분리되어 나오면 벤젠의 생산량은 어떻게 변하는가? 또, 이러한 현상을 설명할 수 있는 법칙(원리)은 무엇인가?

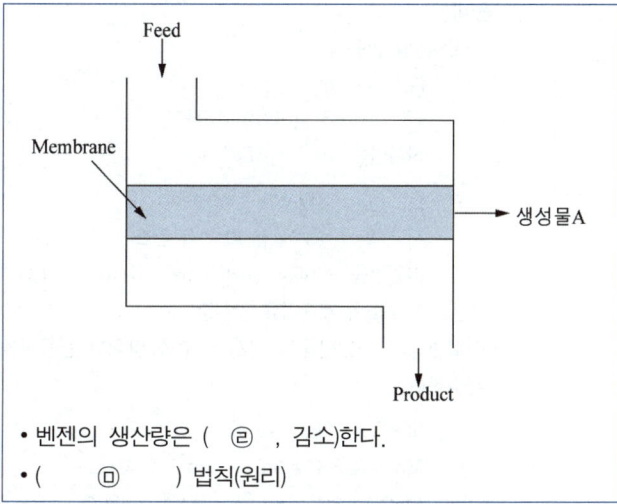

- 벤젠의 생산량은 (㉣ , 감소)한다.
- (㉤) 법칙(원리)

문제에 해당하는 핵심 키워드를 적어보세요.

㉠ C_6H_{12}
㉡ C_6H_6
㉢ $3H_2$
㉣ 증가
㉤ 르 샤틀리에

실기[필답형] 기출 복원문제

2024 * 2

01

보기의 반응은 강산성 용액에서 과망가니즈산 이온과 철(Ⅱ) 이온의 산화·환원 미완성 반응식이다. 계수비를 포함하여 화학반응식을 완성하시오.

[보기]
미완성 반응식
$MnO_4^- + H^+ + Fe^{2+} \rightarrow Mn^{2+} + Fe^{3+} + H_2O$

문제에 해당하는 핵심 키워드를 적어보세요.

[풀이]
- 산화·환원 반응식

  $\underline{Fe^{2+}} \rightarrow \underline{Fe^{3+}}$
  +2   +3   (산화수 1 증가)

  산화반응: $Fe^{2+} \rightarrow Fe^{3+} + e^-$

  $\underline{Mn}\ \underline{O_4^-} \rightarrow \underline{Mn^{2+}}$
  +7 -8   +2   (산화수 5 감소)

  환원반응: $MnO_4^- + 8H^+ + 5e^- \rightarrow Mn^{2+} + 4H_2O$
  (산소와 수소의 계수비를 맞춰준다.)

- 산화반응과 환원반응의 전자의 수를 맞춰서 반응식을 완결한다.

  $5Fe^{2+} \rightarrow 5Fe^{3+} + 5e^-$
  $MnO_4^- + 8H^+ + 5e^- \rightarrow Mn^{2+} + 4H_2O$
  ─────────────────────────────
  $MnO_4^- + 8H^+ + 5Fe^{2+} \rightarrow Mn^{2+} + 4H_2O + 5Fe^{3+}$

[답]
$MnO_4^- + 8H^+ + 5Fe^{2+} \rightarrow Mn^{2+} + 4H_2O + 5Fe^{3+}$

02

다음 물음에 답하시오.

㉠ 화학실험 중 고체시료를 개수대에서 세척하다 폭발하는 사고가 발생하였다. 폭발 사고의 화학반응식을 쓰시오. (단, 고체시료는 주기율표상 3주기 1족에 위치하고 있다.)

㉡ 주기율표상 3주기 1족 물질의 특징에 해당하는 것을 보기에서 모두 고르시오.

[보기]
산화성 물질, 금수성 물질, 자기반응성 물질, 자연발화성 물질

㉢ '㉠'의 폭발사고에서 이산화탄소 소화기를 사용하여 화재를 진화할 수 없는 이유를 쓰고, 반응식으로 나타내시오.

> 문제에 해당하는 핵심 키워드를 적어보세요.

㉠
[풀이]
3주기 1족은 나트륨이다.
나트륨은 위험물안전관리법령상 3류 위험물에 속하는 금수성 및 자연발화성 물질이다.
물과 폭발적으로 반응하기 때문에 석유류, 파라핀 등 습기가 없는 곳에 보관한다.
[답]
$2Na + 2H_2O \rightarrow 2NaOH + H_2$

㉡ 금수성 물질, 자연발화성 물질

㉢
[풀이]
나트륨에 의한 화재는 불활성기체 또는 건조사 등을 사용해서 산소공급을 차단한다.
[답]
- 이유 : 나트륨과 이산화탄소는 폭발적으로 반응하므로 화재를 악화시킬 수 있다.
- 반응식 : $4Na + 3CO_2 \rightarrow 2Na_2CO_3 + C$
  $4Na + CO_2 \rightarrow 2Na_2O + C$

03

크로마토그래피에 대한 다음 물음에 답하시오.

크로마토그래피 종류	설명
(㉠) 크로마토그래피	고정상 표면의 흡착력 차이를 이용하여 분리
(㉡) 크로마토그래피	고정상과 이동상에 용해되는 정도의 차이를 이용하여 분리
이온 교환 크로마토그래피	이온성 물질의 이온 교환 능력을 이용하여 분리
크기 배제 크로마토그래피	분자 크기의 차이를 이용하여 분리
친화 크로마토그래피	특정 생체 분자나 물질에 대한 결합력의 차이를 이용하여 분리

가. 빈칸에 들어갈 알맞은 말을 쓰시오.
나. 액체 크로마토그래피의 방법 중 하나로 다공성 정지상 물질을 이용하여 고분자 물질을 크기에 따라 분리하는 방법을 무엇이라고 하는지 쓰시오.
다. 고정상과 이동상의 분배현상을 이용해 휘발성 유기화합물(VOC)의 분리에 주로 사용되는 기체 크로마토그래피는 무엇인지 쓰시오.

> 문제에 해당하는 핵심 키워드를 적어보세요.

[풀이]
가. ㉠ 흡착, ㉡ 분배
나. 겔 크로마토그래피
다. 기체-액체 크로마토그래피

04

3M HCl 50mL에 6N HCl 150mL를 혼합하였다. 이때 용액의 당량농도(N)는 얼마인가?

[풀이]
HCl의 당량수는 1이므로 몰 농도와 노르말 농도는 같다.
3M HCl 50mL의 몰수 = 3M × 0.05L = 0.15mol
6N HCl 150mL의 몰수 = 6N × 0.15L = 0.9mol
혼합용액의 몰수 = 1.05mol
혼합용액의 부피 = 0.2L

혼합용액의 당량농도[N] = $\dfrac{1.05\text{mol}}{0.2\text{L}}$ = 5.25N

[답]
5.25N

05

NaCl이 20℃의 물 100g에 36g 녹을 수 있을 때, 20℃에서 포화된 NaCl 용액을 10mol% 용액으로 만들기 위해 필요한 추가될 NaCl의 질량(g)은 얼마인가? (단, 답은 소수 넷째자리에서 반올림하여 셋째자리 까지 표기하며, Na의 원자량은 23amu, Cl의 원자량은 35.5amu 이다.)

[풀이]
포화된 용액에서 NaCl의 몰수 = $\dfrac{36\text{g}}{(23+35.5)\text{g/mol}}$
= 0.615mol

H_2O의 몰수 = $\dfrac{100\text{g}}{18\text{g/mol}}$ = 5.56mol

$\dfrac{0.615+x}{0.615+5.56+x} \times 100 = 10\text{mol\%}$

$x = 2.78 \times 10^{-3}$ mol(필요한 NaCl의 몰수)
필요한 NaCl의 질량 = 2.78×10^{-3} mol × 58.5g/mol
= 0.163g

[답]
0.163g

06

빛이 한 매질에서 다른 매질로 이동할 때 입사각과 굴절각의 관계를 표현하는 굴절의 법칙은?

스넬의 법칙

07

0.5M 초산(CH_3COOH)과 0.5M 수산화나트륨(NaOH)의 중화적정 실험에 대한 물음에 답하시오.

㉠ 삼각플라스크에 담긴 초산 10mL에 페놀프탈레인 2~3방울을 떨어뜨렸을 때 색깔을 쓰시오.

㉡ ㉠에서 수산화나트륨 10mL를 삼각플라스크에 떨어뜨렸을 때 색깔과 그 이유를 쓰시오.

㉢ 중화적정에서 코크를 돌려 용액을 떨어뜨리는 기구의 명칭을 쓰시오.

[풀이]
㉡ 초산은 약산이고 수산화나트륨은 강염기이다. 약산과 강염기의 적정 시 당량점에서 용액의 pH는 7보다 크다. 당량점에서 약산의 짝염기인 CH_3COONa의 가수분해로 OH^-이온이 생성되기 때문에 용액은 중성이 되지 않으며, 페놀프탈레인은 염기성에서 붉은색을 띤다.

[답]
㉠ 무색
㉡ 붉은색
㉢ 뷰렛

08

Winkler-Sodium Azide법은 물속에 녹아 있는 산소량을 측정하는 방법이다. BOD병에 든 용존산소를 측정하기 위한 실험을 진행할 때, 각 단계에서 일어나는 화학반응식을 보기에서 골라 쓰시오.

[보기]
- $MnSO_4 + 2NaOH \rightarrow Mn(OH)_2 + Na_2SO_4$
- $MnO(OH)_2 + 2I^- + 4H^+ \rightarrow Mn^{2+} + I_2 + 3H_2O$
- $2Mn(OH)_2 + O_2 \rightarrow 2MnO(OH)_2$
- $I_2 + 2Na_2S_2O_3 \rightarrow 2NaI + Na_2S_4O_6$

㉠ BOD병에 든 시료에 황산망가니즈와 아이오딘 아지드화 나트륨을 순차적으로 넣고 혼합한다.
㉡ 2분 이상 BOD병을 방치시켜 용액 중 용존산소와 반응시켜 침전물을 형성한다.
㉢ 황산을 첨가하여 침전물이 용해될 때까지 섞는다.
㉣ 티오황산나트륨 표준용액으로 적정한다.

[풀이]
Winkler-Sodium Azide법(환경기능사 작업형)
시료 속 용존산소량 측정법으로 실험 단계 중 ㉡에서 시료 속에 포함된 용존산소는 $MnO(OH)_2$로 반응한다. 황산을 첨가하면 아이오딘이 유리되어 I_2가 생성된다. 생성된 I_2를 티오황산나트륨 표준용액으로 적정하여 시료 속 용존산소량을 측정한다.

[답]
㉠ $MnSO_4 + 2NaOH \rightarrow Mn(OH)_2 + Na_2SO_4$
㉡ $2Mn(OH)_2 + O_2 \rightarrow 2MnO(OH)_2$
㉢ $MnO(OH)_2 + 2I^- + 4H^+ \rightarrow Mn^{2+} + I_2 + 3H_2O$
㉣ $I_2 + 2Na_2S_2O_3 \rightarrow 2NaI + Na_2S_4O_6$

09

기체 크로마토그래피 분석법을 통해 A, B, C가 포함된 혼합물을 분리하여 얻은 분석결과는 아래와 같다.

물질	머무름 시간(min)	피크 너비	피크 높이	피크 면적
A	1.2	0.11	7.2	20
B	1.5	0.13	9.3	30
C	5.2	1.45	5.5	150

㉠ 혼합물에 들어 있는 A, B, C의 함량(%)을 구하시오.
㉡ 각 피크에 대한 평균 단수(N)를 구하시오. (단, 소수 첫째자리에서 반올림 하시오.)
㉢ 컬럼의 단 높이(H)를 구하시오. (단, 컬럼의 길이는 30cm이다)

[풀이]

㉠ 함량(%) = $\dfrac{\text{대상물질의 피크면적}}{\text{전체피크면적}} \times 100$

㉡ 단수(N) = $16 \times \left(\dfrac{t_R}{W}\right)^2$

A : 1,904, B : 2,130, C : 206

평균단수 = $\dfrac{1,904 + 2,130 + 206}{3} = 1,413$

㉢ H = $\dfrac{L}{N} = \dfrac{30}{1,413} = 0.02\,cm$

[답]
㉠ A : 10%, B : 15%, C : 75%
㉡ 1,413
㉢ 0.02

10

다음 물음에 답하시오.

가. ㉠~㉢ 중 인체 유해성이 가장 높은 물질을 고르시오. (단, 위험성이 같을 경우 모두 쓰시오.)

㉠	㉡	㉢

나. ㉢은 MEK의 구조식을 그리시오.
다. MEK의 IUPAC 명칭을 쓰시오.

[풀이]

[답]
가. ㉡
나.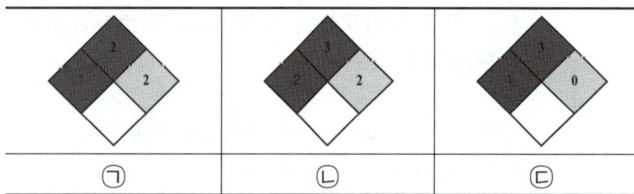
다. Butan-2-one

실기[필답형] 기출 복원문제

2024 * 3

01

다음의 항목을 분석실험 순서대로 올바르게 나열하시오.

> ㉠ 신뢰도 평가
> ㉡ 대표시료 채취
> ㉢ 미지시료 제조
> ㉣ 분석방법 결정
> ㉤ 분석 결과값 계산

㉣-㉡-㉢-㉤-㉠

02

황산 500mL에 98g이 녹아 있을 때 황산의 몰 농도는? (단, S의 원자량은 32amu이다.)

[풀이]
황산(H_2SO_4)의 분자량 : 98g/mol

황산의 몰수 = $\dfrac{98g}{98g/mol}$ = 1mol

황산의 몰농도 = $\dfrac{1mol}{0.5L}$ = 2M

[답]
2M

03

100mg의 수용액을 분석한 결과, 그 안에 철 이온이 0.1mg 포함되어 있었다. 수용액 중 철 이온의 농도는 몇 ppm인가?

[풀이]
철 이온의 농도(ppm) = $\dfrac{0.1mg}{100mg} \times 10^6$ = 1,000ppm

[답]
1,000ppm

04

눈으로 지각되는 파장 범위(400 ~ 800nm)를 가진 빛을 가시광선이라 한다. 스펙트럼에서 가시광선의 적색 바깥쪽에 나타나는 광선으로 가시광선보다 파장이 길며 눈에는 보이지 않지만 물체에 흡수되어 열에너지로 변하는 특성이 있는 빛을 무엇이라 하는지 쓰시오.

> 문제에 해당하는 핵심 키워드를 적어보세요.

적외선

05

투과도가 10%일 때 흡광도는 얼마인가?

> 문제에 해당하는 핵심 키워드를 적어보세요.

[풀이]
$A = 2 - \log(\%T) = 1$
$= 2 - \log(10) = 1$
[답]
1

06

20℃, 1atm에서 비중이 0.88인 액체 벤젠 78g이 기화하면 부피가 몇 배 증가하는지 구하시오. (단, 계산결과는 소수점 첫째자리에서 반올림 하시오)

> 문제에 해당하는 핵심 키워드를 적어보세요.

[풀이]
- 액체 벤젠의 부피

$= 78g \times \dfrac{mL}{0.88g} = 88.64mL = 0.08864L$

- 기체 벤젠의 부피

$V = \dfrac{nRT}{P}$

$= \dfrac{0.082 atm \cdot L/mol \cdot K \times (273 + 20)K}{1atm}$

$V = 24.026L$

증가한 부피 배수 $= \dfrac{24.026L}{0.08864L} = 271.05$배

[답]
271배

07

A ~ C가 혼합되어 있는 시료의 액체 크로마토그래피의 분석 결과가 아래와 같았다. 다음 물음에 답하시오.

물질	머무름 시간(min)	피크 너비
머무름 없음	2.1	-
A	4.4	0.51
B	12.3	1.02
C	13.1	1.26

㉠ B물질의 이론 단수를 구하시오.
㉡ C물질의 머무름 인자를 구하시오.
㉢ A와 B물질의 분리도를 구하시오.

㉠
[풀이]

단수(N) $= 16 \times \left(\dfrac{t_R}{W}\right)^2 = 16 \times \dfrac{12.3}{1.02} = 192.94$

[답] 192.94

㉡
[풀이]

머무름인자(k) $= \dfrac{t_R - t_M}{t_M} = \dfrac{13.1 - 2.1}{2.1} = 5.24$

[답] 5.24

㉢
[풀이]

$R_S = \dfrac{2[(T_R)_B - (T_R)_A]}{W_A + W_A} = \dfrac{2(12.3 - 4.4)}{0.51 + 1.02} = 10.33$

[답] 10.33

08

전기자동차 배터리에 사용되는 재료 중 하나인 고체 리튬은 보관 시 건조한 상태를 유지해야 하고 화재 발생 시 물을 이용한 냉각소화 및 질소를 이용한 질식 소화방법을 사용해서는 안 된다. 그 이유를 화학반응식으로 나타내시오. (단, 화학반응식 1은 리튬과 질소의 반응식, 화학반응식 2는 화학반응식 1에서 생성된 고체와 물과의 반응식으로 나타내시오.)

화학반응식 1 : $6Li + N_2 \rightarrow 2Li_3N$
화학반응식 2 : $Li_3N + 3H_2O \rightarrow 3LiOH + NH_3$

09

다음 열역학 법칙에 대한 설명 중 (　)에 들어갈 단어를 쓰시오.

> 열역학 3법칙은 '일반적으로 물체가 지닌 엔트로피는 온도가 0K에 가까워질수록 엔트로피의 변화량은 (　)이 된다.'는 법칙이다.

0

10

다음은 개미산(HCOOH)에 대한 MSDS 자료이다. MSDS 자료를 보고 (가) ~ (다)에 들어갈 그림문자를 보기에서 고르시오. (단, GHS 번호 순서와는 상관이 없다)

[보기]

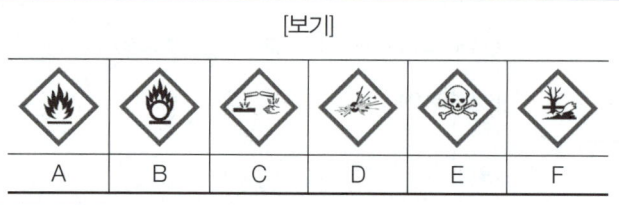

MSDS(물질안전보건자료)

- 물질명 : 개미산
- 신호어 : Danger
- 그림문자(GHS)

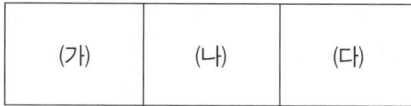

- 유해 · 위험문구
  H226 : 인화성 액체 및 증기
  H302 : 삼키면 유해함
  H314 : 피부에 심한 화상과 눈에 손상을 일으킴
  H331 : 흡입하면 유독함
- 예방조치문구
  P210 : 열, 고온의 표면, 스파크, 화염 및 그 밖의 점화원으로부터 멀리하시오.
  P233 : 용기를 단단히 밀폐하시오.
  P240 : 용기와 수용설비를 접지하시오.
  P241 : 방폭형[전기/환기/조명/…]설비를 사용하시오.
  P242 : 스파크가 발생하지 않는 도구를 사용하시오.
  P243 : 정전기 방지 조치를 취하시오.
  P260 : 분진/흄/가스/미스트/증기/스프레이를(을)흡입하지 마시오.
  ⋮

A, C, E

실기[필답형] 기출 복원문제

2025 * 1

01

-8℃에서 얼지 않는 소금물을 만들기 위해 1kg의 물에 넣어야 할 최소한의 소금(g)의 양은? (단, NaCl의 분자량은 58.44이며, 물의 어는점 내림상수는 1.86℃/m이다)

> 문제에 해당하는 핵심 키워드를 적어보세요.
>
> [풀이]
> $\triangle T_f = K_f \times m$
>
> $0℃ - (-8℃) = 1.86℃/m \times \dfrac{\text{필요한 소금의 양(mol)}}{1kg}$
>
> 필요한 소금의 양(mol) = 4.30mol
> 필요한 소금의 양(g) = 4.30mol × 58.44g/mol = 251.29g
> [답]
> 251.29g

02

분광분석 시료 전처리 시 이상적용매의 조건(용매특성) 2가지를 작성하시오.

> 문제에 해당하는 핵심 키워드를 적어보세요.
>
> • 분석 물질을 쉽게 용해할 수 있는 것이어야 한다.
> • 비가연성인 것이어야 한다.
> • 독성이 없는 것이어야 한다.
> • 모든 파장에서 완전히 빛을 투과할 수 있는 것이 좋다.

03

일산화탄소 기체와 염소기체가 반응하여 포스겐을 합성하는 공장에 대한 설명이다. 물음에 답하시오.

㉠ 포스겐의 합성 반응식을 쓰시오.
㉡ 공장 3층에서 포스겐 가스의 누출사고가 발생하였다. 포스겐 가스의 증기비중을 구하고, 어느 방향(위층, 아래층)으로 대피해야 하는지 쓰시오(단, Cl의 분자량은 35.5이다).

> 문제에 해당하는 핵심 키워드를 적어보세요.
>
> ㉠ 합성 반응식 : $CO + Cl_2 \rightarrow COCl_2$
> ㉡ 포스겐의 증기비중
> $COCl_2$의 분자량 = 99g/mol
>   증기비중 = $\dfrac{99}{29}$ = 3.41
>
> 대피위치 : 위층

04

물과 이산화탄소와 반응하여 동일한 기체를 생성하는 과산화칼륨의 반응을 화학당량에 맞게 완성하시오.

㉠ ( ) + 2H$_2$O → ( ) + ( )
㉡ ( ) + 2CO$_2$ → ( ) + ( )

㉠ (2K$_2$O$_2$) + 2H$_2$O → (4KOH) + (O$_2$)
㉡ (2K$_2$O$_2$) + 2CO$_2$ → (2K$_2$CO$_3$) + (O$_2$)

05

분광광도계의 구성 기기 중 광원으로부터 들어온 빛을 특정 파장대의 빛으로 분리해내는 장치의 명칭을 쓰시오.

단색화 장치

06

산업 현장에서 사용되는 안전 경고표지에 해당하는 것을 모두 고르시오.

[풀이]
㉠ 발암성, 변이원성, 생식독성, 전신독성, 호흡기과민성 물질 경고
㉡ 화기금지
㉢ 고압전기 경고
㉣ 세안장치 안내
㉤ 안전복 착용 지시

[답]
㉠, ㉢

07

0.1N-HCl 표준용액 1L를 제조하기 위해 필요한 염산의 양(mL)을 구하시오(단, 표준용액 제조에 사용되는 염산의 농도는 35%이고, 분자량은 36.5, 밀도는 1.18g/mL이다).

[풀이]
- 0.1N-HCl 표준용액 1L에 포함된 HCl의 몰수
  $0.1M \times 1L = 0.1mol$
  (HCl의 당량수는 1이므로 노르말 농도와 몰 농도는 같다)
- 필요한 HCl의 질량
  $0.1mol \times 36.5g/mol = 3.65g$
- 염산의 순도는 35%이므로 필요한 HCl의 양
  $\dfrac{3.65g}{0.35} = 10.43g$
- 필요한 염산의 부피
  $10.43g \times \dfrac{1mL}{1.18g} = 8.84mL$

[답]
8.84mL

08

주로 적정실험에 사용되며 0.1mL 단위로 눈금이 새겨져 있는 유리관으로 스톱꼭지(stop cock)를 이용해 흘러 내려간 액체의 부피를 측정할 수 있는 기구의 명칭은?

뷰렛

09

순도가 높고, 용해도가 적당하며, 용액으로 제조 시 무게 오차가 적어 예상한 농도와 거의 동일한 농도의 용액을 만들 수 있는 이것의 용어는?

일차표준물질

10

화학종 A와 B가 혼합되어있는 용액을 액체크로마토그래피를 이용하여 분석하였다. 분석결과를 보고 물음에 답하시오.

[분석결과]

화학종	머무름시간(min)	바탕선의 피크 너비
없음	2.8	-
A	5.9	0.32
B	12.3	1.12

㉠ A화학종의 머무름 인자를 구하시오.
㉡ B화학종의 보정된 머무름 시간을 구하시오.

문제에 해당하는 핵심 키워드를 적어보세요.

㉠ $\dfrac{t_R - t_M}{t_M} = \dfrac{5.9 - 2.8}{2.8} = 1.11$

㉡ $12.3 - 2.8 = 9.5$

참고

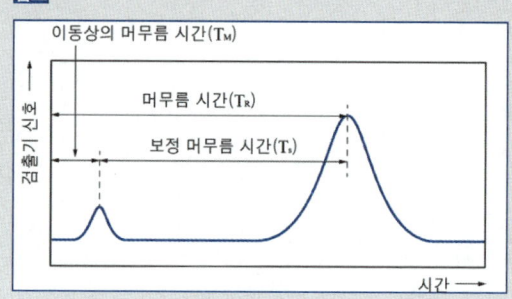

실기[필답형] 기출 복원문제

2025 * 2

01

투광도가 20%일 때 흡광도 값을 계산하시오.

[풀이]
$A = 2 - \log \%T$
$A = 2 - \log 20 = 0.699$

[답]
0.699

02

오래된 염산의 농도를 확인하기 위해 아래와 같이 적정실험을 하였다. 물음에 답하시오.

> 실험 1. 오래된 염산에서 20mL를 취해 부피플라스크에 넣고 증류수를 부어 용액1 100mL를 만들었다.
> 실험 2. 수산화나트륨 0.005M의 200mL의 용액2를 만들었다.
> 실험 3. 삼각플라스크에 용액1 50mL와 지시약 1mL를 첨가하고, 뷰렛을 이용하여 용액2 30mL를 삼각플라스크에 넣었을 때, 지시약의 색깔이 변하였다.

㉠ 실험1에서 산성이 높은 염산일 때 위험할 수 있다. 안전한 실험을 위해 실험1의 내용을 수정하시오.
㉡ 위 실험 내용을 참고하여 오래된 염산의 몰 농도를 구하시오.

㉠ 부피플라스크에 증류수를 약 70% 채워 넣고 그 다음 염산을 천천히 가한 후 마지막에 증류수를 다시 넣어 부피플라스크의 눈금선까지 맞춘다.
㉡ 용액2번 30mL에 들어 있는 OH^-의 몰수
$= 0.005 \text{mol/L} \times 0.03\text{L} = 1.5 \times 10^{-4} \text{mol}$
반응한 H^+의 몰수 $= 1.5 \times 10^{-4} \text{mol}$

용액 1의 농도 $= \dfrac{1.5 \times 10^{-4} \text{mol}}{0.05\text{L}} = 3 \times 10^{-3} \text{M}$

03

기체크로마토그래피에서 열전도도 검출기(TCD)를 사용할 때 주로 사용되는 이동상의 종류 3가지를 쓰시오.

질소, 수소, 헬륨

04

과산화수소(H_2O_2)는 산소와 수소로 이루어진 무색의 액체로, 강한 산화 작용을 갖는 화합물이다. 살균, 표백, 산화제 등으로 널리 사용되며, 빛과 열에 의해 쉽게 분해된다. 아래 MSDS를 보고 과산화수소의 경고표지인 (가), (나)에 해당될 수 있는 것을 모두 고르시오.

[보기]

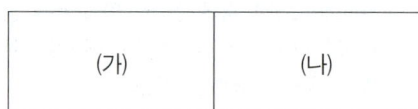

| A | B | C | D | E |

과산화수소 MSDS

가. 유해성 및 위험성 분류

　산화성 액체 : 구분1

　- 급성 독성(경구) : 구분4

　- 급성 독성(흡입: 증기) : 구분4

　- 피부 부식성/피부 자극성 : 구분1(1A/1B/1C)

　- 만성 수생환경 유해성 : 구분3

나. 예방조치문구를 포함한 경고표지

(가)	(나)

다. 유해위험 문구

　- H271 : 화재 또는 폭발을 일으킬 수 있음 : 강산화제

　- H302 : 삼키면 유해함

　- H314 : 피부에 심한 화상과 눈에 손상을 일으킴

　- H332 : 흡입하면 유해함

　- H412 : 장기적인 영향에 의해 수생생물에게 유해함

　　　　⋮

문제에 해당하는 핵심 키워드를 적어보세요.

[풀이]
과산화수소 경고표지

[답]
D, E

05

나프탈렌의 구조식과 실험식을 쓰시오.

- 구조식

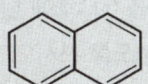

- 실험식

C_5H_8

06

보기에서 심폐소생술의 절차를 순서대로 작성하시오.

[보기]
의식확인, 흉부압박, 기도 유지 및 호흡확인

의식확인 - 기도 유지 및 호흡확인 - 흉부압박

07

실험자 A, B는 이화학 실험을 위해 용액을 제조하려고 한다. 물음에 답하시오.

가. 실험자 A는 0.85M의 용액 150mL를 500mL에 넣어 희석하려고 한다. 이때 희석되는 용액의 몰 농도를 쓰시오(단, 유효숫자는 3자리까지 표기한다).

나. 실험자 B는 0.85M, 50mL를 200mL에 넣어 희석하고, 희석된 용액 20mL를 덜어낸 후 실험자 A가 만든 용액 20mL와 혼합하였다. 이때, 혼합된 용액의 농도를 구하시오(단, 유효숫자는 3자리까지 표기한다).

가.
[풀이]
$MV = M'V' \rightarrow 0.85\text{mol/L} \times 0.15\text{L} = M \times 0.5\text{L}$
몰농도 = 0.255M
[답]
0.255M

나.
[풀이]
$MV = M'V' \rightarrow 0.85\text{mol/L} \times 0.05\text{L} = M \times 0.2\text{L}$
몰농도 = 0.213M
희석된 용액 20mL에 포함된 몰수 = $0.213\text{mol/L} \times 0.02\text{L}$
$= 4.26 \times 10^{-3}\text{mol}$
A가 만든 용액 20mL의 몰수 = $0.255\text{mol/L} \times 0.02\text{L}$
$= 5.10 \times 10^{-3}\text{mol}$
혼합용액의 몰수 = $4.26 \times 10^{-3}\text{mol} + 5.10 \times 10^{-3}\text{mol}$
$= 9.36 \times 10^{-3}\text{mol}$
총 부피 = 20mL + 20mL = 40mL
혼합용액의 농도 = $\dfrac{9.36 \times 10^{-3}\text{mol}}{0.04\text{L}} = 0.234\text{M}$

08

분광광도계에 대한 물음에 답하시오.

가. 흡광도를 측정하기 위해 분석물질을 담는 투명한 실험기구의 명칭을 쓰시오.

나. '가'에 사용되는 실험기구의 재질을 2가지 쓰시오.

가. 셀(Cell)
나. 유리(또는 플라스틱), 석영

09

표준상태에서 벤젠 1mol에 충분한 산소가 공급되어 완전연소되었다. 이때 발생하는 이산화탄소의 부피(L)를 구하시오(단, 온도와 압력은 일정하다).

> 문제에 해당하는 핵심 키워드를 적어보세요.

[풀이]
미정계수법
- $(a)C_6H_6 + (b)O_2 \rightarrow (c)H_2O + (d)CO_2$
  $C = 6(a) = (d)$
  $H = 6(a) = 2(c)$
  $O = 2(b) = (c) + 2(d)$
- $(a) = 1 \rightarrow (d) = 6, (c) = 3$
  $2(b) = 15 \rightarrow (b) = \dfrac{15}{2}$

반응식에 2를 곱해 분수를 제거

반응식 : $2C_6H_6 + 15O_2 \rightarrow 6H_2O + 12CO_2$
벤젠 1mol당 CO_2 6mol 생성
표준상태에서 1mol = 22.4L이므로
CO_2의 부피는 22.4L × 6mol = 134.4L

[답]
134.4L

10

고성능액체크로마토그래피(HPLC)를 이용하여 피로 회복 음료를 측정하였다. 이때, 피로 회복음료에 포함된 카페인(5.1min)에 대한 비타민C(4.5min)의 선택 인자를 구하시오.

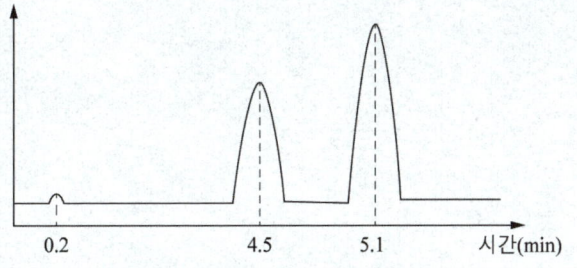

> 문제에 해당하는 핵심 키워드를 적어보세요.

[풀이]
선택인자(selectivity factor) α
$= \dfrac{t_{r(비타민)} - t_M}{t_{r(카페인)} - t_M} = \dfrac{5.1 - 0.2}{4.5 - 0.2} = 1.14$

[답]
1.14

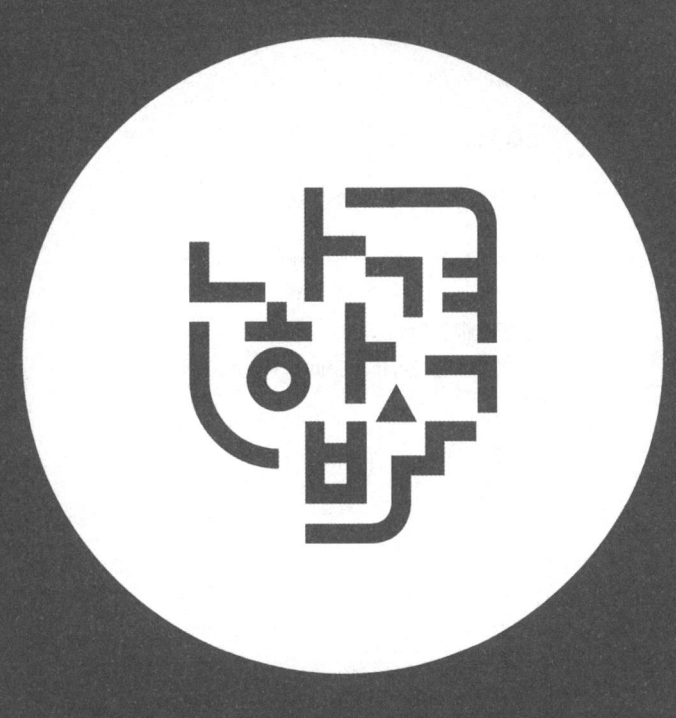

PART 08

실기 [작업형] 분광광도법

01 기본 사항
02 실험 순서 및 기구 사용법
03 실험과정

실기[작업형] 분광광도법

기본 사항

화학분석기능사 작업형은 분광광도계를 이용한 정량분석법으로 과망가니즈산칼륨 표준용액과 희석한 미지시료를 제조하여 흡광도를 측정하고 미지시료의 농도를 정량한다.

01 출제기준(실기)

1. 요구사항

※ 지급된 재료 및 시설을 사용하여 아래 작업을 완성하시오.

1) 분석 장비의 Calibration : 분광광도계의 파장이 540nm로 정확하게 맞추어져 있는지, 시료 희석용 순수용액을 사용하여 측정하였을 때 100[%T] 또는 0.0000A(흡광도)를 정확하게 나타내는지 확인하시오.

2) 표준용액 흡광도 측정 : 지급된 $KMnO_4$ 표준용액($KMnO_4$, 1,000ppm)으로 Blank, 5, 10, 15ppm의 농도로 100mL 메스플라스크를 이용하여 조제한 후 이 용액을 지급된 흡수셀로 흡광도를 측정하여 답안지 "1. 흡광도 측정"에 작성하시오.

   ※ 표준용액의 흡광도 측정은 원칙적으로 1회만 허용되니 각별히 유의합니다.

3) 미지시료 흡광도 측정 : 지급된 미지시료(농도 20 ~ 80ppm 범위에 있음, 희석작업과 흡광도 측정 횟수의 제한은 없습니다.)를 흡광도의 값이 5 ~ 15ppm 범위 안에 들도록 적절히 희석하여 흡광도를 측정하고 답안지 "1. 흡광도 측정"에 작성하시오.

   ※ 미지시료 흡광도 측정값이 표준용액 흡광도의 적정 범위를 벗어났을 경우 흡광도의 값이 5 ~ 15ppm 농도 범위 안에 들도록 반드시 희석작업을 재수행하시오.

4) 분석 그래프 작성 : 아래의 조건에 모두 부합하는 그래프를 답안지 "2. 분석 그래프 작성"에 완성하시오.
   ① 그래프의 가로축은 농도, 세로축은 흡광도로 하고, 세로축에 흡광도 측정값을 모두 포함하도록 눈금 단위(scale)를 기록하시오.
   ② 표준물질의 각 농도에 해당하는 흡광도값을 그래프에 점(·)으로 모두 정확하게 기록하고, 각 점에 해당하는 값을 (농도, 흡광도)의 양식으로 기록하고, 자 등을 이용하여 되도록 그래프상 모든 점과 근접한 검량선을 반드시 일직선으로 그리시오.

③ 미지시료의 흡광도 측정값을 세로축에 화살표(→)로 표시하고 그 값을 그래프 용지 좌측에 기록하고, 가로축과 평행한 점선을 검량선과 접하게 그리고 접점에서 세로축과 평행한 점선을 그려 가로축 값에 해당하는 점을 가로축 하단에 화살표(↑)로 표시하고 그 값을 소수점 둘째 자리까지 읽어 기록하시오. (단, 소수 둘째 자리가 0일 때에도 두 자리 모두 기록하시오. 예 5.25, 6.30)

5) 지급된 미지시료 농도가 표준용액으로부터 몇 배 희석되었는지를 계산하시오.

2. 실기 지급재료목록

일련번호	재료명	규격	단위	수량	비고
1	$KMnO_4$(표준용액)	1,000mg/L	mL	100	1인
2	견출지	2.5cm×5cm 정도	개	5	1인
3	킴와이프스	-	장	10	1인
4	실험용 장갑	-	개	1	1인
5	분광광도용 흡수셀	10mm(1회용 플라스틱)	개	5	1인
6	피펫	5mL	개	1	1인
7	증류수	실험용	L	2	1인

* 재료 외 실험기구 또한 실습장에서 제공한다.

3. 실기 지급품 외 수험자 준비물

일련번호	재료명	규격	단위	수량	비고
1	실습복	-	1	1	
2	흑색 필기구	-	1	1	
3	계산기	시험에 허용된 계산기	1	1	
4	자	약 20cm 정도(또는 이상)	1	1	
5	신분증	-	1	1	

4. 수험자 유의사항

1) 수험자 인적사항 및 계산식을 포함한 답안작성은 흑색 필기구만 사용해야 하며, 그 외 연필류, 빨간색, 청색 등 필기구 및 수정테이프(액)를 사용해 작성한 답안은 0점 처리된다.
2) 답안 정정 시에는 정정하고자 하는 단어에 두 줄(=)을 긋고 다시 작성한다.
3) 원칙적으로 지급된 시설, 기구 및 재료 및 수험자 지참 준비물에 한해 사용이 가능하다.
4) 수험자 간의 대화나 시험에 불필요한 행위는 금지되며, 이를 위반하면 실격된다.
5) 시험이 종료되면 답안지 및 지급받은 재료 일체를 반납한다.
6) 시험에 사용한 시설 및 기구는 깨끗이 세척한 후 정리 정돈하고 감독위원의 안내에 따라 퇴장한다.
7) 실험복은 반드시 착용해야 하며 미착용 시 **10점**(실험복 단추가 열려있거나, 슬리퍼 착용 등 실험복을 착용하였더라도 실험에 부적합하다고 감독위원이 판단될 시 **10점**), 시험도중 초자기구 등을 파손하였을 시 **10점**, 시약을 과도하게 흘렸을 경우에는 **5점**이 감점된다.(단, 초자의 파손으로 인한 시약의 흘림은 중복 감점되지 않는다.)
8) 미지시료를 제외한 지급재료는 1회 지급이 원칙이나, 수험자 및 시험장의 상황에 따라 감독위원의 합의가 있을 경우 추가 지급할 수 있다.
9) 본인의 실수로 인하여 발생하는 안전사고는 본인에게 귀책사유가 있음을 특히 유의하여야 하며, 실험도구 및 약품을 다룰 때에는 항상 주의해야 한다.
10) 실험 중 기기파손 등으로 인하여 상처 등을 입혔을 때나 지급된 재료 및 약품 중 인체에 위험하거나 유해한 것을 취급 시 항상 주의하여야 하며 특히, 유독물이 눈에 들어갔을 경우 및 사고 발생 시 즉시 감독위원에게 알리고 조치를 받아야 한다.

5. 요구사항을 만족하지 않는 답안지의 작성 기준

1) "1. 흡광도 측정"의 농도 및 흡광도값은 반드시 감독위원의 입회하에 수험자가 기기에 표시되는 값을 그대로 기재한 후 즉시 감독위원의 확인 날인을 받아야 하며 그렇지 않을 경우에는 실격된다.
2) 답안지의 모든 값은 문항 간 일치하여야 하며 일치하지 않는 경우 일치하지 않는 항부터 이후 문항의 배점이 "**0점**" 처리된다.
   예-1 "1. 흡광도 측정"과 "2. 분석 프래프 작성"의 모든 값과 일치하지 않는 경우 문항 2, 3, 4 배점이 "**0점**" 처리된다.
   예-2 "분석 그래프 작성"에서 읽은 미지시료의 농도값이 이후 문항과 일치하지 않는 경우 문항 3, 4 배점이 "**0점**" 처리된다.
3) 미지시료를 희석하지 않아 표준용액의 흡광도 또는 농도 범위를 벗어난 경우 문항 2, 3, 4 배점이 "**0점**" 처리된다.

4) "4. 희석배수 계산"의 답안 작성 시 반드시 「계산과정」과 「답」란에 계산과정과 답을 정확하게 기재해야 하며, 계산과정과 답이 일치하지 않거나 계산과정에 오류가 있거나 계산과정이 누락 된 경우 **0점 처리**되며, 답 작성 시 반올림을 잘못 수행하였을 경우 **5점 감점**된다.
  예) 10.235 → 10.24, 12.002 → 12.00, 15.596 → 15.60

6. 채점대상에서 제외되는 유의사항

1) 기권
   가) 복합형(작업형 + 필답형)으로 구성된 시험에서 전과정을 응시하지 아니한 경우
   나) 수험자 본인이 수험 도중 시험에 대한 의사를 표시하고 포기하는 경우
2) 실격
   가) 감독위원의 입회하에 즉시 감독위원의 확인 날인을 받지 않은 경우
   나) 흡광도 측정값을 임의로 고친 경우나, 측정값을 검량선에 고의로 변경한 경우
   다) 작업과정이 적절치 못하고 숙련성이 없다고 감독위원의 전원 합의가 있는 경우
   라) 실험방법 및 결과값의 도출을 정식적인 방법에 따르지 않는다고 감독위원의 전원 합의가 있는 경우
      예) 검량선 작도 시 직선이 아닌 꺾은선 또는 곡선 등으로 작도 등
3) 미완성
   가) 표준시험 시간 내에 실험 결과값(희석배수)을 제출하지 못한 경우

실기[작업형] 분광광도법

실험 순서 및 기구 사용법

01 실험 순서

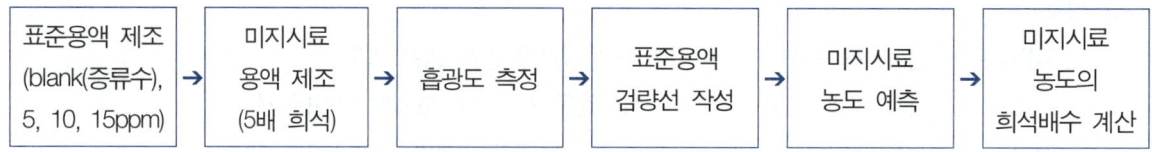

표준용액 제조 (blank(증류수), 5, 10, 15ppm) → 미지시료 용액 제조 (5배 희석) → 흡광도 측정 → 표준용액 검량선 작성 → 미지시료 농도 예측 → 미지시료 농도의 희석배수 계산

- 표준용액의 흡광도 측정은 1회만 가능하다.
- 미지시료 흡광도는 농도 20 ~ 80ppm 범위에 있으며, 미지시료의 흡광도 측정은 여러 번 가능하다.
- 미지시료 흡광도 측정값이 표준용액의 흡광도의 적정 범위를 벗어났을 경우 흡광도의 값이 5 ~ 15ppm 농도 범위 안에 들도록 반드시 희석작업을 재수행한다.

02 분석기구 확인

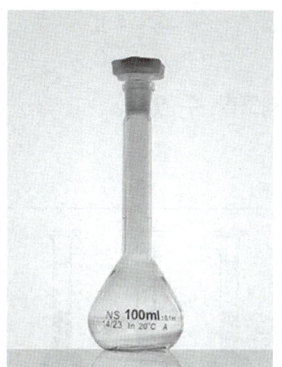
100mL 메스플라스크 5개

메스피펫

피펫 필러

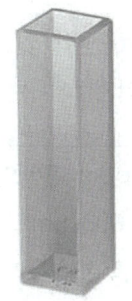
셀 5개

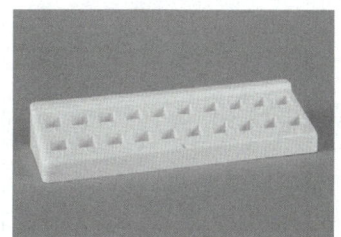
셀 스탠드

세척병(증류수)

피펫 스탠드

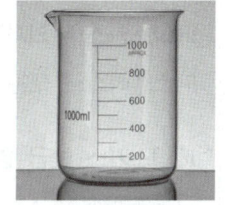
큰 비커(폐수통)

03 분석기구 사용법

1. 메스플라스크

① 표준용액 및 미지시료 용액을 제조하는 유리기구로 일정한 부피의 용액을 제조할 수 있다.
② 작업형에서는 100mL 메스플라스크를 사용한다.

5ppm 용액의 제조방법

1,000ppm의 과망가니즈산칼륨 표준용액을 이용하여 5ppm으로 희석한다.

$NV = N'V'$

$1,000ppm \times V = 5ppm \times 100mL$

$\therefore V = 0.5mL$

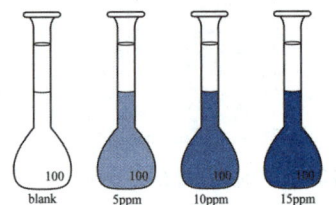

메니스커스 주의사항

메스플라스크 또는 피펫을 이용해 눈금을 읽을 때 메니스커스를 정확히 읽는다.

메니스커스 눈금 읽기

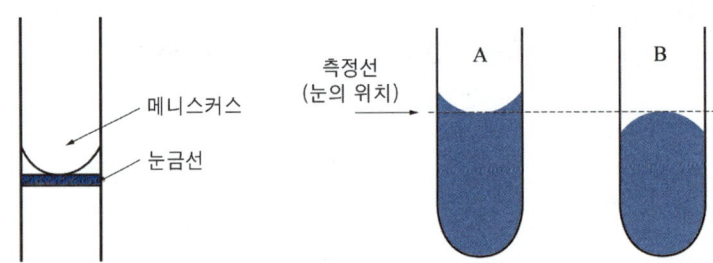

① 액체시료는 표면장력에 의해 아래로 곡면을 형성한다.
② 피펫, 메스피펫 등의 측정기구로 액체 시료를 측정할 때 메니스커스의 가장 낮은 점에 수평적으로 접선된 눈금을 읽는다.
③ 눈금을 읽을 때 눈의 위치는 눈금선과 수평이 되어야 한다.

2. 피펫

정확한 양의 시료를 옮길 때 사용하는 기구

피펫의 사용방법

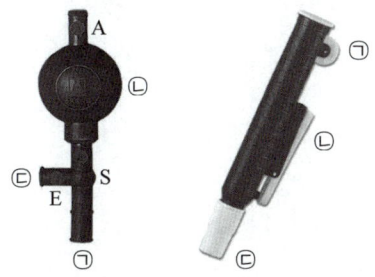

[고무 필러]   [플라스틱 펌프]

① 액체 시료를 취하기 위한 피펫에는 주로 고무 필러 또는 플라스틱 펌프를 사용한다.
② 피펫, 메스피펫 등의 측정기구로 액체시료를 측정할 때 메니스커스의 가장 낮은 점에 수평적으로 접선된 눈금을 읽는다.
③ 고무필러 사용법
- ㉠의 위치에 피펫을 끼운다.
- A 부분을 누르면서 ㉡의 공기를 빼낸다.
- 피펫을 용액에 넣고 S를 눌러 원하는 용액의 양을 취한다.
- E 부분을 누르면 용액이 배출된다.
- ㉢ 부분을 손으로 막고 눌러주면 피펫에 남은 모든 용액이 배출된다.
④ 플라스틱 펌프 사용법
- ㉢ 위치에 피펫을 끼운다.
- ㉠에 위치한 휠을 돌려 용액을 취한다.
- ㉡을 눌러 용액을 배출한다.

피펫 사용 시 주의사항

① 피펫을 거꾸로 들지 않는다.
② 피펫 필러에 액체가 들어가지 않도록 주의한다.
③ 피펫을 이용하여 용액을 사용한 후에는 반드시 세척 후 다른 용액을 사용하도록 한다.
④ 오차를 줄이기 위하여 피펫 사용 시 처음 용액은 버린 후 사용한다.(물이나 다른 액체로 인한 오차 방지)

실기[작업형] 분광광도법 — 실험과정

01 표준용액 제조

1) 1,000ppm 표준용액을 이용하여 Blank, 5ppm, 10ppm, 15ppm 용액 100mL을 제조한다.
   - Blank(증류수), 5ppm(= 0.5mL), 10ppm(= 1mL), 15ppm(= 1.5mL)
2) 제조한 용액은 섞이지 않도록 견출지를 붙여 농도를 표기한다.

02 미지시료 용액 제조

1) 지급받은 미지시료를 희석한다. 흡광도값이 5 ~ 15ppm 농도 범위 안에 들어야 하므로, **보통 5배 희석한다.**
   (5배 희석 : 100mL 플라스크에 미지시료 20mL를 넣고 증류수를 표선까지 채운다.)
2) 제조한 미지시료도 견출지를 붙인다.

> [주의사항] 표준용액 및 미지시료 제조
> ① 표준용액은 1회 밖에 측정하지 못하므로 신중하게 제조한다.
> ② 미지시료의 흡광도값이 5 ~ 15ppm 농도 범위 안에 들지 않는다면 희석배율을 달리하여 여러 번 흡광도 측정이 가능하다.
> ③ 대부분 5배 희석했다면 5 ~ 15ppm 농도 범위 안에 들어간다.

03 흡광도 측정

① 대부분 시험 감독관이 측정해준다.
② 측정된 결과값은 답안지에 작성한다.
③ 답안지는 새로 받을 수 없으므로 실험대 등의 용액 및 증류수에 젖지 않도록 주의한다.

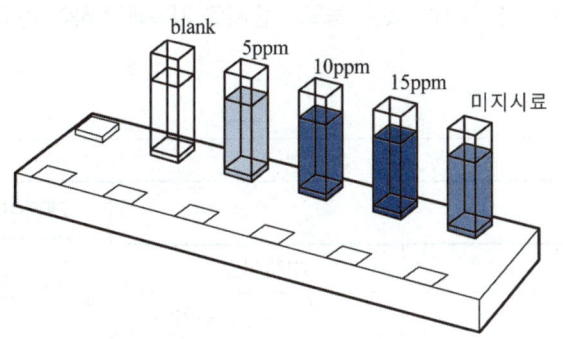
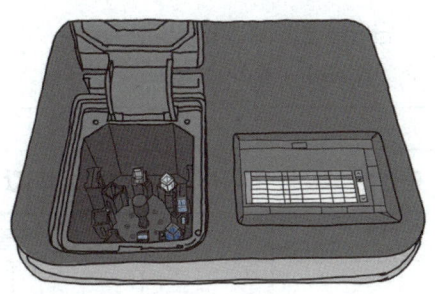

분광광도계에 셀을 넣는 방법

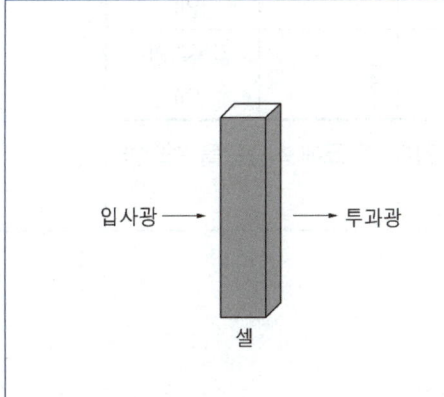

셀의 투명한 면으로 빛이 지나갈 수 있도록 주의한다.

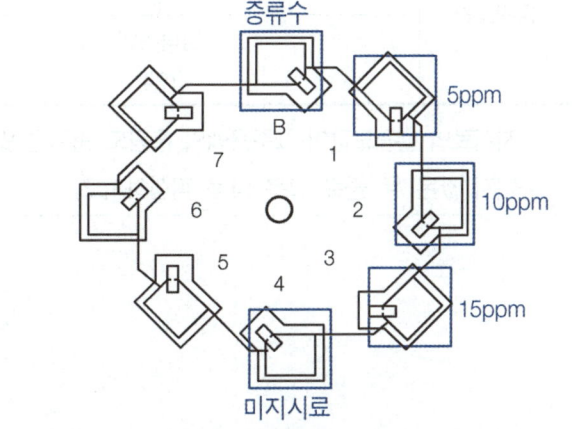

- 작업형을 보는 장소마다 분광광도계의 모델이 다를 수 있으며 시료를 측정하는 곳이 직선으로 되어 있는 경우도 있다.
- 주로 감독관들이 측정을 해준다.

분광광도계 이용방법

① 파장이 원하는 파장(540nm)인지 확인한다.(시험지에 명시된 조건을 확인한다.)

② 증류수를 blank 셀 홀더에 넣고 차례로 5, 10, 15ppm의 표준용액을 분광광도기에 넣는다.

　이때 셀을 자세히 보면 광원이 지나가는 부분과 그렇지 않은 부분으로 나뉘어 있다. 셀을 잡아서 옮길 때에는 불투명한 부분을 잡아서 사용해야 하며, 셀의 표면이 깨끗한 상태인지 확인한다. 또한 셀에 용액을 넣을 때 기포가 생기거나 얼룩이 없도록 확인해야 한다.

③ 분광광도기의 뚜껑을 닫고 영점을 맞춘다.

④ 영점을 맞춘 후 흡광도를 측정하고 결과값을 기록한다. 표에는 낮은 농도의 순서로 기록해야 하며 농도의 단위를 반드시 기입한다.

⑤ 감독위원의 확인을 받는다.

측정한 표준용액과 미지시료의 흡광도값 작성

	표준물질			미지시료	
농도				①	감독확인 (인)
흡광도값				②	감독확인 (인)
	감독확인 (인)			③	감독확인 (인)

채점란

득 점

※ 미지시료의 흡광도값이 표준용액의 흡광도 범위를 벗어난 경우 위 표에 최종값을 제외한 나머지 값은 두 줄로 그은 다음 작성하시오.

04 표준용액 검량선 작성

① 흡광도값을 이용해 답안지에 검량선을 작성한다.
② 검량선 작성방법의 해당 내용을 모두 작성한다.
② 흡광도값을 찍을 때 실수를 많이 하므로 많은 연습을 한다.

검량선 작성 방법
① 답안지의 X축이 농도, Y축이 흡광도가 되도록 농도, 흡광도, 화살표를 표기한다.
② X축은 큰 네모(작은 네모 5칸) 1칸에 1ppm이 된다.(보통 답안지에 작성되어 있음)
③ Y축은 큰 네모(작은 네모 20칸) 4칸에 흡광도 0.1이 되도록 흡광도 구간을 나눠 표기한다.(하지 않으면 감점)
- 작은 네모 1칸 : 0.005
- 큰 네모 1칸 : 0.250

④ 측정한 표준용액의 흡광도값에 맞게 좌표를 찍는다.(Blank, 5ppm, 10ppm, 15ppm)
- 흡광도 좌표에는 적당한 크기의 점을 찍는다.
- 흡광도 좌표에는 (x, y)를 표기해 준다.

⑤ 4개의 점이 최대한 한 직선에 들어오도록 검량선을 그린다.
- 검량선은 직선이어야 한다.
- 검량선을 곡선 또는 점을 각각 이어 작성하게 되면 큰 점수가 감점된다.

⑥ Y축에 미지시료의 흡광도값 표기한다.
- 화살표를 이용해 값을 표기해야 한다.

⑦ Y축의 미지시료값에서 검량선까지 직선을 긋고 검량선과 만난 지점에서 다시 수직으로 직선을 긋는다.
⑧ X축에 미지시료의 농도값을 표기한다.
- 화살표를 이용해 값을 표기해야 한다.
- X축은 작은 네모 1칸에 0.2ppm으로 주의해서 표기한다.

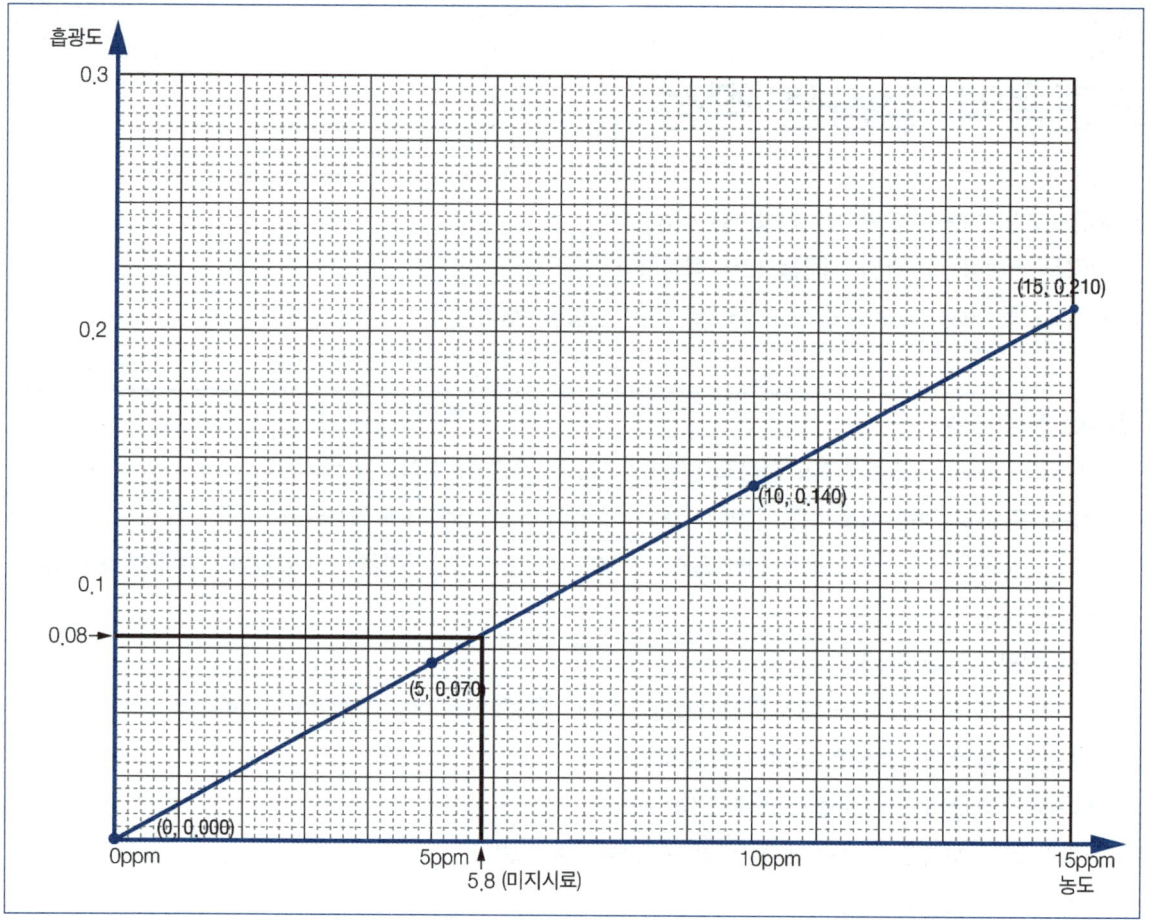

05
미지시료 농도 예측

① 검량선에서 예측한 미지시료의 농도와 흡광도를 답안에 작성한다.
② 미지시료의 흡광도는 측정한 값과 똑같이 작성해야 한다.
③ 결과값에 대한 자릿수 표기가 명시되어 있다면 그에 따르나 흡광도값은 감독관에게 확인을 받은 흡광도 소수점 셋째자리 값을 기입한다.(임의로 흡광도값을 고칠 경우 실격)

3. 측정한 미지시료의 흡광도값과 그래프에 대응하는 미지시료의 농도값을 쓰시오.

미지시료 흡광도	미지시료 농도

채점란

득 점

06
미지시료 농도의 희석배수 계산

① 미지시료의 농도를 이용하여 표준용액으로부터 몇 배 희석되었는지 계산한다.
② 결과값에 대한 자릿수 표기가 되어있다면 그에 따른다.

> **희석배율의 계산**
>
> 만일 미지시료의 농도값이 6ppm이 나왔다면 초기 5배를 희석하였기 때문에 원래 농도값은 30ppm이 된다.
>
> 6ppm × 5배 = 30ppm(희석 전 미지시료 농도)
>
> 희석배수 = $\dfrac{\text{표준용액의 농도}}{\text{미지시료의 농도}}$ = $\dfrac{1,000\text{ppm}}{30.00\text{ppm}}$ = 33.33배

4. 지급된 미지시료가 표준용액으로부터 몇 배 희석되었는지 계산과정과 함께 희석배수를 구하여 쓰시오.

계산 과정:

답 :   배

채점란

득 점

07
희석배수를 구하는 이유

화학분석기능사 작업형은 1,000ppm의 표준용액과 미지시료가 주어진다. 수험자는 미지시료를 검량선 내의 범위로 묽히고, 분광광도계를 통해 나온 미지시료의 흡광도값과 검량선을 통해 미지시료의 농도를 찾아낸다. 그리고 1,000ppm의 표준용액으로부터 미지시료가 얼마만큼이 묽혀졌는지는 찾아내기 위하여 희석배수를 구하고 실제 미지시료의 희석배수와 실험 결과로 나온 희석배수를 비교하고 오차 범위를 확인하여 실험이 잘되었는지를 판단할 수 있다.

국가기술자격 실기시험 답안지 예시

종목	화학분석기능사	수험번호		성명		감독확인	

1. 흡광도 측정

	표준물질				미지시료		채점란
농도					①	감독확인 (인)	득 점
흡광도값					②	감독확인 (인)	
	감독확인 (인)				③	감독확인 (인)	

※ 미지시료의 흡광도값이 표준용액의 흡광도 범위를 벗어난 경우 위 표에 최종값을 제외한 나머지 값은 두 줄로 그은 다음 작성하시오.

2. 검량선 작성

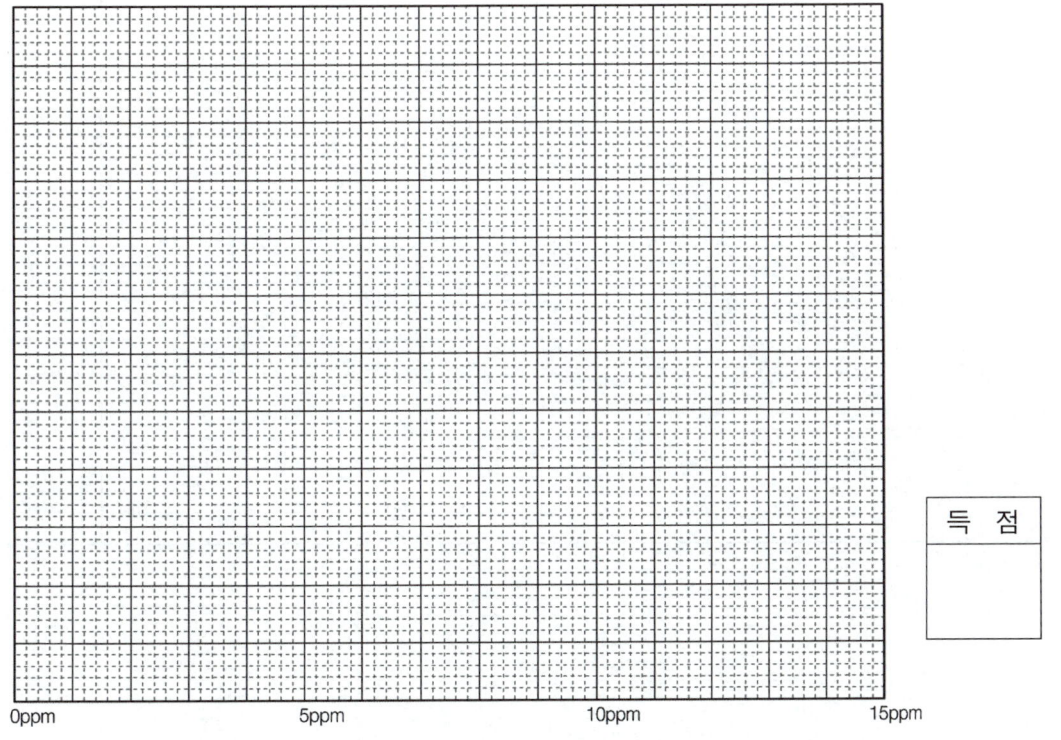

득 점

국가기술자격 실기시험 답안지 예시

| 종목 | 화학분석기능사 | 비번호 | | 감독확인 | |

3. 측정한 미지시료의 흡광도값과 그래프에 대응하는 미지시료의 농도값을 쓰시오.

미지시료 흡광도	미지시료 농도

채점란
득 점

4. 지급된 미지시료가 표준용액으로부터 몇 배 희석되었는지 계산과정과 함께 희석배수를 구하여 쓰시오.

계산 과정 :

답 :   배

채점란
득 점

참고문헌

경상남도교육청, 공업화학(교과서)

경기도교육청, 분석화학(교과서)

최신화학분석, 자유아카데미, 2013

그레인저의 핵심 기기분석, 사이플러스, 2017

기기분석 원리 및 실무, 교보문고, 2010

스쿠그의 기기분석의 이해, 사이플러스, 2019

맥머리 유기화학, 사이플러스, 2018

일반화학, 자유아카데미, 2006

가스크로마토그래피(GC)의 이해, 국가연구시설장비진흥센터, 2012

원자흡광분광기(AAS)의 이해, 국가연구시설장비진흥센터, 2012

퓨리에변환적외선분광기(FR-IR)의 이해, 국가연구시설장비진흥센터, 2012

원자흡광광도시험법, 식품의약품안전평가원, 2012

적외부스펙트럼측정법, 식품의약품안전평가원, 2012

액체크로마토그래프법, 식품의약품안전평가원, 2018

연구실 안전 표준 교재, 국가과학기술인력개발원, 2015

연구실 설치·운영 가이드라인, 과학기술정보통신부, 국가연구안전관리본부, 2019

대한민국약전- 일반시험법

물질안전보건자료 작성 지침, 한국산업안전보건공단, 2020

시험장비 밸리데이션 표준수행절차(SOP), 식품의약품안정청, 2011. 7

NCS 능력단위

분석실험 준비, 분석시료 준비, 기초화학분석, 실험실 환경·안전점검, 실험실 문서관리, 시험결과보고서 작성, 화학물질 유형파악, 화학물질 취급 시 안전작업 준수, GHS-MSDS파악

화학분석기능사 필기+실기 무료특강

무료특강 신청방법

▲ 카페 바로가기

1 나합격 카페 가입
cafe.naver.com/napass4

2 사진촬영
하단 공란에 닉네임 기입

3 카페 게시물 작성
등업 후 영상 시청 가능

카페 닉네임

- 가입한 카페 닉네임과 동일하게 기입
- 지워지지 않는 펜으로 크게 기입
- 화이트 및 수정테이프 사용 금지
- 중복기입 및 중고도서는 등업 불가능

처음이신가요?

자세한 등업방법은 QR 코드 참조

 **모바일** 등업방법

 **PC** 등업방법

나합격 화학분석기능사 필기+실기 + 무료특강

2023년 3월 15일 초판 발행 | 2024년 1월 5일 2판 발행 | 2025년 1월 5일 3판 발행 | 2026년 1월 5일 4판 발행

지은이 나합격콘텐츠연구소 | 발행인 오정자 | 발행처 삼원북스 | 팩스 02-6280-2650
등록 제2017-000048호 | 홈페이지 www.samwonbooks.com | ISBN 979-11-93858-93-6 13500 | 정가 28,000원
Copyright©samwonbooks.Co.,Ltd.

· 낙장 및 파손된 책은 구입한 서점에서 바꿔드립니다.
· 이 책에 실린 모든 내용, 디자인, 이미지, 편집 형태에 대한 저작권은 삼원북스와 저자에게 있습니다. 허락없이 복제 및 게재는 법에 저촉을 받습니다.